城市更新与老旧小区改造丛书二

城镇老旧小区改造
综合技术指南

张佳丽 主编 刘 杨 刘玉军 副主编

中国建筑工业出版社

图书在版编目（CIP）数据

城镇老旧小区改造综合技术指南 / 张佳丽主编；刘杨，刘玉军副主编 . —北京：中国建筑工业出版社，2021.10（2023.7 重印）

（城市更新与老旧小区改造丛书；二）

ISBN 978-7-112-26732-3

Ⅰ. ①城… Ⅱ. ①张… ②刘… ③刘… Ⅲ. ①城镇 - 居住区 - 旧房改造 - 指南 Ⅳ. ① TU984.12-62

中国版本图书馆 CIP 数据核字（2021）第 208927 号

责任编辑：陈夕涛 徐 浩
责任校对：王 烨

城市更新与老旧小区改造丛书二
城镇老旧小区改造综合技术指南
张佳丽 主编 刘 杨 刘玉军 副主编

*

中国建筑工业出版社出版、发行（北京海淀三里河路9号）
各地新华书店、建筑书店经销
逸品书装设计制版
北京中科印刷有限公司印刷

*

开本：787 毫米 × 1092 毫米 1/16 印张：41 字数：775 千字
2022 年 1 月第一版 2023 年 7 月第二次印刷
定价：**228.00** 元
ISBN 978-7-112-26732-3
（38543）

编写委员会

主任委员：

仇保兴　国务院参事、住房和城乡建设部原副部长

吴志强　同济大学原副校长、中国工程院院士、全国工程勘察设计大师

副主任委员：

逄宗展　全国市长研修学院副院长、教授级高级工程师

王玉志　山东省住房和城乡建设厅厅长、省政协常委

项永丹　浙江省住房和城乡建设厅党组书记、厅长

委　　员：（按姓氏拼音为序）

蔡庆华　中国通信企业协会运专委常务副主任

　　　　武汉光谷数字家庭研究院院长、教授级高级工程师

仓梓剑　愿景明德（北京）控股集团有限公司总裁

陈伟杰　广东省湛江市人民政府党组成员、副市长

丁　高　中国城市建设研究院有限公司党委副书记、总经理

董　有　筑福（北京）城市更新建设集团有限公司董事长

李建光　中国中铁三局集团有限公司副总经理、博士、教授级高工

李守义　中建新疆建工（集团）有限公司副总经理，总工程师

李　迅　中国城市规划设计研究院原副院长、教授级高级规划师

刘本芳　云南省曲靖市人民政府党组成员、副市长

彭梦月　住房和城乡建设部科技与产业化发展中心副处长、研究员

沈　磊　中国生态城市研究院常务副院长、中国城市科学研究会总工程师

石晓冬　北京市城市规划设计研究院院长

石　雨　中国建筑第二工程局有限公司党委书记、董事长

谭丕创　广西壮族自治区防城港市委书记

王清勤　中国建筑科学研究院有限公司副总经理

吴晓华　河北省衡水市委副书记，市人民政府党组书记、市长

杨旭彬　中国城市科学规划设计研究院副院长

赵路兴　住房和城乡建设部政策研究中心研究员

赵燕菁　厦门大学双聘教授、博士生导师

张国宗　北京建筑大学PPP发展研究中心主任、教授

张险峰　清华同衡规划设计研究院总工程师

主　　编：

张佳丽　全国市长研修学院市长研修部副研究员

副 主 编：

刘　杨　中国生态城市研究院环境工程所所长

刘玉军　中国城市建设研究院有限公司副总工程师

参编人员：

贺斐斐　李　哲　程绍革　江　曼　王贵美　史铁花　康　瑾

孙　原　李东彬　朱　荣　王伟星　孙春燕　张　莉　李伟龙

王一丹　方甫兵　昌广强　刘艳品　李　飞　夏　莹　鲍诗度

王艺蒙　韩　笑

专家推荐

杨保军

住房和城乡建设部总经济师

全面推进城镇老旧小区改造是一项复杂而急迫的工程，对相关理论的研究已有很多，但多元多类主体在实际操作中往往存在缺乏整体性、适用性等问题。本书汇集多方智慧，分类集成，形成相对完整的技术体系，涵盖规划建设管理各环节，解决了一线工作者缺乏系统技术参考的痛点，极为难得也正当其时。

聂建国

中国工程院院士、清华大学未来城镇与基础设施研究院院长

城镇老旧小区改造量大面广，关乎国计民生，要科学规划、科学设计、科学施工、科学运维，确保性能提升、功能提升、耐久性提升，要重视新理念、新方法、新技术、新材料、新工艺等的应用。本书从以上诸多方面都有涉及，值得推广。

王玉志

山东省住房和城乡建设厅厅长、省政协常委

本书内容完整重点突出，体现了"以人民为中心"的发展思想，在安全、绿色、智能技术等方面进行了创新和探索，将在丰富老旧小区改造内容、提升改造效果中发挥促进作用，为从业人员提供工作指导和技术支持，为小区居民带来更多获得感、幸福感和安全感。

王敬民

中国城市建设研究院有限公司党委书记、董事长

城镇老旧小区改造是城市更新行动的重要内容，涉及绿色生态、设施完整、健康宜居、全龄友好、智慧运行等各个方面，本书较完整的体现了改造技术的综合性、系统性，有很好的实用价值。

贯彻以人民为中心的发展理念
推动高质量发展的城市更新与老旧小区改造

　　党的十九届五中全会通过的《中共中央关于制定国民经济和社会发展第十四个五年规划和二〇三五年远景目标的建议》明确提出实施城市更新行动，这是以习近平同志为核心的党中央站在全面建设社会主义现代化国家、实现中华民族伟大复兴中国梦的战略高度，准确研判我国城市发展新形势，对进一步提升城市发展质量作出的重大决策部署，为"十四五"乃至今后一个时期做好城市工作指明了方向，明确了目标任务。我们要深刻领会实施城市更新行动的丰富内涵和重要意义，在全面建设社会主义现代化国家新征程中，坚定不移实施城市更新行动，推动城市高质量发展，努力把城市建设成为人与人、人与自然和谐共处的美丽家园。

　　我国城镇化已快速发展40多年，在新的历史条件下，已进入城镇发展的"新时代"，城镇发展逐渐从增量模式转为存量模式。传统土地利用方式和规划方式已难以为继，城市更新是城市存量土地资源整合的重要抓手，是促进城市可持续发展的有效途径。城市更新的模式也从粗放的"大拆大建"转向"绣花式"的精细化更新，从关注重大产业项目到关注老旧小区改造等民生问题，更加注重提升市民的获得感、幸福感，城市更新正成为城市发展的主要方式。实施城市更新行动，全面提升城市发展质量，是实现中华民族伟大复兴中国梦的关键举措。贯彻落实以人民为中心的发展理念，推动致力于高质量发展的城市更新与老旧小区改造，是我们责无旁贷的历史使命。

城镇老旧小区改造，是城市更新行动的重要内容。城镇老旧小区改造不搞大拆大建，主要是提升现有设施，整合现有资源，保障安全健康，提高服务质量，改善现状环境，其意义重大，党中央、国务院高度重视，是补短板、惠民生、促投资的重大举措，是促进高质量发展的关键路径，对满足人民群众美好生活需要、推动惠民生扩内需、推进城市更新和开发建设方式转型、促进经济高质量发展具有十分重要的意义。习近平总书记多次作出重要指示，要加快老旧小区改造，不断完善城市管理和服务，彻底改变粗放型管理方式，让人民群众在城市生活得更方便、更舒心、更美好。李克强总理2020年4月14日主持召开国务院常务会议，作出明确部署，确定加大城镇老旧小区改造力度，推动惠民生扩内需，提出改造后不光要"好看"，关键要"好住"。国务院办公厅印发的《关于全面推进城镇老旧小区改造工作的指导意见》(国办发〔2020〕23号)，标志着城镇老旧小区改造工作正式上升到国家层面，老旧小区改造开启了中国城镇化下半场以高质量发展为核心的城市更新新篇章。

城市更新与老旧小区改造是我国2060年实现碳中和的重要载体。2020年9月22日，国家主席习近平在第七十五届联合国大会一般性辩论上郑重宣布，"中国将提高国家自主贡献力度，采取更加有力的政策和措施，二氧化碳排放力争2030年前达到峰值，努力争取2060年前实现碳中和。"这一重要宣示为我国应对气候变化、绿色低碳发展提供了方向指引、擘画了宏伟蓝图。2020年，中国城市化率达到了63.6%，产业、能耗和人口在城市空间高度浓集，城市经济产出占比超过全国的90%，能源电力占比逼近95%。因此，城市更新、老城区改造和新基建，需要纳入碳约束，严防碳锁定，从根本上消除碳需求。鼓励步行或自行车可达，不需要机动车辆的交通，鼓励城市汽车更新，不仅要淘汰燃油汽车，甚至燃气汽车也要加以碳排放的核算。对于小区屋顶和可以安装太阳能光伏发电设备的，要鼓励并利用自然的各种解决方案，提供能源服务，减少化石能源的燃烧和排放需求。积极采用新材料提升建筑节能水平，借助互联网高效调控城市低碳运行，包括居家办公、视频会议等，都是减碳的有效途径。更加重视城市的绿地多样性和建筑立体绿化，不仅提升城市韧性，而且吸收二氧化碳形成碳汇或生物质能，是碳中和的有效手段。

城市更新与老旧小区改造是增加我国有效投资的重要途径。过去近40年的城市规划建设遗留了许许多多缺陷，集中体现在老城区环境品质下降，空间秩序混乱等方面。城市更新与老旧小区改造有别于传统规划建设，不必要大拆大建，而是采用"城市修补"的办法来消除隐患，改善人居环境。据不完全估算，我国城市有近400亿平方米的既有建筑，近一半必须进行各种各样的修补改造。全国有超过30万个城镇老旧小区，涉及居民7000余万户，存在市政配套设施不完善、公共服务设施不健全等问题，亟须改造提升。初步测算，"十四五"时期做好城市建设领域扩大内需的重点工作尤其是城市更新与老旧小区改造方面，可拉动投资和消费约30万亿元，其中，城镇老旧小区改造约5.8万亿元，新市民租赁住房约10.8万亿元，钢结构住宅约6.5万亿元，物业服务业约1.4万亿元，社区居家养老约2.4万亿元，城市水系统基础设施约3万亿元。因此，以城市更新为主的城市建设是构建以国内大循环为主体、国内国际双循环相互促进的新发展格局的重要支点。

城市更新与老旧小区改造是建设韧性城市的重要举措。"城市更新"和"韧性城市"在国家"十四五"规划建议中均被重点提到，引发社会高度关注。按照国家要求，加快建设城市运行管理服务平台，推进城市治理"一网统管"，完善城市综合管理服务评价体系，加强城市网格化管理，推动城市管理进社区，继续深入推进美好环境与幸福生活共同缔造活动。通过实施城市更新行动，重点解决城市发展中的突出问题和短板，建设安全健康、设施完善、管理有序的完整居住社区，加强城市治理中的风险防控，提升城市安全韧性，进而不断提升城市人居环境质量、人民生活质量、城市竞争力，走出一条有中国特色的城市发展道路。

因此，城市更新与老旧小区改造要注重把握以下几点：一是先整体规划，后具体实施，可采用编制菜单式的整体项目规划，编制过程鼓励居民参与，同时通过发挥典型项目的示范效应，调动居民支持和参与改造的积极性。二是注重技术创新和体制改革，现有技术规范和地方管理章程一般不满足城市更新与老旧小区改造项目，需及时编制新的标准、符合新的需求，不能简单地拘泥于不合时宜的旧标准，受其约束。三是集成节能减排技术的叠加效应，加快推动低碳城市和低碳社区改造，积极运用互联网和物联网进行绿色单元各方面调控，使各种分布式绿色设施协同工作，最大限度发挥综合性节能减排效应，适宜时机推进绿色更新项目和老旧小区改造星级标准评定，并探索节能减排补贴激励机制。四是及时建立、健全长效管理机制。项目实施应鼓励积极探索PPP模式、物业管理创新模式等，鼓励多元主体参与和社会资本介入，当地政府应加强这方面的指导和帮助，架构旧改产业链，形成地方经济新的增长点。

"城市更新与老旧小区改造丛书"通过对城市更新与老旧小区改造的政策、经验、关键举措、详细实施方案、资金筹措模式以及保障机制等进行阐述，总结了可复制可推广的地方典型经验，提供了城市更新与老旧小区改造的实施路径，探索了城市更新与老旧小区改造的资金保障机制，为各级政府全面深入推进这项工作提供有价值有意义的思路和指引。推进城市更新与老旧小区改造是改善民生诉求的重要途径，是提升基层治理的有力抓手，不能唱"独角戏"，而是"大合唱"，需要"共享共建"和"共同缔造"；推进城市更新与老旧小区改造是完善城市治理体系的重要路径，探索机制创新的实践基础，不能当项目当工程干，而是体系和制度的建设，需要综合治理能力的提升；推进城市更新与老旧小区改造是推动城市转型的重要手段，提升城市品质的关键举措，不是一朝一夕，不能朝令夕改，而是长期工作，需要系统谋划和长期坚持。我们必须坚持以习近平新时代中国特色社会主义思想为指导，坚持以人民为中心，坚持和贯彻新发展理念，坚持绿色发展和生态优先的发展新路，推动致力于高质量发展的城市更新与老旧小区改造，满足人民群众对美好环境与幸福生活的向往，让人民群众在城市生活得更方便、更舒心、更美好，充满了获得感、幸福感、安全感。

丛书二《城镇老旧小区改造综合技术指南》从改造技术角度出发，针对中国大量存在的城镇老旧小区面临的困境，明确了改造范畴与改造重点；提出以人为本、有机更新、绿色化改造、碳中和、智慧社区等顶层改造理念与原则；重点阐述基础类、完善类、提升类三大老旧小区改造实用技术，以及老旧小区改造的工程管理实施技术；详细列举了社区业务数据集成、社区海绵城市、机器人技术、智慧消防、数字化测绘、房屋安全动态监测、抗震加固等多项新技术；最后根据老旧小区改造全过程列出了改造技术负面清单。整本书体现出实用、综合的特点，并通过展示大量改造案例，力求给参与老旧小区改造的各方提供一本内容完整、通俗易懂的技术指南。

2021 年 8 月 22 日

序

一

——

继《城镇老旧小区改造实用指导手册》后，城市更新与老旧小区改造丛书之《城镇老旧小区改造综合技术指南》也即将面世，很荣幸为本书作序。

本书将老旧小区的改造流程及改造要素进行分类技术指引，是老旧小区改造一本教科书式的指南。它包含了基础类、完善类和提升类改造实用技术以及工程管理的实施技术，还提出了老旧小区改造在适应新时代、新理念、新技术的一些创新突破：安全技术、绿色技术、智能技术，尤其是针对安全管理、绿色低碳、全龄友好、耐久适用、信息技术等提出老旧小区改造负面清单，让大家清晰控制好操作的底线。

让我更加产生共鸣的是，本书着重提出了以问题和需求为导向的老旧小区改造，对不同小区、不同居住人群实施因地制宜、符合地方实际情况的改造提升。百姓为本，倾听民声，是规划设计师的行事之根基。2016年，我带领团队参加北京城市副中心总体规划设计时，采访了通州居民、游客、上班族等老少中青500位民众，听取他们的痛点和需求，整理出非常宝贵的城市问题清单和需求清单作为规划设计的核心依据，让我不断深刻意识到人民的需求才是我们的创新之源。老旧小区改造一定要接地气，赋予居民更大的参与权和决策权。

由此，我向大家推荐这本《城镇老旧小区改造综合技术指南》，也希望老旧小区改造不断从技术成熟到全生命周期成熟，提升百姓的获得感、幸福感、安全感，让城市生活更美好。这本综合技术指南对于地方政府主管官员、基层干部，对于规划师、设计师和工程师等专业人员，对于投资者、开发商、建造商和参与其中的居民，都是一本能读得懂、读得进的好书。

为此，我为其作序，以推荐本书。

吴志强

2021 年 8 月 16 日

　　党的十九届五中全会通过的《中共中央关于制定国民经济和社会发展第十四个五年规划和二〇三五年远景目标的建议》明确提出实施城市更新行动，改造提升老旧小区等存量片区功能。实施城市更新行动是以习近平同志为核心的党中央对我国城市发展新阶段做出的准确研判。城镇老旧小区改造是城市更新的重要内容，是满足人民群众对美好生活需要的重要民生工程，是对以人民为中心发展理念的贯彻落实。

　　城镇老旧小区改造可以提高人民居住品质，实现人民群众从"有房住"到"住得好"的飞跃。作为惠民工程、德政工程，老旧小区改造关系人民切身利益，改造质量关乎人民群众获得感、满意度，党中央、国务院对此高度重视。但老旧小区改造涉及面广、工作量大、关注度高，目前尚无统一的技术标准，众多技术难题亟待解决，大幅提质面临障碍，是当前老旧小区改造痛点。

　　《城镇老旧小区改造综合技术指南》是继《城镇老旧小区改造实用指导手册》后又一本力作，该书在技术理论层面对老旧小区改造进行进一步探索。书中对基础类、完善类、提升类改造实用技术的介绍，可以解决老旧小区改造面临的技术难题，也为未来突破技术瓶颈奠定了基础；同时创新性地提出负面清单，规避"改造雷区"。该书凝聚了来自政府机关、高校、科研院所、大型企业等众多专家、一线工作者的宝贵经验，接地气、重实践，对老旧小区改造具有重要参考价值，可以有效促进老旧小区改造质量的提高。

　　中国建筑第二工程局非常荣幸能够参与城市更新系列丛书的撰写，将项目实践升华为理论，用理论指导实践。作为央企，积极服务国家战略、聚焦国计民生是义不容辞的责任和使命。我们将继续深度融入城市建设，为人民居住质量的改善和城镇生活品质的提升贡献更大的力量。

2021 年 10 月 18 日

前　言

————

　　城镇老旧小区改造是关乎群众切身利益的民生工程、民心工程，对于满足人民群众美好生活需要，增强群众幸福感、获得感，提高城市整体形象，具有十分重要的意义。在改造过程中需要践行以人民为中心的发展思想，坚持新发展理念，按照高质量发展要求，着力补短板、强弱项、扩内需、惠民生、促发展。但是，当前这项工作在实际开展过程中，在技术方面面临着诸多难题，如设计上新老规范参考问题，施工现场复杂多变，验收无统一标准等。为解决老旧小区改造无据可依、无章可循的技术难题，本书从顶层设计的角度，根据《关于全面推进城镇老旧小区改造工作的指导意见》(国办发〔2020〕23号) 相关要求，按照基础类、完善类和提升类改造项目的分类方法提出具体设计指引，给出工程管理技术要求，列出验收标准以及负面清单，介绍创新与探索的新技术，期望为从事老旧小区改造事业的工作者们提供技术上的指引和借鉴。

　　本书包括八大章节及附录，结合了多个城市及多家企业老旧小区改造工作的经验，是编者们近年来工作的总结，也是集体智慧的结晶。第一章为背景与政策综述，从时代背景、改造范畴、改造原则这三个方面，深入分析了老旧小区改造的范畴、重点以及方向，总结目前面临的主要问题；第二章为整体规划技术要点，从全局性的角度，给出了前期调研、内容识别和策略选择、总体布局方案、专项规划方案等内容的规划技术要点；第三章为基础类改造实用技术，从市政等配套基础设施、建筑改造与维修、防灾安全性能提升三个方面，介绍了不同改造项目的改造目标、改造原则、改造要求和设计要求等；第四章为完善类改造实用技术，给出了环境与绿地改造、道路改造、停车场地与设施改造、适老化环境改造、建筑物与构筑物改造、照明环境整治、建筑节能以及加装电梯的改造设计技术要求；第五章为提升类改造实用技术，归纳了社区综合服务设施、社区专项服务设施、智能化改造以及社区治理、安全防范等提升类改造项目的具体设计要求；第六章为工程管理的实施技术，按照工程立项和设计管理技术、施工工程管理技术、竣工验收及维保服务三个方面，详细阐述老旧小区改造工程项目管理技术的内容；第七章为创新与探索的攻关技术，介绍了老旧小区改造安全、绿色、智能三个方面相关的创新技术；第八章为改造技术负面清单，罗列了老旧小区改造项目前期阶段、项目实施阶段和项目管养阶段涉及的负面清单；附录补充了检验批质量验收记录表、分项工程质量验收记录表、分部工程质量验收记录表、单位工程质量竣工验收记录表等相关内容，作为手册使用的参考和依据。

　　本书编写过程中，我们得到了多方的大力支持和帮助，在此谨向住房和城乡建设部相关司局、浙江省住房和城乡建设厅、山东省住房和城乡建设厅、中国城市科学研究会老旧小区改造专委会表示感谢！向广州市住房和城乡建设局、湛江市住房和城乡建设局、运城市住房和城乡建设局、衡水市住房和城乡建设局、钦州市住房和城乡建设局、石河子市住房和城乡建设局、曲靖市住房和城乡建设局、本溪市住房和城乡建设局等地方住建管理部门表示感谢！向中国建筑科学研究院有限公司、中国建筑技术集团有限公司、武汉光谷数字家庭研究院有限公司、愿景集团九源设计院、北京建筑大学、中建新疆建工集团、筑福（北京）城市更新建设集团有限公司、泛城设计股份有限公司、浙江建设职业技术学院、东华大学环境艺术设计研究院、中移（雄安）产业研究院、创意信息技术股份有限公司等单位表示感谢！还要感谢李迅、张险峰从始至终对本书的编写和修改付出了巨大的精力，提出了宝贵的建议！最后，向手册的编写委员会、咨询会的专家以及其他关心和支持手册编制的专家和同仁表示感谢！由于本书体量较大，编制工作时间紧、任务重，老旧小区改造这项工作本身也在不断出现新情况和新问题，如何应对并没有现成的答案，难免存在疏漏和不足，还请读者给予宽容和谅解，并提出宝贵意见和建议。愿本书能为老旧小区改造过程中的管理人员、设计人员、施工人员以及广大学者提供借鉴和参考，让我们共同为城镇老旧小区改造事业添砖加瓦，为城市更新事业作出贡献，全力打造更加美好的生态宜居家园。

2021 年 8 月 22 日

目 录

19

目
录

城市更新与老旧小区改造丛书二

城镇老旧小区改造综合技术指南

城市更新与老旧小区改造丛书

城镇老旧小区改造综合技术指南

第一章
背景与政策综述

改革开放四十年来，我国城镇住房面积增长了19倍（图1-1），大量城镇存量住宅进入"老龄化"阶段，无法满足新时代居民的生活需求，诸多问题亟待解决。国家"十四五"规划明确提出，加快转变城市发展方式，统筹城市规划建设管理，实施城市更新行动，推动城市空间结构优化和品质提升。随着城市建设转向"以人民为中心"，老旧小区改造的内容和需求也有了新的要求。在新时代背景下实施城市更新行动，要将绿色发展理念融入全面推进老旧小区改造工作中，同时需结合国家对绿色低碳建设和韧性城市建设的要求，打造更宜居的社区住宅环境。因此，本章结合当前老旧小区改造实施的实际情况，分析时代背景要求，结合各地近年来工作实践，总结提炼老旧小区改造范畴，提出老旧小区改造原则，为全书各章节提供理论性的方向和引导。

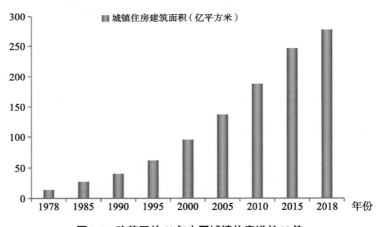

图1-1 改革开放40年中国城镇住房增长19倍
资料来源：国家统计局、住房和城乡建设部、泽平宏观

1.1 时代背景

1.1.1 "十四五"规划要求

为全面推进城镇老旧小区改造工作，2020年7月，国务院办公厅印发《关于全面推进城镇老旧小区改造工作的指导意见》（国办发〔2020〕23号）（以下简称"国办发23号文"），明确了城镇老旧小区改造任务、组织实施机制、资金合理共

担机制和配套政策等内容，要求合理确定改造内容，各地可因地制宜确定改造内容清单、标准和支持政策。2020年8月18日，住房和城乡建设部、教育部、工业和信息化部等13部委联合发布《关于开展城市居住社区建设补短板行动的意见》，推动建设让人民群众满意的完整居住社区。要求到2025年，基本补齐既有居住社区设施短板，新建居住社区同步配建各类设施，城市居住社区环境明显改善，共建共治共享机制不断健全，全国地级及以上城市完整居住社区覆盖率显著提升。2020年10月，党的十九届五中全会通过的《中共中央关于制定国民经济和社会发展第十四个五年规划和二〇三五年远景目标的建议》，明确提出实施城市更新行动、加强城镇老旧小区改造和社区建设。将"老旧小区改造"列入国家"十四五"规划，体现出党中央对"民生无小事"的高度重视。在新的发展条件下，应当充分重视老旧小区改造和治理的重要意义，将治理理念贯穿于老旧小区改造的规划、建设和管理全过程。2021年3月11日，十三届全国人大四次会议表决通过的《中华人民共和国国民经济和社会发展第十四个五年规划和2035年远景目标纲要》中提出："加快推进城市更新，改造提升老旧小区、老旧厂区、老旧街区和城中村等存量片区功能，推进老旧楼宇改造，积极扩建新建停车场、充电桩。"因此，在城市更新背景下全面推进老旧小区改造，是整个"十四五"期间的重要民生工程之一。在"十四五"期间，老旧小区改造目标不仅要好看，更要"好住"，打造完整居住社区是提升城市品质，让城市更宜居的重要举措。

1.1.2 绿色低碳建设要求

2020年9月，国家主席习近平在第七十五届联合国大会一般性辩论会上郑重提出，中国"二氧化碳排放力争于2030年前达到峰值，努力争取2060年前实现碳中和"。《中共中央关于制定国民经济和社会发展第十四个五年规划和二〇三五年远景目标的建议》明确指出，要加快推动绿色低碳发展，广泛形成绿色生产生活方式，碳排放达峰后稳中有降。在2020年12月12日的气候雄心峰会上，国家主席习近平进一步对碳达峰和碳中和目标做出了具体细致的安排和规划，即"到2030年，中国单位国内生产总值二氧化碳排放将比2005年下降65%以上，非化石能源占一次能源消费比重将达到25%左右，森林蓄积量将比2005年增加60亿立方米，风电、太阳能发电总装机容量将达到12亿千瓦以上"。因此，在"十四五"乃至未来的很长一段时间，减排降碳，绿色低碳发展将是我国环境治理以及社会经济发展的一个重要主题。

当前我国建筑行业运行碳排放（含直接碳排放和间接碳排放）约为21亿吨二氧化碳，占全国总量的20%左右。建筑行业如何快速实现碳排放达峰并实现深度减排，不影响人居环境品质的改善和人民群众的幸福感和获得感，是我国应对气候变化目标中的重要议题。建筑行业的碳排放可以分为直接碳排放和间接碳排放，前者指的是在建筑行业发生的化石燃料燃烧过程中导致的二氧化碳排放，主要包括建筑内的直接供暖、炊事、生活热水、医院和酒店蒸汽等导致的燃料排放；后者指的是外界输入建筑的电力、热力包含的碳排放。

根据《中国建筑节能年度发展研究报告2020》，我国建筑碳排放总量整体呈现出持续增长趋势，2019年达到约21亿吨，占总碳排放的21%（其中直接碳排放约占总碳排放的13%），较2000年6.68亿吨增长了约3.14倍，年均增长6.96%（图1-2）。若考虑建筑相关行业（包括建材生产、运输和工艺过程）碳排放，碳排放比例已超过35%（图1-3）。

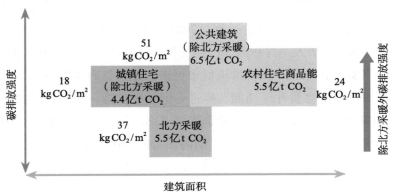

图1-2 我国建筑行业碳排放拆分（不含建材）

图1-3 建筑行业碳排放发展趋势情况（含建材）

实现"双碳"目标，建筑行业要科学分析，积极探索减碳路径。

1. 全面电气化是趋势

建筑行业用能全面电气化是降低直接碳排放的关键，关键是处理好非集中供暖地区建筑供暖、炊事、生活热水和特殊建筑蒸汽用能的全电气化问题。建筑供

城镇老旧小区改造综合技术指南
城市更新与老旧小区改造丛书二

暖导致的直接碳排放部分可以通过采用高效空气源热泵或地源水源热泵解决。城镇炊事领域要实现碳中和，主要考虑如何改变居民长期以来"无火不成灶，无灶不成厨，无厨不成家"的明火烹饪习惯，推进全电气化炉灶技术创新，实现零排放。城镇生活热水方面，总体来看需求还在增长，但是燃气热水器的占比已呈现下降趋势，越来越多的家庭倾向选用电热水器和电动热泵热水器。

2. 标准提升是关键

无论是建筑行业直接碳排放还是间接碳排放，通过提升节能减排标准来合理引导用能方式转变、降低用能需求，或者通过政策设计加快高效减碳技术产品的推广，都是实现建筑行业综合碳减排、实现碳中和的关键。

3. 技术创新是根本

首先，建筑设计是引导建筑用能行为的关键，为此需要通过技术创新，推动以建筑设计为主导的技术方法创新，推进空间节能和设备系统节能的融合，大幅降低供暖、空调、照明、电梯等用能需求，促进"部分时间、部分空间"的行为节能理念落实。其次，需要开发高性能围护结构新材料和新产品，同时根据各地气候特点确定不同围护结构优化方向，打造适应气候的建筑，合理降低用能需求。最后，营造低碳健康的室内环境空间，需要研发高效率新型围护结构和环境控制系统一体化新技术新产品。

1.1.3 疫情常态化下韧性城市建设要求

1. 提升社区防疫韧性，加强社区治理能力

医学界长期与传染病作斗争，逐渐形成了一整套的传染病院建设标准——"三区两通道"（图1-4）。"三区"是指清洁区、感染区和缓冲区；"两通道"是指

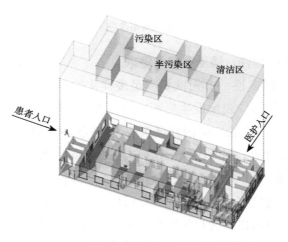

图1-4　传染病院"三区二通道"示意图

正常通道和危险通道。

在对城市老旧小区进行改造时，需要构建居民住宅这一"清洁区"，公共场所作为"缓冲区"也就是"半污染区"。"两通道"建设包括每个小区设置一个紧急通道（危险通道），可以是大门进来的交通路线，经常对这个通道消毒，疫情时可以把它划定成"污染区"。每个社区的污染区、缓冲区和清洁区都能被清晰划分，城市防疫能力就能升级。当然，居民的住家也一样可以划分为三区。城市在防疫时，可以形成"社区自为战"的模式或者"单元自为战"的模式，每个单元可大可小，多层次的各个单元都能独立隔离抗疫。

除了社区硬件的改造以外，软件在防疫中有两套重要的智慧城市技术，一套是"网格化管理"，另一套是"放管服信息平台"。百姓通过放管服信息平台可以做到不接触办事，对防疫非常有利。"网格化管理"做得好的城市，能够把每户人家和各级政府进行直接的纵向沟通，而且把水电、暖气、物流商业等横向打通，同时在时间和空间上精准定位，实现动态管理（图1-5）。

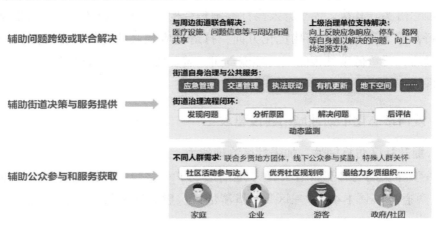

图1-5　武汉网格改进示意图

2.优化社区供给韧性，满足多样化需求

优化社区的供给韧性，首先就要满足多样化的生活需求。我国城市的老旧小区改造一定要补短板。疫情发生后不应挤着去大医院，第一步应该做"社区筛选"。几个小区设置一个较完备的社区医院，在疫情来临时，可以承担发热门诊的功能和进行核酸检测。同时，社区里面应有小超市、杂货店。还需要有比较充足的室外活动空间，任何一个小区都可以在疫情时自我封闭，并可以健康地运行。再加上小区里边已有小学、托儿所，可以正常地开展教学。如果这些必要设施都能满足，社区就可以实现封闭运行。如果所有社区都可以封闭运行，那么城市就有韧性，这就是供给韧性（图1-6）。

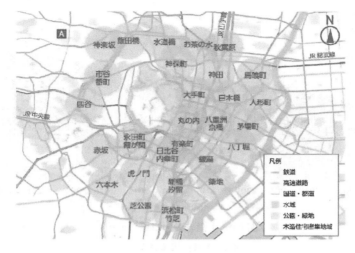

图1-6 东京"2040韧性城市规划"

　　立体化的园林建筑可以明显提高社区绿化率，使其变得非常有生机和活力。危急封闭管理的时候，种植的花草还可以改成蔬菜，实现社区蔬菜的部分自给（图1-7）。在日本东京，46%的有机蔬菜都是市民在自己家楼宇里面和附近生产的。

图1-7 社区绿化和蔬菜自产——立体园林社区

3.改善社区适老韧性，适应老龄化时代

　　我国已进入快速老龄化时代（图1-8）。通过改善社区的适老韧性，可以让老年人居住生活得更好，从而适应老龄化时代的到来。疫情期间，集中式大规模的养老院如果出现问题，将使居家养老更加盛行，要求老旧小区的各种设施更要适应"居家养老"。

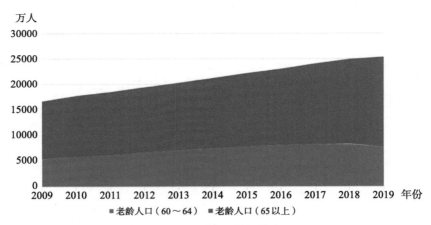

万人

图1-8　中国老龄人口结构统计

数据来源：国家统计局

数据分析：中健联盟产业研究中心

1.2　改造范畴

1.2.1　改造范围

　　本书所指的老旧小区主要指的是城市或县城（城关镇）建成年代较早、失养失修失管、市政配套设施不完善、社区服务设施不健全、居民改造意愿强烈的住宅小区（含单栋住宅楼），不包括已纳入棚户区改造等计划的区域和以自建住房为主的区域、城中村。

　　一般优先改造国有土地上2000年底前建成交付且未列入未来10年棚户区改造、征收、重大项目建设等计划的老旧小区和可维修加固使用的楼房。历史街区内老旧小区的改造更新，还需根据实际情况满足相关管理规定。已按照地方有关规定实施基础类改造的小区，可在改造内容不重复的前提下，对房屋、小区环境和配套设施等进行改造完善和提升，提高品质。支持对小区内危险房屋进行治理。2000年后建成的使用功能不完善、配套设施不完备、公共服务及社会服务缺项较多且居民改造意愿强烈的住宅小区，也可进行改造。安置房、保障房小区改造计划由各地自主确定。纯别墅小区不单独列入城镇老旧小区改造范围。

　　"国办发23号文"中明确规定，"各地要结合实际，合理界定各地区改造对象范围，重点改造2000年底前建成的老旧小区。"一些地方在改造的过程中，根据实际情况对2000年后、2005年前建成的，且居民改造意愿强、参与积极性高的城镇老旧小区也进行了改善提升。

1.2.2 实施类型

"国办发23号文"中，按照老旧小区改造内容的不同，将老旧小区改造类型分为基础改造类、完善改造类和提升改造类三类。基础类改造内容主要满足居民公共安全需要和基本生活需求，包括市政配套基础设施改造提升以及小区内建筑物屋面、外墙、楼梯等公共部位维修和北方地区建筑外墙保温改造等；完善类改造内容主要满足居民改善型生活需求和生活便利性需要，包括环境及配套设施改造建设、小区内绿色建筑节能改造、有条件的楼栋加装电梯等；提升类改造内容主要丰富小区及周边配套服务的供给、提升居民生活品质、立足小区及周边实际条件积极推进的内容。

结合各地在老旧小区改造过程中的实际情况，综合考虑居民不同层次生活需求，从实施类型的角度，将老旧小区改造分为以下四类。

1. 综合整治型

综合整治型是指在房屋安全、市政设施、住区环境、生活配套服务设施等方面，通过采用新建、配建、拆换、更新等手段，补充必备的生活服务设施，改善居住环境、提升住宅建筑各种功能的一种改造类型。综合整治涉及范围广，改造内容多，包含了道路体系、公共设施提升、停车位规整、消防设施改造、量化照明、提升违章搭建整治、绿化水平提升、楼房建筑外立面翻新、完善监控系统、改造电力电缆下地等硬件设施内容，这需要多专业的配合和对接完成。一般涉及的专业有道路、园林、给水排水、电气、结构、建筑等。

相关单位除进行详细的现状调研及基础资料收集外，还需街道及社区牵头，结合小区的具体实际情况，征求广大业主及各方的意见，充分尊重民众意愿，根据民众反馈意见及实际情况明确改造目标，确定改造原则，确保综合整治方案的科学性、合理性和专业性。

另外，城市中有一些具有悠久文化历史的建筑，这些居住建筑和居住区，需要进行保护改造及再利用，如果其历史文化价值很高，又具备改造后能满足现代生活需求的结构条件，就要采取保留原有居住功能，维护原有结构和氛围，进一步修缮改造的方式，保护其中不可再生的历史文化内涵。

2. 专项提升型

专项提升型是指在广泛调查和深入查访民意的基础上，因地制宜地开展某一项或几项改造内容，切实解决老百姓最关心、最提升生活质量的一种改造类型。如20世纪八九十年代建设的一些老房子、老小区，房屋构造并不过时，基础设施还算完备，可以继续居住。这类小区的问题是小区环境较差，公共设施年久失修，房屋屋顶墙面破损，与周边新建小区相比显然落后很多。这类小区可以在已有基础上进行修缮，改造项目包括针对建筑进行楼房外墙粉饰、屋面防水、楼道粉饰、修缮散水、修缮雨篷、修缮针对管线进行的电表箱、修缮老化电缆、室内下水管线更换、庭院排水管线疏通、庭院排水管线更换等；针对服务设施进行的监控系统安装，围墙维修，大门安装，门卫室修建，梯间窗户维修，单元门安装，破损楼梯扶手维修，修缮自行车库，改造公示栏、设置室外晾衣架、休闲椅，垃圾箱等（图1-9）。

图1-9　某老旧小区改造专项提升加装电梯前后对比①

3. 拆改结合型

拆改结合型是指房屋结构存在较大安全隐患、使用功能不齐全、适修性较差的城镇老旧小区的一种改造类型。主要包括以下三种：房屋质量总体较差，且部分依相关标准被鉴定为C级、D级危险房屋的；以无独立厨房、卫生间等非成套住宅（含筒子楼）为主的；存在地质灾害等其他安全隐患的。实施拆改结合改造，可对部分或全部房屋依法进行拆除重建，并配套建设面向社区（片区）的养老、托育、停车等方面的公共服务设施，提升小区环境和品质。原则上居民回迁率不低于60%。

---

① 左图来源：https://www.sohu.com/a/205888210_238928.
　右图来源：http://www.360doc.com/content/18/0830/06/43282543_782296372.shtml.

功能重塑模式通常适用于一些住宅建设时间不算久远、楼层不高、房屋质量尚可、小区位置和环境都有一定优势，但本身有较大缺陷（如房间内部格局不合理、基础设施欠缺等）的建筑。对于这类建筑可通过保留外墙内部重新改造的方式进行功能重塑，如将原来的居室、客厅、卫生间等加以改造和修建以适应现代生活需求。有的小区还可以从实际出发改变原有功能，如将改造后的房屋做成商业办公用，可在不改变其承重结构的同时，将内部空间的设计和组织向相应单体建筑的功能标准靠拢，以更好地发挥其所在区位的价值优势（图1-10）。

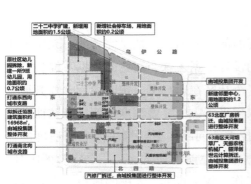

图1-10 某老旧小区改造拆改前后对比

4.原拆原建型

原拆原建型是拆迁重建的一种改造类型。对于建设时间更早，小区基本无历史文化价值，建筑质量极差，甚至还有一些棚户区，房屋简陋，公共设施很差，道路狭窄拥堵，人口密集的小区只能拆除重新建设，从根本上解决百姓的住房问题（图1-11）。

图1-11　老旧小区改造原拆原建——未来社区[1]

1.2.3 改造策划

对于一个社区的生态系统，改造工程的前策划和后评估是完整的、系统的闭环。所谓策划，就是研究制定科学合理的设计依据，这个初始的依据不能凭空想象，也不应仅凭甲方的主观臆断确定。一个社区在运行了一定阶段后，要开展物理和心理等方面的评测，既要做现场的取样采集，也要做深度的使用者访谈。社区作为人居住生活的空间，不仅仅涉及技术的问题，更要解决内心舒适度的需求。需要运用物理和心理综合评测的数据来支撑前策划。这是一个完整的闭环，这样才能实现习近平总书记在中央城市工作会议上说的"人民的城市一定要人民说好才是好"的高质量发展的人居环境。

"国办发23号文"中明确了改造的内容和原则，在实际的实施过程中，老旧小区改造还涉及业主、资金、具体实施内容、重点工作、关键环节和运行机制等多方面的问题。另外，当前老旧小区改造项目出现了蜂拥而上的杂乱局面。因此，需要尽快厘清相关问题，做好精准的前期策划，以引导项目走上科学合理的改造之路。

由于城镇老旧小区改造存在上述的特殊性，在改造之前需要经过一个严谨的策划过程，对不同区块逐一制定个性化的应对方案，拿出一套包括小区现状与改造需求、改造内容及主要工程方案、建设与运营投入产出评估、资金筹措方案、改造后整体效果评估等在内的系统性数据和意见，以便于政府相关部门据此作出科学决策。

目前出现的老旧小区改造前期策划文件也有多种形式。有的"老旧小区改造规划"提出的问题是微观性表现欠缺，不利于直接指导项目的实施；还有的"老旧小区改造实施方案"缺少多方案比选工作，难以应对老旧小区改造在前期存在

---

① 图片来源：https://www.163.com/dy/article/GET9SLCJ0543OQ11.html.

的很多不确定性因素；也有的直接以"老旧小区改造可行性研究报告"的形式出具，可研报告大多是把小区建筑及配套基础设施方面存在的问题列为工程内容，但旧改的工程内容并不局限于此，由于涉及多渠道筹资，涉及在小区及其周边挖掘可经营性资源并对资源进行工程整合，这就成为可研报告的缺陷。

因此，在老旧小区改造项目前期策划中，既要有关于整体性、基本性问题方面的考虑，又必须在工程、造价、筹资、回报、管理等方面通过多方案对比，择优推荐适宜的方案。其中，多小区组团自求平衡、新并入可经营性资源工程整合和长期运营的成本投入，将是策划工作关注的重点。此外，策划方案中还可能涉及土地、规划、产权、创新等需要跨部门协调的问题。

老旧小区改造前期策划文件是一份集多功能于一身、为政府提供项目决策和重大问题统筹决议的综合评估报告。主要内容包括以下几方面：

第一，调查、了解小区现状与改造需求，包括基本情况、居民改造愿望、完善性改造及资源整合的可能性等。

第二，确定小区改造内容及主要工程方案，包括基础类改造、提升类改造、完善类改造、融资所需的有机改造等。

第三，进行项目建设与运营投入产出评估，包括项目投资估算、规划长效运营方案、项目投入产出测算等。

第四，提交资金筹措方案，包括资金来源分析、资金平衡状况分析、资金缺口弥补方案等。

第五，小区改造后整体效果评估，包括改造后宜居状态评价、共同缔造效果评价、小区长效管理效果预测与评估、社会力量和金融机构响应度评估等。

第六，评估结论和建议。老旧小区居民大多以低收入、中老年人群为主，对改造的基本诉求是解决当下紧迫问题而且不愿意出资，这也是前期策划中不可回避的问题之一。因此，前期策划前应广泛、深入地宣传和动员，从全社会综合角度考虑改造规模并告知广大居民，使纳入改造的工程内容具有一定的前瞻性。

单个老旧小区改造很难实现投入产出平衡，因而在前期策划中首先要根据对现状的摸底调查，发现并挖掘可经营性资源（公共物业、公共空地、可整合地块等），从而在有经营收益的可能基础上测算可以覆盖的建设投资额度，进而确定可以组团实施的老旧小区改造项目数量。

对于小区内被评估为危房或功能严重缺失的房屋，可不再扩建增容，可考虑原地拆除重建。对于小区内历史遗留下来的违章建筑，应该统一拆除，同时也要考虑居民诉求，避免强拆引发矛盾。视小区情况，可将原来分散的、需要拆除的建筑统一拆除重建，并折合一定成本由居民来分摊 [1]。

后评估还有总结经验的重要意义。如果不做评估，不积累数据，就无法总结与人民生活需求不相适应的建设错误，造成极大的浪费，违背低碳减排的目的。

1.2.4 改造评估

目前国内既有建筑的相关政策集中于改造中环节，缺少涉及改造前和改造后的相关政策，导致改造后的维护运营项目、评估验收监管等后续工作缺乏有效的政策支撑，美好家园建设愿景的实施效果大打折扣。

应结合城市体检工作对老旧小区进行专项体检评估，建立分级分类改造前评估体系，建立全市域层面的住宅小区社会空间数据库。结合劳动安全设施、配套交通出行、物业服务、居民改造意愿等因素建立多维度综合评估指标体系，形成全市住宅小区信息查阅平台分级分类改造评估数据库。一是部分信息面向社会公开，便于社区居民了解其所在小区基本情况和问题排序；二是可以从价值提升和连片改造等方面进行评估和排序，为提出全市老旧小区优先改造名录提供数据支撑。

应在改造后环节加强老旧小区改造效果评估和运营维护监管改造效果评估。可以将现有财政绩效评价交由第三方评价，纳入居民评估并实施信息公开制度。重视建立并完善改造后的长效管理机制，探索将后续管理制度建设纳入实施改造的前置性条件，并将维护评估与政府资金挂钩等多种机制。

应大力推进并完善多主体参与和协商机制的建设。可借鉴日本的街区协议会制度、厦门市共同缔造理念和方法、北京市新清河实验的议事委员会制度等经验，在改造之前搭建基层议事协商平台，完善自下而上的需求表达和内部协商机制，在老旧小区居民的实际需求与公共资源投入之间形成良好对接。充分发挥责任规划师团队在老旧小区改造中的评估协调作用，在前评估中推进街镇统筹、街区连片打造；在后评估中强化施工质量监督、综合效益发挥、居民实用评价等。

1.3 改造原则

1.3.1 以人为本，突出重点

老旧小区改造是一项重大的民生工程，改造必须充分体现以人为本的原则，

① 宋志宏，黄小利.城镇老旧小区改造项目策划阶段工作要略[J].中国勘察设计，2020（8）.

把以人民为中心的发展思想落到实处，充分尊重群众的意愿。2019年，李克强总理在《政府工作报告》中明确要求，"城镇老旧小区量大面广，要大力进行改造提升，更新水电路气等配套设施，健全便民市场、便利店、停车场、无障碍通道等生活服务设施，让城市更加宜居，更具包容和人文关怀。"[①] 这是政府的承诺，更是群众的期盼。老旧小区改造是城市有机更新的子系统和重要组成部分，既要解决小区内的水、暖、电、气等生活设施年久失修的问题，也要补齐建筑抗震节能、居民上下楼设施、停车设施、园林绿化、社区综合服务和文化休闲设施方面的短板。2020年4月16日，国务院新闻办公室举行城镇老旧小区改造工作国务院政策例行吹风会，住房和城乡建设部副部长黄艳在回答记者提问时表示，"老旧小区改造是自下而上的，涉及被改造小区的每一个居民、每一个家庭，需要全方位统筹协调。"[②] 改什么，怎么改，要由小区居民说了算。整治改造前"问需于民"，整治改造中"问计于民"，整治改造后"问效于民"[③]。

要从人民群众最关心、最直接、最现实的利益问题出发，征求居民意见并合理确定改造内容。老旧小区改造的最终目的是提升居民的生活质量与居住环境，增加居民的幸福感。大力改造提升建成年代较早、存在安全隐患、失养失修失管、市政配套设施不完善、社区服务设施不健全、居民改造意愿强烈的住宅小区，提升社区养老、托育、医疗等公共服务水平，推动建设安全健康、设施完善、管理有序的完整居住社区，真正意义上地造福百姓。因此，在对老旧小区改造的过程中，"以人为本"的原则理念应贯穿始终，要切实地了解老旧小区居民的实际需求，对老旧小区进行人性化的设计与改造。

要注重惠民实效，坚持以居民需求为导向，把握改造重点，完善社区功能，突出健康安全。安全是老旧小区改造的基本。老旧小区通常面临着建筑老化严重，生活条件和居住环境低下的问题。大多数建筑建设时间久远，使用期限将近且年久失修，存在较大的安全隐患，抵御火灾、地震等自然灾害的能力较差；户均建筑面积偏小，内部设施简陋，缺乏独立的厨卫设施和完善的环卫设施，难以满足人们的现代生活需求；现存老旧小区用地中各种用地性质相互混杂、不同使用功能相互交叉和干扰，存在噪声污染、空气污染以及住区的安全性问题；居住拥挤造成的日照时间短、通风性差以及由于建筑材料问题造成的隔声性差、隔热性差等对居民的身体健康产生不利影响[④]。因此，老旧小区改造要综合考虑环境、

① 李克强.政府工作报告，2019年3月5日在第十三届全国人民代表大会第二次会议上.
② 老旧小区改造涉及居民切身利益 需全方位统筹协调，中华人民共和国国务院新闻办公室.
③ 张波.老旧小区改造要以人为本[J].城乡建设，2019（06）：1.
④ 阳建强.公共健康与安全视角下的老旧小区改造[J].北京规划建设，2020（02）：36-39.

消防、停车等方面的情况，留足生命通道，做好公共部位基础建设和关键部位修缮，切实保障居民生活方便。

1.3.2 因地制宜，精准施策

老旧小区改造是重大民生工程和发展工程，而不同城市、不同老旧小区面临的问题和矛盾各有不同，应切实考量城市经济发展水平、地域地理环境特点、城市不同地段特征、居民生活环境改善需求、居民精神文化追求等。识别老旧小区特点与改造需求，结合城市空间区位、资源禀赋及功能定位，严格评估财政承受能力，科学确定改造目标，分类制定政策，有序开展老旧小区改造工作，既尽力而为又量力而行，不搞"一刀切"、不层层下指标，"因地制宜、精准施策、对症下药"，科学确定改造目标和实施路径，保证老旧小区改造的稳步推进，维护居民利益，激发各方改造积极性。

应该因地制宜，探索差异化解决方案，尽量扩大受益面，让老旧小区改造惠及更多人群。我国有七大气候分区，加之平原、山地、水乡等不同地理环境特点，使得各地小区的空间、建筑、环境、设施等方面存在较大差异。住宅的楼房间距、保暖节能、建筑材料、设施配置等相应的规范要求从底线上约束不同地区、不同类型小区的改造思路和重点。例如，北方城市小区的热力管网、排水防冻要求比较严格，南方城市小区对绿化景观更加重视；北方住宅注重冬季采光，而南方住宅更强调夏季通风，造成了建筑立面、阳台、底层空间以及小区绿化景观等方面改造的差异。充分考虑不同小区所处的地域地理环境特点，可以在保证改造合乎规范性基础上，做出更具特色、更符合环境特征的改造方案[1]。可以看到，老旧小区改造是一项更加系统、复杂的工程，不同城市和地区，在具体落实相关政策时一定要坚持因地制宜、精准施策。

老旧小区改造的关键点就是要因地制宜，把握发展趋势，结合特点进行改造。针对老旧小区的管理、基础配套设施等进行改造时需要结合小区内部的现有情况和小区的居民情况进行统筹，不能照搬硬套其他区域的经验，而是要在其他小区改造成功的基础上吸收借鉴相应的理念并结合小区的实际情况进行改造[2]。只有高度把握不同小区的特点和居民需求，方能针对性地实施改造，让人民群众生活更方便、更舒心、更美好。

---

① 李和平：因地制宜，精准施策——针对老旧小区特点和居民需求的更新改造.
② 耿晗喆.浅谈城市老旧小区改造发展趋势[J].居业，2020（11）：40-41.

1.3.3 居民自愿，多方参与

要充分发挥政府统筹引导作用。各级党委和政府应积极成立城镇老旧小区改造统筹协调推进工作领导小组，以统筹规划、统一协调城镇老旧小区改造工作，制定城镇老旧小区改造工作相关政策文件，指导各级政府相关部门开展城镇老旧小区改造工作。按照属地管理原则设立城镇老旧小区改造工作统筹协调推进机制，明确相应牵头部门和成员单位，细化责任分工，制定工作方案，落实责任到人。

要坚持居民自愿、尊重居民意愿，调动各方参与。全国需改造的城镇老旧小区涉及居民上亿人，情况各异，任务繁重。面对量大面广的老旧小区改造任务，各地改不改？改什么？怎么改？改得好不好？要由居民来评价。改后怎么管？仍要引导居民协商确定。老旧小区改造过程中应广泛开展"美好环境与幸福生活共同缔造"活动，激发居民参与改造的主动性、积极性，充分调动小区关联单位和社会力量支持、参与改造，实现决策共谋、发展共建、建设共管、效果共评、成果共享。

要通过整体性的顶层设计、系统性的实施规划，通过自上而下与自下而上的力量相互整合[1]，全面有效推进。老旧小区改造是一项涉及多管理部门、多利益主体的综合性工作，需要政府部门承担改造的主体责任，健全部门联动机制，强化统筹推进力度，从前期规划与方案设计到后续改造和综合治理，都要进行周密的计划安排，建立共建共享的多方参与协调机制[2]，充分激发市场活力，吸引各类专业机构等社会力量参与居住社区配套设施建设和运营。要改变过去单就老旧小区搞整治改造的老模式，把老旧小区改造与其他城市建设、改造项目捆绑统筹或组合，创新老旧小区改造方式和融资模式，探索形成政府引导、市场运作的多方融资机制新路子。结合拟改造项目的具体特点和改造内容，创新政策机制，合理确定改造资金筹集机制，实现多渠道筹措改造资金[3]。

要坚持由政府、居民、社会力量各方共担，政府牵头主导，发动社会力量和居民群众积极参与。社会力量在老旧小区改造中发挥着非常重要的作用，尤其是在很多提升类的改造项目里，其作用是不可或缺的，市场力量和社会力量是能够让老旧小区改造持续推动的关键。老旧小区改造是一个改善老百姓最切实生活条

---

① 刘佳燕，邓翔.基于社会——空间生产的社区规划：新清河实验探索[J].城市规划，2016（11）：9-14.

② 曹海军.党建引领下的社区治理和服务创新[J].政治学研究，2018（01）：95-98.

③ 陈一全.山东省城镇老旧小区改造机制创新探索[J].2020（13）：72-74.

件的惠民工程，光靠政府财政投入不可持续。

1.3.4 保护优先，历史传承

"国办发23号文"中指出，城镇老旧小区改造要兼顾完善功能和传承历史，落实历史建筑保护修缮要求，保护历史文化街区，在改善居住条件、提高环境品质的同时，展现城市特色，延续历史文脉。意见提出要建立改造项目推进机制，改造项目涉及历史文化街区、历史建筑的，应严格落实相关保护修缮要求。老旧小区是人们生活和居住的场所，记载着城镇街区的居住文化，尤其是历史文化街区，反映着城镇的自然历史演进。在老旧小区改造工作中追求历史文化与物质需求相平衡，也恰恰是城镇街区历史真实性的完美体现（图1-12）。

图1-12　湛江市霞山区法式风情街改造前后对比

老旧小区改善的是居住条件，提升的是生活品质，在情感的层面是要留住"城市里的乡愁"。老旧小区改造中可以融入人文元素，将企业精神文化和居民成长记忆融入改造中，实现传承地方历史文化和改善人居环境合二为一的目的，对社区内不同风貌类型的建筑设置针对性的改造内容，在社区居住条件改善的同时保留社区历史文化特色，使改造工作能因地制宜、精准推进。

1.3.5 综合整治，长效管理

实施老旧小区改造困难重重，如达成共识难、资金筹集难、拆除违建难、管线迁改难、统一标准难、本体改造难、加装电梯难、小区停车难、配套服务难和长效管理难等，归纳起来，就是要解决好人心问题、资金问题和方法问题。为此，充分发挥基层党建示范带动作用，建管并重，是解决这些问题的重要抓手。通过"党建+"等形式，发动党员居民参与小区改造后的运维管理，引导居民协商自治，构建"纵向到底、横向到边、协商共治"的社区治理体系，发挥基层党组织的战斗堡垒作用和党员干部的模范带头作用，充分调动社会各界参与到老旧小区改造中去，提高其积极性、主动性和创造性。把基层党组织建设与老旧小区改造组织工作、社区管理相结合，把加强党的建设贯穿于老旧小区改造及基层社会治理的全过程，充分发挥党的领导核心作用和党员的先锋模范作用。坚持"共建共享、共同缔造"的改造新理念，突出"决策共谋、发展共建、建设共管、效果共评、成果共享"，更加注重老旧小区改造与管理的可持续性。

老旧小区改造是一个系统的民生工程，要聚焦居民最关心的"难点""堵点""痛点"，通过基层党建引领、红色物业引进，把基层党建与老旧小区改造的进程相结合，将社区治理能力建设融入改造过程，促进小区治理模式创新，推动社会治理和服务重心向基层下移，完善小区长效管理机制，把红色物业与居民多样化、精细化、个性化的需求相对接，做到"小区改造在哪，红色理念就到哪""小区改造到哪，基层党建跟到哪"，使老旧小区改造的成效能够体现到一件件群众看得见、摸得着的实实在在的民生实事上[①]（图1-13、图1-14）。

建立长效的维护和运营管理机制极其重要。老旧小区改造后，如何建立长效的维护和运营管理机制，确保改造后的老旧小区外观"颜值"不反弹、内在"气质"不降低，是一个需要认真解决的问题。如果缺失后续长期维护和运营管理机制，改造后的老旧小区"颜值""气质"恐难以长期保持[②]。这需要政府加强引导和统筹协调，鼓励基层结合自身实际情况，积极探索维护和运营管理新机制，创新老旧小区改造后续维护管理新方法。充分发挥街道、社区等组织的指导作用，从而能够形成多级部门的管理体系，构建一体化管理网络。管理体系需要由市级领导部门进行统筹，区级政府部门负责协调，而老旧小区所在的街道组织需要结合

---

① 资料来源：基层党建引领 红色物业引进——老旧小区改造要加强完善长效治理机制，https : //m.sohu.com/a/431591512.692738/.

② 资料来源：北京青年报：老旧小区改造建立长效维护管理机制很重要.

图1-13　小区红色物业管理①　　　　　　图1-14　劲松社区社会化管理运营②

社区来进行落实。一体化管理体系可以使长效管理机制能够充分实施，同时使网格点的责任人、保洁员、志愿者等都能够完成自身的工作，并且形成全天候的管理机制，结合老旧小区特点形成长效管理体系③。在实际探索创新过程中，及时总结经验得失，使维护和运营管理机制与时俱进，并不断完善、提升，确保改造后的老旧小区不"返旧"。

编写人员：
全国市长研修学院：张佳丽
中国生态城市研究院：王一丹、翁宾彬、刘杨
中国城市建设研究院有限公司：李哲、刘玉军

① 图片来源：https://new.qq.com/omn/20210728/20210728A0F31H00.html.
② 图片来源：https://baijiahao.baidu.com/s?id=1688202850782075604&wfr=spider&for=pc.
③ 胡宇，张金鑫.老旧小区综合整治后长效管理路径探索[J].现代物业（中旬刊），2019（09）：6-7.

第二章
整体规划技术
要点

全国老旧小区改造工作遵循的基本原则为"市级统筹、区级牵头、街道负责、社区落实"。在"城市更新与老旧小区改造丛书"之《城镇老旧小区改造实用指导手册》的第四章中，将市级、区级老旧小区改造实施方案的编制工作进行了详细阐述，包括实施方案的编制流程、原则、内容体系以及如何开展市级、区级的摸底调研和台账建立、界定改造范围和任务内容、区域统筹和规划衔接等内容。

区别于市级、区级实施方案，本章内容主要为某个具体的片区、社区、街区或者具备一定规模的小区要改造时，如何推进具体工作，包括调研内容，调研方法，居民需求，改造清单，改造目标的确定，基础类、完善类、提升类改造内容和原则的确定。结合实际案例，图文并茂地展示单个老旧小区（社区）该如何编制整体方案（图2-1）。涉及每个具体的改造项目，如建筑加固、建筑节能等应该如何做、要符合哪些规范标准，将在本书的第三、四、五章中具体阐述。

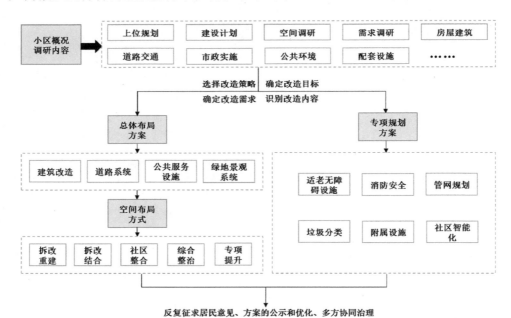

图2-1　整体框架图

2.1 前期调研

2.1.1 立足多维视角，开展充分调研

1.调研目的

为明确老旧小区改造工作的问题，需要通过对老旧小区实地察看、与当地居民深度访谈等形式，了解老旧小区改造的真实痛点及不同利益主体的客观诉求。前期调研对老旧小区改造工作全过程具有十分重要的作用。

2.调研范围及内容

老旧小区改造前应对小区情况进行勘察与评估，进行广泛的前期调研，明确老旧小区的改造目标，结合调研结果与改造成本指定技术策略，确定合理可行、经济适用的改造方案。

1）相关规划及城建计划调研（表2-1）

以规划设计为"制高点"，实行统一谋划，更利于旧改工作的推进。其中上位规划包括但不限于《××市"十四五"规划》《××市国土空间规划》《××历史文化名城保护规划》和区控制性详细规划及指标一览表等。相关规划包括××市产业发展、文旅、养老、重大基础设施、慢行系统、公共服务设施等专项规划。

在调研过程中，充分了解政府相关城建计划尤其是小区外围道路建设、小区外围公共服务设施配建及与小区密切相关的建设项目等，结合老旧小区改造统筹协调推进其他政府建设项目（图2-2）。

图2-2 老旧小区改造结合市政支路打通同步进行

老旧小区改造工作实施难度大，涉及面广，给居民的出行、生活均带来一定的负面影响。主要涉及居民出行交通组织、施工材料和设备的进出场地与临时停车、材料堆放、施工作业面的腾挪等。项目实施前，应与各部门协调小区、道路、市政管线和绿化等项目的改造时序，以片区为单位，统筹改造小区及周边项目的实施时间，做到一个片区集中进场，一个施工通道多个项目公用，改造完成后至少5年内不二次进场（图2-3）。

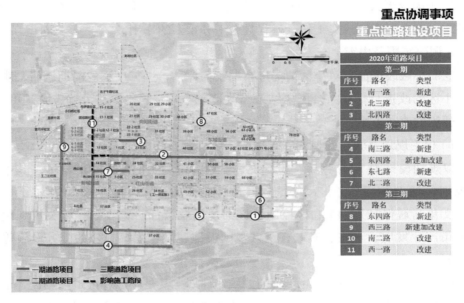

图2-3　老旧小区改造施工时序协调

老旧小区改造信息收集清单　　　　　　　　　　　　　　　　表2-1

老旧小区改造信息收集清单				
信息类别		信息名目	涉及部门	信息填写
宏观层面	上位规划	《××市"十四五"规划》	自然资源和规划局	
		《××城市国土空间规划》	自然资源和规划局	
		《××历史文化名城保护规划》	自然资源和规划局	
		××市产业发展、文旅、养老、重大基础设施、公共服务设施等专项规划	自然资源和规划局	
	其他资料	××市近5年统计年鉴	统计局	
		城市各区近期建设规划	住房和城乡建设局	
		城市规划技术管理规定	自然资源和规划局	

老旧小区改造信息收集清单				
信息类别		信息名目	涉及部门	信息填写
中观层面	上位规划	区国土空间规划	自然资源和规划局	
		区控制性详细规划及指标一览表	自然资源和规划局	
		区产业发展、文旅、历史街区、重大基础设施、市政设施、公共服务设施等专项规划	自然资源和规划局	
	其他资料	已有的城市更新综合整治的规划或工作计划	住房和城乡建设局	
		智慧城市建设情况	住房和城乡建设局	

2）空间调研（表2-2、表2-3）

（1）基本情况调研：小区发展历史、用地情况、居民户数、人口构成、60岁以上老年人数量、居民收入、小区内车辆保有量、现状停车位数量、建筑功能、历史文化资源、小区特色风貌、小区物业管理收费标准、出租率、售房款等（图2-4）。

老旧小区改造主要信息清单　　　　　　　　　　　　　表2-2

老旧小区改造主要信息清单			
信息类别		信息名目	信息填写
微观层面	基本信息	规划范围四至图	
		现状地形图	
		区各街道、社区行政范围图	
		改造区域现有建筑数据（如年代、构造、材质、面积等）	
		改造区域占地面积	
		改造区域建筑面积	
		改造区域楼栋数	
		改造区域单元数	
	行政区划	所属街道	
		所属社区	
	物业管理	现物业公司	
		物业公司性质（国企/民企）	
		物业收费标准	
		物业费收缴率	
		政府物业费补贴情况	
		是否有业委会	

老旧小区改造主要信息清单			
信息类别		信息名目	信息填写
微观层面	产权情况	商品房占比	
		房改房占比	
		未房改公房占比	
		回迁房占比	
	居民情况	总户数	
		总人口数	
		主要人群及占比	
		租户占比（%）	
		60岁以上老人占比	
	车位情况	现有车位	
		总需求车位	
		车位缺口	
		停车收费标准	
		停车收费单位	
	既往改造情况	既往改造项目、时间及政府投入情况	

社区资料清单   表2-3

社区资料清单		
序号	内容	备注有无
1	社区四至范围（区位）；现状地形图（CAD）；行政范围图（街道、社区）	
2	配套设施情况（幼儿园、学校、托老设施、养老驿站、配套商业等）	
3	周边停车情况：停车位；地上+地下；各有停车位；可以加停车位的位置；社区内停车位缺口数量	
4	老旧小区现有建筑数据（如年代、构造、材质、面积等）；小区/院落红线（占地面积、建筑面积、楼栋数、单元数）；人口数据（总人口、总户数、组成、年龄结构等）	
5	原始规划图、竣工图	
6	消防救援场地、消防通道等（现有车位、需求缺口、停车收费标准）	
7	街道及社区闲置空间（或地块）以及低效空间（或地块）情况，及其权属情况	
8	既往改造情况（既往改造项目、改造时间等）	

（2）基础设施调研：小区道路基本情况如道路宽度、断头路是否能打通及所在位置；排水、供电、供暖、供水、供气、弱电、路灯等市政设施情况及存在的问题；日间照料站位置和床位数、配套教育设施位置，面积和学生数量；环卫设

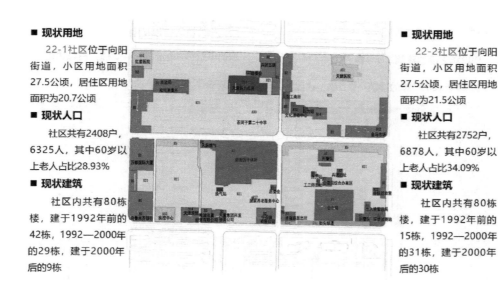

■ 现状用地

22-1社区位于向阳街道，小区用地面积27.5公顷，居住区用地面积为20.7公顷

■ 现状人口

社区共有2408户，6325人，其中60岁以上老人占比28.93%

■ 现状建筑

社区内共有80栋楼，建于1992年前的42栋，1992—2000年的29栋，建于2000年后的9栋

■ 现状用地

22-2社区位于向阳街道，小区用地面积27.5公顷，居住区用地面积为21.5公顷

■ 现状人口

社区共有2752户，6878人，其中60岁以上老人占比34.09%

■ 现状建筑

社区内共有80栋楼，建于1992年前的15栋，1992—2000年的31栋，建于2000年后的30栋

图2-4 某小区基本情况调研分析图

施分布；休闲座椅数量和位置、健身器材的点位与数量；围墙分布、公共空间环境、绿化种植及分布；消防及安全隐患；闲置用房位置、面积与使用人，闲置空地位置与面积等（图2-5）。

（3）房屋建筑调研：房屋数量（图2-6）、建成时间、建筑权属（图2-7）、建筑结构层数、单元数、房屋质量、危破房数量、违章建筑位置及面积和使用人、建筑屋面是否漏水、建筑是否需要节能改造、建筑是否需要抗震加固、公共维修资金使用情况等。

027

序号	名称	建筑面积(m²)	建筑层数	建筑质量	权属单位	使用情况
1	三小	5980	3层	较好	教育局	在用
2	机关三幼	2547	3层	较好	教育局	在用
3	社区办公楼	1057	2层	一般	新城街道办事处	在用
4	供热站	388	1层	一般	天富集团	在用
5	工商局	1641	5层	较好	市场监督管理局	在用
6	商务餐饮	945	1层	较好	文体局	在用
7	水资源管理中心	413	4层	一般	水利局	在用
8	原红楼	1120	3层	一般	总工会	闲置
9	城管委活动中心	300	1层	一般	城管委	闲置
10	老干所	360	3层	较好	组织部	在用
11	天富热电营业厅	320	1层	一般	天富集团	闲置
12	公交公司	3837	6层	一般	天富集团	在用
13	原泽众水务	2464	5层	较好	国资委	在用
14	益明市场	1000	1层	临建	天富集团	在用
15	便民蔬菜直销点物业办公用房	180	1层	临建	商务局	在用
16	城管大队用房	64	1层	一般	城管局	在用

图2-5 小区配套服务设施分布图

共有**1267**栋建筑

1992年之前的建筑**598**栋占比**47%**，

1992年到2000年的建筑**669**栋，占比**53%**

所有楼栋皆无维修基金

没有做抗震加固的有**619**栋，占总建筑栋数的**49%**

社区名称	小区数量(个)	总建筑栋数(栋)	92年以前的楼栋数(栋)	92年以前楼栋占比(%)	92年以后的栋数(栋)	92年以后楼栋占比(%)	需抗震加固楼栋数(栋)	需抗震加固建筑占比(%)
万花社区	10	51	8	15.69	43	84.31	8	15.69
龙溪社区	25	106	90	84.91	16	15.09	73	68.87
兴盛社区	17	78	29	37.18	49	62.82	28	35.90
吉花社区	27	84	61	72.62	23	27.38	59	70.24
宁和社区	22	60	36	60.00	24	40.00	44	73.33
关平社区	19	62	39	62.90	23	37.10	62	100.00
泰安社区	14	40	25	62.50	15	37.50	40	100.00
榆华社区	10	64	0	0.00	64	100.00	7	10.94
福文社区	18	104	48	46.15	56	53.85	17	16.35
龙祥社区	2	23	23	100.00	0	0.00	18	78.26
正阳社区	18	53	15	28.30	38	71.70	19	35.85
河畔社区	18	44	32	72.73	12	27.27	32	72.73
鹭浦社区	36	105	38	36.19	67	63.81	33	31.43
花园社区	7	16	7	43.75	9	56.25	5	31.25
幸福社区	16	37	15	40.54	22	59.46	18	48.65
南环社区	13	88	33	37.50	55	62.50	45	51.14
关涵社区	10	47	1	2.13	46	97.87	11	23.40
兴园社区	27	116	50	43.10	66	56.90	50	43.10
百乐社区	30	89	48	53.93	41	46.07	50	56.18
合计	339	1267	598	47.20	669	52.80	619	48.86

图2-6　小区内建筑楼栋基本情况调研

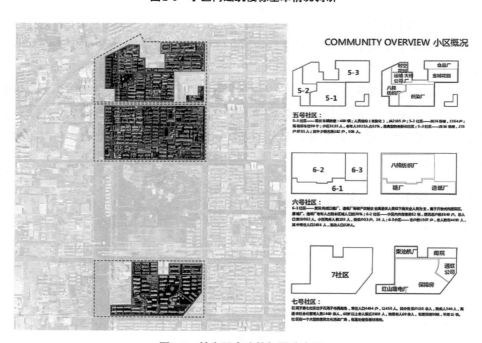

图2-7　某小区内建筑权属分布图

城市更新与老旧小区改造丛书二

城镇老旧小区改造综合技术指南

（4）周边区域调研：生态廊道的位置、周边公共服务设施点位、周边公共交通设施点位、周边慢行系统分布、周边医院分布、周边学校分布、周边商业设施分布、周边文化设施分布（包括文化宫、会展中心、博物馆、图书馆、展览馆、美术馆、公园等）等。

3）需求调研

通过对居民的走访以及问卷调查了解现状居住满意度、建筑改造需求、公共空间改造需求、公共设施配置需求、市政设施改造需求、参与公共事务意愿、小区改造建议、改造可承受度、物业费用的承受能力等。

调研工作可分为居民调研和基础调研两部分。通过两部分调研工作，切实了解居民需求以及社区现状问题，提出具有针对性的改造策略。具体调研方法有以下三种：

（1）GIS大数据：针对项目用地周边45分钟生活圈进行数据分析。项目周边住区密度分布、学校密度分布（包括幼儿园、小学、中学、高等院校、职业技术学校、成人教育、培训机构等）、商业密度分布（不同类型基础商业配套包括生活服务、餐饮服务、购物服务等）、文化设施密度分布（包括文化宫、会展中心、博物馆、图书馆、展览馆、美术馆、公园等）、区域地形地貌及主要人群活力热力分析、重点区域流量数据分析。

（2）问卷访谈：根据数据结果设定问卷，访谈不同人群。

（3）现场踏勘：在现场访谈过程中同步进行项目本体现状分析（图2-8）。

图2-8　老旧小区调研照片

居民信息及意愿收集，问卷调查内容：

● **基本信息**

1. 您住在哪个小区_____，住了多久了_____？

2. 您家的房子是_____室_____厅，在_____楼，面积是_____m²？

3. 租房还是买房_____，是什么原因让您选择居住在这里？

4. 您对小区的总体满意度如何？（1-5分）非常不满意/不满意/一般/满意/非常满意

● 请您对小区的房屋居住/安全性/出行/基础服务配套/文化活动等方面进行评价

5. 您对居住方面满意吗？（1-5分）非常不满意/不满意/一般/满意/非常满意

   a）户内空间（主要是居住尺度）

   b）公共区：楼道/楼梯间/电梯

   c）隔音/保温/防水/日照（居住舒适度，主要指物理感受）

   d）建筑外墙造型美观程度

   e）上下水管/电线/管路设施等

   f）其他 _____

6. 您对小区安全方面满意吗？（1-5分）非常不满意/不满意/一般/满意/非常满意

   a）门禁（包括楼栋及小区门禁）

   b）摄像头

   c）社区内的外来人员

   d）社区住户情况复杂

   e）治安管理

   f）其他

7. 您对小区交通出行方面满意吗？（1-5分）非常不满意/不满意/一般/满意/非常满意

   a）出入口设置

   b）机动车行车系统、机动车停车问题

   c）非机动车行车系统、非机动车停车问题

   d）步行系统、上班上学出行距离

   e）外卖、快递电动车限速管理

   f）其他

8. 您对小区基础配套服务满意吗？（1-5分）非常不满意/不满意/一般/满意/非常满意

   a）便利店/菜市场/超市

   b）早点铺/餐饮店

   c）配钥匙、理发、ATM等便民服务

   d）家政服务、干洗、洗衣洗鞋

   e）养老服务

f）其他

9.您对小区文化体育活动满意吗？（1-5分）非常不满意/不满意/一般/满意/
非常满意

    a）成年人及老年人活动场地/健身设施

    b）儿童及青少年活动场地/健身设施

    c）文化娱乐/图书室/电影院

    d）社团活动组织/志愿者组织

    e）社交活动场地及设施

    f）其他

10.您对小区内的景观绿化满意吗？（1-5分）非常不满意/不满意/一般/满意/
非常满意

    a）草地树木花卉美观

    b）大门形象

    c）小品雕塑

    d）休闲设施

    e）夜晚照明

    f）遮阳/避雨/垃圾桶/驱虫

    g）维护工作

    h）其他

11.您养宠物吗？您觉得有不便的地方吗？或者别人养宠物是否对您造成干
扰？

12.您觉得住在这，邻里关系如何？

13.租户多吗？都是些什么样的人？租户和住户之间会有矛盾吗？

14.（老人）：您的子女经常来看您吗？会有什么不便吗？

15.（年轻人）：您的工作压力大吗？一般用什么方式解压放松？

16.综上所述，您对小区最不满意的是什么？为什么？

17.综上所述，您对小区最满意的是什么？为什么？

18.请描述在＊＊社区居住过程中让您记忆深刻的场景？

● **人员基础信息**

19.家里几口人居住在_____小区？

20.您的家庭结构是？是否有保姆同住？是否使用家政服务？

    a）一代居：独居

b) 一代居：2人（未婚情侣、已婚无孩、丁克家庭及老夫妻）

c) 二代居：单亲 + 儿女

d) 二代居：父母 + 儿女

e) 三代居：父母 + 儿女 + 老人

f) 四代及以上同堂居住

g) 其他（保姆？外地亲戚？等）_____ 保姆开支_____

几位老人_____ 年龄_____

21. 您是否为（调研城市）人？如果不是，请问您来自哪里？在（调研城市）住了多久？定居（调研城市）的原因？

22. 您的年龄是？

a) 18岁及以下   b) 19～29岁

c) 30～44岁   d) 45～59岁

e) 60～74岁   f) 75岁及以上

23. 您的（退休前）职业是？（深访可询问工作状态，职业特征等情况）

24. 您的家庭月收入是？

a) 5000以下   b) 5000～1万

c) 1万～2万   d) 2万～3万

e) 3万～4万   f) 4万以上

25. 您的学历是？

a) 小学   b) 中学

c) 高中   d) 大专/本科

e) 硕士/博士

2.1.2 结合实际情况，汇总基本问题

1. 房屋建筑

由于老旧小区建成年代较早，许多房屋已经出现了较严重的外立面破损或脱落的情况，缺乏抗震加固也是老旧房屋普遍存在的现象（图2-9、图2-10）。几乎所有的老旧建筑都未进行节能改造，同时，建筑设施还普遍存在单元门破损或缺失、排水立管破损、屋面渗水漏水、楼梯扶手老旧、楼道内墙面斑驳脱落等现象，具有一定安全隐患，大大降低了居民生活的幸福感（图2-11、图2-12）。

图2-9　小区建筑外立面破损脱落现状

图2-10　小区建筑无抗震加固现状

图2-11　小区建筑单元门缺失现状

图2-12　小区建筑屋面渗水漏水现状

2.道路交通

老旧小区内部道路普遍存在路面狭窄且破损严重、断头路多等情况，部分老旧小区还出现了较大的道路高差，有一定的安全隐患。大部分老旧小区缺乏管理，小区内部机动车和非机动车乱停乱放的现象非常普遍，且停车位短缺一直是老旧小区居民关注的重点（图2-13、图2-14）。

图2-13　小区非机动车停车位紧张现状

图2-14　小区道路狭窄现状

3.市政设施

由于老旧小区建设年代较早，地下排水管道普遍存在老化、堵塞、管径小等问题。东部沿海地区老旧小区容易出现小区内涝积水问题，排水系统较差，且存在雨污混接情况，造成周边水体环境污染。北方地区老旧小区内供热管网设施运行年代较长，技术水平落后，严重影响供热安全与供热质量，同时也增加了能源消耗和污染物的排放（图2-15、图2-16）。

图2-15　小区管线连接混乱现状　　　　　图2-16　小区管道破损现状

4.公共环境

老旧小区普遍存在私搭乱建的问题，占用公共资源的同时，也给大多数居民的生活造成了不便。多数老旧小区存在缺乏小游园和休闲健身场所、公共座椅数量及分布不合理、垃圾桶随意摆放且未实行垃圾分类等亟待解决的问题。同时部分老旧小区还存在绿化情况较差和黄土裸露的情况，严重影响小区整体的风貌（图2-17、图2-18）。

图2-17　小区黄土裸露现状　　　　　　图2-18　小区私搭乱建现状

5.配套设施

因为投资建成年代较早，老旧小区的许多公共设施都年久失修，处于老化状态。适老设施、无障碍设施等缺口较大，致使许多居民的需求得不到满足。社区卫生站、社区文化活动室、日间照料站及其他配套设施如充电桩、智能快递箱、体育健身设施的缺乏，也使得老旧小区居民的生活品质得不到进一步提高（图2-19、图2-20）。

图2-19　小区活动设施现状

图2-20　小区休闲设施现状

2.2　内容识别和策略选择

2.2.1　改造内容识别

"国办发23号文"将老旧小区改造类型分为三类，即基础类、提升类和完善类。各改造类型的改造内容及改造要素见表2-4，详细改造内容见本书的第三章、第四章和第五章。

老旧小区改造内容清单　　　　　　　　　　　　表2-4

改造类型	改造内容	改造要素	
基础类	防灾安全性能提升	房屋加固	砖砌体房屋的加固
			钢筋混凝土房屋的加固
			底层框架砖房的加固
		消防性能提升	
	建筑改造与维修	建筑屋面维修	屋面防排水
			屋面防雷系统修缮
		建筑外墙	楼体防水
			外立面美化
		楼内公共空间	楼道公共照明改造
			楼梯间及走廊粉刷
			扶手栏杆修缮
			线缆规整
			完善无障碍坡道和设施
			地下空间整治

改造类型	改造内容	改造要素	
基础类	市政等配套 基础设施	供水及给水消防系统	
		排水系统	
		热力系统	
		燃气系统	
		供配电系统	
		智能化系统	公共安全系统改造
			信息设施系统改造
			弱电管网敷设
		道路及停车	
		生活垃圾分类收集	
完善类	场地功能 提升改造	集中式公共空间及公共绿地改造	
		小区出入口	人车分流
			智慧设施的改造
			小区入口景观改造
			增加服务（防疫）空间
		健身场地	健康步道及绿道设置
			运动场地设置
			健身设施的设置
		环卫设施场地	
		便民设施	智能快件箱及智能信报箱
			晾衣架等生活类便民设施
	海绵化改造	场地现状条件摸排	
		建筑雨水管断接的处理	
		铺装材料的选择	
		雨水径流的系统性组织	
		海绵设施布局及竖向设计	
		雨污分流改造	
		雨水回用系统的设置	
		绿化要求	
	建筑物、构筑物 改造	拆除违法建设	
		物业用房改造	
	建筑节能	外围护结构 节能构造	建筑节能门窗和建筑遮阳体系
			节能墙体

改造类型	改造内容	改造要素	
完善类	建筑节能	外围护结构节能构造	节能屋面（种植屋面、蓄水屋面等）
			节能地面
		用能系统节能改造	供热系统节能改造
			通风空调系统节能改造
			照明系统节能改造
		可再生能源利用技术	
	加装电梯	加梯现状，评估	
		加梯解决方案	
		加梯工程建设	
	道路改造	消防道路	
		车行道路	
		人行道路	
	停车场地与设施	机动车停车设施	集中地面停车场（库）设置
			立体车库设置
			完善停车场（库）设施标识
			道路空间挖潜提升
			空间复合利用式停车
		非机动车停车设施	自行车停车场/棚设施设置
			自行车停车场/棚设施绿色设计
		电动自行车及汽车充电设施	电动自行车停车场/棚设施设置
			电动汽车充电设施设置
			电动自行车及汽车充电设施绿色设计
	全龄友好及无障碍环境改造	无障碍环境改造	慢行交通体系改造
			服务设施无障碍改造
		适老化环境改造	绿地空间的适老化改造
			活动场地的适老化改造
			服务设施的适老化改造
			景观小品的适老化改造
		儿童友好环境改造	儿童游乐场地
			儿童游乐设施
			儿童友好道路及铺装
	照明环境整治	功能照明	
		景观照明	

改造类型	改造内容	改造要素	
提升类	公共服务设施配套建设及其智能化改造	社区综合服务设施	社区综合服务设施用房
			社区居委会办公和活动用房
			社区综合服务设施的无障碍设计
			布置形态
			社区综合服务设施的信息化、智能化
		卫生服务站等公共卫生设施	
		幼儿园等教育设施	
	社区专项服务设施	养老	
		托育	
		助餐	
		家政、保洁	
		便民市场	
		便利店	
		邮政、快递末端综合服务站	
	外部空间环境提升与城市家具改造	交通管理设施	
		城市照明设施	
		路面铺装设施	
		信息服务设施	
		公交服务设施	
		公共服务设施	
	安防及智能化改造	安全防范系统	
		智能化改造	
	智慧化的完整居住社区	构建智慧安防综合平台	
		构建智慧消防综合平台	
		构建社区综合治理平台	
		构建社区智慧养老平台	
		构建社区适老关爱体系，建设信息无障碍系统	

基础类改造是为了满足居民的安全需要和基本生活需求，主要是市政配套基础设施改造提升以及小区内建筑物屋面、外墙、楼梯等公共部位维修等。其中，改造提升市政配套基础设施包括改造提升小区内部及与小区联系的供水、排水、供电、弱电、道路、供气、供热、消防、安防、生活垃圾分类、移动通信等基础设施，以及光纤入户、架空线规整（入地）等。道路基础类要做到"应改尽改"，

避免反复改造、多次扰民。中央补助以及各级财政投入会重点支持市政配套基础设施改造提升以及小区内公共部位维修等，地方专门负责的单位也有对水暖电气热改造内容的出资责任。

完善类改造是为了满足居民生活便利需要和改善生活需求，主要是环境及配套设施改造建设、小区内建筑节能改造、有条件的楼栋加装电梯等。其中，改造建设环境及配套设施包括拆除违法建设，整治小区及周边绿化、照明等环境，改造或建设小区及周边适老设施、无障碍设施、停车库（场）、电动自行车及汽车充电设施、智能快件箱、智能信报箱、文化休闲设施、体育健身设施、物业用房等配套设施。完善类改造是满足居民改善型生活需求和生活便利需要的改造内容。当居民需求不一致时，要达成一致才能做。完善类改造内容根据谁受益谁出资原则，财政资金可通过"以奖代补"的形式支持完善类内容的改造，一部分的改造内容需要通过居民的出资还有公共资源的让渡来解决。

提升类改造是为了丰富社区服务供给、提升居民生活品质，主要是公共服务设施配套建设及智慧化改造，包括改造或建设小区及周边的社区综合服务设施、卫生服务站等公共卫生设施、幼儿园等教育设施、周界防护等智能感知设施，以及养老、托育、助餐、家政保洁、便民市场、便利店、邮政快递末端综合服务站等社区专项服务设施。提升类主要涉及城市公共服务的供给，养老、托育这些改造内容需要依据居民的意愿进行，改造内容的选择更多的是根据居民的需求而定，例如老年人多的地方，老年年龄结构比重大的地方，可能更需要养老设施；年轻人多的小区，可能需要托育设施更多一些。资金方面，提升类要结合周边区域特点，按照15分钟生活圈要求，发挥财政资金的引导作用，鼓励社会力量、社会资本的投资，通过设计、改造、运营给予一定的补助和支持，更多地依靠社会专业化的服务和社会专业化的投入来解决。

2.2.2 改造策略选择

1. 完整社区策略

1）以街区为改造单元

结合老旧小区分布较散、各自独立的实际情况，以一个街区为改造单元，提升整体改造效果，改变以往分散式的整改方式，整合资源避免反复施工。

老旧小区改造通常点多面广，是一个系统工程。在老旧小区改造过程中，经常发现有些城市按单个老旧小区分别推进。单个老旧小区的改造，往往很难挖掘城市的闲置资源，形成不了一个系统的城市经济综合体，也很难系统地解决城市的功能、交通、市政基础设施所存在的问题。同时，单个老旧小区麻雀虽小，五脏俱全，这样的推动往往事倍功半，非常低效。改造过程中应遵循"组团连片、集散为整"原则，合理拓展改造实施单元，统一实施规划、设计、改造、管理，同步完善街区养老、托幼、文化、医疗、助餐、家政、快递、便民等公共服务配套，推进相邻小区及周边地区联动改造，加强片区基础设施、公共服务设施共建共享。

2）完整社区、大物业管理

"国办发23号文"中提出"坚持以人为本，把握改造重点。从人民群众最关心最直接最现实的利益问题出发，征求居民意见并合理确定改造内容，重点改造完善小区配套和市政基础设施，提升社区养老、托育、医疗等公共服务水平，推动建设安全健康、设施完善、管理有序的完整居住社区。"2020年住房和城乡建设部等13家部委联合印发的《关于开展城市居住社区建设补短板行动的意见》（建科规〔2020〕7号）中指出，当前居住社区存在规模不合理、设施不完善、公共活动空间不足、物业管理覆盖面不高、管理机制不健全等突出问题和短板，与人民日益增长的美好生活需要还有较大差距。为贯彻落实习近平总书记关于更好为社区居民提供精准化、精细化服务的重要指示精神，建设让人民群众满意的完整居住社区，文件从合理确定居住社区规模、落实完整居住社区建设标准、因地制宜补齐既有居住社区建设短板、确保新建住宅项目同步配建设施、健全共建共治共享机制几个方面对开展居住社区建设补短板行动提出了相关意见。

完整社区的建设可对照《完整居住社区建设标准（试行）》，通过重新规划服务中心内部建筑功能布置，进一步细化完善居住社区基本公共服务设施、便民商业服务设施、市政配套基础设施、公共活动空间、物业管理全覆盖和社区管理机制健全建设内容和形式，完善社会综合服务站、幼儿园、托儿所、老年服务站、社区卫生服务站、综合超市等具体指标的建设。建设满足老年人集"健养、乐养、膳养、休养、医养"于一体的社区乐龄养老生态圈，满足居民生活的便民商业服务圈，满足居民教育学习的文化教育学习圈，满足老年人及残障人士的无障碍生活圈，满足居民就近休闲健身娱乐的社区公共休闲圈；解决功能单一，服务性不明显的弊端，通过重新规划服务中心内部建筑功能布置，划分出办事接待厅、公共休闲交流空间、临时托管点、公共阅览室、智慧书屋、党建活动中心、社区教育学校、创新实验室等多种空间[①]；营造出邻里、教育、创业、建筑、服务、交通、健康、环境治理、居民参与等多重空间，打造安全智慧、绿

城镇老旧小区改造综合技术指南

城市更新与老旧小区改造丛书二

———

① 陈球，张幸，陈梓."完整社区"理念下的老旧小区改造实例与探讨[J].城乡建设，2020（19）：59-61.

色生态、友邻关爱、教育学习、管理有效及满足居民绿居、安居、宜居、云居的"完整社区"。打造完整居住社区，可有效地改善民生，又推动了城市升级的双向同步发展[①]。

老旧小区改造在按照基础设施改造、服务配套完善、社区环境与服务提升的要求基础上，构建五分钟、十分钟、十五分钟生活圈；对于一些人口众多、产权复杂，物业管理难的小区，可以整合街区内的老旧小区，打破各小区之间的围墙界线，最大化地创造公共空间，统一路网规划和小区出入口，实行物业统一管理。

2.友好社区策略

1）老年友好社区

针对老旧小区内老龄化比例较高的问题，改造过程中应优先考虑建设老年友好社区。2021年6月2日，国家卫生健康委印发《全国示范性老年友好型社区评分细则（试行）》（城镇社区）中，针对创建领域，提出了40个评分要素。老旧小区改造过程中可适当结合评分细则要求，根据实际情况，从居住环境、出行环境、健康环境、服务环境、敬老社会文化环境等多方面进行设计。

（1）居住环境改造可以从完善老年人住宅防火和紧急救援救助功能、安装独立式感烟火灾探测报警器、紧急呼叫设备、智能看护设备和亲情关爱网络视频系统等方面进行设计。

（2）出行环境改造可以对社区公共设施中的坡道、楼梯、电梯等节点进行改造；对道路、休憩、标识等系统的设施实行无障碍改造；配备爬楼机辅助老年人上下楼、具备安装条件的楼门单元加装电梯、在公共区域安装紧急救助系统等。

（3）健康环境改造方面，开展老年康复、中医保健、健康管理服务等项目。建立24小时监控管理中心，运用智能看护、智慧家庭健康养老技术，提供实时监测、长期跟踪、健康指导等；未来逐步嵌入生物医学传感类可穿戴设备的应用等。

（4）服务环境改造方面，建立社区养老服务驿站，提供日间照料、呼叫服务、健康指导、心理慰藉、助老、助餐、助浴等服务；增加高龄独居、中重度失能人群试点家庭养老服务床位；改建老年人活动中心和便民服务综合体，补齐便利店、理发、家政、洗染、维修、末端物流等8项基本便民服务功能。

（5）敬老社会文化环境营造方面，鼓励老年人自愿参与各种社会活动，实现

---

① 王贵美.构建完整居住社区的实践——以浙江省杭州市德胜新村老旧小区改造为例[J].城乡建设，2021（04）：18-23.

自我价值。经常性地开展保护老年人合法权益的宣传教育活动，为老年人免费提供法律服务和司法援助等[①]。

2）儿童友好社区

老旧小区大多缺少独立的儿童活动场地，或者与小区其他活动空间混合设置，相互干扰；儿童活动场地普遍规模较小，设施陈旧，器械简陋；场地内或周边的环境缺乏适应儿童心理和生理特征的综合设计。

因此，针对老旧小区内儿童群体，在环境整治、提升改造的基础上，应从居民诉求入手，探索多种形式。可以通过增设儿童游园、建立儿童托管服务中心和亲子活动空间等实现儿童友好社区的建设，这些公共空间可以成为为儿童提供服务、福利的场所。

3）健康社区

老旧小区改造应加强城市精细化管理，降低、规避各类突发公共卫生和安全事件给居民及社会带来的负面影响，在老旧小区项目改造中融入"健康社区"的理念。在满足社区基本功能的基础上，为使用者提供更加健康的环境、设施和服务，促进使用者身体健康、心理健康和社会适应健康，通过以下四方面实现：

（1）健全社区医疗网点体系

提高社区医院（门诊）在老旧小区的覆盖率，优化医疗资源的配置供给，为社区居民提供便捷的基础性医疗服务。

（2）加强道路管网综合改造

南方地区应对老旧小区进行雨污分流处理，避免河道和土壤污染，通过下水道管网定期检修和分批改造，确保污水畅通无阻，避免病毒粪口传播。加强小区电气网络等管线的综合改造，排查水电线路老化隐患，确保安全用电用水。通过平整拓宽破旧路面、打通断头路，贯通小区路网的"毛细血管"，提高小区居民抵达社区门诊、大型专门医院的通达性。

（3）优化小区公共绿地空间

对老旧小区的微型、零散空间进行绿化改造，打造家门口的"口袋公园"，有条件的小区可设置健康运动器材及小型运动场地，探索通过社区居委会、业主委员会对"口袋公园"及运动场进行自治管理及建设维护，通过一系列公共空间的整理开发，改善老旧小区的采光、通风、透气效果，避免特殊情况下人员聚集扎堆，减少病毒的飞沫和接触传播。

城市更新与老旧小区改造丛书二
城镇老旧小区改造综合技术指南

---

① 陈斯.找准老旧社区改造"小切口"解决老年宜居环境"大问题"[N].中国青年报，2021-01-12.

（4）营造居民共治共管氛围

强化小区居民共治共建理念，完善居民公众参与机制，加大社区共建共享宣传，通过小区业委会、小区社团等自治组织，借助业主微信群等社交平台，发挥楼栋长、专业人士及意见领袖的号召力，对老旧小区的重大议程、垃圾分类、管理维护等进行自我管理，在疫情及其他公共突发事件期间开展辟谣、科普和沟通协调，避免居民恐慌引发群体性事件，营造小区"共治共管、共建共享"的良好氛围。

4）无障碍社区

为贯彻落实党中央、国务院关于加快发展养老服务业的一系列决策部署，充分发挥物业服务企业常驻社区、贴近居民、响应快速等优势，推动和支持物业服务企业积极探索"物业服务+养老服务"模式，切实增加居家社区养老服务有效供给，更好地满足广大老年人日益多样化多层次的养老服务需求，着力破解高龄、空巢、独居、失能老年人生活照料和长期照护难题，促进家庭幸福、邻里和睦、社区和谐。住房和城乡建设部等部门发布了《关于推动物业服务企业发展居家社区养老服务的意见》（建房〔2020〕92号），对推动物业服务企业发展居家社区养老服务提出相关意见。

造成老旧小区老年人出行不便的根本原因是无障碍基础设施配套不足，解决此类问题的必经之路是构建完整居住社区，改变现有小区单一居住功能。因此，在改造过程中应贯彻老龄化无障碍理念，打通老年人活动区、邻里活动区。重点考虑无障碍通道、无障碍电梯、盲道、残疾人卫生间等无障碍设施，解决小区外楼梯老年人上下不便问题，采用坡度设计防止摔倒，清除违规搭建和楼梯间杂物，为消防和医疗留出安全通道等。

3.绿色社区策略

老旧小区改造要将绿色节能发展理念贯穿社区设计、建设、管理和服务等活动的全过程，以简约适度、绿色低碳的方式，深入贯彻碳中和理念，推进社区人居环境建设和整治，不断满足人民群众对美好环境与幸福生活的向往。住房和城乡建设部等部门印发的《关于印发绿色社区创建行动方案的通知》（建城〔2020〕68号）对绿色社区建设提出了相关要求，文件指出应从建立健全社区人居环境建设和整治机制、推进社区基础设施绿色化、营造社区宜居环境、提高社区信息化智能化水平、培育社区绿色文化五大方面着手，并提出《绿色社区创建标准（试行）》。

在推动社区基础设施绿色化方面，要统筹城镇老旧小区改造、市政基础设施和公共服务设施维护等，坚持"先地下、后地上"，优先改造供水、雨水、污水、燃气、电力、通信等地下管线，在改造中采用节能照明、节水器具等绿色产品、材料，改造提升道路、消防、充电、照明、生活垃圾分类等公共基础设施。利用居住区空地、地下空间，补充完善停车设施，改善老旧小区停车难问题。加大既有建筑节能改造力度，提高既有建筑绿色化水平。实施生活垃圾分类，完善分类投放、分类收集、分类运输设施。推进海绵化改造和建设，避免内涝积水问题。

在推动社区生活环境宜居化方面，要推进社区无障碍、"适老化"改造，支持符合条件的既有建筑加装电梯。合理布局和建设社区绿地，按照市民出行"300米见绿、500米见园"的要求，积极打造街头绿地游园，增加荫下公共活动场所、小型运动场地和健身设施。加快补齐社区公共服务设施短板，推动社区养老服务、家政、卫生服务中心、健身等基本公共服务全覆盖，打造"15分钟生活圈"，探索建设安全健康、设施完善、管理有序的完整居住社区。

4.智慧社区策略

智慧社区是社区管理的一种新理念，是新形势下社会管理创新的一种新模式。智慧社区是指充分利用以物联网、大数据、5G、人工智能、云计算等信息技术的集成应用，全面融合社区场景下的人、事、地、物、情、组织等多种数据资源，以智慧社区综合信息服务平台为支撑，依托基础设施建设，提升社区治理和小区管理现代化，促进公共服务和便民服务智能化。为社区居民提供一个安全、舒适、便利的现代化、智慧化生活环境，从而形成基于信息化、智能化社会管理与服务的一种新的管理形态的社区[①]。

通过智慧化的改造，打造"硬件+软件+平台+服务"的智慧社区整体解决方案，构建智慧物业平台、社区物联网平台、社区服务平台、智慧城市平台等，为物业公司提供移动化的智慧物业管理平台，降本、增效、创收；为业主打造安全、智慧、便捷的全新移动化社区生活服务平台；为企业、商家提供直达业主最低成本的通路；为政府提供与物业、业主沟通的平台及高效的监管平台。完善小区的配套技术设施和安防设施、搭建综合管理平台，充分发挥社区大数据作用，构建智慧社区，整体提升社区治理水平。

5.文化社区策略

"国办发23号文"中明确，要坚持因地制宜，做到精准施策；坚持保护优先，注重历史传承。兼顾完善功能和传承历史，落实历史建筑保护修缮要求，保护历史文化街区，在改善居住条件、提高环境品质的同时，展现城市特色，延续历史文脉。因此，在老旧小区改造中，要重分挖掘地方文化特色和提炼社区的历

---

① 孙洪磊.老旧小区智慧化改造开启社区治理新局面[J].建设科技，2020（18）：42-44+48.

史文化，融入建筑和景观设计中，唤醒本地文化的归属感，赋予文化灵魂，让文化传承得以延续，走出一条在小区改造中增强文化自信的新路径。

2.3 总体布局方案

2.3.1 建筑改造

老旧小区改造是城市更新行动背景下的一项重要内容，是我国城镇化发展的必然趋势。我国城市现有的400亿m²老旧居住建筑中，约有1/3需要进行抗震、节能等方面改造，建筑改造已经是老旧小区改造工作中体量最大，需求最迫切的内容（图2-21）。对既有建筑的"绿色化改造"，能大量节能减排，既符合"碳达峰和碳中和"背景下绿色发展理念，为存量发展时代的城市带来发展新动能，也能极大改善居民生活条件，让人民享受到社会主义发展的成果。

图2-21 老旧小区建筑立面

1.建筑改造评估

建筑改造是基础类的改造，是满足人民群众生命财产安全的最低需求的改造，要坚持"以人为本"的理念，做到"应该尽改"，消除安全隐患，满足居民生活的基本需求，让人民群众享受到社会主义建设的成果，体会到社会主义制度的优越性。

1）信息收集

建筑改造首先要对建筑基本情况进行摸底调研，对建筑层数、建筑面积、建筑高度、建造时间、结构类型、房屋用途、是否采用减隔震、是否为保护性建筑、是否专业设计建造等进行摸底调研。

2）鉴定评估

根据基本信息，对建筑进行房屋安全性鉴定，根据现行行业标准《危险房屋鉴定标准》JGJ 125的规定，若检测结果为A级、B级，则建筑主体结构承载力满足正常使用需求；若检测结果为C级，一般对建筑进行加固或局部改造；若检测结果为D级，建筑承重结构承载力已不能满足正常使用需求，构成整栋危房，建筑已不具备改造价值，一般进行整体拆除。若调研的建筑中存在文物保护建筑或历史建筑，一般不进行改造。

3）明确对象

结合收集的信息及鉴定评估结果，对那些存在安全隐患的建筑做到"应改尽改"；对构成危房的建筑整体拆除，腾出空间重新设计；对一些配套附属建筑，应结合整体公共服务设施布局，统筹考虑，结合实际进行改造提升、整体拆除或者功能置换升级，重新激活老旧小区的活力（图2-22）。

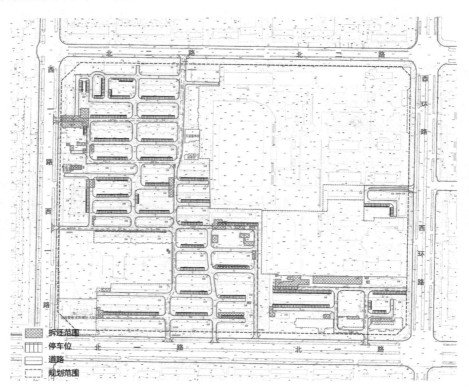

图2-22 小区改造规划设计示意图

2.建筑改造内容

1）结构加固

老旧小区既有建筑由于建设年代久远，年久失修，建筑结构存在安全隐患。对既有建筑进行性能检测和结构加固，能延长现有建筑的使用寿命，确保建筑具有基本的抗震性能，保障居民的生活安全（图2-23）。

图2-23　建筑结构加固

2）节能改造

既有老旧建筑由于受当时的技术、经济条件限制，建筑构件热工性能差，许多外墙裸露，无保温隔热层，窗户多为单玻单层钢窗。大部分热量通过建筑的外围护结构包括外墙、门窗、屋顶散失，使得老旧建筑热损耗严重，是建筑能耗的"大户"。通过对建筑外墙、屋顶进行外保温改造，增加遮阳篷等做法来大大降低建筑能耗。

此外，老旧建筑的供暖系统落后，尤其在北方集中供暖地区，供热调节不灵活；热力站、供热管网暴露，热量散失严重。可通过对供暖系统改造，例如分室控温、分项计量的节能技术来提高供暖质量。

3）设施改造

我国已经进入人口老龄化的时代。据不完全统计，我国现阶段60岁以上老年人口已有2.3亿人，且未来老年人口年增长为1000万人。此前，我国绝大多数住宅都是按照中青年人群的需求去设计的，并未考虑到老年人特殊的日常生活需求。老旧小区老年人口占比较大，例如石河子市部分小区60岁以上老年人口占比达到25%以上，却缺乏基本的适老设施。可通过加装电梯、接力式楼道电梯、适老扶手、建设无障碍设施等来满足老年人口基本的外出活动需求（图2-24）。

2.3.2　道路系统改造

1.车行系统

车行系统属于动态交通系统，具有通勤性。老旧小区道路普遍具有道路破损、宽度不足、存在断头路、消防通道规划不明等问题，这也是老旧小区车行系统目前最主要的问题。道路是组成小区空间的骨架，是构成小区形态的基础，因此良好的道路网是提高小区通达性，提升居民幸福感的重心之一。

根据各地的标准规范，对车行道路开展修整，同时在现有道路骨架的基础

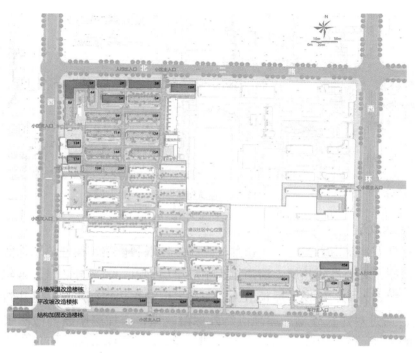

图2-24 小区设施改造示意图

上，根据各地消防要求，划定消防通道。对路面宽度较窄的道路，挖掘道路两侧空间潜力，可适当利用原本道路两侧的绿化面积，在符合各地标准规范的基础上，适当减少绿化面积，拓宽道路面积，扩大转弯半径以满足消防车等大型车辆进出的硬性需求，同时保证小区主干路6m以上，支路5.5m以上，宅间路4.5m以上的道路宽度。一般情况下，小区内道路边禁止停车，尤其是规划的消防通道，这既考虑了老旧小区早晚高峰的拥堵问题，又符合消防标准要求（图2-25、图2-26）。

2.停车系统

通常老旧小区机动车停车位配建比都小于0.3，远低于各地居住区的停车规划标准中的机动车停车位配建比标准，而老旧小区缺少机动车地下停车库，导致机动车占用绿化带停车的情况普遍存在。同样，老旧小区的非机动车停车情况也较为严峻，电动车数量大幅提升，乱停乱放、私自拉飞线充电的现象普遍存在，不仅造成了管理混乱，还容易产生安全问题。

缓解老旧小区停车压力，对停车空间的挖掘尤为重要。结合车行系统的规划，老旧小区并不鼓励采用路边停车的形式。秉承"需求管理、统筹兼顾、节约资源、综合治理"的停车规划原则，充分利用周边公共区域以及合适的地下空间规划集中式停车场。有条件的小区，可适当结合宅前绿地、公共绿化等空间改造

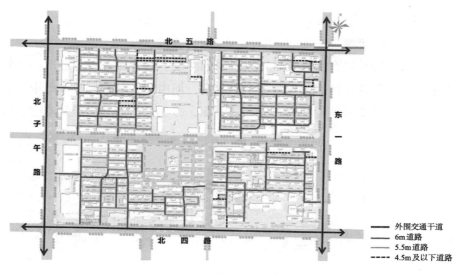

图2-25　小区道路系统规划图

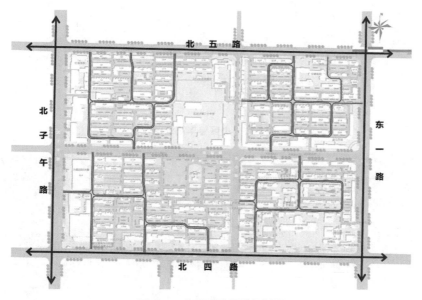

图2-26　小区消防通道规划图

绿地停车位，还可以建设机械式多层停车位、错层停车位、生态停车位（用于海绵城市建设），提高小区停车位设置效率。开展"停车共享"模式的探索。老旧小区周边商圈普遍密集，可采用错时停车等方式，减少周边停车位特殊时段闲置的同时，还能有效满足老旧小区的停车位需求。对小区内部的停车管理，可在结合道闸系统和停车引导等智能化设施的基础上，推行"居民自治"模式，小区居民可自行根据各地规范及实际情况制定停车自治公约，以缓解老旧小区停车难的问题（图2-27、图2-28）。

3.出入口管理

多数老旧小区存在有效出入口较少的问题。一方面是因为老旧小区物业管理人手不足，尽管小区原先设置多个出入口，但由于人员管理成本等限制，造成仅有一个出入口正常使用的情况；另一方面，多出入口的小区经常产生小区内部与

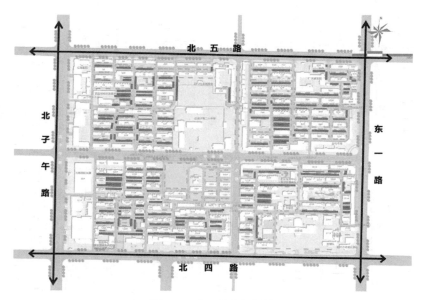

图2-27　小区停车规划图

图2-28　小区停车位改造后照片

市政交通贯通的现象，容易造成小区内部交通混乱，有较大的安全隐患。因此，老旧小区出入口在人员、车辆进出方面进行系统性的管理也是老旧小区治安防控、反恐维稳的重中之重。

根据各地标准规范，对小区出入口展开管理改造，合理设置小区出入口数量，同时务必保证消防出入口的设置满足消防要求，禁止在消防出入口附近停放车辆或堆放杂物。为了更好地实现老旧小区出入口的管理，应增设安防系统，通过智慧化手段对小区出入口进行更细致的管理，逐步实现老旧小区管理的"单位化、网格化、责任化"（图2-29）。

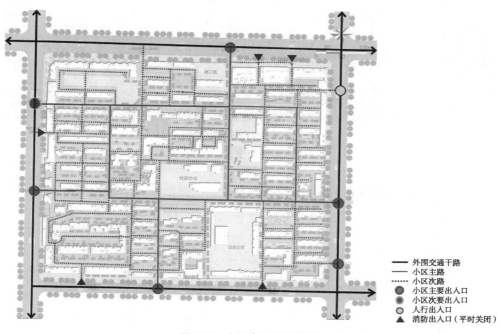

图例
— 外围交通干路
— 小区主路
····· 小区次路
● 小区主要出入口
● 小区次要出入口
○ 人行出入口
▲ 消防出入口（平时关闭）

图2-29　小区出入口规划图

4.慢行系统

步行和自行车交通是老旧小区中占比最大，使用频率最高的交通方式。老旧小区建成年代较早，在规划时对小汽车发展预计不足，停车位建设落后，这就造成了目前老旧小区内机动车位不足侵占自行车停车空间，自行车停车空间不足侵占人行道空间的恶性循环。同时，老旧小区在建设时期对小区内部功能的规划并不完善，在后期也造成了人车混流、机动车挤占慢行空间等问题，这对居民的出行，尤其是小区内残障人群以及老年人的出行安全造成了一定的安全隐患。

为改善老旧小区居民慢行空间条件，遵循"安全第一，人车分离，以人为本，连续通达"的原则，结合当地相关标准规范，可通过绿化设施补充划分出慢行系统与车行系统，如果条件允许，尽量单独开辟慢行步道，以便提升居民出行的安全性。同时结合实际，可考虑小区慢行系统与周边商业、公建、公园等联通，在满足多样化行为活动需求的同时，丰富小区的空间形态层次，进一步打造慢行步道、非机动车道、综合慢行通道（行人与机动车混行）等老旧小区慢行系统（图2-30、图2-31）。

图2-30　小区慢行系统现状

城市更新与老旧小区改造丛书一

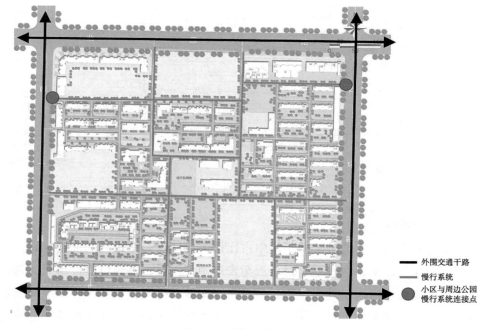

外围交通干路
慢行系统
小区与周边公园
慢行系统连接点

图2-31　慢行系统规划图

5.标识和标线

老旧小区普遍道路狭窄，人车混行是最常见的道路组织形式。因此，为有效解决老旧小区内拥堵、混行等现象，需要进行合理的交通组织并建立完善的慢行系统及停车管理系统。

老旧小区内部道路改造，应同步补充交通标识和标线，同时遵循"顺畅通达、以人为本"原则。鼓励绿色出行，限制小区内行车速度，并设置礼让行人标识，在组织好小区内交通车流的同时，也要组织好人流，引导小区内部车辆与行人安全通行。在集中建设的停车库出入口设置明显的交通标识，以便引导机动车规范停车（图2-32）。

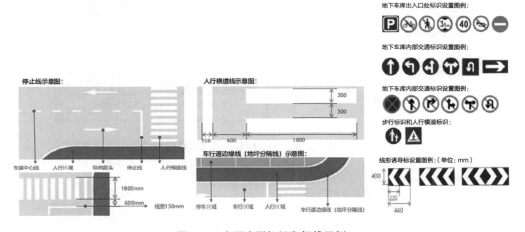

图2-32　小区交通标识和标线示例

2.3.3 公共服务设施改造

1. 需求分析

大多数老旧小区都存在人口老龄化严重，养老设施需求高的问题，在调研中居民普遍反映公共设施不足，卫生服务设施配套及便民设施配套偏低，无法满足居民的日常生活需求。

2. 空间挖潜

老旧小区往往存在用地饱和的情况，空间资源有限，没有新建邻里中心的用地，可以通过以下三种方式进行空间挖潜。

1）空间置换

整合利用社区办公用房、闲置锅炉房、闲置自行车棚等存量房屋资源，用于改建公共服务设施和便民商业服务设施。鼓励机关事业单位、国企等将老旧小区内的闲置房屋，通过置换、移交使用权等方式交由街道、社区统筹（图2-33）。

2）社区整合

通过小区整合，拆除小区间的围墙，打破邻里沟通交流的"物理屏障"，整理闲置空地，按照完整社区的标准和原则，配建相应的公共服务设施（图2-34）。

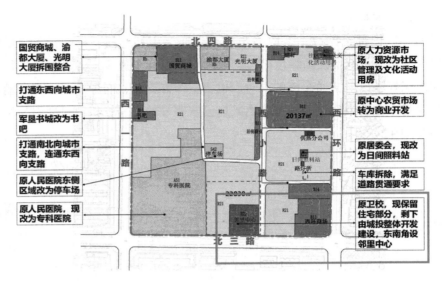

图2-33　小区内部空间置换规划设计图

图2-34　小区社区整合改造内容示意图

3）借用周边资源

以老旧小区改造为契机，通过对周边的资源整合，提升周边公共服务水平（图2-35），盘活周边空置或过剩的农贸市场、旧厂房、闲置仓库、商业综合体等公共资产存量空间，优先用于便民服务中心建设。

3.建设标准

方案设计时，可结合现场实际对标住房和城乡建设部《完整居住社区建设

图2-35　借用周边资源，养老街区和托幼园建设图

（试行）标准》以及《城市居住区规划设计标准》GB 50180—2018，有条件的建设邻里中心和集商业、文化、体育、卫生、教育等于一体的"居住区商业中心"，围绕居住配套功能为居民提供便民服务。配置邻里中心后可形成15分钟生活圈，服务半径为1000m，服务3万～5万人（图2-36）。并对小区的生活圈做系统分析，对未覆盖的区域增设相应的服务设施。其中，5分钟生活圈应包含幼儿园、托儿所、街头绿地、社区服务站、文化活动站、社区卫生服务站、小型健身场所等设施，服务半径为300m。10分钟生活圈包含小学、社区活动中心、综合运动场地、综合商场、便民市场等设施，服务半径为500m（图2-37）。

5分钟生活圈
公共服务设施服务半径约300m
服务人口0.5万～1.2万人

10分钟生活圈
公共服务设施服务半径约500m
服务人口1.5万～2.5万人

15分钟生活圈
公共服务设施服务半径约1000m
服务人口3万～5万人

图2-36　生活圈服务半径示意图

4.管理提升

随着城市发展，居民对公共服务的需求呈现快速增长的状态，公共服务领域不断扩大，需要学会运用多元化的市场化方式提供公共服务。运用社会资本对公共服务设施进行投资建设，通过市场化运作增加小区活力，减少政府投资，提高资金的使用效率。

图 2-37　生活圈规划布局示意图

2.3.4 绿地景观系统提升

1.绿地改造需求及内容

1）绿地空间提升改造

老旧小区的绿地存在绿地率不达标、分布零散、品质欠佳等问题。依据现状风貌，进行绿地空间优化，通过利用边角绿地、拆除占绿毁绿违建、打造屋顶绿化等路径，增加绿地空间，串联绿地斑块，使其形成有机的绿地系统。

2）绿地景观主题打造

结合景观风貌、文物古迹、小区建筑、历史文化特色，提取景观主题，景观提升突出主题。以地雕、景观墙雕塑等方式抽象表达，与周边文化融合，增加居民的文化归属感、荣誉感。如西部某城市为军垦城市，景观提升以红色文化为主题，围绕主题进行提升改造（图 2-38）。

3）绿地海绵体系提升改造

老旧小区规划绿地应在满足绿地生态、景观、游憩和其他基本功能的前提下，预留或创造空间条件，对绿地自身及周边硬化区域的径流进行渗透、调蓄、净化，并与城市雨水管渠系统相衔接。广场铺装、游步道铺装、停车位提升改造宜优先选用生态铺装，如透水混凝土、透水砖、植草砖；绿地设置下沉深度和溢流口，局部换土或改良增强土壤渗透性能，选择适宜乡土植物和耐淹植物等方

图2-38　景观主题分析图

法，避免植物受到长时间浸泡而影响正常生长，影响景观效果。

4）与周边景观绿地协调

小区内部新增文化景观节点，与现有景观节点结合，形成完善的景观游览系统，同时与小区周边的生态绿地串联呼应，例如将某小区与其周边防护林结合打造成城市的生态中心（图2-39）。

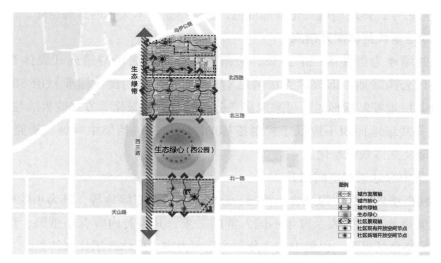

图2-39　景观联通分析图

2.绿地系统整体提升原则

依据老旧小区现状绿地基底，梳理绿地中心景观、节点景观、道路景观、宅间景观空间，优化绿地空间布局，并与周边市政景观绿地进行统一规划，打造宜居的生态绿地景观系统。绿地系统整体提升原则如下：

1）生态性

依托生态理念，优化植物群落结构，包括垂直结构与水平结构的空间布局方式。垂直结构注重乔、灌、草多层次搭配，可加强住宅有限空间的生态性。水平结构分布，包括住宅内雨水花园、水体景观与陆地景观的植物群落分布方式，陆生植物、湿生植物、水生植物群落合理布局，营造可持续生态景观。

2）宜居性

住宅绿地系统在满足生态性的前提下，兼顾舒适宜居性，空间布局闭合私密空间、半开敞空间与开敞活动空间合理布局，满足不同使用人群的需求，营建功能全面、体验丰富的高品质户外绿地空间。

3）互动性

绿地空间是联系住宅用户的一个有机元素，人们在绿地公共空间中散步健身，若在公共空间增加阅读空间、微菜园等DIY设施，可增加空间使用的趣味性、互动性，促进邻里交流互动，营造健康舒适的趣味性空间、邻里生活空间、文化休闲空间。

4）文化特色性原则

提升景观公共空间，打造有辨识度特色景观；绿地提升要体现当地的景观特征，不能生搬硬套其他地区的模式。探索营造具有"地域性"文化特征的园林景观，融会古今，体现当地文化景观特色，营造凸显艺术文化的景观空间。

3.绿地系统整体提升措施

公共绿地为居住区配套建设，应集中设置可供居民游憩或开展体育活动的居住区公园绿地。旧改区无法满足《城市居住区规划设计标准》GB 50180—2018公共绿地控制指标时，可采取多点分布以及立体绿化等方式改善居住环境，但人均公共绿地面积不应低于控制指标的70%。其包括集中绿地、道路绿地、宅旁绿地及立体景观绿化。

1）集中绿地景观空间提升

居住街坊内的集中绿地含小游园、广场绿地、节点绿地等，其为小区核心景观，应满足儿童、老人、青年不同人群的需求，其提升内容有小游园、活动广场、DIY特色景观等，以集中式或分散式呈现为主，应体现居住区特色。

（1）小游园绿地景观

老旧小区基础条件较好的，有集中的大面积绿地，可改造提升为小游园，满足老人健身、儿童娱乐、青年交流休息、停留观赏等功能。在小区内宅间较大面积空地处增加小游园或对已有小游园进行提升改造。整理现有绿化并补种，丰富绿植，营造舒适宜人的活动休闲空间，且在游园内部优化硬质场地，丰富游园功能（图2-40）。

图2-40　游园改造前后对比①

（2）节点绿地空间

老旧小区集中绿地相对较少，多数形成小而精的节点，分散式布局，主要为小区出入口、道路交叉口、车库出入口及分散在宅间、建筑山墙、道路两侧的一些为人们提供健身、娱乐、休息的活动空间。

小区出入口为小区形象展示节点，分人行和车行、混行出入口；应重点提升改造，体现小区特色。道路交叉口、车库出入口要视线通透。其他分散节点，可以体现不同功能，如健身、读书、休憩等，要合理布局，统筹考虑，满足安全、生态、美观、智慧原则（图2-41）。

（3）DIY特色景观空间

为提高居民对景观的参与性、互动性等，公共空间设置DIY创意景观，如漂流书屋、微菜园以及回收废品，再次艺术创意利用，引导居民共同参与社区治理，彰显文明传承，传播生态绿色睦邻的理念。

"蔬香邻里·微菜园"，游园中开辟一片香草园，可栽植香花、香草、蔬菜、药草，以社区中心统一管理，周边居民、幼儿园共同参与，增进邻里关系，形成共享、共治、共建的社区风景（图2-42）。

书香邻里·漂流书屋，居民将闲置的书籍摆放在漂流书屋，漂至下一位爱书手中，让书香在漂流中散发芬芳，把文明和美好传向邻里八方（图2-43）。

① 图片来源：https://m.sohu.com/a/398096886_160445/?pvid=000115_3w_a.

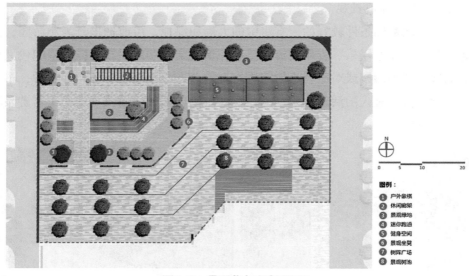

图例：
① 户外象棋
② 休闲廊架
③ 景观绿地
④ 迷你跑道
⑤ 健身空间
⑥ 景观坐凳
⑦ 树阵广场
⑧ 景观树池

图2-41 景观节点改造平面图

图2-42 特色景观改造①

图2-43 漂流书屋特色景观打造

城市更新与老旧小区改造丛书二

城镇老旧小区改造综合技术指南

---

① 图片来源：https://kuaibao.qq.com/s/20200708A0H8ZG00?refer=spider_push.

创意空间，在公共空间设置精致的分类归纳柜，居民将玻璃材质、塑料材质、木材、钢铁等分类归集，再次进行艺术创作利用，践行绿色、生态、环保的理念，美化居住环境（图2-44）。

图2-44 回收旧品创意空间改造（左为轮胎、中为陶瓷、右为酒瓶）

2）道路绿地景观提升

道路绿地景观提升应兼顾生态、防护、遮荫和景观功能，并应根据道路等级进行提升设计。主道路可保留或补植有特色的观赏植物品种，形成特色路网绿化景观；次道路绿化以满足人行舒适度为主，可选用保留小乔木和开花灌木；道路交叉口，要保证视线通透，道路铺装及植物布置要考虑连续、完整、生态的整体效果，将宅间绿地、中心绿地、节点景观进行有机串联整合（图2-45）。

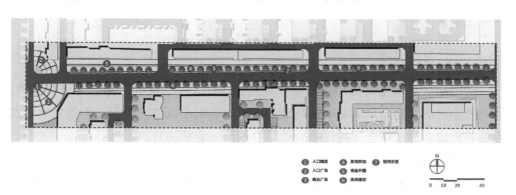

① 入口雕塑 ④ 景观树池 ⑦ 慢行步道
② 入口广场 ⑤ 商业外摆
③ 商业广场 ⑥ 休闲座椅

N

0 10 20 40

图2-45 西二路道路绿地景观改造

3）宅旁绿地景观提升

宅旁绿地是建筑与道路的缓冲带，应满足居民通风、日照的需求、绿地较宽时，可设置游步道，提高居民景观参与性；入户门前可选择不同的配置方式，增强入户识别性。绿地乔木中心应与建筑保持距离，南面植物要与建筑有足够距离，对楼间绿地局促的小区，乔木以落叶树种为主（表2-5）。

植物与建筑的最小间距 表2-5

建筑物	最小间距（m）	
	至乔木中心	至灌木中心
南窗	5.0	1.5
其余窗	3.0	1.5
无窗	2.0	1.5

4）立体景观提升

老旧小区绿地空间有限，大多不能满足绿地指标要求，绿色生态功能体现不足。围墙、立体构筑物增加攀缘藤本植物，如凌霄、藤本蔷薇、木香等，将其打造成生态花园小区，不仅提高了绿地率，而且使视觉景观效果更好。

（1）屋顶绿化是增加老旧小区绿地指标、提升小区品质的重要途径。要综合考虑屋顶的复杂程度及结构的承载力等因素，种植布局应与平台结构相适应；乔木植物和亭台、水池、假山等荷载较大的设施，设在柱和墙的位置下，有效减少平台的负荷。屋顶绿化一般选择耐旱、耐移栽、生命力强、抗风力强、外形较低矮的植物。

（2）围墙、构筑物立体绿化在新建住宅中，已是不可或缺的一项重要生态元素，老小区因先天不足，多数还未兴起，结合景观提升改造与当地气候条件，增加当地开花观叶藤本植物，将绿色生态更多地引入千家万户，营造绿色低碳的生态景观。

2.3.5 空间布局完善

老旧小区改造主要对小区的基础设施、居住环境、配套服务设施进行完善，使旧改小区的空间布局满足居住区规划要求。老旧小区空间布局完善的主要方式有拆除重建、拆改结合、社区整合、综合整治、专项提升。

1.拆除重建

部分小区建成年代久远，楼房为砖混结构，居住条件较差，经市、区房屋管理部门认定，建筑结构差、年久失修、基础设施损坏缺失、存在重大安全隐患，对不成套公有住房为主的简易住宅楼和经房屋安全专业检测单位鉴定没有加固价值或加固方式严重影响居住安全及生活品质的危旧楼房，可通过拆除重建的方式进行整治[1]。不具备改造条件的小区、重建价值大于改造价值的小区建议拆除重建。拆除重建可结合未来社区九大场景进行建设，围绕社区全生活链服务需求，

---

[1] 北京市《关于开展危旧楼房改建试点工作的意见》.

根据"人性化、生态化、信息化"理念，科学布局邻里中心、教育、健康、创业、建筑、交通、能源、物业和治理等各个板块（图2-46）。

图2-46　未来社区集成系统示意图[①]

2. 拆改结合

旧改工作进行前对小区建筑进行综合评估，能改即改、需拆即拆，对建筑评级较差的、没有改造价值的楼栋进行拆除，以老旧小区改造为契机，对老旧小区楼体外扩和公共空间的私搭乱建进行全面排查，并对其进行拆除（图2-47），腾出公共空间、公共绿地，为公共服务设施提供场地。拆除的区域根据现场实际以及实际需求配置停车场、日间照料站、托儿所等小区内缺乏的公共服务设施，有条件的可配置邻里中心（图2-48）。

3. 社区整合

许多老旧小区是企事业单位的住宅楼，体量相对较小，各自独立成院。单独就单个小区改造往往收效甚微，难以持续。针对这样的小区，可将相邻小区整合，拆除围墙，打破空间障碍，整理出大块闲置空地。整合后重新梳理小区空间，结合整体规划设计重新布局功能结构（图2-49、图2-50）。可结合"5-10-15分钟生活圈"，布局相应公共服务设施，重新激活老旧小区活力。

4. 综合整治

老旧小区综合整治全面覆盖，应改则改，按照基础类、完善类、提升类三大

---

① 图片来自微信公众号钱江台——"未来社区"来了！九大场景如何改变我们的生活？

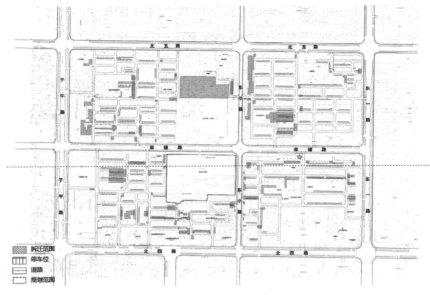

图2-47　拆改结合示意图

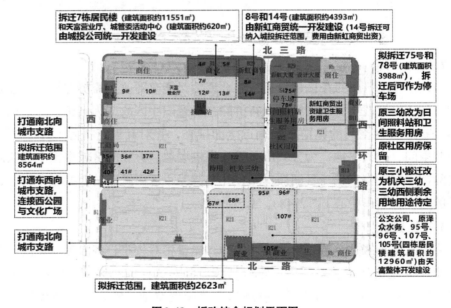

图2-48　拆改结合规划平面图

类多项内容，包括了市政配套基础设施、节能改造、建筑修缮、公共服务设施配套等方面，从地下到地上、从楼内到楼外全方位实施改造；对老小区内的景观进行提升，增设景观节点。改造过程中不改变小区内部的空间格局，通过闲置用地、公房等进行置，换完善配套设施，例如闲置空地可结合绿化增设停车位，闲置公房通过置换增设便民服务店、日间照料站、社区食堂等。

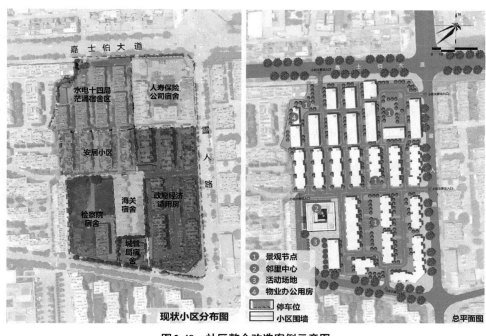

现状小区分布图

① 景观节点
② 邻里中心
③ 活动场地
④ 物业办公用房

■ 停车位
□ 小区围墙

总平面图

图2-49 社区整合改造案例示意图

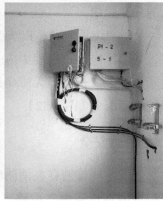

图2-50 整治后效果图

5.专项提升

部分小区建设年代相对较晚，小区整体居住功能齐全，但由于规划建设管理等原因，小区部分设施存在问题，例如排水不畅、内涝严重、车位缺少、局部道路损坏严重等，小区现有的配套设施等不能满足现在的生活需求。针对某个或几个问题进行专项的改造提升，提升小区的居住环境（图2-51）。专项提升改造小区并不改变原有小区的空间结构，只针对现有的某一问题进行针对性的改造。

图2-51　小区专项提升改造案例示意图

2.4 专项规划方案

2.4.1 适老无障碍设施

老旧小区由于建成年代久远，小区建设标准大多不符合现行规范标准。小区道路防滑性差，道路侧石、花坛等微高差无提示、不醒目，场地和住宅楼无障碍设施、盲道不连贯，台阶旁无扶手，多数高差无坡道或坡道坡度不合理，多层建筑没有装配无障碍电梯等情况，给老年居民及残障居民的出行带来了较大的安全隐患。

秉承"统筹兼顾、以人为本"的原则，针对老旧小区内的一些老年和残障居民，老旧小区改造过程中应重点考虑无障碍通道、无障碍电梯、盲道、残疾人卫生间、坡道、扶手等无障碍设施，同时鼓励建立公共食堂，推行志愿者服务以及送货上门服务（图2-52）。

2.4.2 消防安全

老旧小区普遍存在消防配套缺失、安全管理混乱等情况。因为年代久远，老旧小区内部出现电气电路严重老化，私拉电线"蜘蛛网"，楼道内、配电间堆放杂物等现象；消防设施如消防水池、水箱、消火栓、灭火器等缺失，同时缺少合

图2-52　无障碍设施及适老设施图

理维护、消防通道被占用、消防铁门通道被堵等一系列问题，也是老旧小区消防安全的重中之重。

针对老旧小区消防安全问题的改造，按照"监管并举，标本兼治"的原则，首先按当地规范，对各老旧小区进行统一摸底排查，科学评估小区火灾风险，区分轻重缓急，分类施策；其次全面升级改造老旧小区消防基础设施，增设并升级消防设施；规范电动自行车的充电停放，禁止私拉电线和占用消防通道、楼道等公共区域堆放杂物等有害公共消防安全的行为，切实改善老旧小区消防安全环境（图2-53）。

图2-53　消防安全设施图

2.4.3 管网规划

1.排水系统改造

老旧小区排水系统运行普遍超过20年，根据实地调研的结果，排水管道普遍管径偏小，很多小区排水管径仅有DN100、DN150，管材较差且老化破损严重，管道渗漏现象普遍，除了西北干旱地区以外的区域，基本都有雨污混接现象，未进行雨污分流，对周边水环境影响较大。

建议对小区内的排水系统进行系统改造，除西北干旱区域外的老旧小区应进行雨污分流改造。在满足雨污分流制的情况下，根据小区排水管网的测绘资料和CCTV、QV检测资料，保留满足规范要求的排水管网，系统更新排水管道，有针对性地选择开挖修复及非开挖修复。废除陶瓷管、PVC管、主管管径小于DN300、支管管径小于DN200的排水管（包含污水管和雨水管）。排水系统改造范围包含小区内道路下的排水管和连接靠墙井的接户管。排水管道的埋深根据接入的市政主管标高和当地的冻土层厚度决定。排水系统改造应结合海绵城市建设要求，做到一定量的雨水就地消纳、收集和利用，小区排水系统规划方案示意见图2-54。

图2-54　小区排水系统规划方案

2. 供水系统改造

老旧小区内的供水系统普遍存在供水阀门漏水、管道破损、供水管道压力不足、用水高峰期顶楼用户水压较小的问题。根据调研发现，老旧小区的供水管道基本为铸铁管，大部分均已生锈，存在跑、冒、滴、漏现象，部分老旧小区未进行二次供水和一户一表改造。

建议优化供水系统，根据供水量和需求测算和供水压力计算，确定小区是采用市政管网直接供水还是二次加压供水方式。更换破损的供水阀门和管网，形成环网供水格局，提高供水可靠性。埋地供水管道应选取耐腐蚀、接口严密耐久的管材，能承载相应的地面荷载，便于检修。

在完善供水管网的基础上，按照规范要求补充消火栓，保护半径不超过

150m，间距不超过120m布置，设置在便于消防车使用的地点，提高消防供水能力。消防管网与小区供水管网合并使用，完好率应为100%（图2-55）。

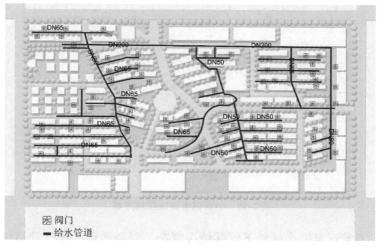

图2-55　小区供水系统规划方案

3.供电系统改造

老旧小区现状供电系统基本由开关站、配电房、变压器和供电线路组成，以架空电力线为主，供电稳定性一般。

建议在优化供电系统之前，先进行电力设施的检修，除以上列出的设备外，还包括路灯、电梯、楼道照明、指示疏散、门禁系统等用电设备。

老旧小区原有的户均供电容量标准配置较低，应重新核算用电需求，总用电量应预留小区加装电梯、5G设备，新能源车充电桩的用电需求，必要的情况下应对小区内的供电网进行扩容改造。

根据小区内的配电箱和供电线路走向，优化小区内的供电分区，结合其他市政管网改造，将原架空电力线改为埋地线路。原则上改造小区内的电力线应全部实施"上改下"，确有难度的进行有序化整理，通过桥架或槽盒进行渠化美化。住户私拉乱接的飞线、乱线应全部拆除。

现状表箱若是非成套表箱、表箱锈损或有安全隐患时，应进行表箱改造，应做到一户一表，宜集中安装，并采用智能远程抄表（图2-56）。

4.燃气系统改造

老旧小区内的燃气管道均为近几年改造增设的，大部分的管径、管材均满足小区居民使用需求，但存在部分小区未通燃气的情况。

建议对小区内现有的燃气管道、阀门和表箱进行排查，拆除替换腐蚀老化设施和管道，完善燃气管道的标识。对未通燃气的老旧小区，应结合改造增设燃气

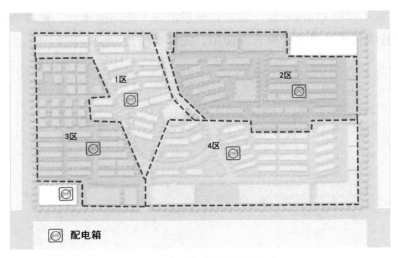

配电箱

图2-56　小区供电分区规划方案

管道系统，考虑到老旧小区地下管线情况复杂，对新敷设的燃气管道应做必要的保护措施。

　　整修围绕建筑外墙的既有燃气管道，应对其做好保护措施，对老旧、杂乱的管道进行整修更换、归并序化等改造措施。新改造的燃气表箱宜集中设施于户外，有条件的应采用智能远程抄表，小区燃气系统规划方案示意见图2-57。

5. 供热系统改造

　　小区供热系统改造主要针对北方集中供热的老旧小区。供热设施主要有换热站和供热管道。根据调研的情况，老旧小区的供热管道运行多年，管道老化、渗

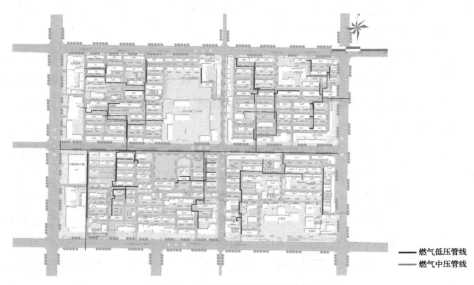

　　　　　　　　　　　　　　　　　　燃气低压管线
　　　　　　　　　　　　　　　　　　燃气中压管线

图2-57　小区燃气系统规划方案

漏，供热不稳定，存在个别楼栋冬季室内温度低于18℃的情况。应结合"三供一业"改造工作，系统化改造小区的供热管网，更新破损、管径偏小的供热管道，有条件的小区做到环网供热（图2-58）。

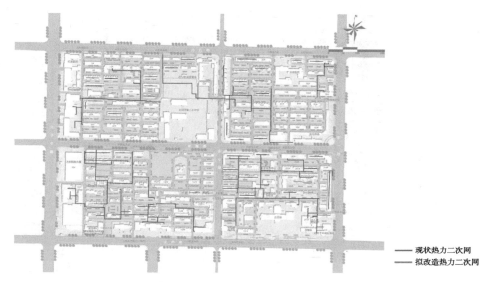

———— 现状热力二次网
———— 拟改造热力二次网

图2-58　小区供热系统规划方案

2.4.4 垃圾分类

结合小区环境整治，梳理原有的小区垃圾房、垃圾收集点，对现状的垃圾房进行提升改造。以方便居民分类垃圾投放和方便垃圾清运为改造原则，根据当地垃圾分类和规范的要求，布置垃圾收集点。体量大的小区，一般为超过5000人的小区，还应预留垃圾智能驿站的空间，鼓励引入智能化垃圾分类系统，利用"互联网+"的技术，实现垃圾分类智能化。

垃圾收集点应在明显位置公示分类信息，包含垃圾分类类别、投放要求、分类收集流程、投放时间、监督举报电话等。垃圾收集点应满足设计范围内垃圾暂存、垃圾桶周转和清运车辆作业的要求，设置相应的标识标线，场地地面硬化，设置排污口。宜设置于社区边缘区域，应与城市道路相连接，易于垃圾运输处理（图2-59、图2-60）。

生活垃圾分类收集容器一般采用120L和240L两种规格，高度宜在0.8m和1.1m之间，可回收物、有害垃圾、易腐垃圾、其他垃圾分别采用蓝色、红色、绿色、灰色进行区分。

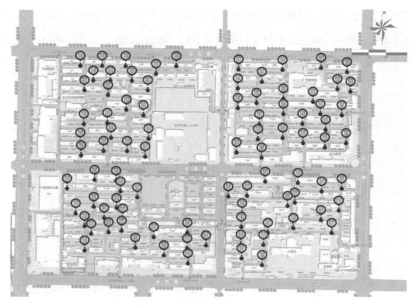

图2-59　垃圾分类收集布点图

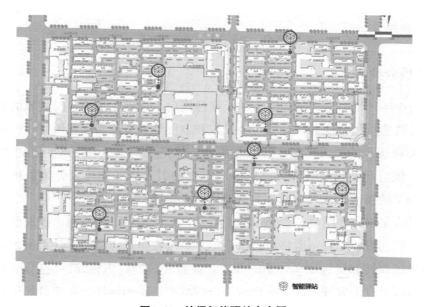

图2-60　垃圾智能驿站布点图

2.4.5 附属设施

1. 休闲座椅布设

　　因为休闲座椅使用率较高，老旧小区休闲座椅应根据居民的需求和乔木的位置合理布置，数量和点位可在详细设计阶段再优化、调整（图2-61）。

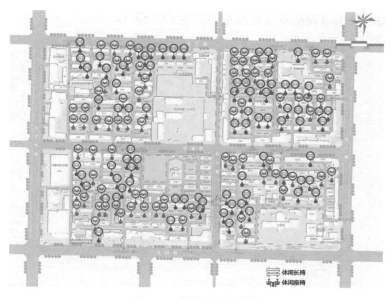

图2-61　休闲座椅布点图

2.健身器材布设

室外健身器材必须在达到国家对室外健身设施安全标准的基础上，再根据小区居民的需求和活动场地的位置，布置健身器材（图2-62）。

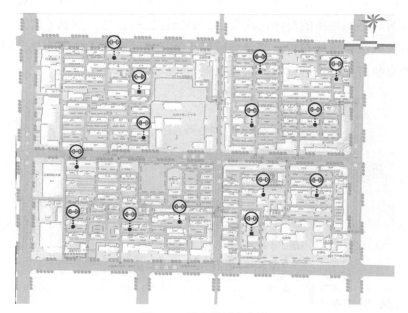

图2-62　健身器材布点图

3.充电桩布设

机动车和非机动车充电桩的布置，需满足小区居民的需求和消防的要求，同时结合老旧小区供电设施承压情况进行布置（图2-63）。

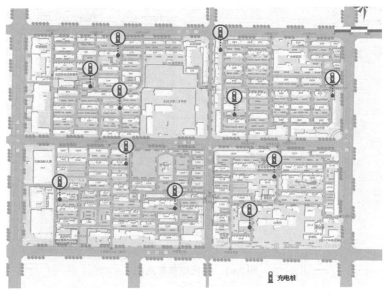

图2-63　充电桩布点图

4.路灯布设

路灯的布置应以经济、简洁、高效、节能为原则，做到照明适度设计和统一规划，以符合不同场所的具体使用要求，突出社区的特色，控制方式宜采用自动控制装置。宜结合植物布置，部分区域可降低光亮，有利于植物生息，同时可利用散置的点状灯光，打造宜人的景观效果（图2-64）。

图2-64　老旧小区安置路灯图

5.智能快递柜布设

智能快递柜的设置需考虑快递员递件及居民取件双方面的因素，同时智能快递柜本身也需要保养维修的空间，因此应结合实际情况，布置于不妨碍车辆和居民通行的位置（图2-65）。

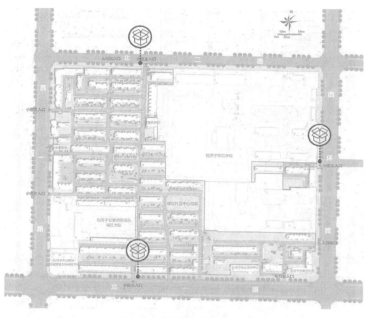

图2-65　智能快递柜布点图

2.4.6 社区智能化

　　根据国家"十四五"规划要求，需要加快数字化发展，加强数字社会建设，提升公共服务、社会治理等数字化智能化水平。社区智能化包括门禁系统智能化、智慧消防、疫情防控、租客访客管理、智慧安防、智慧停车、房屋建筑管理、电梯管理、周界防范等多方面。

　　社区智能化管理要搭建社区综合服务平台，实现各类业务的接入、管理和运营，包含了社区整体运营及管理模式信息化应用需求和各类别单体的信息化应用需求（图2-66、图2-67）；多功能类别组合的社区建筑物态形式；实现各智能化

图2-66　小区智慧化管理示意图

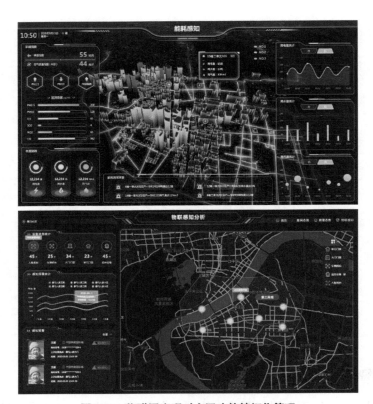

图2-67　物联网实现对小区建筑精细化管理

系统的信息关联和功能汇聚。

编写人员：

中国生态城市研究院：刘杨、贺斐斐、应希希、王一丹、翁宾彬、李家超、成素云

全国市长研修学院：张佳丽

第三章
基础类改造实用技术

根据《国务院办公厅关于全面推进城镇老旧小区改造工作的指导意见》(国办发〔2020〕23号)，城镇老旧小区改造分为基础类、提升类、完善类三类。

基础类是指"为满足居民安全需要和基本生活需求的内容，主要是市政配套基础设施改造提升以及小区内建筑物屋面、外墙、楼梯等公共部位维修等。其中，改造提升市政配套基础设施包括改造提升小区内部及与小区联系的供水、排水、供电、弱电、道路、供气、供热、消防、安防、生活垃圾分类、移动通信等基础设施，以及光纤入户、架空线规整（入地）等"。

在满足居民安全需要方面，房屋结构安全与小区消防安全是其中重要的两方面内容，也是满足居民其他需求的前提和保障。改造前，应对小区进行建筑安全性能评定与整体消防性能调查。通过结构安全及抗震性能评定，以判断房屋在静力及地震发生时是否安全，对评定为不安全的房屋选择影响最小、工期最短、造价合理的加固方案。通过消防性能调查，结合小区整体改造规划，选择制定消防改造方案。

建筑物公共部位维修，包括屋面防水（涉及屋面保温应一次性改造）与防雷系统维修、公共走道及楼梯间等公共区域清洗粉刷与维修、建筑外墙饰面材料维修更换（涉及墙体保温应一次性同步改造）、空调室外机及楼体外电缆规整等内容。

老旧小区市政配套基础设施面临的主要问题有管网破旧，上下水、电网、煤气、光纤设施缺失或老化严重，这部分的改造应与电力、通信、供水、排水、供气、供热等专业经营单位的相关管线改造规划与计划有效对接，同步推进实施。

基础类改造是满足居民生命财产安全的最低需求的改造，是"以人为本"理念的基本体现，应做到应改尽改，消除安全隐患，满足居民生活的最基本需求，体现社会主义制度的优越性。

3.1 防灾安全性能提升

3.1.1 房屋安全隐患调查

1.房屋基本情况调查

房屋基本情况包括基本信息、建筑信息、抗震设防信息、使用情况等。这些信息可以通过现场调查、查阅主管部门保存的原房屋竣工图、询问业主等方式获取。

1）基本信息

包括建筑名称、产权单位、产权登记等。

2）建筑信息

包括建筑层数、建筑面积、建筑高度、建造时间、结构类型、房屋用途、是否采用减隔震、是否为保护性建筑、是否为专业单位设计建造等。

建筑层数，即建筑地上部分和地下部分的主体结构层数，不包括屋面阁楼、电梯间等附属部分。

建筑面积，指建筑物各层水平面积的总和，包括使用面积、辅助面积。

建筑高度，即房屋的总高度，指室外地面到主要屋面板板顶或檐口的高度，半地下室从地下室室内地面算起，全地下室和嵌固条件好的半地下室可从室外地面算起；对带阁楼的坡屋面应算到山尖墙的1/2高度处。以米为单位，精确到0.1米。

建造时间，指设计建造的时间。

结构类型，一般有砌体结构、钢筋混凝土结构、钢结构、木结构和其他结构。但对于老旧小区中配套的中小学、幼儿园、医疗建筑、福利院建筑等重点设防类建筑，如果是砌体结构还要进一步调查是否属于底部框架—抗震墙砌体房屋、内框架砌体房屋；如果是钢筋混凝土结构还需调查是否为单跨框架结构，这些信息与抗震防灾密切相关。

房屋用途，调查是住宅还是其他配套建筑，如中小学、幼儿园、医疗建筑、福利院建筑、养老建筑等，还有可能是综合功能建筑（住宅和商业综合、医疗和住宅综合、养老与住宅综合、幼儿园与住宅综合及其他综合等）。

是否采用减隔震，指所调查的房屋是否采用了新型的减隔震技术。

是否保护性建筑，指所调查的房屋是否为文物保护建筑或历史建筑。其中文物保护建筑指依据《文物保护法》等法律法规认定的各级文物保护单位内，被认定为不可移动文物的建筑物。历史建筑指根据《历史文化名城名镇名村保护条例》确定公布的历史建筑。

是否为专业设计建造，是指该建筑是否是在建设方的统一协调下由具有相应资质的勘察单位、设计单位、建筑施工企业、工程监理单位等建造完成。

还需调查是否有完备的消防设施等。

3）抗震设防信息

通过调查，了解房屋的设防烈度以及设防类别有无变化，这些变化涉及房屋的抗震性能是否满足抗震设防要求。

原设防烈度，指房屋建筑设计建造时依据的系列规范（这里的"系列"是指我国早期的《建筑抗震设计规范》名称和规范）中规定的抗震设防烈度，在尚无抗震设计系列规范时建造的房屋，归为抗震未设防。《建筑抗震设计规范》自颁布以来经过多次修订、局部修订，此处《建筑抗震设计规范》是指设计建造时采用的版本。

现设防烈度，指房屋建筑调查时实施的《建筑抗震设计规范》GB 50011中的抗震设防烈度。

原设防类别，指房屋建筑设计建造时依据的国家标准《建筑工程抗震设防分类标准》GB 50223系列规范确定的抗震设防类别。在尚无抗震设计系列规范时建造的房屋，归为抗震未设防、无类别。抗震设防的所有房屋建筑可分为四种类别：特殊设防类、重点设防类、标准设防类和适度设防类。

现设防类别，指房屋建筑调查时实施的国家标准《建筑工程抗震设防分类标准》GB 50223确定的设防类别。分为四种类别：特殊设防类、重点设防类、标准设防类和适度设防类。

4）房屋建筑使用情况

是否进行过改造，指从竣工验收后的房屋是否进行过改造，如节能改造、增设电梯改造、承重构件拆改等，可现场询问并通过房屋建筑面积、层数和高度等与原竣工图的不同来判断。需要了解改造的时间以及是否存在多次改造。

是否进行过抗震加固，指房屋建筑竣工验收或改造后是否进行了结构的抗震加固，以及抗震加固的时间。

现场还应调查房屋有无明显可见的裂缝、变形、倾斜等严重缺陷等。

另外，消防设施有无损毁、无法正常工作等情况也需调查。

经过上述调查，如果房屋设计建造于1980年前，或者有严重的静载下缺陷、砌体结构超层，或者重点设防类建筑没有按照标准设防类设计建造，以及进行过结构构件改造但没有进行结构加固等情况，应该对房屋进行安全性及抗震性能评定，按照评定结果对老旧房屋进行相应处理。

2.房屋使用现状勘查

当前，不少老旧小区存在最初建设标准不高、设备设施落后、功能配套不全、缺乏长效管理机制等问题，无论在公建配套设施的规划设计、建设标准方面，还是在管理模式、运作机制方面，都无法满足居民日益增长的生活水平对住房的需求，尤其是与周围新建小区以及经过改造的小区相比形成了强烈反差。在进行整治改造前，除了应该检查是否存在结构安全隐患外，还应对老旧小区建筑、装饰、机电设备等各个方面进行现状勘查。

1）建筑部分

检查现状外立面脱落破损、屋顶防水、屋顶女儿墙及栏杆、地面防潮等部位。建筑装饰装修系统，墙体装饰层是否完好，是否出现脱落，地砖是否存在破裂、变色、松动情况，电梯厅墙面为墙砖、石材等装饰材料时是否松动脱落。地下室区域地面、墙面、顶棚检查，楼内防火门是否能正常工作及正常关闭。建筑内部公共部分如楼梯间墙面、楼梯踏步和栏杆扶手是否有损坏，楼道内疏散指示牌及应急指示灯工作是否正常，是否存在安全隐患，楼内是否设立信报箱。出入口雨篷结构构件是否安全、漏雨等。

2）给水排水系统

检查楼内公共区域管道井内给水排水管线是否存在锈蚀损坏及渗漏情况，调查给水泵、给水管线及控制箱使用年限以及设备使用情况等，还需检查水泵房内环境是否满足卫生环境的要求，污水处理系统是否完善，污水泵能否正常运行，污水管线有无破损现象，控制箱能否正常使用等。

3）暖气通风空调系统

检查供热温度是否满足要求；锅炉是否采用清洁能源，各类水泵使用效率如何，水处理设备使用年限调查，水质是否达标；通风设备的使用年限以及风机等设施能否正常启动，是否经常出现故障，楼内通风道口百叶窗是否能正常工作，楼内空气流通效果如何；地下室风机房风机软管连接件情况如何，设备间空调运行是否正常等。

4）电气系统

调查配电室内配电柜的使用年限，配电柜是否有老化现象，是否有故障，能否正常工作，检查设备是否存在短路等安全隐患；检查管道井内强弱电线路是否存在老化、敷设杂乱现象，是否存在安全隐患，楼内公共区域照明灯具是否正常工作，照度是否满足要求，是否影响居民正常出行；检查屋顶防雷系统是否工作正常，高层建筑地下室照明设备是否正常，检查安全指示灯、应急照明灯情况。

5）建筑弱电系统

检查楼栋门禁系统是否正常使用，监控系统是否工作正常，监控视频画质是否清晰、有无监控盲点等。

6）电梯系统

调查电梯使用年限及日常检修维护情况，是否存在电梯设备老化情况，有无故障出现，是否进行定期安全检查。

7）建筑消防系统

检查建筑消防系统是否正常工作，消火栓接头是否密封，消防管道是否锈蚀，消防水龙带的使用年限是否满足要求，检查消防泵房内消防泵及相应的控制箱是否能正常启动。楼内是否配备相应的灭火器，楼内消防扩音器、火灾报警电话、烟感探头、消防警报按钮、消防警铃、消防风机和卷帘门联动控制箱是否能正常启动及正常运行，是否存在安全隐患。

8）其他

（1）调查小区机电系统是否工作正常，容量是否满足使用要求。给水排水管线、变配电系统、电线线缆是否存在老化不满足使用的情况，是否存在小区雨水污水混流、房屋前后下水管道破损、堵塞严重等情况。

（2）调查小区内的绿化是否损坏，管线更换时是否需要对因更换管线造成的绿化损坏进行恢复，路灯是否缺失、能否正常工作，小区路面是否平整或毁损、是否影响出行，是否存在私搭乱建、挤压侵占市政管线和消防通道，从而造成安全隐患的现象。化粪池是否满足要求，停车问题是否严重，小区公共部分卫生状况怎么样，是否存在整体脏乱差、洁具设备无法正常使用情况，垃圾分类收集是否规范。

3.消防设施布局与整体消防性能调查

老旧小区消防设施布局与整体消防性能调查可以分为建筑防火性能、消防设施配置、灭火救援条件、消防安全管理四个方面。调查中对可能存在的问题或隐患可分为应设置但是未设置、虽设置但是设置不合理、设施本身无法发挥基本功能三个种类。

1）建筑防火性能

（1）主要调查内容

建筑防火性能的主要调查内容应包括：建筑耐火等级、防火间距、防火分隔、平面布置、室内外装修、安全疏散与避难、电气防火。

调查中重点关注的项目包括：墙、柱、梁、楼板、屋顶承重构件、疏散楼梯、吊顶等构件的燃烧性能，钢结构构件的防火保护措施，不同建筑间特别是与加油加气站等危险场所间的间距，建筑内防火隔墙、防火门窗、防火卷帘、防火阀、防火封堵情况，建筑内是否存在大面积库房或使用储存甲乙类危险品的场所，装修材料的燃烧性能，安全出口与疏散出口数量、疏散走道净宽度、疏散距离、安全出口和疏散楼梯的形式，电线电缆的选用、敷设、老化破损情况，违规使用大功率电气设备情况，易燃易爆物品场所的防火防爆措施等。

（2）常见火灾隐患

在建筑防火性能的调查中，常见的火灾隐患包括：①大量采用木质建筑构件，导致建筑耐火等级偏低；②建筑间距小或私搭乱建，导致防火间距不足；③人员疏散通道过窄或安全出口过少，导致疏散出口数量和宽度不足；④私拉乱接或超负荷使用大功率用电设备，导致电气线路过载风险增大；⑤开关、插座和照明灯具附近设置可燃物，导致电气故障发热引燃可燃物的风险增加等。

2）消防设施配置

（1）主要调查内容

消防设施配置的主要调查内容应包括：消防给水及消火栓系统、自动灭火系统、火灾自动报警系统、防烟排烟系统、疏散指示标识及应急照明、消防电源、灭火器及其他消防器材。

调查中重点关注的项目包括：是否需要设置消防软管卷盘或消防水龙，常开或常闭阀门的工作位置是否正确，自动灭火系统的喷头是否被遮挡，消防水泵房、发电机房、配变电室、计算机网络机房、主要通风和空调机房、防排烟机房、灭火系统控制操作装置处或控制室、企业消防站、消防值班室、消防电梯机房是否设置消防电话分机，室内排烟口的位置，排烟风机出风口与正压送风机进风口的间距，疏散标识的高度、间距、位置、方向，是否设置专用消防电源或消防电源是否用于非消防设备，消火栓、自动灭火系统最不利点的工作压力（强），灭火器的类型、数量、有效期，消防水泵、报警阀组、防排烟设施、防火阀、消防电源主备切换等功能性测试等。

（2）常见火灾隐患

在消防设施配置的调查中，常见的火灾隐患包括：①应设未设消防软管卷盘或消防水龙；②应设未设防烟排烟设施；③疏散指示标识、自动灭火系统喷头、灭火器或消火栓、排烟口等消防设施被遮挡；④消防管线阀门处于不正确的位置；⑤室内消火栓无水或压力不足等。

3）灭火救援条件

（1）主要调查内容

灭火救援条件的主要调查内容应包括：消防车道、救援场地和入口、消防电梯、救援窗、室外消火栓及水泵接合器等救援设施的设置。

调查中重点关注的项目包括：消防车道的净高、净宽及其与建筑外缘的距离，登高操作场地的长度与宽度，消防车道与登高操作场地是否被占用或阻塞，消防电梯前室的面积与短边尺寸、消防员操作按钮、消防对讲电话设置情况，消防救援窗设置的尺寸、距离地面高度，水泵接合器、消防救援窗的标识等。

（2）常见火灾隐患

在灭火救援条件的调查中，常见的火灾隐患包括：①消防车道宽度不足或被占用；②消防登高操作场地被占用；③消防救援窗被遮挡或无标识；④室外消火栓被遮挡；⑤水泵接合器无标识等。

4）消防安全管理

（1）主要调查内容

消防安全管理的主要调查内容应包括：消防行政审批情况、消防安全制度及操作规程、消防安全组织、灭火和应急疏散预案及演练、防火巡查及隐患整改、消防安全宣传教育培训。

调查中重点关注的项目包括：建筑的消防设计审查、竣工验收、开业前检查等审批文件，消防工作的组织机构与人员情况，消防安全教育培训、防火巡查检查、安全疏散设施管理、消防（控制室）值班、消防设施器材维护管理、火灾隐患整改、用火用电安全管理、易燃易爆危险物品和场所防火防爆、专职/志愿消防队的组织管理、灭火和应急疏散预案演练、燃气和电气设备的检查和管理、消防安全工作考评和奖惩等制度的制定与落实情况。

（2）常见火灾隐患

在消防安全管理的调查中，常见的火灾隐患包括：①消防审批文件不全，或审批内容与现状不一致；②无消防工作的组织机构，或组织机构不健全；③无消防安全管理制度，或管理制度不健全；④消防安全管理制度落实不到位；⑤无消防安全工作考评和奖惩制度，或只有惩罚无奖励。

3.1.2 建筑安全性能评定

1.概述

老旧小区防灾安全性能提升首先是确保房屋建筑的安全性能，包括正常使用时的安全性和遭遇地震影响时的抗震安全性。为科学反映改造前后结构安全性能的提升程度，应进行改造前的检测及安全性能事前评定，改造后的安全性能事后评定。

老旧小区建筑由于建成年代久，材料力学性能下降导致构件承载能力不足。建造时的施工质量存在问题或在投入使用后业主缺少正常的维护，造成结构构件露筋、屋面渗漏雨水对结构构件的腐蚀等都会对建筑正常使用的安全造成影响，应进行建筑的安全性鉴定，包括地基基础、上部主体结构和外围护结构的安全性鉴定。我国早期建成的建筑（如20世纪五六十年代）大多未考虑抗震设防，或由于设防标准的提高，致使其抗震能力达不到现行标准的要求，这类房屋亟待进行建筑抗震鉴定。

房屋结构安全性能评定主要依据现行国家标准《民用建筑可靠性鉴定标准》GB 50292、《建筑抗震鉴定标准》GB 50023 的规定进行。对于经安全性鉴定与抗震鉴定不满足要求的建筑，应综合考虑安全性鉴定与抗震鉴定，从而提出合理的加固措施。

2. 结构安全性鉴定

1）基本规定

结构安全性鉴定应按构件、子单元和鉴定单元三个层次依次进行鉴定，每一层次分为四个安全性等级；每个层次均分为地基基础、上部承重结构和围护系统承重三部分进行鉴定，各部分的鉴定结果分为四个安全性等级。

安全性评级的层次、等级划分、工作内容和步骤详见表3-1。

安全性评级的层次、等级划分、工作步骤和内容　　　　　　表3-1

层次		一	二		三
层名		构件	子单元		鉴定单元
安全性鉴定	等级	a_u、b_u、c_u、d_u	A_u、B_u、C_u、D_u		A_{su}、B_{su}、C_{su}、D_{su}
	地基基础	—	地基变形评级	地基基础评级	鉴定单元安全性评级
		按同类材料构件各检查项目评定单个基础项目	边坡场地稳定性评级		
			地基承载力评级		
	上部承重结构	按承载力、构造、不适于承载的位移或损伤等检查项目评定单个构件等级	每种构件集评级	上部承重结构评级	
			结构侧向位移评级		
			按结构布置、支撑、圈梁、结构间联系等检查项目评定结构整体性评级		
	围护系统承重部分	按上部承重结构检查项目及步骤评定围护系统承重部分各层次安全性等级			

老旧小区的建筑一般为砌体结构（含木楼屋盖）、钢筋混凝土结构，安全性鉴定时，可分混凝土结构构件、砌体结构构件和木结构构件三类，按承载能力、构造、不适于承载的位移或变形、裂缝或其他损伤四个检查项目进行评定。对于木结构构件还要增加危险性的腐朽和虫蛀两个检查项目，最后综合以上检查结果确定其安全性等级，或取其中最低一级作为该构件安全性等级。

（1）构件层次应按以下规定给出评定等级及采取的处理建议。①a_u：安全性符合鉴定标准对a_u级的规定，具有足够的承载能力，不必采取措施；②b_u：安全性略低于对a_u级的规定，尚不显著影响承载能力，可不采取措施；③c_u：安全性不符合对a_u级的规定，显著影响承载能力，应采取措施；④d_u：安全性不符合对a_u级的规定，严重影响承载能力，必须及时或立即采取措施。

（2）子单元层次应根据子单元各检查项目及各构件集的评定结果评定等级，

并提出处理建议。①A_u：安全性符合鉴定标准对A_u级的规定，不影响整体承载，但可能有个别一般构件应采取措施；②B_u：安全性略低于对A_u级的规定，尚不显著影响整体承载，但可能有极少数构件应采取措施；③C_u：安全性不符合对A_u级的规定，显著影响整体承载，应采取措施且可能有极少数构件必须立即采取措施；④D_u：安全性不符合对A_u级的规定，严重影响整体承载，必须立即采取措施。

（3）鉴定单元层次应根据各子单元的评定结果确定并给出处理建议。①A_{su}：安全性符合鉴定标准对A_{su}级的规定，不影响整体承载，但可能有极少数一般构件应采取措施；②B_{su}：安全性略低于对A_{su}级的规定，尚不显著影响整体承载，但可能有极少数构件应采取措施；③C_{su}：安全性不符合对A_{su}级的规定，显著影响整体承载，应采取措施且可能有极少数构件必须及时采取措施；④D_{su}：安全性严重不符合对A_{su}级的规定，严重影响整体承载，必须立即采取措施。

2）构件安全性鉴定评级

（1）按承载能力评定等级

按承载能力进行构件等级评定时应符合表3-2的规定，其中：R为结构构件的抗力设计值；S为不考虑地震作用的构件内力组合设计值；γ_0为结构重要性系数，安全等级为一级的构件不小于1.1，安全等级为二级时不小于1.0，安全等级为三级时不小于0.9。建议：在计算S时按现行国家标准《建筑结构可靠性设计统一标准》GB 50068确定恒载、活荷载分项系数。

按承载能力评定的结构构件安全性等级 表3-2

构件类别	安全性等级			
	a_u级	b_u级	c_u级	d_u级
主要构件及节点、连接	$R/(\gamma_0 S) \geq 1.0$	$R/(\gamma_0 S) \geq 0.95$	$R/(\gamma_0 S) \geq 0.90$	$R/(\gamma_0 S) < 0.90$
一般构件	$R/(\gamma_0 S) \geq 1.0$	$R/(\gamma_0 S) \geq 0.90$	$R/(\gamma_0 S) \geq 0.85$	$R/(\gamma_0 S) < 0.85$

（2）按构造进行等级评定

砌体结构构件按表3-3规定的检查项目进行评定，混凝土结构构件按表3-4规定的检查项目进行评定，木结构构件按表3-5规定的检查项目进行评定，各类构件分别取其中最低等级作为该构件构造的安全性等级。

（3）按不适于承载的位移或变形进行等级评定

①砌体结构构件

若砌体墙、柱的水平位移或倾斜的实测值大于表3-6的规定限值：当该位移与整个结构有关时，应按表3-6的评定结果，取与上部承重结构相同的级别作为该墙、柱的水平位移等级；当该位移只是孤立事件时，则应在其承载能力验算中

按连接及构造评定的砌体结构构件安全性等级 表3-3

检查项目	a_u级或b_u级	c_u级或d_u级
墙或柱高厚比	符合国家现行相关规范要求	不符合国家现行相关规范的规定，且已超过现行国家标准《砌体结构设计规范》GB 50003规定限值的10%
连接及构造	连接及砌筑方式正确，构造符合国家现行相关规范规定，无缺陷或仅有局部的表面缺陷，工作无异常	连接及砌筑方式不当，构造有严重缺陷，已导致构件或连接部位开裂、变形、位移、松动，或已造成其他损坏

按构造评定的混凝土结构构件安全性等级 表3-4

检查项目	a_u级或b_u级	c_u级或d_u级
结构构造	结构、构件的构造合理，符合国家现行相关规范要求	结构、构件的构造不当，或有明显缺陷，不符合国家现行相关规范要求
连接或节点构造	连接方式正确，构造符合国家现行相关规范要求，无缺陷，或仅有局部的表面缺陷，工作无异常	连接方式不当，构造有明显缺陷，已导致焊缝或螺栓等发生变形、滑移、局部拉脱、剪坏或裂缝
受力预埋件	构造合理，受力可靠，无变形、滑移、松动或其他损坏	构造有明显缺陷，已导致预埋件滑移、松动或其他损坏

按构造评定的木结构构件安全性等级表 表3-5

检查项目	a_u级或b_u级	c_u级或d_u级
构件构造	构件长细比或高跨比、截面高宽比等符合国家现行设计规范规定；无缺陷、损伤，或仅有局部表面缺陷；工作无异常	构件长细比或高跨比、截面高宽比等不符合国家现行设计规范规定；存在明显缺陷或损伤；已影响或显著影响正常工作
节点与连接构造	节点、连接方式正确，构造符合国家现行设计规范规定；无缺陷或仅有局部表面缺陷；通风良好；工作无异常	节点、连接方式不当，构造有明显缺陷、通风不良，已导致连接松弛变形、滑移、沿剪面开裂或其他损坏

不适于承载的砌体结构构件侧向位移等级的评定 表3-6

检查项目	结构类别			顶点位移	层间位移
				c_u级或d_u级	c_u级或d_u级
结构平面外的侧向位移	单层建筑	墙	$H \leqslant 7m$	$H/250$	—
			$H > 7m$	$H/300$	—
		柱	$H \leqslant 7m$	$H/300$	—
			$H > 7m$	$H/330$	—
	多层建筑	墙	$H \leqslant 10m$	$H/300$	$H_i/300$
			$H > 10m$	$H/330$	
		柱	$H \leqslant 10m$	$H/330$	$H_i/330$

注：表中H为结构顶点高度，H_i为第i层层间高度。

考虑此位移的影响，当验算结果不低于 b_u 级时，仍可定为 b_u 级，当验算结果低于 b_u 级时，应根据实测严重程度定为 c_u 级或 d_u 级；当该位移尚在发展时，应直接定为 d_u 级。

除带壁柱墙外，对偏差或使用原因造成的其他柱的弯曲，当其矢高实测值大于柱的自由长度的 1/300 时，应考虑附加弯矩的影响进行构件承载力验算评定。当验算结果不低于 b_u 级时，仍可定为 b_u 级；当验算结构低于 b_u 级时，应根据实测严重程度定为 c_u 级或 d_u 级。

②混凝土受弯构件

混凝土受弯构件按表3-7进行评定，并根据实际严重程度确定 c_u 级或 d_u 级。当柱顶的水平位移或倾斜的实测值大于表3-8的规定限值时，参照砌体墙、柱的方法进行评级。

不适于承载的变形的混凝土受弯构件安全性等级 表3-7

检查项目	构件类别		c_u 级或 d_u 级
挠度	主要受弯构件（主梁、托梁等）		$> l_0/200$
	一般受弯构件	$l_0 \leq 7m$	$> l_0/120$，或$> 47mm$
		$7m < l_0 \leq 9m$	$> l_0/150$，或$> 50mm$
		$l_0 > 9m$	$> l_0/180$
侧向弯曲的矢高	预制屋面梁或深梁		$> l_0/400$

注：l_0 为计算跨度。

混凝土柱不适于承载的侧向位移等级的评定 表3-8

检查项目	结构类别		顶点位移	层间位移
			c_u 级或 d_u 级	c_u 级或 d_u 级
结构平面内的侧向位移	单层建筑		$H/150$	—
	多层建筑		$H/200$	$H_i/150$
	高层建筑	框架	$H/250$ 或 300mm	$H_i/150$
		框架—剪力墙	$H/300$ 或 400mm	$H_i/250$

③木结构构件

木结构构件按不适于承载的变形评定，依挠度、侧向弯曲的矢高两个检查项目进行，详见表3-9。当评定结果取 c_u 级或 d_u 级，应根据其严重程度确定。

（4）按不适于承载的裂缝进行等级评定

①砌体结构构件

当砌体结构的承重构件出现下列受力裂缝时，应视为不适于承载的裂缝，并应根据其严重程度定为 c_u 级或 d_u 级：（a）主梁支座下的墙、柱出现沿块材断裂或

木结构构件的安全性按不适于承载的变形评定 　　　　表3-9

检查项目		c_u级或d_u级
挠度	桁架、屋架、托架	$>l_0/200$
	主梁	$>l_0^2/(3000h)$ 或 $>l_0/150$
	搁栅、檩条	$>l_0^2/(2400h)$ 或 $>l_0/120$
	椽条	$>l_0/100$，或已劈裂
侧向弯曲的矢高	柱或其他受压构件	$>l_c/200$
	矩形截面梁	$>l_0/150$

表中：l_0为计算跨度；为l_c柱的无支承长度；h为截面高度。

贯通的竖向裂缝或斜裂缝；（b）空旷房屋承重外墙的变截面处出现水平裂缝或沿块材断裂的斜向裂缝；（c）砖砌过梁的跨中或支座出现裂缝，或虽未出现肉眼可见裂缝但发现其跨度范围内有集中荷载；（d）纵横墙连接处出现通长的竖向裂缝；（e）承重墙体墙身裂缝严重，且最大裂缝宽度大于5mm；（f）独立柱已出现宽度大于1.5mm的裂缝，或有断裂、错位迹象；（g）其他明显的受压、受弯、受剪裂缝，或显著影响结构整体性的裂缝。

②混凝土结构构件

（a）混凝土结构不适于承载的裂缝宽度的评定，应按表3-10的规定进行评级，并应根据其实际严重程度定为c_u级或d_u级；（b）因主筋锈蚀或腐蚀，导致混凝土产生沿主筋方向开裂、保护层脱落或掉角，应视为不适于承载的非受力裂缝，并应根据其实际严重程度定为c_u级或d_u级；（c）因温度、收缩等作用产生的弯曲裂缝超过表3-10限值的50%，且分析表明已显著影响结构的受力，这些裂缝也应视为不适于承载的非受力裂缝，并应根据其实际严重程度定为c_u级或d_u级；（d）当混凝土结构构件同时存在受力和非受力裂缝时，取两种状态分别评定等级的较低一级；（e）当混凝土结构构件有较大范围损伤时，应根据其实际严重程度直接定为c_u级或d_u级。

混凝土结构构件不适于承载的裂缝宽度（mm）的评定 　　　　表3-10

检查项目	环境	构件类别		c_u级或d_u级
受力主筋处的弯曲裂缝一般弯剪裂缝和受拉裂缝宽度	室内正常环境	钢筋混凝土	主要构件	0.50
			一般构件	0.70
		预应力混凝土	主要构件	0.20（0.30）
			一般构件	0.30（0.50）
剪切裂缝和受压裂缝	任何环境	钢筋混凝土或预应力混凝土		出现裂缝

注：表中括号内数据适用于热轧钢筋配筋的预应力混凝土构件。

③木结构构件

当木结构构件具有下列斜率（ρ）的斜纹理或斜裂缝时，应根据其严重程度直接定为c_u级或d_u级：（a）受拉构件及拉弯构件$\rho > 10\%$；（b）受弯构件及偏压构件$\rho > 15\%$；（c）受压构件$\rho > 20\%$。

木结构构件的安全性按危险性腐朽或虫蛀评定时，按表3-11的规定评级，当封入墙、保护层内的木构件或其连接已受潮时，即使木材尚未腐朽，也应定为c_u级。

木结构构件的安全性按危险性腐朽或虫蛀评定   表3-11

检查项目		c_u级或d_u级
表层腐朽	上部承重结构构件	截面上的腐朽面积大于原截面面积的5%，或按剩余截面验算不合格
	木桩	截面上的腐朽面积大于原截面面积的10%
心腐	任何构件	有心腐
虫蛀		有新蛀孔；未见蛀孔，但敲击有空鼓音，或用仪器探测，内有蛀洞

3）子单元安全性鉴定

（1）地基基础子单元的安全性等级评定

①地基基础的安全性按地基变形观测资料或其上部结构反应作为检查项目时，对建成2年以上且建筑处于一般场地上时，其等级按表3-12确定，对建在高压缩性黏性土或其他特殊性土地基上的建筑物，其年限应根据当地经验适当加长。

地基基础按地基变形或上部结构反应的评定   表3-12

等级	评定标准
A_u	不均匀沉降小于现行国家标准《建筑地基基础设计规范》GB 50007规定的允许沉降差；建筑物无沉降裂缝、变形或位移
B_u	不均匀沉降不大于现行国家标准《建筑地基基础设计规范》GB 50007规定的允许沉降差，且连续两个月地基沉降量小于2mm/月；建筑物的上部结构虽有轻微裂缝，但无发展迹象
C_u	不均匀沉降大于现行国家标准《建筑地基基础设计规范》GB 50007规定的允许沉降差；或连续两个月地基沉降量大于2mm/月；建筑物上部结构的砌体部分可能出现宽度大于1mm的沉降裂缝，且沉降裂缝短期内无终止趋势
D_u	不均匀沉降远大于现行国家标准《建筑地基基础设计规范》GB 50007规定的允许沉降差；连续两个月地基沉降量大于2mm/月，且尚有变快趋势；或建筑物上部结构的沉降裂缝发展显著；砌体的裂缝宽度大于10mm；预制构件连接部位的裂缝宽度大于3mm；现浇结构个别部分也开始出现沉降裂缝

②地基基础的安全性按承载力评定时，应以岩土工程勘察档案和检测资料为依据，并结合当地经验进行核算，按表3-13确定其等级。

地基基础按承载力的评定　　　　　　　　　　　　　表3-13

检查项目	等级	评定标准	
承载力	A_u	地基承载力符合现行国家标准《建筑地基基础设计规范》GB 50007的规定	根据建筑物的完好程度确定A_u级或B_u级
	B_u		
	C_u	地基承载力不符合现行国家标准《建筑地基基础设计规范》GB 50007的规定	根据建筑物开裂、损伤的严重程度确定C_u级或D_u级
	D_u		

③地基基础的安全性按边坡场地稳定性评定时，按表3-14确定其等级。

地基基础按边坡场地稳定性的评定　　　　　　　　表3-14

检查项目	等级	评定标准
边坡稳定	A_u	建筑场地地基稳定，无滑动迹象及滑动史
	B_u	建筑场地地基在历史上曾有过局部滑动，经治理后已停止滑动，且近期评估表明在一般情况下不会再滑动
	C_u	建筑场地地基在历史上发生过滑动，目前虽已停止滑动，但当触动诱发因素时，今后仍有可能再滑动
	D_u	建筑场地地基在历史上发生过滑动，目前又有滑动或有滑动迹象

④地基基础子单元的安全性等级按地基变形其上部结构反应、承载能力、边坡场地稳定性的等级评定结果，取最低一级作为其安全性等级。

当发现地下水位或水质有较大变化，或土压力、水压力有显著改变，且可能对建筑物产生不利影响时，还应对此类变化所产生的不利影响进行评价，并提出处理意见。

（2）上部承重结构子单元的安全性等级评定

上部承重结构子单元的安全性等级，应根据其结构的承载功能、整体性以及侧向位移等级的评定结果进行确定。

①按承载功能的安全性等级评定

上部结构承重功能的安全性等级评定首先应选取代表层（或区），然后将各代表层（或区）中承重构件划分为若干主要构件集和一般构件集，对每种构件集进行安全性等级评定，确定代表层（或区）的安全性等级，最后根据代表层的安全性等级评定结果进行上部结构承重功能的安全性等级评定。

代表层（或区）的选取原则：

可在标准层中随机抽取层、底层和顶层、高层建筑的转换层和避难层作为代表层，当为非整数时应多取一层；单层房屋以原设计的每一计算单元为一区，并以随机抽取区为代表区。

当建筑上部承重结构遭受灾害或其他系统性因素影响时，应区分为受影响与未受影响的楼层（或区），受影响楼层全数作为代表层（区），未受影响按前述规定选取代表层（或区）。

构件集的划分与等级评定：

代表层（或区）中的承重柱、主梁和墙为主要构件集，次梁、楼板为一般构件集。各构件的安全性等级按构件层次中规定的方法评定等级。

代表层（或区）的安全性等级评定：

代表层（或区）应按其中各主要构件集的最低等级确定。当代表层（或区）中一般构件集的最低等级比主要构件集最低等级低二级或三级时，该代表层（或区）所评的安全性等级应降一级或二级。

主要构件集的安全性等级按表3-15确定，一般构件集的安全性等级按表3-16确定。

代表层（区）主要构件集安全性等级评定 表3-15

等级	多层及高层房屋	单层房屋
A_u	该构件集内，不含c_u级和d_u级，可含b_u级，但含量不多于25%	该构件集内，不含c_u级和d_u级，可含b_u级，但含量不多于30%
B_u	该构件集内，不含d_u级，可含c_u级，但含量不多于15%	该构件集内，不含d_u级，可含c_u级，但含量不多于20%
C_u	该构件集内，可含c_u和d_u级，当仅含c_u级时，其含量不应多于40%；当仅含d_u级时，其含量不应多于10%；当同时含有c_u级和d_u级时，c_u级含量不应多于25%，d_u级含量不应多于3%	该构件集内，可含c_u和d_u级，当仅含c_u级时，其含量不应多于50%；当仅含d_u级时，其含量不应多于15%；当同时含有c_u级和d_u级时，c_u级含量不应多于30%，d_u级含量不应多于5%
D_u	该构件集内，c_u和d_u级含量多于C_u的规定数	该构件集内，c_u和d_u级含量多于C_u的规定数

代表层（区）一般构件集安全性等级评定 表3-16

等级	多层及高层房屋	单层房屋
A_u	该构件集内，不含c_u级和d_u级，可含b_u级，但含量不多于30%	该构件集内，不含c_u级和d_u级，可含b_u级，但含量不多于35%
B_u	该构件集内，不含d_u级，可含c_u级，但含量不多于20%	该构件集内，不含d_u级，可含c_u级，但含量不多于25%
C_u	该构件集内，可含c_u和d_u级；但c_u级含量不应多于40%，d_u级含量不应多于10%	该构件集内，可含c_u和d_u级；但c_u级含量不应多于50%，d_u级含量不应多于15%
D_u	该构件集内，c_u和d_u级含量多于C_u的规定数	该构件集内，c_u和d_u级含量多于C_u的规定数

上部承重结构按表3-17的规定进行承载功能的安全性评级。

上部结构按承载功能的安全性等级评定 表 3-17

等级	评定标准
A	不含 C 级和 D 级代表层（或区），可含 B 级，但含量不多于 30%
B	不含 D 级代表层（或区），可含 C 级，但含量不多于 15%
C	可含 C 级和 D 级代表层（或区）。当仅含 C 级时，其含量不多于 50%；当仅含 D 级时，其含量不多于 10%；当同时含有 C 级和 D 级时，其 C 级含量不多于 25%，D 级含量不多于 5%
D	C 级和 D 级代表层（或区）的含量多于 C 级的规定数

②按结构整体性的安全性等级评定

上部结构按整体性的安全性等级评定分结构布置及构造、支撑系统或其他抗侧力系统构造、结构（包括构件）间的联系、砌体结构中圈梁及构造柱的布置与构造四个检查进行，评定标准见表 3-18。当四个项目均不低于 B_u 级时，可按占多数的等级确定；当仅一个项目低于 B_u 级时，可根据实际情况定为 B_u 级或 C_u 级；每个项目评定结果取 A_u 级或 B_u 级，应根据其实际完好程度确定，取 C_u 级或 D_u 级，应根据其实际严重程度确定。

结构整体性的安全性等级评定 表 3-18

检查项目	A_u 级或 B_u 级	C_u 级或 D_u 级
结构布置及构造	布置合理，形成完整的体系，且结构选型及传力路线设计正确，符合国家现行设计规范规定	结构不合理，存在薄弱环节，未形成完整的体系；或结构选型、传力路线设计不当，不符合现行国家设计规范，或结构产生明显振动
支撑系统或其他抗侧力系统	构件长细比及连接构造符合国家现行设计规范规定，形成完整的支撑体系，无明显残损	构件长细比及连接构造不符合国家现行设计规范规定，未形成完整的支撑体系，或构件连接已失效或有严重缺陷，不能传递各种侧向作用
结构、构件间的联系	设计合理、无疏漏；锚固、拉结、连接方式正确、可靠，无松动变形或其他残损	设计不合理、多处疏漏；或锚固、拉结、连接不当，或已松动变形，或已残损
砌体结构中圈梁及构造柱布置与构造	布置正确，截面尺寸、配筋及材料强度等符合国家现行设计规范规定，无裂缝或其他残损，能起闭合系统作用	布置不当，截面尺寸、配筋及材料强度等不符合国家现行设计规范规定，已开裂，或有其他残损，或不能起闭合系统作用

③按不适于承载的侧向位移的安全性等级评定

上部承重结构不适于承载的侧向位移限值见表 3-6、表 3-8。

当实测值大于表中限值，且有部分构件出现裂缝、变形或其他局部损坏迹象时，应根据实际严重程度定为 C_u 级或 D_u 级。

如实测值大于表中限值，但未发现构件出现裂缝、变形或其他局部损坏迹象时，应进行考虑位移影响的结构内力分析，并按各构件的承载力进行评定。当验算结果均不低于 b_u 级时，仍可将该结构评定为 B_u 级，但宜附加观察使用一段时间的限制；当构件承载能力的验算结构低于b_u级时，应评定为C_u级。

④上部承重结构的安全性等级评定

上部承重结构的安全性等级按其承载功能和结构侧向位移或倾斜的评定结果，取其较低一级作为其安全性等级。

当上部承重结构评为B_u级，但发现各主要构件集所含的c_u级构件处于c_u级构件的节点连接处、两个以下的c_u级构件存在于人员密集场所或其他破坏后果严重的部位时，宜降低为C_u级。

当上部承重结构评为C_u级，但发现存在主要构件集有下列情况之一时，宜降低一级：多高层房屋的底层柱集为C_u级或更低；任一空旷层、框支剪力结构的框架层的柱集为D_u级；人员密集场所或其破坏后果严重的部位，多于一个d_u构件；50%以上的构件为c_u级。

上部承重结构按上述规定调整后仍为A_u级或B_u级，但被评为C_u级或D_u级的一般构件集已被设计成参与支撑系统或其他抗侧力系统工作，或已在抗震加固中，加强了与主要构件集的锚固时，上部结构安全性等级应降为C_u级。

上部承重结构为A_u级或B_u级，但整体性等级为C_u级或更低时，上部承重结构安全性等级应降为C_u级。

（3）围护系数子单元的安全性等级评定

围护系数子单元的安全性等级应在参与该系统的各种承重构件的安全性评级基础上，根据该围护系统整体性等级的评定结果进行确定，且其安全性等级不得高于上部承重结构的等级。

各围护结构的整体性主要依据设计文件、现场检查与检测的结果按表3-19进行评定，并取各系统最低一级作为其安全性评定等级。

4）鉴定单元安全性鉴定评级

一般情况下，鉴定单元可根据地基基础和上部承重结构的评定结果取较低等级确定，但当鉴定单元的安全性等级评为A_{su}级或B_{su}级，而围护系统承重部分的等级为C_{su}级或D_{su}级时，可根据实际情况将鉴定单元所评等级降低一级或二级，但最后所定的等级不得低于C_{su}级。

当建筑物处于有危房的建筑群中，且直接受到威胁，或建筑物朝一方向倾斜且速度开始变快时，鉴定单元的安全性等级可直接评为D_{su}。

3.建筑抗震鉴定

1）基本规定

（1）下列情况下应按现行国家标准《建筑抗震鉴定标准》GB 50023进行抗震鉴定：

系统种类	评定标准			
	A_u	B_u	C_u	D_u
非承重外墙墙体	墙体无变形、开裂,与主体结构连接牢固,构造完全符合规范要求	墙体轻微变形、开裂,与主体结构连接基本牢固,构造不完全符合规范要求	墙体有一定程度的变形、开裂,与主体结构连接不牢,构造不符合规范要求	墙体部分倒塌、严重变形、开裂,与主体结构无连接或连接失效,构造严重不符合规范要求
外墙外保温系统	系统无空鼓、开裂脱落,黏结面积和强度、锚固件数量和强度均满足规范要求	系统有一定程度空鼓、开裂,黏结面积或(和)强度略小于规范要求,锚固件数量略小于规范要求	系统局部破坏脱落或多处开裂严重,黏结面积或(和)强度小于规范要求,锚固件数量或强度小于规范要求	系统大面积或多处破坏脱落,黏结面积或(和)强度远小于规范要求,无锚固件或锚固无效
外门窗(包括遮阳系统)	门窗无变形、损坏,与主体结构连接牢固,构造完全符合规范要求	门窗有轻微变形,与主体结构连接基本牢固,构造不完全符合规范要求	门窗有一定程度的变形、损坏,与主体结构连接不牢,构造不符合规范要求	门窗严重变形、损坏窗扇脱落,与主体结构无连接或连接失效,构造严重不符合规范要求
幕墙	幕墙无变形、损坏,与主体结构连接牢固,构造完全符合规范要求	幕墙有轻微变形,与主体结构连接基本牢固,构造不完全符合规范要求	幕墙有一定程度的变形、损坏,与主体结构连接不牢,构造不符合规范要求	幕墙严重变形、损坏窗扇脱落,与主体结构无连接或连接失效,构造严重不符合规范要求
其他围护构件	围护构件无变形、损坏,与主体结构连接牢固,构造完全符合规范要求	围护构件轻微变形、损坏,与主体结构连接基本牢固,构造不完全符合规范要求	围护构件有一定程度的变形、损坏,与主体结构连接不牢,构造不符合规范要求	围护构件严重变形、损坏,与主体结构无连接或连接失效,构造严重不符合规范要求

①接近或超过设计使用年限需继续使用的建筑;②设计未考虑抗震设防或抗震设防要求提高的建筑;③需要改变结构用途和使用环境的建筑。

(2)抗震鉴定的抗震设防烈度应采用现行国家标准《中国地震动参数区划图》GB 18306规定的地震基本烈度或《建筑抗震设计规范》GB 50011规定的设防烈度。

(3)抗震鉴定时首先应确定其合理的后续使用年限。现有建筑抗震鉴定的后续使用年限主要依据其建造的年代及当时设计时采用的规范将抗震鉴定的后续使用年限分为30年(简称A类建筑)、40年(简称B类建筑)、50年(简称C类建筑)三档:

①在20世纪70年代及以前建造,经耐久性鉴定可继续使用的房屋,其后续使用年限不应少于30年;在80年代建造的现有建筑,宜采用40年或更长,且不

得少于30年。

②在20世纪90年代（按当时施行的抗震设计规范系列设计）建造的房屋，后续使用年限不宜少于40年，条件许可时应采用50年。

③在2001年以后（按当时施行的抗震设计规范系列设计）建造的房屋，后续使用年限宜采用50年。

需要补充说明的是，对于2001年以后建造的房屋，若经现场调查未发现结构安全隐患时，在老旧小区改造中可不进行抗震鉴定。

（4）现有建筑的抗震鉴定采用两级鉴定方法。

①第一级（B类、C类建筑称抗震措施）鉴定是以构造为主的鉴定，针对不同的结构类型，现行国家标准《建筑抗震鉴定标准》GB 50023中给出了相应的构造或抗震措施要求，根据建筑的实际情况与标准要求的差距确定构造影响系数，包括体系影响系数和局部影响系数。

②第二级鉴定是抗震验算，A类建筑一般采用计算楼层综合抗震能力指数的简化方法；B类、C类建筑或不适于简化计算方法的A类建筑，应进行构件抗震承载力的验算，最后对承载力计算结果考虑构造影响系数对建筑的抗震性能进行综合评定。

③A类建筑满足第一级鉴定时，可评定为满足抗震鉴定要求，不再进行第二级鉴定；B类、C类建筑满足抗震措施鉴定要求后仍需进行第二级鉴定进行综合评定。

（5）按照现行国家标准《建筑工程抗震设防分类标准》GB 50223的规定，老旧小区建筑一般为丙类建筑，可能有极少量为乙类建筑，其抗震措施核查和抗震验算的综合鉴定应符合下列要求：

①丙类，应按本地区设防烈度的要求核查其抗震措施并进行抗震验算。

②乙类，6～8度应按比本地区设防烈度提高一度的要求核查其抗震措施，9度时应适当提高要求；抗震验算应按不低于本地区设防烈度的要求采用。

考虑到现有建筑的复杂性，其抗震设防标准可根据设防烈度、设防类别、所在场地类别及周边建筑情况等因素进行适当调整，表3-20给出了这两类建筑的抗震设防标准。表中上标*号表示适当提高要求。

设防标准的确定尚应注意以下几点：

第一，对建在Ⅳ类场地、复杂地形、不均匀地基上的建筑以及同一建筑单元存在不同类型基础时，应考虑地震影响复杂和地基整体性不足等不利影响因素。这类建筑要求上部结构的整体性更强一些，或抗震承载力有较大富余，一般可根据建筑实际情况，将部分抗震构造措施的要求按提高一度考虑，例如增加地基梁

建筑抗震鉴定设防标准 表3-20

设防烈度	场地类别	乙类设防			丙类设防		
		抗震措施	抗震构造	抗震验算	抗震措施	抗震构造	抗震验算
6度	I	7	6	≥0.05g	6	6	0.05g
	II～IV		7				
7度（0.10g）	I	8	7	≥0.10g	7	6	0.10g
	II～IV		8			7	
7度（0.15g）	I	8	7	≥0.15g	7	6	0.15g
	II		8			7	
	III，IV		8*			8	
8度（0.20g）	I	9	8	≥0.20g	8	7	0.20g
	II～IV		9			8	
8度（0.30g）	I	9	8	≥0.30g	8	7	0.30g
	II		9			8	
	III，IV		9*			9	
9度	I	9*	9	≥0.40g	9	8	0.40g
	II～IV		9*			9	

尺寸、配筋和增加圈梁数量、配筋等的鉴定要求。

第二，对有全地下室、箱基、筏基和桩基的建筑可放宽对上部结构的部分构造措施要求，如圈梁设置可按降低一度考虑，支撑系统和其他连接的鉴定要求，可在一度范围内降低，但构造措施不得全面降低。

第三，对密集建筑群中的建筑，当房屋之间的距离小于8m或小于建筑高度一半的居民住宅等，根据实际情况对较高建筑的相关部分，以及防震缝两侧房屋的局部区域，构造措施按提高一度考虑。

2）场地、地基基础的抗震鉴定

（1）场地

①6度、7度时及建造于对抗震有利地段的建筑，可不进行场地对建筑影响的抗震鉴定。

②7～9度区建筑位于抗震不利地段时，应对其地震稳定性、地基滑移及场地对建筑的可能危害进行评估。

（2）地基基础

存在软弱土、饱和砂土和饱和粉土的地基基础，应根据设防烈度、场地类别、建筑现状和基础类型，进行液化、震陷和抗震承载力的两级鉴定。符合第一级鉴定要求时，可不再进行第二级鉴定。

6度区建筑、7度区地基基础无严重静载缺陷的建筑，地基主要受力层不存在软弱土、饱和砂土和饱和粉土或严重不均匀土层的建筑，可不进行地基基础的抗震鉴定。

地基基础的第一级鉴定包括有无严重的静载缺陷、液化初判和震陷估算。

①静载缺陷。

调查上部结构的不均匀沉降裂缝和倾斜，基础有无腐蚀、酥碱、松散和剥落，上部结构的裂缝、倾斜有无发展趋势。无上述现象，或虽有裂缝、倾斜但不严重且无发展趋势，可评定地基基础无严重静载缺陷。

②液化初判。

地基下主要受力层不存在饱和砂土和饱和粉土，或存在饱和砂土和饱和粉土但满足以下条件时，可不进行液化初判：

对液化沉陷不敏感的丙类建筑；

符合现行国家标准《建筑抗震设计规范》GB 50011液化初步判别要求的建筑。

③震陷估算。

地基下主要受力层不存在软弱土层、严重不均匀土层，或存在上述土层但满足以下条件时，可不进行震陷估算：

8度、9度时，地基土静承载力特征值分别大于80kPa和100kPa；

8度时，基础底面以下的软弱土层厚度不大于5m。

地基基础的第二级鉴定包括饱和土液化再判和地基基础的抗震承载力验算。

①液化再判。

应按现行国家标准《建筑抗震设计规范》GB 50011的规定，采用标准贯入试验判别法，判别时可计入地基附加应力对土体抗液化强度的影响。存在液化土时，应确定液化指数和液化等级，并提出相应的抗液化措施。

②天然地基的竖向承载力验算。

天然地基的竖向承载力验算，按现行国家标准《建筑抗震设计规范》GB 50011规定的方法验算，其中，地基土的静承载力特征值改用长期压密地基土静承载力特征值，计算公式如下：

$$f_{sE} = \zeta_s \zeta_c f_s$$

式中：f_{sE}——调整后的地基土抗震承载力特征值（kPa）；

　　　ζ_s——地基土抗震承载力调整系数；

　　　ζ_c——地基土静承载力长期压密提高系数，按表3-21取值；

　　　f_s——地基土静承载力特征值（kPa）。

地基土静承载力长期压密提高系数 　　　表3-21

年限与岩土类别	p_0/f_s			
	1.0	0.8	0.4	< 0.4
2年以上的砾、粗、中、细、粉砂	1.2	1.1	1.05	1.0
5年以上的粉土和粉质黏土				
8年以上的地基土静承载力标准值大于100kPa的黏土				

③天然地基水平抗滑验算。

承受水平力为主的天然地基验算水平抗滑时，抗滑阻力可采用基础底面摩擦力和基础正侧面的水平抗力之和；基础正侧面土的水平抗力，可取被动土压力的1/3；抗滑安全系数不宜小于1.1；当刚性地坪的宽度不小于地坪孔口承压面宽度的3倍时，可利用刚性地坪的抗滑能力。

④桩基抗震验算。

按现行国家标准《建筑抗震设计规范》GB 50011规定的方法进行。

3）上部结构抗震鉴定

老旧小区房屋的结构形式主要是多层砌体结构、底部框架砖房及钢筋混凝土结构，多层砌体房屋（含单层）多用于住宅建筑，底部框架砖房多用于沿街面带底商的建筑，钢筋混凝土结构多用于小区内的公共建筑。

（1）第一级鉴定或抗震措施鉴定

①多层砌体房屋。

多层砌体房屋重点检查房屋的高度和层数、抗震墙的厚度和间距、墙体实际达到的砂浆强度等级和砌筑质量、墙体交接处的连接以及女儿墙、楼梯间和出屋面烟囱等易引起倒塌伤人的部位应重点检查；7～9度时，尚应检查墙体布置的规则性，检查楼、屋盖处的圈梁及楼、屋盖与墙体的连接构造等。

多层砌体房屋按房屋高度和层数、结构体系的合理性、墙体材料的实际强度、房屋整体性连接构造的可靠性、局部易损易倒部位构件自身及其与主体结构连接构造的可靠性进行鉴定。

②底部框架砖房。

底层框架砖房应重点检查房屋的高度和层数、横墙的厚度和间距、墙体的砂浆强度等级和砌筑质量，并应根据设防烈度重点检查下列薄弱部位：底层框架和底层内框架砖房的底层楼盖类型及底层与第二层的侧移刚度比、结构平面质量和刚度分布及墙体（包括填充墙）等抗侧力构件布置的均匀对称性；7～9度设防时，尚应检查框架的配筋和圈梁及其他连接构造。

底层框架砖房的抗震鉴定，应按房屋高度和层数、混合承重结构体系的合理性、墙体材料的实际强度、结构构件之间整体性连接构造的可靠性、局部易损易倒部位构件自身及其与主体结构连接构造的可靠性进行鉴定。

③多高层钢筋混凝土房屋。

钢筋混凝土房屋应依据其设防烈度重点检查下列薄弱部位：6度时，检查局部易掉落伤人的构件、部件以及楼梯间非结构构件的连接构造；7度时，补充检查梁柱节点的连接方式、框架跨数及不同结构体系之间的连接构造；8度、9度时，还应检查梁、柱的配筋，材料强度，各构件间的连接，结构体型的规则性，短柱分布，使用荷载的大小和分布等。

钢筋混凝土房屋应按结构体系的合理性、结构构件材料的实际强度、结构构件的纵向钢筋和横向箍筋的配置和构件连接的可靠性、填充墙等与主体结构的拉结构造进行鉴定。

（2）第二级鉴定或抗震承载力验算

房屋的第二级鉴定可采用综合抗震能力指数方法或按设计规范进行构件抗震承载力的验算，当采用构件抗震承载力验算时尚可考虑第一级鉴定的影响，即构件综合抗震承载能力的验算。

①面积率法。

A类多层砌体房屋、底部框架房屋的砖砌体抗震墙，可采用基于面积率的综合抗震能力指数进行抗震验算，具体计算公式如下：

$$\beta_{ci}=\psi_1\psi_2\beta_i=\psi_1\psi_2 A_i/(A_{bi}\xi_{0i}\lambda)$$

式中：β_{ci}——第i楼层的纵向或横向墙体综合抗震能力指数；

ψ_1、ψ_2——体系影响系数与局部影响系数；

A_i——第i楼层纵向或横向抗震墙在层高1/2处净截面积的总面积，其中不包括高宽比大于4的墙段截面面积；

A_{bi}——第i楼层建筑平面面积；

ξ_{0i}——第i楼层纵向或横向抗震墙的基准面积率；

λ——烈度影响系数。

烈度影响系数按以下规定取值：多层砌体房屋6度、7度、8度、9度时，分别取0.7、1.0、1.5、2.5，设计基本地震加速度为0.15g和0.30g时，分别按1.25和2.0采用；底层框架房屋的上部楼层按多层砌体房屋取值，底层6度、7度、8度、9度区分别取0.7、1.0、1.7、3.0，设计基本地震加速度为0.15g和0.30g时，分别按1.35和2.35采用；场地处于不利地段时，尚应乘以增大系数1.1~1.6。

②屈服强度系数法。

A类层数不超过10层钢筋混凝土房屋、底部框架砖房的混凝土结构部分，可采用基于屈服强度系数的综合抗震能力指数方法，具体计算公式如下：

$$\beta=\psi_1\psi_2\xi_y=\psi_1\psi_2 V_y/V_e$$

式中：β——第 i 楼层的纵向或横向墙体综合抗震能力指数；

ψ_1、ψ_2——体系影响系数与局部影响系数；

ξ_y——楼层屈服强度系数；

V_y——楼层现有受剪承载力；

V_e——楼层的弹性地震剪力，计算时需考虑场地的影响。

（3）构件抗震承载力验算方法

按构件抗震承载力验算的公式如下：

$$S \leqslant \psi_1\psi_2 R/\gamma_{Ra}$$

式中：S——结构构件内力（轴向力、剪力、弯矩等）组合的设计值；计算时，有关的荷载、地震作用、作用分项系数、组合值系数，应按现行国家标准《建筑抗震设计规范》GB5 0011 的规定采用，场地的设计特征周期可按表3-22确定。

特征周期值（s）　　　　　　　　　　　　　　表3-22

设计地震分组	场地类别			
	Ⅰ	Ⅱ	Ⅲ	Ⅳ
第一、二组	0.20	0.30	0.40	0.65
第三组	0.25	0.40	0.55	0.85

ψ_1、ψ_2——体系影响系数与局部影响系数；

R——结构构件承载力设计值，按现行国家标准《建筑抗震设计规范》GB 50011 的规定采用；

γ_{Ra}——抗震鉴定的承载力调整系数，一般情况下，可按现行国家标准《建筑抗震设计规范》GB 50011 的承载力抗震调整系数值采用；A类建筑抗震鉴定时，钢筋混凝土构件应按现行国家标准《建筑抗震设计规范》GB 50011 承载力抗震调整系数值的0.85倍采用。

4）抗震鉴定结论

评定为"满足抗震鉴定要求"。由于按不同后续使用年限进行鉴定可能会得到不同的鉴定结论，因此应特别注明鉴定时所选用的后续使用年限。

评定为"不满足抗震鉴定要求"。应提出相应的抗震减灾对策和处理意见。一般为：

（1）维修：指仅少量次要构件不满足要求，尚不明显影响结构抗震能力，只需结合日常维修进行处理即可，但对于位于人流通道处的地震中易掉落伤人的次要构件应立即采取处理措施。

（2）加固：不满足抗震鉴定要求，但从技术与经济的角度考虑，可通过加固达到鉴定标准的要求，加固设计与施工应符合现行行业标准《建筑抗震加固技术规程》JGJ 116的要求。

（3）改变用途：不满足抗震鉴定要求，且从技术与经济的角度加固难度较大，加固所需投入较高，但可通过改变建筑用途降低其设防类别，使之通过加固甚至无需加固就能达到按新用途使用的抗震鉴定要求。

（4）更新：结构体系明显不合理、加固难度很大、代价高，这类建筑可根据城市规划予以拆除，短期内需继续保留使用，应采取应急措施。

3.1.3 房屋加固技术

1.房屋加固的基本要求

1）设计依据

房屋的加固设计应以安全性鉴定报告与抗震鉴定报告为依据，即先鉴定后加固。该原则包含了三层意思：

（1）未鉴定而进行的加固是盲目的加固，鉴定报告或评估报告应是加固设计的组成文件。

（2）鉴定报告必须是合格的鉴定报告，由当地政府认可的有资质的单位进行检测鉴定。

（3）加固设计单位在确定加固方案前，必须清晰理解鉴定报告，了解房屋鉴定不合格的关键所在，同时也需要对鉴定报告的正确性有个合理判断。

2）加固设计

（1）方案设计

结构加固方案应综合安全性鉴定与抗震鉴定的结论来确定，结构加固应以抗震加固为主、构件加固为辅，这样才能确定合理的加固方案。加固方案要根据抗震鉴定报告的结论和建议，采用整体加固或局部加固，并结合安全性鉴定报告进行构件层次的加固。

（2）承载力验算

①加固后结构的计算简图应根据加固后的荷载、地震作用和实际受力状况确定。

②结构构件的计算截面面积，应采取实际有效的截面面积，材料强度取原设计与现场实测结果的较小值。

③结构加固后的抗震承载力验算一般与抗震鉴定时的方法相同，但其中的

各项参数应按加固后的实际情况取值。当采用构件抗震承载力方法验算时，对于A类建筑，加固新增构件的抗震承载力调整系数可取抗震鉴定的承载力调整系数，B类建筑按现行国家标准《建筑抗震设计规范》GB 50011的规定取值。

④结构构件承载力验算时，应计入实际荷载偏心、结构构件变形等造成的附加内力，并计入加固后的实际受力程度、新增部分的应变滞后和新旧部分协同工作的程度对承载力的影响。

（3）结构加固材料

加固所用的砌体块材、砂浆和混凝土的强度等级，钢筋、钢材的性能指标，应符合现行国家标准《建筑抗震设计规范》GB 50011及当地政府的有关规定，其他各种加固材料和胶粘剂的性能指标应符合国家现行标准、规范的要求。

3）加固施工

（1）施工准备

结构加固须由具有特种工程资质的单位进行施工，作业人员应具有相应岗位的资格证书。

建设单位、鉴定单位、施工单位应共同对建筑现状做全面细致的检查，对重点加固部位做好记录并留存影像资料。在检查过程中，若发现加固设计图纸未包含且需要加固修复的情况，应及时通过设计单位对原有加固设计进行调整。

（2）施工过程

①施工单位应组织测量核对构件实际尺寸，发现与房屋原始资料差异较大时，应及时通知各参建方协商处理。

②加固施工应采取措施尽可能避免或减少对原结构构件的损伤。

③施工过程中，应检查原结构尤其是隐蔽部位是否有严重的构造缺陷，一旦发现应立即暂停施工，在采取有效措施处理后方可继续施工。

（3）工程验收

加固工程验收时，各分部、子分部、分项和检验批的划分应按国家现行标准执行，结构加固应划分为各（子）分部工程。

应严格执行工序检查验收程序，切实做到工序未经检查验收，或经检查验收不合格，严禁下道工序施工。

设备、材料进场验收和复验，工程资料制作应按国家和地方标准执行。

2.砖砌体房屋的加固

1）常用加固方法概述

城镇老旧小区的砖砌体房屋主要由于建成年代久、材料劣化、使用维护不当（包括私自拆改、扩建）、抗震设防标准的提高，造成整体抗震能力的严重不足，加之材料（主要是砂浆）强度比较低，部分墙体在正常使用下的承载能力也不足。

（1）抗震能力不足时的加固方法

①面层加固法，包括钢筋混凝土板墙加固、钢筋网水泥砂浆面层加固、纯水泥砂浆面层加固、钢绞线网—聚合物砂浆面层加固。

②圈梁构造柱加固法，这是自唐山地震后我国研发的独有的一种加固方法，该方法常与内置钢拉杆联合使用。

③钢筋混凝土板墙加固法。

（2）整体性不足时的加固方法

①当构造柱设置不符合鉴定要求时，可增设外加柱，或对墙体采用双面钢筋网砂浆面层或钢筋混凝土板墙加固，且在墙体交接处增设相互可靠拉结的配筋加强带。

②当圈梁设置不符合鉴定要求时，可增设外圈梁，或采用双面钢筋网砂浆面层或钢筋混凝土板墙加固墙体，且在相应部位增设配筋加强带。

③当纵横墙连接较差时，可采用钢拉杆、长锚杆、外加柱或外加圈梁等加固。

④楼、屋盖构件支承长度不满足要求时，可增设托梁或采取增强楼、屋盖整体性等措施；对腐蚀变质的构件应更换；对无下弦的人字屋架应增设下弦拉杆。

⑤当预制楼、屋盖不满足刚性要求时，可增设现浇钢筋混凝土叠合层或增设托梁加固楼、屋盖整体性。

（3）房屋易倒塌部位的加固

①窗间墙宽度过小或抗震能力不满足要求时，可增设钢筋混凝土窗框或采用面层加固。

②支承大梁等的墙段抗震能力不满足要求时，可增设砌体柱、组合柱、钢筋混凝土柱或采用面层加固。

③支承悬挑构件的墙体不符合鉴定要求时，宜在悬挑构件端部增设钢筋混凝土柱或砌体组合柱加固，并对悬挑构件进行复核。悬挑构件的锚固长度不满足要求时，可加拉杆或采取减少悬挑长度的措施。

④隔墙无拉结或拉结不牢，可采用镶边、埋设钢夹套、锚筋或钢拉杆加固；当隔墙过长、过高时，可采用钢筋网砂浆面层进行加固。

⑤出屋面的楼梯间、电梯间和水箱间不符合鉴定要求时，可采用面层或外加柱加固，其上部应与屋盖构件有可靠连接，下部应与主体结构的加固措施相连。

⑥出屋面的烟囱、无拉结女儿墙、门脸等超过规定的高度时，宜拆除、降低高度或采用型钢、钢拉杆加固。

此外，砌体结构的构件加固可采用面层、外包型钢、粘贴复合材料等加固方法。

2）面层加固法

面层加固法指在砖墙体一侧或两侧抹一层水泥砂浆或聚合物砂浆，水泥砂浆面层内钢筋网片可有可无，聚合物砂浆则配以高强钢绞线网片，以提高砖墙体抗震承载力。

采用面层法加固时，首先考虑沿房屋外墙四周增加面层，如仍不能满足抗震要求可考虑在各单元楼梯间增加面层，不得已时在室内选择部分墙体进行加固，以尽可能减少对户内使用的影响（使用面积的减少、加固施工时的临时周转等）。

（1）面层加固后的抗震承载力验算

采用面层加固后，可按楼层的综合抗震能力提高系数进行加固后抗震承载力验算。

①墙段面层加固后的抗震能力增强系数按下式计算：

$$\eta_{\mathrm{P}ij} = \frac{240}{t_{\mathrm{w}0}}\left[\eta_0 + 0.075\left(\frac{t_{\mathrm{w}0}}{240} - 1\right) / f_{\mathrm{vE}}\right]$$

式中：η_0——基准增强系数，按表3-23、表3-24取值；

水泥砂浆面层加固的基准增强系数 表3-23

面层厚度（mm）	面层砂浆强度等级	钢筋网规格（mm）		单面加固			双面加固		
				原墙体砂浆强度等级					
		直径	间距	M0.4	M1.0	M2.5	M0.4	M1.0	M2.5
20	M10	无筋	—	1.46	1.04	—	2.08	1.46	1.13
30		6	300	2.06	1.35	—	2.97	2.05	1.52
40		6	300	2.16	1.51	1.16	3.12	2.15	1.65

钢绞线网—聚合物砂浆面层加固的基准增强系数 表3-24

面层厚度（mm）	钢绞线网片		单面加固				双面加固			
	直径（mm）	间距（mm）	M0.4	M1.0	M2.5	M5.0	M0.4	M1.0	M2.5	M5.0
25	3.05	80	2.42	1.92	1.65	1.48	3.10	2.17	1.89	1.65
		120	2.25	1.69	1.51	1.35	2.90	1.95	1.72	1.52

$t_{\mathrm{w}0}$——原墙体厚度（mm）；

f_{vE}——原墙体的抗震抗剪强度设计值（MPa）。

②加固后楼层抗震能力的增强系数按下式计算：

$$\eta_{Pi} = 1 + \frac{\sum_{j=1}^{n}(\eta_{Pij}-1)A_{ij0}}{A_{i0}}$$

式中：A_{i0}——第i楼层中验算方向原有抗震墙在1/2层高处净截面的面积；

A_{ij0}——第i楼层中验算方向面层加固的抗震墙j墙段在1/2层高处净截面的面积；

n——第i楼层中验算方向上的面层加固抗震墙的道数。

③加固后的楼层综合抗震能力指数按下式计算：

$$\beta_{si} = \eta_{Pi}\psi_{1s}\psi_{2s}\beta_i$$

上式中，β_i为加固前的楼层综合抗震能力指数，ψ_{1s}、ψ_{2s}分别为加固后的体系影响系数和局部影响系数。

（2）水泥砂浆面层加固设计要点

①原墙体实际的水泥砂浆强度等级不宜高于M2.5。

②加固面层的水泥砂浆强度等级宜采用M10，纯水泥砂浆面层的厚度宜为20mm，钢筋网水泥砂浆面层的厚度宜为35～40mm。

③钢筋网采用直径6mm或8mm，网格尺寸300mm×300mm，钢筋网与原墙面应保留5mm的空隙，钢筋网外保护层厚度不小于10mm。

④单面加面层的钢筋网应采用ϕ6的带肋L形锚筋固定于墙体，双面加面层的钢筋网应采用ϕ6的S形穿墙筋固定于墙体并与两侧的钢筋网拉结。

⑤L形锚筋或S形穿墙筋采用梅花形布置，L形锚筋的间距600mm，穿墙筋的间距为900mm。

⑥钢筋网的横向筋遇有门窗洞口时，单面加固时宜将钢筋弯入洞口侧边锚固，双面加固时宜将两侧的横向钢筋在洞口闭合。

⑦底层的面层，在室外地面下宜加厚并伸入地面下500mm。

（3）钢绞线网—聚合物砂浆面层加固设计要点

①原墙体砌筑的块体实际强度等级不宜低于MU7.5。

②聚合物砂浆面层的厚度不小于25mm，保护层厚度不小于15mm。

③聚合物砂浆采用Ⅰ级或Ⅱ级聚合物砂浆，其正拉黏结强度、抗拉强度和抗压强度以及老化检验、毒性检验等应符合现行国家标准《混凝土结构加固设计规范》GB 50367的要求。

④钢绞线应采用6×7+IWS金属股芯钢绞线，单根钢绞线的公称直径应在2.5～4.5mm范围内，抗拉强度标准值宜分别为1650MPa（直径不大于4mm）

和1560 MPa（直径大于4mm），相应的抗拉强度设计值分别取1050MPa和1000 MPa。

⑤钢绞线网—聚合物砂浆可单面或双面设置，钢绞线网应采用专用金属胀栓呈梅花形固定在墙体上。

（4）面层加固施工技术要点

①施工顺序。面层法加固施工的工艺流程见图3-1。

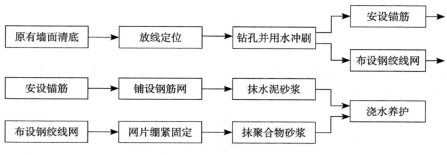

图3-1 面层加固施工工序图

②墙面清底时，如原墙面碱蚀严重时，应先清除松散部分并用1:3水泥砂浆抹面，已松动的勾缝砂浆应剔除。

③墙面钻孔。墙面钻孔前应先按设计要求画线标出锚筋（或穿墙筋）、胀栓位置，锚筋（穿墙筋）孔应设在砖缝处，胀栓孔应设在砖块上。应采用电钻打孔，锚筋孔直径宜采用锚筋直径的1.5～2.5倍，穿墙孔直径宜比穿墙筋大2mm，胀栓孔应采用ϕ6钻头。锚筋孔深宜为100～120mm，胀栓孔深宜为40～45mm。

④安设锚筋（穿墙筋）前应先将孔内灰屑冲洗干净，然后将钢筋插入孔内，采用水泥基灌浆料、水泥砂浆或结构胶填实固定。

⑤铺设钢筋网前，竖向钢筋应靠近墙面并用钢筋头支起，以保证钢筋网与墙面的间隙。钢绞线网应双层布置在外侧并绷紧安装，竖向钢绞线网布置在内侧，水平钢绞线布置在外侧，分布钢绞线贴向墙面，受力钢绞线背离墙面。

⑥抹面应先浇水浸润墙面作界面处理。水泥砂浆抹面时应先在墙面刷一道水泥浆，然后分层抹灰，每层厚度不超过15mm。聚合物第一遍抹灰厚度以基本覆盖钢绞线为宜，后续抹灰应在前次抹灰初凝后进行，厚度控制在10～15mm。

⑦面层施工完毕后应浇水养护，防止阳光暴晒，冬季应采取防冻措施。

3）外加圈梁构造柱加固法

外加圈梁构造柱加固就是在房屋的外围各层楼面标高处增设一道水平钢筋混凝土梁、内外墙交接处增设竖向钢筋混凝土柱的加固方式，通过外加的圈梁构造柱对砌体房屋形成捆绑约束提高抗震能力。

外加圈梁构造柱加固法的优点是：加固工程量相对较少、造价低，对用户正常生活干扰小。缺点是：抗震承载力提高有限，对建筑的外立面有影响，而且常常需要与内置钢拉杆联合使用，对室内装修或观感或多或少会有影响。

（1）加固后的抗震承载力验算

采用外加圈梁构造柱加固后，同样按楼层的综合抗震能力提高系数进行加固后抗震承载力验算。加固后楼层的抗震能力增强系数按下式计算：

$$\eta_{ci} = 1 + \frac{\sum_{j=1}^{n}(\eta_{cij} - 1)A_{ij0}}{A_{i0}}$$

上式中 A_{i0}、A_{ij0}、n 的含义同面层加固法，η_{cij} 为第 i 楼层第 j 墙段外加柱加固的增强系数，按表3-25取值。

砖墙外加构造柱加固的增强系数 表3-25

砌筑砂浆强度等级	外加柱在加固墙体的位置			
	一端	两端		窗间墙中部
		墙体无洞口	墙体有洞口	
≤M2.5	1.1	1.3	1.2	1.2
≥M5	1.0	1.1	1.1	1.1

加固后的楼层综合抗震能力指数为 $\beta_{ci} = \eta_{Pi}\psi_{1s}\psi_{2s}\beta_i$，其中体系影响系数 ψ_{1s} 中，关于圈梁、构造柱的影响系数取1.0。

（2）外加圈梁构造柱加固设计要点

①外加构造柱宜在平面内对称布置，房屋四角、楼梯间和不规则平面的对应转角处应设置构造柱。

②外加圈梁与构造柱应形成闭合系统，内圈梁可用钢拉杆替代。

③外加圈梁与构造柱的混凝土强度等级宜采用C20。

④构造柱截面一般为240mm×180mm或300mm×150mm；扁柱的截面面积不宜小于36000mm²，宽度不宜大于700mm，厚度可采用70mm；外墙转角可采用边长为600mm的等边角柱。圈梁截面高度不小于180mm，宽度不小于120mm。

⑤构造柱纵向钢筋不宜少于4ϕ12，转角处纵向钢筋可采用12ϕ12且双排布置；箍筋采用ϕ6@150～200，在楼、屋盖上下各500mm范围内的间距不小于100mm。

⑥圈梁的纵向钢筋，在7度、8度、9度时，对于A类建筑采用4ϕ8、4ϕ10、4ϕ12，对于B类建筑采用4ϕ10、4ϕ12、4ϕ14；箍筋采用ϕ6@200，

城镇老旧小区改造综合技术指南 城市更新与老旧小区改造丛书二

在与构造柱相连、钢拉杆锚固点两侧各500mm范围内的间距宜为100mm。

⑦圈梁外加柱与原有墙体采用锚筋、销键等与原有墙体有可靠的连接。

⑧构造柱应设置基础，并设置锚筋、拉结筋或销键等与原基础可靠连接，当基础埋深与原基础不同时，不得浅于冻结深度。

（3）外加圈梁构造柱加固施工的特殊要求

①增设圈梁构造柱处的墙面有酥碱、油污或饰面层时，应清除干净。

②圈梁构造柱与墙体的连接孔应用水冲洗干净。

③浇筑混凝土前，应浇水润湿墙和木模板。

④圈梁的混凝土宜连续浇筑，不应在距内外墙交接处1m以内处留施工缝，圈梁顶面应做泛水，底面应做滴水槽。

⑤代替内圈梁的钢拉杆应张紧，不得弯曲下垂，外露铁件应涂刷防锈漆。

4）钢筋混凝土板墙加固法

与面层法加固类似，钢筋混凝土板墙加固是在原砖墙体的一侧或两侧浇筑或喷射钢筋混凝土，形成与砖墙体结合在一起的钢筋混凝土墙的加固方法，该方法用于房屋抗震能力相差较大的情况。

（1）加固后的楼层抗震承载力验算

①板墙的厚度一般在6～100mm，因此，当原有墙体砌筑砂浆等级为M2.5、M5时，加固墙段的增强系数取2.5，砌筑砂浆等级为M7.5时取2.0，砌筑砂浆等级为M10时取1.8，楼层的抗震能力增强系数计算公式与面层加固法相同。

②双面板墙加固且总厚度不小于140mm时，可认为是增加了一道钢筋混凝土抗震墙，此时楼层的抗震能力增强系数按下式计算：

$$\eta_{wi} = 1 + \frac{\sum_{j=1}^{n} \eta_{ij} A_{ij}}{A_{i0}}$$

式中：A_{ij}——第i楼层中验算方向增设抗震墙在1/2层高处净截面的面积；

η_{ij}——第i楼层中验算方向加固的抗震墙j墙段的增强系数；原砖墙体无筋时取1.0，有混凝土带时取1.12，有钢筋网片的240墙取1.0，有钢筋网片的370墙取1.08；

n——第i楼层中验算方向上的面层加固抗震墙的道数。

（2）板墙加固设计要点

①混凝土的强度等级宜采用C20，钢筋宜采用HPB235级或HRB335级热轧钢筋。

②板墙厚度宜为60～100mm。

③板墙可配置单排钢筋网片，竖向钢筋贴近墙面（直径宜为14mm），横向钢筋直径可采用6mm，钢筋间距宜为150～200mm。

④板墙应有基础，且宜与原墙体基础埋深相同。

⑤板墙应上下连续，为减少对原有结构的损伤，当遇楼板时可每隔1m设置穿过楼板且与板墙竖向钢筋等面积的短筋，短筋两端应分别锚入上下层的板墙内，锚固长度不小于短筋直径的40倍。

⑥单面板墙宜采用直径8mm的L形锚筋与原墙体连接，锚固深度不小于120mm，双面板墙可采用S形穿墙筋与原墙体连接。锚筋或穿墙筋呈梅花形布置，锚固间距宜为600mm，穿墙筋间距宜为900mm。

⑦板墙与其他砖墙体应采用锚筋形成可靠拉结。

（3）板墙加固施工要点

①原砖墙面的处理、钻孔植筋与面层加固施工相同。

②板墙可支模浇筑或采用喷射混凝土工艺，应采取措施使板墙顶与楼板交界处的混凝土浇筑密实。

③混凝土浇筑后应加强养护。

3.钢筋混凝土房屋的加固

1）常用加固方法概述

钢筋混凝土房屋常见的问题有：结构体系不合理，抗震承载力与抗震构造措施不足。常用的加固方法有增设抗震墙或钢支撑进行体系的加固，采用加大截面、粘贴钢板或碳纤维布进行构件的加固。

（1）结构体系不合理

①单向框架应加固，或改为双向框架，或采取加强楼、屋盖整体性且同时增设抗震墙、抗震支撑等抗侧力构件的措施。

②单跨框架不符合鉴定要求时，应在不大于框架—抗震墙结构的抗震墙最大间距且不大于24m的间距内增设抗震墙、翼墙、抗震支撑等抗侧力构件或将对应轴线的单跨框架改为多跨框架。

③房屋刚度较弱、明显不均匀或有明显的扭转效应时，可增设钢筋混凝土抗震墙或翼墙加固，也可设置支撑加固。

（2）房屋抗震承载力不足

①房屋综合抗震能力指数小于1或构件抗震承载力不满足要求时，可增设钢筋混凝土抗震墙或翼墙加固。

②框架梁柱配筋不符合鉴定要求时，可采用钢构套、现浇钢筋混凝土套或粘贴钢板、碳纤维布、钢绞线网—聚合物砂浆面层等加固。

③钢筋混凝土抗震墙配筋不符合鉴定要求时，可加厚原有墙体或增设端柱、墙体等。

④框架柱轴压比不符合鉴定要求时，可采用增设钢筋混凝土抗震墙或钢支撑（包括消能支撑）加固，也可采用增设现浇钢筋混凝土套、粘贴碳纤维布等加固。

此外，钢筋混凝土构件有局部损伤时，可采用细石混凝土修复；出现裂缝时，可灌注水泥基灌浆料等补强。填充墙体与框架柱连接不符合鉴定要求时，可增设拉筋连接；填充墙体与框架梁连接不符合鉴定要求时，可在墙顶增设钢夹套与梁拉结；楼梯间的填充墙不符合鉴定要求时，可采用钢筋网砂浆面层加固。

2）增设抗震墙或翼墙加固法

增设抗震墙或翼墙加固的原理是将原框架结构改变为框架—抗震墙结构。第一，由新增的抗震墙承担主要的地震作用，减小框架部分承受的地震作用；第二，增大结构的抗侧刚度，减小结构在地震作用下的变形；第三，由于结构体系的改变，框架部分的抗震等级可能会降低，相应的抗震措施也可放松。

（1）加固后的抗震承载力验算

①当采用楼层综合抗震能力指数法计算时，按现行国家标准《建筑抗震鉴定标准》GB 50023规定的方法进行。

②当按构件抗震承载力方法验算时，对于A类建筑按实际计算得到的抗震墙与框架剪力进行承载力验算，不进行内力调整。

③翼墙与原框架柱形成的组合构件按整体偏压构件计算。

④新增抗震墙或翼墙的混凝土强度和钢筋强度一般应乘以一个不大于0.85的折减系数，但当新增的混凝土强度等级比原框架柱高一个等级时，可不予折减。

⑤加固后抗震墙之间的楼、屋盖长宽比的局部影响系数应作相应改变。

（2）加固设计要点

①混凝土强度等级不得低于C20，也不得低于原框架柱的实际混凝土强度等级。

②墙厚不小于140mm，对B类建筑尚应符合对应抗震等级的最小厚度要求。

③竖向和横向分布钢筋的最小配筋率不小于0.20%，对B类建筑尚应符合对应抗震等级的最小配筋率要求。

④抗震墙宜设置在框架的轴线上，翼墙宜在柱两侧对称布置。

⑤墙体周边宜设置边缘构件和暗梁；墙体的分布钢筋宜双排布置，两排钢筋间设拉结筋相连，拉结筋间距不大于600mm。

⑥墙体与原有框架可采用锚筋或现浇钢筋混凝土套连接（图3-2）。

⑦锚筋可采用直径10mm或12mm的钢筋，与梁、柱边的距离不小于30mm，

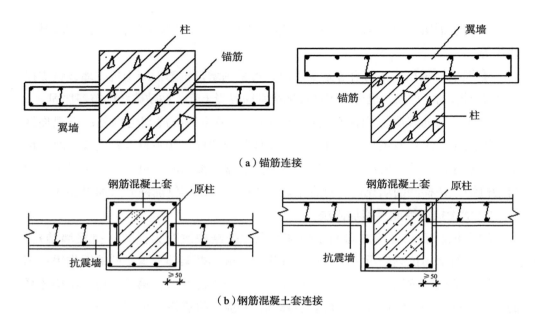

（a）锚筋连接

（b）钢筋混凝土套连接

图3-2 增设墙与原框架柱的连接

锚筋的一端采用结构胶锚入梁、柱的钻孔内，埋深不小于锚筋直径的10倍，另一端与墙体的分布筋焊接。

⑧墙体竖向钢筋穿梁时可采用等强方法用较粗的短钢筋替代，穿楼板钢筋应竖向连续。

（3）加固施工要点

①原有的梁、柱表面应凿毛，浇筑混凝土前应冲洗干净并涂刷界面剂，浇筑后应加强养护。

②锚筋应除锈，锚孔应采用钻孔成形，不得用电锤或手凿，孔内应采用压缩空气吹净并用水清洗，注胶应饱满并使锚筋固定牢固。

3）增大截面加固法

加大截面法加固也称钢筋混凝土套加固，该加固方法可提高构件的承载力、延展性能，框架柱还可以减小轴压比。

（1）加固后的承载力验算

①加固后的梁、柱作为整体进行结构分析，确定其受力。

②其承载力可按现行国家标准《建筑抗震鉴定标准》GB 50023的规定计算。

③计算时新增混凝土强度和钢筋强度一般应乘以一个不大于0.85的折减系数，但当新增的混凝土强度等级比原框架柱高一个等级时，可不予折减。

④当采用楼层综合抗震能力指数法验算时，有关梁柱配筋、轴压比等的体系影响系数可取1.0。

（2）加固设计要求

①外包混凝土宜采用细石混凝土，其强度等级不得低于C20，也不得低于原构件的实际混凝土强度等级，一般情况下以高于原构件一个等级为宜。

②纵向钢筋宜采用HRB400、HRB335级热轧钢筋，箍筋可采用HPB235级热轧钢筋。

③A类房屋的箍筋直径不宜小于8mm，对B类建筑尚应符合对应抗震等级的相关要求；靠近梁柱节点处的箍筋应加密。

④框架柱的加固：

应在柱周围设置纵向钢筋（图3-3），并在纵筋外围设置封闭箍筋，纵筋应采用锚筋与原框架柱有可靠拉结。

柱套的纵向钢筋遇到楼板时，应凿洞穿过并上下连续，其根部应伸入基础并满足锚固要求，顶部应在屋面板处封顶锚固。

⑤框架梁的加固：

新增纵筋应设在梁的底面和梁上部（图3-4），并应在纵筋外围设置箍筋。

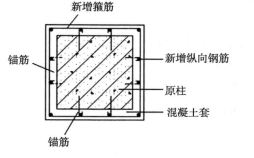

图3-3　钢筋混凝土套加固柱

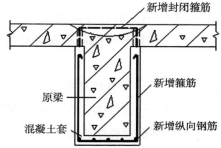

图3-4　钢筋混凝土套加固梁

梁套的箍筋至少有一半应穿过楼板后弯折封闭。

（3）加固施工要求

①加固前应尽可能卸除或大部分卸除作用在梁上的荷载。

②原有的梁柱表面应凿毛并清理浮渣，缺陷应修补。

③锚筋应除锈，锚孔应采用钻孔成形，不得用电锤或手凿，孔内应采用压缩空气吹净并用水清洗，注胶应饱满并使锚筋固定牢固。

④楼板凿洞时，应避免损伤原有楼板钢筋。

⑤浇筑混凝土前应用水清洗并保持湿润，涂刷界面剂，浇筑后应加强养护。

4）外包钢加固法

外包钢加固法包括外包钢构套加固、粘贴钢板加固法两种，同加大截面加固法相比，外包钢加固具有增加面积小、加固后刚度变化不大、所增加的地震作用也相对较小的优点。

（1）加固后的承载力验算

①采用钢构套加固时按组合构件进行计算，角钢、扁钢作为纵向钢筋计算，钢缀板作为箍筋进行计算。

②钢构套加固柱后的初始刚度按下式计算：

$$K = K_0 + 0.5E_a I_a$$

式中：K_0——原柱截面的弯曲刚度；

E_a——角钢的弹性模量；

I_a——外包角钢对柱截面形心的惯性矩。

③钢构套加固柱后的正截面受弯承载力按下式计算：

$$M_y = M_{y0} + 0.7A_a f_{ay} h$$

式中：M_{y0}——原柱的正截面受弯承载力；

A_a——柱一侧外包角钢或扁钢的截面面积；

f_{ay}——角钢、扁钢的抗拉屈服强度；

h——验算方向的柱截面高度。

④钢构套加固柱后的斜截面受剪承载力按下式计算：

$$V_y = V_{y0} + 0.7f_{ay}(A_a/s)h$$

式中：V_{y0}——原柱的斜截面受剪承载力；

A_a——同一柱截面内扁钢缀板的截面面积；

f_{ay}——边钢抗拉屈服强度；

s——扁钢缀板的间距。

⑤粘贴钢板加固钢筋混凝土结构的承载力验算，可按现行国家标准《混凝土结构加固设计规范》GB 50367的有关规定执行。

⑥加固梁的钢材强度宜乘以0.8的折减系数。

⑦加固后按楼层综合抗震能力指数验算时，梁柱箍筋构造的体系影响系数取1.0。

⑧粘贴钢板加固框架梁时采用构件抗震承载力验算时，新增的承载力部分其承载力抗震调整系数取1.0。

（2）钢构套加固设计要求

①钢构套加固柱：

钢构套加固柱时，应在柱角外贴角钢（图3-5），角钢应与外围的钢缀板焊接。应采取措施使楼板下的角钢、扁钢可靠连接，顶层的角钢、扁钢与屋面板可靠连接，底层的角钢、扁钢应与基础锚固。

②钢构套加固梁：

钢构套加固梁时，应在梁的阳角外贴角钢（图3-6），角钢应与外围的钢缀板焊接，钢缀板应穿过楼板形成封闭环形。

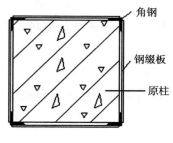

图3-5 钢构套加固柱

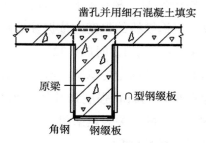

图3-6 钢构套加固梁

加固梁的角钢、扁钢两端应与柱有可靠连接。

③钢构套的构造要求：

角钢不宜小于50mm×6mm；钢缀板截面不宜小于40mm×4mm，其间距不应大于单肢角钢的截面回转半径的40倍，且不应大于400m，构件两端应适当加密。

钢构套与梁柱混凝土之间应采用胶粘剂黏结。

（3）粘钢加固设计要求

①原构件实测的混凝土强度等级不应低于C15，混凝土表面的受拉黏结强度不应低于1.5MPa。

②钢板可采用Q235或Q345钢，厚度宜为2～5mm。

③钢板的受力方式应设计成仅承受轴向应力作用。钢板在需要加固的范围以外的锚固长度，受拉时不应小于钢板厚度的200倍，且不应小于600mm；受压时不应小于钢板厚度的150倍，且不应小于500mm。

④粘贴钢板应采用黏结强度高且耐久的胶粘剂，粘贴钢板与原构件尚宜采用专用金属胀栓连接。

（4）加固施工要求

①加固前应尽可能卸除或大部分卸除作用在梁上的荷载。

②原有的梁柱表面应凿毛并清理浮渣，缺陷应修补。

③构架的角钢应采用夹具在两个方向夹紧，缀板应分段焊接。注胶应在构架焊接完成后进行，胶缝厚度宜控制在3～5mm。

④钢材表面应涂刷防锈漆，或在构架外围抹25mm厚的1:3水泥砂浆保护层，也可采用其他具有防腐蚀和防火性能的饰面材料加以保护。

5）钢绞线网—聚合物砂浆加固法

（1）加固后的承载力验算

①钢绞线网—聚合物砂浆面层加固梁的承载力验算，可按现行国家标准《混凝土结构加固设计规范》GB 50367的有关规定执行。

②钢绞线网—聚合物砂浆面层加固柱的承载力验算时，环向钢绞线可按箍筋计算，但钢绞线的强度应依据柱剪跨比的大小乘以折减系数，剪跨比不小于3时取0.50，不大于1.5时取0.32。

③对于构件新增的承载力部分其承载力抗震调整系数取1.0。

④原构件的材料强度设计值的承载力应按现行国家标准《建筑抗震鉴定标准》GB 50023的有关规定采用。

（2）加固设计要求

①原构件实测的混凝土强度等级不应低于C15，混凝土表面的受拉黏结强度不应低于1.5MPa。

②钢绞线网的受力方式应设计成仅承受拉应力作用。当提高梁的受弯承载力时，钢绞线网应设在梁顶面或底面受拉区（图3-7）；当提高梁的受剪承载力时，钢绞线网应采用三面围套或四面围套的方式（图3-8）；当提高柱受剪承载力时，钢绞线网应采用四面围套的方式（图3-9）。

③面层的厚度应大于25mm，保护层厚不小于15mm。

④受力钢绞线的间距不应小于20mm，也不应大于40mm，分布钢绞线间距

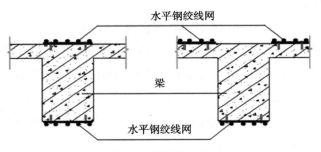

图3-7 梁受弯加固

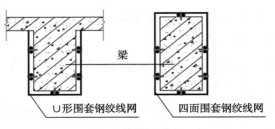

图3-8 梁受剪加固

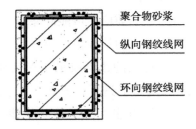

图3-9 柱受剪加固

宜在200～500mm范围。

⑤钢绞线网应采用专用金属胀栓固定在构件上，端部胀栓应错开布置，中部胀栓应交错布置，且间距不宜大于300mm。

（3）加固施工要求

①加固的施工顺序见图3-1。

②钢绞线网应无破损，无死折，无散束，卡扣无开口、脱落，主筋和横向钢筋间距均匀，表面不得有油脂、油漆等污物。

③加固混凝土构件时应清除原有抹灰等装修面层，处理至裸露原结构的坚实面，缺陷处应涂刷界面剂后用聚合物砂浆修补，基层处理的边缘应比设计抹灰尺寸外扩50mm。

④界面剂喷涂施工应与聚合物砂浆抹面施工段配合进行，界面剂应随用随搅拌，分布应均匀，尤其是被钢绞线网遮挡的基层。

⑤加固前应尽可能卸除或大部分卸除作用在梁上的荷载。

4.底层框架砖房的加固

1）基本加固方法

内框架或底部框房屋的加固基本与多层砌体房屋、钢筋混凝土房层的加固方法相同，针对该类结构的特殊要求，可采用下列加固方法：

（1）横墙间距超过规定值时，宜在横墙间距内增设抗震墙加固；或对原有墙体采用板墙加固且同时增强楼盖的整体性和加固钢筋混凝土框架、砖柱混合框架；也可在砖房外增设抗侧力结构减小横墙间距。

（2）外墙砖柱（墙垛）承载力不满足要求时，可采用钢筋混凝土外壁柱或内、外壁柱加固；也可增设抗震墙以减少砖柱（墙垛）承担的地震作用。

（3）过渡层刚度、承载力不满足鉴定要求时，可对过渡层的原有墙体采用钢筋网砂浆面层、钢绞线网—聚合物砂浆面层加固或采用钢筋混凝土墙替换底部为钢筋混凝土墙的部分砌体墙等方法加固。

（4）底层框架、底层内框架砖房的底层楼盖为装配式混凝土楼板时，可增设现浇钢筋混凝土叠合层加固。

2）增设壁柱加固法

（1）加固后的抗震承载力验算

结构的整体抗震承载力验算按现行国家标准《建筑抗震鉴定标准》GB 50023的规定执行，本节重点说明新增壁柱的抗震承载力验算要点。

①横墙间距符合鉴定要求时，加固后组合砖柱承担的地震剪力可取楼层地震剪力按各抗侧力构件的有效侧移刚度分配的值；有效侧移刚度的取值，对原有

框架柱和加固后的组合砖柱不折减，对 A 类内框架，钢筋混凝土抗震墙可取实际值的 40%，对砖抗震墙可取实际值的 30%；对 B 类内框架，钢筋混凝土抗震墙可取实际值的 30%，对砖抗震墙可取实际值的 20%；

②横墙间距超出规定时，加固后的组合砖柱承担的地震剪力可按下式计算：

$$V_{\text{cij}} = \frac{\eta K_{\text{cij}}}{\sum K_{\text{cij}}}(V_{\text{i}} - V_{\text{wi}})$$

式中：K_{cij}——第 i 层第 j 柱承担的地震剪力设计值；

V_{i}——第 i 层的层间地震剪力设计值，按现行国家标准《建筑抗震设计规范》GB 50011 的规定确定；

V_{wi}——第 i 层所有抗震墙受剪承载力之和，可按现行国家标准《建筑抗震鉴定标准》GB 50023 的规定确定；

η——楼、屋盖平面内变形影响的地震剪力增大系数；

L——抗震横墙间距；

B——房屋宽度。

③加固后的组合砖柱（墙垛）可采用梁柱铰接的计算简图，并可按钢筋混凝土壁柱与砖柱（墙垛）共同工作的组合构件验算其抗震承载力。验算时，钢筋和混凝土的强度宜乘以折减系数 0.85，加固后有关的体系影响系数和局部尺寸的影响系数可取 1.0。

（2）加固设计要求

①壁柱的混凝土强度等级不应低于 C20。

②壁柱的纵向钢筋不应少于 4ϕ12；箍筋间距不应大于 200mm，在楼、屋盖标高上下各 500mm 范围内，箍筋间距不应大于 100mm；内外壁柱间沿柱高度每隔 600mm，应拉通一道箍筋。

③内壁柱应有不少于 50% 纵向钢筋穿过楼板，其余的纵向钢筋可采用插筋相连，插筋上下端的锚固长度不应小于插筋直径的 40 倍。

④壁柱的截面宽度不宜大于 700mm，截面高度不宜小于 70mm，总截面面积不应小于 36000mm^2。

⑤内壁柱的截面，每侧比相连的梁宽出的尺寸应大于 70mm。

⑥壁柱应从底层设起，沿砖柱（墙垛）全高贯通，并采用锚筋或销键与墙体有可靠连接；在楼、屋盖处应与圈梁或楼、屋盖拉结。

⑦壁柱应做基础，埋深与外墙基础不同时，不得浅于冻结深度。

3）预制楼屋盖叠合层的加固

（1）现浇层的厚度不应小于 40mm，钢筋直径不应小于 6mm，其间距不应大于300mm。

（2）应有50%的钢筋穿过墙体，另有50%可通过插筋相连，插筋两端的锚固长度不应小于插筋直径的40倍。

（3）施工前应剔除原楼板面层。

5.加固工程涉及的危大工程

（1）采用新技术、新工艺、新材料、新设备可能影响工程施工安全，尚无国家、行业及地方技术标准的分部分项工程。

（2）开挖深度3m以上的基坑（槽）土方开挖工程；开挖深度虽未超过3m，但地质条件和周边环境条件复杂的基坑（槽）的土方开挖工程。

（3）采用非常规起重设备、方法，且单件起吊重量在10kN及以上的起重吊装工程。采用起重机械进行安装的工程。起重机械安装和拆卸工程。施工现场2台（或以上）起重机械存在相互干扰的多台多机种作业工程。装配式建筑构件吊装工程。

（4）搭设高度24m及以上的落地式钢管脚手架工程（包括采光井、电梯井脚手架）。附着式升降脚手架工程或附着式升降操作平台工程。悬挑式脚手架工程。高处作业吊篮工程。卸料平台、操作平台工程。异型脚手架工程。

（5）可能影响行人、交通、电力设施、通信设施及其他公共设施或其他建、构筑物安全的拆除工程。

（6）钢结构安装工程。

（7）含有有限空间作业的分部分项工程。

6.加固后建筑的定期检查内容

（1）裸露钢结构或钢构件、碳纤维等的防火防腐性能。

（2）混凝土碳化深度和强度。

（3）钢筋的锈蚀程度。

（4）连接螺栓的松紧程度。

（5）加固部分与主体结构连接的可靠性。

（6）植筋胶或化学锚栓胶的抗老化性能。

3.1.4 消防性能提升技术

1.性能提升的设计原则

1）因地制宜与点线面相结合

老旧小区因地理环境、文化风俗、历史变迁等因素的不同而各有特点，其改造可能涉及多方面的需求，同时也可能受到多方面的制约，因此老旧小区改造设计中的消防性能提升需要具体问题具体分析，因地制宜，可以相互借鉴，但是不能搞"一刀切"或机械地照搬照抄。原则上，改造设计应执行现行国家工程建设消防技术标准；受条件限制确有困难的，应不低于建成时的消防技术标准；对于历史建筑和文物建筑，要保护优先，不能因消防改造损伤原有文物价值或带来新的消防安全隐患。

老旧小区的消防改造方案可以借鉴一些历史名城的保护改造经验，采用点、线、面相结合的策略。点，即需要重点保护的建筑或建筑群，例如文物建筑或历史建筑；线，即街道或水系，通常可以把小区从空间上分隔成不同的区域；面，即被街道或水系分隔开的成片街区。老旧小区分解为不同的点、线、面后，可结合各自的特点与功能定位采取相应的消防策略。

2）技术措施与管理手段相结合

对于城镇老旧小区的改造而言，面对的建筑类型可能千差万别，建设的年代可能跨度也很大。由于新旧标准规范之间存在的差异，可能出现按照现行标准规范进行改造设计难以实施的问题。在新建建筑的防火设计中，都要严格遵循现行的技术标准，一般不允许通过加强管理手段来降低技术标准的要求。实际上建筑的消防安全既离不开技术措施，也离不开安全管理，消防安全水平应该是技术措施与安全管理综合能力的体现，特别是现代的管理手段越来越趋于智能化，管理的水平也在不断提高，技术与管理也在不断地进行融合，因此针对老旧小区改造中消防安全性能的提升，技术措施与管理手段相结合，针对技术指标不能满足现行标准的情况，可以通过加强管理手段达到提升消防安全的目标。

3）现状评估与改造方案预评估相结合

城镇老旧小区消防改造前，首先要对小区的消防安全现状进行评估，即通过对建筑防火、消防设施、灭火救援、安全管理等方面的消防安全状况进行调查，了解当前存在的消防安全问题，分析问题形成的原因与危害，确定不同建筑的火灾风险等级，制定消防改造的初步方案。然后再结合小区整体改造规划，消防问题改造的难易程度、资金投入等因素，对消防改造方案进行全面评估和完善，这样形成的改造方案才具有更好的可实施性。

2021年4月12日，住房和城乡建设部办公厅印发《关于开展既有建筑改造利用消防设计审查验收试点的通知》，决定于2021年6月至2022年6月，在北京、广州等31个市县开展既有建筑改造利用消防设计审查验收试点。其中试点内容中提出："连片改造中综合运用消防新技术、新设备、加强性管理措施等保障消防安全的，试点市县消防设计审查验收主管部门应会同有关部门组织特殊消防设计专家评审论证。"因此，在老旧小区改造方案中，运用了消防新技术、新设

备、加强性管理措施的情况时，可通过"特殊消防设计专家评审论证"的形式
对改造方案进行评估。

2.火灾蔓延控制性能提升技术

建筑防火性能提升，即从建筑自身来提升其消防安全性能，主要包括以下方面：可燃物与着火源的控制、建筑构件防火性能提升、安全疏散性能提升、平面布局的优化。

1）可燃物与着火源的控制

（1）易燃易爆物品

老旧小区主要的易燃易爆物品是生活用的燃气。一些没有管道燃气的小区或场所可能存在使用罐装燃气的情况，改造中应尽量保证管道燃气的全覆盖。城镇燃气工程设计应遵守现行国家标准《城镇燃气设计规范》GB 50028的要求，必要时应设置可燃气体探测报警装置，可燃气体探测报警系统的设计应符合现行国家标准《火灾自动报警系统设计规范》GB 50116的相关要求。

除此之外，不规范的使用罐装燃气、私自改动燃气管线、管线老化、连接头松动、使用不合格的燃气器具都有引起火灾甚至爆炸的风险。另外，存放大量的酒精和消毒液等可能产生可燃气体的物品，也会大大增加发生火灾的风险。上述火灾风险的防范，除了城镇燃气工程的改造外，还要定期对燃气管道进行监测和维护保养，加强安全知识的宣传教育。

（2）供配电线路与用电设备

随着人民群众生活水平的提高，电气设备的使用逐渐增多，空调、冰箱、微波炉等基本成为居民家用电器的标配，随着电动汽车和电动自行车的推广使用，充电设备的需求也在逐年增多，导致原有供配电系统的供电容量严重不足，私拉乱接现象普遍存在，供配电线路过载发热时有发生。另外，供配电线路设计有缺陷或敷设不合理，使用不合格的电气设备（特别是电源插座转换器）等，都可能导致火灾风险的增加。

因此，对老旧小区供配电线路的改造升级是降低火灾风险，提升建筑防火安全性能的重要措施。供配电系统的设计应遵守现行国家标准《民用建筑电气设计标准》GB 51348、《电力工程电缆设计标准》GB 50217等标准，对于消防用电及电气火灾的监控设计，还应符合现行国家标准《建筑设计防火规范》GB 50016、《火灾自动报警系统设计规范》GB 50116的相关规定。

（3）电动车充电设施

近几年来，随着电动汽车和电动自行车的推广应用，因电动车充电引起的火灾事故频发，特别是电动自行车在公共通道内充电引发火灾，导致人员伤亡的事

故更是触目惊心。为了解决电动车充电的需要，国家和地方相继出台了相关设计标准和管理规定，例如：现行国家标准《电动汽车充电站设计规范》GB 50966、《电动汽车分散充电设施工程技术标准》GB/T 51313；北京市地方标准《电动自行车停放场所防火设计标准》DB11/1624—2019等。

对于有条件的小区，可以建设电动自行车集中充电区域，增设电动汽车充电桩，避免电动车乱停及不规范充电现象。同时，各地可以结合具体情况，针对集中充电区域的规划、设计、管理研究制定相应的标准和规定。

2）建筑构件防火性能提升

建筑的耐火等级是建筑防火设计中的一个重要指标，直接影响到建筑的高度、防火分区的划分和消防设施的设置。而建筑的耐火等级与建筑构件的燃烧性能及耐火极限等防火性能密切相关，同时也是控制火灾蔓延范围的重要影响因素。因此，建筑构件防火性能的提升，对于提升建筑整体的安全性能具有重要作用。

建筑构件包括建筑结构的主要组成部分，例如墙、柱、梁、楼板、疏散楼梯间、屋顶承重构件等，除此之外还包括门、窗等。不同类型建筑的建筑构件防火性能要求，详见现行国家标准《建筑设计防火规范》GB 50016。老旧小区改造中，应根据规划设计原则，确定不同建筑应具有的耐火等级，结合结构与抗震改造来提升建筑构件防火性能。

3）安全疏散性能提升

就建筑本身而言，人员安全疏散主要与建筑的使用功能、建筑面积、疏散通道宽度与长度、出口的布置、出口的数量与宽度等因素相关。有关人员安全疏散的具体要求详见现行国家标准《建筑设计防火规范》GB 50016、《汽车库、修车库、停车场设计防火规范》GB 50067、《中小学校设计规范》GB 50099等。

由于适用标准规范的变化，老旧小区既有建筑不同功能区疏散人数、疏散宽度的计算方法可能不同，导致建筑现有的疏散条件不能完全满足现行防火标准规范的要求。如果按照现行标准规范要求进行改造设计，可能需要增加通道宽度或增设疏散楼梯。多数情况下，在既有建筑内增设疏散楼梯往往难以实施，此时可考虑通过改变使用功能、增设室外楼梯等方法来解决安全出口不足或疏散宽度不足的问题。

4）平面布局的优化

建筑防火设计中有关平面布局的要求，主要应遵守现行国家标准《建筑设计防火规范》GB 50016的相关规定。在老旧小区改造中，应根据小区整体规划设计，充分利用已有街道和水系，重点解决平面布局中的消防车道设置、建筑防火间距、防火分区划分等问题。

对于一些以单、多层建筑为主，建筑间防火间距不足，火灾时有可能蔓延的情况，可借鉴"马头墙"的做法，通过具有一定防火功能的外墙，将成片的建筑划分为一个个独立的建筑组群，以控制火灾的大面积蔓延。参照现行国家标准《建筑设计防火规范》GB 50016有关多层建筑最大防火分区的要求，控制每个建筑群组的最大建筑面积。

3.消防设施性能提升技术

老旧小区因建设年代跨度大、规划设计滞后等原因，消防设施不完善的情况普遍存在。老旧小区消防设施性能提升主要包括三种情况：①维修或更新已有不能正常使用的消防设施；②增加或配齐已有的消防设施；③增设新的消防设施。就具体的消防设施而言，主要包括火灾自动报警系统、防烟与排烟系统、自动灭火系统。

1）火灾自动报警系统

火灾自动报警系统主要用于探测火灾初期的特征信息，发出火灾报警信号，为人员疏散、防止火灾蔓延和启动自动灭火设备提供控制与指示。火灾自动报警系统主要由火灾探测器、手动火灾报警按钮、火灾声光警报器、火灾报警控制器、消防联动控制器等组成。火灾自动报警系统的设计应遵守现行国家标准《火灾自动报警系统设计规范》GB 50116的规定。

对于老旧小区改造中设置火灾自动报警系统困难的场所，可增设独立式火灾探测报警器。独立式火灾探测报警器一般采用电池独立供电，安装使用方便，可及时探测火灾烟气并发出警报，有利于初期火灾的探测和处置。

2）防烟与排烟系统

防烟系统用于防止火灾烟气在楼梯间、前室、避难层（间）等空间内积聚，或通过采用机械加压送风方式阻止火灾烟气进入楼梯间、前室、避难层（间）等空间的系统，防烟系统可分为自然通风防烟系统和机械加压送风防烟系统。排烟系统用于将房间、走道等空间的火灾烟气排至建筑物外的系统，可分为自然排烟系统和机械排烟系统。防烟与排烟系统主要由送风或排烟口、送风或排烟管道、防火阀和风机组成。防排烟系统的设计应遵守现行国家标准《建筑防烟排烟系统技术标准》GB 51251的规定。

2006年之前只有高层建筑才要求设置防排烟系统，2006年12月1日实施的《建筑设计防火规范》GB 50016—2006，首次针对单多层建筑提出了设置防烟与排烟系统的要求。因此，在老旧小区改造中，针对2006年及以前建设的单多层建筑，应按照现行国家标准《建筑设计防火规范》GB 50016的要求，重点对楼梯间、室内走道、歌舞娱乐场所、建筑面积大于100m²的房间进行调查，对于需要设置防排烟系统的应增设防排烟设施。

3）自动灭火系统

自动灭火系统，用于火灾时自动启动并扑灭或控制火灾的灭火系统。自动灭火系统按灭火剂可分为气体灭火系统、气溶胶灭火系统、干粉灭火系统以及高压细水雾、水喷雾、泡沫和自动喷水灭火系统等。其中，自动喷水灭火系统是当今世界上公认的最有效的、应用最广泛的自动灭火设施。自动灭火系统由洒水喷头、报警阀组、水流报警装置（水流指示器或压力开关）等组件，以及管道、供水设施等组成。不同的自动灭火系统的设计应遵守相应的设计标准，常用的包括：现行国家标准《自动喷水灭火系统设计规范》GB 50084、《泡沫灭火系统设计规范》GB 50151、《水喷雾灭火系统技术规范》GB 50219、《细水雾灭火系统技术规范》GB 50898等。

改造设计中，对于应设置自动喷水灭火系统，但是限于条件难以设置时，可安装简易自动喷水灭火系统。简易自动喷水灭火系统的设计可参照北京市地方标准《简易自动喷水灭火系统设计规程》DB11/1022—2013。

4.灭火救援性能提升技术

灭火救援是防止火灾事故扩大的最后一道防线。老旧小区改造中灭火救援性能提升主要包括以下三个方面。

1）消防车道与救援场地设置

消防车道是消防车通行的通道，救援场地是消防车针对高层建筑展开灭火救援所需要的操作场地。因此，消防车道和救援场地共同构成了消防灭火救援的"生命通道"。消防车道和救援场地的设计应符合现行国家标准《建筑设计防火规范》GB 50016的规定，具体要求包括：消防车道和救援场地的宽度、净空高度、距离建筑物的距离以及道路的荷载、坡度等。

老旧小区改造中可能面临的问题主要表现在两个方面：一方面是，有消防车道，但是消防车道被占用；另一方面是，道路不满足消防车通行的要求。对于违规侵占、堵塞、封闭消防车道的问题，应立即进行清除；对于车库车位不足，消防车道停放车辆问题，可结合错峰停车、立体停车、智慧停车等手段合理利用小区内外空间规划建设停车位，规范管理居民停车；对于道路不满足消防车通行要求的问题，如果短时间内不能改造，可以结合微型消防站建设，定制小型消防车或消防摩托作为临时替代措施；对于水系比较丰富的地区可以利用河道和消防艇、消防水炮进行灭火。

2）消防给水与消火栓设计

灭火救援需要提供充足的消防水源和供水设施，如果没有水，很多消防设施将形同虚设。消防水源主要包括市政给水、消防水池和天然水源等，必要时雨水清水池、中水清水池、水景和游泳池的水也可作为消防水源。

除此之外，灭火救援离不开室外消火栓和室内消火栓。室外消火栓主要用于给消防车辆供水，室内消火栓主要用于消防队伍进行室内灭火。消火栓系统的设计应遵守现行国家标准《消防给水及消火栓系统技术规范》GB 50974的规定。

3）专职和志愿消防队的建设

除了政府的消防救援队伍，各企业和小区的专职或志愿消防队也是重要的灭火救援力量。专职或志愿消防队应该是最早介入灭火行动的力量，如果处理得当，大量火灾都可以被遏制在初始阶段，不会导致重大火灾事故的发生。

《消防法》要求乡镇人民政府应当根据当地经济发展和消防工作的需要，建立专职消防队、志愿消防队，承担火灾扑救工作。《消防法》同时明确了需要建立专职消防队、志愿消防队的企业和组织及其在灭火救援中应发挥的作用。

5.消防安全管理提升技术

"重消防设计，轻消防管理"是导致火灾事故频发的重要原因之一。城镇老旧小区改造中应重点从以下三个方面提升消防安全管理能力。

1）健全消防安全管理组织

（1）消防安全管理组织机构

消防安全管理应该建立在一定组织机构基础之上，没有消防安全管理组织或者组织不健全，则很难有效开展消防安全管理工作。

城镇老旧小区消防安全问题突出的一个重要原因是缺少消防安全管理组织或者组织不健全。《消防法》规定，机关、团体、企业、事业等单位以及村民委员会、居民委员会根据需要，建立志愿消防队等多种形式的消防组织，开展群众性自防自救工作。城镇老旧小区的消防安全管理，有条件的可以纳入小区物业服务的管理；或者拓展城市网格化管理的范围和内容，逐步建立社区消防安全网格化管理模式。

（2）消防安全管理工作内容

建立消防安全管理组织的目的是更有效地开展消防安全管理工作。城镇小区消防安全管理的内容，可参考《消防法》有关机关、团体、企业、事业等单位消防安全职责的规定，具体如下：

①落实消防安全责任制，制定本单位的消防安全制度、消防安全操作规程，制定灭火和应急疏散预案。

②按照国家标准、行业标准配置消防设施、器材，设置消防安全标识，并定期组织检验、维修，确保完好有效。

③对建筑消防设施每年至少进行一次全面检测，确保完好有效，检测记录应当完整准确，存档备查。

④保障疏散通道、安全出口、消防车通道畅通，保证防火防烟分区、防火间距符合消防技术标准。

⑤组织防火检查，及时消除火灾隐患。

⑥组织进行有针对性的消防演练。

⑦法律、法规规定的其他消防安全职责。

2）加强消防安全教育培训

消防安全教育培训是消防安全管理的重要内容之一。《消防法》规定，各级人民政府应当组织开展经常性的消防宣传教育，提高公民的消防安全意识。其中，机关、团体、企业、事业等单位应当加强对本单位人员的消防宣传教育；应急管理部门及消防救援机构应当加强消防法律、法规的宣传，并督促、指导、协助有关单位做好消防宣传教育工作；教育、人力资源行政主管部门和学校、有关职业培训机构应当将消防知识纳入教育、教学、培训的内容；新闻、广播、电视等有关单位应当有针对性地面向社会进行消防宣传教育；工会、共产主义青年团、妇女联合会等团体应当结合各自工作对象的特点，组织开展消防宣传教育；村民委员会、居民委员会应当协助人民政府以及公安机关、应急管理等部门，加强消防宣传教育。

消防安全教育培训的内容和方式应结合小区的火灾隐患特点、人员特点进行有针对性的培训。这里的消防安全教育培训不仅仅是对一般民众的教育培训，也包括消防安全管理人员的培训。

3）加强应急预案演练

制定消防应急预案，加强日常演练意义重大。消防应急预案通常包括疏散应急预案和灭火应急预案，消防演练时可以分别进行专项演练，也可以进行综合演练。演练不能简单地理解为从建筑内疏散到建筑外，或者体验一下灭火器等灭火设施的使用方法，而应该是对整个消防管理现状及消防设施运行状况的综合检验。因此，消防应急预案演练方案的制定、演练情况的评估以及应急预案的修订等，应该在当地消防应急救援部门或专业消防技术服务机构的指导下进行。

4）推广智慧消防技术的应用（有关智慧消防技术详细内容见本书第七章）

为了保证消防设施在火灾时能够正常发挥作用，需要定期对消防设施进行检测和维护保养。消防设施种类多，检测和维护保养涉及不同的专业领域，对服务人员的要求比较高；如果设置消防控制室的话，按每班2人每班8小时计算，则至少需要6个消防控制室值班人员，如果小区规模较大的，则需要配置更多的消防控制室或消防值班人员。

为了降低人员成本，提高消防安全管理效率和质量，巩固消防改造成果，可结合智慧城市建设，开发或推广消防控制室远程监控或智能运行维护管理等智慧消防技术的应用。消防控制室远程监控系统可以对消防控制室人员和设备运行状态实现24小时监控，避免人员临时不在岗或火警无人处理的情况；而基于物联网技术的消防设施智能运行维护管理系统可以实现对消防设施、供配电线路以及燃气管线等运用状况的实时监测、动态管控，确保用电用气安全可控、消防供水系统正常可靠运行。

3.2 建筑改造与维修

住宅楼本体的改造分为公共部位和户内部位两部分。公共部位是指整栋住宅的业主、使用人共同使用的公共门厅、楼梯间、走廊、电梯、电梯机房、垃圾道、变电室、设备间、过道、水箱间、值班警卫室等以及功能上为整栋建筑服务的公共用房和管理用房，其中还包括楼本体的室外部分，如外立面、屋面等；住宅的户内部位是指业主及使用人在户门以内的私人使用部位。

3.2.1 建筑屋面维修

1.屋面防排水

老旧小区建筑屋面老化的原因很大部分是迎水面、承水面等容易积水的部位长期浸泡造成的老化、发霉、变质、脱落、渗漏，对于存在渗漏或防水材料超过使用年限的建筑屋面，须重做保温层和防水层。条件允许的情况下，可考虑立体绿化、"平改坡"等。

1）需要做屋面防水的楼体情况

（1）原有建筑屋面为平屋面，在原平屋面上做保温防水。

（2）原有建筑屋面为平屋面，保留原有建筑平屋面，加建坡屋面，统称平改坡，在坡屋面上做保温防水。

（3）原有建筑屋面为坡屋面，直接在坡屋面上做保温防水。

2）老旧小区建筑屋面的改造措施

（1）原屋面防水可靠，承载能力满足要求时，可直接做倒置式屋面，既不破坏原有防水层，把保温层做在防水层之上，或再加一道防水层。

（2）原屋面存在渗漏，应铲除原防水层，重新做防水层。

（3）当荷载及条件满足时，也可以采用种植屋面，并按照种植屋面的防水层要求加设防根系穿刺的防水材料。

3）屋面防水工程的设计内容

（1）屋面防水等级和设防要求

根据现行国家标准《屋面工程技术规范》GB 50345，屋面防水工程应根据建筑物的类别、重要程度、使用功能要求确定防水等级，并按相应等级进行防水设防；对防水有特殊要求的建筑屋面，应进行专项防水设计，屋面防水等级和设防要求应符合表3-26的规定。

屋面防水等级和设防要求 表3-26

防水等级	建筑类别	设防要求
Ⅰ级	重要建筑和高层建筑	两道防水设防
Ⅱ级	一般建筑	一道防水设防

（2）屋面排水设计

对于老旧小区建筑屋面的改造工程，屋面排水方式应尽可能遵照原有排水方式，原找坡和排水点位不变，只需更换雨水口及雨水管即可，这样可节约成本及施工时间；对平改坡的屋面，应采用与新建坡屋面一体的天沟，按原有雨水管的位置设置直落式雨水口。

（3）屋面排水的找坡方式和选用的找坡材料

对于必须重新做找坡层的应采用质量轻、吸水率低和有一定强度的材料，坡度宜为2%。保温层上的找平层应留设分格缝，缝宽宜为5～20mm，纵横缝的间距不宜大于6m。

（4）防水层材料的选用

①外露使用的防水层，应选用耐紫外线、耐老化、耐候性好的防水材料。

②上人屋面，应选用耐霉变、拉伸强度高的防水材料。

③倒置式屋面应选用适应变形能力强、接缝密封保证率高的防水材料。

④长期处于潮湿环境的屋面，应选用耐腐蚀、耐霉变、耐穿刺、耐长期水浸等性能的防水材料。

⑤坡屋面应选用与基层黏结力强、感温性小的防水材料。

⑥基层处理剂、胶粘剂和涂料，应符合现行行业标准《建筑防水涂料有害物质限量》JC 1066的有关规定。

（5）屋面防水层施工注意事项

①卷材防水层易拉裂部位，宜选用空铺、点粘、条粘或机械固定等施工方法。

②结构易发生较大变形、易渗漏和损坏的部位，应设置卷材或涂膜附加层。

③在坡度较大和垂直面上粘贴防水卷材时，宜采用机械固定和对固定点进行密封的方法。

④卷材或涂膜防水层上应设置保护层。

⑤在刚性保护层与卷材、涂膜防水层之间应设置隔离层。

（6）其他注意事项

①在原有住宅平屋顶上加建钢结构坡屋顶不应影响相邻建筑物的日照，并获得规划许可。

②在铲除原有防水层时应避开雨季，并采取防雨和安全措施。

③坡屋面的天沟及老虎窗要有专项节点，破损的上人孔盖板要进行更换或维修。

④屋面工程应建立管理、维修、保养制度；屋面排水系统应保持畅通，应防止水落口、檐沟、天沟堵塞和积水。

⑤屋面工程所用防水材料应符合有关环境保护的规定，不得使用国家明令禁止及淘汰的材料。

⑥建筑屋面平改坡改造的做法可参照国家建筑标准设计图集《平屋面改坡屋面建筑构造》03J 203，平屋面的防水节点做法可参照《平屋面建筑构造》12J 201。

⑦严寒地区应采用内排水，寒冷地区宜采用内排水。

⑧屋面防水层施工完后，必须做蓄水试验，经检验合格后才能进行下一道工序，所有防水材料进行下一道施工时应注意保护防水层，避免损伤。

⑨屋面雨水天沟、檐沟不得跨越变形缝和防火墙。

⑩屋面雨水系统不得和阳台雨水系统共用管道。屋面雨水管应设在公共部位，不得在住宅套内穿越。

天沟、天窗、檐沟、檐口、雨水管、泛水、变形缝和伸出屋面管道等处应采取与工程特点相适应的防水加强构造措施。

2.屋面防雷系统修缮

应根据建筑的防雷设施现状情况，进行防雷设计或修缮，并应符合现行国家标准《建筑物防雷设计规范》GB 50057的相关规定。

3.2.2 建筑外墙

1.楼体防水

1）基本规定

（1）建筑外墙防水应具有阻止雨水、雪水侵入墙体的基本功能，并应具有抗冻融、耐高低温、承受风荷载等性能。

（2）在正常使用和合理维护的条件下，有下列情况之一的建筑外墙，宜进行墙面整体防水：

①年降水量大于等于800mm地区的高层建筑外墙；

②年降水量大于等于600mm且基本风压大于等于0.50kN/m²地区的外墙；

③年降水量大于等于400mm且基本风压大于等于0.40kN/m²地区有外保温的外墙；

④年降水量大于等于500mm且基本风压大于等于0.35kN/m²地区有外保温的外墙；

⑤年降水量大于等于600mm且基本风压大于等于0.30kN/m²地区有外保温的外墙；

⑥年降水量大于等于400mm地区的其他建筑外墙应采用节点构造防水措施。

2）设计要点

（1）建筑外墙整体防水设计

建筑外墙整体防水设计应包括下列内容：①外墙防水工程的构造；②防水层材料的选择；③节点的密封防水构造。

（2）外保温外墙的整体防水层设计

外保温外墙的整体防水层设计应符合下列规定：①建筑外墙的防水层应设置在迎水面；②采用涂料或块材饰面时，防水层宜设在保温层和墙体基层之间，防水层可采用聚合物水泥防水砂浆或普通防水砂浆；③不同结构材料的交接处应采用每边不少于150mm的钢丝网或玻纤网格布作抗裂增强处理；④外墙相关构造层之间应黏结牢固，并宜进行界面处理，界面处理材料的种类和做法应根据构造层材料确定；⑤建筑外墙防水材料应根据工程所在地区的气候环境特点选用；⑥防水层最小厚度应符合表3-27规定。

防水层最小厚度（mm） 表3-27

墙体基层种类	饰面层种类	聚合物水泥防水砂浆		普通防水砂浆	防水涂料
		干粉类	乳液类		
现浇混凝土	涂料	3	5	8	1.0
	面砖				—
	幕墙				1.0
砌体	涂料	5	8	10	1.2
	面砖				—
	干挂幕墙				1.2

对于墙体采用空心砌块或轻质砖的建筑，基本风压值大于0.6kPa或雨量充沛地区，以及对防水有较高要求的建筑等，外墙或迎风面外墙宜采用20mm防水砂浆或7mm厚聚合物水泥砂浆抹面后，再做外饰面层。

（3）节点构造防水设计

节点构造防水设计包括：突出外墙面的横向线脚、窗台、挑板等出挑构件上部与墙交接处应做成小圆角并向外找坡，坡度不小于3%以利于排水，且下部应做滴水槽；外门窗洞口四周的墙体与门窗框之间应采用发泡聚氨酯等柔性材料填塞严密，且最外表的饰面层与门窗框之间应留约7mm×7mm的凹槽，并满嵌耐候防水密封膏；外窗台应采取防水排水构造措施；外墙上空调室外机搁板应组织好冷凝水的排放，并采取措施防雨水倒灌至外墙；安装在外墙上的构件、管道等均宜采用预埋方式连接，也可用螺栓固定，但螺栓需用树脂黏结严密；雨篷应设置不小于1%的外排水坡度，外口下沿应做滴水线；雨篷与外墙交接处的防水层应连续，雨篷防水层应沿外口下翻至滴水线；阳台应向水落口设置不小于1%的排水坡度，水落口周边应留槽嵌填密封材料，阳台外口下沿应做滴水线；变形缝部位应增设合成高分子防水卷材附加层，卷材两端应满粘于墙体，满粘的宽度不应小于150mm，并应钉压固定，卷材收头应用密封材料密封；女儿墙压顶宜采用现浇钢筋混凝土或金属压顶，压顶应向内找坡，坡度不应小于2%；当采用混凝土压顶时，外墙防水层应延伸至压顶内侧的滴水线部位，当采用金属压顶时，外墙防水层应做到压顶的顶部，金属压顶应采用专用金属配件固定；外墙预埋件四周应用密封材料封闭严密，密封材料与防水层应连续。

2.外立面美化

1）墙体粉刷

（1）建筑物外观美化改造应遵循安全美观、节能环保、符合区域风貌控制规划、与周边建筑环境相协调的原则，结合老旧小区现状进行建筑外饰面修复。

（2）结构基层的现状：从表面材料区分，墙面材料主要有抹面砂浆＋涂料、抹面砂浆＋面砖等。

（3）结构基层处理原则：基层墙体应为砖砌体或其他坚固材料墙体。基层墙体经处理后应进行现场拉拔试验，墙体外表面与黏结胶浆的拉伸黏结强度常温常态≥0.6MPa，耐水≥0.4MPa。

（4）对有窗套或挑檐的窗口，涉及结构构件应保留，其他装饰线条根据现场施工条件可剔除。

（5）对外表面有抹灰，并有涂料饰面的墙面以及外表面有装饰性砂浆的墙面，应检查抹灰层是否有空鼓、裂缝，对空鼓松动的抹面层应剔除，用水泥砂浆填补抹平。对无空鼓松动的墙面应进行打磨、清刷，清除外表面油渍、污物，必要时可涂刷界面剂。

2）空调规整

（1）空调室外机规整或增设遮挡装饰，室外机装于阳台外的，住户原有空调室外机拆卸、完成外墙保温施工后按立面设计统一规整，按最大承载力布置室外机使用Φ20螺栓，安装恢复时室外机应在就近墙面安装。

（2）如必须安装于阳台外，则要考虑加强固定措施，保证结构安全。

（3）空调室外机冷凝水管Φ50UPVC立管，每层设支管。空调室外机机座恢复为金属机架，做法参见《既有建筑节能改造》16J908-7。

3）楼体外电缆规整

（1）老旧小区改造时，应优先考虑实施电缆管廊形式的集约化入地埋设，设置电缆识别标识并清理地上线杆，天沟架空线入地实现集约化利用地下空间，消除安全隐患；对于因条件限制无法埋地的，在废旧线缆清理、路杆合并拆除的基础上，因地制宜，采用捆扎、桥架固定等方式进行线缆梳理规整。

（2）原建筑外墙明敷设的各种管线均由各专业公司配合统一整理，管线支架尺寸、位置由专业公司提供。

3.2.3 楼内公共空间

1.楼道公共照明改造

照明应选用节能光源、节能附件，灯具应选用绿色环保材料，电气照明设计应符合现行国家标准《建筑照明设计标准》GB 50034的有关规定。

公共部位照明应符合现行国家标准《住宅设计规范》GB 50096第8.7.5条的规定，设置人工照明，采用高效节能的照明装置和节能控制措施。

高层住宅消防疏散指示标识和消防应急照明灯具应符合现行国家标准《消防安全标志》GB 13495.1、《消防应急照明和疏散指示系统》GB 17945及《消防应急照明和疏散指示系统技术标准》GB 51309的要求。

高层住宅消防应急照明和疏散指示系统按消防应急灯具的控制方式及灯具选型应符合下列规定：

（1）设置消防控制室的场所应选择集中控制型系统并选择A型灯具；

（2）设置火灾自动报警系统，但未设置消防控制室的场所宜选择集中控制型系统；

（3）其他场所可选择非集中控制型系统。

（4）未设置消防控制室的住宅建筑，疏散走道、楼梯间等场所可选择自带电

城市更新与老旧小区改造丛书二

城镇老旧小区改造综合技术指南

源B型灯具。

2.楼梯间及走廊粉刷

（1）楼梯间、公共走道等区域内首先要清理小广告和原饰面层、修补空鼓基层，并满足现行国家标准《建筑设计防火规范》GB 50016、《建筑内部装修设计防火规范》GB 50222对饰面耐火等级的要求。

（2）如有消防设施的，要修缮室内消火栓管道及消防箱，应满足原设计消防系统的要求，并符合当地消防部门的规定，视情况可在原有消防系统的基础上适当提高标准，但不要求必须符合现行消防规范的规定。

3.扶手栏杆修缮

对于锈蚀损坏严重的楼梯栏杆、扶手要更新，对基本完好的栏杆要进行除锈、防锈处理并涂饰面漆，修复缺损的扶手。以上须满足现行国家标准《涂装前钢材表面锈蚀等级和除锈等级》GB/T 8923要求。

4.线缆规整

老旧小区楼道内杂乱无章的电缆线是消防隐患的风险点，为使楼梯间线路整齐、美观，楼梯间所有原明敷的供电、通信、有线电视等线路需进行规整，集中敷设管槽布线。

明敷的各管槽线路应沿屋顶、墙面、墙角等部位敷设，要求管线敷设平直、整齐、美观，与装修风格协调。

5.完善无障碍坡道和设施

依据现行国家标准《住宅设计规范》GB 50096、《无障碍设计规范》GB 50763，街坊小区出入口采用平坡出入口。单元入口设置平坡出入口、无障碍出入口、台阶出入口。当出入口采用台阶时，台阶两侧宜设置扶手。出入口门槛高度及门内外地面高差不应大于15mm，并以斜面过渡。对于老旧小区改造项目，没有条件增加无障碍坡道的，应在单元入口台阶处增加无障碍扶手，楼梯间疏散宽度达到规范要求的情况下，加装靠墙扶手，并应做到因地制宜、安全可靠、经济合理。

6.地下空间整治

（1）现状地下室为人防工程

原则上不改动原功能，如需利用地下人防工程需要符合现行国家标准《人民防空地下室设计规范》GB 50038、《人民防空工程设计防火规范》GB 50098及地方关于"人民防空地下室"的相关标准，同时要满足属地人防办公室要求。地下安全出口应与住宅出入口分开布置。

（2）现状为地下自行车库、储藏室等功能

原则上不改动原功能，只需重新粉刷，修缮；地下室有渗漏的情况，要重新做内防水；如需空间再利用改为公共服务设施，则需要有设计资质的单位根据再利用地下室公共服务设施的使用功能重新设计，应做好通风、防水、防潮、安全防盗等措施，并应满足现行国家标准《建筑设计防火规范》GB 50016、《建筑内部装修设计防火规范》GB 50222、《民用建筑设计统一标准》GB 50325、《住宅设计规范》GB 50096等要求。安全出口应与住宅出入口分开布置。

（3）现状为居住功能

根据现行国家标准《住宅设计规范》GB 50096的规定，"卧室、起居室（厅）、厨房不应布置在地下室；当布置在半地下室时，必须对采光、通风、日照、防潮、排水及安全防护采取措施，并不得降低各项指标要求"，现状不能满足要求的，应改变其居住属性。对于有产权的居住空间，应提供正式的法律文件，由相关部门酌情处理。

根据现行国家标准《宿舍建筑设计规范》JGJ 36的规定，"居室不应布置在地下室"，因此要改变其居住属性。同时对其重新粉刷，修缮；地下室有渗漏的情况，要重新做内防水。

3.3 市政等配套基础设施

3.3.1 供水及给水消防系统

1.改造目标及原则

小区市政供水管网的改造目标为进一步消除管网安全运行隐患，保障供水水质安全，促进管网经济、合理运行，有效控制和降低管网漏失。改造原则应遵循现行国家标准、地方标准执行。

2.设计要求

1）设计依据（国家现行标准）

（1）《室外给水设计标准》GB 50013

（2）《给水排水管道工程施工及验收规范》GB 50268

（3）《工业金属管道工程施工及验收规范》GB 50235

（4）《城市供水水质标准》CJ/T 206

（5）《生活饮用输配水设备及防护材料的安全评价标准》GB/T 17219

（6）《城市供水管网漏损控制及评定标准》CJJ 92

（7）《城市给水工程规划规范》GB 50282

（8）《给水排水工程管道结构设计规范》GB 50332

（9）《给水钢塑复合压力管管道工程技术规程》CECS 2317

城市更新与老旧小区改造丛书二

城镇老旧小区改造综合技术指南

（10）《水及燃气管道用球墨铸铁管、管件标准和附件》GB/T 13295

（11）《柔性接口给水管道支墩》10S505 GJBT-632

（12）《室外消火栓及消防水鹤安装》13S201

（13）《封闭满管道中水流量的测量　饮用冷水水表和热水水表》GB/T 778

（14）《建筑给水排水设计标准》GB 50015

（15）《消防给水及消火栓系统技术规范》GB 50974

2）改造内容

改造前应通过查询原设计及竣工图纸、现场测量及调查等方式明确小区给水管道及附属设施的位置、走向及其他相关条件，并对平时运行中存在的问题进行调研，主要包括：

（1）给水管材、设备是否符合国家卫生标准和相关规范；

（2）给水管道使用年限，是否存在管道及阀门锈蚀及跑、冒、滴、漏现象；

（3）二次供水设施是否符合相关卫生和安全标准等。

3）设计技术要点

（1）管材与接口：DN100（含）以上新建给水管道采用K9级球墨铸铁管，接口为T形胶圈接口，DN50（含）以下给水管道采用薄壁不锈钢管，接口为卡压式连接。

（2）支墩：DN100（含）以上三通、弯头、盖堵处需砌筑支墩，做法详见标准图集《柔性接口给水管道支墩》10S505，支墩按照管道内水压1.1 MPa设计。

（3）井室砌筑：闸阀井、水表井按照图集《室外给水管道附属构筑物》05S502砌筑；消火栓安装按照图集《室外消火栓及消防水鹤安装》13S201选用。

（4）管道水压试验：DN100（含）以上的试验压力为1 MPa；DN5O（含）以下的试验压力为0.6MPa。停止注水稳压15分钟后，允许压力降不得超过0.03 MPa。

（5）回填土要求：为保证回填土的质量及管道外壁与周围土壤的良好接触，回填土中不得采用房渣土、碎砖、粉砂、淤泥及石块等杂物。柔性管道沟槽回填土压实度要符合现行国家标准《给水排水管道工程施工及验收规范》GB 50268的相关规定。

（6）给水管道与污水管道或输送有毒液体管道交叉且在下方通过时须加防护套管，套管两端应采用防水材料封闭。

（7）管道安装按相关规定黏贴管道标识带。

（8）给水管线与其他管线间距：小区内管线间距建议参见现行国家标准《建筑给水排水设计标准》GB 50015。

（9）水表设置：老旧小区供水管网改造项目按照独立计量区（DMA）模式设置三级计量水表，即小区进口安装电子远传流量计，楼门表（低压直供水）、泵房总表（二次供水），公建水表、居民分户水表。不同用水主体、不同用水性质单独装表计量，底商和平房单独装表计量，并保证各级水表计量范围准确。

居民分户水表要求安装在户外，水表应安装在不受冻结、污染、强烈震动、便于检修和读取示数、具备数据传输条件的场所，不得封装在墙体内，环境温度在5～55℃。

对于安装在户外的水表，建筑本体内管井（管道间）安装的水表高度300～1400mm；管井内有多支计量表时，自来水水表应安装在最外侧；管井内多支水表上下水平安装时，相邻供水管中心间距应＞300mm；多支水表并排安装时，相邻供水管中心间距应＞300 mm；多支水表并排安装时，相邻供水管中心间距应≥200mm。水表外壳与其他设施及墙壁的净距离＞200mm；表距应≥200mm，水表外壳与其他设施及墙壁的净距离＞200 mm；表前（进水方向）直管段≥10D（D为水表公称口径）、表后出水前（进水方向）直管段≥10D（D为水表公称口径）、表后（出水）方向直管段≥5D、进出水管的同轴度误差≤1mm。表前、表后方向直管段≥5D、进出水管的同轴度误差≤1mm。表前、表后须安装阀门。

（10）水表选型：水表选型要求符合供水企业的相关规定。住宅项目小区进口选用电子远传流量计；楼门表、泵房总表等校核水表安装机械水表；口径大于75mm（含）的计费水表安装电子远传水表；口径小于75m（不含）的计费水表安装机械水表（居民分户水表除外）；居民分户水表优先选用远传水表。

4）设备选择

（1）小区进口流量计量设备：原则上应按照供水企业相关要求进行设备选型。

（2）闸阀：采用SZ45X-1立式软密封闸阀。

（3）消火栓：采用SA 100/65型地下式消火栓。

（4）截止阀（DN50-DN15）：采用铜制截止阀。

（5）水表：符合供水企业的相关规定。

（6）井盖使用要符合供水企业的相关规定。

3.3.2 排水系统

1.改造内容

改造前应通过查询原设计及竣工图纸、现场测量及调查等方式明确小区雨水、污水管道及附属设施的位置、走向及其他相关条件，并对平时运行中存在的问题进行调研。主要包括：

（1）排水系统为雨污合流或雨污水管道是否有错接混接的情况；

（2）雨污水管道、检查井、化粪池等排水设施是否年久失修，出现严重的破损、沉降等情况；

（3）雨水管道排水能力是否不足，导致雨天小区道路、场地有严重积水情况；

（4）建筑外立面雨落水管、空调凝结水管是否存在破损、锈蚀，管道支撑是否存在安全隐患，屋面雨水斗是否缺失或损坏等。

2.设计要求

小区生活排水与雨水排水系统应采用分流制，并应符合以下规定。

（1）接洗衣机排水的阳台排水管应接入小区生活排水管道，并应设置水封装置，屋面雨水排水应单独设置雨水立管排入小区雨水排水管道；

（2）小区设有洗车设施时，应设置沉砂池处理洗车废水；

（3）小区设有餐饮营业场所时，含油餐饮废水应设置隔油设施；

（4）应根据小区实际条件，积极采取雨水径流外排总量控制、面源污染控制措施。

①小区道路、场地的初期雨水径流引导至相邻的下凹绿地、雨水花园等生物滞留设施；

②有条件的部位，屋面雨水落水管宜采用断接排水方式，利用生物滞留设施的蓄水和入渗功能，减少外排雨水径流量；

③雨水入渗设施不得影响建筑物的基础和结构安全；

④如小区同时纳入"污水零直排"改造、海绵化改造计划，应进行统筹协调、整体实施，并满足相应的改造目标。

3.3.3 热力系统

1.改造内容

供热管网改造工程应按查勘评估、方案制定、施工验收、效果评测的流程进行，并由有相应资质的单位承担。供热管网在进行查勘时，应查阅相关竣工图纸、设备说明等技术资料，并应现场查勘管网系统的配置、运行、能耗及设施安全等情况，缺乏相关图纸资料时，应进行现场测量和物探查明供热管网的情况。供热管网查勘应符合国家现行标准《城镇供热系统评价标准》GB/T 50627、《供热系统节能改造技术规范》GB/T 50893、《城镇供热系统节能技术规范》CJJ/T 185、《居住建筑节能检验标准》JGJ/T 132、《公共建筑节能检测标准》JGJ/T 177、《采暖通风与空气调节工程检测技术规程》JGJ/T 260 的相关规定；设备及管道保温效果查勘应符合《设备及管道绝热效果的测试与评价》GB/T 8174 的相关规定；

供热管网设施安全评估应符合国家现行标准，检验方法参照《压力管道定期检测规则》TSG D7004 的相应要求进行。

2. 资料勘查

1）管网查勘

（1）管网查勘应查阅以下资料：

①产权所属单位、管理方式；

②供热范围、核对实际供热面积、供热负荷、供热半径、介质种类、设计参数、供热天数；

③室外管网竣工图纸；室外管网投入运行时间；

④历年维修改造资料；

⑤近2年的运行记录，运行记录应包括温度、压力、补水量等。

（2）管网现场查勘项目：

①管网布置、管径及敷设方式，热力站、建筑物分布情况等；

②管道及设备工作情况、腐蚀情况；

③补偿器安装位置、规格、安装长度及补偿量；

④检查室及管沟等结构状况；

⑤支架类型、位置及工作状况；

⑥管道及设备保温状况；

⑦管道关断阀门、调控阀门位置，阀门严密性及工作状况；

⑧放气、泄水装置设置及工作情况；

⑨管网水力平衡状况。

2）热力站查勘

（1）热力站查勘应查阅以下资料：

①产权所属单位、管理方式；

②热力站内供热系统的设计图纸及竣工图纸；

③热力站投入运行时间；

④热力站内供热系统历年维修改造资料；

⑤相关设备技术参数和近2年的运行记录；

⑥热力站内设备配置、供热范围、供热面积、供热负荷、用热单位类型、供热系统类型及系统划分、系统运行时间；

⑦近2年的热、电、水等设施能源消耗情况。

（2）热力站应查勘以下项目：

①热力站连接形式；

②市政供热网、街区供热网供回水温度、压力；

③管道及设备保温状况。

（3）换热器应查勘以下项目：

①换热器型号、台数、额定参数、生产厂家、投入运行时间；

②热力站实际供热运行参数，换热设备与热负荷的匹配情况；

③换热器的换热性能；

④换热器供回水压力、温度；

⑤换热器工作状况；

⑥换热器保温状况。

（4）水泵应查勘以下项目：

①水泵型号、额定参数、台数、生产厂家、投入运行时间；

②水泵实际运行流量、进出口压力及输入功率；

③水泵变频情况；

④水泵配备情况。

（5）补水定压、水处理设备应查勘以下项目：

①补水泵型号、额定参数、台数、生产厂家、投入运行时间；

②补水定压方式、定压参数，补水量记录；

③水处理设备额定参数、容量、出水水质；

④补水水质；

⑤补水箱的类型、容量及液位测量方式；

⑥补水计量设备、规格型号。

（6）供配电系统应查勘以下项目：

①供配电系统容量及结构；

②用电设备的额定功率和额定电流、实际运行的耗电量；

③用电分项计量情况；

④用电设备无功补偿情况；

⑤接地方式。

（7）供热计量装置应查勘以下项目：

①热计量装置的计量记录；

②热计量装置的规格型号、数据存储及远传情况。

（8）自动调节控制系统应查勘以下项目：

①监测及自动调节控制设备情况；

②气候补偿、分时分区控制情况；

③循环水泵调节控制方式；

④定压补水控制方式。

（9）热力站建筑结构应查勘以下项目：

①建筑修建年代、结构形式及状况；

②热力站具体位置；

③热力站隔振、降噪设施状况。

3）建筑物供热系统查勘

（1）供热系统查勘应选取典型用户查阅以下资料：

①建筑面积、产权所属单位、管理方式；

②建筑物内供热系统的相关设计、竣工图纸；

③建筑物内供热系统投入运行时间；

④历年维修改造记录；

⑤建筑物类型及建设年代；

⑥围护结构保温状况，必要时可对外墙的传热系数进行检测。

（2）供热计量应查勘以下项目：

①供热量结算点设置及热量表类型、型号、生产厂家、通信方式、投入运行时间；

②用户供热计量方式。

（3）热力入口应查勘以下项目：

①热力入口的数量、位置、空间尺寸和环境状况；

②热力入口的阀门、监测仪表、旁通管等设备的配置情况；

③热力入口的计量和调控方式、安装使用条件。

（4）建筑物内供暖系统及户内热环境应查勘以下项目：

①建筑物内供暖系统形式，户内散热设备类型及不同类型所占比例；

②建筑物户内供暖设计温度、实际温度、用户测温记录；

③室温调节方式；

④建筑物内水平、垂直热力失调情况；

⑤公共管道状况及保温情况。

3.供热系统评估

供热系统应在查勘基础上进行综合评估，包括以下内容：

（1）供热系统概述；

（2）供热质量评估：主要包括建筑物户内温度、室温调控情况；不同室外温度时段锅炉房、热力站供回水温度及循环水量；

（3）在用管道风险安全评估：主要包括压力容器及压力管道按照国家质量技术监督管理部门的相关要求进行定期检验的报告；检查室及管沟结构等工作状况，支吊架、固定支架工作环境及工作状况；系统缺陷及安全隐患分析，并提出改造内容；

（4）运行能耗评估：主要包括供暖期总供热面积以及对应的总供热量；供暖期能源总消耗量：热量、水量、电量；设备及管道保温效果测定评估；供热系统运行调节控制水平、水力平衡状态等。

4.设计技术要点

1）供热计量

热力站一侧应安装热计量装置；建筑热力入口处的楼栋热计量装置宜设置在建筑物地下室、楼梯间。当楼栋热计量装置必须设在室外检查室内时，新建或改造检查室应满足热计量装置的安装条件，其防水及排水设施应能满足计量仪表对使用环境的要求，计量表的积分仪宜安装在检查室外。

2）供热管网

（1）管网的布置宜利用原有供热管线路由。管网的路由发生变化时，其布置应符合以下要求：

①主干线宜布置在热负荷集中区域；

②应按减少管道阻力的原则布置管线及设置管路附件。

（2）改造管网的敷设方式宜采用原敷设方式。当道路综合改造建有综合管廊时，改造管网应纳入管廊敷设。

（3）供热网宜按水力平衡计算结果进行改造，并应安装水力平衡装置。

（4）管沟及检查室应采取可靠的防水措施。

（5）改造管网的管道应根据使用年限、使用场所、设计温度和设计压力等条件选择符合国家标准的管材。温度小于等于80℃的供热管道推荐采用塑料管材或工作温度、工作压力满足要求的新型复合管材，温度大于80℃的供热管道应采用无缝钢管或螺旋缝埋弧焊钢管。

（6）直埋保温管的技术要求应符合国家现行标准《高密度聚乙烯外护管硬质聚氨酯泡沫塑料预制直埋保温管及管件》GB/T 29047、《城镇供热预制直埋蒸汽保温管技术条件》CJ/T 200、《城镇供热预制直埋蒸汽保温管及管路附件》CJ/T 246、《高密度聚乙烯外护管聚氨脂发泡预制直埋保温复合塑料管》CJ/T 480的相关规定。

（7）市政供热网管道的连接应采用焊接连接，管道与设备、阀门等连接宜采用焊接连接；当设备、阀门等需要经常拆卸时，应采用法兰连接。

（8）市政供热网分段阀门的设置应符合现行行业标准《城镇供热管网设计规

范》CJJ 34 的规定，当原设计的分段阀门布置不合理时，应重新布置。

（9）供热管网的分支阀门和分段阀门均应采用双向密封阀门。

（10）既有管道固定支架的承载力不满足要求或锈蚀破坏严重的应进行改造。

（11）蒸汽管道的支座应采取保温隔热措施，热水管道的支座宜采取保温隔热措施。

（12）供热网的管道、管路附件均应保温，保温结构应具有防水性能。保温材料结构性能应符合现行行业标准《城镇供热管网设计规范》CJJ 34 的规定；街区供热网的最小保温厚度应符合现行行业标准《严寒和寒冷地区居住建筑节能设计标准》JGJ 26 的规定。

（13）供热管网检查室的设置应符合现行行业标准《城镇供热管网设计规范》CJJ 34 的规定。

3）热力站

（1）循环水泵宜设置变频调速装置；水泵选型时应按实测水力工况进行分析，水泵特性曲线应与运行工况相匹配；在整个供热期内处于高效运行区。

（2）热力站水系统应进行阻力平衡优化。

（3）热力站应实时监测供热热量、循环水量、补水量、供回水温度、供回水压力、用电量、室外温度等，以及水泵的运行情况。

（4）二次侧的循环水、补水水质不符合现行行业标准《城镇供热管网设计规范》CJJ 34 的规定时，应对水处理设施进行改造。

（5）水热力站的供暖、通风、空调的换热设备宜选用板式换热器。

（6）换热设备应按实际运行工况进行配置，换热设备的配置应符合现行国家标准《民用建筑供暖通风与空气调节设计规范》GB 50736 的规定。

（7）热力站一次侧供水总管及二次侧回水总管应设除污器。

（8）输送供热介质的管道、管路附件、设备应进行保温，并对保温已损坏的部分进行更换。

5.施工技术要点

（1）改造施工前应核实确定既有供热管网的供回水管方位和高程，以及交叉市政管线位置和高程。

（2）改造供热管道整体压力试验时，应对固定支架的承载能力进行校核，必要时采取临时加固措施。

（3）沟槽开挖施工时，应根据现场及地下管线情况及时采取可靠的边坡支护措施，并根据土质情况和地下管线的间距必要时采取垂直支护措施，应按照现行行业标准《建筑基坑支护技术规程》JGJ 120 执行。

（4）开槽作业面周围要进行施工围挡，应与社区主管部门配合采取措施，保证行人、行车的安全。

3.3.4 燃气系统

1.改造内容

排查燃气管线及阀门，腐蚀老化的应拆改。有条件时应将燃气引入口的阀门安装在住户外。同时完善燃气管道标志标识，并满足现行行业标准《城镇燃气标志标准》CJT 153要求。在已通天然气的城镇，未通燃气的小区宜一次性预设天然气管道系统或预留管网接口。小区内使用燃气的小餐饮店、小副食品店等场所，满足油烟排放、产权明晰等条件的，同步增设天然气管道系统。

2.设计技术要点

1）设计依据

《城镇燃气设计规范》GB 50028—2006（2020年版）。

2）技术要点

（1）燃气设施标志标识及管道颜色应符合当地燃气公司的相关要求。

（2）改造后的埋地钢制管线应加装防腐蚀系统。

（3）地下燃气管线不得从建筑物和构筑物的下面穿越。室外埋地管线与建筑物、构筑物或相邻管道之间的水平和垂直净距，应符合设计文件要求，当设计文件无明确要求时，应符合设计规范的规定要求。如受地形限制管道布置有困难而又无法解决时，在采取行之有效的保护措施后，可在规范规定的净距基础上适当放宽要求。

（4）地下燃气管道埋设的最小覆土厚度（路面至管顶），应按设计文件要求执行，当设计文件无明确要求时，应符合设计规范的规定要求。

（5）地下燃气管道不得在堆积易燃、易爆材料和具有腐蚀性液体的场所下面穿越，并不宜与其他管道或电缆同沟敷设，当需要同沟敷设时，必须采取有效防护措施。

（6）地下燃气管道不宜穿排水管沟、热力管沟等地下管沟，当必须穿过时，应将燃气管道敷设于套管内。

（7）调压站应按规定设置避雷设施，且水电设施齐全，调压站站房和调压箱箱体距离周边建筑物净距应符合设计规范。

3.施工技术要点

1）燃气管线

（1）无泄漏；

（2）经第三方对管线防腐层检测无破损点或经检测防腐评价等级为良及以上，管线附属阴极保护设施运行正常，符合现行行业标准《城镇燃气埋地钢质管道腐蚀控制技术规程》CJJ 95—2013的要求；

（3）聚乙烯管道应有示踪带或保护板。

2）阀门井井室（阀室）

（1）结构完好，无漏水、裂缝，井内无积水、塌陷；

（2）阀门启闭灵活，不串气，且目前市场上有备品、备件及供应商提供售后服务；

（3）阀门及管道无锈蚀、漏气，移交前按接收企业要求对井下管线、设施刷漆；

（4）井盖为"五防"井盖，无缺失破损，有锁具且完好，有井室的闸井应设置为双井口。

3）调压站（箱）

（1）站（箱）内燃气设施运行正常无泄漏，符合现行国家标准《燃气系统运行安全评价标准》GB/T 50811的有关规定，且目前市场上有备品、备件及供应商提供技术维护；

（2）阀门应启闭严密，过滤器移交前应进行排污清洗；

（3）站内管线无锈蚀，移交前按接收企业要求进行刷漆；

（4）按照相关规定设置防雷、防静电装置，设施应完好并处于正常运行状态，并按国家有关规定进行定期检验；

（5）调压站箱内压力容器、过滤器、安全装置及仪器仪表等应按国家有关规定进行运行维护、定期校验和更换；

（6）压力容器相关手续齐全，符合《固定式压力容器安全技术监察规程》TSG 21—2016的要求；

（7）消防器材完备有效，配备型号、数量符合相关要求；

（8）站、箱应有压力监控设施；

（9）调压站（箱）安全标识齐全完好；

（10）站、箱结构完好，屋面墙体无开裂、漏水、渗水；

(11)附属的围栏、门窗、防水、防盗、消防设施等齐全完好；

(12)站、箱周边符合安全间距要求，无违章占压隐患；

(13)配套用电、水、暖、下水等配套设施齐全、完备，运行正常，有正式接用手续。

改造前承接单位应对住宅的危险现状进行排查。若施工中发现原结构有严重缺陷或电气、燃气设施危及施工安全时，应及时向建设单位报告，在采取有效处理措施后方可继续施工。燃气、电气工程的拆除，应由相应产权单位编制拆除方案并组织实施。

3.3.5 供配电系统

1.引言

现今中国社会经济快速发展，人民生活水平不断提高，居民家庭电气化水平大幅度提高，家中电气设备负荷容量迅速增长。一些老旧居民小区的电网设置是同步于当时小区建设的，其电网容量已经无法满足现有人们的用电需求。且因为老旧小区建设早、年限长，其用电设备及线路过于陈旧，在居民用电方面存在较大的安全隐患，已经无法满足人们对供电可靠性的要求。因为这些年代久远的供电设备不堪重负，会导致线路跳闸和无故停电的现象，已经严重影响到了人们的生活质量，甚至有可能会危及人身安全及造成财产的损失。所以，提高供电能力、提高供电质量、提高供电可靠性，是亟须解决的一项重要的民生、民心工程。

2.供配电系统存在的问题

1）老旧生活小区特点

老旧小区是历史发展过程中的产物，其建设时间早，多数建成在20世纪70～90年代，并且随着时间的推移不断地改造、扩建。有的生活区住宅由几栋扩建到十几栋，再到几十栋。有的是一户住宅同时入住几户人家，几户人家共同承担一户的水电煤气计量，纷争不断。近些年，住户家里又增加了空调、冰箱、热水器、洗衣机、面包机、洗碗机等家用产品，小区内又增加了充电车位，增加了小卖铺，增加了小型餐饮屋，原有的库房变成了超市、旁边的宿舍改成了宾馆……各种生活的变化，使得小区建设之初的供电改之又改。时间变更、社会发展，公共配套工程中必然会存在着很多问题，已然影响了社区居民的生活。

2）供配电系统缺乏整体规划

老旧小区建设之初，社会经济发展水平比较低，对用电要求预测缺少前瞻性，其配电系统容量低。老旧小区用电容量只是在被动过程中逐步扩充的，缺少一个整体的用电规划。如：北京某小区，18栋住宅楼，其中2栋用电取自干式变压器，原有的一台800kW变压器要带16栋住宅，后期又要在小区内新建宾馆。因建设之初缺少用电规划，导致后期增加用电负荷无处取电。整个供电系统就产生了一系列的问题：变配电室逐渐远离负荷中心、变压器容量低、小区电线电缆线径小、供电距离过远导致电压降低、变配电设备型号参差不齐、无功补偿没有或不够等。

3）供电系统的供电能力小

老旧小区每户给的容量比较低，大约2～3kW每户，而且有些从未做过改造的住户照明和插座是一路供电，没有将照明和插座分开供电。常用家电如空调，卧室安装1～1.5匹空调，用电量约1kW；客厅安装2匹空调，用电量约1.5kW。住户一般会在卧室和客厅内安装空调，一个两居室同时总容量约3kW。加之电视、冰箱、微波炉、电烤箱、热水器、热水电宝等家电进入我们的家庭，每户的总用电量上升，尤其是在晚餐时间或炎热的盛夏时候。

有些老旧小区经过供电局的户表改造设计，但因为只是做了电表部分的改造，其总的用电电缆仍然比较小，当夏季来临，空调全部启动的时候，楼层配电箱、单元配电箱甚至是总配电室就会出现跳闸现象。有的住户自己更换大容量断路器或将其短路，强行使用空调机、电饭煲、微波炉等电器，结果导致发生户内外导线严重发热，加速绝缘老化，最终发生短路事故，甚至引发火灾。

现有老旧小区仍存在大量杆架式变压器、铝芯架空线路，变压器容量小、线缆供电能力差。随着居民家用电器设备逐年增多及室外电动汽车充电桩、电动自行车充电桩、室外照明等用电设备的用电需求增加，出现了现有供配电系统供电容量严重不足的情况。

4）输电线路杂乱无章

步行在老旧小区内，满眼看到的就是各种管线，不仅影响社区形象，而且存在极大安全隐患。如电线杆架设杂乱无章，有的从高层伸下来的电线一直垂到一楼，有的则跨过空间一直延伸到另外一个楼。空中的电线密密麻麻、纵横交错，在小区内形成一张张"蜘蛛网"，而且是强电弱电共存。这种情况极易发生线路短路等现象，存在较大的安全隐患。同时，老旧小区私接电线的情况非常常见，一层的门头灯电线处接出了一根又一根电线，经常看到给电动自行车充电的情况。一层出租给了小饭馆，为了带动更多的厨房电器，便出现了私接线路的情况。这种私自接线的情况既不美观又因为小马拉大车必然造成电线的短路，轻则跳闸引起停电，重则造成火灾。

5）供配电系统运行损耗大，供电可靠性差

（1）变压器运行损耗：由于老旧小区建设年代久远，变压器多数选用SJL、SJ和S7系统变压器，这些产品已经被列为高能耗产品，已被淘汰。

（2）输配电线路损耗：铝芯线缆继续使用，线路的阻抗高，线损也比较大。再加上加建等造成的远离负荷中心，线路过长导致压降超出规范要求的计算范围。

（3）早期的变配电均没有设置电容补偿装置，整个配电系统的功率因数较低，使得输电线路和变压器损耗进一步加大。

（4）杆架式变压器、架空线路易受雷电、大风、冰雪等自然灾害及高大树木的影响，出现断电甚至引发电击、火灾等安全事故。

6）产权不清

老旧小区部分电力设备、供电线缆无产权单位或产权单位不清，缺乏维护。如：某地区楼梯间内电表箱产权为供电公司，电表箱前后端线缆产权不明。针对供电容量小、开关跳闸问题，仅更换为大规格保护开关，造成线缆规格与保护开关不匹配，线缆发热量大，加速线缆老化，存在短路、电气火灾等风险。

3.供配电系统改造原则

1）符合规范原则

改造方案必须要符合现行的国家设计规范标准。

改造方案应能完全消除现有供配电系统中存在的影响供电质量和供电可靠性的各种因素，不留隐患。如电气容量的计算、系统的设计、接地形式的选择等均应按照现行规范执行，并解决电气容量、电击、电气火灾等安全隐患问题。很多老旧小区楼内未采用TN-S接地形式，未设保护中性线（PE线），建筑物无总等电位及局部等电位（带淋浴的卫生间）联结，存在安全隐患，应按现行规范进行改造。

2）节能环保原则

供配电系统的改造应按照节能环保的原则确定方案。应采用节能环保产品，科学合理选择变配电设备位置，降低能源消耗、避免环境污染。例如，变电所、箱式变电站位置的设置应尽量靠近负荷中心，变压器的选择应符合现行规范能效要求。

3）节约成本原则

改造项目需在设计之初，考虑现有建筑的可利用资源，节约投资，杜绝浪费。

供配电系统改造工程中材料费的比重较大，预算时要从技术方案上入手，既要节约材料、合理使用、减少浪费，又要保证材料质量及工期要求。在保证使用功能，不违反施工规范的前提下，可采取限额领料、节省人工等措施降低成本。

4.供配电系统改造方案的确定

1）现场调研

要深入老旧住宅小区进行现场实地考察，听取管理及运维人员对设备运行情况和存在问题的介绍，积极听取居民代表所反馈的问题和改造建议。要收集齐供配电设备的原始档案和图纸资料。多数老旧住宅小区的资料不完备或已经遗失，在这种情况下更应深入细致进行调查研究，掌握第一手资料。

2）用电负荷重新核算

小区内电网的设置，应结合原有供电方式，综合考虑小区居民未来用电需求，在提升小区居民供电可靠性、用电安全性的基础上，有针对性地进行改造。

改造前，对老旧建筑电气系统现场勘察，根据改造后建筑物的用电负荷情况和使用要求进行电气设计，且应符合国家和地方标准的规定。

3）综合评估

结合现场的实际情况和今后的发展规划，综合评估现存供配电网络情况，为改造方案提供依据。评估中应正确处理近期和远期发展的关系，做到远近期结合，以近期建设为主，适当考虑远期发展的可能，按照负荷的性质、用电容量、地区供电条件，合理确定设计方案。

4）确定方案

根据老旧住宅小区的情况"量体裁衣"，制定针对性的改造方案。

（1）合理调整供配电系统的整体布局，保证到每一栋住宅楼的供电距离都在允许的范围之内。

（2）开关站、配电室设置：应为地面上独立建筑物，进出线方便，接近市政道路或小区道路，并与周边总体环境相协调，满足环保、消防等要求。如没有条件满足以上内容的，可以与建筑相结合。开关站、配电室建筑净高不小于3.9m，并根据小区公共空间可设置变压器。

（3）更新已经老化、存在安全隐患的配电柜、变压器等变配电设备。

（4）整理输电线路，取消低压架空线路，淘汰铝芯电缆，更换载流量不够电缆或减小供电范围，规整输电通道，对功率因数偏低的变配电箱增加无功补偿装置。

（5）为住户进行"一户一表"改造，方便居民生活。

5.改造内容

1）小区用电容量确定

普通住宅小区电网改造居住建筑用电单位建筑面积负荷指标按照$50\,W/m^2$计算，且每套住宅用电负荷值满足现行行业标准《住宅建筑电气设计规范》JGJ 242规范要求。

变压器配置容量计算方法：变压器配置容量＝$\sum$（用电负荷 × Kp）。

当变压器供电范围内住宅户数在200户以下，配置系数Kp取0.6；当变压器供电范围内住宅户数在200户以上，配置系数Kp取0.5；当变压器给公建设施供电，配置系数Kp建议取0.8。

2）变压器台数和容量的选择

小区内变压器容量和台数，按实际计算值进行设置。小区变压器容量应以整栋楼为级别单元进行归类。配电室宜设置两台或两台以上变压器，两台变压器宜采用母联方式，便于变压器的经济运行。变配电室或箱变设置宜在小区的负荷中心，且设备选址时，宜利用老地址，优先考虑原设备的配电房、箱式变电站位置等。

城镇老旧小区改造综合技术指南

城市更新与老旧小区改造丛书二

3）电力设施改造

（1）供配电系统的升级改造

老旧小区应根据需要，因地制宜，积极推动户均容量标准配置的升级和老旧配电设备的更换，以提高居民生活质量及减少安全隐患。从变压器到住户末端的供配电系统的升级改造应符合现行行业标准《民用建筑电气设计规范》JGJ 16等的规定。

按照现行行业标准《住宅建筑电气设计规范》JGJ 242对每户用电进行核算，升级断路器及其配套电缆，每套住宅的用电负荷和电能表的选择见表3-28。

住宅（套）用电负荷与电能表选择　　　　　　　　　表3-28

套型	建筑面积S（m²）	用电负荷（kW）	电能表（单向）（A）
A	$S \leqslant 60$	3	5（20）
B	$60 < S \leqslant 90$	4	10（40）
C	$90 < S \leqslant 150$	6	10（40）

当每套住宅建筑面积大于150m²时，超出的建筑面积可按40～50W/m²计算用电负荷。每套住宅用电负荷不超过12kW时，应采用单相电源进户，每套住宅应至少配置一块单相电能表。每套住宅用电负荷超过12kW时，宜采用三相电源进户，电能表应能按相序计量。

（2）电力电缆敷设方式的改造

老旧小区电力管网绝大多数是架空敷设，为了实现小区的整洁及安全，宜积极推动架空线路入地的敷设方案。

对于有条件的小区宜优先采用地下敷设的方式，并满足相关规范要求。电缆路径的选择应综合考虑安全运行、维护方便及节省投资等因素，并与其他地下管线统筹安排。

在电力管线下地有困难的老旧小区，应规范户外缆线的架设，按照因地制宜、规范美观、安全有序的要求，本着强电弱电分开架设的原则，采取套管、线槽、绑扎等方式，对老旧小区内的电力架空线路进行统一梳理。

单体楼内的电缆，在适当位置增加线槽，所有明装管线均做合理规槽。

建筑内的电缆井、管道井尽量利旧，并应满足防火要求，在每层楼板处采用不低于楼板耐火极限的不燃材料或防火封堵材料封堵。管道井与房间、走道等相连通的孔隙应采用防火封堵材料封堵。同时，井壁上的检查门应采用丙级防火门。

（3）"一户一表"改造

老旧小区电表未出户的，应结合老旧小区供电设施，在每户安装符合国家电网公司相关技术规范的智能电能表，实现"一户一表"远程抄表和管理到户，以满足阶梯电价及分时计费的需求。一般老旧小区的楼层较低，电能表宜集中安装在公共区域，但不应影响景观和通行，并与小区环境相协调。楼层在六层及以下的住宅宜在每个单元首层设置集中表箱，如受面积的限制，也可采用分层设置电表箱。六层以上的住宅分层设置表箱。如需要安装在户外的电表箱，必须有防雨措施，避免阳光直射。

表箱表计改造应满足以下要求：非成套表箱、表箱锈损或存在安全隐患时，应进行改造。计量表箱应采用符合国家和电力行业市场准入制度的成套产品。

（4）增设电动自行车充电设施

电动自行车充电设施应采用专用插座，严禁采用接线板及其他非专用充电装置为非机动车充电，宜设置集中充电区域，景观照明、快递柜、电动汽车充电装置、非机动车充电装置等公共用电电气装置，必须采用不超过30mA的剩余电流保护器作为电击防护的附加防护措施。

（5）电力设备选型要求、布置安全要求及和景观的协调

对于老旧小区，电力设备选型应坚持"符合国家标准要求的环保节能型"的原则。老旧小区变压器、供电线路改造应符合《居住区供配电系统技术规范》DB34/T 1469—2019的要求。三相变压器选型应符合现行国家标准《电力变压器能效限定值及能效等级》GB 20052节能评价的要求。室外配电箱、柜体改造应符合现行国家标准《外壳防护等级（IP代码）》GB/T 4208的要求。设备外形的选择应注意与小区景观协调。

4）照明设施

（1）照明设施选择原则

照明设施设计以经济、简洁、高效为原则，优先选择节能型灯具，照度和样式进行统一规划。灯具应选用绿色环保材料，灯具光源宜采用发光二极管（LED）。

照明系统改造时应满足：

①对既有室外照明系统的电气安全进行检查，不符合现行相关标准时，应进行改造。

②照明系统相关的灯具、线路、灯杆防雷和接地、供配电与控制、电击防护等技术要求应符合现行标准的相关规定。

③公共照明应达到小区公共照明场所照度标准，并确保用电安全。

④新增设的灯具需要与室内室外设施、环境相协调，避免对原有建筑物、植物等设施造成破坏。

（2）单体楼通道及公共区域照明

老旧小区公共照明应能覆盖小区道路、出入口和活动场地、单元出入口、楼

梯间电梯厅等。小区楼内通道及公共区域的照明灯具应选择节能光源、节能附件，照明灯具宜选择LED光源灯具，且选择声光控开关或红外感应开关控制，以满足节能要求。设置消防应急照明和疏散指示系统的建筑物，应符合现行国家标准《消防应急照明和疏散指示系统技术标准》GB 51309的规定。不设置集中照明集中控制系统的住宅公共灯具宜采用B型灯具。

（3）室外小区照明（有关小区照明详细内容见本书第四章）

老旧小区路灯选型应结合小区景观特色，道路及庭院照明应采用节能灯或LED灯。小区内绿地、人行道、公共活动区及主要出入口的照度标准值应符合现行行业标准《城市夜景照明设计规范》JGJ/T 163的规定。应满足安全、舒适、节能、环保要求，限制夜间照明光污染，控制照明灯具的亮度、照射角度，避免眩光对居民生活产生影响。灯具应分区或分组集中控制，避免全部灯具同时启动，设置光控、时控控制方式，并具备手动控制功能；总控制箱宜设置在值班室、消控室、门卫室等便于操作处，如设在室外的控制箱应采取相应的IP防护措施。

5）防雷和接地系统改造

（1）应对老旧建筑的防雷和接地系统进行检查，系统设施有锈蚀、接触不良以及其他不满足国家相关标准技术要求时，应进行改造。

（2）防雷和接地系统改造应符合现行国家标准《建筑物防雷设计规范》GB 50057和《低压配电设计规范》GB 50054的相关规定。

（3）小区内的夜景照明接地系统可采用TT或TN系统，配电线路的保护应符合现行国家标准《低压配电设计规范》GB 50054的要求。

6. 小区供电管网敷设

1）老旧小区电缆敷设方式选择

老旧小区室外因已有现状管线，如给水管、排水管、暖气管、燃气管等，管线入地设计前需对小区内地下现有管线进行探测，并绘制物探图。供电管网设计需结合现状地下管线进行合理设计。

（1）电缆敷设方式选择应视工程条件、环境特点和电缆类型、数量等因素，以及满足运行可靠、便于维护和技术经济合理的要求选择。

（2）当沿同一路径敷设的室外电缆小于或等于6根且场地有条件时，可采用电缆直接埋地敷设；当同一路径的电缆根数大于6根但小于或等于12根时，可采用电缆排管＋室外电缆井的形式布线；当同一路径的电缆根数为13～18根时，宜采用电缆沟布线；当电缆多于21根时，可采用电缆隧道布线。

（3）在不宜采用直埋或电缆沟敷设的地段，应采用电缆排管布线。

（4）老旧小区改造中推荐采用电缆排管+室外电缆井的敷设方式。另外，电缆敷设方式选择和敷设需符合现行国家标准《电力工程电缆设计标准》GB 50217和《民用建筑电气设计标准》GB 51348的相关规定。

因条件限制不满足地下敷设的相关规定时，应由相关单位梳理归整，采用架空电缆敷设，敷设路径应统一规划并应符合相关标准的规定。

2）电缆直埋敷设

（1）电缆外皮至地面的深度不应小于0.7m，应在电缆上下分别均匀铺设100mm厚的细砂或软土，并覆盖混凝土保护板或类似的保护层；在有化学腐蚀的土壤中，不得采用直接埋地敷设电缆；在寒冷地区，电缆宜埋设于冻土层以下，当无法深埋时，应采取措施，防止电缆受到损伤。

（2）下列各地段应穿导管保护，保护管的内径不应小于电缆外径的1.5倍：

①电缆引入和引出建筑物和构筑物的基础、楼板和穿过墙体等处。

②电缆通过道路和可能受到机械损伤等地段。

③电缆引出地面1.8m至地下0.2m处的一段和人容易接触使电缆可能受到机械损伤的线段。

（3）埋地敷设的电缆严禁平行敷设于地下管道的正上方或正下方。电缆与建筑物平行敷设时，电缆应埋设在建筑物的散水坡外。电缆进出建筑物时，所穿保护管应超出建筑物散水坡200mm，且应对管口实施阻水堵塞。

3）电缆排管敷设

电缆排管可采用混凝土管、混凝土管块、玻璃钢电缆保护管及聚氯乙烯管等，电缆在排管内敷设应符合下列规定：

（1）电缆根数不宜超过12根。电缆宜采用塑料护套或橡皮护套电缆，电缆排管管孔数量应根据实际需要确定，并应根据发展预留备用管孔。备用管孔不宜小于实际需要管孔数的10%。

（2）当地面上均布荷载超过100kN/m² 时，应采取加固措施，防止排管受到机械损伤。

（3）排管孔的内径不应小于电缆外径的1.5倍，且电力电缆的管孔内径不应小于90mm，控制电缆的管孔内径不应小于75mm。

（4）电缆排管敷设应符合下列要求：

①排管安装时，应有倾向人（手）孔井侧不小于0.5%的排水坡度，必要时可采用人字坡，并在人（手）孔井内设集水坑。

②排管顶部距地面不宜小于0.7m，位于人行道下面的排管距地面不应小于0.5m。

③排管沟底部应垫平夯实，并应铺设不少于80mm厚的混凝土垫层。

（5）当在线路转角、分支或变更敷设方式时，应设电缆人（手）孔井，在直线段上应设置一定数量的电缆人（手）孔井，人（手）孔井间的距离不宜大于100m。电缆人孔井的净空高度不应小于1.8m，其上部人孔的直径不应小于0.7m。

4）电缆沟敷设

小区线路较多，可以考虑做电缆沟敷设，必要时可以使用综合管沟。

（1）电缆在电缆沟、电缆隧道和共同沟内敷设时，在沟内设置支架，支架层间垂直距离和通道净宽要满足现行国家标准《民用建筑电气设计标准》GB 51348的要求（表3-29）。

电缆支架层间垂直距离与通道净宽 表3-29

电缆支架配置及其通道特征	电缆沟沟深（mm）			电缆隧道
	＜600	600～1000	＞1000	
两侧支架间净通道	300	500	700	1000

（2）给水排水管上方敷设。电缆沟在进入建筑物处应设防火墙。电缆隧道进入建筑物及配变电所处，应设带门的防火墙，此门应为甲级防火门并应装锁。

（3）电缆隧道内应设照明，其电压不宜超过36V；当照明电压超过36V时，应采取安全措施。

3.3.6 智能化系统

小区住宅建筑公共安全系统、信息设施系统、建筑设备管理系统等设计应符合国家现行标准《智能建筑设计标准》GB/T 50314、《民用建筑电气设计规范》JGJ 16的规定。

1.小区公共安全系统改造

1）监控中心

有条件的小区宜设置监控中心，可以和物业值班室合用。使用面积应根据系统的规模由工程设计人员确定，并不应小于20m²。监控中心具有自身的安全防范设施。

周界安全防范系统、公共区域安全防范系统、家庭安全防范系统等主机宜安装在监控中心；监控中心应配置可靠的有线或无线通信工具，并应留有与接警中心联网的接口。

2）周界安全防范系统

对于封闭式小区，宜设置周界安全防范系统，以提升小区的安全程度。电子周界防范系统应与周界的形状和出入口设置相协调，不应留盲区；电子周界防护系统应预留与住宅建筑安全管理系统的联网接口。结合安防设施的技术特点，并从小区智能化系统整体设计考虑，在小区的周界围墙上安装对射式主动红外探测器，构成小区的周界防护系统，防护范围及区域合理划分，尽可能做到报警及时准确，每个区域防护范围在人眼可视视野内，并结合视频监控进行。

3）出入口控制系统

老旧小区宜设置出入口控制系统。小区出入口控制系统的设置，应不影响外部城市道路的交通，且必须满足消防规定的紧急逃生时人员疏散的相关要求。有条件的老旧小区宜增设小区门卫值班室，管理主机设置在值班室内，方便管理人员监控。出入口控制系统的设计应符合现行国家标准《安全防范工程技术标准》GB 50348和《出入口控制系统技术要求》GA/T 394的规定。

4）视频监控系统

老旧小区宜设置视频安防监控系统。在小区主要出入口、小区周界、主要公共活动场所、重要通道、车辆集中停放区域、电梯（厅）等场所设置监控探头，进行有效的视频探测与监视。监控探头所在位置应视野开阔、无明显障碍物或眩光光源，保证成像清晰。主机设置在监控中心或值班室内，具有图像显示、记录与回放等功能。有条件的小区宜实行无死角视频监控，应有效保证居民隐私，并结合出口管理系统，能实时调用。设计应符合现行国家标准《安全防范工程技术标准》GB 50348和《视频安防监控系统技术要求》GA/T 367的相关规定。

对于现状已设置视频监控系统的小区，应检修现状的监控系统。已安装智能化监控系统的老旧小区应对现有设备及线路进行检修，更换损坏的设备及线路。改造后的系统，应能满足智慧安防的需要，当有防控需求时能方便拓展。

5）门禁系统

有条件的老旧小区楼栋单元宜设置门禁系统。单元门禁系统宜具备对讲和报警功能，并由住户遥控防盗门的开启。门禁系统宜具备 IC 卡及密码开锁功能。在有小区集中管理系统时（设置监控中心时），可根据工程具体情况，将呼救信号、紧急报警和燃气报警等纳入访客对讲系统。并联网至监控中心，实现和控制室的对讲呼叫。有条件的小区宜在主要人行入口设置人脸识别系统，设计应符合现行国家标准《安全防范工程技术规范》GB 50348相关规定。

6）停车库（场）管理系统

应重点对住宅建筑出入口、停车库（场）出入口及其车辆通行车道实施控制、监视、停车管理及车辆防盗等综合管理；住宅建筑出入口、停车库（场）出入口控制系统宜与电子周界防护系统、视频安防监控系统联网。

2.信息设施系统改造

1）通信架空线路敷设方式的改造

老旧小区通信管网整治改造，宜积极推动空中管线入地，有条件的优先选择地下敷设的方式，并满足相关规范要求。电缆路径的选择应综合考虑安全运行、维护方便及节省投资等因素，并与其他地下管线统筹安排。

在通信管线下地有困难的老旧小区，应规范户外缆线的架设，按照因地制宜、规范美观、安全有序的要求，本着强电弱电分开架设的原则，采取穿套管、线槽等方式，对老旧小区内的通信架空线路进行统一梳理。

2）梳理老旧小区内通信管线

遵循"整齐、美观、安全"的原则，结合老旧小区的实际情况，通过分类捆扎、分类穿管、分层架设等方式实施整治工作。对新增电信、移动、联通等通信线路实行统一设计、统一走管，集中设置室外、楼道内光纤分配箱，杜绝反复开挖、拉线。

3）光纤到户改造

老旧小区整治改造宜积极推动同步实施光纤到户通信系统，并符合现行国家标准《住宅区和住宅建筑内光纤到户通信设施工程设计规范》GB 50846的规定。推动"三网融合"，由各大运营商共同在小区内合理位置设立大容量光缆交接箱，完成由OLT至小区汇聚光交主光缆。

4）5G通信基站

老旧小区通信网络应该满足居民的日常生活需求，移动通信设施应保障信号覆盖质量，预留通信机房、电力设施、管井（道）和天面空间等配套设施，以满足小区未来网络升级及5G设施建设需求。

5）各种弱电系统更新到位

有线电视系统、电话系统、信息网络系统、信息引导发布系统，根据不同小区的需求逐一设计到位。每套住宅配置家居配线箱是确保电话、电视、信息网络等系统功能、规范住户内线路敷设的重要措施。住宅内配置的信息端口类别和数量需根据工程项目实际情况确定。

3.小区弱电管网敷设

老旧小区内弱电布线系统线缆应首选弱电入地。可采用地下综合管道方式、人（手）孔管道方式、铠装电缆直埋敷设、利用地下室设置的电缆桥架敷设、墙壁电缆方式、穿管或桥架敷设方式等。

地下综合管道应包括通信专用管道和其他弱电布线系统管道。弱电线路布线系统应避免因电磁场、环境温度、外部热源等因素对弱电线路布线系统传输质量带来的影响，并应防止在敷设过程中因受撞击、振动、线缆自重和建筑物变形等各种机械应力带来的损害。

铠装电缆直埋方式：主要用在电缆线路较少部位，如视频监控线路、周界报警系统。铠装电缆埋深一般为0.8m，在穿越道路时需要穿钢管保护。

利用地下室电缆桥架敷设的线路方式主要应用于有地下室，并能在地下做联通的旧有建筑群，如原有地下室是人防工程的则不能借用。

墙壁电缆安装方式在老旧小区内比较常见，如墙壁安装的闭路监控摄像机、园区周界保安系统的主动或被动式红外探测器的管线。

穿管或桥架敷设方式：电话电视等弱电系统由室外人（手）孔井引出到建筑物内、墙面、电杆的敷设，如引入一层半的位置进入每个单元的弱电总箱、在园区内由人（手）孔引至电杆上或墙面安装的闭路监视摄像机的电缆、到招援电话亭、IC电话亭、应急报警按钮的线缆敷设。

人（手）孔管道敷设方式：老旧小区地面各种管道种类多、数量大、管井密，为减少施工时管道综合的困难，弱电管道尽量选择小号人孔井或手孔井。

弱电线路布线系统中信号传输、供电及控制线路为交流25V或直流60V及以下时，宜采用电压等级不低于300V/300V的铜芯绝缘电缆；当布线系统为交流50V以上或直流120V以上时，应采用电压等级不低于300V/500V的铜芯绝缘电缆。采用交流220V/380V的供电和控制线路，应采用电压等级不低于450V/750V的铜芯绝缘导线或0.6kV/1kV铜芯电缆。

地下公用电信网通信专用管道和弱电系统综合管道可采用塑料管（硬质单孔实壁管、半硬质单孔双壁波纹管、多孔塑料管、硅芯管）、塑料合金复合型管等管道，尚应符合国家现行标准。

3.3.7 道路及停车

1.小区道路

1）小区道路疏通及改造

由于老旧小区建成年代早，与现行规划标准存在一定矛盾，在制定老旧小区道路改造方案时，尽量与城市更新整体道路规划相适应，与总体规划衔接。居住区内道路改造，包括居住区道路、小区路、组团路和宅间小路四级，城镇老旧小区改造主要涉及小区路、组团路和宅间小路三级道路改造。道路改造方案应基于用地规模、用地四周环境条件进行设计，并应与当地居民进行充分沟通，了解当地居民使用需求及现有道路使用中的不便，实施时应尊重居住区原有道路结构和位置。

梳理小区内路网系统，小区道路应满足消防、救护等车辆通达要求。老旧小区建成年代早，由于使用时间长，存在一些现有道路被挤占的情况。遇此情况时应清理违章建筑、设施，恢复原有道路，重点关注消防车道及救护车等车辆的行车道及回车通道。当道路宽度条件有限时，宜采用铺装与绿化结合的方式，采用草坪、地被等绿化形式保证路面宽度。在客观条件允许的情况下小区主出入口宜适当后退，与城市道路之间设公共缓冲场地。

2）小区道路铺装更新

小区道路路面出现龟裂、坑槽、沉陷等问题，可按照市政道路的维修和养护工作标准实施保养小修工程、中修工程、大修工程或改扩建四类路面修补措施，必要时路面重新铺装。当小区道路重新铺装时人行路应用透水砖铺装，车行道宜用透水沥青、透水混凝土等材料铺装。重新铺装的小区道路应达到城市居住区道路建设规范标准，做到道路畅通路面平整无坑洼，路牙整齐无缺损，有条件的小区应符合无障碍通行要求。小区道路上的各类井盖应检查、修整，使之与路面衔接平顺、无异响。对井盖缺失破损、井口下沉或凸起超出误差范围、井墙损坏、井框变形等情况，应进行井盖整治，井盖应采用防盗、防坠落措施。小区道路改造时应设置横坡防止积水，小区道路面宜高于绿地，当路面设置立道牙时，应采取将雨水引入绿地的措施，或采取设置渗水井、渗水管等设施，增加雨水入渗。小区道路应完善交通标识和标线设置，重点标识消防通道和消防登高场地。

2. 小区停车（有关小区停车详细内容见本书第四章）

1）机动车车位设置

因地制宜梳理并整治新建小区机动车停车设施，尽量满足小区内机动车停放需求。整顿机动车车库车位使用秩序，恢复占用车库停车功能，增设交通标识。划设机动车停放位置。有条件的小区可增设新能源汽车充电桩，或预留电力容量并预设充电桩布线条件及接口。引入智慧停车系统，通过与周边企事业单位共享停车位等方式，实行错时停车，强化停车管理。

2）非机动车车位设置

新建、改扩建和整修公共非机动车棚，在现场调研基础上整修或合并、新建非机动车停车棚，增加无障碍残疾人助力车位，有条件的小区可配建电动自行车充电设施。新建车棚不得影响周边居民住宅通风采光，宜采用轻型材质车棚，外观简洁悦目，色彩与周边环境协调。

3）其他停车设施增设

视现场情况改建、补建机动车停车位，宜利用架空层、半地下空间，优化地面车位布局等多种方式增建机械车库，缓解居民的停车需求。增设停车设施时，要保证居住小区内整体的交通组织合理有序，并应满足消防条件，不得影响住宅的日照、采光、通风要求，新增车位与居住及小区配套生活用房保持合理距离，以免产生噪声、尾气等影响。

3.3.8 生活垃圾分类收集

1.生活垃圾分类

老旧小区的垃圾应分类投放，需根据各地城镇生活垃圾分类标准进行分类。老旧小区应设置垃圾分类收集容器，容器标志标识、颜色等按照当地统一规定执行，容器样式兼顾功能性、便捷性、美观性、实用性、保障性需求。分类名称、标识、颜色色标参照各地标准执行。

2.垃圾收集点设立

完善小区内生活垃圾收集点布局，参照现行国家标准《城市居住区规划设计标准》GB 50180，生活垃圾收集点布置服务半径不应大于70m，对于小区原生活垃圾收集点距离超出标准的，根据小区实际情况予以增设。每个小区设置一处生活垃圾收集站，方便生活垃圾收集和垃圾车清运接驳。小区生活垃圾收集点、垃圾收集站设置给水排水设施，宜采用地面冲洗的办法进行清理。收集站排水应接入污水管网。根据小区实际情况设置垃圾桶的数量和位置。垃圾桶的放置应充分考虑小区环境、垃圾运输路线、居民生活习惯和地面清洁问题，不应设置在小区人行入口处。

有关垃圾分类详细内容见本书第四章。

编写人员：

中国建筑科学研究院有限公司：程绍革、史铁花、刘洁、张兵、王寰、张向阳、尹保江

筑福（北京）城市更新建设集团有限公司：孙春燕、刘艳品

愿景明德（北京）控股集团有限公司：尹华秋

第四章
完善类改造实用
技术

完善类改造是指为满足居民生活便利需要和改善型生活需求的改造，主要是环境及配套设施改造建设、小区内建筑节能改造、有条件的楼栋加装电梯等。

改造建设环境，包括拆除违法建设，整治小区及周边绿化、照明等环境。重点完善小区内道路、停车、活动场地、绿地、小区出入口复合功能等环境改造。完善设施照明，在小区公共区域设置不对居民产生光污染的夜间照明；以丰富居民的夜间生活为主要目的，结合业主意愿，允许在限定区域进行适度的景观照明建设。

改造建设配套设施，包括小区及周边适老设施、无障碍设施、停车库（场）、电动自行车及汽车充电设施、智能快件箱、智能信报箱、文化休闲设施、体育健身设施、物业用房等配套设施。对照现行国家标准《城市居住区规划设计标准》GB 50180有关配套设施分级分类可以看出，完善类改造基本对应的是居住街坊配套设施内容，仅把生活垃圾收集点改造建设划归基础类、便利店改造建设划归提升类。

小区内建筑节能改造，全国各地需求不一样，改造侧重点也不一样。通过对小区内建筑的节能诊断及效益分析，根据实际情况按照不同气候区选择有针对性的策略，对建筑围护结构、供暖系统进行全面或部分的节能改造。其中建筑物屋面、外墙的节能改造可以结合基础类相关公共部位的维修统一进行，应避免同一部位的重复改造，从而造成浪费。

加装电梯，居民需求不一样，接受度也不一致。针对加装电梯市场需求和面临的实际问题，从社会协调、资金筹措、工程实施和运维等方面提出全流程解决方案，并形成工程评估、设计、施工及验收等技术性指导文件。

老旧小区完善类的改造应以"共同缔造美好环境与幸福生活"为目的，结合老旧小区绿色化改造、完整社区、健康社区、海绵城市等理念统一进行，应关注老年人、婴幼儿、行动障碍人士行动的便利性、安全性，应符合相应的国家和地方标准、规范等技术文件的要求。

4.1 场地功能提升改造

4.1.1 集中式公共空间及公共绿地

1.居住区内集中式公共空间改造的相关技术要求

（1）居住区应配套建设公共绿地，并需要有一定的规模（表4-1）。

公共绿地控制指标[①]   表4-1

类别	人均公共绿地面积（m²/人）	居住区公园		备注
		最小规模（hm²）	最小宽度（m）	
15分钟生活圈居住区	2.0	5.0	80	不含10分钟生活圈及以下级居住区的公共绿地指标
10分钟生活圈居住区	1.0	1.0	50	不含5分钟生活圈及以下级居住区的公共绿地指标
5分钟生活圈居住区	1.0	0.4	30	不含居住街坊的绿地指标

（2）根据详细的前期调研，充分利用居住区内现有面积较大的场地，将其作为集中式公共场地的首选选址。并根据调研，在居民活动需求较为集中的区域，评估区域条件，在具备增设场地条件的区域适度地增设较小型的公共场地；并应统筹考虑面积较大的场地与较小型的公共场地，通过园路或林荫式人行空间形成连续公共活动系统或社区级绿道，引导居民的活动轨迹，缓解老旧小区可活动公共空间有限的问题。

（3）公共空间主要功能集中于健身、休闲、儿童活动，主要服务人群为居住区各年龄层次的居民，重点考虑老人活动和儿童活动的特殊性。

（4）公共活动场地应独立设置，可利用建筑或构筑物、绿地等进行场地的围合，有明显的连续的边界，与交通型空间、建筑之间保持安全防护的距离。

（5）公共空间中需根据场地的功能，设置基础的服务设施，例如座椅、健身器械等；有特殊人群需求的可增设特殊设施，例如老年人的娱乐设施、儿童互动设施以及社区指定活动设施等。并且可适当设置景观性小品，提升场地景观品质或烘托居住区的特色文化氛围，并可设置公共卫生间。

2.居住区内公共空间改造技术要点

1）场地改造

应采用"微更新"，避免大拆大建，注重使用者的参与和切身使用需求。

---

① 资料来源：《城市居住区规划设计标准》GB 50180。

（1）强调以人为本，倾听百姓的声音和意愿，基于满足人民对美好生活的需求而进行场地功能和景观的"微改造"，需要契合居民的生活、易操作易实施，强调其实用性，以最大化满足居民需求为目标，让居民有实实在在的获得感。

（2）以不破坏原有城市风貌和肌理为更新前提，以存量提升为主，采取小规模、分步骤、多样化、创新性的微改造模式。

（3）从居民的生活本质和基本诉求出发，建设社区活动场地，促进居住区绿地的"转型"，实现小区域公共空间的价值提升，并唤醒社区交往的活力。

2）公共空间的功能复合

将居住区内现有的较为集中的公共空间充分利用起来，从场地周边使用人群的实际需求出发，针对老人、儿童、上班族等活动需求定制特色空间，在有限的空间里进行多功能的复合，尽量避免小区内场地功能单一化，营造线面结合的开放、半开放的多功能化交往场地，使之可以有效、多元化地解决不同使用者的需求。

3）公共空间层次多样性

在保证场地功能复合的前提下，应在公共空间中划分出不同活动功能的空间层次，根据不同的活动需求可适当分为开放、半开放和半私密的空间层次。同时根据老旧小区公共空间的面积大小、承载功能的多少将公共空间划分为不同的等级。

（1）中心活动空间。空间较大的集中性场地，公共性强，可承担功能类型较多，一般位于居住区相对中心的位置；布局上可划分儿童活动区域、休闲交流区域、健身区域等。除了服务于日常活动，还需兼顾社区举办宣传、科普等集体性活动。

（2）次要活动空间。由建筑围合而成可利用的边角绿地，面积较小，半公共区域；此类空间宜选择光线较充足且与居民楼有一定距离的空间场地，设置休憩、交流等偏安静的功能，不宜设置动态的活动功能。

（3）宅间空间。围绕住宅楼的公共活动空间，功能较为单一，对私密性要求较高。由于小区内集中活动场地较少、功能较单一或服务半径不能覆盖整个小区，已经超出了高龄老人的舒适活动半径范围，所以有很多小区会自发性地形成不少的宅间休憩节点。可对现状自发形成的场地及其功能进行改善和强化，进一步完善宅间空间的功能和设施，为周边居民提供服务。

4）恢复老旧小区的绿色生境

（1）腾退公共空间、闲置空间及消极空间，用于居民的日常活动，同时对公共空间里的私搭乱建、车辆非法停放和垃圾堆放进行清退。

（2）对空间进行合理利用，提升空间活力，提升场地的可行性，促进居民之间的交流互动。

（3）整合小区内原有碎片化的绿地或场地，通过加强线性公共空间营造，将上述各层次活动空间进行串联，提高可进入性绿地的占比，形成连续的绿色社区廊道，恢复老旧小区的绿色生境。

5）场地内合理增设服务设施

（1）基础休憩设施及休闲设施。场地内必须设置休憩座椅，完善场地的休憩功能。座椅宜沿场地周边的绿地边缘，或利用场地内的闲置空间设置，并有绿荫或构筑物的遮挡。座椅高度宜为 0.4～0.45m，宽度不小于 0.4m，凳面材料宜采用防腐木或塑木等舒适感较高的材料，宜考虑选用加设靠背的座椅样式。

考虑一些使用群体的休闲需求，除设置座椅满足交流功能外，可根据需要在场地内设置棋牌类桌椅、阅读廊架、手绘互动墙等，提高场地内的互动活力。棋牌类桌椅宜集中设置，并位于林下区域或构筑物内；考虑使用群体多为老年人，棋牌桌高度宜为 0.7～0.76m，座椅高度宜为 0.4～0.45m，考虑选用靠背和扶手的座椅样式。

（2）儿童活动设施。此类设施主要使用者为儿童，应首先从安全性出发，选用符合儿童活动特点的游乐设施，并有互动性和参与性的设施。设施一般有自然类游乐设施，如沙坑、木桩、小型绿植迷宫、秋千等；运动设施，如攀爬架、滑梯、乒乓球台、羽毛球场地等；科普类设施，如科普展示墙、艺术装置等；以及互动式设施。

儿童活动设施的设置要求。一般儿童活动场地应通过植物或小品进行场地的划分，在场地中相对独立地设置，保证儿童活动的安全性，同时也减少对场地中其他区域的影响。活动区域内应设置看护人的休憩设施，完善场地功能。儿童活动区域的铺装材料宜选用塑胶铺地，塑胶铺地具有较低的硬度、丰富的色彩、较强的可塑性，并且回弹性好，可以有效降低运动的磕碰，保证儿童活动的安全。

（3）文化设施。挖掘老旧小区自身的文化背景和历史背景，将场地历史通过文化延续与文化创新，转化为特色要素融入社区氛围营造与社会交往场景塑造的设计手法中。在景墙、构筑物或部分区域的地面，利用传统材料或废旧材料再利用，全面展现居住区的特色文化符号或历史形象，唤醒场地记忆，提升居民的认同感，实现老旧小区更新与激活。

（4）标识设施

①警示类标识

此类标识主要为安全提示、禁止进入提示等内容。安全提示类用于提示使用者注意安全和注意使用方式等，主要设置于活动设施、场地高差较大，存在风险的位置，此类标识要求内容及颜色醒目，按照相应规范进行设置；禁止进入提示类用于提示不要践踏绿地、保护绿地等，主要设置于绿地与场地的交界处，此类标识可设计活泼一些，起到温馨提示的作用。

②解说类标识

此类标识主要为场地内树木的科普或设施的科普等内容，一般悬挂于树干或安装于设施上。

6）空间的划分措施

（1）阻车石、驻车桩。宜在场地的出入口处设置。一般中心活动空间和次要活动空间没有紧急进车需求的，设置固定式；宅间空间有紧急进车需求的，应设置可移动式。

（2）绿地围合。在场地边缘利用微地形、植物组团等植物景观手法对空间进行围合。

（3）场地高差围合。利用现状高差形成空间围合，高差处理方式可采用台阶或坡道形式。台阶高度为 0.12～0.15m，坡道坡度不大于8%。

（4）景观小品围合。在公共空间中可通过座椅、花池、廊架或景墙进行空间的划分。此类设施设置时应保证场地内有效利用空间的完整性，并且不阻碍通行功能。

4.1.2 小区出入口

小区出入口功能主要为交通、通告、引导、展示及可停留、休憩、服务等，对外为交递作用，对内是防卫守护作用。小区出入口是小区与外界的第一道关口，疫情常态化对小区出入口也提出了新的要求。

1.老旧小区出入口存在的问题

（1）出入口区域处于人车混行的通行状况，存在安全隐患。

（2）小区出入口没有设置人行门，或人行门已荒废，既不便于行人的出入，也影响小区在特殊时期的封闭管理，不利于平疫转换。

（3）出入口空间局促，缺乏服务或疏散人流的空间。

2.老旧小区出入口改造的要点

1）主入口需要做人车分流的处理，提高交通安全性

针对空间局促的小区出入口，总宽度在8m以内，建议改为单向车行入口，车行入口设置为4～6m，人行入口设置为2m；空间较为富裕的小区出入口，总宽度8m以上，设置单向或双向车行道，双向车行道宽度一般设置为8m，中间设置岗亭，车行道两侧再设置单侧或双侧人行入口，宽度为2m；如有富余空间可在车行和人行之间以2m绿地进行安全隔离，优化出入口的进出体验。

2）智慧设施的改造

在出入口区域满足车行和人行空间的前提下，建议对现状小区大门区域进行改造，通过人行门和车辆管理道闸的增设，形成出入口的独立车行入口和独立人行入口。车行入口以车道闸及岗亭对进出车辆进行管理，人行入口安装智能识别系统，刷卡或刷脸进入。

3）老旧小区出入口景观改造

（1）出入口是识别一个居住区的重要元素，出入口景观设计应通过分析周边街区特征、建筑风貌、性质及现状从而确定小区出入口的具体形式，形式要符合所在城市的特点，并与小区整体风格相符，具有独特性，易于识别。

（2）出入口的铺装地面或景观墙面应具有引导性，可以组织车辆、行人的有序进入（图4-1）。

图4-1　小区出入口景观改造

4）增加服务（防疫）空间

（1）针对疫情以及后疫情时代的特殊需求，鉴于老旧小区出入口区域过于狭窄，或门区前的空间多用于景观形象化，与街道界面没有缓冲的空间，不利于特殊时期的空间需求，可释放一些门区前空间用于防疫、防控、集散居民等功能使用，形成可变换功能的空间，来保障居民的人身安全并成为一个暂时的公共交往空间（图4-2）。

（2）在服务空间内增加生活服务设施，如增加无接触配送快递柜、快递点

等，解决特殊时期的物流需求。此空间可用不同的地面铺装来进行空间划分，作为具有服务功能的可停留的缓冲区。

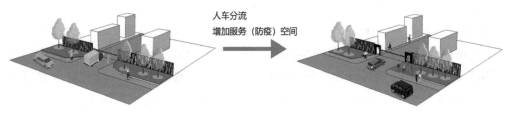

图4-2　小区入口增加服务空间示意图

4.1.3 健身场地

改造前需经过充分调研，了解社区居民真实需求，制定符合大众意愿的改造方案。改造方案须征求居民及社区管理者及相关利益方意见，达成共识。改造方案不应对周边居民日常生活、建筑采光、通风等带来负面影响。

1.健身步道及绿道设置要点

小区健身步道的设置应注重空间的复合利用，可利用小区主路人行道、小区围墙沿线空间建设环形健身步道，在现有步行道基础上进行串联整合。步道的宽度根据场地步行空间设置，一般为1.2～1.8m，以不超过2m为宜。步道宜采用无障碍设计原则，避免台阶。步道两侧及路面可适当添加表示距离的标识或短句标语。增加健身步道周边景观的丰富度，结合植物种植进行景观提升。健身步道的线路应根据场地现状适当变换形式，增加曲线、折线以提升视觉、景观体验（图4-3）。

图4-3　结合小区主要道路设置健身步道

社区层面绿道的设置应结合城市滨水带状空间、用地腾退后拓展的道路红线内空间、城市快速路、轨道交通沿线、重大基础设施周边的防护绿带内设置绿道。若空间条件不允许或有限制的情况下，可以借用人行道空间，连接形成闭环

城市更新与老旧小区改造丛书二

的社区级绿道网，同时提升沿线绿化景观，统一绿道铺装样式，增强空间的识别性（图4-4、图4-5）。

图4-4　结合滨河空间建设绿道　　　　图4-5　借用道路人行空间建设绿道

健身步道可利用色彩进行区分，铺装面层应根据气候条件适宜性进行选择，注重低碳材料的运用，场地铺装应防滑，避免选用抛光石材、光滑水磨石、易长苔藓的青砖、瓷砖等材料（图4-6）。

图4-6　健身步道以彩色区分

2. 运动场地设置要点

运动场地布局要充分结合小区居民需求进行设置，整合闲置和利用率较低的空间，包括无绿化的、无设施的边角零星地块或设施年久失修、难以继续使用的广场等，以及高层建筑利用率低的底层架空空间、公共建筑或屋顶空间等区域。结合低效率使用空间现状规模、形态、位置等条件，合理利用、增加居民户外休闲活动场所。运动场地的设置还应体现空间的集约利用概念，将小型非标准运动场地进行整合改造。健身场地周边应合理种植绿篱或采取其他围合隔离形式，降低噪声对居民的影响（图4-7）。

图4-7　低效空间改造前后对比

　　运动场的铺装面层应选择舒适防滑的材料，营造安全的户外活动空间，如塑胶、塑木等。同时注重实现低碳景观营造，减少使用石材等不可再生材料，可用水泥、陶瓷制品等代替，如PC仿石砖、水洗石、水磨石等；采用透水材料，如透水混凝土砖、透水混凝土、透水沥青等，符合海绵城市建设理念。保障老年人、儿童户外活动的安全性，抛光面石材、玻璃、卵石等有安全隐患的材料，不宜用于该活动区域（图4-8）。

图4-8　生态环保的景观材料

3.健身设施设置要点

　　应根据小区不同年龄层次人群的需求，合理配置健身设施。小区健身设施设置应充分调查小区健身需求，结合场地合理布置。

　　（1）提升场地功能和可达性

　　健身设施要结合小区场地功能和可达性进行选择和布局，在近宅活动场地设置基础、简单器械，如五位压腿器、健身柱、扭腰器、鞍马背部按摩器等满足老人的基本健身需求，步行距离以50～100m为宜。可以按照带状布局形成港湾式的健身小广场空间，并将其与步行道路系统串联起来（图4-9）。在宅前100～150m活动圈内，可结合场地集中布置青壮年人群健身活动设施或居民需求量较大的单类健身设施，如乒乓球台等。

图4-9　港湾式健身空间与步行路结合

（2）注重安全

健身设施的布置应考虑老龄段人群的使用安全，宜选用柔软防滑的地面材料，应选择符合国家相应标准的合格产品，并确保安装牢固。

（3）后期维护到位

小区健身设施应由物业或专门机构负责维护，保证健身设施的正常使用功能和处于有效使用周期内。

4.1.4　环卫设施场地

1.老旧小区环卫设施现状问题

（1）环卫设施落后、破损或者缺失，绿化带等公共区域散落大量垃圾，居民无法实现垃圾分类投放。

（2）楼房中已经废弃的垃圾通道没有完全密封，少数居民还将垃圾投入楼房垃圾通道，造成卫生死角。

（3）建筑垃圾和大件垃圾无处投放、无处消纳，导致居民在公共区域乱堆乱放。

（4）城市环卫系统与再生资源系统两网没有真正实现融合，小区"拾荒者"翻捡垃圾桶现象层出不穷。

以上四种现象都不同程度影响着小区的环境卫生（图4-10）。

2.政策标准及发展方向

垃圾分类是对垃圾收集处置传统方式的改革，是对垃圾进行有效处置的一种科学管理方法。垃圾未进行分类是制约我国环保产业发展的瓶颈之一，也是造成环境污染、资源再利用困难的根源之一。近年来，我国加速推行垃圾分类制度，2017年初，国家发展改革委、住房和城乡建设部联合下发《生活垃圾分类制度实

图 4-10　老旧小区环卫设施现状

施方案》，要求在46个试点城市先行先试生活垃圾强制分类。2019年6月，《关于在全国地级及以上城市全面开展生活垃圾分类工作的通知》《中华人民共和国固体废物污染环境防治法（修订草案）》相继发布，要求到2020年，46个重点城市基本建成生活垃圾分类处理系统，同时加快建立生活垃圾分类投放、收集、运输、处理系统。在国家政策推动下，中国各大城市逐步开展强制垃圾分类政策。2019年7月1日，上海正式实施《上海市生活垃圾分类管理条例》，成为中国首座全面强制推行垃圾分类的城市。随着上海市垃圾分类成功落点，我国垃圾分类工作由点到面逐步启动，全国46个重点城市垃圾分类工作取得积极进展，已形成一些可复制、可推广的经验。

3. 技术内容及要点

1）改造原则

（1）生活垃圾收集点应满足日常生活和日常工作中产生的生活垃圾的分类收集要求，生活垃圾分类收集方式应与分类处理方式相适应。

（2）选择场地应充分考虑"方便、美观、卫生、安全"等原则。

（3）垃圾桶应集中放置，位置固定，兼顾居民投放和垃圾收运的需求。

（4）对于大件垃圾、建筑垃圾的收集，应该在不影响小区道路通行和景观的区域设置临时存放点。

（5）垃圾收运实现日产日清。

2）技术内容及要点

居住区内涉及的环卫设施改造包括分类垃圾桶和大件垃圾及装修垃圾临时存放点两大类。

（1）分类垃圾桶改造要点

①根据《生活垃圾分类制度实施方案》，在老旧小区改造时应推动生活垃圾分类模式，垃圾桶应选用分类垃圾桶。

②分类垃圾桶位置应选择位于住宅楼出入口附近相对独立的区域集中设施，方便居民投放垃圾的同时也注意与住户保持一定的距离。

③分类垃圾桶的服务半径不宜超过70m。小区设置的分类投放点中，应至少保证一处分类投放点具备四种分类收集功能，即根据分类垃圾处理方式需设置厨余垃圾桶、其他垃圾桶、可回收垃圾桶、有害垃圾桶，或者湿垃圾桶、干垃圾桶、可回收垃圾桶、有害垃圾桶等（图4-11）。其余分类投放点则根据实际需要进行设置，至少应具备厨余垃圾桶和其他垃圾桶，或者干垃圾桶和湿垃圾桶两种分类收集功能。

图4-11 分类垃圾桶

④分类垃圾桶样式宜简洁大方，兼顾美观实用。四类垃圾桶颜色应色调鲜明，标注清楚不同性质垃圾的投放位置。

⑤分类垃圾点地面应硬化，可设计收集廊架或特色铺装，明确投放区域；并可在廊架立面宣传生活垃圾分类常识和绿色环保常识；分类垃圾点周边可种植绿篱和色叶小乔木进行绿化处理。

⑥分类投放点外部应交通便利，保证收运队伍对接方便。

⑦为美化环境，减少臭气散发，也可将分类垃圾桶和升降平台沉降到地面

以下，平时只有投放口外露在地面上，这种地埋式的分类垃圾桶的设计应满足以下要求：a.投料口开口方式为脚踏板或自动感应；b.接入电压应为AC220V；c.单个垃圾储藏箱应不小于660L；d.在设备周边设雨水管槽，防止雨水进入垃圾桶内，造成雨污混流（图4-12）。

图4-12　地埋式垃圾桶

⑧对于一些配套改造资金充足或者需要收集垃圾分类相关数据，通过云平台大数据分析帮助改善垃圾分类管理模式、提高垃圾分类管理工作效率、降低垃圾分类管理成本并且有较完善的物业系统的小区，也可通过互联网+技术引入信息化、智能化的智能式垃圾桶系统，从而实现智能积分兑换、智能称重、满溢报警、语音提醒、视频监控、溯源巡检及数据记录采集等功能。智能式垃圾桶系统应满足以下要求：a.智能式垃圾桶系统一般包括大数据墙、电脑端管理、手机端管理和公众号四套系统；b.智能式垃圾桶系统可由物业管理，也可由物业委托的清运公司统一管理；c.管理智能式垃圾桶应有挡雨及遮阳措施，应安装夜间照明设施，应安装摄像头等监控安保设施；d.接入电压应为AC220V，根据实际需要，也可设置不间断备用电源或设置太阳能蓄电系统；e.可加设洗手盆，便于居民扔完垃圾后清洗（图4-13）。

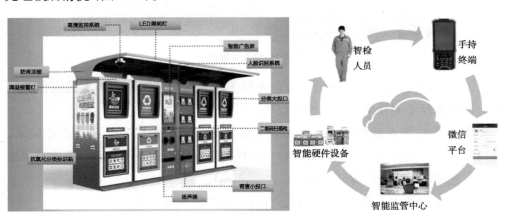

图4-13　智能式垃圾桶

⑨小区公共区域内要设置废旧衣物回收等废物箱，满足居民此类使用要求。

（2）大件垃圾及装修垃圾临时存放点改造要点（图4-14）

图4-14　大件垃圾及装修垃圾临时存放点

①大件垃圾及装修垃圾临时存放点，应根据老旧小区的实际情况，一个小区或者一个居住组团设置一个，设置位置需要固定，宜设置于居住区车行道路附近且相对独立的闲置空间，方便投放和清运，但不应影响居住区景观环境和交通。

②老旧小区新增大件垃圾及装修垃圾临时存放点前应做好充分的现场调研和小区居民民意调查。

③大件垃圾及装修垃圾临时存放点可以是硬化好的垃圾收集池或者简易的垃圾收集间，并应设置信息公示牌，内容包含临时存放点的负责人及其联系电话等，公示牌应结合小区景观设置。小区物业或居住区管理方应定期进行清运。

4.工程案例

（1）朝阳区小关高原街4号院地埋式垃圾桶[①]：改造前，朝阳区高原街的几十个垃圾桶是露天存放的，臭气弥漫；改造后，换成了地埋式垃圾桶，一共安放了6个垃圾桶，其中包含2个厨余垃圾桶，每个容量是120L，4个其他垃圾桶，每个容量是1100L，不仅大大提高了垃圾缓存能力，也从根本上改变了原来传统垃圾站的脏、乱、差的环境。埋在地下的垃圾桶，同时还具备除臭和自动灭火功能（图4-15）。

（2）德胜街道新风街一号院智能式垃圾桶[②]：在新风街一号院小区内，16个点位安放了29组具有"人脸识别"功能的智能式分类垃圾桶，系统提前采集小区居民影像信息，只要小区居民走到垃圾柜的摄像头前，投放口就会自动开启。小区居民还可以通过微信绑定完成积分兑换等功能，这样的设计有效提升了居

---

① 新京报：《朝阳区引进"地埋式"垃圾桶》，2018-12-26.

② 新京报：《北京德胜街道推出"人脸识别"垃圾桶　垃圾可换鸡蛋》，2019-7-11.

图4-15　朝阳区高原街地埋式垃圾桶

民参与垃圾分类的积极性和主动性，从而有效实现垃圾减量化以及资源化利用（图4-16）。

图4-16　德胜街道智能垃圾桶

4.1.5　便民设施

1.智能快件箱及智能信报箱

1）主要类型

老旧小区改造中，原小区如有配置一定数量信报箱的，改造前应根据规范及住户实际需求，修缮原信报箱，或者新设置智能快递箱、智能信报箱。快件箱及信报箱主要类型有：订阅户入口设置信报箱、集中设置信报箱、小区共享智能快件箱及智能信报箱等（图4-17）。设置形式可采用独立式、单元信报箱（壁挂式、镶嵌式）、室外信报箱、信报箱群。在快递集散场地允许情况下，满足小区封闭管理要求，也可结合小区门卫、围墙设置"外投内取"模式的智能快件箱（图4-18），方便人员管理。

图4-17　户入口设置信报箱和集中设置信报箱实景照片

图4-18　智能快递箱和"外投内取"模式的智能快递箱实景照片

2）智能快件箱及智能信报箱基本使用功能要求

（1）人机交互功能

智能快件箱和智能信报箱应该具备人机交互功能，通过电子触摸屏、电子读卡器、智能手机等人机交互终端，完成短信通知、信息反馈等功能。

（2）身份识别功能及存/取操作功能

智能快件箱和智能信报箱应该具备密码识别、生物识别等实名认证的身份识别方式，居民和投递人员通过数字密码或二维码输入，完成存/取操作功能、逾期快件处理等功能。

（3）系统管理功能

智能快件箱和智能信报箱系统管理单元应该对业务操作数据进行全数据记

录，对快件箱和信报箱设备进行相关数据管理，在条件允许的情况下，也可以开展远程开/封箱业务。

（4）安全性要求

智能快件箱和智能信报箱箱体、数据传输等应满足安全性要求，在数据非正常中断时，应具备保护功能，不丢失内存数据，恢复后能正常工作，相关设置满足国家相关标准的要求。同时还应满足防触电保护、接地保护等电气安全要求。

3）智能快件箱及智能信报箱设施安装及设置要求

智能快件箱及智能信报箱设施安装和设置应该满足国家及地方相关规范规程要求。老旧小区改造宜满足现行国家标准《城市居住区规划设计规范》GB 50180对公共服务设施配套控制指标的相关要求，满足社区居民寄投服务和安全等需求。

（1）智能快件箱、智能信报箱投放场地应硬化，排水、防滑，固定装置须牢固安全，并定期检修。

（2）智能快件箱、智能信报箱应有挡雨及遮阳措施，应安装夜间照明设施，同时考虑照明及开关箱噪声对居民的影响。

（3）保证快递及信报安全，智能快件箱、智能信报箱应安装摄像头等安保设施。

（4）电气专业宜预留电源电压在AC220V±10%可基本保证智能快件箱及信报箱正常功能和系统的使用，应考虑外部电源停止供电时，智能快件箱及信报箱的安全。恢复供电后，智能快件箱及信报箱应能自动恢复正常使用。根据实际需要，也可设置不间断备用电源或设置太阳能蓄电系统。

（5）智能快件箱、智能信报箱安装应满足土建要求，采用嵌入式或需要支撑的墙体，应为可承重砌体结构或混凝土等具有承载能力结构墙体。遇到轻质非承重墙体，应采用在墙体中预埋钢构件等措施。采用独立式的智能快递箱及信报箱，应设置安全的支撑体系，应与地面连接牢固。

2.晾衣架等生活类便民设施

（1）现状问题

老旧小区内安装晾衣架等生活类便民设施多数情况下没有经过全面考虑，只是在住宅楼周边就近找地安装，未考虑使用上是否合理，是否影响景观环境。

（2）改造要点

对其位置进行调整，选择宅间空间的绿地和场地交界处，宜选择阳光照射时间较长的位置设置晾衣架，其形态、颜色应与小区整体风貌相协调；也可对其进行特殊设计，使之变为多功能公共空间（图4-19），兼顾晾晒、健身、休憩等功能。

图4-19 景观晾衣架

4.2 海绵化改造

老旧小区海绵化改造是海绵城市建设的重要项目类型。它处于城市排水系统的源头减排单元，其海绵化改造的目的是减小场地外排雨水总量和实现错峰排放。建筑与小区低影响开发雨水系统设计应在保障场地使用人员的休闲、游憩、消防、停车等功能的条件下，满足场地排水防涝要求，改善场地微气候，营造低碳宜居的室外环境（图4-20）。

图4-20 青岛市李沧区委党校海绵化改造实景图

4.2.1 改造原则

（1）改建项目应以问题为导向，以切实解决居民迫切需求的基础问题为出发点，因地制宜开展海绵化改造，解决小区积水、管道漏损等问题。有条件的项目应实现雨污分流改造。在有海绵城市建设上位规划的城市，其海绵化改造目标应依据上位规划确定。

（2）海绵化改造应充分提升用地复合功能。既满足海绵城市建设管控要求，又能落实小区的核心使用功能，如休闲、游憩、消防、停车等。

（3）海绵化改造应坚持绿色设施为主、灰色设施为辅的原则。在场地空间允许的情况下，宜结合景观水体建设开展雨水调蓄利用。应保留长势较好的植被，保护建筑文物、重要构筑物及管线，避免侵略性施工。

（4）低影响开发雨水系统设计须保证设计安全，包括不能降低小区雨水管网的设计标准，新建雨水设施不影响其他建筑物或构筑物的结构安全。

（5）当场地规模较大时，应考虑多个比选方案，注重节能环保和经济效益。必要时采用模型模拟比较建设前后的水文情况。

4.2.2 改造技术路线

海绵化改造采用源头减排、过程控制和系统治理的三段式理论。屋面、道路及铺装为主要产流面。屋面雨水应设法断接，先排入海绵设施后再溢流排放至雨水管道。小区行车道路可采用透水铺装，或采用平缘石或路缘石开口等方式将地表雨水径流引流到绿地内，并在绿地内设置海绵设施进行雨水滞蓄和净化。在有雨水回用利用需求的建筑与小区，可设置雨水储存设施收集雨水进行雨水回用，超过设计降雨量的雨水再排入小区内的雨水管道（图4-21）。

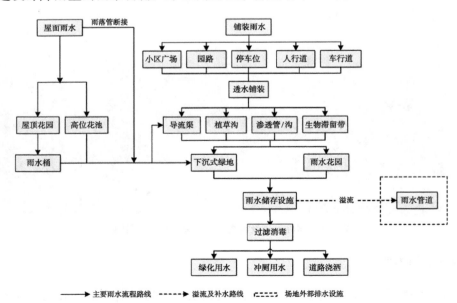

图4-21　海绵化改造系统图

4.2.3 改造技术要点

1. 场地现状条件摸排

通过资料收集及现状调研摸排场地土壤、地质资料、地表竖向、管线综合情况、地上与地下建筑及植被保留区等情况，明确现状保留区和雨水设施可开挖区域的范围。明确消防通道及消防救援场地等限制开挖范围。明确小区内雨污水管道分流及混接情况，以及它们与市政雨污水管道的路由关系。

2. 建筑雨水管断接的处理方式

建筑屋面的雨水径流水质较好，在有雨水回用需求的建筑与小区，应优先考虑屋面雨水的收集回用。根据建筑屋面雨水排水方式确定雨水管道断接方式。高层建筑通常采用内排水方式且屋面雨水势能较大，若采用绿色设施则极容易造成水土及植物被严重冲刷，故通常采用雨水收集设施收集回用。当建筑雨水管布置在墙体外侧时，可设置消能池将雨水断接排入绿地。当建筑屋面满足承重荷载要求时，可布置绿色屋顶，也可采用雨水桶或高位花池等设施实现雨落管断接。若建筑周围无绿地时，可通过导流渠等转输设施将雨水转输到绿地，或在小区雨水管网末端设置调蓄池集中处理（图4-22）。

（a）建筑雨落管与卵石沟结合　　　　　　（b）建筑雨落管与高位花池结合

图4-22　建筑雨落管断接示例

3. 铺装材料的选择

小区内通常采用透水铺装材料实现小雨不湿鞋的效果，增强小区低碳宜居性能。车行道可采用透水混凝土路面，停车位可采用植草砖，人行道及广场可采用透水砖或透水混凝土（图4-23）。因小区绿地较分散，为连通绿地排水和保证铺装视觉完整性，可将铺装局部下凹设置成导流渠，导流渠的坡度及深度以不影响行人、轮椅及婴儿车正常通行为准。停车位铺设植草砖时，建议采用透水砖作为车位分割线，便于上下车行走。在不适宜土壤入渗或降雨较多的地区，地下建筑顶板以上开展海绵城市改造时，应在海绵设施底部增加防渗措施。

图4-23 宜春市某小区透水混凝土铺装实景图

4.雨水径流的系统性组织

根据场地竖向条件、产汇流规律及雨水管网分区情况划分汇水分区。各汇水分区应为相对独立的单元，在汇水分区内根据汇流面积及下垫面情况计算目标调蓄容积，并据此确定海绵设施的设计规模。通常将下垫面划分成建筑屋面、道路、铺装、绿地、水系五类。当单个汇水分区不能解决自身雨水时，可排入周围汇水分区协助解决。同时承接其他汇水分区雨水的设施，其设计调蓄容积应加上这部分外来水量。当小区内绿地空间分布不均时，可通过导流渠、缝隙式排水沟、盖板沟等设施收集和转输雨水径流，再排入绿地滞蓄和净化（图4-24）。在地势较低的低影响雨水设施内设置溢流雨水口，使超过设计降雨量的雨水排入小区雨水管网。

图4-24 常用雨水转输设施实景图

5.海绵设施布局及竖向设计

海绵设施的平面布局及竖向设计是相辅相成的过程（图4-25）。首先梳理场地与周边竖向的关系，明确市政道路雨水管道的管径及埋深，明确溢流排放路径。其次在每个汇水分区内依据场地竖向条件，在雨水汇流处确定海绵设施的平面位置及规模大小。设施类型依据用地条件、覆土深度、水质情况等因素确定。不同海绵设施之间通过地形竖向连接；当绿地被铺装隔断时，排水上下游海绵设施之间采用管道连接。遵循源头减量设施→转输设施→净化设施→调蓄设施的顺序，形成连续的地表排水系统。海绵设施的有效滞水深度一般控制在200～300mm，通常设置50～100mm的超高。统计各汇水分区的设计调蓄容积，当不小于目标调蓄容积时说明设计合理。最后明确小区海绵设施溢流口与小区雨水管线系统的连接位置，并检验竖向高程是否满足要求。

图4-25　西宁市科技馆雨水花园平面及竖向关系图

海绵设施布局应避让消防车道和消防登高面、地下管线管位及其附属设施、文物及古树名木保护范围等，减少对现状环境的干扰。新增海绵设施应通过地形设计与现状地势相融合。

6.雨污分流改造

雨水管渠系统是进行海绵城市改造的重要依托。设计时应与其他管线相互协调，便于雨水设施中进水管线的接入、溢流管线的接出。雨水管渠系统一般包括雨水收集管线、雨水溢流管线两种。雨水收集管线是指布置在低影响开发雨水设施的砾石层内的穿孔管。其作用为将土壤饱和水及时排走，防止滞水区产生黑臭水体及蚊蝇孳生，保护植物根系和建筑顶板排水安全。穿孔管管径通常为DN100～DN150。雨水溢流管线是为了防止超过海绵设施设计水位的雨水返溢到铺装或道路上而布置的。通常在汇水分区下游的海绵设施内布置溢流雨水口，就近排至小区雨水管线。

老旧小区海绵化改造的主要目的是为了控制水环境污染，因此对雨污合流小区，应加强雨污水混接改造和雨污管道分流改造（图4-26）。针对用地空间允许的小区，宜新建污水管道，将原合流制管道用于雨水管道；空间不允许的项目，宜新建地表雨水排放系统，借助雨水沟、导流渠、植草沟、下沉式绿地、雨水花园等海绵设施，实现雨污分流。加强小区内雨污水混接排查和整改，尤其是加强阳台洗衣机废水、底商泔水排入污水管网整改，减少管理疏漏造成的污染问题。

图4-26　宜春市雨污分流改造实景图

7.雨水回用系统的设置

当小区有雨水回用需求时，可根据用水量需求确定雨水回用设施的规模。当小区内有景观水体设计要求时，景观水体宜建成集雨水调蓄、水体净化和生态景观为一体的多功能调蓄设施（图4-27）。景观水体的规模应通过全年水量平衡分析确定，并优先采用雨水作为补水水源；景观水体宜采用生态驳岸和非硬质池底，并设置必要的安全防护措施或警示标识，确保居民人身安全。雨水回用管道也应明确非饮用水源标识，防止误饮事件发生。

图4-27　北京东升文体公园多功能调蓄塘

8.绿化要求

海绵化改造应与场地景观设计同步开展。通过竖向设计调整场地微地形，使绿地既满足海绵功能又具有较好的景观效果。在道路及铺装雨水汇入绿地处，应布置初期雨水净化设施及防冲刷缓冲设施，防止径流雨水对绿地环境造成破坏。绿地内的海绵设施应布置溢流设施，渗透性欠佳或地下建筑顶板上的海绵设施还应布置渗排管，与小区雨水管渠系统衔接，保证绿地排水安全及维持植物较好的长势情况。

海绵设施内的植物应根据水分条件、径流雨水水质等进行选择，宜选择耐盐、耐污等能力较强的乡土植物。植物种植应考虑冬季的景观差异，保证较好的全年景观视觉效果。海绵设施内的种植不能减少其雨水调蓄的容积，设施内、外种植应进行良好的衔接，做到自然过渡（图4-28）。

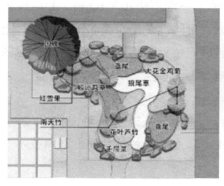

图4-28 雨水花园种植模式图

4.2.4 海绵设施选择

海绵设施类型可依据项目的海绵建设目标、场地条件、使用人群、建设投资、运维水平等因素综合确定，可参考表4-2选择。

海绵设施比选一览表　　　　　　　　　　　　　　　　表4-2

设施名称	控制目标			处理方式		经济性	
	径流总量	径流峰值	径流污染	分散	集中	建设费用	维护费用
透水铺装	●	◎	◎	√		中	中
绿色屋顶	●	◎	◎	√		高	中
植草沟	●		◎	√		低	低
下沉式绿地	●	◎	◎	√		低	低
生物滞留设施	●	◎	●	√		中	低
雨水湿塘	●	●	●		√	高	中

设施名称	控制目标			处理方式		经济性	
	径流总量	径流峰值	径流污染	分散	集中	建设费用	维护费用
雨水湿地	●	●	●		√	高	中

注：●——强；◎——较强

（参考：国家标准图集《城市开放空间与低影响开发雨水设施》15MR105）

1. 透水铺装

（1）适用性

承载透水铺装的主要材料为透水混凝土、透水砖、碎石、卵石、植草砖等。非承载透水铺装的主要材料除承载透水铺装材料外，还可选择嵌草石板、洗米石等园林常用透水铺装。

地下建筑顶板上设置透水铺装时，顶板覆土厚度不应小于0.6m，并应设置排水层；可能造成陡坡坍塌、滑坡灾害的区域，湿陷性黄土、膨胀土和高含盐土等特殊土壤地质区域，地表径流污染严重的区域应慎重选用透水铺装；寒冷地区采用透水铺装时，应考虑冬季防冻胀处理措施。

（2）技术要点

透水铺装结构（图4-29）除了应符合现行行业标准《透水砖路面技术规程》CJJ/T 188、《透水沥青路面技术规程》CJJ/T 190和《透水水泥混凝土路面技术规程》CJJ/T 135的规定，还应满足以下要求：

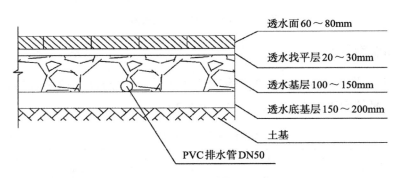

透水面 60～80mm
透水找平层 20～30mm
透水基层 100～150mm
透水底基层 150～200mm
土基
PVC排水管 DN50

图4-29 透水铺装构造示意图

①透水铺装对道路路基强度和稳定性的潜在风险较大时，可采用半透水铺装结构。

对于透水混凝土和透水砖等下面有混凝土垫层的道路，伸缩缝间距为18m，为贯通缝，缝隙间距6m，可采用假缝，缝深40～60mm；城市广场6m×6m分块设置伸缩缝。

②道路横坡坡度为1.0%；铺装场地最小排水坡度为0.3%，最大排水坡度为2%。

③透水铺装的结构做法应根据荷载计算确定。

2. 绿色屋顶

（1）适用性

绿色屋顶也称种植屋面、屋顶绿化等，根据种植基质深度和景观复杂程度，绿色屋顶又分为简单式和花园式，简单式绿色屋顶的基质深度一般不大于150mm，花园式绿色屋顶在种植乔木时基质深度可超过600mm。

绿色屋顶适用于符合屋顶荷载、防水等条件的平屋顶建筑和坡度≤15°的坡屋顶建筑。

（2）技术要点

绿色屋顶的设计可参考现行行业标准《种植屋面工程技术规程》JGJ 155（图4-30）。

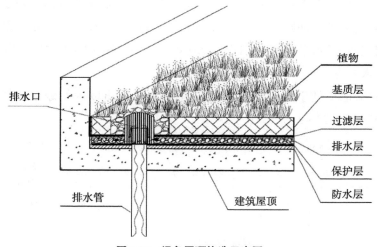

图4-30 绿色屋顶构造示意图

3. 植草沟

（1）适用性

植草沟具有建设及维护费用低，易与景观结合的优点，适用于建筑与小区内道路及广场、停车场等不透水地面的周边，不适用于坡度大于3%、转输径流流量大且影响交通安全的区域。在场地竖向允许且不影响安全的情况下也可代替雨水管渠。

（2）技术要点

植草沟设计应满足以下要求（图4-31）：

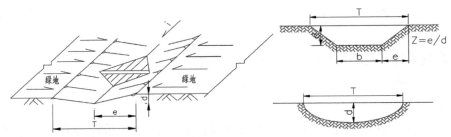

图4-31　植草沟典型构造示意图

①断面形式宜采用倒抛物线形、三角形或梯形。

②边坡坡度（垂直：水平）不宜大于1:3，纵坡不应大于4%。当纵坡坡度较大时宜设置为阶梯形植草沟或在中途设置消能台坎。

③最大流速应小于0.8m/s，曼宁系数宜为0.2～0.3。

4. 下沉式绿地

（1）适用性

下沉式绿地可广泛应用于建筑与小区、道路、绿地和广场内。对于径流污染严重、设施底部渗透面距离季节性最高地下水位或岩石层小于1m，以及距离建筑物基础小于3m（水平距离）的区域，应采取必要的措施防止次生灾害的发生。

（2）技术要点

下沉式绿地指低于周边铺砌地面或道路在500mm以内的绿地。其设计应满足以下要求（图4-32）：

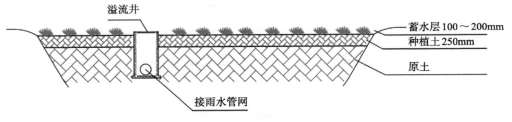

图4-32　狭义的下沉式绿地典型构造示意图

①下凹深度为100～500mm。根据下凹深度和土壤渗透性选择适宜的耐淹性植物。

②种植土层可根据植物类型调整，一般宜换土250mm。

③绿地内应设置溢流雨水口，溢流口顶部标高与设计标高齐平，低于铺装50～100mm。

④地下建筑顶板之上的下沉式绿地应增加防渗措施。

5.生物滞留设施

（1）适用性

生物滞留设施按应用位置不同分为雨水花园、生物滞留带、高位花池、生态树池等。生物滞留设施主要适用于建筑与小区内的建筑、道路及停车场的周边绿地以及道路绿化带等城市绿地内。对于径流污染严重、地下水位较高（距离渗透面小于1m）及距离建筑物基础近（小于3m）的小面积区域，可采用底部防渗的生物滞留设施。

生物滞留设施形式多样、适用区域广、易与景观结合，径流控制效果好，建设费用可控且后期维护费用较低；但地下水位与岩石层较高、土壤渗透性能差、地形较陡的地区，应采取必要的换土、防渗、设置挡坎等措施避免次生灾害的发生。

（2）技术要点

生物滞留设施应满足以下要求（图4-33）：

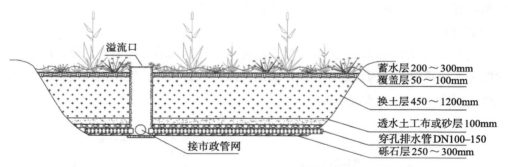

图4-33 生物滞留设施典型结构示意图

①对于污染严重的汇水区，应采取弃流、排盐等措施防止有机污染物或融雪剂等高浓度污染物侵害植物。对于污染较轻的汇水区，应选用植草沟、植被缓冲带或沉淀池等对径流雨水进行预处理，去除大颗粒的污染物并减缓流速。

②既有多层建筑，采用建筑外排水系统的屋面径流可由雨落管接入高位花池，当现状位置不适于植物生长时，可由消能池替代。道路径流雨水可通过路缘石豁口进入生物滞留设施，路缘石豁口尺寸和数量应根据道路纵坡、设计降雨量等参数经计算确定。

③道路绿化带可采用生物滞留带。当道路纵坡大于1%时，应设置挡水堰或台坎，以减缓流速从而增加雨水渗透量。在设施靠近路基部分处，应进行防渗处理，防止对道路路基稳定性造成影响。

④应设置溢流雨水口。溢流口顶部标高与设计标高齐平，低于铺装50～

100mm。

⑤宜分散布置且规模不宜过大,生物滞留设施面积与汇水面面积之比一般为5%～10%。

⑥设施外侧及底部应设置透水土工布,防止周围原土侵入。当位于地下建筑之上,或湿陷性黄土较重易造成坍塌,或拟将底部出水进行集蓄回用时,可在底部和周边设置防渗膜。

⑦当种植土的渗透系数小于1×10^{-6}m/s时,应进行换土。换土厚度依据预种植的植物类型确定,当种植草本植物时为250～300mm,种植灌木时为300～600mm,种植乔木时为600～1200mm。

6.雨水湿塘

（1）适用性

雨水湿塘是指以雨水为主要补水水源,具有雨水调蓄和净化功能的景观水体。适用于具有较大空间条件的小区,可有效削减较大区域的径流总量、径流污染和峰值流量,但对场地条件严格,建设和维护费用高。

（2）技术要点

雨水湿塘可结合绿地、开放空间等场地条件设计为多功能调蓄水体,即平时发挥正常的景观及休闲、娱乐功能,暴雨时发挥调蓄功能,实现土地资源的多功能利用（图4-34）。雨水湿塘应满足以下要求:

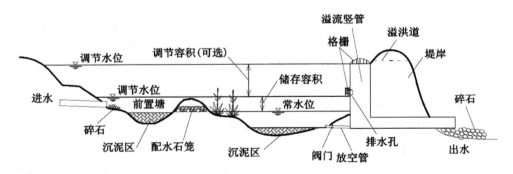

图4-34 雨水湿塘/景观水体典型构造示意图

①一般由进水口、前置塘、主塘、溢流出水口、护坡及驳岸、维护通道等组成。

②进水口和溢流出水口应设置碎石、消能坎等消能设施,防止水流冲刷和侵蚀。

③前置塘为湿塘的预处理设施,起到沉淀径流中大颗粒污染物的作用。池底一般为混凝土或石块结构,以便于清淤。前置塘应设置清淤通道及防护设施,

驳岸形式宜为生态驳岸，边坡坡度（垂直:水平）一般为1:2～1:8。前置塘沉泥区容积应根据清淤周围和所汇入径流雨水的SS沉淀物负荷确定。

④主塘一般包括常水位以下的永久容积和储存容积，永久容积水深一般为0.8～2.5m；储存容积一般根据所在区域相关规划提出的年径流总量控制率确定；具有峰值流量削减功能的湿塘还包括调节容积，调节容积应在24～48h内排空；主塘与前置塘间宜设置水生植物种植区，主塘驳岸宜为生态驳岸，边坡坡度（垂直:水平）不宜大于1:6。

⑤溢流出水口包括溢流竖管和溢洪道，排水能力应根据下游雨水管渠或超标雨水径流排放系统的排水能力确定。

⑥距雨水湿塘边缘2m范围内，溢流水位至池底的水深不应超过0.7m，并应设置护栏、警示牌等安全防护与警示措施。

7. 雨水湿地

（1）适用性

雨水湿地分为雨水表流湿地和雨水潜流湿地。雨水湿地适用于有一定场地空间条件的建筑与小区。雨水湿地可有效削减污染物，具有一定的径流总量和峰值流量控制效果，但建设及维护费用较高。

（2）技术要点

雨水湿地一般设计成防渗型以便维持湿地植物所需的水量。雨水湿地的构造一般由进水口、前置塘、沼泽区、出水池、溢流出水口、护坡及驳岸、维护通道等构成（图4-35）。雨水湿地应满足以下要求：

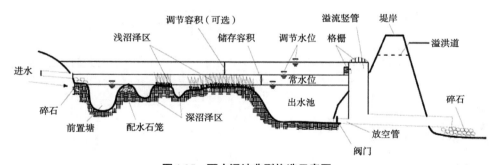

图4-35　雨水湿地典型构造示意图

①进水口和溢流出水口应设置碎石、消能坎等消能设施，防止水流冲刷和侵蚀。

②雨水湿地应设置前置塘对径流雨水进行预处理。

③沼泽区包括浅沼泽区和深沼泽区，是雨水湿地主要的净化区，其中浅沼泽区水深范围一般为0～0.3m，深沼泽区水深范围一般为0.3～0.5m，根据水深

不同种植不同类型的水生植物。

④雨水湿地的调节容积应在24h内排空。

⑤出水池主要起防止沉淀物的再悬浮和降低温度的作用，水深一般为0.8～1.2m，出水池容积约为总容积（不含调节容积）的10%。出水池生态驳岸边坡坡度（垂直：水平）不宜大于1:6。常水位附近区域的坡度要更小，具体设计时坡度的大小应由结构设计人员根据土质和护坡措施决定。

⑥湿地应设置护栏、警示牌等安全防护与警示措施。

⑦在水质污染较重的区域，也可设置人工湿地，分为表流湿地和潜流湿地，其中潜流湿地又分为水平潜流湿地和垂直潜流湿地，其设计原理与污水湿地相似，一般在进入人工湿地前建有雨水储存设施，严格控制进入人工雨水湿地的水量。

4.2.5 海绵改造示例

1. 改造条件

某小区用地范围13962m²，地下车库范围2546m²，其顶板覆土深度为1.2m。化粪池顶板覆土深度0.5m。小区电力电信管线埋深0.4～0.6m，小区外围市政管线齐全。小区内有一栋高层内排水建筑，两栋多层外排水建筑。整体竖向东北高、西南低，坡度较大。

小区为办公及生活复合小区，场地低影响开发雨水系统设计除满足海绵建设标准外，还应满足停车、运动等功能。设计风格要求大气简约（图4-36）。

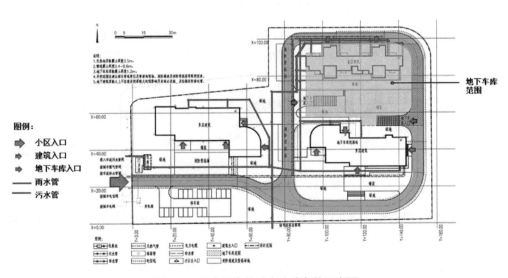

图4-36 某小区海绵城市改造条件示意图

2.汇水分区划分及指标计算

依据上位规划,本场地的年径流总量控制率为80%,对应的设计降雨量为33.5mm。根据场地竖向条件共划分为四个汇水分区(图4-37),分别统计各汇水分区的下垫面条件,计算各汇水分区的目标调蓄容积,见表4-3。

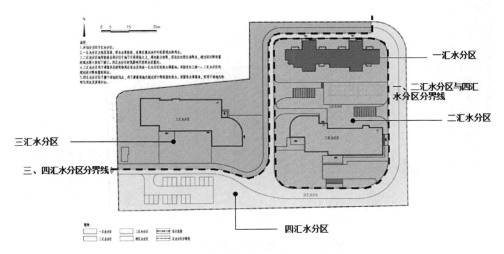

图4-37 某小区海绵城市改造汇水分区示意图

某小区海绵城市改造计算表 表4-3

汇水分区名称	下垫面类型	面积(m²)	径流系数	设计降雨量(mm)	目标调蓄容积(m³)
一汇水分区	硬屋面	612.79	0.90	33.5	18.48
二汇水分区	硬屋面	707.98	0.90	33.5	72.25
	绿色屋顶	100.99	0.40	33.5	
	透水铺装	1223.06	0.90	33.5	
	绿地	2522.06	0.15	33.5	
三汇水分区	透水铺装	3624.88	0.40	33.5	50.93
	绿地	468.08	0.15	33.5	
四汇水分区	硬面积	565.82	0.90	33.5	52.33
	绿色屋顶	435.65	0.40	33.5	
	透水铺装	1293.8	0.40	33.5	
	绿地	2407.38	0.15	33.5	
—	合计	13962.49	0.41	—	193.98

3.总平面图

在各汇水分区内,以保证场地使用功能为前提,避开条件图中的各种限制性因子布置雨水设施,使各汇水分区内的设计调蓄容积与其目标调蓄容积平衡

（图4-38）。二汇水分区地势较高无法满足设计要求，其溢流雨水排至三、四汇水分区协同解决（表4-4），设计调蓄容积大于目标调蓄容积，则设计满足要求。

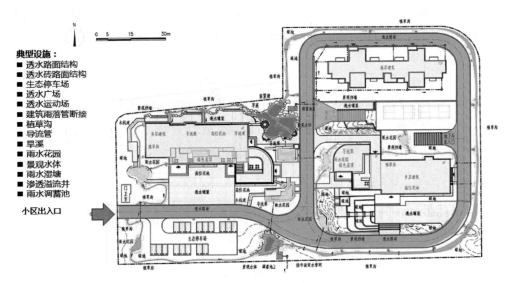

典型设施：
■ 透水路面结构
■ 透水砖路面结构
■ 生态停车场
■ 透水广场
■ 透水运动场
■ 建筑雨落管断接
■ 植草沟
■ 导流管
■ 旱溪
■ 雨水花园
■ 景观水体
■ 雨水湿塘
■ 渗透溢流井
■ 雨水调蓄池

小区出入口

图4-38 某小区海绵城市改造平面图

建筑与小区范例设计调蓄容积统计表　　　　　　　　表4-4

汇水分区名称	设施类型	面积（m²）	调蓄深度（m）	设计调蓄容积（m³）	备注
一汇水分区	雨水调蓄池1	8	2.50	20.00	—
二汇水分区	雨水花园	92.69	0.30	30.71	溢流雨水排入三、四汇水分区
	高位花池	29.07	0.10		
三汇水分区	雨水花园	125.23	0.20	87.44	—
	高位花池	31.28	0.10		
	旱溪	71.64	0.20		
	前置唐	42.59	0.50		
	景观水体	39.4	0.60		
四汇水分区	雨水花园	44.32	0.30	64.82	—
	雨水湿塘	63.05	0.50		
	雨水调蓄池2	8	2.50		
—	合计	555.27	—	202.97	—

4. 竖向设计

除一汇水分区的雨水汇入雨水调蓄池1用于景观水体补水外，其余各汇水分区均通过竖向调整采用地表明排方式，将雨水径流在各自汇水分区内滞蓄后，再溢流排至竖向下游的汇水分区，最终排至场地最低点，即四汇水分区的雨水湿塘，因地面雨水设施未完成设计指标要求，建设雨水调蓄池2补给雨水湿塘及绿化用水（图4-39，图4-40）。

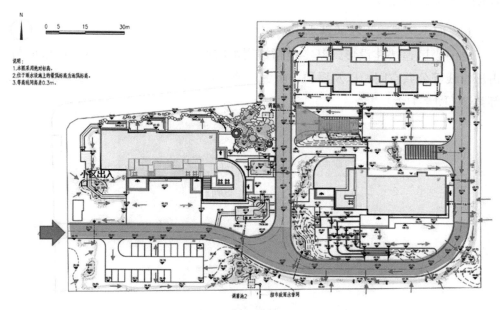

图4-39　某小区海绵城市改造竖向设计图

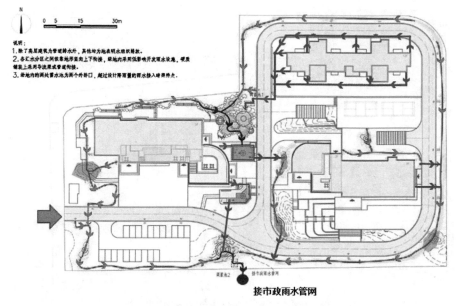

接市政雨水管网

图4-40　某小区海绵城市改造雨水组织路线图

4.3 建筑物与构筑物改造

4.3.1 拆除违法建设

1.老旧小区违建现状的基本类型

老旧小区违法建设形式基本包括占用消防通道、占用楼道、占用城市道路、占压管线等公共空间，以及屋顶、阳台或地下等建筑部位的违法加建、新增在建等类型（图4-41）。

图4-41 老旧小区违法建设现状类型

2.拆除违法建筑的原则及方法

1）违法建筑及构筑物拆除的原则及方式

违法建筑及构筑物拆除应坚持"应拆尽拆"的原则，以保证老旧小区改造的整体效果。对于因特殊历史原因建成的违法建筑及构筑物，在保证其安全性的前提下，可与主管部门协商，通过特殊程序解决。

屋顶、阳台等私自搭建影响消防、安全、住宅日照及建筑立面效果的建筑外部构件应进行拆除，拆除完要保证建筑安全、正常使用和建筑美观。

2）其他违法建设拆除的原则及方式

清理占用消防通道、占用楼道、占用城市道路、占压管线等公共空间的杂物，恢复消防通道、楼道、城市道路宽度，解决消防安全和道路堵塞等问题。完善消防配套设施，拆除外凸防盗窗，对有防盗防护需求的老旧小区，可以统一安装平窗防盗窗或隐形防盗窗等，同时需满足消防等相关规范要求。

4.3.2 物业用房改造

《物业管理条例》第三十条规定："建设单位应当按照规定在物业管理区域内配置必要的物业管理用房。"物业管理用房是用作物业管理办公、工作人员值班以及存放工具材料的用房，主要包括物业办公用房、物业清洁和储藏用房、业主委员会活动用房等。

1.老旧小区完善类改造配置物业用房的原则

老旧小区改造应根据小区实际情况，合理配置物业用房等公共服务性场所，增强小区服务功能。物业用房根据小区场地条件，采用集中、分散相结合的方式完善。结合小区现有公共用房改造物业用房，也可在不影响周边住户环境的前提下，利用小区空地建设物业管理用房，完善门卫室、岗亭等物业管理设施。物业用房在外观上应与小区整体建筑风格和环境相协调，且满足基本功能要求。

2.老旧小区物业用房改造要点

老旧小区物业用房在规划许可的情况下，经由业主同意，按照有关规定进行设置。可根据小区实际情况，采用新建、改建或扩建的方式配置物业用房。物业用房可联合建设，也可独立建设，物业管理用房的建筑面积宜按照不低于物业总建筑面积的2‰配置[1]。老旧小区物业用房的配置应具备水、电、采光、通风等正常使用功能。无条件新建物业用房的老旧小区可结合现有建筑或通过租赁居民闲置住房等方式实现。

---

[1] 资料来源：《城市居住区规划设计标准》GB 50180-2018。

同时物业用房改造需满足地方性物业管理用房的相关规定，下面以辽宁省和湖南省为例进行说明。

《辽宁省物业管理条例》第十二条规定：建设单位应当按照下列规定配置物业管理区域内物业服务用房：

（1）房屋总建筑面积五万平方米以下的，按照不少于建筑面积一百五十平方米配置；

（2）房屋总建筑面积五万平方米以上二十五万平方米以下的，按照不少于总建筑面积千分之三配置；

（3）房屋总建筑面积超过二十五万平方米的，超过部分按照不少于千分之一的标准配置；

（4）分期开发建设的，首期配置建筑面积不得少于一百五十平方米，且集中建设；

（5）物业服务用房应当在地面以上，相对集中，便于开展物业服务活动，并具备采光、通风、供水、排水、供电、供热、通信等正常使用功能和独立通道。

《湖南省物业管理条例》第三十条规定，新建物业建设单位应当按照下列标准配置物业管理用房：

（1）建筑面积不少于建筑物总面积的千分之二，最低不少于八十平方米；

（2）具备水、电、采光、通风等正常使用功能的地面以上独立成套装修房屋；设置在无电梯的楼房的，所在楼层不得高于四楼。

3.老旧小区物业管理创新探索，健全长效管理机制

目前物业管理方式缺失是老旧小区普遍存在的问题，提升老旧小区整体质量和居民幸福感，就要结合小区的实际情况，积极创新探索有效的老旧小区物业管理方式。常见的物业管理模式有政府补贴管理、社区业主自治、外聘物业公司、业主自管和外包服务、业主和居委会共同管理等，应根据老旧小区实际情况，探索合适的物业管理模式。

加强参与物业管理的组织以及人员的责任，推动各类物业管理方式进行，加大对改造完成老旧小区的物业管理长效机制建设工作指导，发挥街道基层组织联系群众作用，完善业主组织，健全老旧小区长效管理机制。

4.4 建筑节能

建筑围护结构良好的保温隔热性能以及供暖、空调等用能设备的高效运行，是节能减排和改善居住热环境的基本途径。老旧小区一般建设年代久远，很多为非节能建筑，或运行情况达不到节能基本要求。为了推进建设资源节约型和环境友好型社会，老旧小区改造过程中应同步实施建筑节能改造。目前通常可通过如下几条途径实现节能：

（1）优化平面、立面及使用功能，改善建筑周边场地小环境。

（2）改善外围护结构的热工性能，应用节能技术和节能材料，降低供暖热负荷或空调冷负荷。

（3）优化用能系统，采用节能型设备和设施，提高供暖、空调、照明等设备或系统的能效。

（4）推广利用太阳能、风能、地热能、生物质能等可再生能源和清洁能源。

节能改造的目的是满足室内热环境要求和降低供暖、空调的能耗。根据不同地区，应采取不同途径，制定不同策略。对既有建筑的节能改造，分以下几个步骤来进行：

（1）对既有居住建筑进行节能诊断，全面调查和收集数据，分析能耗现状，出具节能诊断报告，判断各分析部位采用节能技术和节能材料的改善潜力。

（2）通过对建筑全年能耗的模拟计算，对能耗数据进行分析，依照相关节能标准的要求，制订建筑节能改造方案，多方案比选后确定最优方案。

（3）按照确定的最优方案实施节能改造。

（4）运行一个周期后对系统进行评估，总结节能效果。

4.4.1 节能诊断及效益分析

既有居住建筑由于建造年代不同，围护结构各部件热工性能和供暖空调设备、系统的能效不同，在制订节能改造方案前，首先要进行节能改造的诊断，然后根据节能诊断的结果，从技术经济比较和分析得出合理可行的围护结构改造方案，并最大限度地挖掘现有设备和系统的节能潜力，尽量达到节能改造成本合理、节能效果明显的目标。

1.改造前的节能诊断内容

（1）供暖、空调能耗现状的调查。

（2）室内热环境的现状诊断。

（3）建筑围护结构的现状诊断。

（4）集中供暖居住建筑应对供暖系统进行诊断。

应根据建筑寿命、改造成本、节能效益及舒适度的改善程度等确定改造方案的经济性、合理性。

2.不同气候地区的节能改造策略

我国地域辽阔,气候条件和经济技术发展水平差别较大,既有居住建筑节能改造需要根据实际情况,按照不同气候区选择有针对性的策略,对建筑围护结构、供暖系统进行全面或部分的节能改造。

1)严寒地区和寒冷地区

严寒和寒冷地区既有居住建筑围护结构改造后,其传热系数应符合现行行业标准《严寒和寒冷地区居住建筑节能设计标准》JGJ 26—2018的有关规定。

在严寒和寒冷地区,以一个集中供热小区为单位,对既有居住建筑的供暖系统和建筑围护结构同步实施全面节能改造,改造完成后可以在热源端得到直接的节能效果。但由于各种原因使供暖系统和建筑围护结构不具备同步改造的条件时,应优先选择供暖系统或建筑围护结构中节能效果明显的项目进行改造,如根据具体条件,供暖系统设置供热量自动控制装置,围护结构更换性能差的外窗、增强墙体的保温性能等。

严寒地区和寒冷地区的既有居住建筑在进行集中供暖系统改造时,应设置室温调节和热量计量设施;在进行外墙节能改造时,应优先选用外保温技术,并应与建筑的外立面改造相结合;改造外门窗、封闭开敞型楼梯间及外廊;楼梯间不供暖时,楼梯间隔墙和户门应采取保温等措施,以上通常是基础型改造应该优先考虑的方向。

2)夏热冬冷地区和夏热冬暖地区

夏热冬冷地区和夏热冬暖地区居住建筑普遍是间歇式地使用供暖和空调。建筑热状况、建筑传热过程、供暖空调系统运行情况等都是非稳定的状态。只有采用动态计算和分析方法,才能比较准确地评估各种改造方案的节能效果。

在夏热冬冷地区和夏热冬暖地区,一般情况下老旧的居住建筑,外窗的保温隔热性能都很差,是建筑围护结构中的薄弱之处,因此应该优先改造外围护结构的热工性能,如更换节能门窗,增加外保温等。另外,屋顶和西墙的隔热通常也是需要采取措施的重点部位,所以改造时应选用有针对性的技术,比如增加外遮阳板、遮阳篷,设置屋顶绿化等措施。

3)温和地区

一般温和地区的居住建筑目前实际应用的供暖和空调设备较少,所以节能改造需求不强烈。根据实际情况,需要进行节能改造时,可以参照相邻气候条件相近的寒冷地区、夏热冬冷地区和夏热冬暖地区的技术手段来实施。

4.4.2 外围护结构节能构造

老旧小区改造时应改善建筑物围护结构的热工性能指标，改造对象主要是指建筑物及房间各面的围挡物，如屋面、墙体、门窗、楼板和地面。按是否同室外空气直接接触以及在建筑物中的位置，可分为外围护结构和内围护结构。一般在建筑节能中主要是指对外围护结构采取节能措施，其中门窗、墙体、屋面等是外围护结构应当重点采取隔热保温节能措施的部分。

1. 建筑节能门窗和建筑遮阳体系

在建筑围护结构的门窗、墙体、屋面、地面四大围护部件中，门窗的绝热性能最差，是影响室内热环境质量和建筑节能的主要因素之一。门窗节能主要是尽可能增加门窗气密性和门窗材料热阻值，以减少风雨渗透量和室内外环境热交换量。门窗是传统建筑耗能的薄弱环节，约占建筑围护部件总能耗的40%～50%。据统计，在供暖或使用空调的条件下，冬季单玻璃窗所损失的热量占供热负荷的30%～50%，夏季因太阳辐射热透过单玻璃窗射入室内而消耗的冷量占空调负荷的20%～30%。因此，增强门窗的保温隔热性能，减少门窗能耗，是改善室内热环境质量和提高建筑节能水平的重要环节。

另外，门窗承担着隔绝与沟通室内外两种环境互相矛盾的任务，不仅要求它具有良好的绝热性能，同时还应具有采光、通风、装饰、隔音、防火等多项功能，因此，在技术处理上相对于其他围护部件，难度更大，涉及的问题也更为复杂。从建筑节能的角度看，建筑外窗一方面是能耗大的构件，另一方面它也可能成为得热构件，即通过太阳光透射入室内而获得太阳热能。因此，应该根据当地的建筑气候条件、功能要求以及其他围护部件的情况等因素来选择适当的门窗材料、窗型和相应的节能技术，这样才能取得良好的节能效果。

1）门窗改造原则

外门窗要满足采光、通风、保温等性能求，不能以降低室内环境舒适性来换取节能效果。在满足节能要求的前提下，应尽可能降低门窗的造价。

外窗改造时，可根据既有建筑的具体情况，采取更换原窗户或在保留原窗户基础上再增加一层新窗户的措施，外窗窗框质量良好时，优先更换玻璃部分，采用中空的节能玻璃；对于窗外框质量较差的，采用整体更换的方式。原开敞式的居住建筑的楼梯间及外廊可考虑封闭措施（图4-42、图4-43），入户单元门可采用保温门等。楼栋单元门保温应选用集保温隔热、防火、防盗等功能于一体的单元门，如原有通透式楼宇门质量较好，可对通透部分用安全玻璃进行封闭改造。

图4-42　改造前：楼梯间未封闭　　　　**图4-43　改造后：楼梯间增设保温窗**

2）建筑门窗节能改造方法

总体上，门窗的节能主要体现在门窗保温隔热性能的改善。北方寒冷地区的门窗的节能侧重于保温，南方夏热冬暖地区侧重于隔热，而夏热冬冷地区则要兼顾保温和隔热。可以从以下几个方面考虑提高门窗的保温隔热性能：

（1）加强门窗的隔热性能

门窗的隔热性能主要是指在夏季门窗阻挡太阳辐射热射入室内的能力。影响门窗隔热性能的主要因素有门窗框材料、镶嵌材料（通常指玻璃）的热工性能和光物理性能等。门窗框材料的热导率越小，则门窗的传热系数也就小。对于窗户来说，采用各种特殊的热反射玻璃或贴热反射薄膜有很好的效果，特别是选用对太阳光中红外线反射能力强的热反射材料更理想，如低辐射玻璃。但在选用这些材料时要考虑窗的采光问题，不能以损失窗的透光性来提高隔热性能，否则它的节能效果会适得其反。

入户门更新时建议采用门的类型为中间填充玻璃棉板或矿棉板的双层金属门、内衬钢板的木门或塑料夹层门等入户门，以及其他能满足传热系数要求的保温型入户门。

（2）加强窗户内外的遮阳措施

在满足建筑立面设计要求的前提下，增设外遮阳板、遮阳篷及适当增加南向阳台的挑出长度都能起到一定的遮阳效果。在窗户内侧设置镀有金属膜的热反射织物窗帘，正面具有装饰效果，在玻璃和窗帘之间构成约50mm厚的流动性较差的空气间层，这样可取得很好的热反射隔热效果，但直接采光差，应做成活动式的。另外，在窗户内侧安装具有一定热反射作用的百叶窗帘也可获得一定的隔热效果。

（3）改善门窗的保温性能

改善建筑外门窗的保温性能主要是指提高门窗的热阻。由于单层玻璃窗的热阻很小，内、外表面的温差只有0.4℃，因此单层窗的保温性能很差。采用双层、多层玻璃窗或中空玻璃，利用空气间层热阻大的特点，能显著提高窗的保温性能。另外，选用热导率小的窗框材料，如塑料、断热处理过的金属框材等，均可改善外窗的保温性能。一般来讲，这一性能的改善也同时提高了隔热性能。

（4）室内空间隔断

外门窗是建筑保温隔热最薄弱的环节，散热量是整个建筑散热量的2/3。故而在散热大的临外墙空间（如阳台部位）与主要房间之间增设隔断，可以有效提高节能效果。如在冷负荷较大的阳台和客厅间增设一道推拉门，能很好地提高客厅的节能效果。另外，提高门窗的气密性可以减少对该换热所产生的能耗。目前，建筑外门窗的气密性较差，应从门窗的制作、安装和加设密封材料等方面提高其气密性。

3）窗框材料

按照门窗型材分类，一般有木门窗、塑料门窗、金属门窗、玻璃钢门窗、复合型门窗等。传统的木门窗、塑料门窗的隔热保温性能优于传统的钢材和铝合金门窗，但钢材及铝合金可通过断桥绝热加工，采用隔热条将断开的钢材、铝合金连为一体，这样热量就不容易通过整个材料了，材料的隔热性能也就变好了（图4-44）。另外对钢材、铝合金进行喷塑处理，与PVC塑料或木材复合，可以

图4-44　断桥铝合金外窗

显著降低门窗的导热系数，成为建筑节能改造中常用的品种。

4）门窗玻璃材料

一般用于节能门窗的有中空玻璃、低辐射镀膜（Low-E）玻璃或者其他节能玻璃（吸热玻璃、热镜中空玻璃、真空玻璃、变色玻璃等）。

玻璃表面辐射率、可见光投射比、可见光反射比、太阳得热系数、遮阳系数、传热系数等均是选择门窗玻璃种类的重要指标。具体可参照各地区的《居住建筑节能设计标准》及根据节能计算确定。

5）建筑遮阳体系

外窗外遮阳系数的计算方法可参照各地区的《居住建筑节能设计标准》；外窗本身的遮阳和传热系数计算方法可参照《建筑门窗玻璃幕墙热工计算规程》进行，也可借助专业的门窗模拟计算软件进行模拟计算。改造时应综合考虑建筑外遮阳形式、外墙太阳辐射反射系数控制、玻璃遮阳系数等。

按照改造建筑常用的遮阳形式分类，一般包含水平遮阳（图4-45）、垂直遮阳、挡板式遮阳、综合式遮阳（图4-46）等。

图4-45　水平式遮阳图例

除了设施遮阳板、遮阳篷以外，在建筑外墙设置植物遮阳也能起到很好的节能效果（图4-47）。

2. 节能墙体

既有非节能居住建筑的围护结构节能改造，主要是对外墙保温进行改造。满足消防规范的，可以进行楼道墙面保温和粉刷。改造后外墙的热工性能标准，应达到所在地区《居住建筑节能设计标准》对传热系数限值的要求。

节能墙体技术措施主要包括：外墙采取的保温体系（外保温、内保温、自保温）；保温材料的品种、厚度；保温材料的主要热工性能，如30mm膨胀聚苯板

图4-46　垂直式遮阳与综合式遮阳图例

图4-47　植物遮阳图例

（EPS）外墙外保温系统；使用保护要求，如在建筑外墙安装空调等外挂附属设施时，应在设计、施工时预留孔洞等；当必须在外墙开孔时，应当按照物业管理要求进行施工，并对开孔处进行必要的修缮。

外墙保温的方式一般有外墙外保温、外墙内保温、外墙自保温、外墙夹芯保温等方式，由于既有建筑改造一般要避免拆改主要墙体，也要尽量减少对居民生活的干扰，因此通常选用外墙外保温的方式进行改造。目前广泛应用的外墙外保温系统主要为外贴保温板薄抹灰方式，保温材料常用的有两种：阻燃型挤塑聚苯板和不燃型岩棉板，居住建筑常用涂料作为外饰面层。根据现行行业标准《外墙外保温工程技术标准》JGJ 144，适用于既有建筑改造的做法如下：

（1）粘贴保温板薄抹灰外保温系统

粘贴保温板薄抹灰外保温系统应由黏结层、保温层、抹面层和饰面层构成。黏结层材料应为胶粘剂；保温层材料可为EPS板、XPS板和PUR板或PIR板；抹面层材料应为抹面胶浆，抹面胶浆中满铺玻纤网；饰面层可为涂料或饰面砂浆（图4-48）。

（2）胶粉聚苯颗粒保温浆料外保温系统

胶粉聚苯颗粒保温浆料外保温系统应由界面层、保温层、抹面层和饰面层构成。界面层材料应为界面砂浆；保温层材料应为胶粉聚苯颗粒保温浆料，经现场拌和均匀后抹在基层墙体上；抹面层材料应为抹面胶浆，抹面胶浆中满铺玻纤网；饰面层可为涂料或饰面砂浆。

（3）胶粉聚苯颗粒浆料贴砌EPS板外保温系统

胶粉聚苯颗粒浆料贴砌EPS板外保温系统应由界面砂浆层、胶粉聚苯颗粒贴砌浆料层、EPS板保温层、胶粉聚苯颗粒贴砌浆料层、抹面层和饰面层构成。抹面层中应满铺玻纤网，饰面层可为涂料或饰面砂浆。

（4）现场喷涂硬泡聚氨酯外保温系统

用聚氨酯发泡工艺，将原材料通过专用设备混合，经高压喷涂现场发泡而成的高分子聚合物保温材料喷涂于基层墙体上。聚氨酯硬泡体是一种具有保温与防水功能的新型合成材料，其导热系数低，施工速度快。聚氨酯保温材料面层用轻质找平材料进行找平，抹面层中应满铺玻纤网，饰面层可采用涂料或面砖等进行装饰（图4-49）。

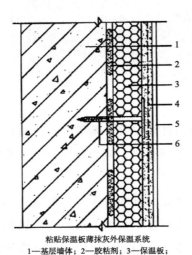

粘贴保温板薄抹灰外保温系统
1—基层墙体；2—胶粘剂；3—保温板；
4—抹面胶浆复合玻纤网；5—饰面层；6—锚栓

图4-48 （图片引自《外墙外保温工程技术标准》）

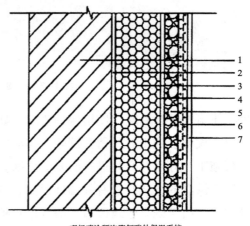

现场喷涂硬泡聚氨酯外保温系统
1—基层墙体；2—界面砂浆；3—喷涂PUR；4—界面砂浆；
5—找平层；6—抹面胶浆复合玻纤网；7—饰面层

图4-49 （图片引自《外墙外保温工程技术标准》）

3. 节能屋面（种植屋面、蓄水屋面等）

屋顶及外墙保温技术措施：可通过增加保温板、保温涂料、铺设保温卷材等方式提高保温效果，如可采用干铺保温材料；更换保温材料，选用热导率小的保温材料，增加保温层厚度；做好防水及排气；选用憎水型保温材料，采用倒置式屋面；加设坡屋面（平改坡）；采用绿化种植屋面等（图4-50）。

图4-50　绿化种植屋面

利用屋顶做绿化种植屋面或蓄水屋面，均能起到良好的隔热保温作用。

（1）种植屋面：分为覆土种植屋面和无土种植屋面两种。覆土种植屋面是在屋顶上覆盖种植土，厚度约200～300mm，有显著的隔热保温效果；无土种植屋面是用水渣、蛭石等代替土壤作为种植层，不仅减轻了屋面荷载，而且大大提高了屋面隔热保温效果，降低了能源的消耗。有条件的也可采用蓄水屋面。

（2）蓄水屋面：建筑改造中通常采用浅蓄水屋面，一般适用于夏季需要隔热而冬季不需要保温或兼顾保温的地区。夏季屋面外表面温度最高值随蓄水层深度增加而降低，并具有一定的热稳定性。一般浅蓄水屋面采用100～200 mm水深，如在蓄水屋顶的水面上培植水浮莲等水生植物，屋面外表面温度可降低5℃左右。蓄水屋面应考虑屋面荷载并重新设置可靠稳定的防水层；卷材、涂膜防水层应采用耐腐蚀、耐霉烂、耐穿刺性能好的材料。

（3）架空屋面：架空屋面是在屋面防水层上采用薄型制品架设一定高度的空间，起到隔热作用的屋面（图4-51）。薄型制品一般采用钢筋混凝土薄板或空心板，支设方法一般采用支墩架设。架空隔热层的高度一般以100～300mm为宜。架空隔热屋面应在通风较好的平屋面建筑上采用，夏季风量小的地区和通风差的建筑上使用效果不好，尤其在高女儿墙情况下不宜采用。寒冷地区也不宜采用，因为到冬天寒冷时会降低屋面温度，反而使室内降温。

图4-51　架空屋面

（4）太阳能屋面：太阳能屋面就是在房屋顶部装设太阳能光伏板或光热器等装置，既可将屋面空间资源有效利用，又能起到遮阳、降低屋面温度的作用。

4.节能地面

（1）做好周边地面保温，做好接触室外空气的地板、不供暖地下室上部的地板、底部架空地板等部位的保温。

（2）推广采用低温地板辐射供暖系统。

保温改造宜与屋面防水、外立面改造同时进行，减少施工投入；节能改造中材料的性能、构造措施、施工要求应符合相关技术标准要求。

4.4.3 用能系统节能改造

既有居住建筑的用能系统，一般包括供暖、通风、空调、照明、电梯等多个系统，其中供暖通风空调系统耗能所占比重一般最大。用能系统节能改造中应充分考虑用能系统现状，采用最适合的节能改造方法及措施。

1.供热系统节能改造

我国北方城镇供暖能耗占全国城镇建筑总能耗的40%，大部分既有建筑集中供热系统存在户间供热不均匀，供热管网散热损失大，集中供暖系统和热源效率不高等问题。供热系统的改造内容包括室外热源和热网、室内系统、分户控制与计量。

1）室外热源和热网

（1）集中供暖住宅区，对于小型分散、效率不高的锅炉，进行连片改造，实行区域供暖，提高供暖效率，减少对环境造成的污染。热源形式上，根据具体能源现状，充分考虑热电联产、地热、太阳能等清洁节约型能源。对不适合集中供暖的系统，可考虑改为各种分散的、独立调节性能好的供热方式。

（2）根据供暖现状，优先考虑水泵变频调速控制、大温差小流量等降低输配能耗的节能改造措施。

热源及管网热平衡改造，包括更新、改造老旧供暖管网，应用气候补偿、烟气冷凝热回收、水泵风机变频（调速）技术、管网水力平衡调节、分区分时控制、供暖系统集控等节能技术。改造后应达到有关供暖系统节能改造的规范要求。

2）室内系统

（1）建筑室内系统的节能改造可采用双管系统和带三通阀的单管系统，并进行水力平衡验算，采取措施解决室内供暖系统垂直及水平方向水力失调的问题，应用高效保温管道水力平衡设备温度补偿器及在散热器上安装恒温控制阀等改善建筑的冷热不均。

（2）供暖设备选择采用低温地板辐射供暖，利用低温热水（40～50℃）在埋置于地面下高密度聚乙烯管内循环流动，加热整个地面。低温地板辐射供暖较常规的以对流方式为主的散热器，温度降低1～3℃，仍然可以达到同样效果。有关研究显示表明，冬季室内设计温度每降低1℃，可以节约供暖用燃料10%左右。

（3）供暖计量量化管理是节能的重要手段，设置集中供暖时，应该设置室温温控装置和分户计量装置。设置室温温控装置，可以通过室温的调整与认定，保证获得预期供暖效果。按照用热的多少来计收供暖费用。推行温控与热计量技术是集中供热改革的技术保障，既可以根据需要调节温度，从而平衡温度、解决失调，又可以鼓励住户自主节能。

供暖地区老旧小区的室内供暖系统计量及温控改造，包括安装跨越管、温控阀、楼栋热计量表和分户热计量装置（流量温度法或散热器热分配计法）。改造后应达到现行行业标准《供热计量技术规程》JGJ 173 的要求。

供暖地区的老旧小区在进行节能改造时，涉及老旧管网改造和室内公共立管改造的老旧小区，应同步实施供暖计量改造，在供暖楼栋热力入口处加装热计量装置，有条件时宜在建筑的散热器上安装温控装置，以利于实行平衡调节。

2.通风空调系统节能改造

老旧小区中采用集中空调系统的区域很少，一般住宅区域采用分体空调，部分附属配套建筑采用集中或半集中式空调。因此，老旧小区的空调通风系统节能改造主要集中在配套服务建筑空调通风及车库通风系统的节能改造上。

（1）对小区内的配套服务及公共场所鼓励采用变频节能式空调设备。

（2）通风方式。老旧小区中的厨房、厕所、浴室等，宜采用自然通风或机械通风，以便进行局部排风或全面排风。位于寒冷或严寒地区的建筑物，应设置可开启的门窗进行定期换气。既有建筑改造可在屋顶增加风帽，利用自然风速推动室内外空气对流，以提高室内通风换气效果（图4-52）。屋顶风帽不用电，可长期运转，其根据空气自然规律和气流流动原理，合理化设置在屋面的顶部，能迅速排出室内的热气和污浊气体，改善室内环境。地下车库设置二氧化碳浓度检测装置，根据二氧化碳浓度控制通风机的启停，达到节能运行的效果。

图4-52　无动力风帽

3.照明系统节能改造

1）选用节能型灯具

目前，国内照明光源80%以上是白炽灯和荧光灯，改造时推荐使用PL节能灯（管）、普通日光灯，应少用或不用白炽灯。建筑内公共空间完善建筑照明节能控制技术，推广采用遥控、自动智能控制方式，如红外线、超声波控制开关、时钟控制、光控调光装置、功能智能照明控制系统等。

如LED声控节能灯，适合住宅楼内公共空间无人时刻关灯、有人时开灯的情况使用，且照明效果远远超出普通光源所能达到的范围。LED灯具具有维护要求低、使用寿命长、节能效果显著的特点。

2）充分利用自然采光

自然光是一种无污染、可再生的优质光源。若将自然光引入建筑内部，将其按科学方式进行分配，可以提供比人工光源质量更好的照明条件。使用天然采光时，可关闭和调节一部分照明设备，从而节约照明用电；同时，由于照明设备使用减少，向室内散发的热量也相应减少，从而减少空调负荷。但是使用自然光减少照明用电的同时，由于大量自然光的进入，会增加太阳辐射，因此，在采用自然采光的同时要采取一定的遮阳措施，以避免过多的阳光进入带来过多的太阳辐射。

3）其他措施

减少照明电路上的线损，选用电阻率较小的材质以减少照明线路上的电能损耗，如使用铜芯电线电缆做导线；线路尽可能走直路，减少弯路；变压器尽量接近负荷中心，从而减少供电距离（如在高层建筑中，低压配电室应靠近竖井）；做好照明设备日常维护管理，加强照明运行中的维护及安全检查管理制度等。

4.4.4 可再生能源利用技术

老旧小区改造中最大限度地利用自然采光通风，合理选用可再生能源利用技术，做到可再生能源利用系统与建筑一体化同步设计，延长建筑使用寿命，降低建筑能源资源消耗。在节能改造中可使用太阳能、生物质能、风能等新能源。鼓励和推广应用与建筑结合的太阳能热水系统、太阳能供暖和制冷系统、太阳能光伏发电系统等太阳能利用系统以及地热能等可再生能源利用系统的设备和设施等。

规范居民自装太阳能热水器，采用统一设计的分体式太阳能热水系统，实现太阳能热水装置与建筑外立面设计相结合，将太阳能集热器设计安装在屋顶、外墙或者阳台，并对太阳能热水系统的水量需求、安装方式、节点处理、管网布置、水箱设置、自动控制等进行系统设计，较好地实现与建筑的一体化，使太阳能利用与城市建筑外观形象相融合（图4-53）。

推广光伏一体化设施作为住宅公共空间的照明等；建筑入口门厅、走廊、楼道采用节能灯具（LED），开关控制方式采用声控或光控；公共区域节水器具

图4-53 太阳能光伏屋面

改造，可在洗手间洗手台加装红外感应式装置，在便池采用脚踏延时出水阀，有效防止人为疏忽导致浪费的现象；可采用无负压节能供水设备、节水型储水设备等。

4.5 加装电梯

自新中国成立以来，尤其是改革开放后相当长的时间里，我国建设了大量的6层及以下的多层砌体结构住宅。受当时社会经济发展水平的制约，这些房屋大部分未设置电梯。1987年颁布的《住宅建筑设计规范》规定，"七层及以上应设置电梯"；1999年颁布实施的《住宅设计规范》中延续了这一规定，并提出"七层及以上住宅或住户入口楼面距室外设计地面的高度超过16m的住宅必须设置电梯"。这一规定使得顶层设计为复式的住宅应运而生。2003年及2011年颁布实施的《住宅设计规范》基本上维持了1999年的规定。2000年前，我国住宅尚未大规模商品化，供应严重不足，且品质普遍不高，许多城市建设了大量七层、八层仍没有设置电梯的住宅楼，部分地区甚至建设了为数不少的层数达十二层不设电梯的住宅楼。垂直交通依靠楼梯的住宅楼，其功能是有缺陷的，给高层住户特别是老、弱、残者上下楼或搬运重物带来极大困难。

据统计，全国既有城镇住宅面积约250亿m^2，待改造老旧小区15.9万个，其中基础设施老化、环境较差的老旧小区数量10.14万个，加装电梯需求量约200万台。老旧小区增设电梯不仅是步入老龄化阶段后百姓的刚需，也是政府必须面对并应及时解决的重要民生工程。2018年以来，政府连续三年将老旧小区住宅加装电梯写入政府工作报告中，并明确鼓励和支持该项工作。

4.5.1 加装电梯现状

近年来，我国社会经济快速发展，人民群众对美好生活的向往日益提高。与此同时，我国人口老龄化问题也日趋严峻，截至2020年，全国60岁以上人口接近2.5亿人（图4-54）。在中央政府的鼓励和支持下，在各级地方政府的积极推动下，在科研院所、科技公司、电梯厂、投资机构、设计院、工程公司、街道居委会和居民以及社会各界的积极参与下，我国老旧小区增设电梯工作取得了可喜成绩。然而，加装电梯属既有建筑改造范畴，关系着住户的切身利益，其政策安排、利益协调、建造技术、适用标准、后期运维以及资金等方面均面临不小的挑战，且各环节相互制约，导致我国老旧小区加装电梯总体进展比较缓慢。全国范围内虽实施了数万台电梯的加装，积累了不少成功经验，部分地区也发布了工作导则、工程标准等指导文件，但尚未形成可复制可持续的发展模式，需要继续推进并持续探索发展。

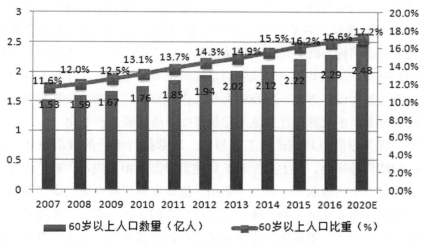

图4-54　我国60岁以上人口数量及比重

1.政策法规

截至目前，全国有80多个城市相继出台了既有住宅增设电梯的政策，其中40多个城市出台了建设资金补贴政策，10余个城市编制了地方专用技术规程。

目前已实施增设电梯政策的城市中，对于增设电梯的实施条件的基本规定主要分为两类：一种是全体业主同意（如宜宾市、绵阳市、南充市、烟台市等）；一种是建筑物总面积三分之二以上且占总人数三分之二以上的业主同意，同时应征得因增设电梯后受直接影响的本单元业主的同意（如北京市、厦门市、珠海市等）。我国《物权法》第76条、第97条对表决规则及争议解决作出了规定："应当经专有部分占建筑物总面积三分之二以上的业主且占总人数三分之二以上的业主同意。"但第78条第二款又规定："业主大会或者业主委员会作出的决定侵害业主合法权益的，受侵害的业主可以请求人民法院予以撤销。"实质上赋予了反对加梯业主"一票否决"的权利，造成实际工作开展困难。

此外，根据加装电梯工程实施效果来看，现阶段各地发布的政策文件中，对加装电梯工程与现行相关标准协调问题，工程实施过程中规划、消防、供水、供电、燃气等主管部门审批协调问题，各方利益协调问题，工程规划与实施的各种审批手续及审批流程以及社会资本参与方式等问题的说明或规定尚不完善。老旧小区加装电梯作为既有建筑改造领域一项较为聚焦的工程，应针对其工程特点及全流程牵涉的各审批流程，明确相关政策，保证政策指导文件的可操作性，以促进加梯工作健康快速发展。

2.技术和标准

我国老旧小区加装电梯尚处于发展初期，工程设计、施工技术多采用常规技术。井道结构以钢结构框架居多，且多采用现场搭设脚手架进行构件拼装连接的施工方案，工期较长，对施工空间狭小的老旧小区，居民日常生活造成较大影响。而且，井道结构与既有结构的连接方式，以及不同连接方式对既有结构安全性能的影响也尚未达成共识，造成各地审图机构要求不统一。针对不同时期不同住宅的标准化加梯设计方案，以及将大量工作移至工厂，现场仅装配施工的集成化装配解决方案尚不成熟，且实施工程量较少，尚未形成产业化。

此外，现阶段既有建筑改造工程领域，通常执行现行的城市规划、建筑设计、消防和结构等标准，其主要针对新建建筑做出的相关规定，对于既有结构改造的相关规定尚不明确或部分条款不适用，造成实际工程中遇到诸多困难。老旧小区加装电梯，需要在诸多制约条件下解决建筑的功能、安全、环境及后期运维等方面的系统性问题，很难做到全面满足现行国家相关标准要求，客观上对加装电梯工作造成阻碍。因此，必须研究制定适用的专门标准，一方面助推加装电梯工作的顺利实施，另一方面更好地规范和指导老旧小区多层住宅加装电梯工程的实施。

3.利益协调

老旧小区增设电梯时，各层住户受益程度是不同的，各楼层使用价值以及房屋价值变动也不统一，新增电梯的动议常常止步于增设电梯工程的收益和费用分摊问题。主要体现在各层业主利益协调问题，由于电梯可能减少地面绿化、出行通道面积，导致底层住宅使用价值和投资价值不但没有增值，反而下降；二层及以上楼层随着楼层高度增加，使用及投资价值增加；此外，加装电梯往往存在采光、通风以及噪声等问题。

4.资金筹措

以一台外挂式加装电梯工程为例，需经历勘察、设计、报批、制造、施工、验收、交付和运维等阶段，总造价约40万～80万元。老旧小区住户整体上年龄偏大，收入水平不高，支付能力有限，增设电梯的费用是一笔不小的开支。我国各地经济发展水平不同，各地的房价也有很大差距，因此，建设和运维资金的筹措成为老旧小区加装电梯工程的一项难题。

截至目前，全国有40多个城市出台了建设资金补贴政策。在这些补贴政策中，有的既限制补贴百分比又设置补贴上限，有的则对增设电梯项目给予一定数额补贴，然而对于动辄需要几十万元的电梯增设项目而言，即使能得到政府的专项补贴，余下部分对大部分业主来说仍是很大的压力，况且有些补贴政策只是针对试点项目，对补贴范围和期限做了限定。全国老旧小区加装电梯工程大范围铺开后，靠政府补贴的发展方式将不可持续。因此，各地应结合自身经济发展水平，创新资金筹措方式，借助市场力量提出加装电梯资金筹措解决方案，推动我国老旧小区加装电梯事业的可持续健康发展。

5. 工程实施

老旧小区增设电梯工程实施过程中需经过比较严格的审批手续，环节多且手续繁杂。不仅需要准备专业设计图纸、土地使用证等多种材料，当涉及地上、地下管线改移时，还需要到供电、供水、燃气等多部门办理相关审批手续。大多数城市缺少政策文件指明相关部门的协调责任，且各部门独立进行审批，造成工程审批程序烦琐。按北京市老旧小区加装电梯工程实施经验，燃气管线改移周期至少需要90天。由于整栋楼房屋产权人不能同步达成加装梯的一致意见，导致"小市政"管线多次改移，势必造成施工工期的进一步延长，不仅影响周边居民生活，同时造成地下管线补贴资金的浪费。

虽然已有个别城市出台相关操作指导意见或建议来简化相关程序和手续，但是相关规定大多比较宏观，其操作层面的指导性存在不足。对没有聘请专业的物业公司进行管理的老旧小区来说，只有通过热心的业主组织牵头才能够真正落实。

6. 运维管理

老旧小区加装电梯后的运维管理也是其面临的一项系统而复杂的问题。我国老旧小区房屋产权复杂，有自建房、集资房、房改房、统建解困房和直管公房、商品房等。对于单位公房，其运营维护由产权单位负责，费用由产权单位支付，该种模式执行最为顺利，但不具有普遍适用性；对于有物业管理的老旧小区，电梯的运行维护一般由物业公司承担，运维费用来源则多种多样，有的是从小区的物业费中支付或从小区的维修基金中支付，但该方案在实施过程中，最大阻力来自底层住户。有的小区对电梯运维费用独立建账，对使用电梯的住户刷卡按次、按月或按年收取使用费，以此项收入作为电梯后期运维费用，该方式虽然可以初步解决眼前问题，但仍存在各层缴费比例难协调的问题。随着电梯服役时间的加长，维修费用会不断增长，运维费用也面临资金缺口等问题。对于没有物业管理的老旧小区，一般由业主委员会或街道负责管理运营，但其均非专业管理机构，运营管理难度较大。

产权性质的多样性，导致老旧小区加装电梯工程的实施主体和运维主体多样且水平参差不齐，也造成责任主体不明确。责任主体的多样化，导致居民认可度不一；监督管理体系不明确，管理机制不健全、监督管理机制混乱；电梯后续的维护和保养缺乏长远的制度安排和规划。现阶段，我国老旧小区加装电梯工程的规模还没有大范围铺开，电梯后期运维的压力和运维过程中的问题还没有充分地暴露出来。随着老旧小区加装电梯工程的广泛开展，传统的电梯运维管理模式将迎来较大的挑战。因此，政府部门及社会各界应立足于加装电梯工程的特点，创新运维机制，建立可行的、高效的电梯运维管理机制。

4.5.2 加装电梯解决方案

老旧小区多层住宅加装电梯工程虽小，但是一项复杂且系统的工程，需要政府、居民、投资机构、工程实施单位、运维部门及社会各方的共同努力。从政策制定、标准编制、居民利益协调、资金筹措、工程实施和运维等方面研究提出系统解决方案，打通老旧小区加装电梯的各个环节，一方面保障加装电梯工程的规范顺利实施，另一方面确保电梯运维可持续，促进我国老旧小区加装电梯事业的健康发展。

1.政策安排

首先，加装电梯工程涉及社会、经济、民生等各个领域，政府立法部门应根据我国老旧小区加装电梯工程实施中的实际问题，理清上位法与下位法协调关系，制定更为合理可行的法律法规，让加装电梯工作在法律层面上切实可行。各地主管部门应结合本地实际情况，出台相关政策，明确加装电梯工程涉及的规划、土地、供水、供电、煤气等审批部门职责，在保证工程安全和质量的基础上，简化审批流程，加强信息化办公。如利用"互联网＋政务服务"优势，在"网上办事大厅"设立老旧小区加装电梯审批窗口，对审批流程实行网上一次性告知、部门限时办结、"一站式"联合审批（图4-55、图4-56），减少群众跑腿次数。

其次，对于加装电梯建设资金和运维资金筹措方式，各地政府应结合本地经济发展水平和居民支付能力，制定符合本地发展实际的资金筹措或补贴政策，出台电梯使用收费指导标准，保障市场经济秩序的同时，充分利用和调动社会资源，加强老旧小区加装电梯资金筹措方式、运维管理模式创新。在法律框架下，调动投资公司、金融机构、融资租赁机构甚至广告及光伏产业参与老旧小区加装电梯项目。

此外，政府及各参与方还应重点加强科技研发，运用现代化技术提升加装电梯工程的科技含量。鼓励科技创新和先进产品研发；鼓励电梯厂家开发适用于老旧小区加装电梯场景的电梯产品；鼓励建筑施工及科技公司开发适合老旧小区建设空间及环境要求的施工工法；鼓励电梯运维厂家及主体利用信息技术、物联网、人工智能等先进技术升级服务方式，使老百姓切实享受科技创新的红利。

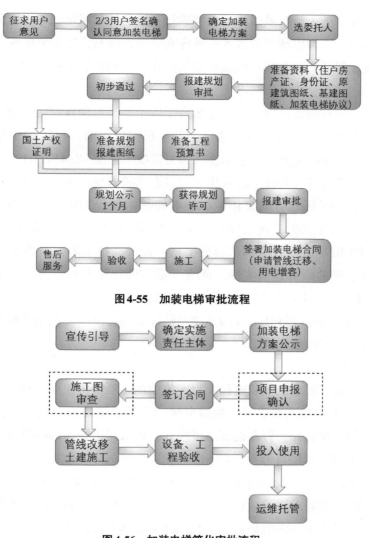

图4-55 加装电梯审批流程

图4-56 加装电梯简化审批流程

2.标准规范

加装电梯工程以国家现行规范（如规划、国土、消防、建筑、结构安全等规定）对其进行约束，显然会大大增加改造难度和造价，客观上阻碍加梯事业的顺利推进。因此，针对老旧小区加装电梯工程制定专门的标准是十分必要的。常规设计及施工技术并不能全面应对老旧小区加装电梯工程普遍存在的场地狭小，带户施工等问题。应积极采用工业化建造理念，采用更优的设计方法和先进的工业化施工方式，尽量采用加梯结构紧凑，能够降低现场管线拆改工作量及对住户影响，同时大幅度缩短现场施工工期的设计和施工技术。

标准应针对老旧小区多层住宅加装电梯工程中的评估、加梯规划、建筑设计、结构设计、施工验收及运维等内容进行系统的技术规定。考虑我国南北方建筑特点的不同，加装电梯工程技术标准应充分考虑既有住宅加装电梯条件的多元复杂性，应在保证安全和环境底线要求的前提下，尽量制定更有利于工程实施的技术条款。

近年来，针对加装电梯工程已经出台了若干本具有较强针对性和可操作性的团体标准，部分省市发布了老旧小区加装电梯实施指南。包括2019年颁布实施的中国建筑学会标准《既有住宅加装电梯工程技术标准》T/ASC 03—2019，上海市电梯行业协会标准《上海市既有住宅加装电梯技术规范》T/SETA 0002—2019，河北省地方标准《河北省既有住宅加装电梯技术规程》DB 13（J）/T 296—2019等。上述标准不仅解决了我国加装电梯无专门标准的问题，同时较好地规范和指导了我国老旧小区加装电梯工程的实施。此外，很多单位积极创新加梯技术方案，针对不同的既有建筑实际，研究出适宜的加梯方案。清华大学在承担的"十三五"重点研发计划"既有住宅加装电梯研究和工程示范"课题中，进行了大量调研，提出了具有较好普适性的紧凑型贴建加梯方案，并编制了标准图集，将有力地推动加梯工作的实施。

3.资金筹措

资金筹措是老旧小区加装电梯项目实施中的一项关键工作，针对全国各地不同的经济发展水平和消费水平，加装电梯资金的筹措应结合当地居民的经济实力，充分发挥和调动社会资源创新融资模式。可采用的资金筹措模式有：

1）政府补贴+居民自筹

对于一些社区老年人对增设电梯有迫切需求但整体收入水平又无法满足高昂的增设费用时，政府对增设电梯项目进行补贴，补贴方式可按项目费用一定的百分比补贴，亦可给予一定数额补贴。采取政府和居民共同投资，各出资一定的比例。既在一定程度上降低居民的费用，又能减轻政府财政负担。

2）政府补贴与产权单位补贴

如果住宅楼是单位承建的，且现在的住户仍是同一单位的职工居住时，可考虑采用政府和单位共同投资模式。作为单位来说，这是一种福利性的投资，这样既不给地方财政带来过大的压力，也不给居民带来经济负担。

3）产权单位补贴与居民自筹

该种出资方式无需政府补贴，多数情况下为产权单位及业主自发组织加装电梯工程。

4）居民自筹

对于有增设电梯迫切需求但又不太符合政府补贴政策的，可由居民自发筹集资金。可根据住户的收入水平以及谁受益谁出资的原则，在住户分摊资金时，按照自下而上逐级递增出资额。

5）加层补贴

对于一些地理位置较好，住宅建造年代比较近，结构安全、尚具有房产投资潜力的住宅，可采用顶层加层的方式解决资金问题。国内已有相关试点工程，在原有六层住宅的基础上顶层进行加层，由建设方向社会公开销售顶层物业，获得款项用于加层施工及加装电梯工程。

6）引入社会资本

加装电梯工程单一靠政府部门推动是不可持续的，必须形成市场经济效益才能有效维持其可持续发展。应尽量发挥市场优势，引入社会资本，形成可持续的发展模式。例如，采用融资租赁或代建租赁等方式，建设资金由租赁公司或代建提供，业主根据分摊比例首付一定比例，然后缴纳月供，全部资金还清后获得电梯所有权；或者吸引广告商、光伏产业投资，通过广告收入或光伏发电收入回收一部分建设资金等。

4. 利益协调

老旧小区加装电梯项目起步阶段最大的矛盾焦点是各层业主的利益协调，其中的关键是底层业主的利益诉求问题。加装电梯没有提升底层业主的生活品质，一般情况下，可能会给底层住户带来诸如噪声、采光遮挡等不利影响。对于底层业主的利益诉求，应在法律框架下，结合各地实际情况，进行妥善协调处理，包括合理的补偿或补贴。目前，我国各地实施的主要补贴方案有：一次性经济补贴，该方案对于房价较低的城市或地区相对好执行，对于房价较高的一线城市，底层补偿金额难以达到业主预期；停车补贴，采用部分或全部免除底层业主停车费用，该方案对于停车困难的小区具有一定吸引力；物业费补贴，对底层业主物业费进行部分免除，但免除范围及金额一般由各方协商，对于无物业管理的小区，不具备适用性。对于有条件的小区，可通过给予底层业主部分室外临近土地的使用权作为花园；有的试点工程，将加装电梯与加层改造相结合，底层业主可自愿选择与顶层置换，加层进行出售，用于电梯建设资金、运维资金以及补贴底层业主的资金。

由于老旧小区产权形式、业主构成、管理方式千差万别，各方诉求也各有不同，在利益协调中应坚持问题导向，充分发挥基层管理部门和业主的积极性，同时鼓励社会、技术、法律界专家参与，提出针对性的合理解决方案。

5. 电梯选型

为兼顾降低项目总造价、底坑限制和既有建筑采光影响等要求，首先推荐采用曳引机上置式无机房电梯。有条件的也可以考虑有机房电梯。轿厢尺寸可适当根据土建设计局限非标定制。加装电梯应考虑满足轮椅进出的要求，额定载重量宜不小于450kg，额定速度不宜小于1.0m/s。动力电源采用三相五线制380V，中性线与保护线始终分开，照明电采用单相220V。电梯的控制系统及驱动系统采用微机控制系统及无齿轮曳引机变压变频驱动系统。电梯产品宜通过电磁兼容性（EMC）认证，使电梯在电磁环境中符合运行要求，并对环境中的其他设备不产生电磁干扰。

加装电梯轿厢门的宽度不宜小于750mm，便于轮椅等无障碍设备进出轿厢，电梯的出入口推荐光幕型非接触式光电感应保护，避免开关门过程中对人的身体造成接触和挤压，引起伤害。轿壁、轿门、层门、门套等推荐选用发纹不锈钢或涂装钢板材质，地面材料应考虑防滑。加装电梯宜采用易识别楼层名、含待机微光功能的外招和轿内操纵箱按钮，有条件的小区宜在电梯内安装视频监控系统。除了底坑、轿厢、轿顶、机房设置五方通话话机以外，还应在小区监控室设置可与轿厢通话的话机。电梯井道尺寸可参考表4-5并结合建筑实际确定。

电梯井道尺寸参考表

表4-5

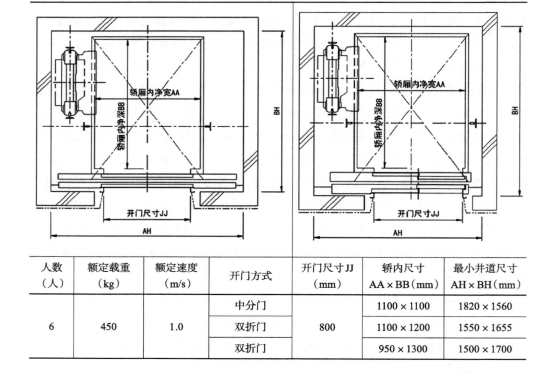

人数（人）	额定载重（kg）	额定速度（m/s）	开门方式	开门尺寸JJ（mm）	轿内尺寸 AA×BB（mm）	最小井道尺寸 AH×BH（mm）
6	450	1.0	中分门	800	1100×1100	1820×1560
			双折门		1100×1200	1550×1655
			双折门		950×1300	1500×1700

人数 （人）	额定载重 （kg）	额定速度 （m/s）	开门方式	开门尺寸JJ （mm）	轿内尺寸 AA×BB（mm）	最小井道尺寸 AH×BH（mm）
7	550		中分门	800	1100×1300	1800×1620
			双折门	800		1650×1700
			双折门	900		
8	630	1.0	中分门	800	1100×1400	1800×1720
			中分门	900		1950×1720
			双折门	800		1650×1800
			双折门	900		
11	825		中分门	800	1350×1400	1925×1720
			中分门	900		2025×1720
			双折门	900		1900×1800
			双折门	1100		1950×1800

6. 技术与评估

1）加装电梯技术

（1）加装电梯建筑方案

目前既有住宅增设电梯主要停靠方案有：层间入户方式（图4-57、图4-58）——电梯停靠位置在楼梯休息平台，住户需步行半层楼梯入户，不能满足完全无障碍出行的需求。其优势是不改变原有的住宅功能布局；施工快，对原建筑结构影响小。平层入户方式（图4-59、图4-60）——通过增设连廊（阳台）或利用现有阳台作为电梯候梯厅，电梯停靠即可平层入户。其优势是可完全实现无障碍，且能调动二层住户的加梯积极性；不足之处是大部分建筑需要改变住宅功能布局，成本高，且无救援通道。老旧小区加装电梯工程应根据建筑结构形式、场地条件、住户诉求、经济条件等综合因素确定合适的停靠方案。

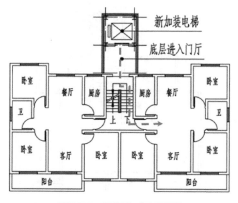

图4-57 层间入户平面图

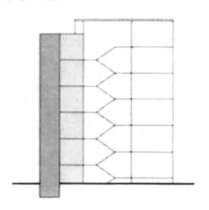

图4-58 层间入户立面图

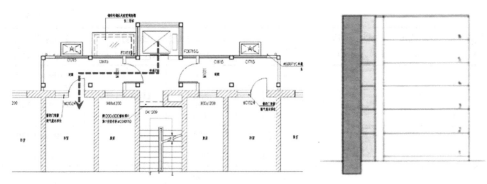

| 图 4-59　平层入户平面图 | 图 4-60　平层入户立面图 |

　　我国老旧小区住宅楼建筑、结构形式多样，一般多为多层住宅（4～6层）和中高层住宅（7～9层），绝大多数以砌体结构住宅为主，住宅户型主要包括一梯两户、一梯三户、一梯四户、通廊式户型等形式。增设电梯主要以外置电梯为主，应根据建筑结构形式及条件选择合适的电梯加装方案。图4-61～图4-70为典型的住宅单元户型加装电梯参考方案。

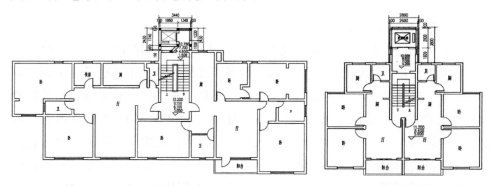

| 图 4-61　一梯两户双跑楼梯层间入户（一） | 图 4-62　一梯两户双跑楼梯层间入户（二） |

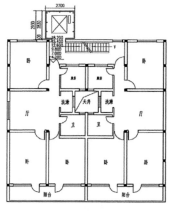

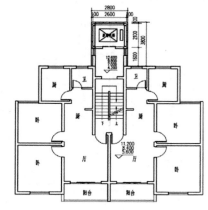

| 图 4-63　一梯两户单跑楼梯层间入户图 | 图 4-64　一梯两户双跑楼梯层间入户（三） |

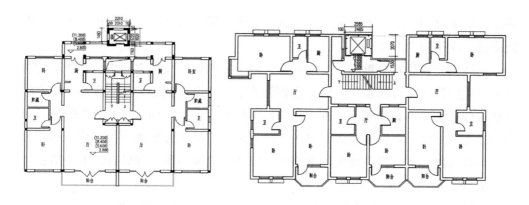

图4-65 一梯两户双跑楼梯阳台平层入户   图4-66 一梯三户单跑楼梯平层入户（一）

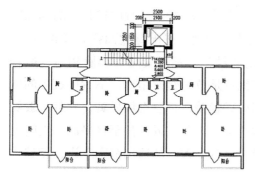

图4-67 一梯三户单跑楼梯平层入户（二）

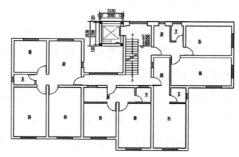

图4-68 一梯四户单跑楼道平层入户

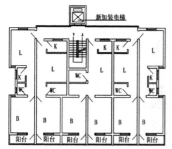

图4-69 通廊式户型平层入户（一）

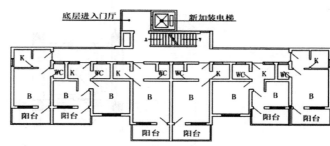

图4-70 通廊式户型平层入户（二）

（2）加装电梯结构方案

增设电梯井道结构主要可分为钢结构、钢筋混凝土结构和砌体结构3种，各类结构均可满足电梯对井道结构的要求，其设计规范主要包括国家现行标准《钢结构设计规范》GB 50017、《混凝土结构设计规范》GB 50010、《砌体结构设计规范》GB 50003等，采用的材料及设计也应符合相应的国家规范要求。其中钢结构井道的应用最为广泛，混凝土结构和砌体结构井道一般结合结构改扩建及综合改造进行，应用较少。

钢结构井道具有自重轻、安装方便、施工工期短、操作空间小、对既有建筑的正常使用影响小等特点，其缺点是钢结构电梯井道高宽比大、刚度小，在水平荷载或偏心竖向荷载作用下，钢构件易发生挠曲变形，影响电梯的正常使用；对结构施工、构件节点锚固措施要求较高。电梯井道结构方案通常根据建筑布置方案并结合现场施工、经济性等因素确定。以外置电梯为例，常见有以下类型：

①四柱结构

四柱结构可分为增设电梯与既有结构相离式和相邻式两种。相离式（图4-71），即增设电梯井道与既有结构之间需增加连廊相通，适合建设场地不受过多限制的建筑。其优点包括布置位置灵活，通风、采光效果较好，而且电梯井道的基础独立，对既有结构的基础影响小，但会增大建设用地，影响绿化面积和道路宽度。相邻式（图4-72），即增设电梯井道紧贴既有结构，不需要增加连廊相通，适合既有结构能提供足够候梯平台的建筑。其优点是节约建设用地，不占用过多的道路和绿化面积，但是通风、采光相对于相离式较差，首层更加显著，并且一般受场地的限制，增设电梯的基础与既有结构的基础十分靠近，甚至在平面和空间上相互干涉，使增设电梯基础设计不仅复杂而且难度大。从适用范围来讲，相邻式并不适合设置在单元门处。

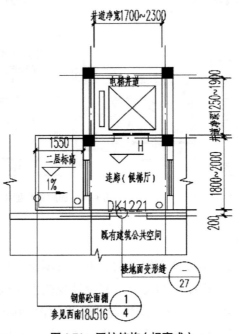

图4-71 四柱结构（相离式）

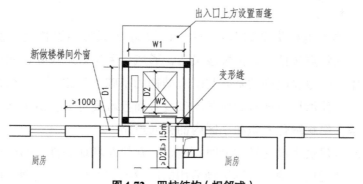

图4-72 四柱结构（相邻式）

②六柱结构

六柱结构增设电梯的布置方式可分为与既有结构平行式（图4-73）和垂直式（图4-74）两种。平行式，即增设电梯井道和候梯厅均与既有结构紧邻，其优点是布置灵活，且对通风影响不大，但对采光效果有一定影响，而且电梯井道的基础与既有结构的基础十分邻近，其负面影响同四柱结构中的相邻式。垂直式，即只有增设电梯的候梯厅与既有结构相邻。相对于平行式，垂直式的增设电梯占据较多的建设场地，影响交通道路和绿化等，其余优缺点与平行式类似。

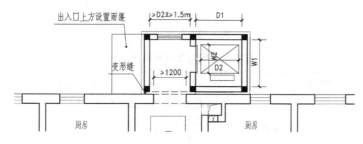

图4-73 六柱结构（平行式）

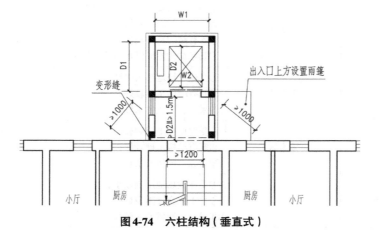

图4-74 六柱结构（垂直式）

③异型结构

异型结构增设电梯类型如图4-75所示，即增大候梯通廊长度，使居民直接进入起居室。其特点包括布置位置较灵活，通风、采光效果较好；住户分离，避免人流量集中。但增设电梯的基础与既有结构的基础十分靠近，甚至在平面和空间上相互干涉，使增设电梯基础设计不仅复杂而且难度更大。由于增加了通廊会增大建设用地，影响绿化面积和小区内的交通道路。

在选择既有建筑增设电梯类型时，应根据建筑及场地条件，明确增设电梯不同类型的特点和适用范围，合理选择适用的增设电梯类型，各类型适用范围参见表4-6。

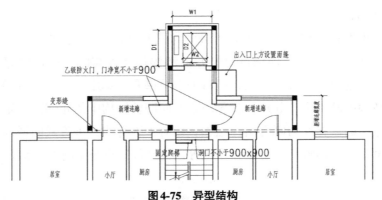

图4-75 异型结构

增设电梯类型及适用范围 表4-6

结构类型		适用范围
四柱结构	相离式	①受建设场地限制较小； ②既有结构基础较差； ③既有结构无法提供足够的候梯平台； ④采光、通风要求较高
	相邻式	①不适合设置在单元出入口处； ②受建设场地限制较大； ③既有结构基础较好； ④既有结构能提供足够的候梯平台
六柱结构	平行式	①受建设场地较大限制； ②既有结构基础较好； ③采光、通风要求较低
	垂直式	①受建设场地限制较小； ②既有结构基础较好； ③采光、通风要求较高
异型结构		①受建设场地限制较小； ②要求完全无障碍通行； ③采光、通风要求较高

（3）钢结构电梯井道应满足以下结构设计原则：

①设计应选择合理的结构体系，具备明确的传力路线和计算方法，并应按照现行国家有关规范和标准对井道结构和基础进行验算。

②新增钢结构井道的基础应与原主体建筑物的基础保持相对独立，满足规范中规定的沉降缝要求并留有施工空间。

③新增钢结构井道整体平面尺寸较小，钢梁间距由于电梯轨道的要求，一般不超过2.5m，钢梁间距较密，其对钢柱约束充分而钢柱不易失稳，可在新增钢结构井道和原有建筑主体结构的各层间设置竖向滑动连接，提高井道的整体稳定性。

④由于新增钢结构井道的整体刚度较小，可采取可靠的构造措施如柱间支撑来加强结构的侧向刚度，减小水平位移。

⑤井道层间位移控制在合理限值，如果井道侧向水平位移过大，则容易导致井道内的竖向轨道发生卡轨现象，影响电梯正常使用。

2）可行性评估

既有多层住宅增设电梯工程涉及规划、建筑、结构、消防、管线、环境等方面，增设电梯项目需根据既有住宅现状进行可行性评估。评估内容包括建筑与场地、结构安全两个方面，主要包括防火间距、消防通道、用地红线、疏散和排烟、日照、振动、噪声以及增设电梯后对既有结构安全性的影响等。此外，为考虑工程实施的场地路线，对空间障碍物等也需要进行评估，地下管线的位置以及是否需要挪移也是评估的内容。值得注意的是，评估既是针对现状的评估，也是针对拟建造的增设电梯工程后各项指标的评估。

（1）建筑方案评估

①无障碍入户程度

平层入户和层间入户是老旧小区加装电梯的两种常用加梯方案。平层入户电梯停靠与入户门在同一平面，完全实现了无障碍出入，但层间入户电梯停靠与入户门错开半层，不能够完全实现无障碍出入。采用平层入户才真正达到了增设电梯的目的，但实际工程中受制于楼型、日照、消防、场地、造价等因素，部分老旧小区只能采用层间入户。

②对房间功能的影响

采用平层入户方式增设电梯通常会改变原有房间的功能格局。当电梯停靠平台与住宅单元的阳台连接时，主要流线变为经过阳台进入室内，而阳台通常与卧室连接，这样卧室可能需要改作客厅或者其他功能的房间，否则在有客人来访时就需要穿过卧室进入客厅，造成卧室私密性大大减弱。

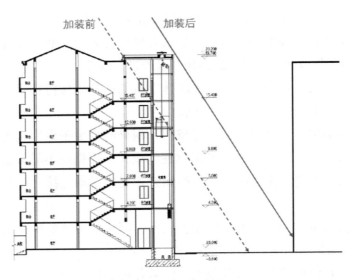

加装前 加装后

图4-76 增设电梯前后日照影响

③对建筑日照的影响

在电梯加建过程中无论在室内空间抑或利用住宅外部公共空间，住宅增加了电梯井与电梯厅的公共面积和建筑进深，势必带来建筑间距的减少。由于既有住宅内部空间有限，难以实现内部增设，大部分增设电梯利用建筑外部公共空间。在非南侧增设时，需要考虑对北侧其他建筑的日照影响（图4-76）。采用的电梯类型也应同时考虑，有机房电梯的机房位于井道顶层，相对于主机位于轿厢上的无机房电梯会高出许多，对后排建筑的日照影响也更大。电梯井道与既有住宅的间距越大对后排建筑的日照影响也越大。

④对建筑保温的影响

加建电梯厅与电梯井时，为了避免对楼梯间自然通风与厨房外窗的影响，在制定电梯井厅加建方案时，宜加设公共开敞平台作为电梯厅。在我国北方既有多层住宅增设电梯的案例中，一般会选择北侧加建电梯井与电梯厅。因此，增设电梯过程中会不可避免地出现新的西北向入口。针对此情况，应注意原有楼体与加建楼梯结构交接处的保温构造，减少冷桥的形成。

⑤隔音要求

电梯运行过程中产生的噪声应控制在相应的噪声级内，可以分别从声源和传播途径控制噪声。根据实际情况选择电梯类型，有机房电梯的机房位于电梯井道的上方，噪声影响范围在顶层及较高层住户，无机房电梯主机在轿厢上，运行产生的噪声影响范围相对有机房电梯更大。如果超过规定的噪声级，则应当在电梯井道内做隔音处理。

⑥通风要求

增设的电梯井道如果离房间、阳台过近，对房间窗户产生侧面遮挡，对通透性有一定影响，使通风条件原本就较差的低层更差。

⑦视线干扰与遮挡

如果采用玻璃幕墙作为电梯围护材料，增设电梯占用公共用地后，造成与相邻住宅楼的间距减少，产生对视干扰。在为满足不影响相邻建筑日照而采用透明玻璃外围护结构时，应注意避免电梯内的人群与相邻建筑间的视线隐私干扰，同时也应保证电梯内人群隐私的保护。可对透明轿厢局部进行不可视处理来减少视线干扰。

基于上述增设电梯的分类和增设后产生的影响分析，应对被增设住宅楼情况进行调查并对增设方案进行评估（表4-7）。评估分为三部分，一是被增设住宅楼户型图及总平面图；二是增设基本情况描述；三是对居住产生的全部改善和影响进行综合评级。

增设方案评估表

表4-7

评价项目		方案评估	
		评级	具体说明
无障碍入户实现程度		完全/不完全	入户流线
对居住的影响	对房间功能影响	A/B/C/D	说明需要改变功能的房间和影响程度
	建筑日照	A/B/C/D	说明对本体和其他建筑的日照产生的影响和采取的解决措施
	保温节能	A/B/C/D	说明影响保温性能的改动处和改变，以及采取的保温措施
	安全防盗与私密性	A/B/C/D	说明增设后存在的安全隐患和私密性降低，以及规避措施
	建筑单体消防	A/D	说明涉及消防逃生和救援的改动处，仅有A、D两级
	隔音	A/B/C/D	说明噪声来源并测量室内噪声级在增设前后的变化以及降低噪声级措施
	通风	A/B/C/D	说明增建对住户通风条件的影响和改变量
	视线干扰与遮挡	A/B/C/D	说明增建新带来的对视和视线遮挡关系

①被增设住宅楼户型图及总平面图由设计单位提供，需标明增设部分尺寸。

②增设基本情况描述需包含以下内容：入户方式、使用电梯类型、增设位置、围护结构、加建占用面积等可能影响评估的信息。

③无障碍入户实现程度，分为2级：完全实现无障碍入户与不完全实现无障碍入户。

④对居住的影响按影响程度分为4级，即无影响、一般影响、较大影响、极大影响，分别简写为A、B、C、D。

无影响指未违反相关规范且不使居住条件产生变化；一般影响指未违反相关规范，对居住条件有影响，但在可接受范围内或可通过其他手段能消减影响；较大影响指未违反相关规范，但对居住条件产生破坏又无合适消减手段的影响；极大影响指违反相关规范的影响，如有发生则增设方案不可行。

（2）结构方案评估

既有住宅建于不同年代，由于当时经济不发达、设计水平较低、建设投入较少、设计施工环节管理较落后等，使建筑质量问题逐渐暴露出来，加装电梯前应对既有结构进行安全性评估，保证工程安全。对既有建筑结构的安全性评估，可从以下几个方面入手：

①检查技术资料

根据地勘报告判断建筑场地是否存在安全隐患，设计选用的基础类型、地基处理方法、不良地质现象的防治是否恰当；根据建筑、结构施工图或竣工图，判断结构体系的适用高度是否合理，结构布置方案是否存在潜在的安全隐患和薄弱部位，结构的构造措施是否合理；根据施工质量控制资料，判断施工质量是否受控；根据建筑物使用情况，维修、加固、改造结构施工图及其施工技术资料等，综合判断结构现状。

②现场外观检查

按照图纸资料核对实物，调查建筑物的实际使用情况，通过外观寻找结构缺陷，旨在判断与确认既有建筑结构和设计文件是否吻合，重点考察结构布置及结构形式，圈梁、构造柱、拉接件、支撑或其他抗侧力系统的布置，结构支撑或支座构造，构件及其连接构造；是否进行过维修，是否进行过二次或多次装修（尤其是卫生间及厨房），是否遭受过地震、火灾或撞击爆炸等灾害的侵袭。实际使用环境状况是否存在侵蚀介质、油污腐蚀、酸雨侵蚀等，混凝土是否受到严重腐蚀，钢筋是否锈蚀，砖石是否被风化；核对荷载状况。使用功能是否改变，是否存在超载使用情况，是否有擅自搭建的广告牌及通信塔架等违规建筑物，是否存在拆除屋面隔热层的状况。

③增设电梯对结构安全影响的评估

建筑物增设电梯设计前应进行现场调查，并且要考虑加装电梯后对既有建筑物的不利影响，加装电梯对既有结构安全性影响主要体现在：

井道基础开挖对既有结构基础的影响。既有住宅加装电梯一般井道结构紧贴或者临近结构外墙。当井道结构紧贴外墙时，井道结构基础开挖可能会影响既有结构外墙基础或其应力扩散区。此时，应根据井道结构基础形式、埋深以及既有结构技术现状对既有结构基础的安全性进行评估，评估内容包括基础承载力、变形及稳定性。

电梯井道结构对既有结构抗震性能的影响。当井道结构材料为砌体或混凝土时，应根据实际情况进行结构整体分析，以评估井道结构对既有结构抗震性能的影响。当井道结构为钢框架结构时，常见的增设电梯方式为廊道式、贴建式，常用的井道连接方案包括无连接、拉结和刚性连接。电梯井道与既有建筑间的连接方式的选取，以及不同连接方式对既有结构安全性能产生影响。电梯井道与既有结构完全脱开时，其对既有结构是无影响的，但需由井道结构自身承受竖向和水平荷载，导致井道结构代价高；电梯井道结构与既有结构采取合理的连接，能有效降低井道结构造价，同时保证既有结构安全。原则是在保证工程安全的基础上，提出老旧小区加装电梯结构评估方法，积极推进老旧小区加装电梯工程安全顺利实施（图4-77）。

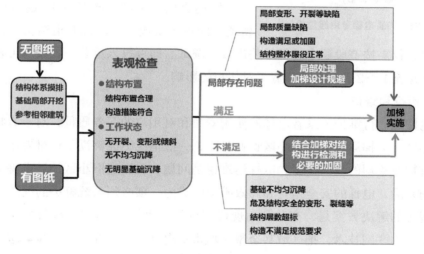

图4-77　加装电梯结构评估流程

7.工程实施

加装电梯工程不同于新建工程，其面临场地狭小、带户施工、水电气管网挪移等诸多问题。因此，在对居民诉求进行摸底的同时，应对小区专业管线情况进行摸排，梳理专业管线改移需求。施工企业应在施工前针对具体工程编制专门的施工组织设计和安全管理方案，对住户人员进行安全管理宣传，并采取可靠的安全保障措施，确保工程施工安全。

施工方案的选择上，最常采用的是钢结构电梯，根据既有建筑布局、户型、场地等条件，可采用贴附式、连廊式或加建阳台等方式。加装电梯工程应根据既有建筑实际情况，尽量选择技术先进、集成度高、安装工艺简便的产品和施工工艺，尽可能降低施工对楼内住户的影响。

图4-78　加装电梯专用起重机

针对老旧小区空间狭窄，大型吊装设备无法进场等施工困难，目前已经有电梯厂家和科研院所合作，研发出了多种提高效率缩短工期的解决方案。其中，将电梯和井道结构集成、工厂节段制作、现场安装的技术已开发成功并实现了产业化和工程应用。有企业已经研发出适用于狭小空间的国内首台加装电梯专用起重设备（图4-78）。

目前，国内相关单位已经研发出专门针对老旧小区加装电梯工程的一体化装配式解决方案。该技术将电梯井道、轿厢以及电气设备全部工厂集成预制生产，同时将电气控制设备、轨道、配重等集成在节段式井道结构上，现场施工时，仅需按节段顺序进行吊装连接，调试后即可投入运营。该技术可将安装工期缩短至1～2天，大大降低了对住户的影响。

8.运行和维护

电梯的运行维护关系着电梯的使用寿命和对用户的服务质量。对于有物业管理的小区，电梯运营维护由小区物业负责，一般情况下能够满足运维要求。但对于没有物业管理的老旧小区，电梯运维也是问题。我国老旧小区加装电梯工程大范围铺开后，电梯的安全运行和高效维护将成为一项必须系统解决的问题。

理想的解决方案是，充分利用现代信息化技术优势，通过互联网、云计算、大数据和物联网技术，把区域甚至整个城市的电梯设备放在一个平台上进行实时管理（图4-79）。利用人工智能实施电梯运行的实时监控，掌握电梯运行情况和运行中的各项技术数据，改变以往"定期维保"为"按需维保"。这样的管理方式，不仅极大地提高管理效率和服务质量，同时可大幅度降低运维管理成本。目前，国内已经有企业开发并运用了电梯运维管理的信息化平台，可将区域甚至城市的电梯纳入一个信息化管理平台，实现高效运维管理。

4.5.3　加梯工程案例

加装电梯工程已成为各地老旧小区改造的热点，参与各方根据老旧小区加装电梯工程特点，针对性地开发新产品、新工艺、新技术，包括各类适用的个性化加梯方案。本节以北京市某老旧小区加装一体化装配式电梯工程为例，分别从可行性评估、建筑及结构方案选择、工程设计、施工与验收、运行及维护等方面，

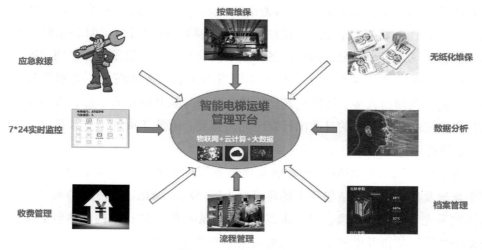

图4-79　电梯物联网平台

对加装电梯全过程进行介绍。

1.项目概况

本项目位于北京市，小区住宅楼建成于20世纪80年代，为地上六层砖混结构住宅。建筑现状外墙为外保温涂料墙面，屋顶为现浇钢筋混凝土平屋面（图4-80、图4-81）。

图4-80　房屋现状

图4-81　场地现状

小区现场条件较为复杂，部分污水管道、天然气管道、给水管道均在增设电梯基础施工范围内，建筑楼本体外立面分布有强弱电管线、空调外挂机、外窗防盗网等，管线及设备改移工程量较大。建筑楼前场地宽度13m，在7m处有电线杆及路灯，平时为居民停车区，施工用地较为局促，施工总平面布置需考虑居民日常进出通道。小区东西两侧大门为小区出入口,东侧道路狭窄,只有西侧一条城市支路作为材料设备进出场的主要出入道路。本项目施工限制条件主要包括:①施工场地较为狭窄,材料设备堆放空间狭小、机械设备操作空间有限;②进出施工场地道路人流量较大,施工车辆进出对居民影响较大;③地下管线较多,改造涉及部门较多;④原建筑图纸缺失,原建筑基础形式未知;⑤增设电梯为带户施工,保障居民的日常出行安全尤为重要;⑥施工周期不宜太长。

2.可行性评估

加装电梯可行性评估包括场地及建筑方案评估和结构方案评估(图4-82),其中场地及建筑方案评估包括电梯建筑对小区环境、绿化、消防的影响以及对既有住宅采光、隔音、通风、安全防盗、隐私等影响的评估;结构评估包括既有建筑结构性能评估以及电梯对既有结构安全影响的评估等。

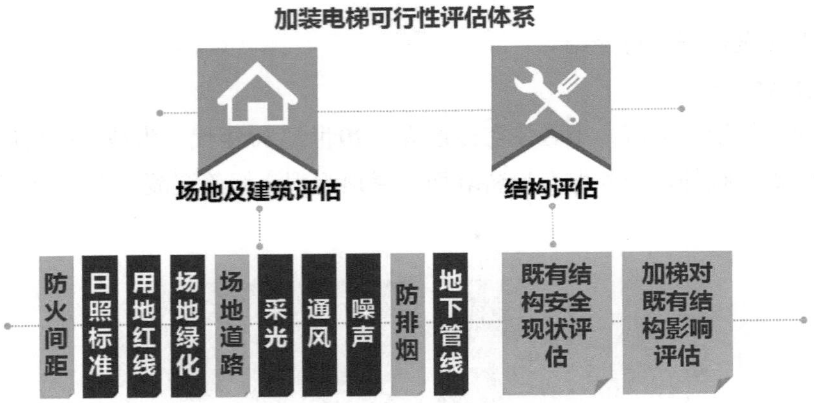

图4-82 加装电梯可行性评估体系

根据现场工程勘验,拟加装电梯住宅楼单元入口设置在楼房北侧,北侧道路宽约6.7m,满足加装电梯空间要求,加梯后不影响该楼消防疏散条件及消防车道宽度要求。而且,电梯置于楼房北侧,不破坏小区原有绿化,对建筑采光影响很小,综合建筑、消防、采光、绿化方面对既有住宅的影响评估,本楼初步具备加装电梯条件。

加装电梯可行性评估的重要内容是对结构安全的评估,其包含两个层面:一方面是既有结构现状安全性评估,另一方面是加装后的电梯结构对既有结构安全性影响的评估。鉴于本项目既有结构建造年代较早,原设计图纸已无从查找,为了解结构现状安全性,工程技术人员对原有结构进行了踏勘,分别对结构构件布置、构件截面尺寸、材料强度等进行现场抽验,经计算复核,拟加装电梯结构现状安全性满足加梯要求。

结构安全评估的另一项内容是加装电梯对既有结构安全性的影响评估,其与电梯井道与既有结构之间的连接方案有关。当电梯井道与既有结构之间脱开时,井道结构基本对既有结构无影响,加装电梯对既有结构的影响仅体现在因电梯入口处的局部开洞对其产生的影响;当电梯井道与既有结构连接时,评估内容应包括结构局部开洞和电梯井道与既有结构连接,对结构整体安全性的影响评估。本项目电梯井道与既有结构采用铰接方式连接,一方面能降低井道结构在地震作用和风荷载作用下的变形,另一方面能尽可能降低井道结构对既有结构的影响。通过结构建模计算,该连接方式能在满足既有结构和电梯井道结构安全的基础上,最大限度降低井道结构构件尺寸,安全经济。

3.建筑方案

根据既有建筑户型及楼道口布置情况,老旧小区加装电梯工程建筑方案可分为平层入户(图4-83)或层间入户(图4-84)。平层入户方案能最大限度发挥加装电梯优势,该方案一般适用于有公共外廊或公共阳台的建筑,或采用加建阳台的方式实现平层入户;层间入户方案电梯停靠既有建筑楼梯的休息平台,需要住户上下半层楼,但该方案实施方便,结构代价较低,适用于利用公共楼梯间加装电梯的工程。

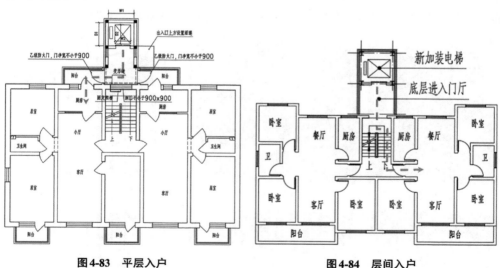

图4-83 平层入户　　　　　　　图4-84 层间入户

本项目根据既有建筑户型布置特点及现场空间条件,采用层间入户方案,电梯加装位置设置在单元楼梯口处。采用8字形六柱式井道结构方案,井道占地面积为3.24m×2.8m。电梯井道位于楼梯间西侧,东侧为候梯厅,原有楼梯间疏散门向东改移与候梯厅相连。电梯停靠1F、2.5F、3.5F、4.5F、5.5F共5站,外围护结构采用6+0.76PVB+6钢化夹胶玻璃。电梯布置见图4-85,加梯效果见图4-86。

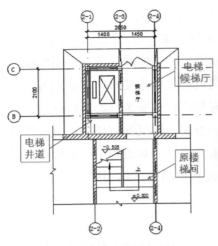

图 4-85 电梯位置平面图

图 4-86 加梯效果图

4.结构方案

电梯井道结构方案主要包括井道结构形式、材料以及连接构造。因本项目场地条件有限，且要求带户施工，故采用一体化装配式钢结构电梯技术。该技术将电梯井道、轿厢、配重、机电设备在工厂集成预制，现场仅进行节段装配和电气设备连接调试即可完成电梯安装（图4-87），大大减少现场施工工期。

（a）底层节

（b）中间节

（c）顶层节

（d）轿厢及配重

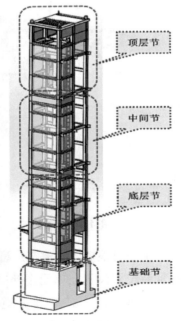

（e）整体组装示意图

图 4-87 一体化装配式电梯

本项目井道结构安全等级为二级（结构重要性系数1.0），建筑抗震设防类别为普通设防类（丙类），抗震等级为三级（钢框架结构）。井道结构设计难点包括：①井道结构的抗倾覆问题；②井道结构与既有结构的连接方案。

当井道结构与既有结构脱开时，能使加装电梯对既有结构的影响降到最低，但电梯井道作为独立的高耸结构存在，为保证其抗倾覆能力，井道结构基础埋深及尺寸将显著增大，其造价高；当井道结构与既有结构水平铰接连接时，井道结构水平荷载可由既有结构承担，竖向荷载由井道基础承担，该方案可有效降低电梯基础及井道结构造价，但对既有结构的安全性有一定要求。根据本工程既有结构安全性评估结果，本项目采用井道结构与既有结构铰接连接的方案。

5.施工安装及验收

1）施工准备

加装电梯施工前的准备工作主要包括施工前对小区业主的安全宣传工作，施工现场的安全管理措施，施工现场的平面布置，施工组织设计和施工方案的编制等。

施工前张贴施工通知，并对小区住户逐一上门沟通，根据业主从业及作息特点，选在大部分业主外出上班时间进行有噪声工序的施工。对于年龄较大的业主，提前告知作业内容及影响情况，行动不便者由家属或业主委员会专人负责协调。施工前根据小区场地条件，专门划分临时材料及工具堆场，并设置隔离网及警示标识，做好夜间照明措施。根据周边道路情况，提前规划电梯运输路径，对占道停车业主提前进行协调，保证运输及吊装车辆及时入场。根据施工需要进行临时用电及用水管线的连接，并做好安全防护措施。

2）室外管线改移

室外设备及管线改移工作在井道基础施工前实施。本项目主要涉及住户空调室外机改移，加装电梯位置建筑外挂强弱电管线改移，以及燃气、污水、自来水管线改移。

空调外机、强弱电、供水管线改移工作实施较为顺利，施工中以将施工作业对业主的影响降到最低为原则，大部分管线的改移工作安排在大部分业主外出工作的时间段，主要工作是做好管线改移前对业主的告知协调工作和管线改移的安全防护措施。本项目管线改移主要受制于燃气管线，从管线改移申请至最终完成，共花了约5个月的时间。

3）结构改造

电梯停靠在楼梯间休息平台处，需将原建筑楼梯间外窗拆改为门洞，拆改采取从上至下分层拆除方式，边拆除边加固，拆除过程采取必要的支护和安全保护措施，同时对各层拆除墙体后的洞口进行临时防护，增设夜间照明由专人值守，保证业主出入安全，同时加强成品保护。

本项目拆改涉及底层楼梯门厅拆除，楼梯间原有垃圾道的拆除与局部楼板封堵，以及各层楼梯休息平台处窗改门（图4-88）。洞口扩拆后采用现浇钢筋混凝土抱框加固，由于原建筑楼梯间窗户下方圈梁在改造过程中钢筋被切断，需将原圈梁保留钢筋长度300mm锚入抱框柱。

（a）垃圾道拆除与楼板封堵　　　（b）洞口加固　　　（c）新开门洞

图4-88　门窗洞口加固做法

4）基础施工

基础施工时需在基坑开挖过程中及时进行坑壁支护，对坑壁变形及既有建筑进行实时监控，保证基坑开挖的安全。基坑开挖前在施工范围设置围挡并做好警示标识，设专人值班，夜间做好照明措施，保证业主出入安全，基础施工过程见图4-89。

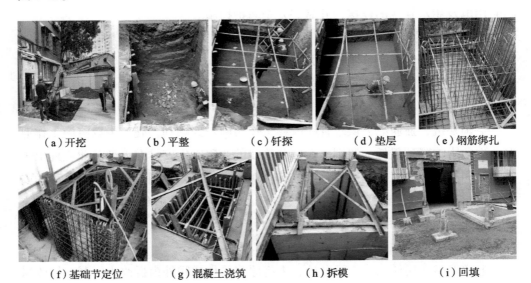

（a）开挖　　　（b）平整　　　（c）钎探　　　（d）垫层　　　（e）钢筋绑扎

（f）基础节定位　　　（g）混凝土浇筑　　　（h）拆模　　　（i）回填

图4-89　基础施工图

5）电梯吊装

本项目采用一体化装配式钢结构电梯，整体分为基础节、底层节、中间节、顶层节四个节段，各节段在生产车间将钢结构、外围护、电梯配件进行加工组装，完成后运送至现场，按顺序吊装连接即可完成整部电梯的安装。

电梯节段的运输车辆由小区西侧入口进入，运输前对小区道路及周边交通情况进行摸底，协调业主移开占道车辆，提前规划汽车式起重机位置。本项目电梯运抵现场后取消卸车环节，直接由汽车式起重机起吊安装。电梯井道与原建筑之间通过专用变形缝实现连接。整部电梯上部结构吊装1～2天内即可完成。电梯安装流程见图4-90，现场吊装见图4-91。

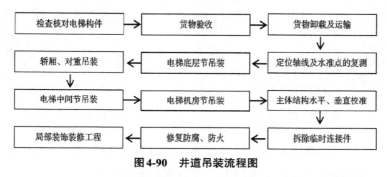

图4-90　井道吊装流程图

（a）运输进场　　　（b）底层节吊装　　　（c）中间节吊装　　　（d）顶层节吊装

图4-91　一体化装配式钢结构电梯吊装过程

一体化装配式钢结构吊装完成后，进行室内外局部装修，包括电梯节段间幕墙安装，候梯厅地面、吊顶、室内楼梯间局部墙面恢复，电梯防撞墙砌筑，无障碍坡道、散水以及室外地面恢复等工作。电梯室内外装修效果见图4-92～图4-94。

6）工程验收

加装一体化电梯验收包括电梯节段的进场验收和工程施工验收。一体化电梯节段进场后，需检查电梯产品的质量证明文件，并根据设计要求检查电梯节段的

图4-92　廊道装修

图4-93　内厅装修及监控

图4-94　散水及雨篷

构件尺寸、壁厚、防腐层及防火层厚度等，并对其连接部件位置进行复查，验收项目需满足相关标准及设计要求后方可进行现场安装施工。

加梯工程施工完成后，按照国家现行标准《建筑工程施工质量验收统一标准》GB 50300和相关专业工程质量验收标准的规定进行验收。验收工作按基础、结构、装饰装修、电梯、电气等分部工程进行。工程完成后先报监理单位进行预验收，合格后由施工单位出具竣工验收报告，报建设单位，由建设单位负责组织竣工验收工作。

6.技术方案分析

因工程需要，本项目采用一体化装配式钢结构电梯方案，具备施工周期短、扰民少、有利于环境保护等特点，其与常规加装电梯方案的对比见表4-8。

本项目实施过程中，管线改移占据了整个工程的大部分工期，尤其燃气管线的改移工作占用工期最多。排除管线改移及基础施工时间，一体化装配式钢结构电梯钢结构井道施工、电梯安装调试、局部装修施工等工序总共需要15～20d，普通钢结构施工同样的施工周期则需要60～70d，通过两种施工工艺对比，一体化装配式钢结构电梯总工期可节约50天左右。

7.建设模式与运维费用

本项目为北京市增设电梯试点项目，项目建设模式采用代建租用模式，资金筹措方式为政府补贴与建设单位自筹，建设期居民不缴费，后期电梯运维费用由

技术方案分析表   表4-8

施工方案	优点	缺点	
常规钢结构加装电梯施工	1.环境适应性强； 2.前期测量要求低，可现场调整候梯厅平台高度	1.施工周期长、扰民时间长； 2.钢结构现场施工质量控制难度大； 3.施工场地占用面积大； 4.现场明火作业，安全隐患大； 5.建筑垃圾较多	
一体化装配式钢结构电梯施工	1.施工速度快、扰民少； 2.整体装配率达80%； 3.工厂加工制作，工艺质量有保证； 4.建筑垃圾少，利于环境保护； 5.无明火作业	存在一定道路、场地限制	

居民刷卡按年缴纳使用费，电梯费用分摊系数及缴费标准见表4-9。目前，该项目运行良好，极大地方便了业主的日常出行。

电梯费用及分摊系数   表4-9

一梯3户	1层	2层	3层	4层	5层	6层
系数	0	0.5	0.75	1	1.25	1.5
每户月费用（元）	0	60	90	120	150	180
每户年费用（元）	0	720	1080	1440	1800	2160

4.6 道路改造

4.6.1 消防道路

作为大家的生活家园，小区的消防安全是小区空间的重中之重。而在现实的小区，特别是老旧小区中，存在各种消防空间被占用、被阻碍的问题，小区的消防安全隐患是小区改造工作首先需要解决的。

1.现状问题基本类型

（1）消防道路未明确标识，存在界定模糊状态；

（2）机动车占用消防道路问题，消防空间存在不通畅的情况（图4-95）；

图4-95　北京市老旧小区现状图片

（3）建筑垃圾或大型垃圾等杂物堆放占用消防道路，消防道路存在不通畅且堆放易燃物的情况（图4-96）。

图4-96　北京市老旧小区现状图片

2.消防空间划分的原则

（1）消防空间必须标准化、明确化，保证通畅性

消防空间是居住区建设或改造的首要保障空间。老旧小区改造前需要调研现状小区的建筑周边道路及消防通道出入口情况，必须严格对照现行国家标准《建筑设计防火规范》GB 50016中对民用建筑的消防要求，明确居住区内所有建筑防

火的消防区域是否符合规范要求，出入口是否符合规范要求。对消防空间进行区域明确，并通过改造措施确保其宽度及净空高度区域内的无障碍性。

（2）消防空间管理机制保障

建立居住区消防安全管理网络体系，实行居住区消防自治。提倡居民人人参与，从根本上认识保障消防区域的重要性。

3.消防空间设置的规范要求

（1）消防车道的净宽度和净空高度均不应小于4.0m。尽头式消防车道应设置回车道或回车场，回车场的面积不应小于12m×12m；考虑大型消防车的使用空间不宜小于18m×18m。高层建筑周边应设置环形消防车道，环形消防车道要求至少与其他车道有两处连通。老旧小区空间有限的，可沿高层建筑的两个长边设置消防车道，当建筑的沿街长度超过150m或总长度超过220m时，应在适中位置设置穿过建筑的消防车道。有封闭内院或天井的高层建筑沿街时，应设置连通街道和内院的人行通道（可利用楼梯间），其距离不宜超过80m[①]。

（2）应设置消防扑救场、消防车道、回车场（道）及扑救作业场地，可利用居住区现有交通性道路设置，但必须满足消防空间的空间长度、宽度及高度要求。并且用于消防空间的居住区道路及广场铺装应考虑大型消防车荷载需求。

4.消防空间改造要点

1）明确整个老旧小区的消防空间及消防扑救场区域

（1）消防道路宽度不足4m，应对其道路进行拓宽。在道路拓宽时应考虑消防道路的连贯性，并且考虑道路拓宽对绿地植物的影响。

（2）对消防扑救场区域进行净空高度的障碍物清理，保障4m净空高度内无大树、建（构）筑物或景墙等障碍物阻碍消防扑救工作的展开。

（3）清退占用消防空间及扑救场地的车辆，并明确不能在消防空间内规划停车区域（图4-97、图4-98）。

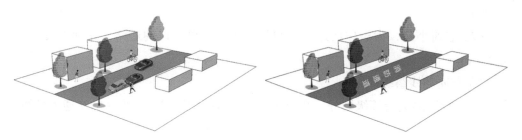

图4-97　消防通道被侵占（改造前）　　　图4-98　明确消防空间（改造后）

---

① 数据来源：《建筑设计防火规范》GB 50016—2014。

（4）消防空间的铺装应考虑机动车行驶需求，并需要考虑大型消防车的荷载需求。除特殊景观需求外，宜使用透水沥青混凝土、透水混凝土、露骨料混凝土或透水砌块砖等，经济实用，且后期维护成本较低。

2）明确消防空间范围

（1）大部分地区不再提倡使用隐形消防空间，应通过消防车道等地面铺装文字、纹样等对消防空间范围进行明确划分提示。

（2）通过提示标识，提示消防空间不可非法占用。

4.6.2 车行道路

1.设置的规范要求

（1）居住区内部附属道路的设计应满足消防、救护、搬家等车辆的通达要求。居住区主要附属道路与城市道路的车行出入口不得少于两个，且连接性道路宽度不应小于4m[①]。其他居住区内部道路根据行车、行人或停车需求确定道路宽度，且不宜小于2.5m。

（2）应控制机动车对外出入口的数量，出入口之间的间距≥150m。

（3）机动车道道路断面应符合规范要求。居住区内道路一般采用双幅路或单幅路的道路断面。双幅路一般用于居住区两条机动车道以上；单幅路适用于机动车交通量较小的次级道路或支路。

（4）机动车道纵坡控制原则如下：

①一般地区，最大纵坡＜8.0%，最小纵坡≥0.3%[②]。

②积雪或冰冻地区，最大纵坡＜6.0%，最小纵坡≥0.3%[③]。

2.改造要点

1）居住区内部道路分级及宽度控制

（1）小区组团道路，为连接小区道路和宅前小路的道路，路面宽度一般为3～5m。

（2）宅前小路，为居住区建筑之间的连接宅间出入口的道路，路面宽度一般为2.5m。

2）交通动线组织

将车行道路进行等级划分，在小区主车行道路中形成整个小区的交通大环线，

---

① 数据来源：停车场规划设计规则（试行）。
② 数据来源：停车场规划设计规则（试行）。
③ 数据来源：停车场规划设计规则（试行）。

城市更新与老旧小区改造丛书二

城镇老旧小区改造综合技术指南

次级车行道路形成交通小环线，并汇入交通大环线之中。尽量减少车辆的回车和人行的交叉动线，确保小区内车辆动线的顺畅，降低车辆对人的活动的影响。

案例：裕中西里小区交通动线组织（图4-99）

方案中将小区的车辆动线首先调整为单向行车。通过单向的引导，在小区内主要车行道路中形成交通大动线。再在几个组团之间的次级道路中形成单向行驶的小环线，每个小环线的车流都将汇入大动线之中，同时沿道路设置单侧停车位缓解停车问题。

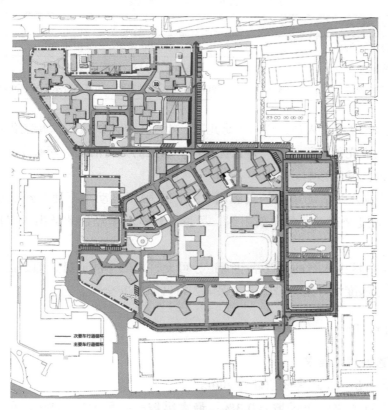

图4-99 裕中西里机动车动线示意图

3）铺装更新

车行道路铺装应满足行车的荷载需求，并满足消防、救护等特殊车辆的荷载需求。面层材料一般建议使用透水沥青混凝土、透水混凝土、露骨料混凝土。

4）排水改造

（1）由于老旧小区年代久远，排水管道易出现堵塞，或因修补道路造成雨水管道不通畅，应在改造时仔细摸排现状，对堵塞的区域进行疏通。

（2）如果雨水口间隔较远，或特别低洼处竖向无法调整时，应在最低点处增设雨水口。

5）根据不同交通安全需求对车行道路进行车速限制改造

根据居民对居住区内不同区域的交通安全保障需求的程度不同，需求由高到低依次为：住宅建筑出入口，学校（幼儿园、小学）等人口聚集的区域，活动场地周边区域，居住区内主要商业服务设施周边道路及出入口，居民日常活动通道和出入居住区内的主要道路（表4-10）。

控制车行速度的方法及措施列表　　　　　　　　　表4-10

控制方法	具体措施
道路空间变化控制	锯齿状或弯道路面、小型圆环
特色铺装控制	地面减速条纹，铺彩色地砖
设施类控制	增加减速带、十字路口减速带、跳动路面，闪灯式警示讯号，减速警示标识

（1）住宅建筑出入口，学校（幼儿园、小学）等人口聚集，儿童集中活动的场地等区域应完善人行系统，并且优先保护居民的人行活动，回避车行活动或减小车行对该区域的影响。

（2）其他公共活动场地的集散出入口，应限制机动车车速和经过的机动车的流量。通过交通动线的重新组织，尽量避开机动车经过此类出入口区域，进行绕行。

（3）居住区内人行的主要活动通道，可允许机动车的通过，但是需要增加一些控制车行速度的方法与措施，来保障人行区域的安全性。

4.6.3 人行道路

1.设置的规范要求

（1）人行出入口间距不宜超过200m[①]。

（2）人行道路最小纵坡≥0.3%；最大纵坡：一般地区≤8%，积雪或冰冻地区≤4%[②]。

2.改造要点

1）形成连续或环形步行系统

（1）梳理现状人行空间，将不连续的路侧增设人行步道，并通过一些绿地中

---

① 数据来源：《城市居住区规划设计标准》GB 50180—2018。
② 数据来源：《城市居住区规划设计标准》GB 50180—2018。

的小园路串联，使居住区内部的绿地、公共活动场地、宅间场地及住宅联动起来，形成居住区内部相对独立的慢行线路或慢行环路，引导居民通过步行系统在居住区内部自由地开展活动，不受或少受到机动车交通的干扰，为老人及所有居民在特殊时期提供安全而良好的慢行环境（图4-100）。

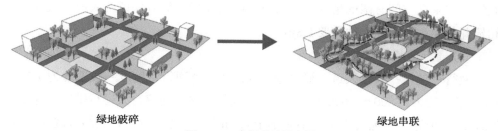

绿地破碎 　　　　　　　　　　　　　　　　　　绿地串联

图4-100　步行系统示意图

（2）步行系统应力求避免笔直无趣的步行路线，通过富有变化的步行道，并且在节点处或步道周边的绿化、小品、文化、设施或材质进行变化，强化整个步行系统的序列感、方向感，形成不同主题的系列线性或环形步道，为居民提供不同长度和难度的线路选择。

案例：北京市西城区裕中西里小区（图4-101）

重点打造一廊两环的小片区的区域慢行系统，在"一廊两环"中宣传文化。结合幼儿园、小学、教师楼的教育文化背景，通过将现状中心内花园和学校相串联，打造特色的文化教育廊，将学校的文化与社区的文化融合。同时南片区结合德文化活动中心前空间与南侧宅间绿地串联，打造南片区的文化休闲环。北片区以现状活动场地为中心，串联几处宅前空间形成生活乐享环。

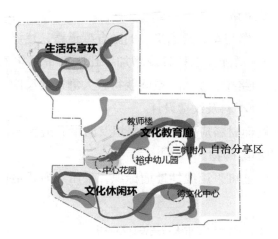

图4-101　裕中西里"一廊两环"慢行系统示意图

2）人行道路的宽度

在道路空间允许的情况下，保证必要的消防通道或车行宽度之后，人行空间宽度一般情况不宜小于2.5m，沿车行道路与绿地之间单侧或双侧设置，可在车行道路与人行道路之间设置绿化隔离带或者设施带，提高人行空间的安全性和景观性。如果在空间有限的情况下，人行道路的宽度一般应保证两人或一人和一辆轮椅并行通过，距离大约需要1.8m。

（1）通行带基本宽度

通行带包括一般行人道、绿道等。我国的每条通行带宽度一般选取为0.75～1m，通行能力约800～1000人/h[①]。一般人行道路，新建行人通行带宽不应小于2m，改建道路行人通行带宽度不应小于1.5m[②]。改建人行道路应结合现状条件，原则上不宜拓宽。

（2）绿化隔离带、设施带宽度

绿化隔离带最小宽度不应小于0.5m，可结合绿化隔离带放置设施，也可以单独设置设施带进行防护隔离。设施带宽度可根据设施的尺寸进行确认，一般设置护栏设施，所需净宽为0.25～0.5m。

3）人行道路与车行道路的关系

（1）人车分离型道路

此类人行道路的地面一般比车行道路地面高150～200mm，考虑到人行道路的无障碍设施设计，此类高于车行道的人行道路路口应设置可供轮椅通过的缘石坡道。坡道可采用单面坡、三面坡或扇形坡，坡度≤8%，宽度≥1m，坡面要求平整，坡道下口与车行道路顺接。缘石坡道不仅解决了高出地面人行道路的轮椅通过问题，也为老人、儿童以及携带行李者提供了方便。

（2）人车融合型道路

针对现状人行道路与车行道路平齐的融合型道路，建议对人行道路区域进行铺装材料上的区分，增加车挡栏杆或增加绿化隔离带强化人行、车行空间的划分，强调人行道路的路权，使人行空间获得宜人舒适的尺度。

4）人行道路地面材料及纹理设计

（1）人行道路路面材料应保证路面平坦及防滑，避免凹凸不平的不规整铺装材料，不能有突出的障碍物。

（2）人行地面铺装可采用线性地面标识，采用导向式地面材料，指示沿线性

---

① 数据来源：彩风景观学术交流/城市人行道设计小解法。

② 数据来源：彩风景观学术交流/城市人行道设计小解法。

方向活动；中止或变换方向的位置采用点状地面标识，提示出现高差变化或方向变化的危险。

4.7 停车场地与设施

随着人民生活水平的快速发展，小汽车的拥有量和使用率迅速增加，居住区基本停车位供应不足的问题日趋严重，老旧小区存在严重的停车位配建指标普遍较低、停车位缺额大的问题，"停车难"是当前老旧小区改造都会面临且需首要解决的刚需问题。

案例：裕民街区景观改造提升项目网络调查问卷——对于停车空间的数据

在老旧小区改造中，设计中应遵循"绿色出行"和"以人为本"的原则，合理设置自行车场/棚，提高和改善居住区自行车停放空间，为居民使用自行车出行创造物质保证。

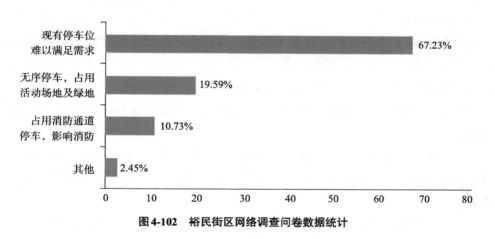

图4-102　裕民街区网络调查问卷数据统计

4.7.1 机动车停车设施

1.政策要求

（1）有效保障基本停车需求。鼓励有条件的城市加快实施城市更新行动，结合老旧小区、老旧厂区、老旧街区、老旧楼宇等改造，积极扩建新建停车设施，地方各级财政可合理安排资金予以统筹支持。支持城市通过内部挖潜增效、片区综合治理和停车资源共享等方式，提出居民停车综合解决方案。充分发挥基层政府和街道、社区作用，完善业主委员会协调机制，兼顾业主和相关方利益，创新停车设施共建共管共享模式[①]。

（2）鼓励停车资源共享。充分挖掘既有资源潜力，提高停车设施利用效率。支持机关、企事业单位在加强安全管理的前提下，率先向社会开放停车设施[②]。

2.集中地面停车场（库）设置

1）基本设计要求

（1）出入口数量及宽度。机动车停车场车位容量大于50个时，出入口不应少于2个。出入口之间的净距宜大于7m[③]。如果条件困难时，可设置一个出入口，但其进出通道宽度宜采用9～10m。

（2）地面停车场内主要通道宽度≥6m[④]。

（3）停车场通道形式可分为直线型和曲线型，直线型通道的最大坡度≤15%，曲线型通道的最大坡度≤12%[⑤]。

2）设置要点

（1）居住区内集中停车场（库）设置应严格按照用地属性进行场地选择，不得占用居住区附属绿地进行改造设置。

（2）平面布置。集中停车场选址应尽量靠近小区的交通主要动线，确定停车场内外的交通流线的组织，通道的布置，方便车辆的进出和交通动线之间的衔接。还应注意一些细节，譬如应考虑驾车者和乘车者的下客区方向，方便老人小孩与驾车者的会合；盲点区域应设置反光镜等。

（3）老旧小区改造地面停车场（库）应优先考虑设置多层停车库或机械式停车设施。

（4）设置机械式或高于地面的停车设施时，停车设施可采用机械式停车架或建设坡道式停车楼。选址和设施高度需考虑停车设施对周边居住建筑的噪声影响和采光影响。

（5）地面停车位数量不宜超过住宅总套数的10%；机动车停车场（库）应设置无障碍机动车位，并应为老年人、残疾人专用车等新型交通工具和辅助工具留有必要的发展余地。

（6）停车场的停车方式。根据现状空间条件，以占地面积小、疏散便捷、保证安全为原则，主要的停车方式有垂直式（图4-103）、斜列式（图4-104）和

城镇老旧小区改造综合技术指南　城市更新与老旧小区改造丛书二

---

① 资料来源：《关于推动城市停车设施发展的意见》，2021年5月7日。

② 同上。

③ 数据来源：《停车场规划设计规则（试行）》。

④ 同上。

⑤ 同上。

平行式（图4-105）三种。

图4-103　垂直式停车方式

图4-104　斜列式停车方式

图4-105　平行式停车方式

（7）生态地面停车场设置。在地面停车场中以绿化隔离带进行车位区域的划分，将停车空间与景观绿化空间有机结合，形成林荫停车场。

①增加植物的垂直投影区域，提高绿化覆盖率，并能提升停车场的景观品质；

②植物可以为车辆遮荫，减少能源的消耗，并给使用者增加舒适感；

③生态地面停车场可以减少一定量的地表雨水径流量；

④车行通道铺装材料：宜选用透水沥青路面，透水沥青为一种新型路面结构，属于半透水路面，坚固耐用并可透水排水；

⑤停车区域铺装材料：采用植草砖、植草格或透水性强的铺装材料。植草砖、植草格的优点是防止土壤被车辆压实，保证土壤的透水性，并能种植草籽，形成绿色停车位；透水性的材料宜选用透水砖，保证雨水的下渗，使停车场兼顾生态效益；

⑥绿化种植应以不影响车辆正常通行为原则。在植物的选择上，乔木类要求选用深根性、分枝点高、树冠大的树种，寒冷地区建议选用落叶树种为停车场植物；乔木分枝点高度应满足停车位净高度要求，一般小型车为2.5m；树池

宽度宜为1.5m左右，加设树池箅子，株距宜为5～6m；灌木可以绿篱或者观叶灌木为主。

3.立体车库设置

（1）老旧小区改造地面停车场（库）应优先考虑设置多层停车库或机械式停车库。

（2）老旧小区设置机械式停车库的最大优势在于能大大优化利用停车空间，节约土地资源，能有效解决停车难的问题（图4-106）。机械式停车设施一般可根据设备工作原理分为升降横移类、简易升降类、平面移动类、巷道堆垛类、垂直升降类、垂直循环类、水平循环类、多层循环类和汽车专用升降机[1]。常见的机械式停车设备型式见表4-11。

图4-106 机械式停车库实例

机械式停车设备型式[2] 表4-11

型式		类别								
		升降横移	简易升降	平面移动	巷道堆垛	垂直升降	垂直循环	水平循环	多层循环	汽车专用升降机
1	按对地面的相对位置分	地面上	√	√	√	√	√	√	√	√	√
		半地下	√	√	√	√	√	√	√	√	√
		全地下	√	√	√	√	—	√	√	√	√
2	按与其他主体建筑物的相对关系分	内置式	√	√	√	√	√	√	√	√	√
		地下式	√	√	√	√	—	√	√	√	√
		独立式	√	√	√	√	√	√	√	√	√
		室外式	√	√	—	√	√	√	—	√	√

---

[1] 资料来源：《机械式停车设备分类》GB/T 26559—2011。

[2] 资料来源：《北京市机械式停车场（库）工程建设规范》DB11/T 837—2011。

续表

型式			类别								
			升降横移	简易升降	平面移动	巷道堆垛	垂直升降	垂直循环	水平循环	多层循环	汽车专用升降机
3	按进车口和出车口的布置位置分	下部出入	√	√	√	√	√	√	√	—	√
		中部出入	√	—	√	√	√	√	√	—	√
		上部出入	√	√	√	√	√	√	√	—	√
4	按进车口和出车口之间相对关系分	直通式	√	√	√	√	√	√	√	—	√
		折返式	√	√	√	√	√	√	√	—	√
		双排式	—	—	√	√	√	√	√	—	√
5	按停车设备车位排列层数分	单层式	—	—	√	—	√	√	√	—	√
		二层式	√	√	√	√	√	√	√	—	√
		三层式	√	√	√	√	√	√	√	—	√
		多层式	√	√	√	√	√	√	√	—	√
		高层式	√	√	√	√	√	√	√	—	—
6	按有无水平回转盘分	无水平回转台	√	√	√	√	√	√	√	—	√
		有内置水平回转盘	—	—	√	√	√	√	√	—	√
		有外置水平回转盘	√	√	√	√	√	√	√	—	√
7	按控制及管理系统技术水平分	手动式	√	√	√	√	√	√	√	—	√
		半自动化	√	√	√	√	√	√	√	—	√
		全自动化	—	—	√	√	√	√	√	—	—

①升降横移类机械式停车设备是采用以载车板或其他载车设备升降和横移存取车辆的机械式停车设备。此类停车库的型式较多，规模灵活，对地的适应性强，得到普遍使用。

②简易升降类机械式停车设备是采用升降机构或俯仰机构存取车辆的机械式停车设备。此类停车库结构简单且操作容易，适用于小型停车库。

③平面移动类机械式停车设备是在同一层上用搬运平面移动车辆或载车板平面横移存取车辆，也可用升降机配合实现多层平面移动存取车辆的机械式停车设备。此类停车库空间利用率高，适用于大型停车库。

④巷道堆垛类机械式停车设备是以巷道堆垛机或桥式起重机将车辆水平且垂直移动到存车位，并用存取交接机存取车辆的机械式停车设备。此类停车库为全自动化，存车安全，主要适用于大型密集式停车库。

⑤垂直升降类机械式停车设备是通过提升机的升降和存起交接机构将车辆

横移，实现存取车辆的机械式停车设备，是空间利用率最高的停车设备，适合于土地资源紧缺的城市中心区域。

⑥垂直循环类机械式停车设备是使用垂直循环机构采用垂直方向做循环运动实现存取车辆的机械式停车设备。此类停车库特别节省占地面积。

⑦水平循环类机械式停车设备是使用水平循环机构做水平循环运动实现存取车辆的机械式停车设备，主要适用于狭长地块的停车库。

⑧多层循环类机械式停车设备是使用上下循环机构或升降机做上下循环运动而实现车辆多层存取的机械式停车设备，多用于地块细长且只能设置一个车库出入口的情况。

⑨汽车专用升降机是专门用于实现车辆纵向移动的汽车搬运升降机，只起搬运的作用，无直接存取车功能。可以代替汽车坡道，节省空间，多用于地下或楼层、屋顶等停车库存取汽车的搬运。

（3）老旧小区改造在机械式停车选型上应根据用地范围、周围环境、停车数量、维护成本、存取车效率等条件进行选择。一般宜建设在对小区交通干扰少、景观影响小的地方。机械式停车库设计要符合相关设计规范、行业标准规范和地方标准规范。

①机械式停车库的适停车型尺寸及质量可按表4-12确定。

机械式停车库的适停车型尺寸及质量[①]　　　　　表4-12

组别代码	长、宽、高(mm×mm×mm)	质量(kg)
X	≤4400×1750×1450	≤1300
Z	≤4700×1800×1450	≤1500
D	≤5000×1850×1550	≤1700
T	≤5300×1900×1550	≤2350
C	≤5600×2050×1550	≤2550
K	≤5000×1850×2050	≤1850

②机械式停车库单车最大进（出）时间可根据《车库建筑设计规范》JGJ 100—2015确定，单车的最大存（取）时间可参考表4-13进行选取。

机械式停车设备的单车最大进（出）时间和单套存容量　　　表4-13

类别	单车最大进（出）时间（s）	单套存容量（辆）
升降横移类	240	3～35
简易升降类	170	1～3

---

① 资料来源：《车库建筑设计规范》JGJ 100—2015。

类别	单车最大进（出）时间（s）	单套存容量（辆）
平面移动类	270	12～300
垂直升降类	210	10～50
巷道堆垛类	270	12～150
垂直循环类	120	8～34
水平循环类	420	10～40
多层循环类	540	10～40

③单套机械式停车设备的存容量

机械式停车设备的存容量根据停车需求来确定全部车辆连续出库或连续进库的时间，一般宜控制在1.5小时之内，并不应大于2小时。根据《车库建筑设计规范》JGJ 100—2015，单套机械式停车设备的存容量可参照表4-13选取。

居住区内集中停车场（库）案例

案例1：裕中西里停车楼改造方案

选址为现状小区内的集中停车区域。改造方案为将集中地面停车区域改造为坡道式停车楼。通过日照分析，分析停车楼的极限高度以及停车楼对周边居民楼的影响。建设适宜性分析：通过日照分析，将地面停车场改建为三层地面坡道式停车楼，屋顶可做局部屋顶绿化，并不会对其周边建筑的采光及光照造成影响（图4-107）。

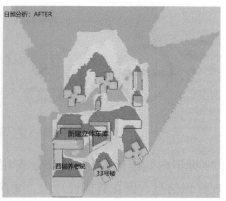

图4-107　裕中西里停车场日照分析对比图

案例2：北京市西城区教场口街9号院框架式停车改造

选址为现状小区一处自行车棚。将自行车棚进行拆除，建设框架式停车棚，一层为机动车辆及老年代步车停车区，二层为自行车停车棚（图4-108、图4-109）。

图4-108　北京市西城区教场口街9号院　　图4-109　框架式停车棚方案效果图
　　　　　　现状照片

4.完善停车场（库）设施标识

（1）停车场（库）标识主要分为两大类，停车标识（图4-110）和警示性标识（图4-111）。应根据相关的规范要求，设计此类特殊标识的用色、字体和字号。停车标识一般宜选用蓝色加白色系，大写"P"。警示性标识宜选用主色为红色，辅色为蓝色和白色。

残疾人专用停车位

图4-110　停车标识

箭头方向路段禁止停车

图4-111　警示性标识

（2）标识内容包括文字、图案、专用符号和色彩。这些元素可相互组合，充分体现标识信息，但在具体设计上，要简单醒目，方便驾车者开车通过时快速地识别标识内容，提高标识的辨识度。

（3）停车场标识应系统化设计，能够形成连贯性、系统性的停车场（库）标识系统，方便驾车者看到标识时快速地做出反应。

5.道路空间挖潜提升

1）可挖潜空间

（1）退让消防通道后的道路空间。

（2）非消防通道的道路，宽度满足单侧或双侧停车并可正常通车的空间要求。

（3）拆违后释放的空间或未被利用的硬质铺装灰空间。

2）挖潜提升模式

（1）平行式路侧停车。此类模式一般可设置于居住区主要车行道路双侧或单侧，部分宅间道路如果道路宽度满足6m以上的条件也可设置单侧停车。车位大小一般以停小型车为主，车位尺寸采用2.4m×6.0m。单侧平行式停车设置时宜结合机动车交通动线进行考虑，宜将车位设置于车辆行进方向的右侧，方便驾车者的上下车习惯。

（2）嵌入式停车。适用于道路两侧有足够硬质空间的居住区。可利用此类硬质空间设置嵌入式停车位（图4-112）。在停车位设计中宜优先考虑垂直式停车，能够有效提高停车场地的利用率。由于场地的空间限制，停车位也采用平行式或45°斜列式停车方式。具体停车位尺寸详见表4-14。

小型车的最小停车位、通（停）车道宽度[①]   表4-14

停车方式		垂直通车道方向的最小停车位宽度（m）		平行通车道的最小停车位宽度Lt（m）	通（停）车道最小宽度Wd（m）
		We1	We2		
平行式	后退停车	2.4	2.1	6.0	3.8
斜列式	30°前进（后退）停车	4.8	3.6	4.8	3.8
	45°前进（后退）停车	5.5	4.6	3.4	3.8
	60°前进停车	5.8	5.0	2.8	4.5
	60°后退停车	5.8	5.0	2.8	4.2
垂直式	前进停车	5.3	5.1	2.4	9.0
	后退停车	5.3	5.1	2.4	5.5

注：We1为停车位毗邻墙体或连续分隔物时，垂直于通（停）车道的停车位尺寸；We2为停车位毗邻时，垂直于通（停）车道的停车位尺寸；Lt为平行于通车道的停车位尺寸；Wd为通车道宽度。

（3）微型车位。可根据居住区停车的需要适当设置微型车位，此车位可与正规车位穿插设置或集中设置。

3）挖潜复合空间的铺装

平行式路侧停车一般与车行道路的铺装材料保持一致，通过地面画线进行车

---

① 数据来源：《车库建筑设计规范》JGJ 100—2015。

图4-112　北京市西城区裕中西里小区20号楼北侧嵌入式停车位改造[①]

位的标示；嵌入式停车一般采用植草砖、植草格或透水性强的铺装材料。

4）挖潜复合空间的景观提升

嵌入式的垂直停车位可以采用车位之间的造景模式。车位之间预留1～1.5m的绿地，栽植乔木，并在停车位外沿搭配绿篱，增大植物的绿化覆盖率。

平行嵌入式和45°斜列嵌入式车位可以采用车旁造景的模式。此模式针对车位之间的围合空间特点进行针对性的植物配置。在折线空间内种植绿篱，不影响停车的区域种植灌木或乔木，形成此类停车模式的景观背景，提高景观效果的同时，也防止车辆进入绿地。

5）阻车设施的设置

阻车设施的设置有利于路侧停车位的规范管理，可采取以下措施：

（1）在车位临绿地一侧设置阻车石、车挡或阻车栏杆（图4-113）[②]。

（2）在车位旁的绿地中通过低矮的绿篱围合作为阻车的景观软围挡（图4-114）。

（3）通过一些高台、花池或者挡墙进行车位的围合。

6.空间复合利用式停车

（1）居住区周边市政道路路侧停车的有效利用途径

在一些指定的市政道路路沿，划好停车位的范围，针对该周边居住区的居民

城市更新与老旧小区改造丛书一

城镇老旧小区改造综合技术指南

---

① 项目及图片来源：北京市西城区裕中西里小区景观改造提升项目——中国城市建设研究院有限公司。

② 同上。

图4-113　阻车栏杆　　　　　　　图4-114　阻车景观围挡

进行停车优先或停车收费优惠的政策，可以通过居住区外的市政路侧停车位缓解居住区的停车需求。

案例：北京市西城区德胜街道实行的路侧自治停车方案[①]（**图4-115**）

2019年北京市西城区德胜街道对全域路侧停车自治进行电子认证。

施划白虚线的道路停车位，主要用于居民停车，道路停车费为背街小巷物业收入，价格执行《北京市发展改革委员会、北京市财政局关于本市道路停车占道费收费标准有关问题的通知》（京发改〔2018〕2770号）规定的收费标准及居民自治协商收费，实行电子收费。

图4-115　北京市西城区德胜街道路侧停车方案

① 资料来源：北京市西城区德胜街道办事处城建科。

白虚线道路停车位用于居住停车的，由周边居住小区居民向社区、居委会提出电子认证申请。居民需提供房屋产权证或公房租赁证明及其他有效证明材料的相关信息。申请人须承诺提供的材料真实有效，并遵守停车管理的相关规定。

全域路侧停车自治收费与北京市路侧停车电子收费区别——北京市的路侧停车电子收费施划的是白实线，橘红色的收费公示牌，运用电子眼和电子桩，实时计时收费。德胜街道实施的全域路侧停车自治收费，施划的是白虚线，黄色的收费公示牌，运用地磁和居民电子卡，实时计时收费；经过认证的车卡可以在德胜街道辖区内的任何虚线车位内停放，皆可享受到0.5元/小时的优惠。

（2）居住区周边的商业或企事业单位内部停车场共享利用的途径

很多老旧小区位于城市的中心区域，老旧城区的格局导致没有足够的空间开发建设停车场。如果能充分利用居住区周边的公共或企事业单位内部停车场的晚间闲置车位，在晚间对居住区居民进行开放共享，可以解决一部分附近居住区的居民下班后的停车需求，这样也更有效地利用了城市的宝贵资源。

4.7.2 非机动车停车设施

1.自行车停车场/棚设施设置原则

1）居住区内自行车停车场/棚设施设置原则

（1）规范化。自行车停车设施设置应符合城市规划和所在小区及周边道路规划等要求，结合居住区分级，按各级生活圈和居住街坊配套设施相关要求规范化设置。老旧小区改造时应充分调研小区场地实际情况，做好居民实际自行车数量统计，统筹考虑通行和消防安全等因素，并应适当保留和利用原有自行车停放设施，整体统一规划自行车停车场/棚。

（2）便捷化。自行车停放空间应遵循"以人为本"的便捷化原则。居住小区内自行车停放区域的选择要根据具体居民居住情况以就近原则规划，尽量让居民少绕路，避免居民将自行车停放于楼栋单元门口导致道路拥堵的情况。可结合楼栋周围绿化设施等综合利用空间设置，并与小区景观协调。解决自行车停车问题的同时，也为居住区居民创造一个整洁有序的生活环境。

2）居住区外自行车停车场/棚设施设置原则

居住区外共享单车停车区域设置应合理规范（图4-116），须严格遵守的原则有：不得占用消防通道、无障碍设施、盲道等；禁止在消火栓半径5m内的路侧带、城市道路交叉口转弯部位及其两侧20m范围内设置；不允许在机动车道、非机动车道占用人行地下通道和城市公共绿化用地设置；居住区入口处应在明显位置设置禁止共享单车进入小区的标识（图4-117）。

图4-116　共享单车停车区实景图

图4-117　共享单车禁止骑入居住区标识

2. 自行车停车场/棚设施设置要点

（1）自行车停车场/棚的服务半径可按照50～100m考虑，步行时间以不超过2分钟为宜。

（2）自行车停车场面积根据老旧小区设置位置，可按照0.8～1.2m²/辆设置[1]。

（3）自行车的停车方式可采用垂直式和斜列式，在场地充裕的情况下可设置连片区域自行车停车区，设置参考方式如图4-118所示。

（4）在居住小区绿化设施带或小区外机非隔离带、行道树设施带宽度大于2.0m时，可以设置垂直排列的自行车停放区域（图4-119），宽度小于2.0m时，可灵活设置斜向排列的自行车停放区（图4-120）。

---

① 资料来源：《城市居住区规划设计标准》GB 50180—2018。

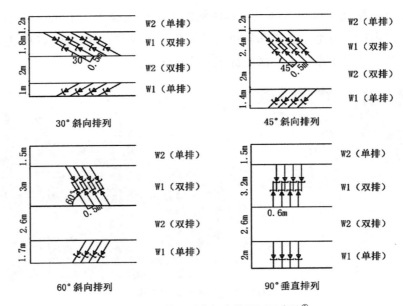

图4-118 连片区域自行车停放区示意图[①]

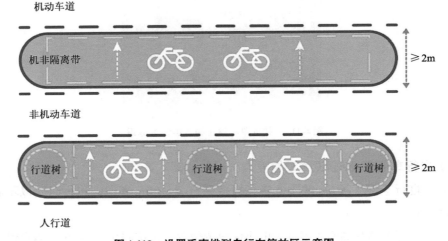

图4-119 设置垂直排列自行车停放区示意图

（5）露天自行车场可采用画线或设置固定装置的办法规范停车，从简单实用、易于存取、安全可靠、低碳环保、易于维护及稳固车辆的功能角度看，目前白色三角形金属存车架的效果较好，一车一位高低错落，实现停车规整的同时，可以避免车把之间相互影响。停车空间狭小时，也可采用斜向停车设施，缩小自行车停车空间的宽度，避免对人行道的过度占用（图4-121）。

————————————

① 资料来源：《北京市自行车停放区设置技术导则》。

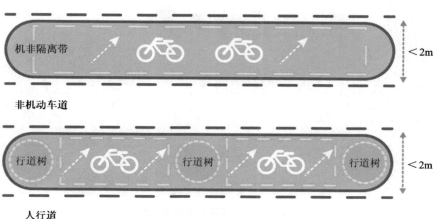

机动车道

机非隔离带

非机动车道

行道树　行道树　行道树

人行道

<2m

<2m

图4-120　设置垂直排列自行车停放区示意图

图4-121　高低错落的白色三角形金属停车架及斜向停车示意

（6）居住小区需增设自行车棚时，应遵循不影响周边居民住宅通风及采光的原则，宜采用彩钢板、耐力板等轻型材质建造。

（7）居住小区如果公共空间特别缺乏，而居民对自行车停放设施又非常需求时，也可以考虑设置自行车立体停车棚，如图4-122所示。

3. 自行车停车场/棚设施绿色设计要点

（1）老旧小区改造时，应该完善自行车标识系统，充分发挥标识的指引和识别作用（图4-123），提高自行车在老旧小区中的出行效率；自行车场停放区域路面标线应为白色闭合四边形，区域内宜附加明确自行车停放朝向，箭头指示方向为车头朝向；可在集中自行车停车场/棚附近设置自行车停车标识牌，指引居民规范停车。停车牌宜采用单柱式或结合居住区景观设置。

（2）在场地条件允许的情况下，非机动车的单个停车位面积宜取 $1.5 \sim 1.8 \mathrm{m}^2$ [①]。

————————

① 资料来源：《城市综合交通体系规划标准》GB/T 51328—2018。

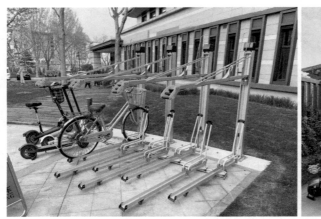

图4-122　双层及立体停车示意

（3）非机动车停车场可与机动车停车场结合设置，但进出通道应分开布设。非机动车停车场应满足非机动车的停放需求，宜在地面设置，并与非机动车交通网络相衔接。可结合需求设置分时租赁非机动车停车位[1]。

（4）自行车棚主体结构采用钢结构、木结构等符合工业化要求的结构体系与建筑构件。

图4-123　自行车停车路面标识和自行车停车标识牌示意图[2]

4.7.3 电动自行车及汽车充电设施

近年来，电动自行车和电动汽车数量增加较快，在一些老旧小区中，庞大的

---

[1] 资料来源：《城市综合交通体系规划标准》GB/T 51328—2018。

[2] 资料来源：《北京市自行车停放区设置技术导则》。

电动自行车和私家电动汽车充电需求与缺少规范化建设的充电设施现状之间的矛盾日益突出。很多电动自行车及电动汽车用户私拉乱扯电线进行充电引起火灾的现象，严重威胁到了小区居民的人身和财产安全。所以在老旧小区完善类改造中，宜规划设计电动自行车及汽车充电设施（图4-124）。

图4-124　电动自行车私自拉线充电现状照片

1.电动自行车停车场/棚设施设置原则及要点

（1）电动自行车停车场/棚的设置原则与自行车停车场/棚基本相同，停车设施充电管理系统、安防消防系统的安全性是否可以保障，是电动自行车停车场/棚设置时要特别关注的设置原则。

（2）电动自行车充电设施要本着"便民、公益、安全"的原则进行，规划设计应满足国家有关安全、技术规范，建设前应明确建设、管理及后期维护单位责任，并报备消防及公安等单位。

（3）设计有充电设备的独立电动自行车棚，场地允许条件下，建议分组设置，不宜超过50辆，组与组之间的防火间距不小于6m[①]，停车数量与其他建筑物之间的防火间距依据现行国家标准《建筑设计防火规范》GB 50016进行设置。

（4）老旧小区内场地确实紧张时，可考虑在居住区邻近入口处申请设置中型及大型电动自行车充电棚，并设置管理用房及服务设施。

（5）充分考虑三轮电动车、电动轮椅等车辆充电设施设置，一般停车区域建议预留不少于1个电动轮椅或电动三轮车充电位。也可改造社区内部分临时用房为三轮代步车停车棚（图4-125）。

（6）电动自行车场/棚选址时不得影响消防通道、占用救援场地和影响室外消防设施器材的正常使用。

---

① 资料来源:《郑州市电动自行车充电库(棚)建设技术导则(试行)》。

图4-125　三轮电动车棚照片

（7）电动自行车充电设施可采用电池充电柜、充电站、充电桩等形式（图4-126）。

图4-126　电动自行车电池充电柜及充电站实景

（8）电动自行车充电设施应满足相关土建及电气设施要求：

①地上独立的电动自行车场/棚的耐火等级应按不低于三级设计，墙体、梁柱均应采用不燃材料，顶棚应采用不燃或难燃材料。

②电动自行车充电设施属专用电力设施，应设置充电专用配电箱；充电总控箱应设在充电库外、靠近库门处，电动自行车充电设施属三级负荷，采用单电源供电方式。

③充电配电箱的位置应该与电动自行车保持安全距离，可设置在车棚立柱、地面台柱、外墙等部位，并采取有效的防雨防潮安全保护措施。

④每分支回路连接的充电插座不应超过5个，每组充电箱插座不应超过10个，插座根据当地电动车普遍标准采用两孔标准插座或两孔加三孔安全型插座，

安装间距不宜小于0.8m；安装高度不宜低于1.4m，不得高于1.6m[1]。

⑤电气线路优选阻燃线缆，充电配电箱应设置短路保护、漏电保护、断路监测等功能，同时考虑增设充电功率控制、充满自动断电、防盗等功能。

（9）电动自行车充电设施应满足消防及相关设施器材设置要求。根据相关技术标准配置干粉灭火器、简易喷淋、火灾探测报警器等消防器材设施，设置照明、视频监控系统。监控系统组智能充电箱宜与充电监控系统通过通信接口相连，充电监控系统宜与住宅小区建筑设备管理系统（BMS）或社会停车场监控系统相连。

（10）智能自行车停车棚已经在一些老旧小区改造项目中应用，北京一些小区将原来破旧的自行车棚通过智能化改造，一体化解决了自行车、电动自行车、电动三轮车等多种非机动车辆停放和充电设施配备问题，通过手机App绑定，实现"1车1卡1位"的无人看守智能化管理（图4-127、图4-128）。

图4-127　智能非机动车停车棚改造实景

图4-128　智能非机动车停车棚内部实景

---

[1] 资料来源：《郑州市电动自行车充电库(棚)建设技术导则(试行)》。

2.电动汽车充电设施设置原则及要点

电动汽车充电设施的规划设置与国家"发展低碳经济，确保能源安全，有效控制温室气体排放，建设资源节约型、环境友好型社会"的号召一致，随着近年来电动汽车在居民生活中的日益普及，老旧小区改造中，应该协调电力、物业等部门，采用增容改造供电设施，增加电网容量，解决用地问题等措施规划设置电动汽车充电设施。

1）电动汽车充电设施设置原则

老旧小区完善类改造中，在原小区具备电动汽车充电设施的建设及安装的条件下，应设置电动汽车充电设施，电动汽车充电基础设施的建设，应纳入改造工程建设预算范围，随老旧小区改造统一设计并施工完成（图4-129）。

图4-129 老旧小区电动汽车充电现状照片

电动汽车充电设施宜配建分散充电设施，应充分调研改造小区电动汽车的充电需求后，结合配电网现状"合理规划，分步实施，做好预留"。对有固定停车位的用户，优先在停车位配建充电设施；对没有固定停车位的用户，鼓励通过在居民区配建公共充电车位，建立充电车位分时共享机制，为用户充电创造条件。

2）电动汽车充电设施选址及设计要点[①]

（1）电动汽车充电设施的选址宜充分利用就近的供电、消防等设施，要便于消防救援，且需要满足设施电源接入的要求。老旧小区停车位的充电设备宜采用交流充电方式。

（2）电动汽车充电设施的选址应远离潜在火灾或有爆炸危险的区域，不宜设置在可能有积水的场地低洼地区。

（3）电动汽车充电设施的选址应满足周围环境对噪声的要求，不能影响居民

---

① 资料来源：《电动汽车分散充电设施工程技术标准》GB/T 51313—2018。

正常生活环境。

（4）电动汽车充电设备与充电车位建（构）筑物之间应满足操作及检修的安全的距离。

（5）当充电设备采用落地式安装方式时，室内充电设备基础应高出地坪50mm，室外充电设备基础应高出地坪200 mm。

（6）当充电设备采用壁挂式安装方式时，应竖直安装于与地平面垂直的墙面，墙面应符合承重要求，充电设施应固定可靠，设备安装高度应便于操作，设备人机界面操作区域水平中心线距地面宜为1.5m。

（7）交流充电桩应具备过负荷保护、短路保护和漏电保护功能。交流充电桩漏电保护应符合现行国家标准《电动汽车传导充电系统》GB/T 18487.1第1部分通用要求的有关规定[1]。

（8）老旧小区建议优先改造地面停车场设施充电设施（图4-130），对于改造小区有地下停车位可以设置充电设施的情况，尽量在同一防火分区内集中设置，并应满足新建汽车库内配建分散充电设施的相关规范要求。

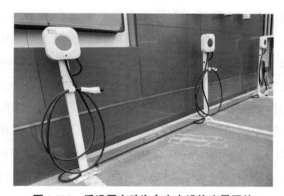

图4-130　后设置电动汽车充电设施实景照片

（9）电动车充电设施标识应符合现行国家标准《图形标志 电动汽车充换电设施标志》GB/T 31525的相关规定。

3）电动汽车验收及服务管理要求

（1）电动汽车充电设施应组织验收工作，工程竣工验收相关资料应根据各地区要求收集、归档。

（2）电动汽车充电设施的验收内容包括土建工程、供配电系统、充电系统、监控功能、消防系统、防雷接地系统等几方面。电动车充电设施安装完成，施工单位对工程质量检查和测试后，应组织建设方、设计方等委托有资质第三方检测

---

① 资料来源：《电动汽车分散充电设施工程技术标准》GB/T 51313—2018。

单位进行验收工作。应完成充电设施电气安全、计量系统、电能质量等指标的验收，以及与整车充电接口、通信协议的一致性检测。

（3）电动汽车充电设施应建立充电运营管理体系，对充电过程进行管理，为用户提供充电服务及增值服务。

（4）应在电动车充电设施的明显位置设置直观、简洁的用户操作说明和安全警示等信息。

（5）应明确电动充电设施安全运行及后期维护的主体责任部门，定期对充电设施进行检修、试验和维护，确保充电设施安全运行。对设施存在的安全隐患，应当采取措施予以消除。

（6）注意提升电动汽车充电设施经营企业服务水平，积极培育"互联网＋充电服务"等新兴服务业态，鼓励应用新技术、新模式。

3.电动自行车及汽车充电设施绿色设计要点

（1）电动自行车及汽车充电设施要增设交通标识。

（2）电动汽车停车位及充电设施应合理配置，可选用小区散落边角或较小机动车位置设置，增加老旧小区机动车停车车位数量。在停车场位置设置电动停车位及充电设施时，宜选取停车场中集中停车区域。地面停车场电动汽车停车位及充电设施宜设置在出入便利的区域，不宜设置在主要出入口和公共活动场所附近；电动汽车充电负荷优先兼用建筑常规配电变压器供电。

（3）对于直接建设的充电车位，应做到低压柜安装第一级配电开关，安装干线电缆，安装第二级配电区域总箱，敷设电缆桥架、保护管及配电支路电缆到充电桩位，充电桩可由运营商随时安装在充电基础设施上。对于预留条件的充电车位，至少应预留外电源管线、变压器容量，第一级配电应预留低压柜安装空间、干线电缆敷设条件，第二级配电应预留区域总箱的安装空间与接入系统位置和配电支路电缆敷设条件，以便按需建设充电设施[①]。

（4）各地可将老旧小区配建电动自行车及汽车充电设施纳入节能减排考核奖励范围，推动绿色出行健康方式的实施。

4.8 全龄友好及无障碍环境改造

老旧小区改造中的全龄友好环境建设是以全龄阶段居民的多层次需求为导向，从对"一老一小"及特殊群体的关注进一步转变到对全人群、全生命周期的

---

① 资料来源：《绿色建筑评价标准技术细则》。

关注，在完成社区基本类改造的基础上，打造幸福美好生活环境。全龄友好环境设计包括无障碍环境改造、适老化环境改造以及儿童友好环境改造。

4.8.1 无障碍环境

1.无障碍环境现状问题

（1）人车混行，电动车、自行车停车缺乏管理，慢行空间被挤占，存在安全隐患（图4-131）；

图4-131　人车混行、宅前自行车、电动车随意停放

（2）路面铺装破损，铺装材质不防滑，雨雪天容易跌倒（图4-132）；

图4-132　铺装破损、雨雪天路滑

（3）无障碍设施覆盖率不足，配置缺乏系统性和细部设计（图4-133、图4-134）。

2.无障碍环境改造原则

1）应设尽设，提倡无障碍设施的全覆盖

提高无障碍设施覆盖率，保障交通、室外活动场地、服务设施等住区人工要素的全域无障碍。

2）尺度规范原则

服务设施、通行空间的尺度要参考现行国家标准《无障碍设计规范》GB 50763等相关规范进行设计，保证活动、通行空间的尺度。

图4-133　缺少坡道及扶手

图4-134　台阶破损、没有坡道、缺少防滑条和铺装提示

3）易识别原则

为老年人提供一个识别性高的参考系统，便于老年人进行定位、寻路。住区出入口、道路等的设计应通过场地铺装、材料、色彩、形式等的变化，突出空间特色。

3.无障碍环境规范要求

1）路面宽度及坡度

应确保步行空间断面尺寸合理、符合轮椅与行人站立并列时的宽度要求（图4-135），保证步行空间至少有1.2m的宽度，避免出现由于空间过窄无法转身或放置康体器械等情况。居住绿地内的游步道应为无障碍通道；轮椅园路纵坡不应大于4%；轮椅专用道不应大于8%。[1]

2）台阶

台阶踏步的设计宽度应采用290～350mm，高度宜不大于150mm。踏步的沿口避免突出，若难以避免，进行圆角处理。阶梯的宽度应满足人在搀扶下可以通过，尺度不小于1200mm[2]（图4-136），阶梯数量不可超过十步，超过十步的阶梯应加建休息平台，布设一定的休息设施在平台上。居住绿地内的游步道及园

---

① 资料来源：《无障碍设计规范》GB 50763—2012。

② 资料来源：《民用建筑设计通则》GB 50352—2005。

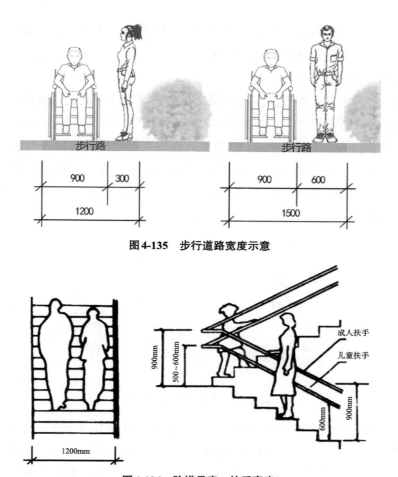

图4-135　步行道路宽度示意

图4-136　阶梯尺度，扶手高度

林建筑、园林小品如亭、廊、花架等休憩设施不宜设置高于450mm的台明或台阶[①]；必须设置时，应同时设置轮椅坡道并在休憩设施入口处设提示盲道；绿地及广场设置休息座椅时，应留有轮椅停留空间。

　　3）坡道及盲道设置

　　在住宅出入口有高差、人行道有台阶、住区内构筑物有台明或台阶时，应设置轮椅坡道，人行和车行道路接驳处应设置缘石坡道。以上坡道的宽度、坡度及坡面材质要求应符合现行国家标准《无障碍设计规范》GB 50763以及《无障碍设计图集》12J 926。

　　4）扶手

　　住宅出入口轮椅坡道的高度超过300mm且坡度大于1:20时，应在两侧设置

_____

① 资料来源：《无障碍设计规范》GB 50763—2012。

扶手，坡道与休息平台的扶手应保持连贯 [1]。扶手的高度等尺寸要求应符合现行国家标准《无障碍设计规范》GB 50763。

5）座椅和桌子

座椅一般分为单个座椅、多个座椅。单椅的设置应在周边预留直径1500mm足够轮椅停留、转弯的空间。考虑老年人的身体尺度，座椅高度宜300～400mm，座椅的宽度保证在400～600mm，使老人在坐得舒服的同时便于起座。座椅应设置扶手和靠背，扶手应该在椅面200～250mm的位置，伸出前段边缘，靠背要和座椅统一考虑。座椅下方预留75mm的净空，保证老人坐下后有脚步活动空间（图4-137）。

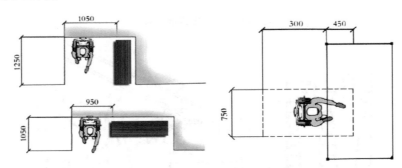

图4-137 座椅平面空间尺度

桌子需布置在住宅建筑的南向空地、小游园、重要节点等处；桌子采用圆桌和方桌结合方式，当布置方桌时须将方桌的棱角处做圆角处理；桌子高度在700～750mm为宜，桌子下须有450～500mm的净空要求，满足轮椅使用者的需求；桌子保证平稳，桌腿不可突出桌面边缘；桌椅须分开设置，保证能够灵活使用（图4-138）。

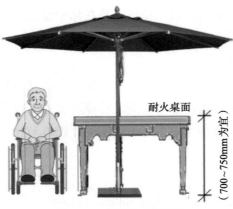

耐火桌面

（700～750mm为宜）

图4-138 桌子尺寸示意图

---

① 资料来源：《无障碍设计规范》GB 50763—2012。

4.无障碍环境改造要点

1）慢行交通体系改造

（1）构建完整步行系统

可通过腾退绿地空间、梳理停车空间与机动车道的形式，重新规划道路空间、布置步行道，减少出行线路交叉，构建连贯的无障碍步行系统，全面保障居民户外活动安全。

（2）完善步行功能

完善步行路功能可通过两种方式：一是车行道路较窄，绿地空间较为充裕的情况下，可腾退绿地空间，增设步行路。二是车行道路较宽，绿地空间较少，可通过车行路面改造、改变停车方式（如立体停车）腾退空间，重新规划道路空间，也可根据居民活动需求增设健康步道（图4-139）。

图4-139　腾退绿地增设步行路、车行路面改造增设健康步道

道路转角位置还需要预留出轮椅使用者的转弯空间和停留平台。对于车行道和人行道相交的地段，应有相关的提示，比如在人行道的尽头设置不同颜色、材质、形式的铺装来引起老年人的注意。交叉口地段应该保持良好的视野，避免绿化植物、设施等影响视线，造成盲点，引发事故。

（3）步行路铺装改造

步行路铺装需选择防滑稳定的材料，铺装样式需具有一定的序列感和导向性，视觉上整体美观，在道路转角、视觉焦点以及坡道台阶处可采用颜色较为鲜明的铺装提示。有海绵改造需求的道路铺装应选择防滑性较好的透水材料，如砂基或混凝土透水砖、透水混凝土骨料等（图4-140）。

（4）步行环境及周边设施

一般身体健康者平均步行疲劳的距离大约是450m，住区的步行系统尽量设置在这个距离之内。步行系统应该在步行道路两边设置休息座椅，尤其是步行距离较大的区域或者坡度较大的路，应该每隔100～150m就设置休息座椅。

充满变化的步行线路可使居民感觉实际步行距离变短，因此，在步行路线的

图4-140　铺装样式具有较强的导向性、坡道台阶的铺装提示

形式上可增加道路的曲折性，丰富视觉体验，从而降低老年人的疲劳感。因此，单位住区的步行空间和流线应该尽可能地充满变化，分割过长的步行距离，易于行走。同时，在设计步行道路时，应尽量考虑在光照条件较好的一侧规划步行空间（图4-141）。

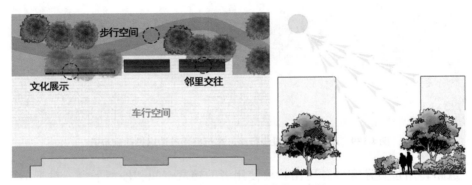

图4-141　步行空间功能优化示意图

2）服务设施无障碍改造

在人流密集场所、设施周边以及针对活动能力较差的人群，也可设置专门扶手（图4-142），提倡全域无障碍理念的落地。

图4-142　坡道扶手及座椅边扶手

多个座椅之间不可离得过远，便于交流，也不可过近，使谈话者感觉不舒服，造成座椅使用率下降。桌子表面颜色需注意不可过于明亮，产生炫光；桌子材质的选择需考虑南北方差异，在纬度较低的热带区域，桌子的材质可采用石材等导热性较高的材质，在高纬度的北方寒冷地区，桌子应尽可能选用导热性较低的材质。

4.8.2 适老化环境

1. 场地现状存在问题

（1）场地存在安全隐患，铺装材料渗水性较差，雨雪天气易滑倒，坑洼较多、路面不平整等导致的安全问题较为常见，影响到老年人的出行和活动安全（图4-143）。

图4-143 铺装材料不防滑、雨雪天气积水

（2）住区整体绿地率低、绿地退化、植物种类单一，植被种植缺少设计和搭配，造成整体植被缺少层次，空间丰富度降低，整体景观品质降低，老年人的认同感和舒适度降低（图4-144）。

图4-144 植被覆盖率低，植物种类单一

（3）场地功能单一，闲置空间乱堆乱放的现象较为普遍，整体空间布局缺乏系统性，导致老年人户外活动的积极性降低，空间利用率低，缺乏归属感和

认同感（图4-145）。

（4）小区景观单调，休憩设施配备不足，各类构筑物、设施陈旧，文化氛围不足降低了老年人的归属感和认同感，不利于老年人多样的户外活动以及邻里关系的拉近，降低老年人的生活品质（图4-146）。

图4-145　场地功能单一、垃圾乱堆现象

图4-146　小区围墙老化缺乏装饰，健身设施老化

2. 场地改造的基本原则

1）安全性原则

包含生理及心理两个层面的安全，生理上的安全主要依赖于物质环境，而心理上的安全更多取决于熟悉的邻里关系的营建及温馨的社区氛围。物质环境层面，一方面包括道路交通安全、人车分流、机非分离、道路交叉口少，室外活动场地布局科学、位置合理、铺装材料安全、铺装场地和绿地融合、空间复合多样，以及景观体系层次丰富，植物设置合理；另一方面还包括熟络的邻里氛围营建，丰富的社区活动，实现居民之间自发的交往，实现心理安全感的营建。

2）舒适性原则

避免垃圾、灰尘、噪声等环境干扰因素，营造干净整洁的卫生环境。心理方面，营造蓬勃朝气的居住氛围，住区氛围活泼能够感染老年人，使老年人获得积极向上的精神状态。可利用流水、植被、小动物等自然景观创造优美的声景环境，激发老年人听觉能力，为老年人提供舒缓的环境氛围。

3）文化融合性原则

景观的功能和艺术性兼顾，文化与景观设计融合。发掘地域文化内涵，涉及历史文化街区的社区应与街区文化、建筑特色创新保护利用相结合，突出地域文化特点。注重社区文化体系的构建和社区历史遗迹的挖掘，鼓励群众参与建设，形成特色鲜明、内涵丰富的社区文化体系。

3.场地改造的基本要点

1）绿地空间的适老化改造要点

（1）复合利用空间，丰富植被层次

整合社区现状绿地资源，可将闲置的硬质铺装场地改造为绿地，增加植被覆盖率。对分散的小面积绿地加以整合利用；居住区、组团内的绿地则需根据活动需求，集约利用绿地空间，如增设健身器材、晾衣架等（图4-147）。

图4-147　绿地内设置健身器材、晾衣架

植被类型应遵循复层种植原则，一方面乔灌草搭配种植丰富植被层次，另一方面增加植被种类，丰富老人的视觉和情感体验，整体上塑造积极向上的情感氛围。选择适生的当地乡土树种。植物搭配整体上应以常绿和落叶搭配，北方寒冷地区需以常绿树种为骨干（图4-148）。

图4-148　乔灌草搭配花境式种植、北方以常绿树种为主的种植

（2）结合空间性质进行种植搭配

在私密性的、活动相对静态的空间需加强种植的密度，多利用绿篱以围合或半围合的形式进行空间分割，或采用分支点较低的乔木如部分松科、竹科植物进行遮挡，应注重场地的遮荫效果。在开敞的公共活动空间需选择分支点较高的、冠大荫浓的树种保证人视线开敞的同时又能满足遮荫效果（图4-149）。

图4-149　围合/开敞空间的种植示意

（3）根据季节变化搭配植物

充分考虑植物季节性变化对老年人活动空间舒适度的影响，注重常绿和落叶植物的搭配种植，在住区老人经常活动的场地，特别是户外座椅处，考虑种植落叶乔木，在夏季起到遮阳伞的作用，冬季叶子落下后，又不阻挡宝贵的阳光。在具体设计中，落叶乔木的种植间距要合理，根据品种及冠幅进行设计，一般以5～7m为宜，叶面积密度以及树冠水平覆盖面积要尽量大。乔木的树种选择、场地中的种植位置、种植方式，要根据夏季老年人户外活动具体时段的太阳高度角、方位角来确定。

活动场地周边可用绿篱及常绿植物分割、限定空间，遮挡或引导视线的同时在局地小气候的调节与改善上也能起到一定的作用。在供老年人使用的住区室外场地的冬季主导风的方向，以及由于建筑布局引起的局地气流（如巷道风、转角风）方向，考虑布置防护绿篱，阻挡冬季冷风的侵扰，成为场地的风屏障。具体设计中，防护绿篱的植物选择、修剪高度以及长度等，要与场地的活动性质以及老年人的坐姿高度等设计因素相协调（图4-150）。

（4）提倡开放互动，鼓励参与设计

绿地可以通过局部开放草坪或增设铺装场地的形式增加开放程度，拉近老年人和自然景观之间的距离。社区可建立公众参与改造设计机制，将一些宅前绿地或公共开放的绿地空间进行改造，以划定责任、分区认领的形式让老年人参与绿地的维护，或种植自己喜爱的植物，丰富植物景观的同时让老年人身心愉悦，获得归属感（图4-151）。

图4-150　暖色调种植、冷色调种植

图4-151　老人参与养护种植

（5）结合康复功效进行景观设计

植物景观的设计可根据场地面积以及老年人群体需求进行康复花园模式的设计。选种方面，可结合植物的药用价值进行植物配植选种，也可选择不同颜色、气味和质感的地被草本植物刺激人的视觉、嗅觉、触觉。

有条件的社区或居住区可在特定区域设立园艺操作空间或小型康复花园，如可利用屋顶空间或废弃场地设立单独的园艺操作区，可集中进行药用植物、观赏花卉、蔬菜等的种植（图4-152）。

2）活动场地的适老化改造要点

（1）场地功能要与老年人活动能力相匹配

要有基本的圈层概念，按照距离住宅由近及远布置适合老年人活动能力的空间。

近宅范围活动圈中，高龄老年人参与度较高，偏向于静坐、闲谈等个体行为，在该圈层应增加光照条件、视线良好、安静舒适的休憩静坐型空间的数量，且适当增加此类空间面积。同时由于距家范围较近，空间参与度高，在此圈层内也应适当增加交往、景观等必要功能空间数量。

组团范围活动圈中，中低龄老年人数量较多，偏向于闲谈、照看、棋牌等成

图4-152　园艺操作台、屋顶花园

组行为，在该圈层应增加邻里交往、休闲娱乐、文化学习等空间数量，适当增加此类空间面积，同时提升道路系统及景观空间的品质。

对于宅间距较短，活动空间相对紧凑的住区，在由近及远的原则上提升空间的复合功能，在充分了解住区活动需求的基础上按照主要的活动类型布置活动空间（图4-153）。

城镇老旧小区改造综合技术指南

城市更新与老旧小区改造丛书二

| 社区范围活动区 | 组团范围活动区 | 近宅范围活动区 |

图4-153　空间布局圈层结构

（2）结合当地气候特点进行场地布局

结合当地主导风向、周边环境、温度湿度等微气候条件，采取有效措施降低不利因素对老人生活的干扰。寒冷地区的活动场地应尽量布置在主导风向的上风向，南向住宅的楼前场地周边应注意采取挡风墙体或植物围合；热带地区活动场地东南侧开敞以引入夏季主导风，西北侧为种植区，种植乔木，阻挡冬季主导风，遮荫等静态休憩区一般布置在东南侧，应位于住宅南向楼后。

（3）提升场地功能的复合性

老年人活动场地应丰富场地功能，满足多种活动的需求，提升功能复合性，促进老年人户外活动（图4-154）。空间设计要围合和开敞相结合，动静结合。可利用围合及半围合的空间形态，屏蔽周边环境噪声，为老年人提供安静且私密的场所。开敞空间则为聚集性的活动提供场所。

图4-154　复合功能场地

（4）场地尺度的合理设置

老年人活动场地规模应以170～450m²为宜，场地设计时注重老年人体工程学，做到场地尺度适宜。对于开放性要求较高的活动空间，应清除原有空间障碍、适当拓宽边界，保证一定的规模尺度。私密空间一般容纳5～7人，尺度过大会导致围合感、私密性的下降，场地面积控制为10m²左右，或用绿化及构筑小品等将空间分隔为复合功能的空间。

当老年人在活动场地外观测场地内情况时，若过度受到植被遮挡会存在安全感降低的情况，从而降低场地活动频率，因此在老年活动场地周边种植的灌木、绿篱高度一般应控制在50cm以下；另外，应保证老年人及时被看护人员或路过行人观测或进行救治，植物的树冠不能遮挡视线，乔木分支点应为2m以上（图4-155、图4-156）。

图4-155　活动场地外缘植物高度控制示意图

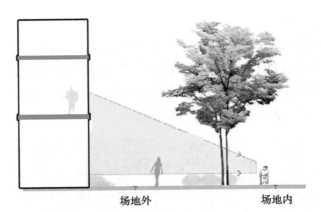

图4-156　活动场地植物高度与视线关系示意图

（5）铺装材料的选择原则

①安全舒适的景观材料：小区所用的景观材料应为老年人营造安全舒适的户外活动空间，如彩色塑胶、彩色防滑路面、塑木等（图4-157）。

②生态环保的景观材料：实现低成本景观营造，减少石材等不可再生材料的应用，可用水泥制品代替，如PC仿石砖、水洗石等；采用透水材料，如透水混凝土砖、透水PC仿石砖、透水彩色混凝土、透水彩色沥青等，符合海绵城市建设要求（图4-158）。

图4-157　塑胶健身场地、塑木场地

图4-158　仿石砖、水洗石铺装

③避免使用的材料：场地铺装应防滑，避免使用抛光石材、光滑水磨石、易长青苔的青砖、瓷砖等材料。玻璃、散置碎石、散置卵石等有安全隐患的材料不宜用于老人活动区域。

3）服务设施的适老化改造要点

（1）座椅

小区慢行系统沿线以及活动场地周边应布置休息座椅。座椅的间距可根据慢行系统要求设置，步道宽度大于1.5m时，休息设施可沿步道一侧布置；步道宽度小于1.5m时，休息设施应结合沿线空间呈凹入式设置，便于步道通行（图4-159）。

步道宽度小于1.5m座椅布置　　　　步道宽度大于1.5m座椅布置

图4-159

户外座椅应充分考虑老年人使用要求，尽可能提供有靠背及扶手的座椅，坐高不宜过高（建议35～40cm），宜选用木质或其他导热性低的材料，尽量避免使用石材、金属等导热性高的材料。

座椅宜设置在高大乔木下或遮阳廊架下，在满足老年人安全舒适要求的前提下鼓励创意设计，结合花池、树木等要素，增加设计的创意性、文化性，吸引人群休憩交往。

（2）健身设施

健身设施可布置在视线开阔、开敞性较高的区域，设立专门的健身场地。也可根据住区实际需求，结合社区慢行系统、城市绿道沿线布置。健身场地的改造要从老年人实际需求出发，对居民常用的设施、场地进行重点改造，并结合一定的文化表达，提倡鼓励造型的艺术设计（图4-160）。

4）景观小品

花坛花钵等造型应避免出现锐角，采用倒圆角设计。在满足功能要求的前提下，兼顾景观品质和艺术气息，为老年人营造温馨的人文环境（图4-161）。

景墙、挡墙以及亭廊等构筑物的形式、色彩等应与场地记忆、社区文化、地

图4-160　健身场地改造前后

图4-161　花池收边倒圆角设计

域文化特色融合，应着重了解社区老年群体的文化需求，展现老年群体共同的文化兴趣。开展关于老年人经历、文化背景的调查，结合景观小品进行展示，增强老年人的归属感和文化认同感，同时鼓励老年人自主地文化表达（图4-162）。

图4-162　社区文化的融合表达

4.8.3　儿童友好环境

1.儿童游乐场地现状主要问题及改造原则

1）主要问题

老旧小区中普遍缺少儿童游乐场地，儿童常使用成人健身器材玩耍，由于健身设施尺寸不适合儿童使用，常常出现安全事故。部分小区儿童游乐区铺装破损、设施老旧，存在很大的安全隐患。因此，老旧小区改造中应在满足基本功能要求的基础上增设儿童专用游乐场地。

2）改造原则

（1）将儿童友好理念融入改造设计中，尊重儿童权利，维护儿童利益，建设有利于儿童健康快乐成长的社区环境。

（2）以保障儿童游戏、休闲等活动的安全为前提，其场地布局、交通组织及各类设施设置均应达到国家相关安全标准。

（3）根据儿童各年龄段的心理特征和生理特征合理设置游乐场地和设施。

2.儿童游乐场地改造要点

1）儿童游乐场地

（1）儿童游乐场地的选址应从安全性和卫生角度出发，选择阳光充足、空气清新畅通、绿化良好、适当遮荫，并有一定围合感的空间。其周边没有高空坠物、交通事故、噪声源、危险化学品或易燃易爆品等危险源，并尽量远离小区内垃圾收集点和垃圾站。儿童游乐场地不得影响、占用消防车道及消防扑救场地。

（2）儿童游乐场地的规模根据小区儿童数量按 0.5～1m²/人（儿童）计算。单个儿童游憩场地规模应根据儿童年龄特征进行分区设置，一般分为幼儿区（1～3岁）、学龄前区（3～6岁）、学龄区（6～12岁）。考虑到宅间公共绿地是儿童最方便到达的活动场地，应优先设置低龄儿童活动区。小区内公共绿地可设置学龄前区和学龄区儿童游憩场地，如用地有限，可以学龄前区为主设置混合儿童区（图4-163）。

图4-163　混龄儿童游乐区

（3）幼儿区游乐场地主要满足1～3岁儿童户外活动需要。此年龄段是儿童动作和感官快速发展的时期，可以进行爬行、走路、跳跃以及简单的游戏活动（图4-164），1～3岁儿童仍需要家长的陪同看护，因此游憩设施周边应留有家长陪同及辅助儿童活动的空间，且场地周边应设置休息区。

图4-164　幼儿区儿童游乐场地

（4）学龄前儿童游乐区主要满足3～6岁儿童户外活动需要（图4-165）。此年龄段儿童活泼好动，体力增强，交往能力也增强，喜欢跟同龄小伙伴一同玩耍，儿童独立活动能力增强，但仍需家长陪同，游憩场地周边应设置休息区，有条件可设置符合儿童身高的座椅。休息区应保证视线通道无遮挡，便于家长看护儿童（图4-166）。游憩场地应有一定的围合，围护设施可采用绿化带、围栏、围墙等形式，主要作用是与道路隔离，提高场地安全性，避免儿童走失。

（5）学龄区儿童游乐场地主要满足6～12岁儿童户外活动需要，主要针对小学生，此年龄段儿童体力智力进一步发展，能进行较长时间和较大强度的户外活动，运动技能、自控能力、交往能力和竞争意识都有所增强，喜欢集体活动、体育运动和智力活动。因此，他们需要更大规模活动空间（图4-167）。活动场地周边应设置休息座椅，便于彼此交流，也为家长提供休息设施。

图4-165　学龄前区儿童游乐场地

城镇老旧小区改造综合技术指南　城市更新与老旧小区改造丛书二

图4-166　学龄前区儿童休息区

图4-167　学龄区儿童游乐场地

（6）不同年龄段儿童游乐场地可以相邻设置，也可分开设置。相邻设置可以采用铺装区分、绿化隔离、围栏隔离等措施。

2）儿童游乐设施

（1）儿童游乐设施要保障儿童使用安全，设施结构强度、刚度及稳定性应满足正常使用下的各种功能要求，并应满足最不利情况下的安全要求。

（2）儿童游乐设施应采用正规厂家并有使用合格证的产品，并应定期检查、维护，保障使用安全。

（3）儿童游乐设施应造型活泼，色彩明快，类型选择应与场地分龄使用相符合。低龄儿童游乐场地可设置草坪、沙坑、摇马、滑梯、跷跷板等幼儿活动设施；学龄前儿童游乐场地可设置组合滑梯、秋千、攀爬网；学龄儿童游乐场地可设置攀爬架、乒乓球台、羽毛球场、篮球场、科普类设施等。由于小区内用地有限，游乐设施常采用组合形式，成品定制（图4-168～图4-171）。

（4）儿童游乐设施周边及不同设施之间应预留游戏缓冲区，避免儿童奔跑发生碰撞（图4-172）。缓冲空间一般不小于1.5m宽。

（5）有跌落风险的儿童游乐设施周边的铺装材料宜选用塑胶、沙地等软性材料，以有效降低运动的磕碰，保证儿童活动的安全。

图4-168　幼儿区组合设施

图4-169　学龄前区组合设施

图4-170　学龄区攀爬网

图4-171　色彩明快的铺装

城市更新与老旧小区改造丛书二

图4-172　缓冲区及围合绿化带设置

3）儿童友好道路及铺装

（1）通往儿童游乐场地的道路应满足无障碍通行要求，宽度不得小于1.5m，转弯半径应便于儿童手推车及儿童自行车通行。有高差时应设置坡道，坡度不应大于1：12。

（2）儿童游乐场地的铺装材料和色彩应符合儿童审美与心理要求，不同年龄段场地铺装应加以区分（图4-173）。

（3）儿童游乐设施及其缓冲区域场地宜选用柔软、耐磨、防滑的地面材料（图4-174）或合成材料面层，其平均厚度不应小于10mm。

图4-173　铺装区分　　　　　　　　　　图4-174　绿化隔离

（4）幼儿园及小学周边道路应满足家长接送孩子的需要，设置一定面积的家长等候区，并应满足人车分流要求，避免接送儿童高峰时段周边道路交通拥堵（图4-175，图4-176）。

图4-175　小学门前铺装设计　　　　　　图4-176　家长等候接送区

（5）有条件可设置儿童专用运动场地，并要求与成人使用的运动场地分开。儿童运动场地可采用非标准运动场地，如小型篮筐、足球门等体育设施的设置，应按照儿童不同年龄段设计和布置，其尺寸符合相应年龄段的身高特点；铺装色彩可以更加丰富多样（图4-177）。

图 4-177　非标准运动场

4.9 照明环境整治

4.9.1 功能照明

老旧小区大部分是20世纪80年代前后由各系统、单位为解决职工的住房问题而自行建设的，小区规模往往不大。由于规划、建设时间较早，配套设施比较落后，很多老旧小区存在没有配套路灯设施、路灯设置不合理、设施老旧退化、照明暗区较多、产生光污染、后期维护困难等情况（图4-178）。

图 4-178　老旧小区道路路灯现状

随着市民生活水平的提高，夜生活越来越丰富，对室外公共区域亮起来的期望也越来越高，所以在老旧小区改造中，要保证夜间车辆正常行驶和行人的安全，满足功能性需求。在改造整治过程中应该遵循经济适用、节约能源、保护环境、防止光污染的原则（图4-179）。

图4-179　改造后老旧小区道路路灯白天和夜晚实景图

老旧小区的道路一般都比较窄，大多为单车道，应结合区域公众夜间活动需求，进行全覆盖的功能照明建设。照明应重点设置在小区的出入口、人车混行道路、活动场地等居民活动频繁的公共区域。照明设施建设标准应符合现行行业标准《城市道路照明设计标准》CJJ 45和《城市道路照明施工及验收规程》CJJ 89的规定要求。可根据道路路宽、路边停车、交通和人行密度等因素，确定老旧小区内各条道路的照明等级。小区机动车道照明等级一般应为支路，路面平均照度维持值宜为8lx（图4-180）。

级别	道路类型	路面亮度			路面照度		眩光限制阈值增量 TI（%）最大初始值	环境比 SR 最小值
		平均亮度 L_{av}（cd/m²）维持值	总均匀度 U_o 最小值	纵向均匀度 U_L 最小值	平均照度 $E_{h,av}$（lx）维持值	均匀度 U_E 最小值		
Ⅰ	快速路、主干路	1.50/2.00	0.4	0.7	20/30	0.4	10	0.5
Ⅱ	次干路	1.00/1.50	0.4	0.5	15/20	0.4	10	0.5
Ⅲ	支路	0.50/0.75	0.4	—	8/10	0.3	15	—

注：1　表中所列的平均照度仅适用于沥青路面。若系水泥混凝土路面，其平均照
　　　度值相应降低约30%。
　　2　表中各项数值仅适用于干燥路面。
　　3　表中对每一级道路的平均亮度和平均照度给出了两档标准值，"/"的左侧
　　　为低档值，右侧为高档值。
　　4　迎宾路、通向大型公共建筑的主要道路、位于市中心和商业中心的道路，
　　　执行Ⅰ级照明。

图4-180　CJJ 45中机动车道路照明标准值

灯杆造型应与周围建筑、景观风貌相和谐，充分兼顾白天及夜间的视看效果。功能照明设置不当，则可能会产生光污染并严重影响居民的日常生活和休

息。所以在设置路灯时，如部分灯光会给邻近住户的窗户带来一定的影响，则应对立杆的位置和灯具投射方向进行适当调整，尽量避免产生光干扰（图4-181）。

图4-181 老旧小区路灯防光干扰布置示意图

路灯的布置主要以单侧布灯为主、根据道路的宽窄还可选择交错布灯与对称布灯方式（图4-182）；一般灯杆间距为15～20m，灯杆高度为4～6m，具体参数可通过软件模拟计算来确定。

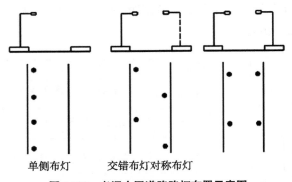

单侧布灯　　　　交错布灯对称布灯

图4-182 老旧小区道路路灯布置示意图

老旧小区功能照明应采用功能性灯具，并应根据道路宽度来选择灯具的光度参数。灯具的配光类型宜为半截光或截光型，防护等级为IP65（图4-183）。

根据老旧小区的实际情况，符合道路照明规范标准的现有照明光源可保留使用，同时逐步更新传统光源。新建、更换照明设施应在满足照明指标要求的基础上，优先选用LED光源，光源色温以4000K左右为主（图4-184）。

老旧小区的住宅楼一般较低，栽种的高大树木比较少，对太阳光遮挡也就比较少，所以在满足太阳能板接收充分光照的向阳区域可采用太阳能灯具（图4-185、图4-186）。

图 4-183　老旧小区道路路灯配光合理意向图

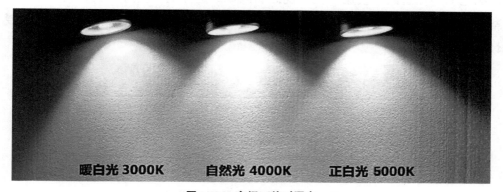

暖白光 3000K　　自然光 4000K　　正白光 5000K

图 4-184　色温K值对照表

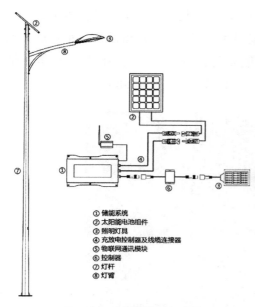

① 储能系统
② 太阳能电池组件
③ 照明灯具
④ 充放电控制器及线缆连接器
⑤ 物联网通讯模块
⑥ 控制器
⑦ 灯杆
⑧ 灯臂

图 4-185　太阳能路灯系统图

图 4-186　太阳能路灯白天实景图

4.9.2 景观照明

老旧小区原则上不鼓励进行景观照明建设。以丰富居民的夜间生活为主要目的，结合业主意愿，允许在限定区域进行适度的景观照明建设，如照明规划中该小区正好位于重要景观街道的位置上，可在沿街侧进行少量的景观照明设置。要因地制宜选择合理的照明方式，在体现景观、建/构筑物形态特征的同时，避免产生光侵扰。禁止使用外轮廓勾线等低品质的照明方式，并需兼顾白天及夜间的视看效果，其照明设计应与所在区域的整体夜景气氛相协调，不得影响老旧小区道路的使用。在景观照明区域的选择上，应避免景观照明对住区室内产生光侵扰，且应避免其安装、维护过程中对住区住户的日常生活产生侵扰（图4-187）。

屋顶泛光照明　　　　　　　　　屋顶轮廓照明
局部重点照明　　　　　　　　　局部重点照明

图4-187　老旧小区景观照明示意图

有条件的区域在人流集中的室外场地、绿地可适当增加提高环境氛围的景观照明。应根据功能、风格、周边环境和夜间使用情况，采用庭院灯、草坪灯、地埋灯等与场地相适应的照明方式，其功能照明宜与景观设施一体化设计等相结合，灯具选择应考虑周围环境，符合载体的整体效果（图4-188）。

图4-188　老旧小区景观照明意向图（一）

老旧小区景观照明的光色宜以静态暖色光（以2700～3000K为宜）为主，局部允许适度使用缓慢动态照明以活跃公共空间的夜景氛围，实现灯光效果的艺术化呈现（图4-189）。

图4-189　老旧小区景观照明意向图（二）

编写人员：

中国城市建设研究院有限公司：刘玉军、李哲、张莉、吴婵、董东箭、王媛媛、吴苏南、邝爱玲、遇琦、柴园园、韩笑、文源、安爱明、崔乃夫

中国建筑技术集团有限公司：李东彬、李伟龙

全国市长研修学院：张佳丽

中国生态城市研究院：刘杨

第五章
提升类改造实用技术

提升类改造是指为了丰富社区服务供给、提升居民生活品质、立足小区及周边实际条件而进行的改造，主要是公共服务设施配套建设及其智慧化改造，包括改造或建设小区及周边的社区综合服务设施、卫生服务站等公共卫生设施、幼儿园等教育设施、周界防护等智能感知设施，以及养老、托育、助餐、家政保洁、便民市场、便利店、邮政快递末端综合服务站等社区专项服务设施。

社区综合服务设施包括了社区服务站（含社区服务大厅、警务室、社区居委会办公室、居民活动用房、活动室、阅览室、残疾人康复室）及文化活动站（包括书报阅览、书画、文娱、健身、音乐欣赏、茶座等，可供青少年和老年人活动的场所），可与卫生服务站合并建设，既集约用地，又能方便高效地服务周边居民。托儿所、幼儿园宜独立占地，场地周围采取隔离措施，防止幼儿从园区周围走失，也可防止其他无关人员进入托儿所、幼儿园，保证托儿所、幼儿园的安全。

提升类改造，要鼓励社会力量、社会资本的投资，通过设计、改造、运营给予一定的补助和支持，更多的是依靠社会专业化的服务和社会专业化的投入来解决。提升类改造涉及养老、抚幼、文化室、医疗、助餐、家政、快递、便民、便利店等设施，这些设施后面都带着公共服务，有些是非公益化或半公益化的。考虑到地区差异比较大，各省包括区市可以在此基础上根据自己所在的城市需求来制定城市或者社区需要改造的提升类内容清单。

通过贯彻落实习近平总书记关于更好为社区居民提供精准化、精细化服务的重要指示精神，建设让人民群众满意的居住社区，进而更好地满足人民日益增长的美好生活需要。

5.1 公共服务设施配套建设及其智能化改造

公共服务设施配套建设及其智慧化改造，包括改造或建设小区及周边的社区综合服务设施、卫生服务站等公共卫生设施、幼儿园等教育设施、周界防护等智能感知设施。

5.1.1 社区综合服务设施

1.社区综合服务设施用房的分类

1）社区综合服务设施用房

社区综合服务设施用房是指社区组织工作用房和居民公益性服务用房，包括（不限于）社区公共服务中心、网格片区公益互助中心、居民小区公众活动中心。

（1）城市社区公共服务中心（含社区党委工作站）：主要用于社区组织办公用房、便民服务站、养老服务站、青少年活动站、新市民培训站、社区数字化管理和服务平台、多功能活动室、警务室、档案室。

（2）网格片区公益互助中心（含片区总支工作站）主要用于党组织办公用房、网格化管理信息中心、治安巡逻工作站、矛盾纠纷调解室、爱心援助站、志愿者工作站（社会组织孵化站）。

（3）居民小区公众活动中心（含小区支部工作站），主要用于党组织办公用房、党员活动室、医疗卫生室、文体娱乐活动中心。

社区综合服务设施的设计应符合相关要求，位置应临近小区出入口或小区干道，在地面以上并位于建筑的一至二层，有独立的出入口、楼梯间及卫生间等；具备水、电、气、采光、通风等基本功能，竣工后达到交付使用条件。

2）5分钟生活圈居住区用房

以居民步行5分钟可满足其基本生活需求为原则划分的居住区范围：由支路及以上级别城市道路或用地边界线所围合，居住人口规模为5000～12000人（1500～4000套住宅），配建社区服务设施的地区；以此居住人口规模对应的综合服务设施面积在450～1200m²。

5分钟生活圈居住区的配套设施一般与城市社区居委会管理相对应。随着我国社区建设的不断发展，文体活动、卫生服务、养老服务都已经成为基层社区服务的重要内容。

2.社区居委会办公和活动用房标准

1）社区服务站建设规模分类及其房屋建筑面积

根据《城市社区服务站建设标准》建标167-2014，城市社区服务站建设规模按社区常住人口数分为三类，其房屋建筑面积可按照表5-1规定。

2）社区工作用房和居民活动用房建筑面积比例

社区综合管理服务用房，包括社区工作用房和居民活动用房，建筑面积应分别确定，居民活动用房建筑面积不应低于总建筑面积的50%。

城市社区服务站建设规模分类及其房屋建筑面积　　　　　　表5-1

类别	社区常住人口数（人）	建筑面积（m²）
一类	6000～9000	800～1000
二类	3000～6000（不含）	600～800
三类	3000人以下（不含）	600

（1）社区工作用房使用面积（表5-2）。

社区工作用房使用面积比例表　　　　　　表5-2

用房名称	一类（800～1000m²）	二类（600～800m²）	三类（600m²）
服务厅	15.5%（124～155）	15.7%（94～126）	16.1%（97）
调解室	1.7%（13～17）	2.1%（13～17）	2.9%（17）
警务室	3.5%（28～35）	3.5%（21～28）	3.6%（22）
计划生育服务室	3.5%（28～35）	3.5%（21～28）	4.3%（26）
社会工作室	3.5%（28～35）	3.1%（19～25）	3.6%（22）
慈善物品保管室	3.5%（28～35）	3.5%（21～28）	4.3%（26）
社区办公室	6.9%（55～69）	7.3%（44～58）	8.6%（52）
辅助用房	3.5%（28～35）	4.2%（25～34）	4.3%（26）
合计	41.6%（333～416）	42.9%（257～343）	47.7%（286）

（2）居民活动用房使用面积（表5-3）。

居民活动用房使用面积比例表　　　　　　表5-3

用房名称	一类（800～1000m²）	二类（600～800m²）	三类（600m²）
居民议事室	5.2%（42～52）	5.2%（31～42）	5.7%（34）
社会组织活动室	1.7%（14～17）	2.1%（13～17）	—
文体活动室	20.6%（165～206）	19.2%（115～154）	19.2%（115）
阅览室	11.5%（92～115）	10.1%（61～81）	9.5%（57）
残疾人康复室	2.6%（21～26）	3.1%（19～25）	—
多功能室	13.3%（106～133）	13.9%（83～111）	14.3%（86）
公共卫生间	3.5%（28～35）	3.5%（21～28）	3.6%（22）
合计	58.4%（438～584）	57.1%（343～457）	52.3%（314）

3）社区工作用房和居民活动用房的建设要求

（1）社区服务站服务厅和居民主要活动用房宜设置在一层，在其他楼层时应设置电梯、升降装置或无障碍坡道。

（2）综合服务设施项目配置电梯、升降装置将增加后期的维护费用，对于老年人、幼儿等存在一些使用障碍，在场地允许的情况下优先将相关服务用房及活动用房布置在一层。

4）社区综合服务设施标准

社区综合服务设施是供机关、团体和企事业单位办理行政事务和从事各类业务活动的建筑物，属办公建筑。社区综合服务设施可以合建，也可独立建设。按照现行行业标准《办公建筑设计标准》JGJ/T 67，社区综合服务设施属于普通办公建筑，设计使用年限为50年或25年（表5-4）。

办公建筑分类 表5-4

类 别	示 例	设计使用年限
A类	特别重要办公建筑	100年或50年
B类	重要办公建筑	50年
C类	普通办公建筑	50年或25年

3.社区综合服务设施的无障碍设计

（1）建筑的出入口：为无障碍出入口；出入口大厅、休息厅、贵宾休息室、疏散大厅等场所有高差或台阶时应设轮椅坡道，提供休息座椅和可放置轮椅的无障碍休息区。

（2）室内公众通行走道：为无障碍通道，走道长度大于60m时宜设休息区，休息区应避开行走路线；公众使用的楼梯宜为无障碍楼梯。

（3）公共厕所：男、女公共厕所均应设置1个无障碍厕位和1个无障碍洗手盆或在男、女公共厕所附近设置1个无障碍厕所。

4.布置形态

（1）大空间办公：将若干个部门安置于一个大空间中，办公桌用挡板分隔。开敞式办公空间省却了门和通道的位置，节省了空间，装修、供电、信息线路、空调等的费用也会相应降低。开敞式办公室通常选用组合式家具，各种连接线路可暗藏于间格或家具之中，使用、安装、拆卸和搬迁都较为方便。开敞式办公室存在部门间的干扰，照明和空调相比封闭式办公室耗费较大。

（2）小房间办公：以部门或工作性质为单位分别安排在不同的房间中，相互干扰小，灯光空调系统可独立控制。可根据不同的间隔材料，分为全封闭式、透明式或半透明式。封闭式的办公可使各空间具有较高的保密性。透明式的间隔还可以通过加装窗帘而成为封闭式。

（3）窗口式办公：各职能单位选派业务骨干到中心设立办事窗口，实行一站式服务，便于区分内部办公区域与外部公众区域。要注意办事窗口的高度，方便群众办事。

5.社区综合服务设施的信息化、智能化

1）公共活动区的基础环境

（1）通过城镇老旧小区改造完善（新建）的小区室内公共活动区，区域面积符合现行国家标准《绿色建筑评价标准》GB/T 50378的要求，满足小区公共活动的需要：

①老年人活动中心：按功能区分，如音乐、戏曲及视听、棋牌、休息、体育运动、健康及理疗等，环境安静、方便老年人出入；

②党建及社区文明建设：基层党组织活动、党建资料展示及阅览，社区文明建设成果宣传等，提供独立活动、阅览环境；

③社区服务咨询及接待中心：提供咨询服务、信息查询、服务登记、物业费和停车费收缴、房屋出租和租赁信息登记备案等；

④自助服务区：采用电子信息屏实时发布社会热点新闻、小区公告、物业服务信息等；采用自助一体机提供信息查询、缴费、小区办卡、租房续延、证照办理等业务。

（2）满足公共活动区对环境及装修的要求：

①室内电子信息系统的设备环境（机房）可按照行业对于环境标准的要求；

②室内公共活动区域宜配置空调和新风系统；

③室内装修及装饰装修材料选择按照现行国家标准《民用建筑工程室内环境污染控制规范》GB 50325的有关规定。

（3）电信运营商光纤入室、宽带接入能力不低于1000Mbps、Wi-Fi无线网络室内全覆盖、无线数据网室内全覆盖；党建及视听区接入广电高清、超清电视双向网络；接入小区局域网。

（4）宜在室内公共活动区域设置的管理和安全技术防范包括：

①配置出入管理设施设备（如门禁、小区一卡通）进行室内公共区域的出入管理；

②安装电子信息显示屏，提供公共信息发布服务；

③安装视频监控进行7×24小时无死角监控；

④涉及个人隐私和安全的自助服务业务（自助一体机）应提供封闭的业务环境；

⑤连接小区公共广播系统，紧急情况可发布通知信息和紧急避险通知。

2）设施设备

老人活动中心的设施设备包括：

（1）棋牌区：棋牌、麻将等老人智益活动的相关设施设备；

（2）音乐、戏曲及视听区：电视机、音响及扩音系统、灯光等视听活动设施设备；

（3）休息区：电视机、茶饮等休闲设施设备；

（4）体育运动区：室内运动器械、泳池等设施设备；

（5）健康及理疗区：智能按摩椅等健康、理疗设施设备。

6.社区综合服务用房实例

随着国内经济的发展，人民生活水平不断提高，社区综合服务用房的服务内容在变化，面积需求在提升，建设标准也在不断提升。在既有建成小区中，较好地实现配套社区综合服务用房，需要各方共同努力。

建成区的社区用房由房管部门责成物业管理公司无偿提供和县（区）政府、街道利用社区内拆除闲置空地（符合规划）新建的方式解决。

1）北京市丰台区

解决社区用房面积达标，即"够用"的问题，仅是完成了改善计划的第一步；解决历史欠账，改善社区用房地下、半地下和场所分散状况，即"好用"的问题；之后集中力量，改善所有社区用房环境，实现面积达标、结构合理、环境优化、功能齐备，让社区工作人员和居民的幸福感、满意度得到明显提升，即实现"高质量、高标准"的最终目标。

以北京市丰台区为例，从2009年至2019年，丰台区逾200处社区办公和服务用房面积达标、环境改善，95个新建、改扩建项目先后落成，7个购置项目办理房产证书，73个租赁项目投入使用，10余处配套社区用房移交街道（地区）办事处。

2）上海普陀区长征镇

普陀区长征镇26个居委会全部改建成了"邻聚"社区公共客厅——在这里，居民们可以了解脚下这片土地的历史，可于这处温馨天地里开个小会、惬意休憩，做个简单的自助体检；而居委会干部们则没有了固定工位，"共享办公"模式颠覆了他们的原有工作方式……"高颜值"硬件的背后，是整个基层服务理念的颠覆。

居委会设了一个"友好的前台"，承担"首问接待"功能（图5-1）。每天有社工轮流负责接待居民来访，第一时间了解居民诉求并给予解答。前台接待方式的改变，其实意味着对社工提出的要求更高了，每名社工必须具备"全岗通"能力，知晓各条线的业务，才有能力承接来访居民的各种诉求。

3）北京市大兴区某小区

在北京市大兴区某小区的改造过程中，将废弃的配电用房改造成供居民议事、休闲活动的空间（图5-2）。

图5-1　上海市普陀区长征镇某社区居委会友好前台

改造前　　　　　　　　　　　　　　　　改造后

图5-2　北京市大兴区某小区利用废旧配电用房进行改造

5.1.2　卫生服务站等公共卫生设施

1. 建设内容及要点

1）概述

近年来，各城镇为满足城区居民基本医疗卫生服务需求，采取多种方式加快推进社区卫生服务机构建设，构架以区、县级医院为依托、社区卫生服务中心为主体、社区卫生服务站为基础的社区卫生服务体系，为广大居民提供了安全、有效、便捷、经济的公共卫生和基本医疗服务。

社区卫生服务中心、站因服务人口数量和地区经济发展差异在规模上存在较大差距，各级社区卫生服务中心、站应按服务人口数量，合理确定建设规模，有效利用卫生资源。

在社区卫生服务中心服务半径以外的地方下设若干社区卫生服务站，提供延伸覆盖服务。社区卫生服务站是按照国家医改规划而设立的非营利性基层医疗卫生服务机构，以健康为中心、家庭为单位、社区为半径、需求为导向。社区卫生服务站集预防保健、全科医疗、妇幼保健、康复治疗、健康教育、计划免疫、计划生育指导于一体。

社区卫生服务站承担疾病预防等公共卫生服务和一般常见病、多发病的基本医疗服务；危急重病、疑难病症治疗等应交由综合性医院或专科医院。

2）建设标准

（1）社区卫生服务中心（街道办事处范围）按服务人口确定建设规模：可分为3档，3万～5万人为1400m²、5万～7万人为1700m²、7万～10万人为2000m²。

（2）每个社居委或按每万名服务人口设立一个社区卫生服务站；超过步行10～15分钟距离范围的居民集中居住区应增设社区卫生服务站。社区卫生服务站服务人口宜为0.8万～1万人，建筑面积宜为150～220m²。

（3）社区卫生服务站人员配备：按照不低于3～5人配备，具备国家规定的相应执业资格条件。至少配备执业医师1名；开展输液服务的社区卫生服务站至少配备护士1名（具备执业护士资格）；至少配备2名执业范围为全科医学专业的临床类别、中医类别执业医师；至少有1名中级以上任职资格的执业医师；至少有1名能够提供中医药服务的执业医师。

3）建筑设计要点

（1）场地包括主出入口、污物出口、机动车停车位、道路、绿地、非机动车停车位；附属设施包括变配电室、污水处理和其他设备用房。污物的运送宜设置单独出口。

（2）社区卫生服务中心宜为相对独立的多层建筑；设在其他建筑内时应为相对独立区域的首层或带有首层的连续楼层，且不宜超过四层。社区卫生服务站宜设在首层。

（3）社区卫生服务站项目构成包括房屋建筑、场地和附属设施。社区卫生服务站的房屋建筑主要包括全科诊室、治疗室、处置室、观察室、预防保健室、健康信息管理室等。设立咨询服务台、候诊区，开展导诊、分诊服务，提供轮椅、担架等便民设施。

（4）社区卫生服务站布局合理，充分保护患者隐私，无障碍，符合国家卫生学标准。

（5）诊室宜设置在底层并靠近出入口，治疗室、处置室应尽量靠近诊室设置。中医诊室可与针灸理疗室或康复室、治疗室临近设置。抢救室单独设置时门应直通门厅，并与急救车停车位有便捷的联系通道。抢救室使用面积不宜小于14m²；需考虑抢救设施、病人安放、医护人员操作等需要的空间。预防保健用房应自成一区，宜设单独出入口。

（6）设有病床的社区卫生服务中心：每床位25m²；50张床位以上时，每床位30m²。可设日间观察床5张。社区服务站至少设日间观察床1张，可不设病床。

基本单元平面布置示意见图5-3和图5-4。[①]

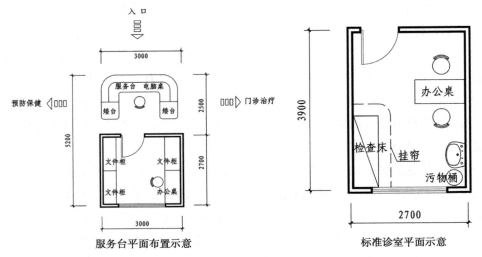

图5-3　基本单元平面布置示意图（一）（单位：mm）

4）建筑设备

（1）有必要的供暖、制冷设备。

（2）应有给水排水系统，并应有热水供应系统。

（3）一般用房、走廊和楼梯间等应采取自然通风。

（4）应使用光线均匀、减少眩光的照明灯具，每床位应装设一个插座。

（5）在离静电治疗机3m以内不应设置任何金属物，设在静电治疗室中的供暖散热片应有防感应措施。

2.社区卫生服务的信息化、智能化

1）大数据背景下的老旧社区卫生服务中心（站）

积极探索"互联网+"大数据在社区卫生健康服务中的应用，建立信息平台，实现大数据管理，运用信息化、标准化管理提升健康服务质量。

（1）构建完备的智慧社区健康服务体系，打造"数字化卫生服务体系"；

（2）建立全社区卫生健康信息管理系统，将民政、人社、卫生、公安等多部门信息资源和区域性信息服务资源进行整合。

2）建设智能化平台整合全社区健康数据，链接城市、区域健康大数据

（1）社区卫生服务智能化平台至少包括六大功能模块：健康档案、中医健康管理、用户分类管理、知识库、标准体系和系统设置管理。

---

① 图片来源：《社区卫生服务中心、站标准设计样图》。

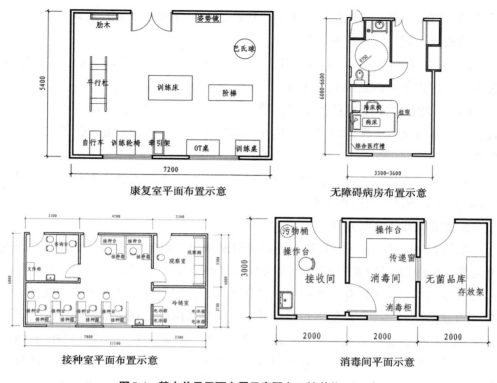

康复室平面布置示意　　无障碍病房布置示意

接种室平面布置示意　　消毒间平面示意

图5-4　基本单元平面布置示意图（二）（单位：mm）

（2）平台设计原则

①简便性：尽最大可能减少信息的重复录入，提高工作效率；

②安全性：确保重要信息及个人隐私的安全；

③开放性：支持医师自行管理证型辨识、健康问题设计及其相关的中医健康干预知识库的构建；

④智能性：中医健康信息采集功能，辅助医师进行中医问诊；辅助决策功能，辅助医师进行中医健康状态的辨识；干预方案生成功能，辅助医师进行中医健康干预方案的制定；智能提醒功能，及时提醒患者（居民）实施健康干预方案并反馈治疗效果。

3）社区的社群健康助理

将社区卫生服务智能化平台接入社群健康助理社区节点平台，通过进入小区的社群健康助理员，为小区居民提供服务：

（1）实现对小区居民卫生健康进行管理和服务，包括小区居民社群健康档案管理、宣教培训、就诊和保健咨询、代理、陪护。

（2）支撑社区开展卫生健康防护、爱国卫生运动，如社区环境卫生整治、健康科普、群众动员，提供消毒、清洁、送药、看护等防疫及生活保障工作，协助相关物资的登记、统计、发放等工作。

（3）可以为小区居民、物业、街道等提供App等便捷化管理工具，实现社区关于卫生健康各类信息的充分共享。

（4）支持公共卫生事件的健康预警，监视、识别公共卫生的健康预警事件，通过区、县级及以上平台将数据上传至本地区相应的卫生健康委、公安机关、应急部门等政府部门。

进入社区提供服务的社群健康助理社区节点平台工作人员应具备国家卫健委"社群健康助理员"的就业资质。

3.政策标准及发展方向

根据《关于进一步规范社区卫生服务管理和提升服务质量的指导意见》（国卫基层发〔2015〕93号）的要求：综合考虑区域内卫生计生资源、服务半径、服务人口以及城镇化、老龄化、人口流动迁移等因素，制定科学、合理的社区卫生服务机构设置规划，按照规划逐步健全社区卫生服务网络。在城市新建居住区或旧城改造过程中，要按有关要求同步规划建设社区卫生服务机构，鼓励与区域内养老机构联合建设。对流动人口密集地区，应当根据服务人口数量和服务半径等情况，适当增设社区卫生服务机构。对人口规模较大的县和县级市政府所在地，应当根据需要设置社区卫生服务机构或对现有卫生资源进行结构和功能改造，发展社区卫生服务。

1）改善社区卫生服务环境

社区卫生服务机构要为服务对象创造良好的就诊环境，规范科室布局，明确功能分区，保证服务环境和设施干净、整洁、舒适、温馨，体现人文关怀。预防接种、儿童保健、健康教育和中医药服务区域应当突出特色，营造适宜的服务氛围；挂号、分诊、药房等服务区域鼓励实行开放式窗口服务。鼓励使用自助挂号、电子叫号、化验结果自助打印、健康自测等设施设备，改善居民就诊体验。规范使用社区卫生服务机构标识，统一社区卫生服务机构视觉识别系统，统一工作服装、铭牌、出诊包等，机构内部各种标识须清晰易辨识。保护就诊患者的隐私权，有条件的应当做到一医一诊室。完善机构无障碍设施，创造无烟机构环境，做到社区卫生服务机构内全面禁止吸烟。

2）落实社区公共卫生服务

充分利用居民健康档案、卫生统计数据、专项调查等信息，定期开展社区卫生诊断，明确辖区居民基本健康问题，制定人群健康干预计划。实施好国家基本公共卫生服务项目，不断扩大受益人群覆盖面。严格执行各项公共卫生服务规范和技术规范，按照服务流程为特定人群提供相关基本公共卫生服务，提高居民的获得感。加强社区卫生服务机构与专业公共卫生机构的分工协作，合理设置公共卫生服务岗位，进一步整合基本医疗和公共卫生服务，推动防治结合。在稳步提高公共卫生服务数量的同时，注重加强对公共卫生服务质量的监测和管理，关注健康管理效果。

3）延伸社区卫生服务功能

根据社区人群基本医疗卫生需求，不断完善社区卫生服务内容，丰富服务形式，拓展服务项目。鼓励社区卫生服务机构与养老服务机构开展多种形式的合作，加强与相关部门配合，协同推进医养结合服务模式。鼓励社区卫生服务机构面向服务区域内的机关单位、学校、写字楼等功能社区人群，开展有针对性的基本医疗卫生服务。引导社区居民参与社区卫生服务，通过开展慢性病患者俱乐部或互助小组、培训家庭保健员等形式，不断提高居民的自我健康管理意识。

4）加强医疗质量安全保障

严格执行医疗质量管理的有关法律法规、规章制度及诊疗规范，加强医疗质量控制。加强一次性医疗用品、消毒剂、消毒器械等索证和验证工作。对口腔科、消毒供应室、治疗室、换药室和清创室等重点部门医疗器械和环境要严格执行清理、消毒和灭菌。加强院内感染控制，严格执行消毒灭菌操作规范，按要求处理医疗废物，实行登记管理制度，保证医疗安全。严格遵守抗菌药物、激素的使用原则及联合应用抗菌药物指征。合理选用给药途径，严控抗菌药物、激素、静脉用药的使用比例，保证用药与诊断相符。完善医疗风险分担机制，鼓励社区卫生服务机构参加医疗责任保险。

5）加强信息技术支撑

推进使用居民就医"一卡通"，用活用好电子健康档案。以省（区、市）为单位，统筹社区卫生服务机构信息管理系统建设，进一步整合妇幼保健、计划生育、预防接种、传染病报告、严重精神障碍等各相关业务系统，避免数据重复录入。推动社区卫生信息平台与社区公共服务综合信息平台有效对接，促进社区卫生服务与其他社区公共服务、便民利民服务、志愿互助服务有机融合和系统集成。不断完善社区卫生服务信息管理系统功能，逐步实现预约、挂号、诊疗、转诊、公共卫生服务以及收费、医保结算、检验和药品管理等应用功能，加强机构内部信息整合共享，逐步通过信息系统实现服务数量和质量动态监管。加强区域卫生信息平台建设，推动各社区卫生服务机构与区域内其他医疗卫生机构之间信息互联互通、资源共享。充分利用移动互联网、智能客户端、即时通信等现代信息技术，加强医患互动，改善居民感受，提高服务效能。

4. 工程案例

1）北京马家堡社区卫生服务中心

马家堡社区卫生服务中心位于丰台区马家堡街道，辖区占地总面积5.31km²，负责马家堡地区近20万居民的健康管理，其中户籍人口16万、流动人口4万。中心总面积为3965m²，现开设有：全科、妇产科、儿科、口腔科、皮肤科、中医科、针灸按摩、心理咨询等科室及2个社区站。医技科室有：放射科、B超室、心电图室、检验科等（图5-5）。

图5-5　马家堡社区卫生服务中心

2）杭州朝晖街道社区卫生服务中心

为了给社区居民和患者提供一个更好的就诊环境，2020年，区级民生实事项目对中心的风雨廊顶、墙面、地面及周边环境进行了改造提升。项目于2020年4月底完成整体设计，现已通过竣工验收。目前院区内整体环境和谐，就医环境温馨，让就诊的居民患者感到舒适（图5-6）。

3）杭州石桥街道社区卫生服务中心

石桥街道社区卫生服务中心医疗楼附房经鉴定为C级危房，存在巨大安全隐患。综合考虑人员往来安全、辖区居民需求及中心整体业务发展，于2020年对医疗副楼及中心外立面进行了整体提升改造（图5-7）。

改造前 改造后

图5-6 朝晖街道社区卫生服务中心

改造前 改造后

图5-7 石桥街道社区卫生服务中心

5.1.3 幼儿园等教育设施

学前教育是终身学习的开端，是国民教育体系的重要组成部分，是重要的社会公益事业。办好学前教育、实现幼有所育，是党和政府为老百姓办实事的重大民生工程，关系亿万儿童健康成长，关系社会和谐稳定，关系党和国家事业未来。

1. 建设内容及要点

1）幼儿园规模划分

幼儿园的规模，按班数进行划分（表5-5、表5-6）。

幼儿园的规模 表5-5

规模	班数（班）
小型	1～4
中型	5～9
大型	10～12

幼儿园的每班人数表	表5-6

规模	人数（人）
小班（3～4岁）	20～25
中班（4～5岁）	26～30
大班（5～6岁）	31～35

托儿所、幼儿园园址宜选择在居住区内或附近，服务半径不宜过大，便于家长接送。根据现行国家标准《城市居住区规划设计标准》GB 50180，服务半径不宜大于300m。

2）总平面设计

（1）三个班及以上的托儿所、幼儿园建筑应独立设置。两个班及以下时，可以与居住建筑合建，但应符合：

①合建的既有建筑应经有关部门验收合格，符合抗震、防火等安全方面的规定；

②设独立的疏散楼梯和安全出口；

③出入口处设置人员安全集散和车辆停靠的空间；

④设独立的室外活动场地，场地周围采取隔离措施，防止幼儿从园区周围走失，也可防止无关人员进入托儿所、幼儿园，保证托儿所、幼儿园的安全（图5-8）；

图5-8 利用既有建筑改造幼儿园时新增门斗

⑤建筑出入口及室外活动场地范围内采取防止物体坠落的措施。

（2）幼儿园的活动室、寝室及具有相同功能的区域，应布置在最好朝向，冬至日底层满窗日照不应小于3h。对于利用既有建筑改造的幼儿园，受既有建筑的条件限制达不到所有班级都符合冬至日满足日照的情况，可通过定期轮换教室的方式，为幼儿提供尽可能多的日照条件。

（3）办园点必须设置在安全区域内，周边环境空气流通、日照充足，有利于幼儿身心健康。周围应无污染、无噪声影响、无治安乱点和游商摊贩。不应与易燃易爆生产、储存、装卸场所相邻布置,远离高压线、垃圾站及大型机动车停车场。与化学、生物、物理等各类污染源的距离符合国家有关防护距离规定,符合消防安全相关规范要求。

3)建筑安全防护

托儿所、幼儿园建筑应由生活用房、服务管理用房和供应用房等部分组成。幼儿生活用房不应设置在地下室或半地下室,不应布置在四层及以上,不应与电梯井道、有噪声振动的设备机房等贴邻布置。幼儿园建筑不得在二层及以上采用玻璃幕墙。

改造已有建筑作为幼儿园时需要注意既有建筑的疏散宽度、栏杆净距等是否符合幼儿活动场所的要求。防护栏杆必须采用防止幼儿攀登和穿过的构造;采用垂直杆件做栏杆时,其杆件净距不应大于0.11m;楼梯梯井净宽度大于0.11m时,应采取防止幼儿攀滑措施。

采取防护措施时,尽量减少使用穿孔板,避免幼儿好奇,将手指插入孔洞中造成损伤。门的合页优先选用防夹手的类型。在条件受限时,可以对合页处进行保护,增加防夹保护板(图5-9)。

图5-9 防夹手门

2.原则、要求及发展方向

1)国家的政策要求

幼儿教育是基础教育的重要组成部分,发展幼儿教育对于促进儿童身心全面健康发展，普及义务教育，提高国民整体素质，实现全面建成小康社会的奋斗目标具有重要意义。改革开放以来，我国幼儿教育事业取得了长足发展，大中城市已基本满足了适龄儿童的入园需求，幼儿教育质量得到提高。

（1）国务院《关于当前发展学前教育的若干意见》规定：城镇小区没有配套幼儿园的，应根据居住区规划和居住人口规模，按照国家有关规定配套建设幼儿园。新建小区配套幼儿园要与小区同步规划、同步建设、同步交付使用。城镇小区配套幼儿园作为公共教育资源由当地政府统筹安排，举办公办幼儿园或委托办成普惠性民办幼儿园。

（2）《中共中央、国务院关于学前教育深化改革规范发展的若干意见》规定：积极挖潜扩大增量。充分利用腾退搬迁的空置厂房等资源，以租赁、租借、划转等形式举办公办园。鼓励支持街道、村集体、有实力的国有企事业单位，特别是普通高等学校举办公办园，在为本单位职工子女入园提供便利的同时，也为社会提供普惠性服务。

2）成都市利用既有建筑举办公办幼儿园附属办园点

为贯彻落实《中共中央、国务院关于学前教育深化改革规范发展的若干意见》，切实解决部分区域学前教育发展不平衡不充分问题，有效增加公办学前教育资源供给，满足适龄儿童入园需求，成都市教育局联合六部门印发《成都市利用既有建筑举办公办幼儿园附属办园点安全管理工作基本要求》（成教发〔2019〕3号），提出根据公办幼儿园学位供给需求，利用城市综合体（含住宅底商）、产业园区内产业用房、社区综合体和商业楼宇、写字楼等既有建筑举办公办幼儿园附属办园点，从政策上明确了幼儿园利用既有建筑的可行性。可开办办园点的"既有建筑"要求如下：

（1）应为安全合法建筑，具有房产证或建设竣工验收报告；

（2）房屋使用年限达到设计使用年限三分之二的建筑应进行建筑安全质量鉴定；

（3）建筑内设置的安全出口、疏散楼梯、疏散指示标识和应急照明等应符合国家工程建设消防技术标准。

3）执行原则

各地应严格执行治理政策，依法依规办事：

（1）依标配建，规划不到位和建设不到位的，要按照国家和地方的配建标准，通过补建、改建或就近新建、置换、购置等方式予以解决；

（2）如期移交，未移交的应限期移交，已挪作他用的采取有效措施予以收回；

（3）规范使用，小区配套幼儿园移交后，各地可根据当地普惠性资源的布局和供给状况统筹安排，办成公办园或委托办成普惠性民办园，不得办成营利性幼儿园。

5.2 社区专项服务设施

为全面推进城镇老旧小区改造工作，满足人民群众美好生活需要，推进城市更新和开发建设方式转型，促进经济高质量发展，国务院办公厅印发《关于全面推进城镇老旧小区改造工作的指导意见》。《意见》倡导推进相邻小区及周边地区联动改造，加强服务设施、公共空间共建共享。如改造或建设养老、托育、停车、菜店、便利店等社区专项服务设施，塑造便民高效的"步行生活圈"等。

5.2.1 养老（老年活动及康养中心）

1.建设内容及要点

1）概述

社区养老是以家庭为核心，以社区为依托，以老年人日间照料、生活护理、家政服务和精神慰藉为主要内容，以上门服务和社区日托为主要形式，并引入养老机构专业化服务方式的居家养老服务体系。

社区养老的主要内容是举办养老、敬老、托老福利机构；设立老人购物中心和服务中心、开设老人餐桌和老人食堂、建立老年医疗保健机构、建立老年活动中心、设立老年婚介所、开办老年学校、设立老年人才市场、开展老人法律援助、庇护服务等。

2）建设标准

（1）社区内应设置供老人休闲活动的场所，如棋牌室、健身房、读书室等（室内、室外）。

（2）养老设施建设应以人为本，以尊重关爱老年人为理念，遵循安全、卫生、适用、经济的原则，保证老年人基本生活质量，按养老设施的服务功能、规模等进行分类分级设计（表5-7、表5-8）。

老年人日间照料中心规模分级   表5-7

类 别	一类	二类	三类
社区人口规模（人）	30000～50000	15000～29999	10000～14999
建筑面积（m²）	1600	1085	750

老年人日间照料中心服务人数分级 表5-8

类别	一类	二类	三类
服务人数（人）	50～80	35～49	<35

注：1. 以上数据摘自《社区老年人日间照料中心标准设计样图》14J819。

    2. 平均使用系数按0.65推算。

3）总平面设计

（1）养老设施建筑基地应选择在工程地质条件稳定、日照充足、通风良好、交通方便、邻近公共服务设施且远离污染源、噪声源及危险品生产、储运的区域。

（2）室外设置老年人活动场地位置应避免与车辆交通空间交叉，宜选择在向阳、避风处；地面平整防滑、排水畅通；室外活动场地应与满足老年人使用的公用卫生间邻近设置。

（3）可利用社区内闲置的地下室等空间设置室内休闲活动室，符合防火疏散等国家现行规范，宜设置新风换气设备；设置活动场所应考虑噪声对周围居民的影响。

（4）老年人居住用房和主要公共活动用房应布置在日照充足、通风良好的地段，居住用房冬至日满窗日照不宜小于2h，公共配套服务设施宜与居住用房邻近设置。

（5）养老设施建筑的总平面内应设置供老年人休闲、健身、娱乐的室外活动场地：

①活动场地的人均面积不低于1.20m²；

②活动场地位置宜选择在向阳、避风处，场地范围应保证有1/2的面积处于当地标准的建筑日照阴影之外；活动场地表面应平整，且排水畅通，并采取防滑措施。

4）建筑设计

（1）老年人日间照料中心功能如图5-10所示，各房间面积配比如表5-9所示，各房间使用面积如表5-10所示。

（2）二层及以上楼层设有老年人的生活用房、医疗保健用房、公共活动用房的养老设施应设无障碍电梯。

（3）养老设施建筑中老年人用房建筑耐火等级不应低于二级，且建筑抗震设防标准应按重点设防类建筑进行抗震设计。

（4）养老设施建筑应进行节能设计，并应符合现行国家相关标准的规定。夏热冬冷地区及夏热冬暖地区老年人用房地面应避免出现返潮现象。

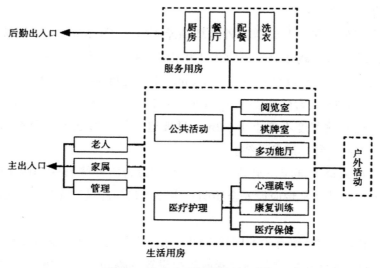

图5-10 老年人日间照料中心功能

老年人日间照料中心各房间面积配比 表5-9

种类		面积配比%		
		一类	二类	三类
主要用房	生活服务用房	43.0	39.3	35.7
	康复用房	11.9	16.2	20.3
	娱乐用房	18.3	16.2	15.5
辅助用房		26.8	28.3	28.5
总计		100.0	100.0	100.0

老年人日间照料中心各房间使用面积 表5-10

用房名称		使用面积（m²）		
		一类	二类	三类
老年人用房	生活服务用房	447	277	174
	保健康复用房	124	114	99
	娱乐用房	190	114	75
辅助用房		279	200	139
总计		1040	705	487

注：以上数据摘自《社区老年人日间照料中心标准设计样图》14J819。

（5）养老设施建筑供老年人使用的出入口不应少于两个，且门应采用向外开启、平开门或电动感应平移门，不应选用旋转门；养老设施建筑出入口至机动车道路之间应留有缓冲空间；养老设施建筑的出入口、入口门厅、平台、台阶、坡道等应符合下列规定：

①出入口处的平台与建筑室外地坪高差不宜大于0.5m，应采用缓步台阶和坡道过渡；缓步台阶踢面高度不宜大于0.12m，踏面宽度不宜小于0.35m；坡道坡度不宜大于1/12，连续坡长不宜大于6m，平台宽度不应小于2m；台阶的有效宽度不应小于1.5m；台阶宽度大于3m时，中间宜加设安全扶手；当坡道与台阶结合时，坡道有效宽度不应小于1.2m，且坡道应作防滑处理；台阶和坡道的设置应与人流方向一致，避免迂绕。

②主要出入口上部应设雨篷，其深度宜超过台阶外缘1m；雨篷应做有组织排水；出入口内外及平台应设安全照明；主要入口门厅处宜设休息座椅和无障碍休息区。

（6）居住用房内宜留有轮椅回转空间，床边应留有护理、急救操作空间。

（7）养老设施建筑内宜每层设置或集中设置污物间，且污物间应靠近污物运输通道，并应有污物处理及消毒设施。

（8）理发室、商店及银行、邮电、保险代理等生活服务用房的位置应方便老年人使用。

（9）医疗用房中的医务室、观察室、治疗室、检验室、药械室、处置室，应按现行行业标准《综合医院建筑设计规范》GB 51039执行。

5）建筑设备

（1）给水排水设计要求：给水系统供水水质应符合现行国家标准的规定，卫生间给水排水管道宜暗装敷设。

（2）电气设计要求：

①老年人照料设施中的老年人用房及其公共走道，均应设置火灾探测器和声警报装置或消防广播。应符合现行国家标准《建筑设计防火规范》GB 50016及《火灾自动报警系统设计规范》GB 50116的相关规定。

②老年人照料设施的楼梯间、走廊、前室、避难走道等场所应设置疏散照明、疏散指示。应符合现行国家标准《建筑设计防火规范》GB 50016及《消防应急照明和疏散指示系统技术标准》GB 51309的相关规定。

③老年人居室、单元起居室、餐厅、卫生间、浴室、盥洗室、文娱与健身用房、康复与医疗用房均应设紧急呼叫装置，确保老年人方便触及。

④养老助残建筑的其他电气设置应符合现行行业标准《老年人照料设施建筑设计标准》 JGJ 450及当地现行规范规定。

（3）安防及智能化：

①视频安防监控系统。各出入口、走廊、单元起居厅、餐厅、文娱与健身

用房、各楼层的电梯厅、楼梯间、电梯轿厢等场所应设安全监控设施。

②养老建筑设施设备。棋牌区：棋牌、麻将等老人智益活动的相关设施设备；音乐、戏曲及视听区：电视机、音响及扩音系统、灯光等视听活动设施设备；休息区：电视机、茶饮等休闲设施设备；体育运动区：室内运动器械、泳池等设施设备；健康及理疗区：智能按摩椅等健康、理疗设施设备。

③康养设施设备。居家养老及健康干预的设施设备：居家养老及健康干预咨询管理（云平台），可对接专业的医疗机构（如社区医院）；链接云平台的健康监测自助智能一体机；链接云平台的便携式健康监测多功能设备；链接云平台的穿戴式健康监测设备；家庭病床及护理的设施设备，与专业医疗机构对接的业务系统；具备健康监测、链接专业医疗机构业务系统的多功能智能轮椅；具备健康监测、链接专业医疗机构业务系统的多功能智能病床；咨询服务平台、设施设备（入户）接入管理；公用健康监测与体检、健康咨询师座席（按专业分）。

④医疗康复类设备。社区管理平台（对接医疗机构）；公用医疗检测设备；病人监视及应急服务；保健康复服务等。

（4）暖通与空调设计要求

①严寒和寒冷地区的养老设施建筑应设集中供暖系统，供暖方式宜选用低温热水地板辐射供暖。夏热冬冷地区应配设供暖设施。

②养老设施建筑集中供暖系统宜采用不高于95℃的热水作为热媒。养老设施建筑应根据地区的气候条件，在含沐浴的用房内安装暖气设备或预留安装供暖器件的位置。

③养老设施建筑内的公用厨房、自用与公用卫生间，应设置排气通风道，并安装机械排风装置，机械排风系统应具备防回流功能。

④严寒、寒冷及夏热冬冷地区的公用厨房，应设置供房间全面通风的自然通风设施。

2.应用原则及适用范围

1）社区养老设施应注意的原则

（1）安全性：无障碍设计、注重特定人群的功能性、地域性。

（2）老年人活动中心：老年人康养中心及日间照料中心可以视服务规模、服务人数单独建立或是作为一部分合建在其他建筑中。

（3）养老设施在社区中可选的建设地址有：

①临近景观单独建设，选择采光好、景观好、交通方便的平坦场地；

②与住宅底商结合设置，兼顾社区对内对外的服务，要注意选择日照条件好的位置；

③与幼儿园结合设置，提高老人和儿童的互动频率，部分室外场地可以共用；

④设置在住宅底层，利用一层住宅套内空间改造，要注意选择日照条件好的位置；

⑤与社区活动中心或其他建筑类结合设置，管理简单、布局紧凑、建筑利用系数高。

2）国家支持养老政策

（1）政府加强托底保障，加大对基层养老服务设施、乡镇敬老院、市县福利机构建设投入力度，优先兜底保障经济困难的高龄失能失智老人基本养老服务需要，尽快建立长期照护服务体系。

（2）简化登记审批程序，降低社会力量创办养老机构门槛，落实税费减免、金融扶持等优惠政策，调动社会力量参与养老服务的积极性。完善政府购买服务制度，对民办养老机构进行建设、运营、培训补贴。大力推进运营体制改革，鼓励公办与民办、机构与社区合作，推进公办民营、民办公助等多种方式发展，盘活闲置养老资源，最大限度发挥机构社会效益。

（3）积极回应社会养老需求，将社区居家养老作为主要发展方向。按就近方便、小型多样、功能配套要求，加强社区日间照料中心、老年人活动中心建设，加大医疗护理、康复辅具、文体娱乐、衣食餐饮等设施配套力度，为社区居家养老创造必要条件。

（4）坚持供给需求协同推进，培育养老市场，丰富养老服务产品，促进老年群体消费，实现供需两端有效衔接。加快医养结合发展，统筹医疗卫生与养老服务资源布局，支持机构融合型、社区嵌入型、居家监护型等多种方式发展，满足老年人在养老过程中的医疗保健、康复护理需求。

（5）加强养老服务业标准化建设，逐步制定完善机构建设、管理服务、安全生产、绩效评估标准体系，运用行业准入、生产许可、合格评定、监督抽查等手段，提高养老服务业层次。加强市场监管，完善产权制度，放开定价机制，促进市场公平竞争，实现优化重组，提高养老服务产品质量。

3. 应用场景、实施途径及应用效果

1）探索"互联网+"，用科技推动养老服务发展

部分试点地区积极探索"互联网+"在居家和社区养老服务中的应用，建立信息平台，实现大数据管理，运用信息化、标准化管理提升养老服务质量。一是构建完备的智慧养老服务体系，打造没有围墙的"数字化养老院"。二是建立养老服务信息管理系统，将民政、人社、卫生、公安等多部门信息资源和区域性居

家养老信息服务资源进行整合。

2）以老年人为中心构建大配餐服务体系

广东省广州市通过打造布点社区化、筹资多元化、运营社会化、服务个性化的大配餐服务体系有效解决困难老年人用餐难问题。已建立1024个长者饭堂，形成"中心城区10～15分钟、外围城区20～25分钟"服务网络，覆盖全市街镇、村居，有效解决常住老年人的吃饭问题。为确保助餐配餐服务的可持续发展，采取政府补一点、企业让一点、慈善捐一点、个人掏一点"4个一点"的办法，找到企业保本赢利、财政可承受、老人能负担的平衡点。

3）绘制"关爱地图"，开展精准化社区养老服务

四川省成都市对全市高龄、独居、空巢、失能等特殊困难老年人开展摸查工作，绘制集老年人动态管理数据库、老年人能力评估等级档案、养老服务需求、养老服务设施于一体的养老"关爱地图"。①实现精准快速救助：开展养老服务需求和老年人能力评估，全面摸清60周岁以上低保老人、80周岁以上高龄老人、空巢（留守）老人、低收入家庭中的残疾老人、计划生育特殊困难家庭老人等特殊群体的分布情况及老年人身体状况、经济来源、养老服务需求，及时为他们提供生活照料、医疗护理、精神慰藉、文化娱乐等服务。②搭建供需精准对接平台：老年人可以通过"关爱地图"搜索就近的养老服务组织或企业、社区日间照料中心、老年大学、就餐服务点、养老机构、医院、超市等分布信息，快速查询养老服务设施的收费、服务等情况，结合自身需求，有针对性地选择养老服务。解决了以往养老服务机构布局与老年人实际人数不匹配，服务内容与老年人实际需求不匹配的问题。

4）打造嵌入式社区养老服务机构

江苏省南通市出台《关于推进社区长者驿家建设工作的通知》，打造"社区长者驿家"养老服务模式，将小型养老机构移至社区，让社区长者驿家与街道老年人日间照料中心、社区居家养老服务站、社区卫生服务机构等整合设置或邻近设置，为社区老年人提供日间照料、助残送餐、短期托养、喘息服务、精神慰藉等服务。

湖南省湘潭市、安徽省合肥市等地，利用社区公共服务用房和设施，盘活资源，推进建设小微嵌入式养老服务机构，探索"机构居家化""居家机构化"的服务模式，方便社区老年人就近就亲养老。

4.政策标准及发展方向

《国务院办公厅关于推进养老服务发展的意见》（国办发〔2019〕5号）指出：敬老院及利用学校、厂房、商业场所等举办的符合消防安全要求的养老机构，因

未办理不动产登记、土地规划等手续问题未能通过消防审验的，2019年12月底前，由省级民政部门提请省级人民政府组织有关部门集中研究处置。具备消防安全技术条件的，由相关主管部门出具意见，享受相应扶持政策。

（1）建立健全长期照护服务体系。研究建立长期照护服务项目、标准、质量评价等行业规范，完善居家、社区、机构相衔接的专业化长期照护服务体系。完善全国统一的老年人能力评估标准，通过政府购买服务等方式，统一开展老年人能力综合评估，考虑失能、失智、残疾等状况，评估结果作为领取老年人补贴、接受基本养老服务的依据。全面建立经济困难的高龄、失能老年人补贴制度，加强与残疾人两项补贴政策衔接。加快实施长期护理保险制度试点，推动形成符合国情的长期护理保险制度框架。鼓励发展商业性长期护理保险产品，为参保人提供个性化长期照护服务。

（2）推动居家、社区和机构养老融合发展。支持养老机构运营社区养老服务设施，上门为居家老年人提供服务。将失能老年人家庭成员照护培训纳入政府购买养老服务目录，组织养老机构、社会组织、社工机构、红十字会等开展养老照护、应急救护知识和技能培训。大力发展政府扶得起、村里办得起、农民用得上、服务可持续的农村幸福院等互助养老设施。探索"物业服务+养老服务"模式，支持物业服务企业开展老年供餐、定期巡访等形式多样的养老服务。打造"三社联动"机制，以社区为平台、养老服务类社会组织为载体、社会工作者为支撑，大力支持志愿养老服务，积极探索互助养老服务。大力培养养老志愿者队伍，加快建立志愿服务记录制度，积极探索"学生社区志愿服务计学分""时间银行"等做法，保护志愿者合法权益。

（3）落实养老服务设施分区分级规划建设要求。2019年在全国部署开展养老服务设施规划建设情况监督检查，重点清查整改规划未编制、新建住宅小区与配套养老服务设施"四同步"（同步规划、同步建设、同步验收、同步交付）未落实、社区养老服务设施未达标、已建成养老服务设施未移交或未有效利用等问题。完善"四同步"工作规则，明确民政部门在"四同步"中的职责，对已交付产权人的养老服务设施由民政部门履行监管职责，确保养老服务用途。对存在配套养老服务设施缓建、缩建、停建、不建和建而不交等问题的，在整改到位之前建设单位不得组织竣工验收。按照国家相关标准和规范，将社区居家养老服务设施建设纳入城乡社区配套用房建设范围。对于空置的公租房，可探索允许免费提供给社会力量，供其在社区为老年人开展日间照料、康复护理、助餐助行、老年教育等服务。市、县级政府要制定整合闲置设施改造为养老服务设施的政策措施；整合改造中需要办理不动产登记的，不动产登记机构要依法加快办理登记手续。推进国有企业所属培训中心和疗养机构改革，对具备条件的加快资源整合、集中运营，用于提供养老服务。凡利用建筑面积1000m²以下的独栋建筑或者建筑物内的部分楼层改造为养老服务设施的，在符合国家相关标准的前提下，可不再要求出具近期动迁计划说明、临时改变建筑使用功能说明、环评审批文件或备案回执。对养老服务设施总量不足或规划滞后的，应在城市、镇总体规划编制或修改时予以完善，有条件的地级以上城市应当编制养老服务设施专项规划。

《住房和城乡建设部等部门关于推动物业服务企业发展居家社区养老服务的意见》（建房〔2020〕92号）要求：一是补齐居家社区养老服务设施短板。盘活小区既有公共房屋和设施，保障新建居住小区养老服务设施达标，加强居家社区养老服务设施布点和综合利用，推进居家社区适老化改造。二是推行"物业服务＋养老服务"居家社区养老模式。养老服务营收实行单独核算，支持养老服务品牌化连锁化经营，组建专业化养老服务队伍。三是丰富居家社区养老服务内容。支持参与提供医养结合服务，支持开展老年人营养服务和健康促进，发展社区助老志愿服务，促进养老产业联动发展。四是积极推进智慧居家社区养老服务。建设智慧养老信息平台，配置智慧养老服务设施，丰富智慧养老服务形式，创新智慧养老产品供给。五是完善监督管理和激励扶持措施。包括加强养老服务监管，规范养老服务收费行为，拓宽养老服务融资渠道。

《民政部、财政部关于确定第五批中央财政支持开展居家和社区养老服务改革试点地区的通知》（民函〔2020〕13号）、《民政部、财政部关于中央财政支持开展居家和社区养老服务改革试点工作的通知》（民函〔2016〕200号）、《民政部办公厅、财政部办公厅关于开展第五批居家和社区养老服务改革试点申报工作的通知》（民办函〔2019〕126号）提出：在各地申报推荐的基础上，经专家评审，民政部和财政部共同确定北京市海淀区等59个市（区、州）为第五批中央财政支持开展居家和社区养老服务改革试点地区。

5.工程案例

1）芳华里康养社区

芳华里康养社区位于北京市丰台区芳星园一区16号院，填补了方庄地区机构养老的空白。芳华里CCRC home养老模式，将居家养老理念植入传统CCRC（意为持续照料退休社区）机构当中，老年人可以在充满自己生活记忆的房间里安度晚年，既满足了老年人居家养老的需求，又有专业的机构提供养老服务。芳华里项目建在城市中心，让老年人在自己居住的社区里实现从自理到护理过程的转变。学院式养老模式的引进，能将具有相同价值观的人群聚集在一起，为他们营造蕴含高知人群的人文环境，让老年人回归社会，为他们打造更具活力的朋友圈。

2）结合住宅底商设置的老年人活动中心

可以结合住宅底商设置老年人活动中心（图5-11）。

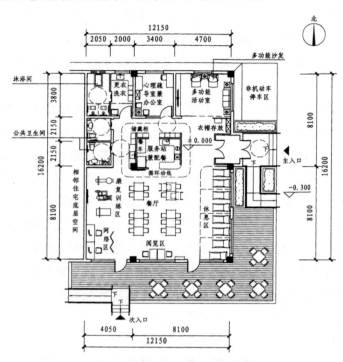

图5-11　结合住宅底商设置的老年人活动中心（单位：mm）

5.2.2 托育

托育主要是指针对3岁以下婴幼儿（以下简称婴幼儿）的照护服务，托育机构一般设置乳儿班（6～12个月，10～15人）、托小、中班（12～24个月，15～20人）、托大班（24～36个月，20人以下）三种班型。18个月以上的婴幼儿可混合编班，每个班不超过18人。每个班的生活单元应当独立使用。

建立专门为小区内服务的托育、托管至少应设计建造生活用房、服务管理用房和供应用房，并按照现行行业标准《托儿所、幼儿园建筑设计规范》JGJ 39设计。

1. 建设内容及要点

1）场地及建筑要求

（1）托儿所、幼儿园的服务半径宜为300m；托管班应设置活动室、管理用房，生活服务用房可与托育合用。

（2）应按照国家现行节能规范要求进行节能设计；日照应符合国家规范冬至

日不小于3h的规定。

（3）不应与大型公共娱乐场所、商场、批发市场等人流密集的场所毗邻；建筑出入口及室外活动场地范围内应采取防止物体坠落的措施。

（4）不应置于易发生自然地质灾害的地段；远离各种污染源，并符合国家现行有关卫生、防护标准的要求；园内不应有高压输电线、燃气、输油管道主干道等穿过；与易发生危险的建筑物、仓库、储罐、可燃物品和材料堆场等之间的距离应符合国家现行有关标准的规定。

2）室内装修设计要求

托儿所、幼儿园的幼儿用房应有良好的自然通风，其通风口面积不应小于房间地板面积的1/20。夏热冬冷、严寒和寒冷地区的幼儿用房应采取有效的通风设施。

3）给水排水设计要求

（1）宜设置给水排水系统，且设备选型和系统配置应适合幼儿需要。用水量标准、系统选择和水质应符合国家现行标准《建筑给水排水设计标准》GB 50015、《生活饮用水卫生标准》GB 5749、《饮用净水水质标准》CJ 94 和《建筑给水排水及采暖工程施工质量验收规范》GB 50242的规定。

（2）不应设置中水系统，不应设置管道直饮水系统。便池宜设置感应冲洗装置。

（3）应设置消防软管卷盘或轻便消防水龙。当设置消火栓灭火设施时，消防立管阀门布置应避免幼儿碰撞，并应将消火栓箱暗装设置。单独配置的灭火器箱应设置在不妨碍通行处。

4）电气设计要求

（1）婴幼儿用房宜设置紫外线杀菌灯，也可采用安全型移动式紫外线杀菌消毒设备。紫外线杀菌灯的控制装置应单独设置，并应采取防误开措施。

（2）婴幼儿用房的房间内插座应采用安全型，安装高度不应低于1.80m。插座回路与照明回路应分开设置，插座回路应设置剩余电流动作保护，其额定动作电流不应大于30mA。

（3）幼儿活动场所不宜安装配电箱、控制箱等电气装置；当不能避免时，应采取安全措施，装置底部距地面高度不得低于1.80m。

（4）托幼场所应设置视频安防监控系统、入侵报警系统、电子巡查系统等安防设施。

（5）建筑的防雷与接地设计、供配电系统设计、安防设计等，应符合国家现行有关标准的规定。

5）建筑防火设计要求

（1）应设置室内室外消火栓系统、自动喷水灭火系统及建筑灭火器。

（2）儿童用房等场所应设置火灾自动报警系统。

（3）建筑内可能散发可燃气体、可燃蒸气的场所应设置可燃气体报警装置。

（4）应急照明的设置应符合国家现行标准《建筑设计防火规范》GB 50016及《消防应急照明和疏散指示系统技术标准》GB 51309的相关规定。

2. 托育的信息化、智能化

根据城市及小区情况，建设智能化系统。

（1）支持脱产照护婴幼儿的父母重返工作岗位，并为其提供信息服务、就业指导和职业技能培训。

（2）加强对家庭的婴幼儿早期发展指导，通过入户指导、亲子活动、家长课堂等方式，利用互联网等信息化手段，为家长及婴幼儿照护者提供婴幼儿早期发展指导服务，增强家庭的科学育儿能力。

（3）切实做好基本公共卫生服务、妇幼保健服务工作，为婴幼儿家庭开展新生儿访视、膳食营养、生长发育、预防接种、安全防护、疾病防控等服务。

（4）综合信息服务：信息咨询及综合服务平台。利用互联网、大数据、物联网、人工智能等技术，结合婴幼儿照护服务实际，研发应用婴幼儿照护服务信息管理系统，实现线上线下结合，在优化服务、加强管理、统计监测等方面发挥积极作用。

3. 政策标准及发展方向

2021年5月31日，中共中央政治局召开会议审议了《关于优化生育政策促进人口长期均衡发展的决定》，作出"实施一对夫妻可以生育三个子女政策及配套支持措施"的重大决策，这是改善我国人口结构、积极应对人口老龄化的一个利好消息。配套支持措施的推进实施，必将进一步满足人民群众生育和养育的获得感。

随着女性的独立，家庭主妇越来越少，职业女性越来越多。产假过后，孩子的照护成为问题。目前托育需求的主体是"80后""90后"的新生代父母，这代父母在新的教育政策、社会文化影响下，在追求更高生活质量的同时面临更大的职业竞争和生活压力，需要在职业和家庭间做出适当平衡。2016年11月，上海市妇联开展了一项针对上海户籍0～3岁婴幼儿托管需求的微信调查，88.5%的家庭需要婴幼儿托管服务，73%的父母希望把托管点放在小区内。

对于年轻父母而言，没有时间和精力养育孩子已经成为制约生育意愿的关键因素之一。因此，满足百姓的需求、解决百姓的困难，不仅要鼓励生育，更要让家庭敢生，在生完孩子后要帮助他们把孩子抚养好，培育好。产假结束后，孩子谁来看管，这是非常现实的问题。如果解决不好，不仅会影响年轻父母的职业发展，更会影响生育的积极性。针对群众反映突出的"养不起，没人带"的问题，《中共中央、国务院关于优化生育政策促进人口长期均衡发展的决定》提出，"我国将大力发展普惠托育服务体系"，不仅能够在女性产假结束后提供更多的婴幼儿照护选择，解放家庭，减轻养育压力和负担，同时能让婴幼儿在托育机构中获得专业的照护。

近年来，作为惠民生的重要领域，托育受到了党中央、国务院的高度重视。党的十九大提出要在"幼有所育"上不断取得新进展。2019年4月，《国务院办公厅关于促进3岁以下婴幼儿照护服务发展的指导意见》提出，"充分调动社会力量的积极性，多种形式开展婴幼儿照护服务"。从2019年4月17日国务院指导意见印发后，仅一年半的时间内，在市场监管部门登记从事托育的企业数量相当于过去十年的3倍多，发展势头很好。为了让家庭享受到价优服务好的托育服务，国家于2019年开始组织开展"关于支持社会力量发展普惠托育服务专项行动"，通过中央财政预算内投资带动，支持和引导有积极性的地方（城市）政府，以与企业签订合作协议的方式，激发社会力量参与积极性，推动增加3岁以下婴幼儿普惠性托育服务有效供给，促进我国托育服务健康有序发展。

党的十九届五中全会审议通过的《中共中央关于制定国民经济和社会发展第十四个五年规划和二〇三五年远景目标的建议》明确指出，"发展普惠托育服务体系，降低生育、养育、教育成本"，提出每千人口拥有3岁以下婴幼儿托位数由2020年的1.8个增加至4.5个；支持150个城市利用社会力量发展综合托育服务机构和社区托育服务设施，新增示范性普惠托位50万个以上。

守住安全健康底线非常关键。把0～3岁最柔软的人群托付给托育机构，国家高度关切、人民群众也非常关注。为了让老百姓能够安心放心，国家陆续出台《托育机构设置标准（试行）》《托育机构管理规范（试行）》《托育机构登记和备案办法（试行）》《托育机构保育指导大纲（试行）》《托育机构婴幼儿伤害预防指南（试行）》等配套政策，引导托育机构科学、规范、专业发展，成效初步显现。

我国托育服务仍处于起步发展阶段。2019年底，全国人口与家庭动态监测数据显示，我国3岁以下婴幼儿入托率仅为5.5%。落实三孩政策，应进一步加快推动普惠托育供给侧结构性改革，为广大群众提供安全质优、价格适中、方便可及的普惠性托育服务，加快补齐"一小"照护的民生短板，切实提高人民群众对普惠托育服务的获得感和满意感。

（1）加快构建普惠托育服务体系，与生育政策配套衔接。构建完善普惠托育服务政策法规体系、标准规范体系和服务供给体系，鼓励适龄家庭生育三孩，减轻育儿压力，降低养育成本。将托育服务纳入经济社会发展规划，加大力度推进"十四五"规划婴幼儿托位数指标的落实，积极推动构建政府引导、多方参与、布局合理、普惠为主的多层次、多样化的托育服务体系。

（2）精准把握家庭托育服务需求，坚持多元化办托方向。应及时调研和预判3岁以下婴幼儿家庭在托育服务类型、年龄、内容、形式、价格、距离等的不同需求与特点，增强按需供给、有效供给，着力发展就近普惠托育，持续扩大托育供给总量。同时，坚持多元化发展的方向。支持用人单位提供福利性托育服务，鼓励专业机构和社会组织提供家庭育儿指导服务，加快推进婴幼儿照护服务设施与社区综合服务设施的整合利用。

（3）落实综合监管职责，加强托育服务规范管理。严格规范管理托育机构准入，对准入后的托育机构依照标准和规范进行全过程质量监管。推动建立托育行业自律规约，加快构建以信用为基础的新型监管机制。加强正面宣传引导和社会舆论监督，逐步建立和完善行业自律和社会监督机制，实施守信联合激励和失信联合惩戒，积极促进托育行业健康发展，让广大人民群众放心、满意。

（4）抓好示范引领，支持托育服务高质量发展。继续实施"支持社会力量发展普惠托育服务供给专项行动"，引导社会力量积极参与。深入开展"全国婴幼儿照护服务示范城市创建活动"，形成一批可复制、可推广的典型经验，探索一批切实管用的政策举措，推进制度创新、管理创新、服务创新。

《国务院办公厅关于促进3岁以下婴幼儿照护服务发展的指导意见》（国办发〔2019〕15号）及《国家卫生健康委关于印发托育机构设置标准（试行）和托育机构管理规范（试行）的通知》（国卫人口发〔2019〕58号）提出如下要求。

（一）总体要求

1.指导思想

以习近平新时代中国特色社会主义思想为指导，全面贯彻党的十九大和十九届二中、三中全会精神，按照统筹推进"五位一体"总体布局和协调推进"四个全面"战略布局要求，坚持以人民为中心的发展思想，以需求和问题为导向，推进供给侧结构性改革，建立完善促进婴幼儿照护服务发展的政策法规体系、标准规范体系和服务供给体系，充分调动社会力量的积极性，多种形式开展婴幼儿照护服务，逐步满足人民群众对婴幼儿照护服务的需求，促进婴幼儿健康成长、广大家庭和谐幸福、经济社会持续发展。

2.基本原则

家庭为主，托育补充。人的社会化进程始于家庭，儿童监护抚养是父母的法定责任和义务，家庭对婴幼儿照护负主体责任。发展婴幼儿照护服务的重点是为家庭提供科学养育指导，并对确有照护困难的家庭或婴幼儿提供必要的服务。

政策引导，普惠优先。将婴幼儿照护服务纳入经济社会发展规划，加快完善相关政策，强化政策引导和统筹引领，充分调动社会力量积极性，大力推动婴幼儿照护服务发展，优先支持普惠性婴幼儿照护服务机构。

安全健康，科学规范。按照儿童优先的原则，最大限度地保护婴幼儿，确保婴幼儿的安全和健康。遵循婴幼儿成长特点和规律，促进婴幼儿在身体发育、动作、语言、认知、情感与社会性等方面的全面发展。

属地管理，分类指导。在地方政府领导下，从实际出发，综合考虑城乡、区域发展特点，根据经济社会发展水平、工作基础和群众需求，有针对性地开展婴幼儿照护服务。

3. 发展目标

到2020年，婴幼儿照护服务的政策法规体系和标准规范体系初步建立，建成一批具有示范效应的婴幼儿照护服务机构，婴幼儿照护服务水平有所提升，人民群众的婴幼儿照护服务需求得到初步满足。

到2025年，婴幼儿照护服务的政策法规体系和标准规范体系基本健全，多元化、多样化、覆盖城乡的婴幼儿照护服务体系基本形成，婴幼儿照护服务水平明显提升，人民群众的婴幼儿照护服务需求得到进一步满足。

（二）主要任务

1. 加强对家庭婴幼儿照护的支持和指导。

全面落实产假政策，鼓励用人单位采取灵活安排工作时间等积极措施，为婴幼儿照护创造便利条件。

支持脱产照护婴幼儿的父母重返工作岗位，提供信息服务、就业指导和职业技能培训。

加强对家庭的婴幼儿早期发展指导，通过入户指导、亲子活动、家长课堂等方式，利用互联网等信息化手段，为家长及婴幼儿照护者提供婴幼儿早期发展指导服务，增强家庭的科学育儿能力。

切实做好基本公共卫生服务、妇幼保健服务工作，为婴幼儿家庭开展新生儿访视、膳食营养、生长发育、预防接种、安全防护、疾病防控等服务。

2. 加大对社区婴幼儿照护服务的支持力度。

地方各级政府要按照标准和规范在新建居住区规划、建设与常住人口规模相适应的婴幼儿照护服务设施及配套安全设施，并与住宅同步验收、同步交付使用；老城区和已建成居住区无婴幼儿照护服务设施的，要限期通过购置、置换、租赁等方式建设。有关标准和规范由住房和城乡建设部于2019年8月底前制定。

鼓励通过市场化方式，采取公办民营、民办公助等多种方式，在就业人群密集的产业聚集区域和用人单位完善婴幼儿照护服务设施。

鼓励地方各级政府采取政府补贴、行业引导和动员社会力量参与等方式，在加快推进老旧居住小区设施改造过程中，通过做好公共活动区域的设施和部位改造，为婴幼儿照护创造安全、适宜的环境和条件。

各地要根据实际，在农村社区综合服务设施建设中，统筹考虑婴幼儿照护服务设施建设。

发挥城乡社区公共服务设施的婴幼儿照护服务功能，加强社区婴幼儿照护服务设施与社区服务中心（站）及社区卫生、文化、体育等设施的功能衔接，发挥综合效益。支持和引导社会力量依托社区提供婴幼儿照护服务。发挥网格化服务管理作用，大力推动资源、服务、管理下沉到社区，使基层各类机构、组织在服务保障婴幼儿照护等群众需求上有更大作为。

加大对农村和贫困地区婴幼儿照护服务的支持，推广婴幼儿早期发展项目。

3.规范发展多种形式的婴幼儿照护服务机构。

举办非营利性婴幼儿照护服务机构的，在婴幼儿照护服务机构所在地的县级以上机构编制部门或民政部门注册登记；举办营利性婴幼儿照护服务机构的，在婴幼儿照护服务机构所在地的县级以上市场监管部门注册登记。婴幼儿照护服务机构经核准登记后，应当及时向当地卫生健康部门备案。登记机关应当及时将有关机构登记信息推送至卫生健康部门。

地方各级政府要将需要独立占地的婴幼儿照护服务设施和场地建设布局纳入相关规划，新建、扩建、改建一批婴幼儿照护服务机构和设施。城镇婴幼儿照护服务机构建设要充分考虑进城务工人员随迁婴幼儿的照护服务需求。

支持用人单位以单独或联合相关单位共同举办的方式，在工作场所为职工提供福利性婴幼儿照护服务，有条件的可向附近居民开放。鼓励支持有条件的幼儿园开设托班，招收2至3岁的幼儿。

各类婴幼儿照护服务机构可根据家庭的实际需求，提供全日托、半日托、计时托、临时托等多样化的婴幼儿照护服务；随着经济社会发展和人民消费水平提升，提供多层次的婴幼儿照护服务。

落实各类婴幼儿照护服务机构的安全管理主体责任，建立健全各类婴幼儿照护服务机构安全管理制度，配备相应的安全设施、器材及安保人员。依法加强安全监管，督促各类婴幼儿照护服务机构落实安全责任，严防安全事故发生。

加强婴幼儿照护服务机构的卫生保健工作。认真贯彻保育为主、保教结合的工作方针，为婴幼儿创造良好的生活环境，预防控制传染病，降低常见病的发病率，保障婴幼儿的身心健康。各级妇幼保健机构、疾病预防控制机构、卫生监督机构要按照职责加强对婴幼儿照护服务机构卫生保健工作的业务指导、咨询服务和监督检查。

加强婴幼儿照护服务专业化、规范化建设，遵循婴幼儿发展规律，建立健全婴幼儿照护服务的标准规范体系。各类婴幼儿照护服务机构开展婴幼儿照护服务必须符合国家和地方相关标准和规范，并对婴幼儿的安全和健康负主体责任。运用互联网等信息化手段对婴幼儿照护服务机构的服务过程加强监管，让广大家长放心。建立健全婴幼儿照护服务机构备案登记制度、信息公示制度和质量评估制度，对婴幼儿照护服务机构实施动态管理。依法逐步实行工作人员职业资格准入制度，对虐童等行为零容忍，对相关个人和直接管理人员实行终身禁入。婴幼儿照护服务机构设置标准和管理规范由国家卫生健康委制定，各地据此做好婴幼儿照护服务机构核准登记工作。

（三）保障措施

1. 加强政策支持。充分发挥市场在资源配置中的决定性作用，梳理社会力量进入的堵点和难点，采取多种方式鼓励和支持社会力量举办婴幼儿照护服务机构。鼓励地方政府通过采取提供场地、减免租金等政策措施，加大对社会力量开展婴幼儿照护服务、用人单位内设婴幼儿照护服务机构的支持力度。鼓励地方政府探索试行与婴幼儿照护服务配套衔接的育儿假、产休假。创新服务管理方式，提升服务效能水平，为开展婴幼儿照护服务创造有利条件、提供便捷服务。

2. 加强用地保障。将婴幼儿照护服务机构和设施建设用地纳入土地利用总体规划、城乡规划和年度用地计划并优先予以保障，农用地转用指标、新增用地指标分配要适当向婴幼儿照护服务机构和设施建设用地倾斜。鼓励利用低效土地或闲置土地建设婴幼儿照护服务机构和设施。对婴幼儿照护服务设施和非营利性婴幼儿照护服务机构建设用地，符合《划拨用地目录》的，可采取划拨方式予以保障。

3. 加强队伍建设。高等院校和职业院校（含技工院校）要根据需求开设婴幼儿照护相关专业，合理确定招生规模、课程设置和教学内容，将安全照护等知识和能力纳入教学内容，加快培养婴幼儿照护相关专业人才。将婴幼儿照护服务人员作为急需紧缺人员纳入培训规划，切实加强婴幼儿照护服务相关法律法规培训，增强从业人员法治意识；大力开展职业道德和安全教育、职业技能培训，提高婴幼儿照护服务能力和水平。依法保障从业人员合法权益，建设一支品德高尚、富有爱心、敬业奉献、素质优良的婴幼儿照护服务队伍。

4. 加强信息支撑。充分利用互联网、大数据、物联网、人工智能等技术，结合婴幼儿照护服务实际，研发应用婴幼儿照护服务信息管理系统，实现线上线下结合，在优化服务、加强管理、统计监测等方面发挥积极作用。

5.加强社会支持。加快推进公共场所无障碍设施和母婴设施的建设和改造，开辟服务绿色通道，为婴幼儿出行、哺乳等提供便利条件，营造婴幼儿照护友好的社会环境。企业利用新技术、新工艺、新材料和新装备开发与婴幼儿照护相关的产品必须经过严格的安全评估和风险监测，切实保障安全性。

（四）组织实施

1.强化组织领导。各级政府要提高对发展婴幼儿照护服务的认识，将婴幼儿照护服务纳入经济社会发展相关规划和目标责任考核，发挥引导作用，制定切实管用的政策措施，促进婴幼儿照护服务规范发展。

2.强化部门协同。婴幼儿照护服务发展工作由卫生健康部门牵头，发展改革、教育、公安、民政、财政、人力资源社会保障、自然资源、住房城乡建设、应急管理、税务、市场监管等部门要按照各自职责，加强对婴幼儿照护服务的指导、监督和管理。积极发挥工会、共青团、妇联、计划生育协会、宋庆龄基金会等群团组织和行业组织的作用，加强社会监督，强化行业自律，大力推动婴幼儿照护服务的健康发展。

3.强化监督管理。加强对婴幼儿照护服务的监督管理，建立健全业务指导、督促检查、考核奖惩、安全保障和责任追究制度，确保各项政策措施、规章制度落实到位。按照属地管理和分工负责的原则，地方政府对婴幼儿照护服务的规范发展和安全监管负主要责任，制定婴幼儿照护服务的规范细则，各相关部门按照各自职责负监管责任。对履行职责不到位、发生安全事故的，要严格按照有关法律法规追究相关人员的责任。

4.强化示范引领。在全国开展婴幼儿照护服务示范活动，建设一批示范单位，充分发挥示范引领、带动辐射作用，不断提高婴幼儿照护服务整体水平。

5.2.3 助餐

养老问题千头万绪，包括衣、食、住、行、医等各方面，其中吃饭问题当数首位。随着老人年龄的增长，买菜、做饭、洗碗等烦琐家务日益成为负担。

1.建设内容及要点

1）选址及建筑要求

（1）市民社区食堂应选址在居民特别是老年人相对集中、无污染、无危害的安全区域内。尽量选取一层或低层，配置的无障碍设施要适合老年人的生理特点和生活需要。

（2）食堂用房应符合结构安全要求及消防安全标准，建筑面积不少于150m²。

（3）配备必要的膳食加工、厨具等餐饮设备和暖气、空调等设施设备。

（4）装修简朴、环境舒适、卫生整洁，食堂内合理进行适老化改造（包括防滑地面、扶手、地面引导标识等），设置老年人选餐、就餐区。地面应铺设防滑地砖，并符合吸水、防滑、易清扫的要求，向通道两边倾斜；内墙（含立柱四周）应贴墙面砖，高度不低于1.8m；房顶可采用防霉涂料，吊顶应采用燃烧性能为A级的装修材料。

2）给水排水设计要求

应设有给水排水点位。饮食建筑的生活饮用水水质应符合现行国家标准《生活饮用水卫生标准》GB 5749的有关规定。卫生器具和配件应采用节水型产品。厨房专间洗手盆（池）水嘴宜采用非手动开关。厨房给水排水管道宜采用金属管道。

厨房排水：采用排水沟时，排水沟与排水管道连接处应设置格栅或带网框地漏，并应设水封装置；采用管道时，其管径应比计算管径大一级，且干管管径不应小于100mm，支管管径不应小于75mm。餐厅的含油脂污水，应经除油装置处理后方许排入室外污水管道。

应设置消防软管卷盘或轻便消防水龙。

3）老年人助餐点的要求

（1）设置条件：加工经营场所面积一般不少于50m²，符合国家规划、消防、环保等有关部门的相关要求；选择地势干燥、有给水排水条件和电力供应的地区，不得设在易受到污染的区域。距离粪坑、污水池、暴露垃圾场（站）、旱厕等污染源25m以上，并防止受到粉尘、有害气体、放射性物质和其他扩散性污染源的影响；加工经营场所内无圈养、宰杀活的禽畜类动物的区域（或距离25m以上）。

（2）内部设置：应设置与食品供应方式、品种、数量相适应的食品处理区、就餐区和非食品处理区。粗加工、切配、烹饪、主食制作、餐用具清洗消毒、备餐等加工操作场所以及食品库房、更衣室、清洁工具存放场所等的设置与食品经营类别、项目和规模相适应，符合分类要求。就餐区应能同时容纳城市社区20人以上同时就餐。食品集中备餐设置相应的专间或专用操作场所，其专间或专用场所按照经营类别、项目和规模符合分类要求。经营场所均应设在室内。

（3）食品处理区：有排水系统，且地面和排水沟排水顺畅，排水沟出口有网眼孔径小于6mm的金属隔栅或网罩。粗加工、切配、餐用具清洗消毒和烹调等场所墙壁应当有1.5m以上的墙裙。门、窗装配严密，与外界直接相通的门和可开启的窗设有防蝇纱网或设置空气幕，与外界直接相通的门能自动关闭。上下水设施齐备，排入城镇污水管网的污水水质必须符合国家现行标准的规定，不应影响城镇排水管渠和污水处理厂等的正常运行；不应对养护管理人员造成危害；不应影响处理后出水的再生利用和安全排放；不应影响污泥的处理和处置。油烟排放应符合现行国家标准《饮食业油烟排放标准》GB 18483 的规定。烹饪场所应当配置排风和调温装置。应当配备能正常运转的清洗、消毒、保洁设备设施并专用。清洗、消毒、保洁设备设施的大小数量能满足需要并符合分类要求。

（4）就餐区：餐厅应配置餐桌椅、餐具、冰箱、空调、微波炉、洗手池、紫外线消毒灯、消毒柜及公用餐具保洁柜、保温设施、安全疏散标识、灭蝇灯、灭火器等，有条件的助餐点可安装电子监控装置及红外线探测报警器。统一使用配餐容器。设专供存放消毒后餐用具的保洁设施，标记明显，应为不锈钢等易于清洁材质制成，结构密闭并易于清洁。

（5）非食品处理区：按照分类要求设置食品库房或食品储存设施。食品库房或食品储存设施应不存放非食品（不会导致食品污染的食品容器、包装材料、工具等物品除外）。冷藏、冷冻柜数量和结构能使原料、半成品和成品分开存放，有明显区分标识。按照分类要求设置更衣场所，更衣场所与加工经营场所处于同一建筑物内，有足够大小的空间、足够数量的更衣设施和适当的照明。

2. 工程案例

1）济南推出的长者食堂

2020年6月，济南市印发《关于推进长者助餐工作的实施意见》。根据《意见》，济南市每个街道应至少建成 1 ～ 2 处社区长者食堂，每处补助 5 万元。济南市将主要依托具备条件的现有养老机构、街道综合养老服务中心、城市社区日间照料中心等设置长者食堂，为社区老年人提供集中就餐服务。有条件的街道（社区）可自建和运营社区长者食堂，也可提供场地引入社会力量建设和运营社区长者食堂。

在助餐服务过程中更是要通过智慧手段来丰富完善。济南市依托养老服务综合平台专门开发了全市统一的长者助餐服务系统，所有站点信息都将连接到系统中，利用智慧化平台对全市站点进行统一管理。除了智慧化管理，在就餐方面，老人也可以通过多种方式实现快速便捷就餐。老年人就餐时，可以通过刷身份证、刷脸、刷手机 App 等方式实现身份认定，以便于长者助餐补贴政策的落实。

2）北京朝阳小关街道废旧自行车棚变身老年餐桌 [1]

朝阳区小关街道办事处支持兴建的、由航空工业信息中心内部食堂运营管理

---

[1] 资料来源：北晚新视觉网。

的惠新西街33号院老年餐桌，于2019年7月正式挂牌营业，只需16元就可享用"两荤两素一主食"的营养配餐。该老年餐桌是由小区废旧自行车棚升级改造而成的（图5-12）：惠新西街33号院是老旧小区，内设多处停车棚，最大的停车棚长达160m，大部分空间被僵尸自行车占领，为了做到"存量空间开发利用与居民服务需求相适应"，小关街道在惠新西街33号院全要素小区建设中对僵尸自行车进行了集中清理，在保障现有自行车停放需求的基础上，逐段将废旧自行车棚改造为老年餐桌，解决老年人家门口的就餐问题，同时还将部分废旧车棚改造为阅读角和便民服务百宝库，解决居民家门口的阅读问题和居民家庭维修、家门口体育健身等问题。

图5-12　朝阳小关街道废旧自行车棚变身老年餐桌

3）大兴某小区利用闲置空间，建立主食厨房、服务社区居民

大兴某住宅小区闲置空间较少，但公共场地较大。在不影响绿化及周边建筑日照采光的情况下，小区利用闲置空间，建造了轻型结构房屋，建立主食厨房，服务社区居民（图5-13）。社区利用闲置边角地建立了厨余垃圾处理站（图5-14）。

图5-13　大兴某住宅小区改造后的主食厨房

图5-14　社区利用闲置边角地建立的厨余垃圾处理站

5.2.4 家政、保洁

　　我国家政服务业需求近几年呈爆发式增长趋势，但家政服务的供给远远跟不上需求的增长。在北京，家政市场处于供不应求的状态，技术好、水平高的月嫂、育儿嫂等基本没有档期。在可预见的未来，高端家政服务的需求将不断扩大，而受过高等教育的家政服务与管理人员，将拥有更广阔的职业发展空间。

　　目前，用户对家政服务质量要求已上升到标准化阶段，对于家政服务专业性、品质和服务规范等方面也产生了不少附加期望值，家政服务业精细化、规范化发展的趋势将越来越明显。家政服务行业将逐步发展壮大，产生一个巨大的家政服务产业。全国约70%的城市居民对家政服务有需求，家政服务业蕴含着万亿级的消费市场，有巨大的市场潜力，预计到2025年家政服务行业市场规模将达到1.4万亿元。家政、保洁服务主要包括：

　　（1）基本服务：家庭礼仪、制作家庭餐、家庭保洁、衣物的清洗与保养、老年人陪护。

　　（2）专业服务：病人护理、新生儿护理、婴幼儿护理、产妇护理、孕妇护理、宠物养护、家庭绿化、家庭宴请和聚会、家庭教育。

　　（3）家庭保洁：室内地面、墙面（含地脚线）、天花板（不含灯饰）、门窗（含框，玻璃）、厨房（含洁具，橱柜）、卫生间（含洁具）等。

1. 建设内容及要点

1）大型龙头家政服务企业连锁店建设要求

　　家政服务企业可以直营或加盟方式建设连锁店，建设完成后在全省（区、市）新增网点数达到10家（其中直营店比例达到50%以上）。

　　连锁门店应有固定的经营场所，办公场所应配备办公、通信等设备，具有可互通互联的企业内部信息管理系统，建设有企业网站并有专人维护；基本生产服务设备齐全（保洁设备、烹饪设备、培训实操教室等），有完善的水电、通信、消防等配套设备设施。直营店按总部要求统一企业形象标识、统一商标和字号、统一经营模式及统一管理制度。开展特许经营的家政服务企业须符合《商业特许经营管理条例》规定，参照此规范执行。

2）大型龙头家政服务企业经营管理要求

建设完成并正式营业后年营业额比建设前增长30%以上。

有完备规范的专业服务程序、收费标准及理赔制度并公示；对客户来人、来电、来函（包括电子邮件）及时回复，有问必答；管理人员和服务员统一着装，佩戴服务牌，按公司要求的业务流程规范服务。对于客户的投诉能够及时进行解决并有记录；严格遵照理赔制度，按合同保障顾客权益，维护企业的权益；企业自身对服务项目回访覆盖面在90%以上，回访满意度在95%以上。

3）中小专业型家政服务企业门店建设要求

必须以直营方式新建连锁门店2家以上，门店应统一形象标识，统一装修风格，统一经营模式和管理制度。有固定的经营场所，划分为办公区和客户接待区。经营场所应配备必要的办公、通信等设备，具有可互通互联的企业内部信息管理系统。

基本服务设施设备齐全：月嫂服务门店应具备奶具消毒设备、洗澡抚触用品、培训实操教室等；早教服务门店应具备亲子场地、婴幼儿教室、培训实操教室等；居家养老服务门店应具备养老医疗护理设备、保洁设备、培训实操教室等。有完善的水电、通信、消防等配套设施设备。

4）中小专业型家政服务企业经营管理要求

建设完成并正式营业后年营业额比建设前增长30%以上；管理人员不少于4人；签约服务员总数不少于200人（其中员工制签约服务人员数不少于50人），持证上岗服务员比例达100%，其中专业服务人员比例不低于60%。

服务员上岗必须具备身份证、健康证和培训合格证；服务员工资按时发放，家政服务机构为员工购买人身保险和职业责任保险。拥有完善的运营管理制度，有明确规范的合同签订制度和岗位责任制度，服务流程、服务规范、售后服务、收费标准及理赔制度明确规定并公示；管理人员和服务员要统一着装、佩戴服务牌，按公司要求的业务流程规范服务。认真记录并及时解决客户投诉，严格照章理赔，按合同保障各方权益；对服务项目回访覆盖面达到90%，回访满意度达到95%。

2.政策标准及发展方向

2012年,财政部公布了《关于2012年开展家政服务体系建设有关问题的通知》(财办建〔2012〕14号)。《通知》支持家政服务网络中心高标准建设,支持部分管理规范、经营良好的国内领先服务企业加快连锁店建设,完善信息管理体系,加强培训、操作教室等服务设施和专业设备建设,支持一批中小专业月嫂、幼儿早教和居家养老家政服务企业加快改造门店和员工临时起居室,加强办公系统和服务管理体系建设,增加必要的办公设备和计算机、打印机等专业服务设备。

2014年,人力资源社会保障部、国家发展改革委等八部门公布了《关于开展家庭服务业规范化职业化建设的通知》(人社部发〔2014〕98号),明确了推动以家政服务、养老服务、病患陪护服务为重点的家庭服务行业规范化、家庭服务从业人员职业化,是保障家庭服务供给、提高家庭服务质量、促进家庭服务行业健康发展的重要基础性工作。

2019年,国务院办公厅发布《关于促进家政服务业提质扩容的意见》(国办发〔2019〕30号)。《意见》从支持院校增设一批家政服务相关专业、完善公共服务政策、改善家政服务人员从业环境、推动家政进社区、促进居民就近享有便捷服务、推进服务标准化、提升家政服务规范化水平等10个方面,对家政服务提出了后续改革和提升的方向。

家政从属于服务业。按照传统的产业、经济和职业分类,除了农业、工业外的其他行业,都可以划归为服务业。今天,经济越发达,社会分工越细密和越专业,文明程度越高,服务产业就越强大,产值也越高。事实上,从产值、产能上衡量,服务业早就是第一产业了。据世界四大会计师事务所之一的德勤的统计表明,服务业增加值占世界GDP比重已达68.9%,在数字化经济时代还在迅猛发展。2017年,中国服务业增加值427032亿元,占GDP的比重为51.6%,超过第二产业11.1个百分点,成为中国第一大产业。

当人口老龄化越来越严重,专业化分工越来越细之时,社会对家政人员的需求也会越来越多和越来越依赖,家政服务的高薪也是大概率事件和必然现象。而且,未来如果没有多方面的技能和高情商,想进入家政业恐怕也难。因此,大学毕业做家政服务一点都不低下,而且由于职业化、专业化和高水准的要求,今天的家政服务正在成为一种正式的、受人尊重的职业。

5.2.5 便民市场

老旧小区存在居民买菜难、流动商贩经营难、环境脏乱差的问题。2020年3

月 28 日，国务院联防联控机制就恢复商品流通和商业秩序工作情况举行发布会。商务部消费促进司负责人表示，将支持有条件的地方结合城镇老旧小区改造，加快建设快递收发站、标准化菜市场、连锁便利店、停车场等便民设施。随着社会的进步，社区内有大量的闲置房屋，如地上自行车库（图5-15）、废弃锅炉房（图5-16）等。这些空间既占用公共空间又影响环境卫生，可以将这些闲置建筑改造成便民市场（图5-17），既解决了小区居民买菜难的问题，也规范了流动摊贩，有利于统一管理。

图5-15　闲置自行车棚

图5-16　闲置锅炉房及煤场

图5-17　改造后的便民市场

1.改造原则

利用社区内闲置建筑物、构筑物如闲置自行车库（棚）、废弃锅炉房进行升级改造，或对现有的便民市场进行更新或扩建（图5-18）。

图5-18 利用社区内闲置建筑物、构筑物进行改造

改造后摊位应由社区物业统筹，由专业管理公司进行统一管理（图5-19）。避免出现"卫生脏乱差""缺斤短两""劣质商品"等传统菜市场的弊病。

图5-19 改造后摊位由社区物业统筹、专业管理公司进行统一管理

设计及建设过程中选用节能及性价比高的材料及设备，尽量采用天然采光及自然通风，减少改造成本，为后期运维减少压力。

2.建设内容及要点

设置在社区内的菜市场的主要客流为本社区内的居民。应根据社区周边菜市场布置情况设置相应规模的小型菜市场。社区型菜市场可进行多元化业态组合，便利店与农贸市场结合。根据市场的需求，商务部粮食局发布了《商务部标准化菜市场设置与管理规范》。

1）选址要求

（1）菜市场选址应符合城市规划，土地利用规划及商业网点规划的要求，手续齐全。

（2）菜市场设置应坚持以人为本的原则，符合交通、环保、消防等有关规定，与城区改造、居住区和社区商业建设相配套。店面前视野开阔，有一定的空旷场地。店面前避免车流量大、车速快的道路及对冲点。

（3）以菜市场外墙为界，直线距离1km以内，无有毒有害等污染源，无生产或贮存易燃、易爆、有毒等危险品的场所。

2）建筑物改造

（1）菜市场宜选择单体建筑或非单体建筑中相对独立的场地。

（2）菜市场土建结构应采用符合国家建筑、安全、消防等要求的钢筋混凝土或新型材料结构（图5-20），在改造前应确认结构的安全性。

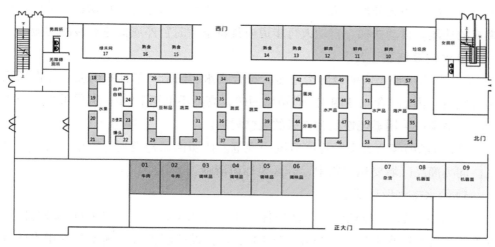

图5-20　菜市场结构、布局示意

（3）新建菜市场单体建筑的层高不宜小于4.5m；场内主通道宽度不小于3m，购物通道不小于2.5m，污物等其他通道宽度不小于2m。出口不少于2个，主要出入口门的宽度不小于4m。

（4）菜市场应具有良好的通风条件，室内宽敞明亮，自然采光好。楼层式市场应设有运输货物的专用电梯；改造时应考虑部分机动车、非机动车停放场地和内部卸货场地。

（5）菜市场应设置两个安全出口；为多层建筑时应设置封闭楼梯间，采用乙级防火门并应向疏散方向开启。菜市场采用三级耐火等级建筑时，不应超过2层；室内任一点至最近疏散门或安全出口的直线距离不应大于30m。

3）节能设计要求

（1）便民市场属于公共建筑，应根据现行国家标准《公共建筑节能设计标准》GB 50189进行节能设计。公共建筑分类应符合下列规定：

①单栋建筑面积大于300m²的建筑，或单栋建筑面积小于或等于300m²但总建筑面积大于1000m²的建筑群，应为甲类公共建筑。

②单栋建筑面积小于或等于300m²的建筑，应为乙类公共建筑。单栋建筑面积小于300m²建筑的体形系数不做要求。

（2）外墙外保温材料的燃烧性能应为A级。

（3）甲类公共建筑的屋顶透光部分面积不应大于屋顶总面积的20%，不能满足时必须按现行国家标准《公共建筑节能设计标准》GB 50189规定的方法进行权衡判断。

（4）电梯应具备节能运行功能。两台及以上电梯集中排列时，应设置群控措施。电梯应具备无外部召唤且轿厢内一段时间无预置指令时，自动转为节能运行模式的功能。自动扶梯、自动人行步道应具备空载时暂停或低速运转的功能。

4）室内装修设计要求

（1）菜市场地面应铺设防滑地砖，符合吸水、防滑、易清扫的要求，向通道两边倾斜；内墙（含立柱四周）应贴墙面砖，高度不低于1.8m；房顶可采用防霉涂料，吊顶应采用燃烧性能为A级的装修材料。

（2）市场内经营者字号标牌应统一规范。按照商品种类划行归市，设置交易区。同类商品区域要相对集中，分区要标识清晰。

5）给水排水设计要求

（1）供水设施：场内经营用水应保证足够的水量、水压，卫生符合现行国家标准《生活饮用水卫生标准》GB 5749的要求，设施配置符合国家节约用水的规定。提倡在保证满足用水卫生标准的条件下使用循环用水。水产区供水到商位，肉类区供水到经营区，熟食经营区专间供水到加工间。市场内设置供水点供消费者使用。场内要配置高压水冲洗装置，便于冲洗地面墙体和设备设施。

（2）排水设施：场内上下水道应确保畅通，采用沉井式暗渠（安管）排水系统，并设防鼠隔离网。主通道与购物通道交叉处应设窨井，窨井间距不宜大于10m，柜台内侧设地漏。有地下车库的市场按照建筑要求另行设计。购物通道下水道必须设计为暗道，防止异味上传，不可以设明沟。柜台外地面排水槽宽度0.08～0.1m，深度0.03～0.05m，用不锈钢材料或耐腐蚀、易清洗的材料制作并设地漏。柜台内排水槽保持排水通畅，地面保持干燥，不堆积垃圾。污水排放系统应当按环保要求设置过滤处理设施，符合相关的标准和规定。

6）电气设计要求

（1）应配备符合用电负荷、安全的供电设施。电线铺设以暗线为主，并配备漏电防护装置，有条件的应单独设置配电室。各经营区域应配备带接地线的符合低压电器使用的电源插座，水产区域使用防水插座。

（2）市场内环境照明供电设施配置应符合现行国家标准《建筑照明设计标准》GB 50034的规定。柜台（操作台）上方灯照度应达到100lx，肉类分割剔骨操作台灯光照度不小于200lx。场内通道应配备照明灯，各出入口应设置应急灯。建筑内疏散照明的地面最低水平照度：对于疏散走道，不应低于1.0lx；除操作台外场所，不应低于3.0lx；楼梯间、前室或合用前室、避难走道，不应低于10.0lx。疏散指示应设置在疏散门正上方（图5-21）。

图5-21 疏散指示设置在疏散门正上方

7）暖通设计要求

（1）建筑面积在1000m²以下的新建菜市场应安装不低于2000W功率的低噪声排风机，1000m²以上的每增加100m²相应增加300W排风机设备，排风机口布局应按国家或地方环保要求设置。

（2）场内窗户设施应保证空气能够顺畅对流，需要实施温控的食品专间须配置相应的通风及温控设施。

8）卫生设施要求

（1）菜市场应配置统一的废弃物容器、垃圾桶（箱），并设置集中、规范的垃圾房。垃圾房应密闭，有上下水设施，不污染周边环境，每个经营户应设置加盖的垃圾桶（箱）。

（2）菜市场应按现行国家标准《公共厕所卫生规范》GB/T 17217的要求建设卫生间，不得设在熟食经营区域附近。

9）消防安全设施要求

（1）应符合现行国家标准《建筑设计防火规范》GB 50016和《建筑内部装修设计防火规范》GB 50222的要求；应按照《商店购物环境与营销设施的要求》GB/T 17110规定标准配置灭火器材，设置消防软管卷盘或轻便消防水龙；不得在市场交易场地设置生活用电和液化气设施。

（2）人员密集场所应组建义务消防队，队员数量应不少于本场所从业人员数量的10%。

3.便民市场的信息化和智能化

1）电商、新零售的小区落地服务

（1）通过线上运营平台，以菜品农贸为主题，以保证食品检测安全为特色，结合线上下单，门店配送或自取的方式，将产品送到消费者手中，有利于抢占年轻一代的巨大市场。搭建数字化社区菜市场服务，结合配送平台，建设智慧农贸一体化，这样有效解决了年轻消费者不爱上菜市场、挑选困难等问题。

（2）对接小区拼团类服务进行管理的相关系统，拼团类服务可接入管理云平台。

（3）电商、新零售的小区落地服务的设施设备：配送取（收）货点的管理系统（特殊状况时的非接触管理）及物品存放架柜；配送自助提货柜、冷柜等；自动售货机等（图5-22）。

图5-22　配送自助提货柜、冷柜

2）民生消费服务平台

（1）社区智能化平台可以链接街道（或社区）的民生消费服务平台（如以菜市场为中心依托），接入覆盖至各小区的消费服务点。支撑民生消费服务平台/小区消费服务点，对接小区静态居民数据，实现（不限于）小区居民民生消费物资（可含日常生鲜）的接收、收储、分发、展示、销售和去向追踪、溯源等（图5-23）。

（2）民生消费服务平台可以在社区的特殊封闭期间成为民生消费供应的持续保障，实现消费物资和社会救助物资在小区的分发。可以与覆盖社区的智慧农贸平台链接，发布智慧农贸平台的供应信息，实现线上和线下的交易。可以通过与消费扶贫等社会公益平台链接，实现消费扶贫物资进社区（小区）。

图5-23 民生消费服务平台/小区消费服务点

（3）消费服务点数据与街道、物业、政府主管部门等相关机构对接，实现消费数据直连直报。

4. 工程案例

1）项目概况

北京兴丰家园中心项目基地位于大兴区兴业大街以西，三合路以南。基地西侧及南侧为三合南里社区，是一个大型老旧社区。三合南里有一闲置锅炉房（图5-24），因煤改气后原锅炉房及堆煤场闲置多年。

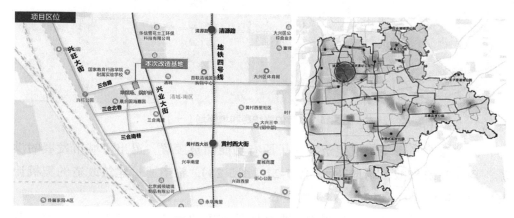

图5-24 大兴三合南里闲置锅炉房

大兴三合南里社区居住人口2770人、1404户，其中常住人口2570人、1305户，流动人口118人，其他人员共有200人。有居民住宅楼16栋，90个单元楼门，共有居民住宅平房13排。有各类社区单位35家，其中区属单位20家，其他单位67家，物业管理企业和部门5家。有文化、教育、卫生、体育、商业等设施35处。锅炉房周边设有幼儿园、居住区、小学等（图5-25）。

1 大兴第一幼儿园 2 附属实验小学 3 国海嘉园东区 4 国海嘉园东区 5 大兴区纪委监委 6 公交车站

图5-25　大兴三合南里社区

兴丰家园中心项目基地面积约4100m²，现状为废弃锅炉房和堆煤场，总建筑面积约2870m²。其中基地北侧为堆煤场，建筑面积约1059m²，为地上一层，混合结构。其北侧附有一层平房；基地南侧为锅炉房，建筑面积约1811m²，为地上一层，局部有夹层，钢筋混凝土框架结构（图5-26）。

图5-26　废弃的锅炉房和堆煤场（一）

锅炉煤改气后使这组建筑失去了原有功能而被废置，退出了城市发展的洪流。现状建筑破败，场地杂乱（图5-27、图5-28），希望通过建筑改造的契机让其成为周边居民日常生活、娱乐的中心。

在三合南里社区改造过程中，将社区外闲置的锅炉房和堆煤场进行提升改造，引入便民菜店、社区食堂、品牌餐饮、图书阅读、体育运动等便民服务功能，打造集便民服务和文体活动为一体的综合服务场所。同时，将闲置的底商空间重新规划，优化地面铺装、墙面门头，将原有陡坡改为适老化台阶及坡道，引入药房、商超、理发等便民业态，为社区居民、老年人等群体，提供多项便民优惠服务。

图5-27 废弃的锅炉房和堆煤场（二）

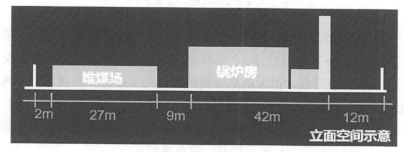

图5-28 废弃的锅炉房和堆煤场（三）

2）现状及问题

（1）结构安全性：经现场检查，锅炉房存在如板裂缝漏水、柱少浆蜂窝麻面等外观残缺（图5-29）。经评定，锅炉房安全性鉴定评级为A_{su}级，抗震鉴定评级为D_{se}级，综合安全性鉴定评级为D_{eu}级。

图5-29 锅炉房板裂缝漏水、柱少浆蜂窝麻面

经现场检查，堆煤场存在如结构破损、锈蚀等外观残缺（图5-30）。经评定，堆煤场安全性鉴定评级为D_{su}级，抗震鉴定评级为D_{se}级，综合安全性鉴定评级为D_{eu}级。

图5-30 堆煤场结构破损、锈蚀等外观残缺

（2）空间形态与便民市场不符：通高大空间与运营业态之间存在矛盾，锅炉房主体三层通高，层高高达10.8m；堆煤场主体净高6.65m，为无柱大空间。建筑原有空间形态富有特色，但无论从运营角度还是实际使用角度，都不符合改造后新功能的空间形态要求。

（3）室外道路不通畅：园区原有功能化布局为"见缝插针"型，特别是堆煤场与锅炉房之间的通道被变电箱严重堵塞，没有明显入口、内部杂乱等（图5-31）。

图5-31 堆煤场与锅炉房之间的通道严重堵塞、内部杂乱

社区中心类建筑往往注重开放性、互动性，注重居民使用的实际体验，部分结合商业运营的项目还需要空间或形象上有亮点。

3）实施方案

（1）结构修复与拆除：根据现行结构规范对现状建筑进行结构加固。

（2）搭建夹层：根据现有条件，分别于北侧3.2m、7.2m处增加结构，南侧5.4m处增加结构，形成北侧3层、南侧2层的新的锅炉房内部空间结构（图5-32）。

①首层改造为菜市场功能，南北两侧均可独立设铺，东侧预留食堂功能。东侧办公楼首层改造为公共卫生间。建筑东侧为主出入口，西侧为次入口，可满足错峰时货运功能。

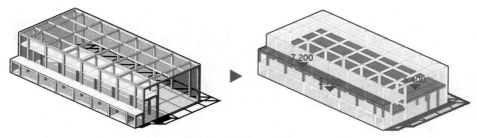

图5-32 根据现行结构规范对现状建筑进行结构改造、加固

②二层北侧标高3.6m，改造为餐厅功能，对外设单独出入口，满足独立运营需求；南侧标高5.4m，以便民服务为主，居中预留活动场地；卫生间设于西南角，供二、三层使用。

③三层为图书阅览功能，西侧单独划分为心理咨询区域，二层屋面为该区域露台。

（3）外立面整修与门窗更换：外立面通过彩色玻璃幕墙与劈开砖及深色铝板的结合，使得整体色调与周边建筑在协调一致的基础上增加了活跃的色彩，稳重而不失活泼。

（4）流线梳理：入口位于市政道路南侧，但无标识性入口，整体辨识度低；现状室外配电箱与堆煤场距离太近，人员及车无法通过。室外变电箱外形不可改造、位置无法移动。通过如下方法解决：将堆煤场东南角打开，拆除部分原有结构，增加部分钢结构框架，底部弧形通道形成穿越效果（图5-33）。

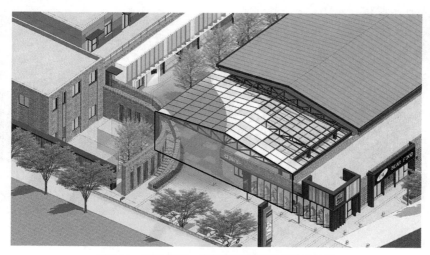

图5-33 流线梳理、底部弧形通道形成穿越效果

以景墙将变电箱遮蔽，依墙而建的室外楼梯将园区人流合理分流，秩序井然（图5-34）；增加入口大门如图5-35所示；图5-36是改造后的流线。

图 5-34 景墙遮蔽变电箱、依墙而建的室外楼梯将园区人流合理分流

图 5-35 增加入口大门

图 5-36 改造后的流线

图 5-37～图 5-39 是建成后的实景。

图 5-37 建成后的实景（一）

4）投资与运营

该项目为社会资产投资并参与运营。在市场内引入品牌超市及品牌餐饮店，如麦当劳等。

图5-38　建成后的实景（二）

图5-39　建成后的实景（三）

5.2.6　便利店

经过对社区的调研，如便利店、品牌专营店、理发小屋等是社区内比较缺少的配套用房。为满足居民的生活需求，在小区内设置一些小型便利店以满足居民临时的购物要求，例如伊利小屋、便利蜂等小型商店。可以是专营店，也可以是小型百货店。

2021年5月28日，商务部等12部门发布的《关于推进城市一刻钟便民生活圈建设的意见》（商流通函〔2021年〕176号）明确提出："一刻钟便民生活圈，是以社区居民为服务对象，服务半径为步行15分钟左右的范围内，以满足居民日常生活基本消费和品质消费等为目标，以多业态集聚形成的社区商圈。""以城市为实施主体，充分调动地方积极性，推动科学优化布局、补齐设施短板、丰富商业业态、壮大市场主体、创新服务能力、引导规范经营，提高服务便利化、标准化、智慧化、品质化水平，将便民生活圈打造成为促进形成强大国内市场、服务保障民生、推动便利消费及扩大就业的重要平台和载体。"

1. 改造原则

社区内有很多闲置的单层小建筑，如废弃的配电室、自行车棚、腾退的人防出入口等（图5-40）。

图5-40　废弃的配电室、腾退的人防出入口

将腾退后闲置的人防工程口部房用于支持社区建设，完善一刻钟社区服务圈。人防工程口部房可被改造成微型消防应急站、防灾减灾服务站、便捷综合服务中心、惠民驿站、便民小院等，为居民提供家电维修、水电气小修、室内装饰小修、房屋租赁、洗衣等20余种便民服务项目。

2. 建设内容及要点

（1）门店选址及辐射区域：应选在商业中心区、居民社区、写字楼、乡镇所在地、交通要道和枢纽、加油站以及人流量较为密集或人口密度较大且相对稳定的区域，辐射范围较小，半径一般不超过500m。

（2）面积规格及相应设施设备配置：营业面积相对较小，根据门店所处位置、经营定位，营业面积应在30～300m²。货架组数有限，出入口1～2个（100m²以上的门店应该设置为2个），收银机1～4台，配备若干冷冻、冷藏设备及简单加热的电气设备。

（3）经营商品范围及种类：便利店的商品结构主要包括日常生活用品、预包装食品、散装食品（有QS许可证的各类即食食品）、饮料、机制饮品、保健食品、计生用品、烟酒、文具、出版物、特色商品以及应急性商品等。

（4）经营时间及服务项目：营业时间一般为14～24h，并提供售卖商品以外的有偿或无偿的各种服务（表5-11）。

服务功能（包含且不仅限于此）	具体内容
便民充值	移动电话充值
	游戏点卡充值
	城市交通卡充值
	有线、数字电视账户充值
	第三方账户（含预付卡）充值
便民代缴	电商订单代缴
	水电气代缴
	城市交通违规罚款代缴
	宽带固话代缴
	保险团费、物业房租代缴
便民金融	终端支付
	自助银行
便民票务	社会彩票投注
	交通票代售
	门票代售
便民支付	银行卡支付
	非"银联标识"的通用卡
	城市通卡支付、手机支付
	第三方账户（预付卡）支付
	积分支付
便民服务	电动车快速充电
	废旧物品回收服务
	照片冲洗服务
	代售电话卡等
	互联网相关服务
	复印、传真等服务
	快件代收代发服务
	代办报名
	洗衣
	送即食品服务
商品增值服务	会员/VIP卡
	微波炉加热服务
	送货上门
	订购服务

数据来源：《北京市连锁便利店行业规范（试行）》。

（5）标准门店面积：30 ～ 300m²，设施硬件配备要求参照表5-12。

标准门店设施硬件配备 表5-12

配置设备名称	规格标准
给水设备	管径不低于25mm给水管
排水设备	管径不低于110mm排水管
电力设备	提供380V三组5线式电源
电源配置	65kW，120A以上
消防设备	具备消防系统，应符合消防安全要求
其他	原则上店内需有或可建卫生间

数据来源：《北京市连锁便利店行业规范（试行）》。

（6）标准门店经营功能区域配置要求参照表5-13。

标准门店经营功能区域配置 表5-13

功能区域配置	配置要求	备注
收银区	必选	位置及面积根据门店实际情况
即食品设备区	必选	位置及面积根据门店实际情况
即食品简单加工区	必选	位置及面积根据门店实际情况
商品陈列区	必选	位置及面积根据门店实际情况
简易即食品食用区	可选	位置及面积根据门店实际情况
仓储区	可选	根据实际情况设置
卫生间	可选	根据实际情况设置
互联网及金融服务设备区	可选	自提柜、互联网订购终端、提款机等

数据来源：《北京市连锁便利店行业规范（试行）》。

（7）标准门店服务项目参照表5-14。

标准门店服务项目 表5-14

种类	有偿	免费	种类	有偿	免费
洗衣	○		微信支付		○
复印	○		支付宝支付		○
卫生间		○	Apple Pay		○
Wi-Fi		○	福利彩票		
商品配送	○		一卡通支付		○
会员积分		○	生日蛋糕预订	○	
手机充电		○	节庆预约商品	○	

续表

种类	有偿	免费	种类	有偿	免费
自助缴费		○	线上购物	○	
公共代缴	○		票务服务	○	

备注：以上服务项目可根据门店实际情况确定是否有偿。

数据来源：《北京市连锁便利店行业规范（试行）》。

（8）建筑设计标准

①预留通道宽度：30m² 以下的便利店，主通道最少1m，副通道最少0.8m；30～50m² 的便利店主通道可以留1.5m、副通道则为1m；100m² 及以上的大型便利店通道可以在2m左右。

②疏散出口的宽度按照人员密集场所来计算。

③给水排水：宜设有给水排水点位，应设置消防软管卷盘或轻便消防水龙。

（9）运营模式

①直营管理模式：投资公司直接经营门店，即由公司本部直接投资经营管理各个门店。公司总部采取纵深式的管理方式。

②加盟管理模式：由拥有品牌、技术和管理经验的公司总部，授权加盟商使用品牌，并指导传授加盟门店各项经营的技术经验，收取一定比例的权利金及加盟费。实际上，加盟门店与总公司是基于契约关系，彼此都是独立的事业体。

③委托经营模式：由公司总部将所投资、开发的门店，根据委托经营协议委托给被委托人承包经营。门店的法律、经营主体为公司总部，管理主体为被委托人。公司总部负责制定统一的营销政策、提供商品供应、进行经营指导；被委托人按照公司规定各项制度负责门店商品的销售活动及其门店的管理工作。公司总部与被委托人按照委托经营协议规定的比例分担门店成本，分享经营收益。

3.信息化、智能化

（1）随着移动支付及物流行业的发展，部分店内根据业务设置可集成身份证识别、卡证和二维码识别、生物识别（人脸、非接触指纹等）等多种识别方式，银行卡（微信、支付宝）等多种支付方式，文件及票据打印等功能，应具备个人身份验证功能。

（2）可设置配送类服务，如电商类配送集中管理服务、周边商圈配送服务、餐饮类配送服务、委托采办类服务等。

4.工程案例

1）项目概况

劲松小区位于北京东三环劲松桥西侧，隶属朝阳区劲松街道管辖，始建于

20世纪70年代，是改革开放后北京市第一批成建制楼房住宅区，目前楼龄已40余年（图5-41）。

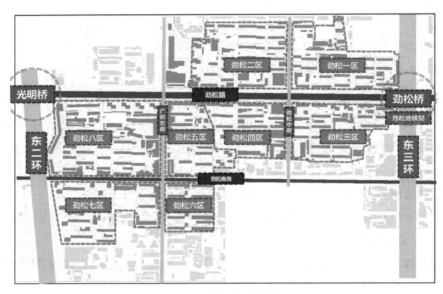

图5-41　朝阳区劲松街道劲松小区

由于年代久远，社区较大，类似这种废弃的小单体建筑很多，多年来无人管理，有的早已闲置多年，有的被用来做小商店，但表面已破旧。

2）现状和问题

面对新时代、新北京、新朝阳的要求，劲松社区存在三类"错配"的情况：

（1）居住人群错配。①社区设施、服务均不"适老"：社区现状不符合老年人日常生活基础的安全性、服务性需求；②在周边商务区上班的大量年轻职场人士有职住平衡需求。

（2）基础设施错配。①消防设施不足：消防设施设计标准低，楼内无消防设施，一些高层住户封闭窗户，发生火灾时无法逃生，小区存在火灾隐患；②适老设施缺失：多层无电梯，社区无障碍设施不足，一些老年居民长年无法下楼，无法享受正常晚年生活；③停车位不足：缺乏停车位；停车不规范，社区乱停车阻碍消防通道，存在安全隐患；④水电气路管线设施老化：社区排水管线严重老化，夏季雨水倒灌地下室，房屋上下水管道渗漏、堵塞。

（3）配套服务错配。①安全管理不足：95%的门禁安防损坏，对流动群租人群管理不足；对楼道堆放电动车及易燃杂物、消防通道堵塞等安全问题管理不足；②便民服务不足：理发店、早餐店等便民配套服务缺乏，居民日常生活便利性不足；③缺乏老年关怀：对独居老人身体情况缺乏了解，有可能发生非正常死亡等恶性事件。

依托"五方联动"工作机制，劲松街道工委成立由党员干部组成的宣讲队，开展"一对一"入户宣讲，缓解改造施工给居民造成的情绪波动（图5-42）。同时，发挥"居委会—小区—楼门"治理网络作用，以包楼包院方式，就物业管理、环境提升、便民服务等问题开展需求征集，把居民需求"兜"上来。"以引入便民业态为例，中老年人希望增加菜市场、社区食堂等设施，以便利居家生活为主。青年人希望增加社区健身房和代收快递等服务。"此外，劲松北社区党委还成立了由党员干部、居民党员代表等40余人组成的议事小组，创新"专业设计、居民评选、政府把关"的评选流程，方便改造方案随时微调优化。

**图5-42 劲松街道工委成立由党员干部组成的宣讲队，
开展"一对一"入户宣讲**

3）改造方案

对小区内闲置废弃小单体结构进行安全性鉴定，从外至内进行全方位改造，根据小区内各配套设施的分布情况进行摸排，合理分布配套小商业以满足居民的生活需求（图5-43）。

坐落在劲松西街的"美好理发店"仅有十几平方米，但客如云来。老板是在劲松北社区摆摊儿经营十几年的申师傅两口子。社区完成改造后，申师傅的手艺作为便民业态保留了下来，从之前露天经营的"理发小摊儿"，变成了有固定经营场所的合法门店（图5-44）。

和申师傅一样，修鞋匠、保洁员、水果摊主等七八位社区的"老朋友"，如今都继续留在改造后的社区里为大伙儿服务，他们每周末在辖区开展义务理发、衣服裁剪、免费配钥匙等便民服务活动，继续延续着社区温情。

位于209号楼前废弃多年的自行车棚也迎来了它的新生（图5-45）。自行车棚内部空间调整为三部分：自行车停放空间、修补铺及物业服务中心/物业党支部。

图5-43　合理分布配套小商业以满足居民的生活需求

改造前　　　　　　　　　　　　　　　改造后

图5-44　美好理发店改造前后对比

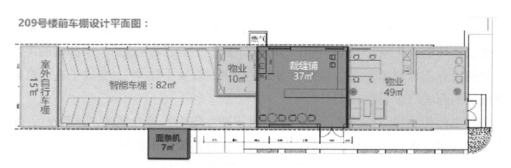

图5-45　自行车棚迎来了它的新生（一）

外部采用彩虹色格栅设计，体现劲松社区在改造升级后的朝气与活力。门前设置座凳方便居民休息交流，无障碍坡道满足老人孩子的安全需求。自行车棚改造后出租给了"匠心工坊"便民商店，提供保姆家政、家电清洗、配钥匙、换电池等服务。旁边的配套用房也打造成统一风格，有几家老字号商店和连锁食品企业入驻（图5-46）。

图5-46　自行车棚迎来了它的新生（二）

5.2.7 邮政、快递末端综合服务站

快递末端综合服务站，是由与相关企业主体签订协议的快递服务组织提供快件代收、代投、收件人自取、智能快件箱等快递服务以及其他生活、便民等增值服务的场所。当今，网络购物已占很大比例，但很多用户白天不在收件点，快递无法直接送到，给居民及快递公司造成了困扰。快递驿站应运而生，居民通过快递驿站来暂存快递。

1.技术内容及要点

1）选址及建筑要求

快递末端投递服务主要通过自有网点、合作网点、智能快件箱等服务渠道实现：

（1）自有网点：多利用已有建筑物，也可以利用现代的装配式技术，新建快递用房。如某小区利用集装箱建立的快递便民驿站（图5-47）。集装箱建设施工速度快，对小区居民的影响小。

图5-47　集装箱便民驿站

（2）合作网点：经营快递业务的企业或者分支机构，根据业务需要在街道社区、学校等特定区域设立或者合作开办，为用户直接提供收寄、投递等快递末端服务的固定经营场所。

（3）智能快件箱：可供寄递企业投递和用户提取快件等物品的自助服务设备，符合《智能快件箱设置规范》YZ/T 0150—2016的要求。智能快件箱宜集中设置，住宅小区的智能快件箱宜设置在小区入口，公共场所的智能快件箱宜设置在人员流动频繁且易投取快件的区域（图5-48）。路侧的饮水机、快递柜、垃圾箱并排布置，不影响小区居民通行。

图5-48　快递柜的布置

智能快件箱的位置设置要求：场地宽敞明亮、通风条件良好、具有网络信号。智能快件箱的空间距离，见图5-49和图5-50。

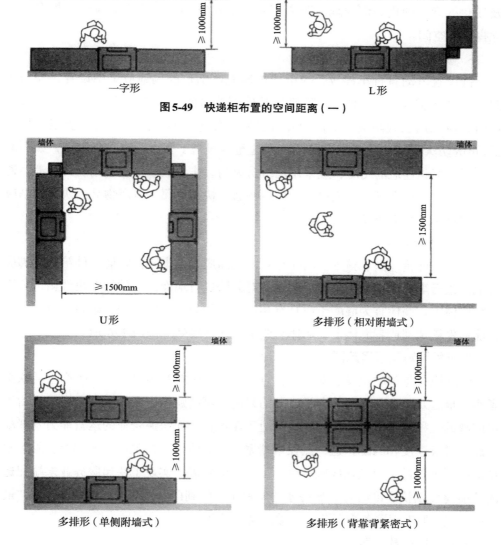

图5-49　快递柜布置的空间距离（一）

图5-50　快递柜布置的空间距离（二）

2）设施要求

（1）末端网点需要配置扫描枪等设备，快件存放设施足够摆放快件，确保快件"不落地"；消防设施符合标准；配备与服务场所相适应的监控设备，应用于服务、生产各环节实行安全监控，监控范围24h无死角、无盲区，监控资料保存时间应不少于30d。

（2）在既有建筑内布置快递点时，快递点宜选择布置在建筑物的首层。当建筑物有地下室时，应对楼板的荷载进行复核，确保使用过程中的结构安全。

（3）设置在室外的智能快件箱应选择地势较高的场地，场地地面宜进行平整及硬化处理，硬化表面与地面距离不应小于100mm，硬化表面应留有投取人站立操作的空间。

3）场地安全

需设置电动自行车停放、充电或电瓶充电部位的场地应集中设置，并采用耐火极限不低于2.00h的防火隔墙与其他部位分隔，如隔墙需开设互相连通的门时，应采用乙级防火门。需设置办公室、休息室时，应采用耐火极限不低于2.00h的防火隔墙与其他部位分隔，并应至少设置1个独立的安全出口，如隔墙上需开设互相连通的门时，应采用乙级防火门。作业区域不应使用明火。消防通道、安全出口符合紧急疏散要求并保持畅通。快递均属于可燃物品，快递驿站应按小型仓储进行消防设计。

4）设备的固定

智能快件箱应摆放整齐，箱体与箱体之间应连接牢固。智能快件箱的地脚应与地面进行牢固固定，防止设备倒塌。对无法进行地面固定的智能快件箱，可固定在墙体上，墙体宜为混凝土或具有相应承重能力的砌体结构。遮雨篷应固定在智能快件箱顶部或者墙体上，墙体与遮雨篷的连接处应做防水处理。

2. 应用原则及适用范围

快递服务是邮政业发展新的增长点，与广大企业和市民群众的生产生活联系紧密。最近几年尤其是随着电子商务的兴起，网络购物已经成为我国居民生活不可或缺的一种消费模式，全国快递行业飞速增长，而快递企业的运营能力发展却无法与增长速度相匹配，这一点在末端派送尤为明显。相关快递末端综合服务站规范的制定促进了快递业健康、科学、有序的发展，实现了快递服务业末端配送的功能建设及快递准时性和服务水平双高的"门到门"的配送，实现了快递"最后一公里"的末端服务多元化、末端配送多元化。

3. 政策标准及发展方向

近年来，国家、省、市出台一系列促进快递发展的方针政策，都对快递末端服务提出了鼓励合作、共享共赢、协同发展的意见和要求。

国务院于2018年3月2日发布了《快递暂行条例》，自2018年5月1日起施行。《快递暂行条例》的发布，促进了快递业的健康发展，对保障快递安全，保护快递用户合法权益，加强对快递业的监督管理，起到了重要作用。

2020年8月公布的《完整居住社区建设标准（试行）》，明确了建设多组智能信报箱、智能快递箱，提供邮件快件收寄、投递服务，格口数量为社区日均投递量的1～1.3倍。新建居住社区应建设使用面积不小于15m²的邮政快递末端综合服务站。城镇老旧小区等受场地条件约束的既有居住社区，因地制宜建设邮政快递末端综合服务站。

在推进快递末端综合服务能力建设的过程中，平等、互信、协商是快递末端综合服务网点建立的基础，互利互惠是综合平台发展的关键点，提供优质高效的服务是出发点，发挥小快递大民生的作用是落脚点。

（1）解读好当前形势。邮政管理局作为行业的政府部门，要客观看待、仔细分析快递末端服务和安全存在的问题，按照问题导向，认真学习、深刻领会国家的方针政策，结合地方、行业实际，准确把握快递末端面临的形势，探索和创新解决问题的办法。要向协会、企业、网点和社会各界解读好当前的形势和未来的方向，当好快递末端综合服务能力建设的政策宣传员、形势解说员和解决问题的指导员。

（2）引导好一个理念。思想是行动的指南。邮政管理局在推进快递末端综合服务能力建设的过程中，要始终不渝地贯彻好国家的有关政策，坚持"互信、互利、平等、协商、合作、同谋发展"的理念，不断引导大家进一步坚定合作共赢的信心，明确互利互惠、共同发展的方向，不忘尊重平等、协商合作的初衷，把快递末端综合服务能力建设不断推向深入。

（3）把握好两个原则。建设前要积极推进政府、协会、企业、网点"四维联动"机制建设，明确"协会倡导、企业主导、政府指导"，企业"自愿合作、平等协商、协同推进"的原则；建设中企业要按照"互相尊重、互惠互利、聚焦合作，正视困难问题，妥善管控分歧"的原则，充分发挥行业协会和企业的主观能动作用，加强引导和规范，采取有效措施，积极稳妥地解决网点"建设、管理、运营、维护"中的困难和问题。

（4）处理好三个关系。邮政管理局、快递协会、快递企业和网点要明确好各自的职责定位，协会要发挥好桥梁纽带作用，发起倡议，做好引导；邮政管理局要起到把握政策、贯彻标准、指导实施的作用；企业和网点要承担推进快递末端能力建设的主体责任。更重要的是把握好政府与市场、协会与企业、企业与网点的关系，做到协调配合、各负其责，不缺位、不越位。

（5）解决好四个问题。首先要解决好企业解放思想、开拓思路、统一认识问题，只有思想上的认同，才能做到行动上的协同。其次要善于学习借鉴先进经验和成功案例，解决好信心不坚定、方向不明确的问题。再次要解决好因原有网点整合触及的利益调整，如何实现降本增效后的利益共享的问题。最后要明确谁建设、谁管理，谁运营、谁负责的企业主体责任，解决好安全生产以块为主、寄递渠道安全以条为主的条块结合的企业管理问题。邮政管理局要落实好国家"放管服"改革政策，鼓励创新，并贯彻好"包容审慎"的行业监管要求。

4. 工程案例

北京城六区2019年上半年试点"地下快递点"，提出了支持快递行业规范健康发展的9条措施，包括提供2400套（间）租赁房源作为快递员工宿舍等，为快递企业、快递小哥送上了专属"服务包"。在加强末端配送基础设施建设方面，"服务包"提出探索利用地下空间提供末端便民服务。

（1）2019年上半年，在城六区选取3～5处试点，利用地下人防工程提供邮政网点服务，下半年逐步推广至全市邮政和规范化管理的快递企业。研究制定利用地下空间设置智能自提柜的有关标准和规范。同时，支持智能自提柜等末端共同配送网点建设。鼓励末端共同配送服务模式创新，鼓励电商、快递企业与超市、便利店、社区综合体等合作开展末端共同配送服务，支持在社区、办公楼、商圈、学校、地下空间等场所布放智能自提柜，年内新增网点200个以上，对符合条件的项目给予最高50%的资金支持。此外，还提出支持末端配送充电设施建设，鼓励电商、快递和第三方企业，在具备条件的末端配送网点，建设配套充电设施，对符合条件的项目给予最高50%的资金支持。

（2）在推动快递服务人员职住平衡方面，"服务包"提出将提供2400套（间）租赁房源（含续租、新增）作为快递员工宿舍，帮助一批快递员工解决宿舍问题。搭建平台，加强快递企业与改建租赁房持有机构的需求对接，优先保障快递企业租赁。同时，推进落实《北京物流专项规划》，按照一定比例规划建设一批只租不售、统一管理的快递员工集体宿舍和配套设施。其中，对于现有物流园区，允许土地产权单位改建一批；对于规划新建物流园区，允许土地产权单位配建一批。鼓励国有企业利用自身国有闲置土地建设租赁住房，整体出租给大型物流企业作为员工宿舍。

5.3 外部空间环境提升与城市家具改造

5.3.1 现状问题

城市家具是指设置在城市道路、街道、街区、公园、广场、滨水空间等城市开放空间中，融合于环境，为人们提供公共服务的各类设施的总称。"城市家具"这一概念起源于欧洲，但在我国尚属新生的专业，在行业中还没有与之系统门类对应的行业标准，与其概念相近的术语有"道路附属设施""市政公用设施""公共设施""环境设施"等，但涵盖的设施种类及专业范围与"城市家具"既相交叉又不重叠，相关的技术标准也是分散在各个专业中。

在实际工程建设中，各种功能类别的城市家具分别归属于公安、城管、交通、市政、园林、民政、邮政等多个部门，在管理上各自为政，按需设置。因此，规划层面没有协调统一，在设置上相互矛盾冲突，在设计上由于一般为成品采购，于是出现了色彩和造型各异又欠缺城市形象特色的各类设施，形成了纷繁杂乱的视觉效果，降低了城市的整体环境品质，也加重了"千城一面"的城市风貌。

常见的典型问题主要体现在六个方面：①外观设计不统一，与周边的环境风貌不协调，且缺少文化特色表达；②设置不合理，各类设施相互矛盾；③单体设计不合理，在尺度、尺寸、功能等方面人性化及精细化设计水平不足；④设置缺项，城市基础设施服务功能不完善；⑤人行道铺装无障碍化程度低，存在安全隐患；⑥维护管理不善。

以上问题是在我国城市都能见到的普遍问题，是造成城市环境品质低下的主要原因之一，也是当下城市更新要解决的"城市病"和制约城市发展的"短板"之一。

在以居民生活为主的街道空间，有些问题更是给居民生活出行造成不便甚至是埋下安全隐患，对以老旧小区为主要对象的外部街道空间环境进行调研，总结典型的问题有（图5-51）：

（1）路灯、交通标识牌、信号灯、监控等杆件类设施一杆一设，数量多，缺少整合，尤其集中在交叉路口，其附属的管控电箱也随意设置在路口，有的设置在人行横道前的过街等候区域，阻碍行人通行。

（2）电线杆上线缆密集排布造成的城市景观问题，以及斜插入地的缆绳绊倒行人等。

（3）生活性街道不必要地设置了过多的、连续的人行护栏，使环境空间被切割，虽然为机动车快速行驶提供了便利，却对生活性街道的主要使用对象——行人造成诸多不便，也限制了街道的商业活性和邻里交流。

（4）设置在小区或单位进出口人行道的挡车桩高度低，在夜间光线不足的情况下，行人容易磕碰绊倒。

（5）人行道铺装面坑洼不平、出入口未设置坡道、铺装面衔接处高差较大、树池树箅高出路面高差、建筑底商台阶等，是造成行人绊倒的常见问题。

（6）盲道不连续、被箱体或台阶等障碍物阻挡、"Z"字形设置、导向错误等情况。

（7）市政井盖密集而杂乱地布设在人行道上以及过街人行横道区域，成为一排排、一处处的"疤痕"和"雷区"；还有设置在与人行道路交汇处的情况，形成一个个缺口，存在安全隐患。

图5-51 城市家具典型问题示例

5.3.2 政策标准及发展方向

1.政策标准

2015年12月，时隔37年再次召开了中央城市工作会议，对城市发展建设，明确提出了要在"建设"与"管理"两端着力，转变城市发展方式，完善城市治理体系，提高城市治理能力，解决城市病等突出问题。此次会议的召开，标志着中国的城市建设由"量"的积累走向了"质"的提高，由"粗放式"建设进入了"品质化"提升和"精细化"管理的新时期。会后，中共中央、国务院随即发布了一系列政策指引文件。其中，《关于深入推进城市执法体制改革改进城市管理工作的指导意见》第十八条中，首次在国家政策文件中提出"城市家具"的概念，成为中国城市建设管理工作的一项重要内容。

近年来，随着中央提出"高质量发展"的总领精神，我国的经济发展和城市建设，也由高速增长阶段，转向高质量发展阶段。城市家具作为城市基础设施的重要组成，也成为当下城市更新工作的重要抓手，是城市"高质量发展"建设和"精细化"管理的关键节点所在（表5-15）。

中央部委发布街道空间环境和城市家具相关政策和标准梳理　　　　表5-15

政策及标准名称	发布机关	时间	相关要求及条文内容
《关于加强城市步行和自行车交通系统建设的指导意见》（建城〔2012〕133号）	住房和城乡建设部、国家发展改革委、财政部	2012年9月	坚持以人为本。把方便群众出行作为首要原则，以群众实际出行需求和意愿为导向，加强道路等设施建设，为人民群众提供安全、便捷、舒适的城市步行和自行车出行环境。 在城市步行和自行车交通系统用地安排、材料选择、景观环境建设等方面，兼顾舒适性和经济性。 加强步行道和自行车道环境建设。在步行道和自行车道建设过程中，要合理选择道路铺装材料，确保路面平整。加强城市道路沿线照明和沿路绿化，建设林荫路，提高舒适性，改善出行环境。在城市次干道及以上等级道路、机动车和自行车交通量较大的支路，合理设置机非护栏、阻车桩、隔离墩等设施，防止机动车穿行自行车道或进入人行道，保障行人安全
《关于加强城市基础设施建设的意见》（国发〔2013〕36号）	国务院	2013年9月	城市交通要树立行人优先的理念，改善居民出行环境，保障出行安全，倡导绿色出行。设市城市应建设城市步行、自行车"绿道"，加强行人过街设施、自行车停车设施、道路林荫绿化、照明等设施建设，切实转变过度依赖小汽车出行的交通发展模式
《关于深入推进城市执法体制改革改进城市管理工作的指导意见》	中共中央、国务院	2015年12月	加强城市公共空间规划，提升城市设计水平。加强建筑物立面管理和色调控制，规范报刊亭、公交候车亭等城市家具设置，加强户外广告、门店牌匾设置管理
《城市设计管理办法》（部令第35号）	住房和城乡建设部	2017年3月	重要街道、街区开展城市设计，应当根据居民生活和城市公共活动需要，统筹交通组织，合理布置交通设施、市政设施、街道家具，拓展步行活动和绿化空间，提升街道特色和活力
《关于加强生态修复城市修补工作的指导意见》（建规〔2017〕59号）	住房和城乡建设部	2017年3月	塑造城市时代风貌。加强总体城市设计，确定城市风貌特色，保护山水、自然格局，优化城市形态格局，建立城市景观框架，塑造现代城市形象。加强新城新区、重要街道、城市广场、滨水岸线等重要地区、节点的城市设计，完善夜景照明、街道家具和标识指引，加强广告牌匾设置和城市雕塑建设管理，满足现代城市生活需要

政策及标准名称	发布机关	时间	相关要求及条文内容
《城市步行和自行车交通系统规划标准》GB/T 51439—2021	住房和城乡建设部	2021年4月	该标准包括总则、术语、基本规定、交通网络、通行空间、过街设施、停驻空间、交通环境、交通信号、交通标识标线等10个部分，旨在保障城市步行和自行车交通空间，提升交通出行安全与品质，科学利用空间资源。 第3章基本规定中3.0.1条文明确提出"城市交通要树立行人优先的理念，改善居民出行环境，保障出行安全，倡导绿色出行"的总体要求

2.发展方向

对于前述的主要问题进行分析总结，是由于城市家具具有"跨行业、跨专业、跨部门"的学科属性。改革开放后，中国经济进入高速发展时期，城市建设也驶入了快车道，然而，城市规划理念以及相关学科、专业等水平不足，远远落后于时代发展建设的需求。城市家具的建设，也因缺少顶层规划、缺少统一管理、缺少相关标准，造成了当下各地城市公共空间环境的种种突出矛盾，成了"城市病"的重点对象。解决当下的问题，要将"城市家具"作为一个环境要素的"系统"来考虑，与"人、物、空间、环境"相关联，以"系统设计""统筹管理"的思想指导城市家具设计建设是其中的关键所在。

城市家具是城市基础设施的重要组成部分，不单与城市居民的生活出行息息相关，同时也是城市景观风貌的重要因素。在当下新一轮城市更新进程中，除了完善城市基础服务设施的功能层面外，还应该注重提升层面，包括从人性关怀角度进行硬件完善和软性服务层面的提升，也要从城市美学、地域文化、区域环境层面，进行景观风貌层面的品质提升。

在老旧小区周边街道空间环境改造项目中，城市家具的设置必须要充分考虑居民生活和出行的综合性活动需求，保障步行和自行车道的完整性、连续性、可达性，转变过去"以车为先"的传统交通规划理念和服务模式，贯彻落实中央提出的"以人为本""绿色出行""行人优先"理念，为城市居民生活和出行提供完善的基础设施和服务保障。特别要考虑老年人、儿童、孕妇、残障人士等弱势群体的行为模式和活动需求，实现人性化、安全、舒适的通用性设计。对此，城市家具的发展方向应满足以下要求：

（1）系统设计

将城市家具各类设施放在一个环境系统中整体考虑，对城市家具的造型、风格、色彩、材料、布点等进行统筹设计，实现系统最优、科学合理、美观协调、高质高效。

（2）功能优先

注重设计的通用性，满足不同人群的使用和活动需求，功能完善、把控细节、尺度适宜、便捷舒适。需要强调的是，城市家具多作为公共空间辅助设施，是城市景观环境和人们行为活动的背景或补充，而非观赏主体，因而在体现特色的同时必须兼顾交通安全性，在风格、造型和色彩方面不宜过于强烈，或因过度设计而分散驾驶员和行人的注意力，影响到交通安全。

（3）安全易用

各类设施在满足相关规范要求基础上，必须确保安装牢固，基础部位不得裸露出地面，确保行人无障碍通行要求，整洁美观；注重行人行为活动需求，强化人性化设计，有利于行人安全便捷地使用，并易于识别，配合城市管理需求，维护方便。

（4）彰显特色

把握城市的文化特色、地域特征、历史文脉，通过风格、色彩、造型、元素等特色设计，使城市家具体现地域文化与城市形象特质。同时，城市家具的风格、色彩、造型等也要与周边景观风貌相协调。

（5）标准设计

对各类设施进行合理设计与规范设置，考虑施工安装和后期管养，降低成本和提高效率，可对成品及零部件进行标准化、模块化设计。

（6）因地制宜

对于已建成道路的配套城市家具，应因地制宜，对需要保留的家具设施进行合理优化改造，并协调新建方案与保留家具方案的造型、色彩、材质等元素；对于缺项设施，根据实际需求进行增补。

（7）集约设计

城市家具应本着经济适用、坚固耐用的原则进行设计，合理选择材料及控制建设成本。同时，应倡导集约化与多功能设计，对布设在道路上的各类设施进行集成式或组合式设置。

（8）绿色智能

以创建生态宜居、绿色可持续发展和智慧城市为目标，设计选用绿色环保的建材，便于设施维护；使用低耗能、低碳排放的新型产品或技术；铺装系统应结合"海绵城市"理念推广透水性材料和技术做法；充分考虑智慧城市建设管理和运营需求，对城市家具及配套设施进行智能化设计和安装部署、接口和配套管线预留等。

5.3.3 改造方针及策略

1.基础调研工作

对于老旧小区所处的生活性街道，城市家具在改造前应做好以下基础工作：

（1）城市家具改造设计应在完善道路功能性的基础上，在对城市、道路实际情况的勘察与考量之后，对街道的功能属性、使用人群的特性和活动需求以及街道自身所处区域的环境特点等进行综合评估，采取与之相应的改造策略。如有历史文化街区的保护要求，城市家具的设计改造应体现该地区的文化基因，与周边环境相得益彰。

（2）改造设计必须对现状城市家具体系进行充分调研，并听取各类城市家具职能管理部门与权属单位的意见，本着实用、经济、美观、集约、因地制宜的原则进行有针对性地设计。

2.改造类型划分

基于充分的调研后，结合实际需求，可以分为以下三种主要方式进行改造：

（1）全面新建型——城市家具系统陈旧不能满足城市发展需求且在道路全面改造的前提下，可对城市家具系统全面新建。

（2）分类改造型——保留或改造部分尚能满足功能使用且与街道环境相协调的城市家具，对其他城市家具种类根据街道发展需求进行新建。

（3）微改造型——保留尚能满足功能需求与环境需求的城市家具系统，仅对破损的城市家具进行更新，对局部的城市家具进行智慧化改造，增设景观小品或进行小部分城市家具的艺术化改造等。

3.改造内容与适用范围

从功能和管理属性上分类，可分为交通管理设施、城市照明设施、路面铺装设施、信息服务设施、公交服务设施、公共服务设施六大类，主要为地面上的设施，具体涵盖内容包括但不限于表5-16中所示的种类。

城市家具的分类及设施名称　　　　　　　　　　　　表5-16

分类	设施名称
交通管理设施	交通信号灯杆、交通监控杆、交通标识牌、综合杆、中央分隔带护栏、侧分隔带护栏、人行护栏、绿化防护栏、挡车桩、户外市政箱及装饰罩
城市照明设施	路灯、高杆/半高杆照明灯、步道灯、草坪灯
路面铺装设施	人行道铺装、盲道、路缘石、树箅、各类市政井盖
信息服务设施	路名牌、标识导向牌、智能电子信息牌、公共服务设施指示牌（车站、公厕、地铁指示牌等）

分类	设施名称
公交服务设施	候车亭、公交站牌、出租车停靠标识牌、非机动车存车架、公共自行车设施、电动汽车充电桩
公共服务设施	公共艺术品、景观小品、座椅、废物箱、直饮水设施、活动式公共厕所、花箱、市政消火栓、邮筒、报刊亭、公用电话亭

本书以老旧小区为主要研究对象，因此在本节中，城市家具的范围主要限定为以居民生活和服务功能为主的街道空间，即"生活型街道"。从道路的等级划分，主要为次干道和城市支路。

5.3.4 技术内容及要点

1. 总体要求

（1）城市家具设置应加强系统性，统筹规划、设计、施工和维护。

（2）城市家具各类设施的设计应符合国家标准、行业标准及地方标准相关规定与技术要求。

（3）城市家具设置应保证工程质量和安全，城市家具建设应符合历史文化保护传承及城市设计要求。

（4）城市家具的色彩、风格、造型应与城市文化、周边空间形态、景观环境、建筑风貌相协调。

（5）城市家具应以人为本，满足城市公众生活便利的需求，满足城市公共服务的基本功能需求。

（6）城市家具的布点设置应综合协调，具体结合现状条件和使用需求，统筹规划设计，科学布点，集约设置。

（7）城市家具的设置应充分考虑街区功能、使用对象的行为和活动需求，特别要照顾老年人、儿童、孕妇、残障人士等弱势群体的需求，注重人性化、通用化设计。

（8）城市家具布设应确保行人通行空间安全顺畅，避开路口行人过街等候区域，以及居住小区、商业设施等进出口区域和无障碍通道区域。

（9）城市道路沿线的路灯、交通标识标牌、信号灯、监控杆、路名牌、标识导向牌、废物箱等城市家具，应设置在公共设施带内，不宜设置在人行道通行带或路口过街等候区域，阻碍行人通行。

（10）交通管理、照明等杆件及附属管控设备箱，宜本着"多杆合一、多箱合一、多头合一"的原则进行集约化设置。大型杆件设置于人行道公共设施带时，其杆件外缘不得超出人行道公共设施带边线。

（11）城市家具的设计和设置应考虑模数关系，对成品及零部件进行标准化、模块化设计，以便于施工安装和后期维护，提高建设效率，降低维护成本。

（12）城市家具的材料应考虑耐候性，根据环境特点选择适宜长久放置在户外的安全、环保、绿色材料。

（13）人员可接触到家具的结构必须安全牢靠，含有电气、智能设备等的城市家具必须有防触漏电等保护措施，符合相关专业设计规范。生产和安装在城市家具的线缆应外套绝缘保护套管，禁止裸露电线。

2.交通管理设施

（1）按照"能合则合"的原则，对交通信号灯、交通监控杆、指路指示标识牌、禁令标识牌、警告标识牌等各类杆件进行集约化设置。

（2）各类杆件设施（或综合杆）及各专业配电箱（或综合机箱）与其他城市家具等应进行系统设计，在色彩、风格、造型等方面与道路环境景观整体协调。

（3）各类杆件设施（或综合杆）布设于公共设施带时，应遵循杆件"中心对齐"原则，使其排列整齐、美观。

（4）应综合协调杆件设施与行道树的关系，避免行道树对交通标识牌、监控、信号灯的遮挡。

（5）各专业配电箱宜本着集约设置的原则，能并则并，进行小型化、箱体共用式的设计，为美观和突出特色可加设外装饰罩。

（6）各专业配电箱（或综合机箱）宜布设在公共设施带或路边绿化带内，不应布设于路口人行道、居住小区和商业设施等进出口处，不影响道路交通，不阻碍行人通行。

（7）合杆设施的设备箱可抱杆安装，但应小型化、标准化和美观化。

（8）从城市景观和促进街区活力的层面考虑，车流量较少、生活性的小尺度街道不应设置道路硬隔离护栏。对于有实际管理需要及为行人安全防护必要采用隔离措施的道路交叉口及路段，可设置安全隔离护栏。

（9）道路交叉口设置人行护栏的情况，应从人行道横道线结束位置开始布设，其柱桩紧贴路缘石内边线布设。

（10）非交通性街道路段、步行优先街道、特色街巷等，人行护栏可采用柱状加链条的形式，或与花箱等设施组合设置，非完全隔离的形式既可以防止机动车驶入人行道乱停车，又便于步行者穿行马路，同时保障了街道的安全性、美观性。

（11）非机动车道上不应设置挡车桩阻碍非机动车通行，如遇应急管理的情况，应设置安全警示装置，提醒非机动车避开。

（12）为防止车辆进入人行道而在交叉路口或小区出入口设置的挡车桩，桩间距宜为1.3～1.5m，高度不宜低于750mm，直径不超过100mm。

（13）市民日常休闲活动需求较大的生活性街区道路，以及学校、单位、小区等人流活动量大的路段，应采取一定降低车速的措施，如增设限速标识、减速带、路面提示标识等。

3.城市照明设施

（1）路灯、高杆/半高杆照明灯应尽量与道路杆件交通设施合杆设置，景观协调原则同以上杆件类交通管理设施。

（2）路灯在侧分隔带或中央分隔带中安装时，应居中设置，并与其他杆件设施中心对齐；在人行道上安装时，设置点位为距离路缘石0.3±0.1m。

（3）当路灯杆与标识杆并杆时，应充分考虑交通标识牌"灯下黑"的问题。

（4）路灯应符合"智慧城市"的发展趋势以及节能环保的要求，建议采用LED灯头照明，并依据需求和条件可适当增加安防监控、传感检测、Wi-Fi、广播、SOS应急求助等智能终端和管理系统，路灯、中/高杆灯预留5G通信设施搭载条件。

（5）人行道上独立设置步道灯的情况，其点位应在相邻两个路灯中心、相邻两棵树正中间设置。步道灯是城市景观特色的体现，其设计可灵活多样，体现一定的艺术和文化特色。

4.路面铺装设施

（1）为提升道路安全和优化交通组织，优先和强化骑行者路权，非机动车道建议采用彩色透水铺装，并辅以交通标线和地面标识。

（2）人行道铺装应连贯、抗滑、平整，避免不必要的高差，满足生态环保和城市景观的要求，其设计应实用、美观、耐久，铺装材料宜选用透水混凝土、透水沥青、大规格透水砖等透水性材料。

（3）商业核心街区、步行街、历史文化特色街区可做景观特色铺装，选用透水性铺装材料或石材、木材等。

（4）路缘石及坡道应按照道路等级、建设规模、景观环境和使用要求进行设计。

（5）人行道交叉路口、小区及单位临街出入口位置，必须设置缘石坡道，坡口与车行道应自然衔接齐平，衔接面与道路路面高差不大于1cm。

（6）道路交叉口建议采用全宽落底式坡道，小区及单位临街出入口人行道建议采用全宽落底单面坡道。

（7）盲道的铺设应连续、通畅。盲道的路径应设计合理、准确，符合最短路径原则，避免"Z"字形的路线。不得有电线杆、拉线、市政箱、台阶或其他障碍物与盲道设置相冲突。

（8）人行道上树池树箅的设置应满足无障碍通行要求，树箅安装完成面应与人行道铺装齐平。

（9）各类检查井盖应与路面铺装协调，建议采用隐形井盖的铺装，其装饰面层与周边路面铺装统一，铺装完成面应与周边铺装衔接齐平。特色街区可采用特色图案设计的铸铁井盖。

5.信息服务设施

（1）在城市街区中设置的公共信息服务设施，包括路名牌、公共服务设施指示牌（车站、公厕、地铁指示牌等）、步行者导向标识牌（包括街区导向图）以及智能化信息设备等，其设置方式、外观、色彩等应具有一定的可辨识度，能够在远距离便于识别。

（2）所有标识导向设施的信息要素应完整、清晰、准确，文字大小、高度、色彩等易于辨认和识读，设置规范合理。

（3）路名牌和公共服务设施指示牌（车站、公厕、地铁指示牌等）的设置应尽可能与路灯杆等交通管理类大型杆件合并设置。路名牌的标识版面应与行车方向平行。

（4）人行道上的标识导向设施，建议设置在公共设施带中，距离路缘石0.3m处贴边摆放，标识版面与人行道行进方向平行。

（5）人行道宽度小于1m时，不得设置立杆式户外广告设施和宣传阅报栏等阻碍行人通行。

6.公交服务设施

（1）候车亭应设计美观、通透，其式样风格与街区形象定位相吻合，其色彩、材料等特征与道路景观和其他城市家具相协调。

（2）在人行道上设置公交候车亭，应保证至少1.5m的人行通行带。人行道宽度小于2m时，仅设置公交站牌。

（3）候车亭应安装安全监控和照明设备，报站系统建议采用智能电子信息牌，或为安装智能终端设备预留端口。智能候车亭可整合的智能系统及搭载模块可包括：可触式电子屏、区域标识导向系统、寻路查询、周边公共设施信息查询、新闻服务、广告播放、实时监控、免费Wi-Fi、SOS一键报警、打车服务、手机充电、电动自行车充电、太阳能光伏等。

（4）候车亭应根据具体条件考虑形式和尺寸，可采用模块化结构设计的做法。

（5）公交站台宜进行废物箱、出租车即上即下牌及非机动车存车架等设施的组合设置，并充分考虑盲道、缘石坡道、人行横道等无障碍过街配套设施。

（6）宽度3m以下的人行道不应设置非机动车存车架，宜用停放点地面标识代替；如确需设置应保证至少1.5m的通行带，其设置应符合道路交通和市容管理需求。

（7）非机动车存车架的设计应美观实用、取用方便，可考虑与人行护栏结合起来的多功能设计方案。

7.公共服务设施

（1）公共服务类家具的设置位置、摆放方式、数量、高度和尺寸规格等应科学合理，应结合场地条件，根据道路交通组织、人流量密集程度、使用和管理的需求进行合理适宜的布设。

（2）座椅、废物箱、直饮水设施、活动式公共厕所、花箱、景观小品和公共艺术品等休闲服务设施，宜体现人性化关怀和艺术化特色，设计和布设应符合人体工程学和使用者行为活动需求，同时应考虑组合设置以及与景观结合的设计。

（3）邮筒、邮政报刊亭、公用电话亭、市政消火栓等设施应根据市政建设和管理部门需求设置，考虑实用性、美观性、辨识度，同时与道路景观和其他城市家具相协调；应设置在人行道设施带内，不得放置在人行道通行带阻碍行人通行。

（4）景观小品及公共艺术品一般布设于街道两侧的公共设施带、街角绿化带，或广场、口袋公园中，其内容、规格、尺度应与周边环境和空间尺度相适应。在生活型街区中，应以小尺度、生活化、趣味化主题的形式和内容为主，注重提升街区活力和市民休闲文娱活动氛围，塑造街区文化艺术品位。

5.3.5 工程案例

案例名称：郑州市金水区支路背街13条路综合整治改造

1.项目概况

为加快建设郑州国家中心城市现代化建设夯实基础，以城市发展方式转变推动经济发展方式转变，全面完善老城区的城市功能设施及功能空间，郑州市金水区进行支路背街综合整治改造，从核心片区入手，整体规划分期落实，逐步有序科学推进。第一期项目13条道路共计17.97km（图5-52）。

建设改造目标是以市民福祉为根本，以高质量高品质建设为宗旨，以让城市更安全有序、群众更有获得感幸福感为目标。以新理念、新技术、新标准为引

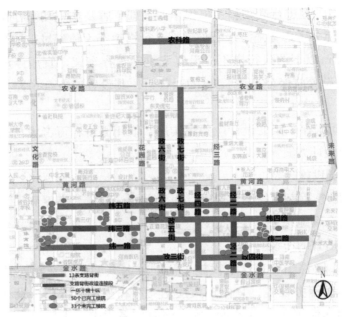

图5-52　郑州市金水区支路背街13条路综合整治改造工程整治范围

领，增强街区活力，拓展特色空间，完善有效通行，坚持因地制宜和标本兼治，创新管理机制，融入城市智慧管理与服务。全区分阶段、分步骤、以点带面地逐步实施支路背街道路三行系统、建筑立面、景观绿化及城市家具等环境整体提升改造，让堵、乱、脏、散的老旧面貌，在"通、序、净、整"的建设措施下，得以旧貌换新颜，使改造后的街道功能和景观得到全面提升，为居民群众营造了舒适宜居的高品质社区生活出行环境。

2.改造前主要问题

设计改造前，设计团队对13条支路背街进行逐街逐巷调研考察，对街道环境的现状问题进行了统一排查和详细的梳理，从建筑立面、景观绿化、道路三行系统（人行、车行、非机动车行）、城市家具四个方面，总结了以下突出问题：

1）建筑立面（图5-53）

①建筑外立面材料和式样老旧，建筑连续界面风格各异，色彩杂乱，整体风貌缺少文化、没有特色；②建筑立面附属设施杂乱，破损老旧，存在安全隐患；③底商建筑店面店招混杂，缺少整体设计与个性特色；④违章建筑与附属设施较多，侵占公共用地，且影响市容市貌。

2）景观绿化

①人行道上的高台绿化占用较多空间，视觉效果差（图5-54）；②景观节点设计质量低，无吸引力；③口袋公园等内部空间铺装老旧、设施不完善；④街道

图5-53　改造前建筑立面问题示例

图5-54　改造前高台绿化问题示例

欠缺邻里交往空间，空间利用率低，休闲服务功能不足，缺乏艺术气息和生活环境亮点。

　　3）道路三行系统

　　①人行道不畅通，底商台阶、机动车停车占道、道路附属设施等侵占人行道通行带，阻碍行人通行（图5-55）；②路权分配不合理，机非混行及非机动车道缺失情况较多，或有堵塞和被机动车停车占道的情况，致使机非混行或越界骑行，对骑行者非常不安全；③交叉路口缺乏整体规划设计，违规设置停车场出入口，存在安全隐患，易造成交通事故（图5-56）；④机动车非机动车停车需求大，乱停车现象多，管理不到位，呈现路面拥堵杂乱的视觉效果（图5-57）。

图5-55 非机动车道缺失及人行道不畅通问题示例

图5-56 十字路口违规设置停车场出口示例

图5-57 乱停车及管理不到位问题示例

4）城市家具（图5-58）

①城市家具无系统设计，各类设施色彩和样式杂乱，不统一、无特色；②城市家具设置不合理，设施点位布设相互冲突矛盾；③各类照明设施、交通管理设施杆件林立、线缆乱飞；④采购成品设计质量低、施工工艺差；⑤后期管养维护缺失。

3.改造设计理念

通过整体打造由建筑立面和道路界面形成的街区"U"形空间，提升改造金

图 5-58　改造前城市家具现状问题示例

（左上：各类城市家具样式各异，不系统、不协调。左中：人行护栏设置不当，阻挡行人过街穿行。左下：设施管理维护不当问题。右上：杆件林立，设置不规范。右下：市政箱设置在人行道中央，阻碍行人通行。）

水区支路背街的道路三行系统、建筑立面、街道景观、城市家具的四大环境系统要素，精细精准实施新技术新标准，在金水区建成了全国第一个稳静化交通系统与三行系统全面贯通的示范城区，创造有"现代感、时尚感、艺术感"的金水区幸福美好新家园，引领"十四五"时期城市更新行动，推动城市建设高质量发展，让金水区在全市率先出彩。

支路背街整体改造以设计为引领，因地制宜提升城市内涵品质。设计团队深入调研金水区支路背街各条道路现状环境、坚持需求导向、充分听取群众意见后，采用"一路一方案、一点一设计"，因地制宜、因陋就简、简而丰富，本着花少钱办大事的原则，制定了精细化系统性的整体片区的综合整治改造方案。围绕"引领、创新、亮点"的设计指引，坚持六项标准，秉承"透、通、平、静、净、齐、亮"七字方针，实施新技术新标准。

"透、通、平、静、净、齐、亮"七字方针是指：

"透"——公共绿地让人一眼望去，通透无阻，现代大气，让人舒畅。

"通"——优化道路，交通有序，步行优先，骑行顺畅，出行安全。

"平"——步行有道，安全舒适，降低路口坡度及高差，体现人文关怀。

"静"——交通稳静化，机动车速降下来，慢行系统静下来。

"净"——架空线路入地合杆整治，建筑外立面合理整饬。

"齐"——城市家具规范设置，街道绿化整齐通透，建筑立面整洁统一。

"亮"——沿街夜景亮化工程，城市家具智能化，点亮智慧城市新生活。

新技术主要体现了国际先进的稳静化街区体系，新标准主要体现了道路三行系统标准化和城市家具系统性新标准。创新采用新标准新技术，借鉴了世界发达国家城市更新的成功经验，也是中国大小城市更新建设的必然趋势，金水区示范改造可以为中国其他城市更新建设起到借鉴作用。

4.案例特点

1）三行系统全面贯通城区，完善有效通行

在金水区支路背街城市更新改造中，采用国际先进经验，对标国际一流城市更新技术，因地制宜地在三行系统中应用稳静化交通体系。稳静化交通体系是国际城市更新的主要抓手，它使三行系统更加完善、更加以人为本，也是国际城市更新的最新技术。完善三行系统是金水区街道整治的重要切入点，针对"非机动车不畅通、三行系统不完善、机动车停车问题、停车需求大场地不足"四大痛点进行整体规划。一是部分机非混行道路通过人非共板达到人行道和非机动车道贯通，红色混凝土铺装突出非机动车道，人行道进行模数化铺面修整。二是人行道和非机动车道冲突区域优先行人路权，红色铺装非机动车道画上横道线，人行道保障2.5m宽度，维持交通有序，进一步保障出行安全，体现人文关怀。三是以人为本，拓宽人行道，加大步行空间，缩窄机动车道，使得车速降下来，提高行人道路安全系数与空间舒适度。四是合理布置停车位，提倡绿色环保出行，选择公共交通，让行人、非机动车、机动车各有其道、各行其道，确保稳静化交通与三行系统在此片区全面贯通（图5-59）。

2）城市家具系统设计与文化特色展现中融入科技，实现智慧管理

设计团队充分挖掘金水文化，提取金水元素，设计金水LOGO（图5-60），为金水区"定制"独有的系统化城市家具，包括各类杆件、路灯、护栏、废物箱、座椅、挡车柱、户外市政箱及装饰罩、路缘石等，统一标准、统一色彩（图5-61）。城市家具在金水区全部形成系统性，城市家具个体之间、城市家具个体与整体之间、城市家具与街道空间环境之间均形成系统性，增强环境协调性与舒适度。

图5-59 道路三行系统改造——人非共板做法（改造后）

　　其中，纬一路上竖立起来的"智慧灯杆"（图5-62）——系统化多功能智慧综合杆，是升级迭代的第三代交通综合杆设计，由东华大学设计团队根据道路宽度应用场景设计定制，内含先进新技术，拥有多项外形专利和实用新型专利。亮点一：在视觉上摒弃烦琐复杂，追求简约美，线型弧度流畅，应对各种道路需求制定设计九大杆型。亮点二：在功能和服务上可拓展实现九大智慧功能；Wi-Fi基站、实时监控、OLED智慧屏多媒体发布、智能共享服务平台、语音播报、手机无线充电、USB充电、一键报警等应用。亮点三：智慧灯杆本身就是5G微基站，引领智慧城市建设。智慧灯杆是优化城市道路空间的载体，也是城市建设管理工作精细化的体现。

　　花少钱办大事，超前布局，提前设置，整体统筹。十字路口预埋过路地下管廊，为今后强弱电过街预留空间，杜绝"郑州天天挖沟"重复建设的窘境；在十字路综合杆设置"SOS"应急处置，为城市"一网管天下"提前布局预留端口。

　　3）打造街道景观重要节点，建筑立面改造近300处

　　金水区支路背街多为老城区，街区内部景观与服务设施缺失，缺乏文化特色景观小品，植物生长和养护缺位。建筑风貌由于建造年代不同，新旧不一；部分街区立面破损老化，急需修复；建筑立面附属设施需要规范处理。针对以上问题，遵循城市格局和街区肌理，不大拆大建，专注精细化微更新改造升级，以让群众满意为根本，增强人民群众的获得感、幸福感。

图5-60 "金水"文化元素符号提取设计方案及应用示例（改造后实景拍摄）

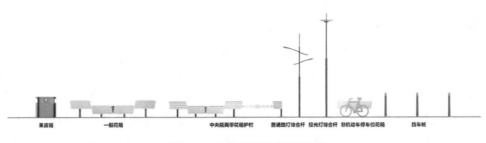

图5-61 城市家具系统设计方案

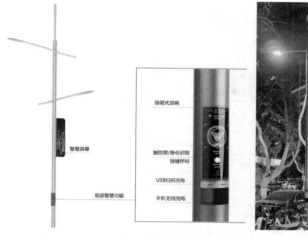

图 5-62　智慧综合杆设计方案及改造完成后效果

　　在本项目街道景观和沿街建筑立面改造整饬工作中，完成建筑立面改造近300处，重点打造景观节点20余处（图5-63～图5-65）。改造策略及要点主要有以下几方面：一是先做"减法"，拆除违建，利用边角废地拓展室外开放空间；再给生态绿色做"加法"拆违建绿，提升绿化品质。二是完善城市配套设施，对市民所需的口袋公园（微公园）、可步入式绿地、休闲健身场所等进行补足和重

图 5-63　纬一路河南省京剧院入口改造前（左图）及改造后（右图）

图 5-64　纬一路河南省京剧院建筑立面改造前（左图）及改造后（右图）

图5-65 纬一路路口景观节点改造

点打造，为人民群众营造良好的宜居环境。三是挖掘每条街道自己的文化特色，结合金水街道历史与城市记忆，通过打造重要节点提升街道整体形象。四是对现有建筑物沿街立面的改造注重造型的完整性，对建筑整体（立面、围墙、大门等）一体化改造，考虑高度适宜、尺度宜人，进行艺术性细节点睛。五是沿街店面走时尚精致路线，强调设计感艺术感，打造网红店，吸引年轻人群，带动人气回升，提升街区活力。

5.4 安防及智能化改造

5.4.1 安全防范系统

1.建设内容及要点

小区的安全技术防范功能要求包括：小区周界和公共区域的安全防范；住户的安全防范；小区人和车的出入管理；小区监控管理和事件报警（包括人员、通道、设备、周界等的异常报警）及处置。

（1）安全防范系统应符合社区智能化平台的系统架构，实现（或通过接入相关安防子系统实现）以下（不限于）安全技术防范的系统要求：住户（租户）的人证核验管理（含发卡及出入授权管理）；小区出入管理和监控、停车场出入监控；单元门出入管理和监控；通道、公共空间（含高空）等的视频监控和管理；安全技术防范其他系统，如周界防范、巡更等。

（2）系统功能包括：安全技术防范范围的实时监控和事件报警；巡更及巡查、现场事件处置的实时录入和上传；现场、监控室、小区管理、社区、街道的多级联动；安全防范和事件报警的分析统计数据及图表展示。

（3）系统可配置多种操作显示终端，如监视大屏、操作座席、智能手机的App等；系统通过小区局域网实现安全防范各设备在小区内联网；采用无线数据通信技术和无线物联网技术作为小区局域网的补充联网手段；与小区安防相关的管理部门信息化系统对接，按照相应权限实现具体业务的展示和操作；通过专网上传公安等部门要求的安全防范相关实时数据、事件处置数据、统计数据。

（4）系统集成的各子系统应整体实现系统的功能要求。

2. 应用场景

1）住户认证及发卡授权管理

（1）系统组成包括人证核验设备、发卡设备、授权及管理系统等设备。

（2）接入配置及功能：

①配置的人证核验设备实现身份证照的信息采集（宜含证照鉴伪功能）、现场人脸识别、人证核验等功能；

②人证核验设备与发卡和授权系统链接，实现小区出入的授权；

③接入小区出入管理系统和单元门禁，实现小区的出入管理；

④链接小区的租房管理系统，实现租客的入住认证和出入授权；宜链接智能锁管理系统，实现民宿等短租客的入住认证和出入授权；

⑤实现访客（含租客的访客、进入小区的服务人员等）的授权和出入管理；采用电子通行证，实现访客预约、防疫信息填报、安全审批（存档）、凭证分发（生成二维码通行证）、扫描出入（非接触）。

2）出入管理

（1）小区及停车场

①系统包括人行/车行通行设备（如摆闸、速通门、电动门等）、出入授权识别（含二维码识别、自动测温等）系统、管理服务器、视频服务器、出入监测摄像机等设备。

②接入配置及功能包括：与发卡、授权系统链接，实现小区出入的授权管理；与单元门禁系统链接，实现出入的联动管理；智能识别异常的出入人员和车辆（含陌生人、陌生车辆），示警并上传相关数据（含抓拍图片和识别数据）；识别监控出入车辆的监测摄像机等设备宜独立设置；应具备弱光和强光环境下智能识别的功能要求；定时、限时、计次进行出入授权联动，完成小区管理人员、服务人员和短租客、访客的出入管理；能实现小区住户远程访客授权；接入社区智能化平台，实现报警联动和事件处置。

（2）单元门禁

①系统包括可视对讲设备、监控摄像头、多元检测读头（含小区卡、二维

码、身份证物理卡号、生物识别如人脸或非接触指纹等）、单元门锁（可反馈开门信息）、门内开门按钮、单元住户信息综合管理设备等；宜选用一体化的门禁设备。

②接入配置及功能包括：链接发卡、授权系统，实现单元门授权和出入管理；链接小区出入管理系统，实现小区出入和单元门出入的联动；智能识别异常人员，预警并上传相关数据；具备弱光和强光环境下智能识别的功能要求；后视监控摄像头应能接入视频监控系统，辅助采集人员出入信息，监测、示警单元门未关、电动车出入等异常情况；接入社区智能化平台，实现报警联动和事件处置。

3）视频监控

（1）系统包括监控摄像机、视频服务器、硬盘录像机等设备。在视频监控的范围内（小区出入口、小区主干道路交叉口、儿童活动场所、游泳池、小区周界各防区、高空、各楼栋单元地面出入口及地下出入口、电梯轿厢、地下车库内通道及出入口、公共地下室内通道及出入口、小区变配电房及智慧社区系统设备间、物业财务室等）合理布防监测设备；系统应具备弱光和强光环境下智能识别的功能要求。

（2）接入系统及功能：合理配置硬盘录像机、视频服务器等设备；监控和事件报警（预警）数据、图像、视频等接入社区智能化平台，实现监控和事件报警（预警）；链接周界防范系统等相关安防集成系统，实现联动事件报警（预警）功能。

（3）视频监控前端设备和系统的功能要求：周界监控摄像机应具有智能分析的越界报警功能；小区出入口摄像机应具有人脸识别功能；监控摄像机应具有联动功能，以配合系统识别、事件报警（预警）等功能的实施。

（4）配合监控座席，实现视频监控上墙、多路画面分割视频轮巡和云台控制功能；视频监控、事件报警（预警）及相应图片、视频在监控座席上自动弹现；应具有事件处置管理功能，包括工单管理、处置过程监管、处置结果管理等。

4）其他安防系统

（1）周界防范：采用入侵检测技术（不宜安装周界电子围栏的场合可补充红外对射等报警装置）、脉冲式电子围栏技术等的周界防范包括电子围栏控制器、多功能拉力杆、专用多股合金丝、专用高压绝缘线、万向底座及配套设施、声光报警灯等设备；系统接入及功能：每个防区至少配备1个摄像机；布防、监控和预警数据、图像、视频社区智能化平台，实现监控和联动预警；防区设计：每个防区不大于$70m^2$，无盲区、死角，现场设置声光报警。

（2）巡更：系统组成包括巡更系统和巡查钮、采集器等设备（或采用智能手持终端、智能手机等），系统接入配置：巡更人员按编制配置手持智能终端，实现现场状态采集和数据录入功能；接社区智能化平台，实现巡更管理；宜采用机器人、无人机等先进技术辅助小区的巡更管理。

（3）紧急报警（求助）：系统包括紧急报警柱（钮）、家庭用入侵探测和紧急求助（报警）装置、移动式求助（报警）装置等设备；系统接入及功能：在公共区域合理配置紧急报警柱（钮），任一点至最近紧急报警柱（钮）不应超过100m；在家庭的门、窗等部位安装入侵探测（住宅的出入口、地面一、二层住宅外墙窗户，小区变配电房及小区系统设备间门、窗；社区活动中心器械室门、窗；物业财务室等贵重财物场所门、窗）；在室内设置紧急求助（报警）装置、移动式求助（报警）装置；接入社区智能化平台，实现求助、报警、事件处置管理；应能按要求上传相关数据。

（4）安防信息发布：系统包括服务器和室外屏、室内屏、公共广播系统（多媒体播放器、电源时序器、前置放大器、后级功放、草地喇叭等）等设备；系统接入及功能：按行业的要求配置公共广播系统；合理配置室外屏、室内屏；接入社区智能化平台，实现预警信息的发布；支持视频、音频、图片、语言、文本多种媒体，支持轮播、插播、弹屏等多种播放方式。

3. 工程案例

北京市某平安小区的工程案例。

1）基本要求

（1）系统组成

①安全防范系统主要设施设备包括：安防设备管理平台、安全网关和前端设备：身份信息采集设备、视频监控设备、智能识别设备（生物特征识别设备、车辆识别设备、单元门禁等）。

②安全防范系统的前端设备（非公安主责建设时）按照现行国家标准《公共安全视频监控联网系统信息传输、交换、控制技术要求》GB/T 28181接入社会资源整合共享平台，非视频监控设备与互联网转发子系统之间的数据采集、传输应采用安全网关进行管控；公安主责建设按照现行国家标准《公共安全视频监控联网系统信息传输、交换、控制技术要求》GB/T 28181安全规范接入即可。

③安全防范系统主要设施设备的系统组成结构见图5-66。

（2）小区安防设备管理平台功能

①小区安全防范系统通过安全网关接入公安区级互联网转发子系统；视频监控信息应接入公安区级视频专网视频信息平台。

②小区安防设备管理平台实现视频监控的联网整合，具备实时调阅、录像

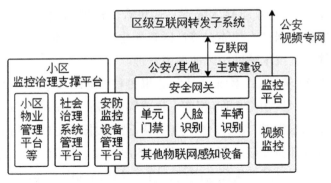

图 5-66　系统组成的结构框图

管理、存储管理、镜头控制、流媒体转发等基础功能；人脸识别数据和车辆识别数据接入管理、识别和应用系统时，具备实时比对、检索查询等基础功能；智慧门禁采集数据的查阅、比对和出入口控制，具备实时比对、检索查询等基础功能。

2）主要设备技术参数

（1）安全网关：

①基本要求。安全网关部署在小区，为非视频类设备提供安全接入服务。有线链路方式接入，采取有线式安全网关；无线链路方式接入，采取无线式安全网关。

②数据传输保护。安全网关与互联网转发子系统的安全认证模块建立加密通道对数据加密保护；加密算法符合《SSL VPN技术规范》GM/T 0024—2014的要求。

③身份认证。安全网关与互联网转发子系统的安全认证模块双向认证。

④本地管理和远程管理。本地管理，设置安全网关的主机信息和部署在互联网转发子系统的安全认证模块地址信息等；远程管理，管理安全网关的状态监控和配置。

⑤对小区前端设备提供接入服务；前端设备接入认证；恶意代码检测。

⑥主要技术参数。支持国密算法SM2、SM3、SM4；有线式安全接入网关技术指标：互联网端口特性，10/100/1000M速率自适应；认证时延≤400ms；加密吞吐率≥50Mbps；可建立的IPSec连接数≥100个；接入的终端数≥100个。

⑦无线式安全接入网关技术指标：认证时延≤1.5s；数据加密传输吞吐率≥300Kbps；支持移动、联通、电信三网（4G及以上）通信。

（2）身份信息采集设备：

①身份信息采集设备的应用对象包括：居民身份等的静态数据采集；租客

身份信息的采集和核验；访客身份信息的采集和核验；服务人员（如保洁、保安、快递、保姆、家庭护理等）身份信息的采集和核验。

②安全要求包括：身份信息采集设备加载安全认证客户端软件或通过安全网关链接至系统；身份信息采集在社区民警的授权下进行；用于小区服务的身份信息需经脱敏处理。

③身份信息采集设备具备证照鉴伪功能，可实现人证核验。

④身份信息采集设备能链接小区发卡机等设备，实现发卡、出入授权等业务功能。

⑤主要技术参数。证照识别（国内证件：身份证、护照、港澳台居住证、港澳台通行证、回乡证；国际证件：符合 ICAO9303 国际标准的护照、签证等旅行证件）；智能读卡（二代居民身份：射频读卡；ISO 14443 Type A/B 类型卡片读卡；电子护照：ICAO9303 标准电子护照读卡；电子护照基本访问控制；电子护照认证）；OCR 自动识别，证件自动鉴伪，一机多证识别、信息读取；信息核验：证件人脸信息、芯片人脸信息比对验证；鉴伪算法：RFID 芯片信息读取、OCR 识别、人脸比对等多重信息比对，对证件本身的多光谱图像鉴伪。

（3）视频监控设备：

①基本要求。视频监控设备的主要安装位置有：小区出入口双向位置；小区内主要道路；机动车地上、地下车库（停车场）；非机动车集中停放区；水、暖、电、气设备间等重要场所；数据存储要求：视频数据本地存储时间不少于30天。

②主要技术参数。视频编码：H.264（或更先进）编码格式；音频编码：G.711A等编码格式；视频图像像素数：≥200万像素；水平≥1920像素、垂直≥1080像素；视频图像采集帧率：1920×1080图像≥25帧/秒；室外视频监控设备采取防雷击保护措施，防水防尘等级不小于IP66；视频监控系统的摄像机、存储录像及存储的影像资料与北京时间同步。

（4）人脸识别设备：

①基本要求：主要安装位置。小区出入口双向位置；能在强光、弱光环境下拍摄；可通过路灯等对人脸识别设备进行补光，满足全天候图像采集要求；能同步输出图片流和视频流；接入小区UPS系统，持续供电时间≥1h；数据存储要求：人脸场景图、人脸抓拍图片、结构化数据在属地分局的存储时间分别不少于90天、180天和365天。

②主要技术参数。遮挡率≥30%、侧视率≥20%的监视画面中能自动提取清晰的人脸图片；最大抓拍和识别数（抓拍区域同时出现多人脸时）：≥15人脸（200万像素）；人脸抓拍率[≤最大抓拍数（较理想抓拍场景）：目标人正向、有

序通过抓拍区域、光照充足、误抓率1%时]：≥97%；抓拍图片中人脸两眼间距最低有效像素应≥60像素，图像质量符合现行国家标准《公共安全人脸识别应用图像技术要求》GB/T 35678—2017的相关要求。

（5）车辆识别设备：

①基本要求。主要安装位置：小区车辆出入口等；具备部署条件的配置车辆道闸和停车收费管理系统；能在强光、弱光环境下拍摄；可通过路灯等对车辆识别设备进行补光，满足全天候图像采集要求；可获取过往车辆的前部特征图像和车辆全景图像；能同步输出图片流和视频流；接入小区UPS系统，持续供电时间≥1h；数据存储要求：车辆场景图、车辆抓拍图片、结构化数据在属地分局的存储时间分别不少于90d、180d和365d。

②主要技术参数。车辆图像≥200万像素，编码格式支持JPEG、JPEG 2000、BMP、PNG等格式；能识别图片的中多个车辆目标（≥64×64像素）；能识别图片中≥256×256像素的车辆目标基本特征；能识别图片中宽度≥100像素的车辆号牌；号牌识别正确率。车头方向：白天应≥95%、晚上应≥90%；车尾方向：白天应≥90%、晚上应≥80%；识别时间：单个号牌特征的识别时间≥40ms；号牌颜色识别正确率：日间≥95%，夜间≥85%；号牌种类识别正确率≥95%；未悬挂号牌的识别正确率≥90%。

（6）门禁设备：

①基本要求。设备安装位置要求：小区出入口、楼栋单元门出入口、停车库的楼栋出入口；具备包括生物识别（人脸或非接触指纹）等多种开门功能，包括离线开门；开门时采集图像、开门前后短视频本地存储；对过往人员进行人脸抓拍；接入小区UPS系统，持续供电时间≥1h；数据存储要求：图片本地存储时间≥90d；人脸场景图、人脸抓拍图片在属地分局的存储时间分别不少于90d、180d。

②主要技术参数。活体检测摄像头：摄像头像素≥30万像素；人脸识别距离≥300mm、识别平均响应时间＜1s；设备可内置人脸库，容量≥10000张；入门识别摄像头（内置）：识别开门、录制开门前后短视频及人脸图像，摄像头像素≥130万像素、日夜全彩；存储的短视频≥5s；人脸抓拍时间≤1s；同人脸画面抓拍数≥5张；人脸抓拍图片质量≥1280×720像素。

5.4.2 智能化改造

1.建设内容及要点

老旧小区智能化改造应满足社区及住宅规范化运营和管理要求，系统以营造安全便利、以人为本的社区及家居环境为目标。

（1）智能化改造的核心理念：遵循以"技术为人服务"为核心的理念，通过智能化改造将信息高科技成果融入市民生活中（以人为本）；实现"公共安全、民生服务、社区治理、智慧宜居"的生活环境。

（2）项目建设的目标定位：加强小区安全防范能力、推动社区治理模式创新、提升服务居民群众水平；切实提升居民群众的获得感、幸福感和安全感是城市老旧小区改造的目标；立足住宅小区的实际应用，以经济实用、适当超前为基本定位，最大限度地发挥系统运行给用户带来的现实价值。

1）工程内容

（1）改造后的小区智能化系统能实现各类业务的接入、管理和运营，实现各类使用者及业务的应用和智慧型生态社区的良性发展。

（2）改造后的社区综合服务平台能链接街道及区、市的信息化平台，上传政府信息化及公安等行业信息化要求的相关信息。

（3）老旧小区智能化改造（新建）的内容至少包括以下几方面：

①数字基础设施改造：社区综合服务平台、网络通信设施、机房等基础设施等；

②社区单元智能化及安防系统的网络化支撑：房屋与建筑、居住环境、道路与停车、市政建设、室内与家居等；

③物业管理的智能化改造：基础设施、物业化管理平台、一卡通、物业信息发布、公共设施监测、公共资产管理等；

④社区治理的智能化改造：基础设施、疫情防控及社区康助、特殊人群心理服务、智能消防、租客管理及访客管理、垃圾分类及处理等；

⑤居民服务系统的网络化支撑。

2）小区智能化改造的网络结构

社区智能化平台与所辖小区平台组成社区局域网（局域网内涉及的敏感数据应经脱敏处理）、接入硬件设备，构成完整的社区治理智能化平台，实现日常管理、智能监控及信息采集、事件（含应急）处置、信息统计及上传等基本功能。社区智能化平台的网络结构如图5-67所示。

其中，社区平台的功能包括：智能识别、事件处置、信息上传、业务系统接入等；小区分平台的功能包括：设备接入、数据采集、处置执行、业务系统接入 等。

3）社区智能化支撑服务平台

社区智能化平台是小区智能化改造的基础核心平台。

据2020年底的统计数据，我国城镇既有住宅社区近55万个（其中老旧小区

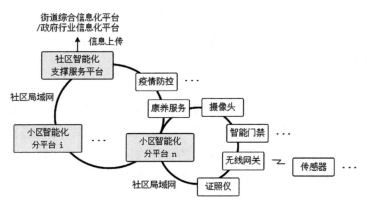

图5-67　社区智能化平台的网络结构

近16万个)。社区基础设施落后、场景复杂、改造困难,给信息通信技术融入社区带来了极大的障碍。为解决以上问题,推动社区智能化改造产业化、规模化,中国城市科学研究会联合中国通信企业协会,立项启动了《城镇老旧小区智能化改造技术标准——总体技术要求》的编制。

标准编制中,对"社区智能化支撑服务平台"(也可以称"社区治理智能化支撑服务平台",以下简称"社区智能化平台")提出了系统和软件标准化的具体要求,以期结束长期以来"社区综合服务平台/智慧社区"在社区/小区级平台不统一的混乱局面。

(1)社区智能化平台的基本功能

社区智能化平台能满足社区智能化应用的市场需求,涵盖政府在社区的"社会治理、安全防范、电子政务、便民服务"等服务和管理基本功能,如信息采集、事件智能识别和处置、数据上传;可通过接入专业的业务系统拓展社区业务,如物业+服务、疫情防控、垃圾分类、民生消费、康养服务;平台功能和所接入业务可以涵盖未来对"智慧社区"的建设期望。

(2)社区智能化平台的应用范围

社区智能化平台可应用于:①既有居住社区(含老旧小区)的智能化改造,也可应用于智慧社区的建设;②新建楼盘对信息化、智能化的建设;③配置适当的功能插件,可同时满足公安对智慧平安小区的建设要求;④配置适当的功能插件,也可同时满足政府其他行业部门对社区的智能化建设要求。

(3)社区智能化平台的系统定位

社区智能化平台可支持实现基本定位,包括但不限于:社会治理、安全防范、电子政务等;社区智能化平台可链接小区物业管理等系统,接入各种硬件设备和各类业务系统;社区智能化平台形成的业务数据上传街道综合信息化平台、政府行业管理部门（如公安等），可链接并上传综合信息至城市综合信息化系统（如城市大脑），如图5-68所示。

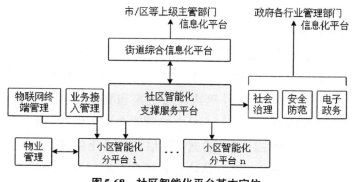

图5-68　社区智能化平台基本定位

4）智能化改造所支撑的主要应用

（1）安全防范

安全防范的信息化、智能化包括小区出入管理和监控、车辆出入管理和监控、单元门禁及出入管理和监控、通道、公共空间等的视频监控，异常智能识别、示警及处置、安全技术防范的其他系统（如周界防范、巡更等）等的信息化、智能化设施。

（2）物业管理

物业管理的信息化、智能化包括物业信息系统、建筑及房屋、停车库（场）等小区建筑及设施、住户进行管理和服务，提供的基础服务包括社区秩序维护、设备设施维护、环境管理和住户服务、客户投诉处理等，提供的智慧信息化服务包括小区公共信息、物业及水电等缴费的远程服务、在线业务、社区文化、新业务推广等；通过完善（新建）物业管理系统创造条件，开展物业+生活服务。

（3）社区治理

社区治理的信息化、智能化包括实有人口管理、特殊人群管理、老人关爱管理，重点事件监管治理（高空抛物、消防通道违规停放、人员异常集聚、疫情防控、火灾隐患监测和排除、公共卫生管理及垃圾分类等），邻里矛盾纠纷排查化解等的信息化、智能化设施。

（4）居民服务

居民服务的信息化、智能化包括小区的室内公共活动区的智能化改造，满足小区住户公共活动的需要，包括老年人活动中心等；配备各类必要的设施设备，提供智能化的居民服务，包括综合应用服务平台（含政务服务一体机）提供的基础服务和便民服务、业务接入管理社区节点平台提供的社区业务（如健康养老、家政服务等）、运营商云平台提供的智慧业务（如智能家居等）、企业提供的互联网业务、电商、配送、新零售业务、租房业务等。

2.应用场景

1）网络通信设施

（1）网络通信设施的改造项目是小区智能化改造的重要内容，是智能化应用的网络支撑。通信网络包括公众通信网、驻地网（用于小区住户、小区管理和服务）和社区、小区局域网（用于小区内设备链接和服务）。社区和小区的局域网，链接社区和小区治理服务平台，接入社会治理服务相关设备（系统、平台）。

（2）综合布线：设置在社区内的通信网络和信息化系统设施由综合布线系统链接社区内其他设施设备，包括社区内住户连接互联网等电信业务的通信网络和广电网络及社区内部管理使用的信息化系统网络。

①综合布线系统包括机房敷设光纤光缆经小区内光缆交接箱（或直达）至建筑物内的配线设备。

②综合布线系统为开放式网络拓扑结构，支持语音、数据、广播电视、多媒体等多种业务信息传递和应用，包括室外综合布线和入户综合布线。

③光纤到用户单元的通信设施工程设计能满足多家电信业务运营商平等接入，住户可自由选择电信业务运营商的要求。

④室外综合布线系统工程设计符合现行国家标准《综合布线系统工程设计规范》GB 50311 中所规定的要求，系统包括建筑群子系统、干线子系统和配线子系统。

⑤通信光缆改造时满足光纤到户的需求，具备多家运营商光缆平等接入的条件；每一个光纤配线区宜辖 70～300 个用户单元。

⑥入户综合布线系统工程设计符合现行国家标准《住宅区和住宅建筑内光纤到户通信设施工程设计规范》GB 50846 中所规定的要求，系统包括总控和各房间的分控间的布线。

⑦每一个用户单元区域内设置 1 个家居配线箱。电信和广电运营商的网络统一接入家居配线箱并将各总线统一接出，通过线缆分别连接至各房室。

⑧老化、破损、不合格的通信设施应进行更新、加固、移址、重建，避免穿墙和穿楼板敷设，正确衔接小区市政管线。改造措施符合现行国家标准《城市工程管线综合规划规范》GB 50289 的有关规定。

（3）通信网络及设施：包含宽带互联网、4G/5G 移动通信网、广播电视网、窄带物联网等多种泛在网络通信设施。宽带接入能力不低于 1000Mbps，能支持个人互联网、IPTV、高清电视、VOIP、视频监控等多维需求；窄带物联网支持

NB-IoT、CAT1、eMTC等技术，实现物体的泛在链接和全方位智能管理。

①通过网优设计，实现全部小区、楼宇、家庭的无线网覆盖，满足居民日常生活、小区智能治理、安防消防等智慧应用的通信需求。

②基础设施设计符合城市控制性详细规划要求，保留已有站点和室内分布系统、预留新建通信基础设施资源，满足小区未来网络升级及5G建设需求。

③开放小区楼顶、路灯杆、监控杆、弱电井道等资源，进行弱覆盖补盲、热点疏盲等综合覆盖。基站设计、建设考虑与GSM、3G及4G的建设相协调，避免后期多次协调、反复选站。

2）机房等基础设施

机房等基础设施改造项目是小区智能化改造时支撑智能化应用服务平台和智能化系统运行的基础。

（1）机房的组成根据系统运行特点及设备具体要求设计确定，由主机房、辅助机房、支持区、行政管理区等功能区组成。

（2）机房设施的设计包括机房面积确定、机房位置选择和设备布置、机房环境、空气调节、供配电、照明、消防与安全等。

（3）机房设施要符合行业管理的要求。

3）智能化改造对单元智能化的支撑

对小区进行智能化改造，采用现代信息技术，通过信息采集识别、无线定位系统、RFID、条码识别等各类传感设备和视频监控手段，对居住区环境的多源数据进行采集处理，实现居住区环境的智能化管控。

（1）房屋与建筑

对老旧小区基础设施、信息化管理和服务系统进行改造完善，实现建筑及房屋的智能化管理，为住户提供舒适的居住条件和生态、环保、健康的绿色居住需求，营造以人为本、安全便利的家居环境。

①老旧小区的建筑及房屋进行智能化改造要符合现行行业标准《住宅建筑电气设计规范》JGJ 242的有关规定。老旧小区建筑及房屋涉及的特种设备管理遵从《中华人民共和国特种设备安全法》及《特种设备安全监察条例》相关要求。老旧小区建筑及房屋涉及的电梯、机械式停车设备、锅炉应遵从特种设备相关TSG文件要求。

②建筑及房屋智能化改造时，要对建筑内水、电、气等管线进行排查和修补；补全管线的基础资料，在此基础上建立数字化信息（资料）系统（含建筑外管线）。

③老旧小区建筑及房屋的智能化改造要完善（或新增）中控设备及传感器等数据采集设备；在管线数字化信息系统基础上建设智能管线监测系统；完善接入

数据库的标准通信接口。

④老旧小区建筑要完善（新建）物业管理系统等相关信息和管理系统，如无线对讲、消防及应急广播、停车库（场）管理系统等，对建筑及房屋、停车库（场）等小区建筑及设施、住户进行管理和服务。

⑤对没有电梯的老旧小区建筑及房屋宜加装电梯设施，满足住户便利出行的需求；加装的电梯按《电梯应急处置平台技术规范》T/CPASE M001—2015的要求与区域电梯应急处置平台链接，按照特种设备的管理要求接受行业监管；加装的电梯宜采用电梯物联网采集监控信息，监视电梯的安全运行；信息编码与数据格式符合《电梯物联网采集信息编码与数据格式》T/CPASE MG007—2019的要求；监控信息除上传电梯应急处置平台外，还应上传小区综合应用服务平台；宜实现电梯的权限控制，与对讲系统联动实现临时访客和住户互访。

⑥完善（或新增）公共广播系统，在社区广场、中心绿地、楼梯间和道路交汇处设计布置放音设备：定时、定区域、定节目的业务性广播；插播紧急寻呼，任意分区（一个、几个或所有区域）；指定分区插入业务广播、会议广播和通知等；小区公共广播与消防应急广播合用时符合现行国家标准《火灾自动报警系统设计规范》GB 50116的相关规定；小区公共广播应接入广电网络的应急公共广播系统，紧急事件时可强制切入。

（2）居住环境

老旧小区居住区环境的智能化改造项目为小区住户提供了高质量的居住品质，包括水环境、热环境、光环境、声环境、环境空气质量、绿色植被等。

①对老旧小区的居住区环境进行智能化改造，为小区住户提供高质量的居住环境。老旧小区居住区环境的智能化改造应采用现代信息技术，对居住区环境的多源数据进行采集处理，实现居住区环境的智能化管控。

②老旧小区的居住区环境智能化改造包括水环境、热环境、光环境、声环境、环境空气质量、绿色植被等的监测。a.水环境：节水措施和装置，住户用水符合现行国家标准《生活饮用水卫生标准》GB 5749的有关规定；对雨、污水排放进行智能化监测。b.热环境：对通风、空调设备监控；为建筑物内的机电设备（如冷却塔、冷水机组、空气处理机、气控设备等）提供优化控制；包括设备控制、循环控制、最佳起停控制、数学功能、逻辑功能、趋势运行记录、报警管理等。c.光环境：小区消除幕墙、夜景等污染源，控制可见亮度，减弱眩光；避开在干扰区布置灯具；小区室外夜景照明光污染限制符合现行行业标准《城市夜景照明设计规范》JGJ/T 163的有关规定。d.声环境：符合现行国家标准《声环境质量标准》GB 3096的有关规定，噪声达标区覆盖率大于90%。e.环境空气质量：

对小区环境如空气（PM2.5、PM10值）、温湿度、噪声、水体（浊度SS、pH值）等进行监测，对室内和室外空气质量等环境数据进行动态监控，在室外区域和房间内设置监测点。f.绿色植被：有条件的小区设置自动喷淋设施。

（3）道路与停车

老旧小区道路和停车设施智能化改造项目提升了小区住户的居住舒适度，可满足小区住户近、中期的停车需求。小区道路智能化改造包括道路系统优化及完善配套、小区道路和景观的照明等；小区停车位完善和智能化改造包括停车位布局优化（包括增加空间车位）、停车管理的智能化改造、周边停车共享等。

①道路设施智能化改造可包括：小区道路和景观的照明、小区道路系统优化及配套设施（如信号系统、信息发布大屏等）的完善等；道路设施智能化改造时，对水、电、气等管线排查进行修补、补全管线的基础资料；在排查修补的基础上建设管线的数字化信息（资料）系统和智能管线监测系统；小区道路照明宜智能控制，实现路灯的自动节能；采取措施防止光污染和电能源浪费，智能控制的路灯（含智能路灯杆）支持光线强度感知自动开关、路灯定时、远程遥感控制、单灯控制、损坏或非正常工作路灯自动报警信息等。

②停车管理系统的智能化改造。a.出入管理：在小区车辆出入口安装道闸智能门禁等系统，通过识别车牌等技术进行车辆出入管理，包括车牌抓拍、实时记录车辆进出。b.停车管理：检测统计小区停车场车位信息，发布停车位信息和停车诱导信息。c.收费管理：采用小区停车卡、二维码、车牌自动识别（网上支付、诱导定位）等先进技术对外来车辆进行管理及收费；小区住户车辆采用车牌自动识别、小区停车卡、二维码等手段进行出入管理；杜绝一卡（位）多车现象。

（4）市政建设

老旧小区市政设施智能化改造包括：给水排水设施、集中供热（供冷）设施、供配电设施、智能充电设施等，对各系统的多源数据进行采集处理，实现市政设施的智能化管控，为小区住户提供高质量的服务。市政设施监控系统信息应与物业等相关部门联网。

①给水排水设施。给水排水系统重新规划，完善和智能化改造后应配备在线监测装置，建立社区给水排水设备和管道监测系统。a.供水状态检测：压力、水箱（水塔）的高、低液位状态，水过滤器进出口的压差、水箱水质状态、水泵启停，多路给水泵供水时根据设定供水压力调节水泵的台数和转速；设置备用水泵时根据要求自动轮换水泵工作。b.排水状态检测：排水管道、排水口、海绵城市关键部件（集水口、蓄水池、过滤井、出水井）的水量、水质状态；水泵启停，可按时间表远程控制，或根据所监测污水池（坑）的高、低液位，液位超高时报

警并启动备用水泵；小区污水和雨水处理后的综合利用。c.监控直饮水、中水等设备，监测生活热水的温度。

②集中供热（供冷）设施。建立社区集中供热（冷）设施和管道监测系统，对空调冷热源和水系统进行监控。a.冷水机组及热泵蒸发器、冷凝器的进、出口温度和压力，常压锅炉进、出口温度，热交换器一两次侧进、出口的温度和压力；分、集水器温度和压力（压差），水泵进、出口压力；水过滤器前后压差开关状态；冷水机组、热泵、水泵、锅炉、冷却塔风机等设备的启停和故障状态，蒸发器、冷凝器侧的水流开关状态，水箱的高、低液位开关状态。b.安全保护功能：设备故障或断水流信号关闭冷水机组、热泵或锅炉；水泵和冷却塔风机故障发出报警提示；膨胀水箱高、低液位报警进行排水或补水；冰蓄冷系统换热器防冻报警和自动保护；远程监测和控制：包括水泵和冷却塔风机等的启停、水阀的开度、监测阀位的反馈，通过设备控制单元实现冷水机组、热泵和锅炉的启停。c.按时间表、按顺序启停冷水机组、热泵、锅炉及相关水泵、阀门、冷却塔风机等设备。d.空调水系统总供、回水管间设旁通调节阀时，自动调节旁通阀开度，保证冷水机组的最低冷水流量；冷却塔供、回水总管间设旁通调节阀时，自动调节旁通阀的开度，保证冷水机组的最低冷却水温度。e.集中供热（供冷）监控信息应与物业平台联网。

③供配电设施。对老旧小区供配电设施进行重新规划、完善和智能化改造，保证小区的供电容量能满足近、中期业务发展的需求。a.小区的供配电设施配备在线监测装置，建立社区供配电设施监测系统，实现供配电设备运行与故障状态的监测。b.对社区供配电设施集中监控、统一管理和协调，实现有效在线调控，资源有效应用、低碳与高效；发生故障时可对故障点迅速、精准定位，借助能耗计量设备协同调配；监控系统信息与物业等相关部门联网；供配电系统提供对于重要电气设备的控制程序、时间程序和相应的联动程序。c.老旧小区供配电设施改造的技术要求应符合相关行业标准。

④智能充电设施。规划建设小区的电动汽车（含电动自行车）智能充电设施（充电站、智能充电桩），设备配比满足近、中期的发展需求。a.充电桩和充电站：具有状态提示功能、自动断电功能、防充电插拔功能、断电记忆功能、过负载保护、超温保护等功能（电动自行车充电插座：过载保护、过流保护、漏电保护、充满断电）；能统计快速、管理便捷、实时了解设备状态；实现社区微信公众号收费、用户微信扫码充电缴费。b.小区智能充电设施监控：提供配电、充电、安全防护等监控功能，对充电、配电设备集中监控制管理；与配电网智能系统配合动态调控，有效利用电网资源，减少对电网的影响；支持配电监控子系统

对配电设备实时监控与管理；充电监控子系统对充电桩的实时运行数据采集、处理、存储，实现充电计费、充电设施智能负荷调控；管理子系统对配电及充电设备、充电架等的台账管理、运行记录、维护更换记录等；充电设施能自动采集并保存每个处于非空闲状态充电端口的实时数据，并能自动上传至运营管理系统。c.老旧小区智能化改造中智能充电设施的技术要求应符合相关行业标准。

（5）室内与家居

对室内与家庭进行智能化改造，改善居住环境的信息化和智能化程度，包括室内装饰及布线、室内信息及控制网络、入户设施设备（安全防范、环境监控、智能家居、生活健康设施等）。可采用可视对讲室内机作为数字家庭终端。

①室内装饰及布线：材料选择要按照现行国家标准《民用建筑工程室内环境污染控制标准》GB 50325的有关规定；室内布线简明，布线工程的设计和工艺满足现行国家标准《住宅区和住宅建筑内光纤到户通信设施工程设计规范》GB 50846的技术要求；室内布线包括互联网（有线和无线）、视听总线（电信和广电）；室内的设施包含智能家居布线，包括控制总线。

②室内信息及控制网络：电信运营商的通信网络采用光纤入户的先进技术，接入家庭用户的通信网络，带宽不低于100MHz，能承载互联网/Wi-Fi、IPTV、电话等多项业务；接入家庭用户的广电网络应是双向网络，能承载高清、超清电视的直播业务和时移、回放、点播等双向业务；双向业务能保持高清、超清电视的画面质量；能承载互联网业务；利用广电互联网拓展OTT视听双向业务时，能保证高清电视的画面质量。

③入户设施设备：包括安全技术防范设施、环境监控设施、智能家居系统、生活健康监测设施等。

a.安全技术防范系统（报警信号应能发送给业主手机和小区物业管理中心）：门禁控制包括可视通话、二维码、密码授权等功能；智能门锁包括指纹（宜非接触）、密码、刷卡等开锁方式；入侵报警配置门窗磁、入侵视频监测等装置，非法入侵时报警；煤气泄漏处置和报警配置煤气泄漏监测、处置装置，煤气泄露时自动关闭阀门、打开窗户并报警；烟火报警配置温度和烟感探测器，火警发生时报警；紧急按钮报警配置紧急呼救按钮，遇到重病等需要求助时按下按钮报警。

b.环境监控装置：配置家居环境（温湿度等）、空气质量检测器装置，与新风设备、空调、采暖设备等联动控制；紧急情况报警。

c.智能家居系统：实现本地控制（控制面板）和无线遥控（遥控器），可采用智能手机控制（含远程控制）；家居设备控制如灯光、电器、窗帘、背景音乐等的智能控制；家电设备的链接和控制如冰箱、空调、电视等的接入和智能控制；

联动及场景控制（可灵活设置）或智能触发下，各家居、家电设备的相应联动，包括离家和回家、会客、娱乐、影视、用餐、聚会、休闲等。

d.生活健康设施：配置生活健康监测的设施设备；相关设施设备与相关的云平台链接，提供业主家庭健康参数的记录与分析，包括小区住户的健康信息，相关信息传送到小区管理中心或医疗保健专家；紧急情况报警。

④入户设施设备的能源智能管理。

a.智能空气开关：智能空气开关具备电流、电压、有功、无功等的计量功能；家庭总空气开关应能监测、显示电流、电压等基本信息，能控制空气开关的通断状态。

b.智能用电控制面板：具备电流、电压、有功、无功等的计量功能；通过智能用电控制面板监测调节和监控用电设备；提供智能家居的基本控制功能（如灯光、窗帘控制，红外设备控制如电视、空调等）。

4）物业管理

老旧小区建筑应完善（新建）物业管理服务系统，对建筑及房屋、停车库（场）等小区建筑和设施、住户进行管理和服务。物业管理服务内容包括：社区秩序维护、设备设施维护（工单处理）、环境管理和住户服务等基础服务；小区公共信息、物业及水电等缴费的远程服务、在线业务、社区文化、账目公示、服务报告、客户投诉处理、新业务推广和受理（业务指南、收费查询）等智慧信息化服务；为社区老年人提供全托、日托、上门、餐饮、文体、健身等物业+养老服务。

（1）物业管理信息系统

①物业管理信息系统依据小区物业管理的实际需求和小区的智能化系统来配置设计；系统通过小区综合布线系统与小区内其他信息化系统链接，实现多系统的联动和物业管理的网络化、数字化、智能化。

②物业管理信息系统应能通过各种智能终端向住户发布信息、提供服务；能链接至社区智能化平台，获取小区的基础数据，上传管理和业务数据；物业管理信息系统应与政府有关部门的管理系统进行授权链接，上传管理和业务数据。

③物业管理信息系统可链接导入社区服务智能一体机，为住户提供自助的社区服务和新业务，如小区的续租业务、补卡业务、证照办理等。

（2）一卡通系统

物业管理信息系统宜集成一卡通系统。一卡通系统采用统一数据库、统一发卡授权管理；在小区内多个子系统使用一张IC卡（通过管理中心授权），如（不限于）：小区出入口和单元门的出入管理、信息记录、报警等门禁管理；小区停车场车辆进出、收费自动化管理等停车场管理；内部信用卡，实现内部消费电子化等消费管理；内部人员考勤及统计、查询等考勤管理。

（3）物业信息发布

①物业信息发布是物业管理信息系统的子系统。物业信息发布系统的集成内容包括信息发布、值班管理、物业费用、维修记录等。

②物业信息发布系统至少支持以下功能。a.信息发布：物业管理向小区住户的室内机或智能App发送通知信息；b.值班管理：管理中心值班状况，包括值班人员的编号姓名、值班顺序，系统自动记录值班人员和日期，可查询追溯；c.物业费管理：管理者录入小区物业等费用，通知住户并提供查询；d.维修记录：录入住户的报修、维修、保修用户编号，报修处置后录入维修人员、时间和结果。

（4）公共设施监测

公共设施监测数据包括社区道路、景观照明智能监控、社区环境（空气、温湿度、噪声、水体）监测、电梯监控管理、给水排水设备监控、通风和空调设备监控、能源计量及监测、小区电动车辆充电设施监控、变配电检测等相关信息。

①对所监测的数据进行统计分析，以图表的表达形式实时展示。宜选用公共设施监管的一体化设备，安置在小区机房内。

②通过小区综合布线系统实现公共设施监管系统与各公共设施设备小区内的联网。

（5）公共资产管理

公共资产管理系统通过为小区物业固定资产（如电视屏等）配备的唯一识别标签（可为RFID、二维码、条形码等）进行管理。通过标签扫描读取资产信息，采集录入公共设施监管系统和物业管理平台实现对资产的监控。至少支持以下功能：固定资产信息即时查询；固定资产信息的录入、修改与编辑；固定资产监管。

5）社区治理

老旧小区智能化改造应完善小区的社会治理的相关设施设备，提升小区的综合治理、群防群控能力。小区的社会治理内容（不限于）：①小区居住的实有人口管理（含出入管理），如户籍人口、流动人口、留守人口、境外人口、出租屋（租客）等；②特殊人群管理，如刑满赦放人员、社区矫正人员、精神障碍患者、吸毒人员、艾滋病等危险人员等；③重点青少年管理；④老人关爱管理；⑤重点事件监管治理，如高空抛物、消防通道违规停放、人员异常集聚、疫情防控、火灾隐患监测和排除等；⑥邻里矛盾纠纷排查化解；⑦公共卫生（包括疫情等）管理及垃圾分类等。

（1）小区治理智能化。①配置综治小区值守一体机（具备紧急呼叫功能），或在社区智能化平台中包含小区值守设备相应功能模块：链接区级或街道的综合治理系统；数据规范应满足现行国家标准《社会治安综合治理基础数据规范》GB/T 31000的规定要求；链接治理服务平台：对高空抛物、消防通道违规停放、人员异常集聚、火灾隐患监测等进行重点布控、视频智能识别和及时处置；事件处置数据（图像）应能实时上传。②综治小区值守设备能链接小区的网格员手持设备、链接小区的公共广播系统，提升小区综合治理、群防群控能力；采用电子门牌等信息技术，以房管人，实现小区实有人口的精准管理；配置定位服务设施设备（手环、定位报警终端等），为特殊人群提供服务；应结合小区综合治理网格化建设和小区智能化改造，配备必要的设施设备。

（2）党建管理。链接街道的党建管理社区节点平台（或内置相应的功能插件），对接社区党员的静态数据，实现社区/小区党建活动的信息化支撑。①党建管理系统的基本要求（不限于）：党员管理、党员认岗、党员联户、党组织管理、分类和定级、网上公开、活动通知、视频会议、宣传及信息发布等；社区党员干部的学习和培训，包括（不限于）党课、法律知识的培训，提高社区党员干部依法决策、依法管理的能力和水平，提高社区法制化管理水平，促进基层民主法制建设。②社区群防群治力量管理，以社区基层党组织为先锋力量的社区志愿者管理（志愿者信息管理、活动信息管理、团队管理等）；发挥社区基层党组织和党员的先锋带头作用，完善小区群防群控机构和网格员带领下的小区群防群控队伍（楼栋长、志愿者等）。

（3）疫情防控及社区健康助理服务。完善（新建）小区疫情防控设施设备，适应疫情高等级防控和常态化管理。①小区出入口管理：体温检测，通过热成像等技术探测出入人员的体温；口罩监测，通过视频识别等技术监测出入人员戴口罩情况；健康码识别，通过扫描健康码、查验通信大数据行程卡，识别健康异常的出入人员。②居家隔离观察人员管理：智能门磁（不干胶粘贴），监测居家隔离人员，人员离家自动报警（无线通信）；定位跟踪，配置相应设施设备，通过定位和轨迹分析技术（结合人工流调）识别和管理密切接触者（含密切接触者的密切接触者）。③小区疫情防控设施设备接入社区智能化平台：社区智能化平台具备应对突发事件的疫情紧急处置管理能力；能管理、调度小区疫情防控资源和人力（如志愿者等）、物力；采集小区老年人等相关活动信息；具有疫情期间针对小区老年人等的管理、服务预案和对接的社区医疗机构，具有提供生活物质和服务的渠道及基本设施设备。④小区疫情防控设施设备的实时数据和统计分析数据按规定上报；小区疫情预警实时上报。⑤接入社区健康助理服务社区节点平台，为社区居民提供健康助理服务。

（4）特殊人群心理服务。建设社会心理辅导管理社区节点平台，接入社区特

城镇老旧小区改造综合技术指南

殊人群心理服务管理云平台，功能包括心理咨询、一般心理评估、心理援助、心理危机干预、风险行为评估、风险行为矫正等。社会心理辅导管理社区节点平台的相关数据接入社区智能化平台。①对能特殊人群、特殊岗位人员、学生等人群提供服务。②运用大数据、人工智能等各种有效技术手段，开展对社区特殊人群的心理疏导和心理慰藉干预工作。③特殊人群的实时数据和统计分析数据即时上报；紧急情况下实时上报。

（5）租客管理和访客管理。①配置小区租客管理系统（或结合社区智能化平台的住户、租客管理功能），实现以下功能。房源认证：合格的房源信息应上传政府的公安、房管部门；入住认证（可配合租房交易平台的交易认证）：应对租客（包括长租、短租、民宿等多类型租客）进行身份认证，包括身份证照信息读取、证照鉴伪、人证核验；租客的身份信息、入住信息应实时上传政府的公安、房管部门；能对经身份认证的租客授权小区出入并管理。②租客和访客的小区出入授权和管理：应按照行业的管理要求对租客和访客的小区出入授权和管理（可追溯）；租客和访客的小区出入信息应能上传政府的公安、房管部门。③民宿的智能锁管理系统应与社区智能化平台链接，实现小区出入、单元门禁、入户智能锁管理的系统联动。

（6）垃圾分类及处理设施。规划建设垃圾分类及处理设施设备，利用小区的多种智能化手段宣教垃圾投放规则和操作流程，提高住户的意识。构建"社区智能化平台+智能垃圾桶"的社区垃圾分类管理系统。①智能垃圾桶：实现垃圾桶盖的非接触开闭；对每次投放的厨余垃圾等进行喷淋消毒、去味；识别桶内垃圾数量，高于设定值时预警；采集垃圾桶内温度，高于设定值时预警。②对厨余垃圾实施精准监管：通过刷卡（或生物识别）等技术手段，对行为人（户）进行识别；对厨余垃圾未破袋、未投放入桶、垃圾错误投放等行为进行视频监视识别；设置称重等设备，管理和统计厨余垃圾/人（户）/日的投放量。③垃圾分类管理系统：接入和管理辖区内的智能垃圾桶，采集、统计和管理相关数据；链接社区智能化平台，上传数据和预警信息；应能利用社区智能化平台的视频监控系统对垃圾分类现场进行监管；对于垃圾清运工作进行监管；对进入小区的垃圾车进行监管。

3.工程案例

武汉市某小区智能化改造工程综合布线及机房设计案例

1）智能化改造综合布线系统工程设计

（1）总体要求

①综合布线系统包括机房敷设光纤光缆经小区内光缆交接箱（或直达）至建筑物内的配线设备。

②室外综合布线系统工程设计符合现行国家标准《综合布线系统工程设计规范》GB 50311的规定，系统包括建筑群子系统、干线子系统和配线子系统。各子系统中：a.建筑物内楼层配线设备之间、不同建筑物的建筑物配线设备之间建立直达路由；工作区信息插座不经过楼层配线设备直接连接至建筑物配线设备，楼层配线设备不经过建筑物配线设备直接与建筑群配线设备互连。b.配线子系统中设置集合点。

③以用户接入点为通信设施工程的建设界面确定电信业务经营者和建筑物建设方的分工。

④用户接入点设置符合现行国家标准《住宅区和住宅建筑内光纤到户通信设施工程设计规范》GB 50846的要求，每一个光纤配线区辖70～300个用户单元。

⑤入户综合布线系统工程设计符合现行国家标准《住宅区和住宅建筑内光纤到户通信设施工程设计规范》GB 50846中所规定的要求，系统包括总控和各房间的分控间的布线，其中：a.总控包括网络路由、视听、智能家居主机，总控集成在家居配线箱内。b.入户总控与运营商光纤网络直联，通过分控经缆线连接到终端设备。

⑥每一个用户单元区域内设置1个家居配线箱。

（2）配线子系统设计

①依据工程近/远期要求确定建筑物各层信息模块数量及位置。

②电信间FD处通信缆线和计算机网络设备与配线设备间的连接方式。a.计算机网络设备与配线设备的连接方式符合下列规定：计算机网络设备与配线模块间采用跳线交叉连接；计算机网络设备与配线模块间采用设备缆线互联。b.连接至电信间的水平缆线终接于相应的配线模块，配线模块与缆线容量相适应。c.电信间主干侧配线模块依据主干缆线容量、管理方式及模块类型/规格进行配置。d.设备缆线和各类跳线依据计算机网络设备的使用端口容量和电话交换系统的实装容量、业务的实际需求或信息点总数的比例进行配置，比例范围宜为25%～50%。

③干线子系统、建筑群子系统设计。a.干线子系统所需要的对绞电缆根数、大对数电缆总对数及光缆光纤总芯数满足工程的实际需求。b.干线子系统主干缆线设置电缆或光缆备份及电缆与光缆互为备份的路由。c.在建筑物若干设备间之间，设备间与进线间及同一层或各层电信间之间设置干线路由。d.设备间配线设备所需的容量要求及配置：主干缆线侧的配线设备容量与主干缆线的容量一致；设备侧的配线设备容量与设备应用的光、电主干端口容量一致或与干线侧配线设备容量相同；外线侧的配线设备容量满足引入缆线的容量需求。e.建筑群配线设

备内线侧的容量与各建筑物引入的建筑群主干缆线容量一致。f.建筑群配线设备外线侧的容量与各建筑物外部引入的建筑群缆线容量一致。

④入口设施要求。a.建筑群主干电缆和光缆、公用网和专用网电缆、光缆等室外缆线进入建筑物时，在进线间由器件成端转换成室内电缆、光缆。b.缆线的终接处设置的入口设施外线侧配线模块按出入的电、光缆容量配置。c.综合布线系统和电信业务经营者设置的入口设施内线侧配线模块与建筑物配线设备或建筑群配线设备之间敷设的缆线类型和容量相匹配。d.进线间的缆线引入管道管孔数量满足建筑物之间、外部接入各类信息通信业务、建筑智能化业务及多家电信业务经营者缆线接入的需求，并留有不少于4孔的余量。

2）机房设施的设计

（1）基本要求：机房设施的设计内容包括机房面积确定、机房位置选择、设备布置、机房环境要求、空气调节要求、供配电要求、照明要求、消防与安全等。

（2）机房设计：

①机房面积：a.根据设备外形尺寸平面布置而确定机房面积；b.机房面积的测算公式为：主机房面积A＝KN（m²）

式中：K——单台设备占用面积，可取4.5～5.5（m²/台）；

N——计算机主机房内所有设备的总台数；

②辅助机房间面积不小于主机房面积的1.5倍；

③工作室面积按4～5m²/人计算；软/硬件人员办公室按5～7m²/人计算；人员配置应按照现行国家标准《数据中心设计规范》GB 50174的要求。

（3）机房位置选择

①机房在多层建筑或高层建筑物内宜设于第一、二层。当有多层地下室时，机房可设于负一层。

②机房位置：a.远离粉尘、油烟、有害气体及易燃、易爆和具有腐蚀性的工厂、仓库、堆场等。b.远离强振源、强噪声源，避开强电磁场干扰。

（4）设备布置

①机房设备分区布置，分为主机区、存储器区、数据输入区、数据输出区、通信区和监控调度区等。

②机房内通道不小于1.2m；机柜正面相对间距不小于1.5m，侧面距墙不小于0.5m，需维修测试面距墙不小于1.2m。

（5）机房环境要求

①主机房的温、湿度满足计算机设备的要求。a.开机时：温度为18～28℃之间湿度为40%～70%，温度变化率不大于10℃/h且不结露。b.停机时：温度

为5～35℃之间，湿度为20%～80%，温度变化率不大于10℃/h且不结露。

②主机房空气含尘浓度在静态条件下，大于或等于0.5μm的尘粒数少于18000粒/L。

③主机房噪声在设备停机条件下，在主操作员位置测量不大于68dB（A）。

④主机房无线电干扰场强，在频率为0.15～1000MHz时不大于126dB。

⑤主机房磁场干扰环境场强不大于800A/m。无法避开强电磁场干扰或为保障计算机系统信息安全时需采取有效的电磁屏蔽措施。

⑥主机房内绝缘体的静电电位不大于1kV。

（6）配套设计

①空气调节要求。a.主机房和辅助机房均应设置空气调节系统。b.机房设备的散热量应按产品的技术数据进行计算，机房空调的热湿负荷应包括下：设备的散热、建筑围护结构的传热、太阳辐射热、人体散热和散湿、照明装置散热、新风负荷。c.对空调系统的要求至少应包括：制冷能力应有15%～20%的余量；设备运行应可靠、节能高效、低噪、低振；系统应设消声装置；风管及管道的保温、消声材料及黏结剂应为非燃烧/难燃烧材料。d.主机房设置的空调设备应受机房电源切断开关控制，开关应靠近操作工位或主要出入口。

②供配电要求。a.机房的供配电系统及用电负荷等级、供电要求等符合现行国家标准《供配电系统设计规范》GB 50052的规定。机房设置专用动力配电箱，供配电系统预留备用容量，系统可扩展、可升级。b.主机房配置交流不间断电源系统供电。采用交流不间断电源设备时，按现行国家标准《供配电系统设计规范》GB 50052和行业标准的规定采取限制谐波分量措施。c.城市电网电源质量不能满足机房设备要求时，应能采用电源质量改善措施和隔离防护措施。

③照明要求。a.机房照明照度满足现行国家标准《数据中心设计规范》GB 50174中的相关要求。b.机房设置备用照明，备用照明的照度不低于机房一般照明的1/10，有人值守房间的备用照明的照度不低于一般照明的50%。

④消防与安全。a.机房设置火灾自动报警系统并符合现行国家标准《火灾自动报警系统设计规范》GB 50116的规定。b.机房采用感烟、感温的组合监测，吊顶上、下及活动地板下均设置探测器和喷嘴。机房配置气体灭火系统，可选用有管网、无管网、悬挂式等多种类型设备。

5.5 智慧化的完整居住社区

城镇老旧小区改造中的完整居住社区理念的提出，意在创造完美的社区居住环境，是城镇老旧小区改造创新、探索的重要实践。

完整居住社区中的数字化、智慧化程度直接影响着居民生活的幸福感和获得感。数字化、智慧化的完整居住社区至少包括6个方面：①智慧安防；②智慧消防；③社区综合治理；④社区智慧养老；⑤社区适老关爱和信息无障碍；⑥智慧停车。

1. 构建智慧安防综合平台

随着人们对幸福生活和美好环境的需求不断增加，对居住区特别是城镇老旧小区的安全防范和智慧安防体系的建设尤为迫切。城镇老旧小区现有的安防系统在新时代背景下显得较为落后，无法满足居民需求。智慧安防依托互联网技术，按照"建设周界防范系统、建设出入管理系统、建设园区监控系统、建设重点监控系统、五级设防"的模式，建设"智安小区"。

2. 构建智慧消防综合平台

城镇老旧小区因建设时间较长、安全基础薄弱，加上人口密集、杂物堆积，其消防基础设施缺失、老化或失效的问题普遍存在，很容易引起火灾及可燃气体泄漏。传统火灾报警系统施工布线复杂，不便安装，导致老旧小区配套火灾预警系统一直难以到位，发生火情时得不到火灾预警。智慧消防综合平台建设包括：

（1）完善消防报警系统：设置完善的智慧消防设施，采用消防报警设备，安装独立式光电感烟、感温、可燃气体三种火灾探测报警器，实现并对火灾风险进行24小时实时监测与预警。

（2）建设消防生命通道：在城镇老旧小区忽视的危险通道、电动车停放、消防通道等危险区域采用监控监测系统进行识别与实时监测，助力社区消防安全的常态化监管。

（3）建设智慧监测系统：发生火灾时，小区管理人员可通过可视化的数据平台第一时间掌握小区安全情况，及时做好准备和救急措施，为居民争取黄金逃生时间。

3. 构建社区综合治理平台

城镇老旧小区基础服务设施缺乏，社区服务功能不完善，通过社区综合治理平台建设，应用"智慧城市社区智治平台""基层治理四平台"等数字化平台间信息的快速流转，打通公安、民政、社保、城管等部门数据以及小区物业、智能安防、市政服务、社会服务机构等信息系统，构建实时动态的基础信息和基础资源数据库。

4. 构建社区智慧养老平台

（1）建设社区管家系统：依托"社区管家"综合管理服务信息网络平台，拓展人工智能、物联网、大数据等技术和智慧产品设备在养老领域的应用，绘制集老年人动态管理数据库、能力评估等级档案、养老服务需求、养老服务设施于一体的"老人关爱电子地图"。

（2）建设智慧养老服务平台：使用以建设信息化、智能化养老服务平台为核心，建立老年人信息数据库为基础的智慧养老服务平台，社区工作人员可以及时了解到社区老人的需求并做出回应。

5.构建社区适老关爱体系，建设信息无障碍系统

城镇老旧小区由于历史原因，残障人士的需求未得到重视，小区内无障碍设施的缺失造成了部分居民日常生活的不便。

通过公共空间、小区交通、休憩场所、服务配套等无障碍设施的建设，形成无障碍大环线，打造老旧小区改造无障碍示范小区。

6.构建智慧停车管理系统

随着汽车保有量不断增加，城镇老旧小区车辆停放难题凸显，加上外来车辆的挤占，居民回家抢车位、小区内车辆见缝插针乱停的现象日益增多。

完整居住社区内建立智能停车系统，自动识别出入车辆，并将无障碍停车泊位、孝心车位的优先使用权进行智慧管理。

参编人员：

愿景明德（北京）控股集团有限公司：冯雪娟、雷昊、王鹏飞、陈晨、赵蔚威、李常驻

全国市长研修学院：张佳丽

中国生态城市研究院：刘杨、贺斐斐

中国城市建设研究院有限公司：刘玉军

武汉光谷数字家庭研究院有限公司：蔡庆华、夏莹

东华大学环境艺术设计研究院：鲍诗度、王艺濛

第六章
工程管理的实施技术

本章针对工程立项、设计管理、施工工程管理技术以及竣工验收四部分，总结老旧小区改造工程项目管理内容及特点。依照工作时序，系统梳理在项目实施过程中的各项工作和技术要点，有助于项目各参与方准确了解和掌握老旧小区改造工程项目管理的基本内容和管理技术要点，提升项目建设单位和施工单位对实现项目精细化管理，提高改造项目协调效率，有效缓解各项目参与方利益矛盾。为后续快速推进老旧小区改造、优化施工管理过程、规避项目施工管理风险、提升居民满意度提供参考与帮助。

6.1 工程立项和设计管理技术要点

6.1.1 立项审批

本小节主要在《城镇老旧小区改造实用指导手册》基础上，为政府部门提供立项审批的基本流程、关键成果说明以及管理优化建议等补充内容。同时为政府部门提供在立项审批中可应用的先进的理论基础和技术方法，包括构建以宜居性导向的老旧小区改造评价体系和建立老旧小区数据驱动机制等。

1.项目立项审批基本流程

老旧小区改造项目立项主体主要以属地街道、产权单位、社会资本方等为主，政府相关部门针对实施主体提交的相关申报材料开展联合审查，公示无误后，即确立项目批准实施。具体流程如图6-1所示。

2.立项审批的关键工作成果

根据《政府投资条例》《政府购买服务管理办法》《基础设施和公用事业特许经营暂行条例》等涉及政府投资、社会参与相关政策要求，各县（市、区）政府主管部门根据审查通过的《策划方案/项目建议书》《项目建议书（代可行性研究报告）》以及联合审查意见等材料交由发改部门完成项目立项工作（表6-1）。

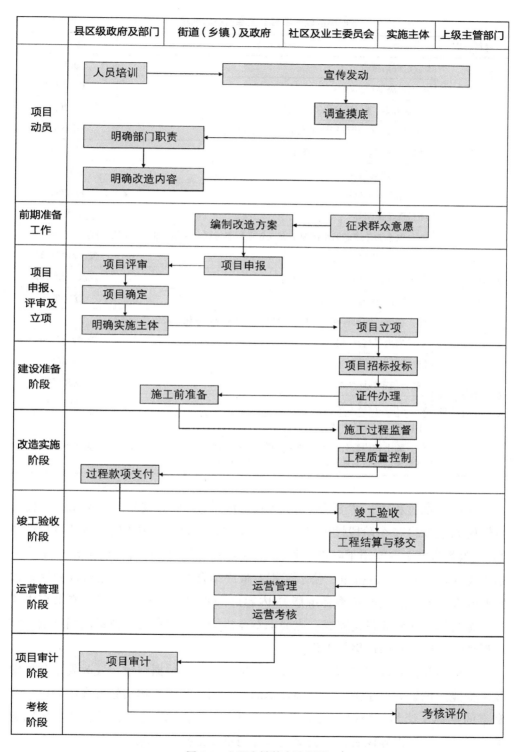

	县区级政府及部门	街道（乡镇）及政府	社区及业主委员会	实施主体	上级主管部门
项目动员	人员培训 → 宣传发动 → 调查摸底 明确部门职责 ← 明确改造内容				
前期准备工作		编制改造方案 ← 征求群众意愿			
项目申报、评审及立项	项目评审 ← 项目申报 项目确定 明确实施主体 → 项目立项				
建设准备阶段	施工前准备 ←		项目招标投标 证件办理		
改造实施阶段	过程款项支付		施工过程监督 工程质量控制		
竣工验收阶段			竣工验收 工程结算与移交		
运营管理阶段			运营管理 运营考核		
项目审计阶段	项目审计				
考核阶段					考核评价

图6-1 立项审批基本流程图

工程管理的实施技术

老旧小区改造项目立项准备材料清单 表6-1

材料类别	材料名称	审批单元
一般性	《鉴定评估报告》	联审会
	居民表决书/会议纪要	居民/居民组织
	《策划方案/项目建议书（报审稿）》	联审会
	《项目建议书（代可行性研究报告）》及评审意见	发改部门
	规划设计方案、初步设计图纸	规划部门
	《建设用地规划许可证》	规划部门
	项目建设投资概算	财政部门
	项目资金证明等	财政部门
	注：以上为传统老旧小区改造完成立项所需材料，各地可根据情况适当合并/精简	
涉及社会投资运营	《特许经营协议（初步）》	发改/财政部门
	投资、建设、经营服务实施方案	发改/财政部门
	《财政可承受能力论证》等	财政部门
	注：根据不同投资模式，应按照PPP、特许经营等相关规范流程进行	
涉及增量、拆建、扩建项目	居民表决书/会议纪要	居民/居民组织
	《建设期周转方案》	联审会
	《社会稳定性评估》	发改部门
	《各方出资协议》等	联审会
	用地预审与选址申请	规划部门
	注：除上述内容外，涉及增量、拆建、扩建项目，建议按照新建项目立项要求准备相关材料，以保障不动产权证（含房地产权证）的办理	

立项审批过程中，主要为《鉴定评估报告》《策划方案》《项目建议书（代可行性研究报告）》三个阶段性成果。其中《鉴定评估报告》主要用于改造可行性初判，《策划方案》主要用于联审会和公示，《项目建议书（代可行性研究报告）》是依据《策划方案》通过报审、公示流程，最终结合《可行性研究报告编制目录大纲（2012年国家发展改革委标准版）》内容进一步完善细化。该两项成果宜由项目实施主体委托专业机构完成，应要求专业机构全过程参与，包括前期踏勘、宜居性评价、居民意愿征集等工作。

针对涉及社会资本参与投资、经营类项目，还需根据财政、发改要求开展财政承受能力论证、对于拟引入社会资本的，需同步开展合作实施方案编制、社会资本的招标、谈判、协议签订等工作，合作实施方案需进行公示、征求居民意见，经公示居民无异议后，再提交主管部门审核报批、实施。

1）鉴定评估报告

鉴定主要围绕建筑结构现状进行检测，并对其进行综合安全性鉴定，根据鉴定结果提出处理意见或建议，为改造可行性以及采取相应措施提供依据。

（1）鉴定报告主要内容

主要鉴定内容包括结构基本情况调查、砖抗压强度检测、砂浆抗压强度检测、混凝土抗压强度检测以及综合安全性鉴定。房屋安全检测报告中应体现但不限于以下几点：

①房屋安全检测目的、范围及依据：房屋安全检测目的主要包括建筑房屋大修前的检测、公共建筑物的定期检测、房屋改变使用用途或使用条件的检测、建筑房屋使用年限超过基准期需继续使用的、为定制建筑房屋群维修改造规划进行的普查检测、房屋出现安全隐患的检测、建筑房屋遭受各种灾害的安全性等。房屋安全检测机构应根据房屋使用人或房屋所有者的检测目的，确定房屋检测的范围是建筑房屋整体或局部结构构件。

②列出委托方提供的被检测房屋的勘察报告、设计图纸、施工技术资料，以及房屋检测依据的标准、规范、法律法规等相关文件参考。

③检测的目的与内容：阐述房屋检测采用的方法、抽样比例和检测仪器等。

④现场检查、检测结果：对现场检查、检测结果分类汇总、统计分析；因条件限制未能按照房屋安全检测方案进行的检查要补充说明采取的补充措施。

⑤结果复核验算应附计算结果，阐述房屋结构建模和计算参数取值，房屋安全构件类型分述计算结果和结论，对不能满足安全要求的构件应逐一列出。

⑥综合分析、房屋检测评定：依据检测和验算结果，对房屋检测项目的安全状况、缺陷原因及其危害性进行分析，并进行房屋安全等级评价。

⑦检测结论：按检测、验算结果和安全性等级评定，作出检测结论，指出被检测房屋存在的安全隐患的结构构件类型，根据检测结果提出原则性的处理措施和建议。处理措施包括：减少结构上的荷载、加固或更换构件、停止使用、拆除部分结构或房屋、检测全部结构。

（2）技术要点

①应详细地了解改造部分的建筑、结构状况，重点关注结构的实际配筋情况。一方面，可通过原图纸，了解该部分的实际做法和配筋；另一方面，应通过破损检测的方法，抽查部分构件的钢筋直径和数量，以验证图纸准确性是否属实。

②应了解改造部分的建筑布置，调研该部分的荷载分布和荷载水平，为安全性分析提供依据。要对实际结构做详细的安全性分析，因为部分老旧楼房存在

私自改造，未经过正规的设计计算，应对实际结构进行详细地计算分析。

③要注明结构计算的条件。在报告中明确指出目前的计算分析是否考虑地震作用，避免承担不必要的结构风险。

④要明确结构计算的内容。除了常规的上部结构承载力验算外，还应该验算基础和地基承载力。

⑤要明确计算的依据。现存的图纸往往与实际情况不一致，为规避风险，应明确进行结构复核为同一套图纸。

⑥应该将计算依据的结构图纸作为附件，有效地避免报验图纸和实际图纸不一致的情况。

2）策划方案内容

（1）小区基本情况：包括但不限于小区建成年代、改造历史、建筑规模、公共空间面积、楼栋数、单元数、产权单位情况、居民户数、年龄结构、收入情况、出租率、售房款、公维资金使用情况以及居民投诉数据统计等。

（2）小区现状及宜居性评价：包括但不限于建筑本体空间、小区规划与环境状况、小区基础设施、适老保障设施、社会公共服务、物业管理等现状和图像信息，综合评价小区宜居性水平与得分。

（3）居民满意度评价：包括对社区制度满意度、工作满意度、产权单位满意度、物业服务满意度、公共设施满意度、人文环境满意度，以及小区归属感、小区责任感、社区需求意识、社区参与意识、社区交往意识以及缴费意识等多方面进行满意度评价。

（4）改造内容识别：按照基础类、完善类、提升类以及其他改造（如公共物业改造、零星资源整合、邻近地段有机改造）等方面，结合消防要求、日照要求、产权性质、用地性质、结构安全等前置条件，在征求居民改造需求的基础上，确定改造内容、改造标准和改造规模。

（5）概念性设计方案：结合城市风貌、街区规划、技术导则等要求，按照小区改造内容绘制小区概念性设计方案，包括但不限于概念性方案构思说明书、设计图纸等。

（6）物业管理标准：根据小区房屋上市交易状况，由专班统筹协调，实施主体进行摸底分类形成小区物业长效方案并委托专业测评机构评估物业费标准的内容，为居民提供多样化的、公开透明的物业服务套餐。根据小区实际，建议提供多类标准套餐，如二次上市房改房和机关事业单位房改房（物业管理费已随职工工资发放）可按照一级物业服务标准提供服务，全额收取物业服务费；若为房改售房，根据多地经验做法，可按照"四有"（有治安防范、有维护维修、有绿化保洁、有停车管理）标准提供物业服务；第三类为租赁公房不收取个人物业费，物业服务费由产权单位支付，各类套餐费用标准最终由居民、产权单位、实施主体共同认可第三方评估确定。

（7）投资估算及资金筹措方式：包括改造内容进行投资估算，资金来源分析、资金平衡状况分析、资金缺口弥补方案等，涉及拆除安置的项目还需考虑评估费用、拆除工程投资费用和建设期居民安置费用等。

3）项目建议书（代可行性研究报告）

（1）总论

总论作为可行性研究报告的首要部分，要综合叙述研究报告中各部分的主要问题和研究结论，并对项目的可行与否提出最终建议，为可行性研究的审批提供方便。

（2）项目背景和发展概况

这一部分主要应说明项目的发起过程，提出的理由，前期工作的开展过程，投资者的意向，投资的必要性等可行性研究的工作基础。为此，需将项目的提出背景与发展概况作系统叙述，说明项目提出的背景，投资理由，在可行性研究前已经进行的工作情况及其成果，重要问题的决策和决策过程等情况。在叙述项目发展概况的同时，应能清楚地提示出本项目可行性研究的重点和问题。

（3）市场分析与建设规模

市场分析在可行性研究中的重要地位在于，任何一个"旧改"项目，其改造规模的确定，技术的选择，投资估算甚至改造标准，都必须在对居民需求情况充分了解以后才能决定。而且居民需求分析的结果，还可以决定改造内容的社会效益和经济效益，最终影响到项目效益指数。在可行性研究报告中，要详细阐述居民需求预测，并确定建设内容、规模和标准。

（4）建设条件与选址意见

根据前面部分中关于建设方案与建设规模的论证与建议，在这一部分中按建议的改造方案和规模来研究资源、原料、燃料、动力等需求和供应的可靠性，并对可供选择的改造方案做进一步技术和经济分析，确定改造方案。

（5）技术方案

技术方案是可行性研究的重要组成部分。主要研究项目应采用的改造方法、工艺和工艺流程，重要设备及其相应的总平面布置。并在此基础上，估算土建工程量和其他工程量。在这一部分中，还应将一些重要数据和指标列表说明，并绘制总平面布置图、工艺流程示意图等。

（6）项目环境保护与劳动安全

在项目建设中，必须贯彻执行国家有关环境保护和职业安全卫生方面的法规、法律对项目可能对环境造成的近期和远期影响，对影响劳动者健康和安全的因素，都要在可行性研究阶段进行分析，提出防治措施，并对其进行评价，推荐技术可行、经济，且布局合理，对环境的有害影响较小的最佳方案。按照国家现行规定，凡从事对环境有影响的建设项目都必须执行环境影响报告书的审批制度；同时，在可行性研究报告中，对环境保护和劳动安全要有专门论述。

（7）企业组织和劳动定员

在可行性研究报告中，根据项目规模、项目组成和工艺流程，研究提出相应的企业组织机构，劳动定员总数及劳动力来源和相应的人员培训计划。

（8）项目实施进度安排

项目实施时期的进度安排也是可行性研究报告中的一个重要组成部分。所谓项目实施时期亦可称为投资时间，是指从正式确定建设项目到项目达到正常生产这段时间。这一时期包括项目实施准备、资金筹集安排、勘察设计和设备订货、施工准备、施工和生产准备、试运转直到竣工验收和交付使用等各工作阶段。这些阶段的各项投资活动和各个工作环节，有些是相互影响的，前后紧密衔接的，也有些是同时开展，相互交叉进行的。因此，在可行性研究阶段，需将项目实施时期各个阶段的各个工作环节进行统一规划，综合平衡，做出合理又切实可行的安排。

（9）项目投资估算与资金筹措

建设项目的投资估算和资金筹措分析，是项目可行性研究内容的重要组成部分。每个项目均需计算所需要的投资总额，分析投资的筹措方式，并制定用款计划。

（10）财务效益、经济和社会效益评价

在建设项目的技术路线确定以后，必须对不同的方案进行财务、经济效益评价，判断项目在经济上是否可行，并比选出优秀方案。本部分的评价结论是建议方案取舍的主要依据之一，也是对建设项目进行投资决策的重要依据。本部分就可行性研究报告中财务、经济与社会效益评价的主要内容做一概要说明。

（11）可行性研究结论与建议

根据前面各节的研究分析结果，对项目在技术上、经济上进行全面的评价，对建设方案进行总结，提出结论性意见和建议。

4）特许经营类项目

根据国务院办公厅《关于全面推进城镇老旧小区改造工作的指导意见》（国

办发〔2020〕23号）文件精神，鼓励社会资本参与老旧小区改造投资、建设、运营，若改造项目涉及社会投资或特许经营，应参照《基础设施和公用事业特许经营管理办法》的相关要求开展立项工作（图6-2）。

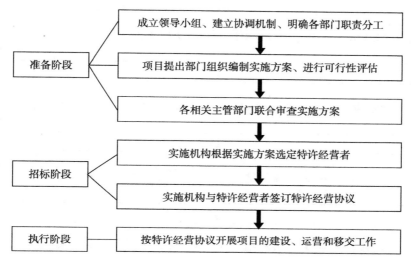

图6-2 特许经营类老旧小区改造项目流程图

特许经营类项目应编制《特许经营项目实施方案》，并经谈判后，授权和被授权双方签订《特许经营项目协议》。《特许经营项目实施方案》包括但不限于以下内容：①项目范围和内容；②项目模式设计（投资—建设—运营）及说明；③项目建设规模、投资总额、实施进度，以及提供公共产品或公共服务的标准等基本经济技术指标；④投资回报、价格及其测算；⑤全生命周期成本和提高公共服务质量效率的分析评估；⑥特许经营协议框架草案（责权利）；⑦特许经营者应当具备的条件及选择方式；⑧采购方式；⑨绩效评价/监管方案；⑩退出机制设计；⑪风险评估；⑫结论。

5）PPP项目

根据"国办发23号文"精神，鼓励通过政府采购、新增设施有偿使用、落实资产权益等方式，吸引各类专业机构等社会力量投资参与各类需改造设施的设计、改造、运营，支持规范各类企业以政府和社会资本合作模式参与改造。其中，涉及在《项目建议书（代可行性研究报告）》基础上，应该进一步按照PPP相关要求，开展PPP项目可行性论证、PPP物有所值评价、PPP财政承受能力论证以及编制PPP实施方案等相关内容的研究和成果编制工作。具体流程如图6-3所示。

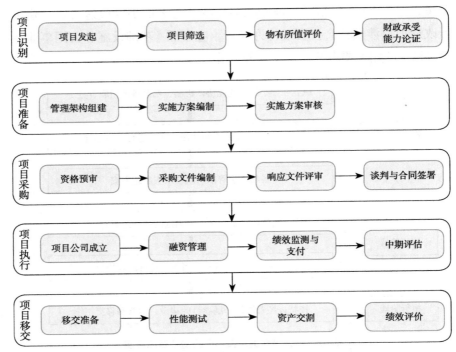

图6-3　PPP类老旧小区改造项目流程图

《PPP项目实施方案》内容要求为：

（1）项目基本情况：包括项目概述、项目背景和前期准备、必要性和可行性分析、项目合作内容、政策依据。

（2）风险识别与分配：包括本项目风险因素释义及识别、风险分配、风险防控及风险承担。

（3）项目运作方式：包括项目合作模式、项目公司及股东、项目合作期限。

（4）交易结构：包括项目交易结构概述、项目交易结构图、项目投资结构、项目融资结构、项目回报机制、定价和项目付费机制、利益分配机制、补偿和退出机制、绩效管理机制。

（5）项目建设、运营和移交方案。

（6）合同体系：包括PPP项目合同体系的依据、构成及要义、本项目的核心边界条件。

（7）项目采购方式：包括采购方式的选择、社会资本的甄选思路。

（8）项目监管：包括监管架构、信息披露。

（9）财务测算和评价：包括PPP项目财务测算的必要性和局限性、贷款策划及资金成本测算、项目运营成本测算、使用者付费收入测算（含税）、可行性缺口补助的测定、税收成本测算、财务模型、财务可行性评价指标和评价结论。

（10）绩效考核办法等。

3.立项审批管理优化建议

城镇老旧小区改造是民生工程，当前老旧小区问题突出，与人民群众对美好生活的向往相矛盾，亟须更新改造，然而目前老旧小区改造仍是"轻统筹，重审批"阶段，涉及环节及部门较多，联动性较差，审批流程繁琐，各部门衔接不畅，导致具体工作难以有序开展。所以，梳理优化城市老旧小区改造项目审批流程，对加快推进城市老旧小区改造具有重要意义。综合各地经验，提出以下优化建议：

1）建立宜居性评价支撑决策体系，精准制定改造计划

各地方结合自身老旧小区特点，建立县（市、区）老旧小区宜居性评价体系（表6-2），指标内容应涵盖小区软、硬件，如建筑本体空间、小区规划与环境状况、小区基础设施、适老保障设施、社会公共服务、物业管理、治理与心理感受等。确定指标内容后，组织线上线下相结合的老旧小区全要素调研，集合专家、居民、政府相关部门等利益主体赋予指标权重，依据调研数据、权重对各小区进行综合评价、排序。原则上排名靠前的小区，即宜居性较差的或改造意愿强烈或缴费意识较强的小区可列入优先年度改造计划，对重要特殊小区可视情况调整计划。为老旧小区改造中长期年度提升计划提供客观、科学支撑，实现精准决策。

北京市石景山区老旧小区宜居性评价体系（示例） 表6-2

一级指标	二级指标	三级指标
一、建筑本体空间	1.建筑样式	（1）建筑基本信息完整度
		（2）建筑外立面规整情况
		（3）屋面规整情况
	2.结构安全	—
	3.采光通风效果	—
	4.隔音效果	—
	5.节能改造	—
二、小区规划与环境状况	1.小区规划与交通	（1）建筑密度与容积率状况
		（2）周边规划发展水平
		（3）停车设施
		（4）交通有序通畅情况
	2.光环境及导识系统	（1）光环境
		（2）导识系统
	3.绿化景观	—

一级指标	二级指标	三级指标
二、小区规划与环境状况	4.违法建筑	—
	5.空气、噪声污染	—
三、小区基础设施	1.水环境	（1）饮用水
		（2）水处理系统
	2.市政管网	（1）供电系统
		（2）通信
		（3）供气系统
		（4）供热系统
	3.公共厕所	—
	4.设施设备改造	—
四、社会公共服务（1km范围内）	1.商业设施	—
	2.文化建设	（1）文化设施及活动
		（2）党建文化
	3.医疗健康及养老	（1）医疗健康
		（2）养老
	4.教育	—
五、物业管理	1.物业公司管理机制	—
	2.不动产管理	—
	3.治安防护	（1）安保措施
		（2）电子安保
	4.环境卫生管理	（1）环卫保洁
		（2）垃圾管理
		（3）再生资源管理
六、治理与心理感受	1.公共安全及消防管理	—
	2.社会保障	（1）居民生活保障
		（2）居民就业保障
	3.人口管理	—
	4.社区协商议事及社区文化	（1）社区协商议事
		（2）社区文化
	5.居民缴费意识	（1）改造资金
		（2）物业服务费用
七、适老保障设施	1.完善无障碍设施	—
	2.适老性改造	（1）房屋适老性状况
		（2）社区适老性状况

2）简化立项用地规划许可

（1）报建单位申请项目代码作为改造项目整个建设周期的唯一身份标识，实行"一码运转"。

（2）不涉及土地权属变化的改造项目，无需办理建设用地预审与选址意见书、用地规划许可等用地手续，可用已有用地手续等材料作为土地证明文件。

3）精简合并工程建设和施工许可

（1）不增加建筑面积（含加装电梯、外墙增加保温层、楼顶平改坡等）、不改变既有建筑功能和结构的城镇老旧小区改造项目，无需办理建设工程规划许可证。

（2）不涉及建筑主体结构变动的项目及属于低风险的新建项目，实行项目报建单位和设计单位告知承诺制，可不进行施工图审查。

（3）对不涉及权属登记、变更，无高空作业、重物吊装、基坑深挖等高风险施工，建筑面积在$300m^2$以内的新建项目可不办理施工许可证。

（4）简化施工许可要求。按需提供用地批准手续（或已有用地手续）、建设工程规划许可证（或改造方案联合审查意见）、施工合同（依法应当招标的，提供中标通知书或直接发包的批准手续）、施工图设计文件审查合格书（或勘察设计质量承诺书）、相关责任主体工程质量责任授权书及工程质量终身责任承诺书、工程项目安全生产责任承诺书、具备施工条件、建设资金已落实承诺书、施工组织设计文件（可实行告知承诺制）。

（5）在工程质量安全监督手续与施工许可合并办理的基础上，不再出具《工程质量监督登记证书》《建筑工程施工安全报监书》，加强电子证照应用，相关信息通过工程审批系统共享给住房城乡建设部门。

（6）加装电梯项目，电梯安装单位应按《特种设备安全法》相关规定办理施工告知，申请电梯安装监督检验。

（7）老旧小区改造项目（含加装电梯工程）无需办理环境影响评价手续。

4）实行联合竣工验收

（1）由实施主体组织参建单位、相关部门、居民代表等开展联合竣工验收。无需办理建设工程规划许可证的改造项目，无需办理建设工程竣工规划核实。

（2）加装电梯项目通过联合验收后，投入使用前或者投入使用之日起三十日内，按规定办理特种设备使用登记。

（3）简化竣工验收备案材料，报建单位提交工程竣工验收报告、施工单位签署的工程质量保修书、联合验收意见即可办理竣工验收备案。

（4）简化档案验收。城建档案管理机构可按照改造项目实际形成的文件归档。

5）优化改造项目审批服务

（1）优化招标投标服务。实施主体承诺在投标截止日前提供项目审批文件后，允许以项目赋码提前进入勘察、设计招标程序；实施主体承诺在投标截止前提供初步设计或概算批复文件并承担初步设计或概算批复改变责任后，允许提前进入监理、施工招标程序。属于政府采购范畴的，按照政府采购相关规定执行。

（2）推行网上审批。在城市工程审批系统中设置"老旧小区改造项目"审批模块，明确网上办理流程，实行"一网通办"。

（3）设立审批绿色通道。将老旧小区改造项目审批纳入工程建设项目综合服务窗口，实行"一窗受理"。

（4）实行按阶段并联审批。各市要按照"一张表单"要求，制定并公布立项用地规划许可、工程许可、竣工验收三个并联审批阶段的申请表和服务指南。

（5）试点开展"清单制＋告知承诺制"。公布改造项目审批服务事项清单，扩大告知承诺制覆盖范围，制定并公布具体要求和承诺书格式文本。实施主体按照要求作出书面承诺，审批部门直接作出审批决定。

（6）利用闲置用房等存量房屋建设各类公共服务设施，符合办理不动产登记条件的，依法办理。

6.1.2 设计管理

老旧小区改造项目设计管理工作，主要包括设计流程、设计进度、设计成本、设计质量等方面的管理。其管理状态应该是事前策划、主动管理，从而贯穿项目的前期策划阶段、设计阶段、发承包阶段、施工阶段及竣工交付阶段，直接影响着项目需求实现、政府审批手续、投资管理、进度管理及质量管理等（图6-4）。

1.设计流程及进度管理

1）制定设计管理流程

实施主体在项目开展前应形成设计管理相关的制度安排和计划，建议包括以下几个部分：

首先，根据老旧小区改造项目的全部设计规划和标准要求，以项目建设的基本质量为前提条件，完成有关项目专业环节的切实可行性周期保障，进而实现项目建设的要求目标，贯彻制定全面的项目设计计划以及重点计划进程。其中设计计划内容主要包括：

（1）项目设计进度关键路线之主要设计阶段的周期和节点。包括规划设计招标投标或委托设计、方案设计、初步设计、施工图设计的周期和节点要求。

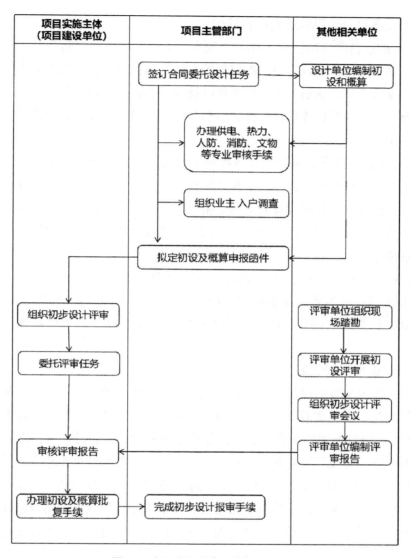

项目实施主体 （项目建设单位）	项目主管部门	其他相关单位

图6-4　老旧小区改造设计变更流程图

（2）有关项目其他的协同建设项目子工作时间周期的节点。涵盖了详细的概念设计、方案设计、初步设计、施工图设计的周期和在整体进度计划中的介入节点。

（3）建设项目有关于设计进度计划设定的首要前提。建设项目发展计划关键时间周期，包含项目定位、项目开建、项目开盘具体时间。

设计工作月计划、周计划管理在项目总体设计进度计划的控制下，还应根据项目的实际发展情况制定每月项目设计的进度规划，并根据每月的设计、工作计划制定相匹配的周工作计划，同时根据设计跟进情况进行自查、改进。

2）制定各设计阶段的进度控制目标

（1）前期准备阶段的主要工作都必须有一个相对确切的时间标准。项目建设前期的主要工作有：项目建设基础资料的有效收集和查阅，明确项目设计基础条件、确定改造定位，规划单位最终选择以及签署有关合同报告等。关于工程项目的设计周期恰当性及后续设计工作的顺利开展，都很大程度上和设计的前期准备工作相关联。

（2）初步设计阶段的设计工作各项标准也必须有可实施的时间目标。这一时期的详细项目工作重点包含：编制相关项目任务书，制定相关项目设计标准，规范准确项目交底以及基础建设方案的汇报确定等。设计管理人员应在充分思考项目建设手续评审和批阅下落实订立科学的项目建设时间，真实有效地保障项目建设的计划可靠。

（3）施工图设计是在前述的基础上进行更为详细具体的设计工作。施工图设计要求做到：依照施工图有效编制项目建设预算，依照施工图实现项目建设材料规划，依据施工图完成项目建设的有效施工安装以及包括项目建设的最终验收。

3）设计进度控制措施

实施主体为争取居民尽快享受改造成果，大多要求项目快速发展，所以设计进度的控制是一个非常需要关注的环节。为保证设计进度，可以采用以下措施：

（1）确定项目推进的关键节点。比如设计过程中方案设计、施工图设计为较为关键的节点，涉及开发报建、设计招标、工程开工等几个重要环节。

（2）合理安排各阶段设计工作，加强过程控制。例如方案设计阶段，如果任由设计单位进行方案设计之后再进行汇报、评审工作，导致反复的可能性就非常大。因此，在方案阶段增设了大概每周一次的设计交流时间，以保证设计方向的正确性、可靠性。

（3）加强信息管理，组织和控制设计过程中对项目有关的信息传达、沟通及备案，形成有效的信息渠道，这对设计工作有着重要的意义。在项目设计过程中，定期组织各专业设计例会。设计例会应进行各专业进展情况的通报，以及及时提出各专业需要的配合和所要产生的变化，保证信息的畅通。建筑设计是一个较为复杂的过程，从方案到施工图设计，涉及建筑、结构、给水排水、电气、暖通等各个专业。对于大多数老旧小区改造项目，施工图阶段大多以建筑专业为中心，结构、机电等专业积极配合。为保证项目的设计进度，必须对整个项目建设的各个专业实施有效规划安排，实现对各专业内部程序有条不紊的安排。如此做到以上规划安排，形成专业内部的紧密联系以防发生较大的项目建设失误，基于对时间上的优化利用安排，深化提高项目建设工作效率。

2.设计阶段成本管理

设计阶段成本管理主要包含项目建设基本概算、设计预算、承包预算等，控制成本管理包括技术层和经济层。基本的技术层面成本管控主要措施为：严格审查项目建设初步设计、技术、施工图以及组织施工设计，全方面实现技术层面上的投资节约。经济层面上的成本管控则更为动态化，有关于项目投资建设的实际数值和预算数值存在差别，要严格审查预算成本差值消耗。

1）各设计阶段技术上把控要点

为把控成本，要求设计单位在各设计阶段提交的成果中需附有设计成本匡算（估算）、概算、预算清单，同时实施主体也进行核算，为下一阶段成本控制提供依据。

（1）设计前期准备阶段

①多渠道了解收集项目基础资料、规划信息等，准确地明确项目设计要求，注重设计任务书的编制质量，并在设计合同执行中按既定的目标体系贯彻，从而切实起到把控投资的作用。

②尽早参与居民调研、需求分析等前期工作，密切把握居民的改造需求，提供多方案比较，避免后续颠覆性调整，增加时间成本，从而有效地提高工作效率。

（2）概念方案及方案设计阶段

①在此阶段采取高效率的方式做好规划、建筑方案的征集工作，做到多方案比较，提高项目整体性价比，综合考虑，选取满足居民需求并能令投资效益最大化的设计方案。

②充分利用原始的地形高差、植被、水流状态等生态，尽量做到土方平衡，节省成本，总平方案应用足容积率和建筑密度。

（3）初步（扩初）设计阶段

①验证改造内容的合理性：是否满足居民改造的需求以及政策支持的改造项。

②验证相关的材料应用合理性标准：例如外墙粉饰、门窗标准、单元以及入口设置、电梯、车位划分及交通形式。

③小区内部配套设施引入，诸如健身设备区、休闲娱乐区、教学设备区、幼儿教学区、老年人活动专区。

④验证市政管网、配套服务设施的接入。市政管线包括项目给水排水、电气管线系统、燃气管道、弱电系统等；配套设施包括各市政系统负荷管理设置、垃圾房等。

（4）施工图设计阶段

①在已做概算数额的限定范围内，针对不同的设计方案及材料选购进行成本研究，提出控制成本的设计范畴的建议，并明确在图纸或设计说明中，确保在可控的投资额范围内将施工图设计做到最优化。

②出图前，对影响项目成本的主要技术指标进行测算，达到指标要求才可正式出图。

③施工图关键设计阶段，基于工程建设的合理优化，即居民过程中反馈信息较多的问题，在合理保障建设质量的情况下要管控建设成本，保持选择的设计内容与居民需求相匹配。

（5）施工图配合阶段

①施工图完成后，及时组织各专业相关人员进行图纸会审，针对图纸技术上的合理性、施工上的可行性、工程造价上的经济性进行审核，做到精细化控制，减少设计返工和将缺陷尽量降低在图纸阶段。

②加强施工中设计变更和相关签证的管理，可有效界定较大工程造价的管理，坚持先做好经济账，然后再考究决定是否变更规划设计的原则；同时，还要最有效地实现变更调整在设计考虑范围之内，尽可能地减少施工中的设计变更。

2）设计费用把控要点

（1）项目建设全局上的成本制定。参照项目建设的真实情况以及项目建设归属地市场发展条件，实现有关于业主规划费用的有效管控，实现项目全局设计以及其他项目建设的预算规划，做好全局项目建设预算表。这一预算表主要内容有项目勘察、设计、招标、方案设计、施工设计、施工建设等八个部分，在预算表中对这八个部分的设计费进行充分的考虑。

（2）各专业、各环节、各阶段设计费用的控制。在项目总体设计费用的控制下，根据项目的实际发展情况，对各专业、各环节、各阶段设计单位或合作单位进行选择，同时进行商务谈判，使得各专业、各环节、各阶段设计费用符合项目总体设计费用的要求。包括规划、设计、景观、室内等主要方案及施工图等各方面。

（3）较大型设计招标费用控制。根据项目的档次，为保证设计方案的最优，可组织三家以上境外机构进行大型招标，通过前期筹划，控制投标机构数量，控制投标费用标准，控制设计费用。

（4）对设计修改费用的控制在设计合同谈判、签订时，提前进行合同条款的策划以及进行对未来设计工作的预测，将可预见的设计修改约束到合同中，减少后期设计费的增加。

3. 设计质量管理

1）设计质量评价标准体系

（1）强制性标准、国家及地方文件，同时也是建设最低技术标准。

（2）新技术行业推荐标准。例如《国家家居示范性标准技术要求》《绿色建筑建设标准》GB/T 50905—2014等。以上新技术标准都提倡绿色、生态、健康的建设理念不是硬性指标要求，但可作为借鉴参考。

2）设计质量管理方法

（1）质量控制

①实施主体可以成立技术和市场专家咨询库，包括调研、规划、设计、物业等工作组。结合论证性方案实施专家研讨，择优选择项目建设设计成果，规避使用不合理规划方案。实现集思广益，多种形式地听取多方面意见参考，基于有力的技术支持实现规划设计优化升级。

②技术设计重要阶段可以全权交付于技术力量更强的专业机构实施相关咨询分析，实现三方有效评价，最终获得规划设计的终极管控。基于建设设计、主体方案规划、机电设备选材、材料使用等，获取每个阶段的书面意见咨询信息反馈，再由业主实施相关性沟通协商设计，结合共识地方实施调整修改，实现设计的真实、有效、量化和准确分析。

（2）沟通管理

①要因地制宜确定改造内容清单，重视设计方案与居民充分协商沟通，避免与实际使用者需求相悖。

②重视项目报建阶段设计单位与政府部门的沟通。实施主体要联合设计单位提前与政府部门沟通，汇报方案，吸取意见，避免因审查修改而增大设计修改工作。

3）业主方设计质量管理工作的体现

（1）各阶段任务书的编制

设计任务书包括方案设计任务书、初步设计与施工图设计任务书、专项如抗震加固、加装电梯等设计任务书。

①方案设计任务书。包括但不限于明确设计目标、用地概况、规划要点要求以及对规划要点的理解及相关设计建议、设计依据、设计要点、项目定位、总体规划要求、道路要求、楼宇高度要求、片区统筹要求、整体规划要求、改造风格的建议、环境绿化规划要求、住宅单体要求、户型面积、创新空间、住宅面积区间及户型比建议、商业设计要求、车位设计要求、隔音设计要求。

②分期规划要求：整体考虑小区改造规模，把握分期开发节奏，注重改造

面积的控制。

③初步设计、施工图设计阶段的设计任务书主要把控项目使用范围及相关原则，包括图纸深度要求、设计过程管理要求以及设计要求、设计说明要求、工程做法要求等。各项做法要求包括公共空间、住宅部分以及门窗工程、防水、电气、给水排水、暖通、燃气等。

（2）各阶段设计质量管理

设计准备开始之前，实施主体必须将最全面、准确的项目原始资料提供给设计单位。设计阶段，业主进行设计招标或采取邀标等方式选择合适的设计单位以及在设计进展过程中，要重点审查各阶段设计图纸是否符合国家及地方相关规范，是否满足设计目标，是否达到各阶段设计深度要求；同时也要考虑技术参数的先进性、合理性以及工艺、材料、设备选型的适用性、先进性。

（3）设计变更的管理

设计的修改或补充设计变更对项目成本、报建验收、设计效果等各方面都有较大的影响，因此应该严格管理。对于不同原因引起的变更，应采取不同的管理方法（图6-5）。

①对于因需求定位改变、设计失误、成本优化、报建验收需要或其他居民原因而提出的必须发生的设计变更，应及时调整执行。涉及报建验收的变更应在报建前完成，涉及设计失误的变更应在施工前完成，涉及需求定位的变更应在竣工前完成。

②对于因设计效果改进或其他各部门根据其专业角度需求等原因提出的，值得商榷的设计变更应注意进行评审，主要是保证所设计变更不能违背居民需求和利益，不能较大超出成本。

4.其他要点

1）设计部门管理

老旧小区项目较为复杂，需邀请设计单位进行咨询，在咨询成果的基础上，根据人员配备情况、设计经验等综合水平，选出1～2家符合资质要求的设计单位，以在原先的立意基础上深入发展，形成一个基本确定的方案，供甲方进行选择。

工程主设计师对项目的成功运作起着关键作用。在选择设计单位时，要对实施项目设计的主设计师进行资质考查，审查其主持设计工程项目的图纸质量，对其能力有全面的了解，并要求在提供服务时，保证主设计师到位。最好就所委托的设计项目形成项目设计小组，主创人员固定，协作人员明确。另外，设计单位的配合情况也要重点考察。

城镇老旧小区改造综合技术指南

城市更新与老旧小区改造丛书一

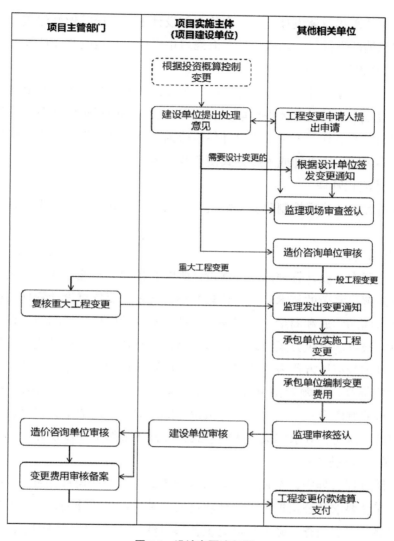

项目主管部门	项目实施主体 (项目建设单位)	其他相关单位

图6-5 设计变更流程图

2）设计内容管理

（1）总体设计

①老旧小区总体设计单位应在对改造小区情况进行充分摸排的基础上，提供符合地域特色的总体设计方案，统筹协调旧有小区房屋建筑与基础设施水、电、气、热、道路、通信及环境提升改造等相关内容，落实海绵城市各项指标和规划要求，经当地旧改管理部门审查通过后，开展施工图设计。

②施工图设计应严格执行国家勘察设计管理政策法规和技术标准规范，落实当地相关政策文件要求。

③鼓励老旧小区改造项目的建设单位，优先选择资质等级和信用评价等级

高的设计单位承担总体设计业务。在施工图设计中，应统筹做好建筑节能、光纤入户、建筑消防设计、无障碍设计、海绵城市设计、管线改造设计等。

（2）管线设计

老旧小区总体设计单位应配合旧改管理部门对现有小区内的地上地下管线进行普查，履行小区改造总体设计职责。由旧改管理部门召集设计单位、管线责任主体单位制定改造计划方案，由设计单位依据改造计划方案进行施工图设计。在有条件的小区宜采用直埋或入廊方式使管线入地。

3）设计流程管理

设计过程中，流程控制薄弱，缺乏必要的跟踪，导致设计结果出现不应有的偏差。

（1）日常管理

设计过程中，设计管理部门加强设计跟踪和指导，不能仅通过几次会议或汇报的方式来解决复杂的技术问题，比较复杂的问题主要依靠设计管理人员与设计师进行面对面的沟通和商量，一起参与设计，对设计中出现的问题，设计管理人员可及时汇报寻求解决方案或意见，这种措施可有效将一些细节或不大的问题解决好，而且因为有甲方代表的参加，设计师的积极性和主动性会得到加强，工作效率会大幅提高，由领导拍板决策的范围缩小，节省了领导的精力。通过汇报会，主要目的有两个：一是向领导通报设计的进展和中间成果；二是就设计中的关键问题进行讨论，寻求解决方法或意见，以便于继续下一步设计。

（2）关键节点控制

在设计过程管理中，要依据设计进度安排结合《委托设计任务书》中关于阶段成果的深度要求及公司拟定该设计项目的关键节点进度计划，在关键节点，由设计管理部门组织检查，必要时可组织各部门参与研讨，同时碰到不确定性问题时应及时征询规划、消防等主管部门意见，尽早发现问题，提前解决问题。

6.2 施工工程管理技术

近年来，随着我国经济社会的发展和人民生活水平的不断提高，民生工程备受国家重点关注。老旧小区因建设年代久远、房屋破旧、低矮潮湿、拥挤不堪、环境脏乱、排水不畅，大大超过设计使用年限，出现屋架腐朽、屋面漏雨、基础下沉、墙体开裂等问题，居民生活非常不便，安全问题和消防隐患也尤为突出，居民反应强烈，严重影响了居民的人身安全和生活质量。以某地老旧小区为例，老旧小区现状如图6-6所示。

图6-6 老旧小区基本现状

为响应国家政策，加快推进老旧小区改造工作，大力改善老旧小区居民生活条件，目前经过初步摸查，全国需要改造的城镇老旧小区涉及的居民达上亿人。老旧小区的改造直接关系到小区居民的获得感、幸福感和安全感，是一项非常有意义的民生工程，改造后的老旧小区如图6-7所示。

图6-7 改造后老旧小区

6.2.1 施工准备

1.老旧小区改造现场勘测及数据收集

1）工程量数据采集

（1）工程量

将初步设计后的现场所有工程量，分部工程进行比对，符合概算工程量的准确性，对施工中可能会产生的费用进行统计，避免概算考虑不全。

（2）工程类别

对所有工程子项分类列出明细表，显示子项、要求、清单描述、工程量、材料种类参数等信息，所有措施部分详细列明。采集现场影像资料，对所要改造的工程仔细摸排，为分包单位招标投标做准备。

（3）物探测绘、航拍测绘技术

物探测绘范围：地形测量、植被测绘、管线测绘、建筑立面测绘。

①地形测量：对于社区范围内除"三供一业"已测的范围，其余需进行修测、补测；

②植被测绘：对小区内半径20cm以上大树位置进行测量，若绿化带中是树林的话，只需对外围的乔木进行测量；

③管线测绘：若小区需测绘的部分包含近年改造完成的主管和支管，有竣工资料的可以直接使用，所有宅间老旧支管和将拆除的均不需要测量；

④建筑立面测绘：重点测绘小区沿街建筑的立面和有保温层改造的建筑立面；

⑤航拍测绘：对于改造区域整体进行航拍，掌握所属区域内小区的基本情况。

2）原始影像资料采集

（1）进场协助监理单位共同采用航拍、手持拍摄或3D拼图等方式对现场原始影像资料进行记录。

（2）对于外立面、路面部分可能会发生拆除、爆破的区域，施工完会发生隐蔽的工作内容都需要记录清楚，对防护措施等单独计费的部分进行工程量统计，列入内招外招计划。

（3）道路、绿化区域施工图纸标高比对现场复核，道路原状基层图纸挖探坑确定，经校准无误后进行加密，可为后期的土方工程量计算提供依据。

（4）地下管线的分布状态进行采集，电气工程电缆、线杆、灯头等状态采集。

（5）其他子项在施工前重视原始资料采集，所有施工完后隐蔽的工作内容均要采集。

（6）对于屋面平改坡、屋面防水等屋面工作，对顶层住户户内屋面漏水状态进行采集，避免施工完成后责任无法划分，对屋顶面层原状的影像资料数据进行采集。

（7）采用航拍技术对小区整体环境录制VCR，由综合办公室负责，为后期视频前后对比做准备。

（8）抗震加固、楼梯间粉刷等需入户实施部分，施工前对每个户内施工交叉部分的影像资料进行采集。

3）现场平面布置图数据采集分析

施工现场平面布置按照城市建设管理的有关法规，科学合理地安排施工现场，协调各专业管理和各项施工活动控制污染，创造文明安全的施工环境和人流、物流、资金流、信息流等一系列管理工作。施工平面布置应考虑以下因素：

（1）材料堆放

确保道路畅通，满足施工对材料堆放场地的要求，尽量减少二次搬运和场内运输。在旧城改造项目实施中，物资品种较多，招采工作应及时，供应工作需提前，尽量在改造小区附近选择堆场，否则在小区内部倒运材料会影响小区现场通行。规划好现场道路施工顺序，避免出现断头路或重型车辆损坏新修道路问题。小区内使用材料堆放情况如图6-8所示。

图6-8　现场材料堆放

（2）办公区域

要满足安全、文明施工对场地的要求，生活区和生产区要有明显的隔离，小区办公场所在每个小区宜选择临时办公场所，处理各小区现场事宜所用。项目指挥部可选在交通方便的场所，尽量选择租赁的方式，减少项目一次性投入。某地老旧小区改造项目办公区域情况如图6-9所示。

图6-9　办公区域示意图

（3）生活区域

对于民工生活区域应根据人员数量合理安排，室内不拥挤、不浪费，生活区要和作业区完全隔开。因项目人员众多，建议本地施工工人可以选择居家居住，其他人员尽量按要求集中居住管理。图6-10为工人生活区域示意图。

图6-10　生活区域示意图

（4）食宿卫生

为方便民工和管理人员的食宿管理，将工人与管理者的食宿分开，便于工人上班和下工后能及时就餐，减少项目管理人员给就餐带来的二次拥挤。要求总包公司在各小区或附近几个小区按人数开设食堂，集中采购食材，错峰开饭、错峰下班。项目部值班人员每日晚上对劳务集中住宿处进行一次巡查，由安全总监负责督促，夜间由警卫负责巡查一次，并在出口处安装摄像头进行监控。图6-11为食堂环境情况。

图6-11　食堂环境示意图

（5）现场水电管理

①符合施工现场防火要求和安全用电规范。

②现场临时电源必须严格架空接入，可选择在住宅楼栋间跨越，并严格按照临时用电管理制度进行管理。随着工作面的转移临时电源需提前接通，工作内

容施工完毕后撤销电源。

③现场水源由自来水公司在每个小片区配合接通水表及阀门，必要时可增配水车。

④当地电力单位配合指定电源，考虑负荷。

⑤洗车平台每个小区设置不小于一个，按小区规模可适当增加，杜绝将现场泥沙和尘土带出施工现场。图6-12为现场的机电管理情况。

图6-12　现场机电管理

（6）现场卫生间

施工内容中若包含卫生间建议先行施工，在周边数量不足的情况下，建议安装装配式卫生间，可以随着工作面的转移灵活移动，此外需做好封闭卫生工作。

2.施工资源的准备

1）人工安排

施工劳务层是在施工过程中的实际操作人员，是施工质量、进度、安全、文明施工最直接的保证者。在施工开展前，应保证具有人员稳定、技术素质高的施工队伍和管理人员以及实力雄厚的专业队伍和供应商，能够有效快速地组织劳动力进场。在接到业主进场通知后，施工管理人员能及时就位，施工操作人员将根据现场需要分批按时进场，并在项目内部备足各类专业的施工操作人员。根据项目的情况，可采取以下保证措施：

（1）为了保证进场工人做到人尽其才，提高劳动生产率，在劳动力管理上，采取区域管理与综合管理相结合，岗前、岗中、岗后三位管理相结合的原则。

（2）做好宣传工作，使全体施工人员牢固树立起"百年大计，质量第一"的质量意识，确保工程质量创优目标的实现。

（3）选派优秀的工程管理人员和施工技术人员组成项目管理班子，对工程项目进行管理。

（4）选派技术精良的专业施工班组，配备先进的施工机具和检测设备，进场施工。

（5）建立完善的质量负责制，使每位参与本项目施工的人员都明确自己的质量目标和责任，工作有的放矢。

（6）进场前，对工人进行各种必要的培训，特殊、关键的岗位必须持有效的上岗证书才能上岗。

（7）认真做好班前交底，让工人了解施工方法、质量标准、安全注意事项、文明施工要求等。

（8）按劳动力定额组织生产，同时结合实际情况对现场人员进行劳动定员，使工人岗位明确，职责明确，防止人浮于事、窝工等消极现象的发生。

（9）推行经济承包责任制，使员工的劳动与效益挂钩。

（10）加强劳动纪律管理，施工过程中如有违纪屡教不改者、工作不称职者将撤职并调离工地，立即组织同等级技工进场，进行人员补充。

（11）施工中，根据业主的具体要求调配劳动力进场及施工时间的安排，可达到加班施工的要求。

（12）在工程范围内根据施工进度的需要对各个施工队进行必要的调节，实行动态管理，使之合理流动，达到最佳劳动效率。

（13）根据工程施工数量、施工进度安排，合理安排和调整劳动力，按照每周、月计划完成工程数量，逐月作出劳动力使用计划，保证劳动力充足。

（14）由于旧城改造需要劳动力集中，人员较多，且无法做到完全封闭施工，实名制工作较为困难，为保障农民工工资足额准确发放，现场可采取刷脸、App打卡、管理人员抽查、劳务公司配备劳务专管员等措施保障人员信息的准确性。

2）材料准备

（1）物资采购

①根据合同要求，工程部在进行施工计划编制的同时，进行材料使用计划的编制，由材料部按《质量手册》的要求，进行采购信息收集，供应商评审，报项目经理和上级主管部门批准，订立合同。

②各类原材料、成品、半成品进入现场后，由材料部入库保管，入库前材料部对相关材料的名称、数量及外观质量、几何尺寸进行验证，并做好标识工作和有关的台账，相关材料的质量证明文件复印一份，原件交工地试验室保管，工地试验室按有关规定进行抽样试验，以验证其质量是否符合有关标准的要求。图

6-13为对于部分材料的现场拉拔试验。

③针对工程实际情况，对专业性较强的单项工程需要分包施工的，由工程部提出具体意见，报项目经理审核，根据《工程分包控制程序》，进行分包商评审，合约部和工程部负责有关商务和施工能力方面的评审，技术质量部负责有关工程质量方面的业绩考评，然后由项目经理决策，报上级批准。

图6-13　材料现场拉拔试验

（2）材料的供应

①及时准确地向业主提供材料计划且具有超前意识，这关系到工程进度的顺利进行，也能使业主充分发挥资金效益。

②小区内人员众多，工作面较大，做好材料领用发放台账，在每处施工现场搭设临时库房，避免材料的丢失。

③材料的组织供应是项目部物资管理的中心任务，供应质量的优劣与供应速度的及时准确与否是关系到项目部相关工作能否顺利进行的决定因素，所以在日常工作管理方面重点抓好如下几点。a.加强材料计划的及时性、准确性、严肃性；b.加强采购成本的控制：在保证质量、数量、供货及时的基础上，降低采购成本是提高项目施工效益的重要环节；c.坚持审批环节；d.加强保管、及时回收。

（3）物资搬运和贮存

①做好物资的贮存、保管工作和特殊材料的装卸搬运及保护工作，在具体执行过程中，按公司有关程序文件规定的要求执行。

②项目材料员负责依据平面图安排材料进行堆放，设置贮存仓库，并及时检查贮存环境，监督与此项工作有关的操作人员。

③建议项目采购若干电动自卸三轮，小区全面改造后多数材料需现场倒运。

3）机械准备

机械准备要考虑施工条件，选择机械类型与之相符合的设备，其中施工条件指施工场地性质、地形及工程量大小和施工进度等。此外，从全局出发统筹考虑选择施工机械设备，不仅要考虑本工程，而且要考虑所承担的同一现场上的其他项目工程施工机械的使用，当从局部考虑不合理时，从全局考虑可能就是合理的。施工机具设备的管理可按照以下几点进行管理：

（1）实行人机固定和操作证制度

为了使施工机具设备在最佳状态下运行使用，合理配备足够数量操作人员并实行机具使用、保养责任制。现场的各种机具设备应定机定组交给一个机组或个人，由机组或个人对机具设备的使用和保养负责。操作人员必须经培训和统一考试，取得合格操作证后，方可独立操作。无证人员登机操作按严重违章操作处理，杜绝发生为赶进度而任意指派机具操作人员之类事件的发生。

（2）操作人员岗位责任制

操作人员在开机前、使用中、停机后，必须按项目的规定和要求，对机具设备进行检查和例行保养，做好清洁、润滑、调整、紧固和防腐工作。保持机具设备的使用效率，节约使用费用，取得良好的经济效益。

（3）根据工程量考虑是否自购机械进场施工，小区改造机械用量大，避免租赁费大于采购价。

4）应急管理准备

根据施工管理过程中的变化，需要在不同的阶段制定不同的应急计划，保证工程的正常施工。

（1）物资应急管理

在施工过程中，每天根据项目的进展与物资情况制定物资的动态管理计划，对于在施工工程中可能因外在因素等引起的人力、材料和设备不足情况，要及时抽调人力解决重要工作面的作业，对于材料设备的供应不足应与供货商及时联系，同时也有备用的供货商可以及时抽调材料和设备。

（2）供应商管理

物资的供应应做到"货比三家"，对于物资在市场上的基本情况应调查清楚，当遇到供应商物资供应不足时，要及时启用备用供应商提供符合要求的物资，旧城改造项目对居民生活影响较大，尽一切可能避免现场施工进度停滞。

（3）资金管理

对于资金做好台账管理，核对重大资金的流向与收支情况，避免出现超支的情况。

（4）疫情防控管理

做好疫情的管理，定期进行消杀，对于工人的体温做到每日检测记录，检测流程如下：

①实名制登记→②进行三级安全进场教育→③进行安全技术交底→④每天早晨和下午上班对在岗工人进行检测记录→⑤每日晚上要求各劳务公司安排专职疫情防控员对本公司人员进行测温记录→⑥晚上项目值班人员对宿舍进行巡视，并收取劳务人员体温检测记录。

坚决落实每日疫情检测，进场每日检测，与当地社区物业联动，将施工人员单独列队，定期做好核酸检测，按照政府要求注射新冠疫苗。所有人员年前离开及年后返回施工现场，做好动态跟随信息调查。把控每个人的动态信息，出现情况及时上报社区，配合地方政府疫情防控政策。项目部成立疫情防控工作机构，落实企业主体责任，制定复工复产方案和应急预案，坚决落实企业复工复产内部管理"五统一"（统一健康监测、统一岗位管理、统一餐饮配送、统一上下班接送、统一安排住宿）的要求，强化防疫和安全风险管控及隐患排查治理，帮助企业协调解决原材料供应及所需口罩、消杀用品、测温仪等防控物资保障，切实做到防控机制到位、检疫查验到位、设施物资到位、内部管理到位和宣传教育到位。图6-14为施工现场的疫情防控管理工作。

图6-14　疫情防控管理

5）协调宣传工作

（1）宣传及调研

①宣传发动街道通过发布微信公众号、横幅、座谈会及文艺表演，组织到已改造小区参观等多种形式，宣传小区整治的目的和意义（宣传工作贯穿小区改造工作全过程）。

②属地镇街道、社区牵头，由业主委员会或者社区负责对老旧小区进行民意调研。

③根据民意调研情况，完成小区前期评估工作，尽量考虑大多数居民的改造意愿。

④上报老旧住宅小区环境整治改造领导小组办公室，制定老旧小区改造计划。

⑤对列入老旧小区改造初步计划的小区，业主委员会或者社区牵头组织摸底调研，再次征求居民改造意愿。

（2）组织协调体系

①建管中心组织召开小区整治设计工作协调会，对征集到的意见进行梳理，落实设计单位进行设计。

②建管中心落实设计单位对小区的电梯、人防等设施设备进行第三方专业检测，同时设计单位进行现场踏勘，并征求小区住户对整治工作的意见及建议。

③建管中心落实设计单位根据征集到的建议、意见和检测结果等进行初步方案设计，形成设计方案。

④街道落实社区召开两委班子专题会议、党员大会、居民代表会议、居民小组长会议、楼道长会议等，就设计方案征集意见建议，同步将设计方案图板安置在小区内进行展示，公开征集小区住户建议意见。

⑤建管中心落实设计单位根据征集到的建议意见，对设计方案进行优化。图6-15所展示的是改造老旧小区的宣传展板图。

图6-15　改造前后宣传展板

（3）施工中居民关系协调

①尽量降低施工对居民生活的干扰，无特殊情况下晚上不允许施工。与居

民和谐相处，边施工边生活，保障小区居民的基本生活正常进行。

②做好施工内容告知牌，优先完善样板区，防护措施做到位，施工区域负责管理人员信息公示栏摆放到位，成立专门的上访协调中心接收居民的意愿，解释工作做到位。

③根据工程的施工进度计划和分段施工的安排，施工总承包项目部协调专员提前一周对将要施工的小区居民进行告知，在小区明显位置设置公示牌，公示牌主要内容见表6-3。

小区改造施工公示牌

表6-3

序号	公示项目	公示主要内容
1	施工单位	施工内容
2	施工时间	主要注明施工开始时间和施工结束时间
3	施工主要内容	公布改造的内容和施工方法如：管网改造的具体位置和施工方法及对居民会产生哪些影响和程度、外墙保温、屋面防水、进行老旧管道拆除和新管道安装等内容
4	需居民配合	① 请将堆放在居民住宅楼周边的物品移开，留出一定的施工空间，以方便施工人员作业，包括楼道或管道井内的个人物品等。 ② 施工期间小区居民的车辆请远离施工现场，避免给你的爱车造成损失。 ③ 若遇施工期间家中需留人配合施工，我们将会提前通知你，并和你确定具体的时间
5	施工人员证件	我们在公示牌上将施工总承包项目部施工人员证件样本进行公布，施工人员未出示证件和证件无编号的人员，居民可拒绝施工人员的进入
6	项目部联系方式（24 小时保持开机状态）	① 施工总承包项目部将派专人负责此项工作并公示联系人电话及本人照片。 ② 在改造的过程中和结束后如有质量等问题，项目部设有应急抢修小组，居民可通过公示的应急抢修小组电话，管理人员在15分钟内到达现场解决问题。 ③ 项目部将单独设置一部手机24小时接听居民的各种投诉电话。并做到"及时处理、不拖延、不放任自流"的态度处理居民的投诉，让业主满意
7	供水、排污管网、电力设施等施工与各种接驳点施工公示内容	

居民好：

本施工总承包项目部将计划于×年×月×日：开始进行某小区某幢楼或某条道路等进行改造施工，我们已做好施工前的准备工作，材料、人员配备齐全到位，我们会提前3天在该单元门张贴公告并打电话与各住户联系（尽量安排在休息日），希望大家能够积极配合我们的工作。我们将临时停水8（或其他内容）小时，将完成立排污管网等的拆除和新管的安装工作，确保在8小时之内完成，谢谢您的支持与理解。

居民好：

本施工总承包项目部将计划于×年×月×日：开始进行某小区供水（电力设施等）接驳点的施工（尽量安排在工作日），我们已做好接驳点的施工准备工作，材料、人员配备齐全到位，我们会提前3天在公示栏和相关小区明显位置及各单元门上张贴公告，我们将停水（停电等）4小时，进行接驳点的施工，确保在4小时之内完成，谢谢您的支持与理解。

序号	公示项目	公示主要内容
8	其他公示内容	

居民好：

本施工总承包项目部将计划于×年×月×日：开始进行小区的改造工程的施工，希望大家关好门窗，防止灰尘进入室内，楼房周边车辆尽量远离施工区域，以免给您造成损失。希望广大居民朋友能够充分了解老旧小区综合改造的意义与目的，暂时的施工干扰是为了今后居民的生活更加舒适和幸福感的提升。与我们共同营造"小区改造、居民受益"的氛围，积极配合，一起努力建设美丽小区。

3.项目计划书

1）施工项目技术管理

（1）技术管理的基础工作：包括制定技术管理制度，实行技术责任制，执行技术标准与技术规程，开展科学试验，进行技术教育与培训，技术档案管理等。

（2）后续施工技术准备工作：施工过程中的技术工作、技术开发工作、技术经济分析与评价、项目开工必备技术类施工组织设计、安全文明施工组织设计、专项施工方案、应急预案、疫情防控管理、实名制管理、检试验计划、进度计划（切实可行）项目计划书、总承包管理方案等。

2）项目管理计划

（1）项目计划系统

项目计划系统通常由项目的计划规格和项目的管理计划构成，其中项目的计划规格一般包含设计、设备材料采购、施工的技术要求等，项目的管理计划则包含了设计计划、研制计划、项目质量计划、实施进度计划、成本控制计划等。在这些计划中既要有各项工作的目标、任务、要求，又要有时间的安排、人力组织、成本造价控制等。

（2）项目计划的制定与实施

项目计划的实施是整个过程中最有影响力的过程，组织管理过程要考虑各个执行组织可能产生的相关政策或决定对项目实施的影响，对于其中出现的偏差，要采取一定的纠正措施。

项目计划的制定可按照图6-16开展进行。

6.2.2 施工组织

1.组织架构

1）项目指挥部

老旧小区改造工程的项目指挥部主要由主管部分、代建单位、各行政主管部门、各基础设施服务管理单位、社区物业、EPC联合体、审计单位、监理单位等

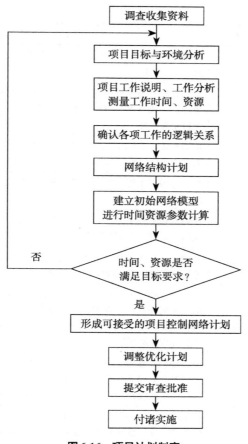

图6-16 项目计划制定

组成，施工单位与这些单位之间的协作性十分重要。

（1）指挥部的关键职能

施工单位与各单位之间的协作关系及内容见表6-4。

指挥部各部门间的协作内容 表6-4

序号	指挥部相关机构	协调的主要内容
1	当地质量、安全监督机构	报监、人员保险、过程质量、安全控制、交工备案
2	当地建筑市场管理部门	协调工程管理的规范化和相关内容
3	当地环保局	协调夜间及重大节日施工，了解环境保护要求，配合环保局做好周边及现场环境保护工作的要求
4	当地污水排水管理部门	协调工地排污、临时厕所及化粪池的建筑申报，明确排水流向，确定目前排水的新旧程度，有针对性地改造

序号	指挥部相关机构	协调的主要内容
5	当地市容监察大队	协调并配合做好工地周边及工地内的保洁工作,明确施工现场渣土及材料土方运输
6	工程所在地居委会	协调并配合街道处理周边关系、传递当地政府的相关文件要求,积极把控居民意见,与施工单位共同做好宣传工作,获得居民的大力支持尤为重要
7	工程所在派出所	协调并做好工程内外、生活区的治安工作,保障施工区域居民与施工人员的和睦相处,出现纠纷第一时间上报社区及公安部门协调解决
8	当地卫生防疫部门	协调并做好工程卫生工作及所有职工健康工作,保障外来务工人员的健康
9	当地劳动局	协调并做好所有职工的劳动保障工作,监督施工单位做好实名制,保障广大农民工工资的足额发放
10	当地路政管理局、交警队	协调并做好工程临时出入口及道路出入的相关工作,相关材料运输进场的交通保障,若有市政道路的积极出面指导及交通疏通工作
11	当地供电局	配合强电临空入地;地下线缆布设前对负荷提出要求;相关供电断电工作的配合;且在工程各项管沟开挖过程中,对现有通电电缆的具体位置深度明确指出,若不能确定具体位置,则需相关技术维修人员进行旁站开挖
12	当地自来水公司	配合协调并做好工程临时供水工作支持;同样在各项管沟开挖时明确各开挖处是否存在自来水管线,避免对带压管线造成破坏,若不能确定具体位置,则需相关技术维修人员进行旁站开挖
13	燃气公司	在抗震加固、外保温施工、道路管沟开挖过程中,多少会和燃气管线出现交叉,此项应急方案务必需燃气公司进行审核。现场燃气公司开挖管线需现场指定地埋管线位置,施工外立面及抗震加固时需使用绝缘胶套对管线进行保护。若遇不能确定具体位置的管线开挖时,需相关技术维修人员进行旁站开挖
14	通信主管部门	配合协调各运营商出资对不符合相关规定要求的撕拉乱接现象进行治理,此项工作必须提前至外墙保温施工前;地埋管线线路规格对设计进行要求及指导;开挖时需现场指出光缆具体位置,若遇不能确定具体位置的管线开挖时,需相关技术维修人员进行旁站开挖
15	当地档案馆	协调工程备案交工资料的交付工作

（2）与设计单位的配合与协作

施工方与设计单位间的协作内容见表6-5。

施工方与设计单位间的协作内容　　　　　　　　　　表6-5

序号	项目	具体内容
1	图纸会审管理	① 图纸会审工作要做到及时有效，组织施工总承包项目部各专业管理人员以及各专业分包单位全员参与，分别从技术、商务、质量、安全、现场管理等多方面多角度去发现问题； ② 将图纸上存在的问题和错误、专业之间的矛盾等，尽最大可能解决在工程开工之前，包括对施工图设计的不理解，不清楚提出建议； ③ 报请发包方（建设单位）、总承包方、监理单位、经设计单位确定后，及时下发工程设计变更或工程洽商，不擅自修改施工图纸
2	设计变更、洽商管理	① 在发包方（建设单位）、总承包方、设计单位、监理单位及总分包单位之间建立快速协调解决机制，各方均有专人负责（要能在现场决策），保证设计变更、洽商能快速确认、及时下发、全面落实； ② 现场施工过程中，配合监理单位做好检验、验收等工作
3	其他配合服务	① 建立专门的发包方（建设单位）、总承包方、设计单位、监理单位交流办公室，每周定期进行沟通交流，解决现场设计问题，施工总承包项目部拟定购进视频会议设备，充分加强各单位的交流沟通； ② 施工总承包项目部派专门的技术人员进驻设计院，就现场的实际问题进行深入讨论，形成文字或图表，方便现场施工； ③ 根据工程要求配合设计单位绘制需要的施工图、BIM 模型或大样图，及时报设计单位和监理审批，配合设计单位和监理工程师检查所有施工图、大样图及各专业深化设计图； ④ 在施工过程中保证设计人能够随时掌握现场的实际情况，每个分部分项工程施工前向设计人提交相关的施工方案，听取设计人的意见，尤其是主要材料的样品必须经过设计人等各方面的认可后方可采购及使用； ⑤ 通过与设计人密切配合保证施工过程中获得最佳的施工方案

（3）与监理单位的配合及服务

施工方与监理单位间的协作内容见表6-6。

施工方与监理单位间的协作内容　　　　　　　　　　表6-6

序号	项目	具体内容
1	工程开工前	① 工程开工前，向监理单位、总承包方提交施工组织设计，工程总体进度计划，经审批后方可进行施工的全面质量管理、进度管理、安全管理等，并严格执行； ② 对特殊分部工程要向监理工程师提交施工方案，并定期制定季进度计划，呈报监理工程师
2	施工过程中	① 在施工全过程中，服从监理单位的"四控"（即质量控制、工程投资、工期控制和安全控制）、"两管"（即合同管理和资料管理）和监督、协调； ② 在施工过程中严格执行"三检制"，服从监理单位验收和检查，并按照监理工程师提出的要求，予以整改； ③ 对各专业分包单位予以检控，行使施工总承包的职责，确保产品达到合格，杜绝现场分包单位不服从监理工程师工作的现象发生，使监理工程师的一切指令得到全面执行；

序号	项目	具体内容
2	施工过程中	④ 所有进入施工现场使用的成品、半成品、设备、材料、器具(含分包单位所使用),在使用前必须严格按规范或规定进行检验、试验,并向监理工程师提交产品合格证和检测报告,经确认后,方可用在工程上; ⑤ 为监理工程师顺利开展工作给予积极配合,在现场质量管理中服从监理工程师的管理,配合现场监理人员的旁站式监督,及时将现场施工信息反馈至监理单位
3	其他配合服务	① 工程款申请、设计变更等按流程报监理工程师确认; ② 在工程验收及调试时及时通知监理工程师参加; ③ 按时参加监理单位的专题会议,准备会议材料

2)项目部组成及职责

项目部各部门组成情况及其对应的职责如下所述:

(1)项目经理做好整体统筹工作,顺利推进小区改造工程项目的开展。

(2)商务部做好总投控制(需联系设计、审计、业主)招标投标,价格控制,签证书面文件管理;组价套价图形工作;法务函件工作联系单管理;成本收入夯实。

(3)技术部负责施工图管理、对接设计院、签证事项确认及技术支持、竣工图过程绘制(联合商务部进行尺寸确认)、现场施工做法、质量管理、QC、工法、论文管理、对项目的施工数据进行动态收集分类统计、对现场出现的问题提出解决措施(需和业主联系,报告或者信息化线上的方式)、技术资料过程管控、材料种类复检管理、检查验收、清单组成。

(4)安全部由安全总监、安全员、各分包安全管理人员组成。做好行为安全管理,安全文明工地管理,疫情防控管理。

(5)项管部由生产经理、专业主管、工长、劳务专管员、保卫组成。负责现场签证拟定签字、现场进度管理、安全管理、现场分包管理、实名制管理落实、农民工讨薪事项风险规避,特殊事项处理对接综合办公室和劳动监察大队。

(6)综合办公室负责宣传宣贯、对接社区,做好居民思想工作;负责居民投诉上访,并对案件进行分类分等级,列计划解决;以及食堂管理。

(7)物资部负责材料招采管理、供应计划(协同项管部)、材料进场复检、资料收集、物资台账、疫情防控物资专项管理、耗料等。

3)施工总承包管理

老旧小区改造项目总承包管理模式是根据项目招标文件的要求采用"EPC 总承包"的管理模式。总承包管理工作的基本原则是建立以总承包方为首的包括设计、采购、施工的管理机构，在总承包方的统筹、管理及协调下，设计单位、材料设备供应商、施工单位、各专业分包施工单位分别按照各自的合同要求，为了一个共同的目标而精诚合作，由此组成一个既独立（权责利相对独立）又统一（目标统一）的共同建设体。

（1）管理基本程序

老旧小区的改造过程中管理的基本程序如图6-17所示。

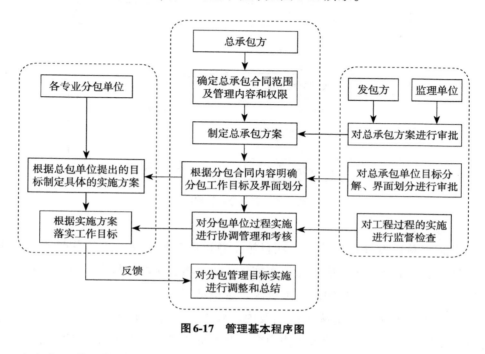

图6-17　管理基本程序图

（2）专业分包管理

老旧小区的改造过程中专业分包管理如图6-18所示。

2.进度管理

1）进度目标确定

（1）在合同签订时要对合同工期进行复核，确定可实施后签订合同，明确合同工期。

（2）暂按合同要求工期提前的情况下，建议提前15日设定为目标工期，按目标工期编制进度计划，确定进度计划目标，明确核心路线，控制核心任务。

（3）各进度计划的编写。

①项目进度计划系统的建立：EPC设计施工总进度计划，其中要包括项目的概算、设计施工总进度计划（具体设计要在此部分工序施工之前15日内确定，给施工预留足够时间）、招采计划、询价计划、管养阶段进度计划。

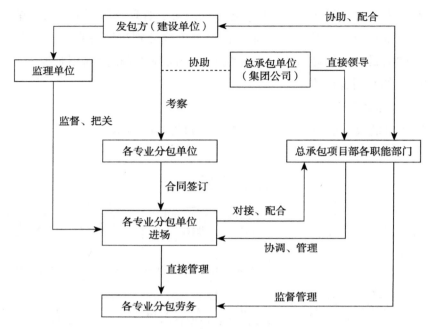

图6-18 专业分包管理图

②施工总进度计划的建立：项目施工总进度计划要按小区工作量对项目进行划分，根据工期要求分别进行流水施工，尽量将施工段规模大小统一，建议采用异节奏流水施工。合理组织施工资源，避免窝工。

③由于老旧小区改造施工范围及内容较多，工作面较大，除必要工序上的先后顺序外，可同步施工较多工作内容，要在抓进度的同时增加管理能力，制定详细的项目内部管理制度，每日召开例会，实行动态管理，在保障安全质量的前提下，合理缩短工期。

④项目计划编制思路：对小区按照三大类及建筑部分和市政部分进行分类，原则上首先要保障基础类和完善类的实施，提升类多为新建，设计方案确定后可按最晚开始时间实施。

（4）进度计划思路建议

小区区域划分完毕后，按照区域位置选择样板段，样板段包含内容应较为全面，可以起到样板试行总结经验的价值，对居民也可以起到很好的带动作用，居民看到效果后对老旧小区改造工程的支持力度会更大。同时，在样板段施工过程中对每个施工内容、施工环境以及施工过程中会发生的问题进行总结、分析，重新策划修正，为后续快速施工做铺垫。

在每两个施工段内，可分天上地下同步施工，具体施工顺序如下：

①建筑部分

a.若居民同意施工电梯实施的，建议先进行施工电梯及电气管线的安装，避免后期二次破坏，若无增设电梯项则按下列思路进行编制。对于需要抗震加固的楼栋先施工抗震加固部分。

b.更换门窗洞口，外突外扩防盗窗进行拆除，凌乱无用的弱电线路拆除。

c.进出户管线洞口预留，避免后期施工配套设施时对楼栋进行二次破坏。

d.破旧单元门及门禁系统的拆除及更换。

e.建筑外立面节能保温饰面施工，同步对楼栋内管线进行更换修复施工，强弱电线路预埋工作，公共部分的粉刷施工，靠墙扶手的增设。

f.屋面保温及防水施工。

g.需安装强弱电桥架的进行安装工作。

②室外配套部分

a.拆迁拆违工作，打通小区主要动脉。

b.对一个施工段按照排水或路网系统再次进行分割，计划一次性施工范围。对此部分范围进行封闭施工，预留行人通道。

c.路面面层破除挖除后，对施工各类管线管沟同步进行开挖，预留施工。依次进行回填，并同步对各项基础进行预留，例如路灯基座、标识基座、信报箱、智能垃圾箱、配电箱、充电桩、门禁系统等设备基座。

d.对路网、铺装、绿化带硬景的地基及种植土换填统一施工，避免后期带土作业对完成面造成二次污染。

e.路面及铺装部分可同步施工。

f.各项设备安装试用。

g.绿化种植最后统一应季施工。

2）进度计划保障

（1）组织保障

老旧小区的治理涉及多个部门，这是一个系统工程，通常会对小区的道路、排水、照明、公共设施等进行修缮和维护，在修缮和维护的过程中又涉及配电、排水的拆改，需要包括民政、房管、市政、城建、公安等多个政府职能部门的强力配合。

老旧小区的改造离不开多方的支持与努力，但在老旧小区的管理上仍然存在一些问题。目前政府关心、关注老旧小区的情况，每年都会投入大量资金进行老旧小区的改造，但还没有形成一套综合治理体系，相互之间缺少协调和统一的计划，各相关部门还处于各自为战的状态，缺少联动机制，往往是发现什么问题就解决什么问题，缺少统一的治理理念，没有彻底解决老旧小区存在的问题，治理还没有形成合力。因此，在后续老旧小区的改造过程中应整合多方资源形成专门的指挥部，由指挥部统一规划、统一解决问题、统一构建老旧小区的综合治理体系。对于指挥部来说，必须要在总包方及政府主管领导下共同确定成员组织。以新疆石河子旧城改造为例，指挥部组织架构如下：分管领导、住建局、城管局、审计局、财政局、人社局、公安局、强弱电产权单位及主管部门、自来水公司、燃气公司、热力公司、其他管线产权单位、街道、社区、物业公司、居民代表（楼栋长）、小区涉及范围内的企业单位、过程审计单位、监理单位、EPC总包单位。

（2）分包分供招采管理

由于项目子项极多，复杂专业性较强的部分可由当地产权运营单位自主施工，总包按施工顺序进场前15天签订合同，进场准备。材料供应商每种材料（零星材料除外）至少保证有两家供应单位，且要有随时签订下家合同的储备。

（3）分包施工的管理

①制度管理，例如例会、奖罚通报、劳动竞赛等方式。

②保障农民工工资按月足额发放，由指挥部进行协调保障。

③合理组织施工进度计划，避免出现窝工。

④疫情防控管理到位，食宿问题得以解决。

对进度计划动态管理，大节点每周统计，小节点按天统计，综合分析，综合调控。千万不可盲目扩大施工区域，要尽量降低施工对居民生活的干扰。

3）动态管理

老旧小区改造项目的进度管理是一个动态的过程，需要根据现场的情况变化进行调整，确保按照预定计划完成工作任务，具体的工期保障措施如下：

（1）确保工期措施

老旧小区改造过程中确保工期的组织措施、技术措施、合同措施、经济措施、周边环境措施见表6-7～表6-11。

确保工期的组织措施表　　　　　　　　　　　　　　　表6-7

序号	措施类别	措施内容
1	工期管理组织机构	成立以项目管理组织机构为基础，由技术部、施工部、物资部共8人的工期领导小组
2	工期竞赛	在施工期间开展施工工期劳动竞赛
3	工期专题会议	建立每周工程例会制度，施工高峰阶段制定进度每日推进会，在收尾阶段制定竣工销项会

序号	措施类别	措施内容
4	工期考核	1.施工现场制定工期奖罚措施，按制度严格考核； 2.利用公司信息化平台公平、公正对分包进行考核

确保工期的技术措施表 表6-8

序号	技术名称	保证措施
1	进度计划的编制	运用网络技术编制切实可行的工程总进度网络计划，做好月、旬、周计划，坚持周平衡、旬调度、月调整，狠抓形象进度，保证计划实施，确保按期完工
2	合理的施工方案	充分熟悉本工程的设计图纸，对拟定的施工组织设计、施工方案及方法进行认真的分析比较，做到统筹组织、全面安排，确保总体目标计划，在施工过程中制定阶段性工期控制点，确保按期完工
3	四新技术的应用	运用新材料、新工艺、新技术、新设备，提高工程质量，加快施工进度
4	劳动力素质	劳动力进场时保证素质，对操作人员进场前进行严格的培训和考核，保证施工人员的技术水平，避免因施工技术操作工艺方面的不当而耽误工期

确保工期的合同措施表 表6-9

序号	合同规定	管理保障措施
1	施工图纸的提供	加强与设计院的沟通，及时催促设计院发图，同时增进与业主及监理的合作，要求业主帮忙催图
2	工程签证办理	1.加强与监理业主的沟通，及时做好签证的基础资料，签证内容发生时做好监理业主的验证工作； 2.分包队伍发生签证时，做好签证基础资料的工作，严格控制签证内容，审核签证是否合理且在合同范围内； 3.及时办理总分包签证，严禁拖延
3	隐蔽工程验收时间	隐蔽工程完成后，分包单位先自检然后及时上报专业工程师及质检部门，总包验收合格后，由总包质检部门向监理业主报验；如需政府质量监督等部门验收的，应提前做好沟通，待监理业主验收完成后，由政府质量监督等部门验收；验收合格后方可进行后续施工

确保工期的经济措施 表6-10

序号	资金类别	管理保障措施
1	预算管理	执行严格的预算管理：施工准备期间，编制项目全过程现金流量表，预测项目的现金流，对资金做到平衡使用，避免资金无计划管理

序号	资金类别	管理保障措施
2	支出管理	① 执行专款专用制度：建立专门的工程资金账户，随着工程各阶段控制日期的完成，及时支付各专业队伍的劳务费用，防止施工中因为资金问题而影响工程的进展，充分保障劳动力、机械、材料的及时进场； ② 执行严格的预算管理； ③ 资金压力分解：在选择分包单位、材料供应商时，提出部分支付的条件，向合格的同意部分支付又相对资金雄厚的分包单位、供应商进行倾斜

周边环境协调措施表　　　　　　　　　　表 6-11

序号	周边环境影响要素	协调、控制措施
1	市场动态	密切关注相关资源的市场动态，尤其是材料市场，预见市场的供应能力，对消耗量大的材料，除现场有一定的储备外，还必须要求供应商保证材料及时供给
2	信息沟通	与业主、监理单位、设计单位以及政府相关部门建立有效的信息沟通渠道，确保各种信息在第一时间顺畅传输
3	周边协调	① 设立独立的部门或者人员，专职负责外联工作，及时解决影响工程的各种事件（如交通路口等）； ② 积极主动与当地街道办事处、派出所、交通、环卫等政府主管部门协调联系，取得他们的支持理解，并多为施工提供方便条件
4	扰民协调	做好施工扰民问题的细致工作，积极热情地与周边联系沟通，取得周围单位和居民的理解和支持，做到必要时能全天候施工，保障施工进度要求，并由专人专门负责

（2）存在问题及解决方案

老旧小区改造是一个庞大的工程，其中牵涉的部门众多，存在着规划不统一、协调难度大等问题，下文对常见的几个问题提出建议解决方案：

① 老旧小区的改造通常需要对小区的道路、公共排水设施、照明、公共用地、监控用地等进行修缮和维护，在修缮的过程中又会涉及配电、配水的拆改，非社区专业人员对社区水电布局不是很清楚，会造成工程的重复建设和浪费，各单位之间沟通不畅则会给居民的生活带来不便，并且容易造成工期停滞或者重复拆迁的问题，对项目进度和造价也会有影响。

建议解决方案：建议施工之前对社区的情况进行整体了解，掌握小区基础设施的基本情况，对于可能需要涉及的消防、城管、居委会和电力部门等单位或部门提供相关资料或者配合工作的，由指挥部统一进行牵头，统一协调，及时沟通，解决相关问题，组织配合好各单位间的工作。

②从当前老旧小区改造的情况来看，改造建设存在着建设管理不规范、监管工作乏力的情况，而且监管介入力度不够，严重影响了改造工程的进度和质量。在工程建设的过程中，监管公司承担的老旧小区监理任务点多面广，无法有效做到全程监督。

建议解决方案：指挥部加强对施工单位在施工过程中的监管力度，确保小区改造的工程质量符合要求，建立较为完善的管理体系，系统地对老旧小区的改造进行监管，加大监管力度。对于监理公司确立完善科学合理的监理方案，对于重点难点工程必须做到有效监督，落实好质量责任制。

③各小区的实际情况不同、居民的需求不同，在工程建设中存在着大量的变更，如果不能及时根据实际情况进行调整，无疑会对整个工程产生重大影响。在实施过程中，业主对EPC项目理解有偏差，随意更改方案及增加施工内容，对公司合同管理及价格控制影响很大。

建议解决方案：在前期要做好准备工作，在进度计划的制定中，要与业主方资金安排协调，做好改造施工的保障措施，包括人、机、料安排，进度计划尽可能细化，充分考虑各种可能因素，确定处理的预案及响应的程序，施工过程中需根据施工的实际情况对原策划进行不断地调整，进而到达项目目的完美履约。前期总承包单位做好改造的情况说明，预留一定的资金做好后期可能存在的变更或增加的施工内容。

④涉及街道、社区、居民，各有各的看法，在实施过程中社区街道的居民存在诸多阻拦施工的问题。

建议解决方案：做好与小区居民的沟通协调，以居民容易接受的方式告知居民改造的目的及意义，多沟通交流，及时了解民意，尽可能在满足小区居民基本需求的基础上进行科学合理的改造。

⑤项目上发生且需要解决的问题，有的可能需要好几个月才能确定，对项目的实施造成了很大的困扰，甚至造成施工成品破坏、二遍重复施工现象。

建议解决方案：加强指挥部的统一指挥协调能力，对于及时上报的问题，应与涉及的相关部门及时协调解决，避免推诿责任，加强统一的管理，充分发挥联动能力，各单位各部门各司其职做好相应的工作。

3.安全管理

老旧小区的改造工程严格按照"市文明标化工地"要求组织施工，实现预定的安全生产和文明施工目标，项目部成立安全施工领导小组，把创建文明建设、综合治理、爱民便民等内容纳入规定，设立专职安全员，各生产班组设兼职安全员，严格执行各公司安全生产体系。

1) 安全施工组织

（1）成立由公司项目经理部项目经理为组长，项目专职安全员为副组长，各专业、技术管理干部为组员的安全领导小组，组织领导施工现场的安全生产管理工作。

（2）根据作业人员情况成立 2～3 人的现场"安全纠察队"，"安全纠察队"队员每人佩戴公司项目经理部统一印制的"安全纠察"臂章，开展日常安全生产检查工作，夜间加大巡防力度，避免不法分子通过防护架实施盗窃等行为。

（3）小区改造项目经理部项目经理与各专业主要负责人签订安全生产责任状，专业主要负责人再与本专业施工班组长签订安全生产责任状，使安全生产工作责任到人，层层负责。图 6-19 为班组的安全教育管理。

图6-19　班组安全教育管理

2) 施工安全防护管理

（1）高空作业防护

楼栋施工时采用双重防护的方式，若楼间距较大不影响通行的情况下可以采用硬质围挡对施工范围进行封闭，且大于坠物半径。若坠物半径内无法封闭绕行，则单元门口搭设或其他必要位置必须搭设双侧防护棚，在防护棚周边设置警示灯，无路灯照明处要设置临时照明设施，避免夜间对居民造成伤害。

（2）重点人群防护

白天施工期间小区老人和小孩较多，需要注意对这些重点人群的防护，不论是在作业时还是有此类人群路过时，除了平常的安全警示外，现场应有相应的安全管理人员做好提示和注意，避免老人小孩因不注意而发生危险。图 6-20 为现场安全防护管理。

图6-20　安全防护管理

（3）安全通道

在小区改造中，必定会搭设相应的安全通道，安全通道应符合现场安全要求，符合居民日常的通行要求，确保安全通道搭设规范、内部整洁无施工杂物、无其他安全隐患，保障居民的日常生活需求。图6-21为现场的安全通道搭设情况。

图6-21　安全通道搭设

（4）道路、管沟开挖防护

在道路、管沟开挖过程中，避免居民进入施工场地而坠落，尽量采用硬质围挡对施工现场进行全封闭施工，必要通道处设置安全通道，安全通道可定制整体式进行吊装。对于管道的开挖，开挖前应制定相应的紧急防护措施，由于部分老旧小区的天然气点位不明确，开挖时避免天然气管道爆炸等危险事故发生，同时也需要做好对给水排水、电力设施的维护，避免给居民的生活带来不便。

（5）临时用电系统

①临时用电必须按规范要求编制专项施工方案，建立必要的内业管理资料。项目建立健全用电规章制度，明确用电责任。

②临时用电必须建立对现场的线路、设施的定期检查制度，并将检查、检验记录存档备查。

③临时配电线路必须按规范架设整齐，架空线必须采用绝缘导线，不得采用塑胶软线，不得成束架空敷设，也不得沿地面明敷设。

④施工机具、车辆及人员，应与内、外电线路保持安全距离。达不到规范规定的最小距离时，必须采用可靠的防护措施。

（6）起重操作

工作前认真检查所用工具及设备，均应良好。施工现场相互配合的吊车司机、起重工、电工应熟悉和正确运用各种手势和有关联络信号。根据设备体积、重量选用合适的吊运方法。大件设备在吊运过程中，重物上禁止站人，重物下面严禁有人停留或穿行。吊运过程中应保持重心平稳，如发现异常应立即停车检查。

现场施工过程中一定要采取一警示一旁站一维持的方式，尤其注意小孩，避免坠物伤人。

3）文明施工

现场绿色文明施工的目的是创造一个良好的工作环境和生活环境，而良好的环境是提高工程质量、加快工程进度、进行安全施工的基本保证，也是维护市容观瞻、保持城市正常秩序的基本要求。

（1）垃圾管理

①在临设、生活、办公区设置若干活动垃圾箱，并分有害与无害、可回收与不可回收，由物业或者市政单位共同配合进行处理，其费用各方可适当承担一部分。

②注意临设的日常维护与管理，竣工后及时拆除，恢复平整状态。

③施工现场不准乱堆垃圾及余物，应在适当地点设置临时堆放点，专人管理，做到日集日清，集中堆放，并定期外运。清运渣土垃圾及流体物品，要采取遮盖防漏措施，运送途中不得撒落。

④为防止施工尘灰污染，扬尘治理满足六个100%要求：a.工地沙土100%覆盖；b.工地路面100%硬化；c.出工地车辆100%冲洗车轮；d.渣土运输车辆100%密闭拉运；e.拆除房屋的工地100%洒水压尘；f.暂时不开发的空地100%绿化。

（2）噪声污染管理

①夜间施工在总承包管理的统一协调下进行，同时必须经现场监理单位许可，并严格限制噪声的产生，避免大噪声设备夜间运行，使噪声和环境污染限制在最低程度。

②为了减少施工噪声，防止施工噪声污染，风动转机要装消声器，压缩机

要性能良好并要尽可能低音运转，尽可能安装在远离临近房屋的地方，合理安排作业时间，减少夜间施工。

③要减少施工噪声对临近群众的影响，对大型机械采取简易的防噪措施。

④牵扯到产生强噪声的成品、半成品加工、制作作业，放在封闭工作间内完成，减少因施工现场加工制作产生的噪声。

（3）污、废水管理

①施工现场与临设区保持道路畅通，小区排水系统通畅，尽量不干扰居民的正常生活。

②在办公区、临设区及施工现场设置若干饮水点，保证职工饮用水的清洁卫生。

③生活及施工中的污水、冲洗水及其他施工用水要排入临时沉淀池沉淀处理后，再合理排放。

④清洗机械排出的污水要有排放措施，不得随地流淌。图6-22分别为现场的洗车平台和扬尘检测。

图6-22　文明施工管理

（4）人员安全、健康

①建立完善的安全管理制度：明确安全生产责任制，严格安全检查制度，完备安全教育制度，形成一整套安全管理体系。

②场地布置现场施工作业区、办公区、工人临时休息区分开布置，施工期间采取有效防毒、防污、防尘、防潮、通风等措施。

③现场设饮水处、休息区、临时厕所、临时移动环保厕所等必要的施工人员生活设施，每日专人清洁环境、喷洒消毒、防止污染。新工人上岗前进行健康检查，特殊工种、有毒有害工种按《职业病防治法》定期做健康检查。

（5）消防管理

在工地的任何施工区域内，任何单位不经主管领导批准，严禁在施工区域使用电炉。严格工地使用明火审批手续，需要用明火的队伍当天可提出申请，写明地点、用火方式、动火人、防火措施，在安全员确认能够落实安全措施，并经项目负责人批准后，方可填发用火证，凡是现场无法保证安全用火或遇有五级以上大风时，杜绝动用明火。

利用各种形式对职工进行防火宣传教育，同时做好本工地施工劳务队的防火教育工作，各种消防柜做到明显醒目，废旧消防器材立即更换，做到有备无患。积极做好专职消防巡视人员和班组人员的思想教育和组织领导工作，加强业务训练和实践学习工作，做到一旦发生火险能够立即扑灭。

每栋楼施工作业面旁配备两个及以上灭火器，尤其是在施工外墙保温阶段时，安全部指定专人巡视消防器材配备情况，消除火灾隐患。图6-23为现场的消防安全管理。

图6-23　消防安全管理

4.成本管理

1）施工成本组成及内容

施工成本是指在施工项目的施工过程中所发生的全部生产费用的总和，包括所消耗的原材料、辅助材料构配件等的费用，周转材料的摊销费或租赁费等，施工机械的使用费或租赁费等，支付给生产工人的工资奖金、工资性质的津贴等，以及进行施工组织与管理所发生的全部费用支出。工程项目施工成本由直接成本和间接成本所组成。

直接成本是指施工过程中耗费的构成工程实体或有助于工程实体形成的各项费用支出，是可以直接计入工程对象的费用，包括人工费、材料费、施工机械使用费和施工措施费等。间接成本是指为施工准备、组织和管理施工生产的全部费用的支出，是不直接用于也无法直接计入工程对象，但为进行工程施工所必须发生的费用，包括管理人员工资、办公费、差旅交通费等。

施工成本管理就是要在保证工期和质量满足要求的情况下，采取相关管理措施，包括组织措施、经济措施、技术措施、合同措施，把成本控制在计划范围内，并进一步寻求最大限度地节约成本。施工成本管理的任务和环节主要包括：①施工成本预测；②施工成本计划；③施工成本控制；④施工成本核算；⑤施工成本分析；⑥施工成本考核。

2）概算控制

EPC总包项目的概算控制尤为重要，此类项目在合同签订时无具体清单，只有在项目进展到一定深度时才可基本确定施工清单及内容，所以这对设计及总包单位前期的勘测、排查的要求极高。

（1）勘察

在前期勘测测绘时，要精准确定施工范围，全面测绘所有后期将要改造的施工工作面。其中需要重点关注的内容如下：

①建筑弱电线缆的工程量；②建筑无外墙、原状为清水墙的楼栋数量；③公共部分窗户的破损程度；④原地形标高；⑤绿化带内原标高；⑥各类地埋管线的具体位置；⑦排水管线的长度及埋深；⑧需拆除的原状路面面积；⑨无须拆除可直接罩面的面积；⑩影响道路拓宽树木移植的数量及胸径；⑪需拆除违建的面积。

（2）摸排工作

①房屋年代；②房屋单元、层数、上人孔位置、有无地下室、屋面漏水状态等；建议在施工前协同业主监理单位，对墙面采用视频的方式进行录制库存，在改造完成后前后对比，可明确改造范围及内容；③拆迁进展情况；④道路基层状态；⑤各旧排水管线的排布、状态、市政主管线的分布；⑥当地绿植易活品种；⑦尽可能全面了解地下管线分布图；⑧小区户数、人员数量、人员年龄结构，方便后续思想工作的开展。

（3）概算编制

由于EPC项目设计施工共同进场服务前期，在编制概算时要求精准工程量，合理考虑措施，基本编制工程清单组成，信息中不含的主材上报指挥部，并在合同中留出10%预备费，避免后期造价超出概算。

3）预算

（1）预算的编制

概算编制审核完毕后，立即开始编制预算。在精准概算的基础上对预算进一步核实，将明确后的主材单价套入，用清单编制解决争议。明确各施工子项的单价、措施费等。

限定日期，明确时间节点，各参建单位共同配合确定施工预算。预算确定单价可以直接进入决算，为决算节省时间，增加公投项目验收完后决算的效率。

（2）总投资额的动态控制

按预算总额的95%设置阈值，每周对工作量进行上报统计，每月对完成的部分进行内部结算核销，及时进行结算。对外部分工程量动态累加，严把造价总额不超；对于新增的子项，施工单位上报总包单位及指挥部，经项目预算套价及审计单位审核完毕后，将造价累加入施工图预算中，经各方共同确认后出图施工。

（3）过程结算

旧城改造施工面大，时间短，对于建筑部分分部工程完成后，可向指挥部申请过程决算，市政工程施工完成一部分区域后可申请过程决算。这一方法可有效控制过程资金超付的现象，避免施工单位最终决算上报迟、审计单位审核慢的现象。在施工验收之后3个月内，对过程结算进行复审，进行决算定案。

（4）概算不足处理方案

原则上EPC项目是不予调整概算，在项目前期准备期间，小区改造后期包括居民是否会提出新的工作内容不能确定，建议在施工合同中确定新增内容和新增工程量如何进行处理，若超出概算总额后如何处理，是采用重新立项还是调整概算的方式，设置门槛，予以明确。

小区内施工，对所有图纸中没有明确的内容，施工完成后即将隐蔽的工作内容做好影像资料收集和现场认证资料的签订。

确定现场认证的具体流程及责任人极为重要，这对施工单位、劳务公司的施工进度起着至关重要的作用。现场认证签订不及时会对后续施工的进度会造成影响，出现现场机械、人工窝工的情况。现场认证单日清日结，这对项目总投资的控制、过程进度的推进十分重要。

此类项目无法预测的清单项较多，总包单位对各分包单位要及时确定合同外施工签证，并及时签订总包现场认证单。

5.质量管理

老旧小区改造主要涉及基础类、完善类、提升类三类，在这些改造项目中会涉及较多技术工作。在整个工程的质量管理中，应始终围绕工程的质量管理目标展开质量管理工作，对各项质量管理措施进行严格实行，质量策划明确各分部工程的质量验收要求，通过施工总承包项目部的质量管理来确保质量目标的实现。图6-24为现场的技术交底工作。

图6-24 技术交底工作

明确分包单位管理部门人员的质量职责，并与施工总承包项目部相关人员相对应，配备专职机电安装专业的质量管理人员，进行专业对口管理，设立质量管理部，由质量总监直接负责，对工程施工质量进行总体把关，随时检查质量体系的运行情况，发现问题及时解决。

组织均衡生产，取得生产投入的最佳效益，并确保工程质量的稳定有序控制。坚决杜绝施工赶工期，仓促上马，疲劳作战，草率从事，避免管理失控和质量事故，并采用计算机编制施工进度计划，抓住进度计划的关键路线，组织人、财、资源的有效配置，力求实现施工作业均衡生产。

1）现场质量控制管理

老旧小区的现场质量管理制度见表6-12。

现场质量管理制度表　　　　　　　　　　　　　　　　表6-12

序号	制度名称	制度内容	编制时间
1	工程质量总承包负责制度	总包项目部对工程的分部分项工程质量向建设单位负责，每月向业主（或监理）呈交一份本月技术质量总结。分包单位对其分包工程施工质量向总包单位负责，各分包单位每周向总包方交一份技术质量总结	装饰装修开始前
2	材料进场检验制度	工程钢筋、水泥及各类材料进场，需具有出厂合格证，并根据国家规范要求分批量进行抽检，抽验不合格的材料一律不准使用，因使用不合格材料而造成的质量事故要追究验收人员的责任	实体施工前
3	图纸会审技术交底制度	① 技术管理部组织项目相关人员进行图纸审核、做好图纸会审记录，协助甲方、设计做好设计交底工作，解决图纸中存在的问题，并做好记录； ② 技术管理部编制有针对性的施工组织设计，积极采用新工艺、新技术，针对特殊工序要编制有针对性的作业指导书。每个工种、每道工序施工前要组织进行各级技术交底，包括技术负责人对专业工程师的技术交底，专业工程师对班组的技术交底，班组长对作业班级的技术交底。各级交底以书面进行	施工图设计完成并经技术审查后

序号	制度名称	制度内容	编制时间
4	样板引路制度	施工操作注重工序优化、工艺改进和工序标准化操作，通过不断探索，积累必要的管理和操作经验，提高工序的操作水平，确保操作质量	实体施工前
5	实测实量制度	严格执行公司"四个100%"制度的执行	实体施工前
6	施工挂牌制度	主要工种如钢筋、混凝土、模板、砌筑、抹灰及水电安装等，施工过程中在现场实行挂牌制，注明管理者、操作者、施工日期，并做相应的图文记录，作为重要的施工档案保存，因现场不按规范、规程施工而造成质量事故的要追究有关人员的责任	实体施工前
7	"三检"制度	实行自检、互检、交接检制度，自检要做文字记录。隐蔽工程要由项目副经理组织项目总工、质量员、班组长检查，并做出较详细的文字记录	实体施工前
8	质量否决制度	严格执行质量总监垂直管理制度，不合格分项、分部和单位工程必须进行返工。不合格分项工程流入下道工序要追究班组长的责任，不合格分部工程流入下道工序要追究专业工程师和项目经理的责任，不合格工程流入社会要追究单位经理和项目经理的责任，有关责任人员要针对出现不合格原因采取必要的纠正和预防措施	实体施工前
9	质量例会、讲评制度	由项目副经理组织每周质量例会和每月质量讲评。对质量好的要予以表扬，对需整改的限期整改，在下次质量例会逐项检查是否彻底整改	实体施工前
10	奖罚制度	依据国家质量验收规范，每周进行一次现场质量大检查，奖优罚劣	实体施工前
11	质量保证金制度	项目部配备一定数量的资金作为项目质量保证金，以保证科技进步、技术攻关和施工质量奖励的实现	实体施工前

2）质量保证措施

为确保工程质量符合要求，需要在各个阶段制定质量保障措施，具体内容见表6-13。

质量保证措施表 表6-13

序号	保证项	保证措施
1	组织措施	依据项目技术管理的组织体系，施工过程将采用三级交底模式进行技术交底。第一级为技术负责人交底，即技术负责人给施工部、质量部、技术部交底。第二级为技术质量相关部门交底，即质量部、技术部和施工部给各自所管辖的技术质量专业组交底。第三级为技术质量专业组交底，技术质量专业组给各专业施工队交底

序号	保证项	保证措施
2	技术措施	①专业施工保证：实施本工程项目管理的人员，按照工程建设过程的工序界定要求设立专业的施工队，专业施工队应具有较强的技术水平及工程管理经验。实力雄厚、装备精良的专业施工队作为项目管理的支撑和保障，为工程项目实现质量目标提供专业化技术手段； ②劳务素质保证：工程将选择信誉良好、技术实力强的施工队伍参与本工程的施工，同时，单位应有一套对施工队伍完整的管理和考核办法，对施工队伍进行质量、工期、信誉和服务等方面的考核，从根本上保证项目所需劳动者的素质，从而为工程质量目标奠定坚实的基础
3	经济措施	全面履行工程承包合同，加大合同执行力度，严格监督施工队伍的施工规程，严把质量关，保证资金正常运作，确保施工质量、安全和施工资源正常供应。同时为了更进一步搞好工程质量，在施工过程中采用样板制度，在大面积施工前先施工样板，样板施工完成并验收通过后，方可开始大面积施工
4	合同措施	分包合同中明确分包队伍质量目标

6. 工程资料管理

1）施工图纸管理

在出正式施工图前，由技术部组织相关人员开展对施工图纸的详细审查，对图纸审查出的问题，要出具书面审查意见，设计院按相关修改意见重新出具施工图。

由于此工程施工图纸无法具体落地，竣工图中改动非常大，要在过程中不断完善。在完成一部分区域施工后，要同步与班组共同完善竣工图纸的绘制。对于竣工图纸部分，项目部技术组要成立竣工图纸绘制小组，在项目的开始就要同步进行竣工图纸的绘制，并要联合商务部门，同步开展对施工队伍的决算工作。最终以竣工图纸计算量为准，先完善内部结算，再完善总包决算文本。

建筑部分的竣工图纸可在施工前进行测量绘制，同步班组进行，施工完成后采用添加线条等改动方式即可。所有需要进场拆除的内容要留有照片，合同外发生的（即做法以外部分）都需要留有痕迹，最后进行工作。单独绘制拆除图纸，并在图纸内进行工作量的汇总工作。

2）技术资料管理

作为政府工程，在验收或者审计时，重点把控的就是资料的完善程度。资料分为三大部分：

（1）技术资料

此部分资料为技术交底，隐蔽验收记录，分部分项验收记录等工作，此部分资料没有很大难度，需要注意的是隐蔽资料的照片及做法需提前进行确定，与竣工图一致，照片显示真实。

现场照片的收集工作可采取网络App的模式，每个人都可以通过收集进行上传分类，完善过程照片资料的收集工作。

（2）实验资料

此部分资料是竣工验收的关键支撑部分，技术资料需与试验资料时间同步。

例如某市老旧小区改造质量问题被严查严抓，其中就有实验资料缺失、造假。监督站及政府要重视实验资料的全面性，将实验室与监督站进行联网，便于后期查阅管理。

（3）签证资料

签证资料直接影响到后期的决算工作，这类工程的签证资料数量多，体量大。各段要设专人进行管理。每周要进行日报，汇总至商务办公室，由商务经理审核调整为有效签证；所有相关的照片、凭据等资料要准备齐全，严禁分包代做经济签证。

（4）声像资料管理

老旧小区改造过程中的声像管理内容见表6-14。

声像管理内容　　　　　　　　　　　　　　　表6-14

序号	项目	内容
1	资源配备	① 施工总承包项目部由项目总工程师牵头，技术管理部负责实施工程声像资料的采集、管理，施工总承包项目部为其配备可以满足需要的照相、摄像器材； ② 施工总承包项目部要求分包单位配备足够的资源，保证声像资料的收集
2	声像资料采集计划	施工总承包项目部负责编制声像资料采集计划，计划要根据工程不同的施工阶段、不同的施工工艺和工程不同的功能区间进行编制，要注明拍摄内容（主题）、拍摄时间和图片（画面）要达到的具体效果，防止拍摄内容漏项
3	声像资料采集内容	① 在整个工程中，对施工前的原貌、建成后的新貌、各施工阶段的关键工序、特殊工序以及有代表性的隐蔽工程等都要留有声像资料； ② 采用的新施工技术和新建筑材料的施工过程，重要的会议（开工、竣工、验收等）、重大活动（奠基、领导视察等）等都要留有声像资料； ③ 每一检验批验收时，要拍照，每张照片配有简单的文字材料，能准确说明照片内容，包括照片名称、顺序号、类型、位置、时间等； ④ 分项工程、单位工程要留存专题录像片，声像资料要附有文字说明
4	后期制作	施工总承包项目部将在后期抽调专业人士制作多媒体声像资料

6.2.3 施工技术

1. 改造施工主要内容

在改造工程开展前，对于各分项工程要认真做好技术交底工作，向参与该项工程管理及操作的所有人员进行细致的技术交底，明确质量目标、施工方法、工艺流程、操作规范、验收标准及其他技术要求。同时，在全期施工进程中，坚持质量审核制，对质量体系、工序质量、已完工程质量等方面定期审核，确保质量活动的正常实施。老旧小区的施工技术管理的主要内容见表6-15，改造的主要明细见表6-16。

施工技术管理主要内容　　　　　　　　　　表6-15

序号	项目	内容
1	技术责任制度	施工总承包项目部应根据本工程的特点制定以下主要管理人员的技术责任制：项目经理、项目副经理、项目总工程师、各部门负责人、技术员、质检员、工长、测量、试验、材料、商务、机电等人员技术责任制
2	图纸会审	① 施工图纸会审施工总承包项目部负责人、图纸会审参加人员、会审内容汇总、会审程序、会审后的交底、会审遗漏或新问题处理； ② 各专业分包单位技术人员应做好本专业的图纸会审的内容
3	施工组织设计及施工方案	编制负责人、编制人员、编制内容和要求、审批程序、方案交底、方案执行的监督检查和变更处理程序
4	深化设计管理	深化设计管理制度、深化设计人员、深化设计内容和要求、与设计单位的沟通、深化设计审批、深化设计图纸绘制等项内容
5	设计变更及洽商	变更洽商的制度、变更洽商的程序、变更洽商的交底和过程执行监督检查
6	技术交底	交底的内容、要求，分级交底、交底执行的监督检查
7	技术资料的管理	资料管理规定（包括影像资料）、资料的主要内容、资料编号、资料报审、资料表格、资料填写规定、回复资料的规定
8	竣工验收	竣工验收程序、分包单位的职责及配合事项
9	科技创优管理	明确各科技创优程序及条件，过程中积极挖掘、申报各项科技成果奖项，确保完成本工程科技进步及新技术应用示范工程的科技创优目标

小区改造分类明细　　　　　　　　　　表6-16

基础类	基础设施管线	供水设施	水系扩容，增压，更换，入户
		排水设施	排水出户部分弯头更换，管线，新建井，标高调整更换线路
		燃气设施	更换修复燃气管线
		暖气设施	主要是扩容增压，保障入户水压，提升供暖温度
		消防设施	消防管线的布设，消火栓的增加，旧消防器材的更换及维修
	强弱电	供电设施	强电入地扩容，更换变压器等
		弱电设施	弱电线路（主要为光纤）墙面规整更换，入地，入户
	维修部分	建筑部分	屋面、建筑墙面、公共部分、踏步、散水、道路、铺装等零星较为完整的部分如何修复
		市政部分	
	抗震加固	抗震加固	建筑抗震鉴定结果为B级的进行加固
	小区配套	垃圾桶	生活垃圾分类设施

基础类	市政新建部分	道路	行车道
		铺装	人行道
		道路标线	标识标线
	安防系统	道闸门禁系统	人车分流，可增加停车收费
		小区监控	人脸识别，中心系统连接公安
		围墙、消防大门	
		警卫室等	
完善类	功能保障	拆迁	拆除无产权、无主、私搭乱建的平房等
		停车场	停车
		桌椅板凳安装	—
		无障碍设施	台阶、坡道、楼梯间靠墙扶手
		电气	路灯照明、线路更换扩容、配电箱补充
			电动车充电桩
			加装电梯
		建筑节能	外墙保温
			屋面保温及防水
			钢窗玻璃更换为断桥铝合金玻璃
		装饰装修完善	公共部分的楼梯间粉刷
			扶手修复粉刷
	景观绿化	绿化	水系管线的布设，需道路施工时同步进行，先通水再种植
			乔木灌木的种植，需考虑节气、树种的因素进行种植
			草花基本不受夏季影响
		景观	文化休闲场地及设施
			体育健身场地及设施
			儿童活动场所
			绿化带内园路、铺装、景石、工艺品等
提升类	卫生服务站等公共卫生设施		
	幼儿园等教育设施		
	周界防护等智能感知设施		
	养老服务设施		
	托育点		
	助餐服务设施		
	家政保洁服务设施		
	便民市场、便利店、超市等		
	邮政快递末端综合服务站		

对于老旧小区改造项目，施工中仍需坚持贯彻执行工程测量双检复核制度、隐蔽工程检查签证制度、质量事故报告制度和关键工序把关制度，努力做到质量管理工作规范化、制度化，项目部每月、施工队每旬都开展一次质量评比活动，奖优罚劣，使工程质量通过定期检查达到有效控制，各级施工管理人员要建立岗位责任制，依据各自的岗位工作职责，坚持做好经常性的质量检查监督工作，及时解决施工中存在的质量问题。

对开工、作业实施、工序交接、竣工的工艺流程的每一个环节实行程序控制，建立开工申请单位批准书、施工日志、施工原始记录、测量与试验报告、中间交接证书、最终交验报告、质量检验评定证书等全套程序控制文件。

对于施工中的技术管理，分为基础类改造项目、完善类改造项目、服务提升类项目，由于小区改造与居民区紧密相接，存在边施工边居住的现象，因此需要合理组织施工的部位、时间及运输通道，保障施工与居民的正常生活。

2.基础类改造施工

1）基础设备管线工程

施工难点：排水管线的开挖，地下旧厂址管线（暖气、自来水、燃气、强电、弱电等）没有原始设计，只能边开挖边勘测。要做好应急方案，出现破损要及时进行抢修。

对于供水、排水设施，大部分设施由于年代久远，会存在许多的问题，一些供水设施或设备要进行更换，对于一些供水设备的具体情况有时需要入户进行检查核实，根据实际的情况采取措施进行处理。图6-25为老旧小区改造前后的窨井情况。

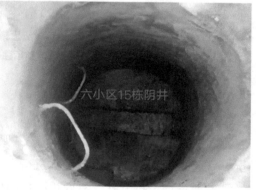

图6-25 改造前后排水设施对比图

对于燃气设施，燃气管线绝大部分都处于室外暴露的状态，需要检查燃气管道是否有破损，接头处是否有破损，对于存在较大问题的管道线路要进行二次更换。

对于暖气设施，在西北地区供暖设施十分重要，暖气设施也是常由于年代久远，存在着内部锈蚀、漏水、设施破损等问题，主要是解决扩容增压，保障入户水压，提升供暖温度。

对于消防设施，作为安全救援的重要工具，需要对大部分的灭火器、消火栓等设施进行全面排查，严格检查消火栓的各处开关是否灵活、严密、吻合，所配套的附属设备配件是否齐全。室外地下消火栓应砌筑消火栓井，室外地上消火栓应砌筑消火栓阀门井。存在问题的设施要及时维修或者更换处理，并且后期做到定期检修。

2）强弱电设施

墙体弱电线路的整理，不建议使用桥架隐藏，建议在一层保温墙体上使用10～15cm EPS成品线条作为腰线，四家线路可以使用线卡或者PVC小管进行安装固定，甚至可以使用扎带进行绑扎固定，安装在线条上部阴角处，可以有效藏起，不影响观感。在每个单元门上进行开孔入户，并使用耐候胶处理好防水层。图6-26为老旧小区改造前后强弱电设施对比图。

图6-26　改造前后强弱电设施对比图

3）维修部分

（1）外立面保温层施工

施工难点：屋面原状保温层空鼓，保温层多为炉渣，存在大量积水漏水的情况，在施工前需要将保温层的水进行有效排除，后期在不拆除原保温层的情况下，需按要求增设排气孔，有效排除保温层中的水汽。

小区保温施工时，墙面的状态分为两种。第一种是清水墙墙面，墙体及砖缝多有破损风化现象，在施工前需要对此部分楼栋进行薄抹灰处理，待强度达标后，完成后续界面剂、保温的施工。第二种是原墙面存在涂料层，原状涂料层多有掉皮脱落的现象。为保障保温板可以有效地与实际墙面相粘接，施工时要对涂料墙面进行打磨清理，露出有效可以粘接墙面后再进行施工后续工序。

老旧建筑多数是抹灰乳胶漆饰面，由于建设年代已久，墙面抹灰层出现空鼓、裂缝现象，局部表面乳胶漆风化、脱落。外墙保温施工前应对基层进行全面检查，铲除原有饰面材料，将空裂处的抹灰层用切割机切除，重新用水泥砂浆修补完善，保证基层有足够的黏贴强度和附着力，检查整体基层平整度，使其偏差值控制在5mm之内。

考虑大风导致墙体保温层脱落事故的发生，加强外墙保温黏结锚固处理尤为重要。因此，保温板粘贴必须采用点框式粘贴构造，避免保温层与墙体之间出现联通、空腔，造成负风压集中，破坏粘接点，导致保温层脱落。固定保温板的锚固件必须采用正确的锚入方式，锚栓进入墙体有效深度不应小于50mm。

外墙保温细部做法中旧房外墙保温改造，在女儿墙、阳台、外窗台板下口等部位收口、封口处理是改造施工的重点关注部位。冬期雨雪易沿着密封不实的保温板拼缝处渗入基层内，经过冻融循环墙面保温板与基层之间发生鼓胀、变形，造成粘接点拉裂，成为保温层脱落的主要原因。因此，在处理女儿墙、外窗台板保温板收口时，应按照水平板压立面板的方式施工，板材与基层交接处的缝隙用密封膏挤灌密实，顶部板材应做找坡处理，避免平面积水。既有建筑的阳台处因有防护栏杆，应将防护栏与板材交接处用密封膏填堵密实，防止雨雪灌入。图6-27为老旧小区的外墙外保温改造前后对比，图6-28为老旧小区房屋抗震加固改造前后对比。

图6-27　外保温改造前后对比图

（2）屋面平改坡工程

屋面为平改坡，坡屋顶钢构架采用轻钢结构，屋面瓦采用油毡瓦，所有材料的垂直运输均采用吊车进行吊运。进场后应进行屋面勘察，复核图纸尺寸，以保证结构牢固安全。图6-29为老旧小区屋面平改坡改造前后对比。

图6-28　房屋抗震加固改造

7小区71号楼开洞　　　　　　　　　　　　重新调整设计屋面平改坡

图6-29　屋面平改坡对比图

工艺流程：定位放线→钢架基础施工→钢架制作→钢构架安装→木板安装→檩条安装→油毡瓦安装。

（3）屋面防水施工

施工难点：老旧屋面多为外排自由坡度，在冬天容易出现挂冰柱的现象，在北方的老旧小区改造中增加了以前的铁皮檐口，采用雪花铁皮进行折弯，高性价比地解决了冬天挂冰的现象。图6-30为老旧小区屋面防水改造前后对比。

屋面·张相丰摄影

图6-30　屋面防水改造前后对比图

改造工艺流程：基层表面清理→弹线→铺贴卷材附加层→满粘法铺贴防水卷材→淋水试验。

①基层清理：施工前将验收合格的基层表面尘土、杂物清理干净。

②弹线：在基层上弹好附加层部位的边线和卷材边线，注意留好搭接宽度80mm以上。

③铺贴卷材附加层：在基层与突出屋面结构（女儿墙、通风道、烟囱、管道、楼梯等）的交接处和基层的转角处，先做附加层，附加层平面及立面铺设宽度≥250mm。

④满粘法铺贴卷材。

（4）公共部分修复

对于小区的公共部分，由于缺少后期的有效维护，存在较多的问题，包括楼道扶手生锈严重，楼道墙面掉皮脱落，美观性较差，楼梯台阶存在破损、单元门破损或无法使用，以及门前散水破损等。对于这些零散的问题，不仅影响美观，还可能伴随着一些安全隐患，一些部位需要重新更换设备，对于有残缺或者不平整等区域需采用砂浆、混凝土等材料进行修补或者重新铺制。图6-31为老旧小区室外场地区域改造前后对比图，图6-32为小区内部楼梯间改造前后对比，图6-33为改造修缮后的消防通道和单元门维修更换。

图6-31　室外场地区域改造前后对比图

（5）围墙施工

①挖土：根据施工图纸挖至设计要求标高，对基层土进行检查，如土层有扰动现象，则采用打夯机对基层进行打夯，确保基层土的密实。

②300mm厚素混凝土基础：按照设计要求浇筑300mm厚、600mm宽的素混凝土基础。

③混凝土板带、柱：混凝土板带、柱在浇灌混凝土前必须复查安装铁艺栏杆的埋件并固定可靠，以防浇混凝土时位移。

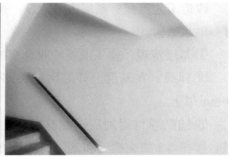

图6-32 楼梯间改造前后对比图

图6-33 消防通道及单元门改造

④安装栏杆：铁栏杆均在加工后预先刷涂防锈漆及二度调合漆。铁栏杆安装竖向用线坠校正、横向必须拉统线控制标高，确保安装位置的准确。

⑤油漆修补：在安装完成后检查栏杆表面，如表面油漆有损坏，需进行修补。修补需注意刷涂均匀，并注意修补油漆颜色与大面统一、无色差。图6-34为老旧小区围墙改造前后对比图。

图6-34 围墙改造前后对比图

4）市政新建及维护

（1）道路修复与更新

施工难点：在道路施工前，必须要先行完善现场的拆迁、管线入地、管沟施工等工作。道路施工时，要特别注意路肩与绿化带交界处的处理，避免后期绿化水系进行浇灌后，造成路肩下沉。

小区的道路、拓宽、严重破损挖除新建采用沥青混凝土路面。具体做法从下至上依次为：①采用级配砂砾对深度≤35cm挖除部分进行换填、碾压；②铺筑20cm水泥稳定层；③8cmAC-25沥青混凝土；④4cmAC-13改性沥青混凝土。图6-35为老旧小区公共道路的改造前后对比图。

图6-35　公共区域道路修复对比图

沥青路面：对于破损沥青路面施工需要将原有破损部位路面用挖掘机挖除，重新铺设级配砂砾垫层、水泥稳定砂砾基层、沥青混凝土面层。

水泥混凝土路面：根据设计标高挖土至要求标高，然后进行夯实，填土部位进行打夯，压实系数不小于0.94。砂石垫层应铺摊均匀，不得有粗细颗粒分离现象。在浇筑混凝土路面前先做好分格，用20～30mm厚的木板固定在基底上，缝宽20mm，固定应牢固，顺直。浇筑混凝土时应随时检查其位置，不得出现弯曲或浮出混凝土面，分格长度不大于6m。浇筑混凝土，随捣随抹平，用沥青砂进行嵌缝，缝隙应填充饱满，用热的钎子将缝面烫平。

（2）完善类工程项目

①功能保障部分

电气工程：熟悉现场电气各回路总开关、分路开关，会同业主做好各种管线、管道及原有设施的交底工作。拆除前，须将原有电源切断，确保施工安全。拆除施工前，项目部委派专人对拆除施工区域内，需要进行保护和保留的结构设施和机电设备进行现场调查和摸底，并做好醒目的警戒标记，并采取"护、盖、包、裹"的技术措施，进行必要的遮盖和保护。拆除施工前，应将所有需拆除的管线的电源全部关闭，电缆线应由专业电工检测是否带电，确保安全的前提下方可进行拆除施工。

②景观绿化

施工要点：施工绿化之前要完成现状绿植的摸排及死树的移除，绿化施工和道路铺装的土方部分一定要在同一时期进行大开挖施工，避免造成二次施工和二次污染。

绿化改造施工主要包含：绿化种植、绿化地内铺装。

改造设计思路：依据小区现状的部分绿地，将绿地内野草及黄土换填，种植草坪。考虑到老小区的建设初期，停车位设置数量、预留数量不足，存在住户将汽车随意停放在绿地的现象，设计考虑将绿地内铺设嵌草砖，且现状树种保留。对部分铺砖或绿地进行硬化处理，起到增加停车位和方便交通的作用。图6-36为老旧小区景观绿化修复前后对比图，图6-37为老旧小区绿地改造前后对比图。

图6-36 景观绿化修复对比图

图6-37 绿地改造对比图

（3）服务提升类

老旧小区的改造，不仅要将小区改造得更为美观、整洁，更重要的是要不断提升小区居民生活的便捷性、宜居性，进一步提升小区居民的生活幸福感。这就离不开相关的配套设施，方便居民的日常生活，诸如卫生服务站等公共卫生设施、幼儿园等教育设施、周界防护等智能感知设施，以及养老服务设施、托育点、助餐服务设施、家政保洁服务设施、便民市场、便利店、超市、邮政快递末端综合服务站等相关的配套服务设施。图6-38为老旧小区改造后小区部分区域的环境情况。

图6-38　改造后小区部分区域环境

对于小区的改造首先要满足基础类的改造，使得小区具备居民生活的基本条件，保证安全的前提下再进行完善改造。对于影响小区居民生活等设施进行改造或者更换，最后在资金允许的前提下，由相关作业单位建造小区内部的配套服务实施，并配以专业的服务人员。图6-39为老旧小区改造后居民的幸福生活场景。

图6-39　改造后小区整体环境

工程管理的实施技术

6.3 竣工验收基本要求

6.3.1 验收一般性要求

本章以《宁波市城镇老旧小区改造工程质量验收导则（试行）》为基础，将城镇老旧小区改造工程施工质量的验收标准分为"完善基础设施、提升居住环境、优化服务功能"三大板块。城镇老旧小区改造工程施工质量验收应符合下列规定：工程质量验收在施工单位自检合格的基础上进行；参加工程施工质量验收的各方人员具备相应的资格；检验批的质量按主控项目和一般项目验收；对涉及结构安全、节能、环境保护和主要使用功能的试块、试件及材料在进场时或施工中按规定进行见证检验，重要分部工程在验收前按规定进行抽样检验；隐蔽工程在隐蔽前由施工单位通知建设（监理）单位进行验收并形成验收文件，验收合格后方可继续施工；工程的观感质量由验收人员现场检查，并共同确认；采用的成品具有质量合格证明文件，进场验收合格；当改造工程的施工质量不合格时，返工重做、调整或更换部件，并经重新验收合格。

按工程部位或性质，分为基础设施、居住环境、服务功能三个分部工程。

1.基础设施

1）供水与排水设施

（1）城镇老旧小区生活给水管网应根据原有给水系统及市政水压情况进行改造，并满足供水压力及用水卫生要求。改造应进行水压试验，水压试验符合设计文件的要求；设计要求不明确的，各种材质的给水管道系统试验压力均为工作压力的1.5倍，且不小于0.6MPa；给水系统交付使用前，应进行通水试验并记录。

检验方法：观察检查；测试检查；放水检查；核查设计图纸和通水试验记录。

（2）给水管线铺设应符合设计文件，并满足下列要求：

①给水引入管与排水排出管的水平净距不小于1.00m；

②室内给水与排水管道平行铺设的，两管间的最小水平净距不小于0.50m；交叉铺设时，垂直净距不小于0.15m；

③室外给水管道与其他管线净距按照现行国家标准《城市工程管线综合规划规范》GB 50289 相关规定执行；

④室内给水管铺设在排水管上方；当受条件限制，给水管必须铺设在排水管下方的，给水管加设长度不小于排水管管径3倍的套管；

⑤室内给水水平管道设2‰～5‰的坡度坡向泄水装置；

⑥室外直埋金属给水管道作防腐处理，防腐层材质符合现行国家标准《建筑

给水排水及采暖工程施工质量验收规范》GB 50242 的相关规定和设计文件的要求，卷材与管材间粘贴牢固，无空鼓、滑移、接口不严等质量缺陷；

⑦采用橡胶圈接口的室外埋地给水管道，处于土壤或地下水对橡胶圈有腐蚀的地段时，回填土前用沥青胶泥、沥青麻丝或沥青锯末等材料封闭橡胶圈接口，每个接口的最大偏转角不超过规范规定。

检验方法：观察检查；尺量检查；手扳检查；局部解剖检查。

（3）改造竣工的给水管道应按规定进行冲洗和消毒，并经有关部门取样检测，水质符合现行国家标准《生活饮用水卫生标准》GB 5749 的相关规定。

检验方法：观察检查；查看检验报告。

（4）重新埋设管道的管沟基础应符合设计要求，设计无要求时应满足下列要求：

①管沟的沟底为原土层或是夯实的回填土，沟底平整、坡度顺畅，无尖硬的物体、块石等；

②当沟基为岩石、不易清除的块石或为砾石层时，沟底下挖 100～200mm 填铺细砂或粒径不大于 5mm 的细土，夯实至沟底标高后再铺设管道；

③管沟回填土，管顶上部 200mm 内采用砂子或无块石的土，且不采用机械回填，管顶上部 500mm 内回填材料的颗粒直径不大于 100mm，机械回填设备不在管沟上行走。

检验方法：观察检查；压实度检测；尺量检查。

（5）既有住宅楼排水（污废水、雨水）管道改造安装应满足下列要求：

①改造后的阳台、厨房排水管道接入室外污水管网（不得接入雨水管网），雨水管道不与生活污、废水管道相连接；

②进行灌水试验的，污废水管灌水高度不低于底层卫生洁具的上边缘或底层地面，雨水灌水高度至每根立管上部的雨水斗；

③排水主立管及水平干管管道进行通球试验，通球球径不小于排水管道管径的 2/3，通球率达到 100%。

检验方法：观察检查；灌水试验；通球检查。

（6）城镇老旧小区应按供水部门的相关要求实施"一户一表"改造，并满足下列要求：

①水表出户设置，便于检修抄表；

②水表安装在便于检修、不受暴晒、无污染和冻结的部位；

③安装水平螺翼式水表时，表前与阀门间设置不小于 10 倍水表接口直径的直线管段，表后与阀门间设置不小于 5 倍水表接口直径的直线管段；安装垂

直螺翼式水表时，表前与阀门间设置不小于 5 倍水表接口直径的直线管段，表后与阀门间设置不小于 3 倍水表接口直径的直线管段；表外壳距墙面净距为 10～30mm，水表进水口中心标高符合设计要求（允许偏差为±10mm）。

检验方法：观察检查；尺量检查。

（7）城镇老旧小区雨污合流地管网实施的分流改造，应满足设计文件和下列要求：

①小区道路内雨污混接地管网，实施雨污分流改造；

②既有住宅楼和小区道路，受条件限制无法实施雨污分流改造的，在合流水通过排放口之前进行截污改道，将合流水全部接入污水管网（不得接入雨水管网）；

③封堵非法私接、雨污混接或未通过相关部门审批的沿河排放口；

④经相关部门批准设立的合法排放口，标注位置和编号，明确排放管径、排放口性质、管理部门等相关信息。

检验方法：观察检查；核查隐蔽工程验收记录或提交的成果文本。

（8）城镇老旧小区排水管渠设施改造应满足设计文件和下列要求：

①排水管渠出水口设置防倒灌设施，满足雨水管渠设计重现期标准和内涝防治要求；

②雨水口设置在小区道路交叉口、靠地面径流的街坊或庭院的出水口等位置，路段的雨水不流入交叉口；

③雨水提升或强排泵站采用一体式或节地式泵站，使用过程不影响小区居民正常生活。

检验方法：观察检查；核查工程验收记录。

2）市政与海绵设施

（1）城镇老旧小区雨污管线检查井和雨水口的改造应满足下列要求：

①检查井和雨水口布置合理，其尺寸和材质满足设计文件的要求，与管道接口处采取防渗止水措施，砖砌检查井、雨水口内外壁应用水泥砂浆粉刷均匀，厚度不小于20mm；

②雨水检查井宜间隔2～3个设置留泥池，污水检查井设置流槽；

③检查井内设置防坠网，其静态承重能力不小于150kg，其余指标符合设计要求或相关规范的规定；

④雨水口比周边地坪低 30～50mm，且设置在道路或场地最低点，道路坡度平缓路段加密设置。

检验方法：观察检查；核查隐蔽工程验收记录。

（2）城镇老旧小区各类井室的井盖改造应满足下列要求：

①井盖样式、构造符合设计文件要求（材质宜为铸铁），井盖上管道类别、承载力和管养单位等信息文字标识清晰、明确，不混用、耐久；

②井盖承载能力等各项指标符合现行国家标准《检查井盖》GB/T 23858 的相关要求，位于沥青路面上的井盖具备防盗、防沉降功能；

③绿化带或非通车与行人部位，井盖的上表面高出地坪 50mm，并在井口周围以 2% 的坡度向外设置水泥砂浆护坡。

检验方法：观察检查；尺量检查。

（3）城镇老旧小区化粪池的改造与设置应满足下列要求：

①宜采用钢筋混凝土化粪池或者玻璃钢成品化粪池，新建或原有砖砌化粪池采取或增设防止污水渗漏的措施；

②化粪池距地下水取水构筑物不小于 30m，距埋地式生活饮用水贮水构筑物外壁不小于 10m；

③玻璃钢化粪池不设置于车道内，或采取保护措施防止车辆荷载对池体的影响；

④化粪池设置在便于清理和疏通的区域，不得有阻挡清理作业的障碍物。

检验方法：观察检查；满水试验检查；核查隐蔽工程验收记录。

（4）城镇老旧小区透水路面改造应符合现行国家标准《海绵城市建设评价标准》GB/T 51345 的相关规定，遵循低影响开发理念，在雨水进入排水管渠前采取渗透或滞蓄设施，并满足下列要求：

①透水路面宜采取半透水铺装结构，并满足小区道路的荷载要求；

②透水路面的透水基层底部比城镇老旧小区所在位置的季节性最高地下水水位高1.00m，达不到要求的透水路面下方须采取防渗措施（未采取防渗措施的，透水路面须与周围建筑保持安全距离，安全距离数值根据现行国家标准《城镇内涝防治技术规范》GB 51222确定）；

③海绵设施与景观设施相结合，因地制宜地选用下凹式绿地、雨水花园、植草沟等海绵设施，选种的植物具有较长的存活期和较高的观赏性。

检验方法：观察检查；查阅工程验收记录。

3）电气（照明）与防雷设施

（1）既有住宅楼楼道照明设施改造安装应满足下列要求：

①楼道区域设置独立的购电计量智能电表（确保既有住宅楼道内公共照明系统长期正常使用）；

②楼道区域按照设计要求与实际情况补装公共部位照明设施，且每层均设

置楼道灯；

③灯具固定应牢固可靠，在砌体和混凝土结构上严禁使用木楔、尼龙塞或塑料塞固定，吸顶或墙面上安装的灯具，其固定用的螺栓或螺钉不少于 3 个，灯具紧贴饰面；

④普通灯具的 I 类灯具外露可导电部分采用铜芯软导线与保护导体可靠连接，连接处设置接地标识，铜芯软导线的截面积与进入灯具的电源线截面积相同；

⑤带有自动通、断电源控制装置的灯具，动作准确、可靠。

检验方法：观察检查；尺量检查；工具拧紧和测量检查；手动开启开关检查。全数检查，其中灯具抽查 10%。

（2）城镇老旧小区道路照明设施改造安装应符合现行行业标准《城市道路照明设计标准》CJJ 45 和《城市道路照明施工及验收规程》CJJ 89 的相关规定，并满足下列要求：

①灯杆位置选择合理，避免路灯灯光干扰居民生活；

②基础宜采用强度等级 C20 及以上的商品钢筋混凝土，灯具底部距地面的高度不宜低于 3.50m；

③灯具配件齐全，无机械损伤、变形、油漆剥落、灯罩破裂等缺陷，灯泡座固定牢靠；高度在 3.5～6m 的路灯灯杆壁厚不低于 2.75mm（油漆厚度除外）；

④封闭灯具的灯头引线采用耐热绝缘导线，外壳与尾座连接紧密，电缆埋地或保护管内不得有接头，电缆保护管应从基础中心穿出，并应超过基础平面50mm，保护管穿线缆前应将管口封堵；

⑤每盏灯的相线装设熔断器，熔断器固定牢靠，熔断器及其他电器电源进线均为上进下出或左进右出；

⑥灯具及金属构架和金属保护管与保护接地线（PE）连接可靠，且标识清晰。严禁采用裸铝导体作接地极或接地线，接地线严禁兼做他用；

⑦灯具的防护等级及节能分级符合设计要求；

⑧照明控制采用手动或智能控制方式。

检验方法：观察检查；尺量检查；仪器检查；手感检查；操作检查；查阅隐蔽工程检查记录。全数检查，其中灯具和控制器各按数量抽查 10%，且均不少于1 套（个）。

（3）城镇老旧小区防雷设施改造安装应符合现行国家标准《建筑物防雷设计规范》GB 50057 的相关规定，并满足下列要求：

①防雷引下线的布置、安装数量和连接方式符合设计要求；

②接闪器的布置、规格及数量符合设计要求；

③利用建筑物金属屋面或屋顶上旗杆、栏杆、装饰物、铁塔、女儿墙上的盖板等永久性金属物作为接闪器的，其材质及截面符合设计要求，金属屋面板间连接、永久性金属物各部件间连接可靠、持久。

检验方法：观察检查（明敷的观察检查，暗敷的施工中观察检查并查阅隐蔽工程检查记录）；尺量检查；核对设计文件；核查材质产品质量证明文件和材料进场验收记录。明敷的引下线全数检查，抹灰层内的引下线按总数量各抽查10%，且均不少于2处。

4）管线（道）设施

（1）城镇老旧小区应对视觉效果不佳、外观杂乱无序或无法满足使用功能（老化、渗漏、破损）的各类架空管线（道）按现行国家标准《城市工程管线综合规划规范》GB 50289的相关规定实施改造，并满足下列要求：

①各类管线（道）分类规整、集中，并利用现有地下空间进行埋地（上改下）铺设，埋地位置和管线布局、间距符合设计文件的要求；

②埋地管线（道）的使用功能满足既有住宅楼居民的生活要求，路口位置预留相关接口；

③埋地管线（道）覆土满足各类管线相应规范的要求，不足的按设计文件要求采取加固保护措施；

④无法埋地的由相关责任单位清理、归并，美化线缆架设形态，满足不同功能管线（道）分设、线路标识清晰、牢固安全、整齐有序、美观协调的要求。

检验方法：观察检查；查阅隐蔽工程检查记录。架空线路全数检查；埋地线路按20%抽查，且不少于2处。

（2）既有住宅楼楼道内各类设备管线改造应进行综合排布，固定位置横平竖直，并满足下列要求：

①各类管线敷设位置合理、固定牢固、美观整洁，管线间距符合相关规范要求，无乱拖乱拉现象，并设置明显标识，方便维护管理；

②电气入户线绑扎整齐，加装套管、贴边固定，无零乱散放现象；

③强电与弱电系统不共用桥架，每根广电与通信入户线缆均贴标签标识，并与用户门牌号一致；给水管线贴墙角明设或设置于管道井内，且不得影响疏散宽度和空间净高要求。

检验方法：观察检查；查阅隐蔽工程检查记录。明敷的全数检查，暗敷的按每个检验批抽查20%，且不得少于2处。

（3）城镇老旧小区室外雨污管线的改造应符合现行国家标准《给水排水管道工程施工及验收规范》GB 50268的相关规定，并满足下列要求：

①管道铺设满足设计文件的要求，位置合理、坡度平顺；

②各类管道交叉时，预留合理的空间（间距小于0.10m的增设加固保护措施）；

③管道覆土层厚度，位于车行道内的不小于700mm，位于人行道内不小于600m（覆土层厚度不足的增设加固保护措施）；

④改造或增设的污水管道和污水检查井均按规范要求实施闭水试验，并合格；

⑤排水管道选材除符合降噪要求外，尚需考虑同等管径下的经济成本、雨污分流效果，并与设计流量相匹配；

⑥施工完成后，排水管道宜在管道上方路面标识管道类型、排水走向等图例，样式与井盖标识统一。

检验方法：观察检查；CCTV检测；核查隐蔽工程验收记录。

（4）城镇老旧小区电气线路敷设改造应符合现行国家标准《电力工程电缆设计标准》GB 50217的相关规定，并满足下列要求：

①钢导管采用螺纹连接、套管熔焊连接、紧定连接、卡套连接等连接方法，不得采用对口熔焊连接；镀锌钢导管或壁厚小于或等于2mm的钢导管，不得采用套管熔焊连接；

②塑料导管在砌体上剔槽埋设的，采用强度等级不小于M10的水泥砂浆抹面保护，保护层厚度不小于15mm；

③电气线路不直接敷设在建筑物顶棚、墙体或抹灰层、保温层、装饰面内；

④更换老化、破损的电气线路。

检验方法：观察检查；尺量检查。钢导管抽查20%，且不少于1处（回路）；塑料护套线全数检查。

5）环卫设施

（1）城镇老旧小区垃圾收集点等的改造应符合现行行业标准《环境卫生设施设置标准》CJJ 27的相关规定，并满足下列要求：

①垃圾收集点位置固定、使用方便、通风良好，不影响小区形象观瞻，满足垃圾的分类收集和机械化收运作业等要求；

②垃圾收集点服务半径不超过70m（位置和数量符合设计文件的要求），小区零散垃圾桶结合景观统一设置；

③设置给水冲洗龙头和专用水封排水口，给水冲洗龙头从生活给水管接出处设置真空破坏器；

④地面设置排水和防止污水外溢（流）措施，地面水排放至专用水封排水口，并接入污水管网；

⑤垃圾分类收集容器对收集的垃圾类型标识清楚，材质符合《塑料垃圾桶通用技术条件》CJ/T 280或《铁质废物箱技术条件》CJ/T 5026，坚固耐用、防水防腐，便于移动和投放；

⑥有害垃圾单独收集、单独运输、单独处理，其收集容器封闭并具有明显的标识。

检验方法：观察检查；核查质量证明文件。全数检查。

（2）城镇老旧小区公共厕所的改造或新建应符合现行行业标准《城市公共厕所规划和设计标准》CJJ 14的相关规定，并满足下列要求：

①公共厕所配置标准符合现行国家标准《城市环境卫生设施规划》GB 50337的规定和设计文件的要求；

②新建独立式公共厕所外墙与既有住宅楼的距离不小于5m，周围设置宽度不小于3m的绿化带；

③公共厕所设置明显、统一的标识；

④公共厕所内部空气流通，设有防臭、防蛆、防鼠等卫生措施；

⑤公共厕所地面采用防渗防滑面层，排水通畅，化粪池抽粪口与人员出入口分开设置；

⑥严禁生活饮用水管道与大便器（槽）、小便斗（槽）采用非专用冲洗阀直接连接。

检验方法：观察检查；全数检查。

6）停车设施

（1）城镇老旧小区改造或增设的机动车停车位应满足下列要求：

①停车位的位置、数量、尺寸和停车位的地面材质、坡道、排水设施等符合设计文件的要求；

②停车位与刚性结构地面的道路或广场连通，车辆进出通畅、便捷，且不影响周边居民安全通行；

③停车位按照现行国家标准《道路交通标志和标线》GB 5768设置交通标识，施划交通标线；

④由原宅间绿地改造的停车位，地面面层宜铺设植草砖或采用彩色透水混凝土，停车位靠近既有住宅楼端设置成品挡轮器；

⑤改造或新增停车位区域不宜停车的零星地面，恢复绿地、补种适宜的植物；

⑥既有停车位设施破损或不完善的，按上述要求修补或完善，并与新增停车位进行一体化处理，保持统一、整齐、美观的空间景观效果。

检验方法：观察检查。

（2）城镇老旧小区改造或增设的非机动车停车区域应满足下列规定：

①停车区域的位置和地面材质等符合设计文件的要求；

②停车区域与小区道路或广场连通，靠近对应的楼栋单元入口，居民存（取）车路线便捷；

③停车区域宜设置固定或者活动式围栏、停放架、存车标识牌等设施，划定存车标线，条件允许时设置遮雨篷架；

④停车区域遮雨篷架等设施宜采用轻型、降噪材质，不影响周边既有住宅楼通风、采光，色彩协调统一、外观整齐有序。

检验方法：观察检查。

7）消防设施

（1）既有住宅楼楼道灭火器（箱）改造设置应满足下列要求：

①灭火器（箱）固定位置安装，不影响楼道正常通行和疏散，且无影响安全的尖锐突出部分；

②灭火器（箱）外观无破损、变形等质量缺陷；

③灭火器标识清晰，且含有型号、规格、出厂日期、保质期等信息；

④灭火器的压力值在其正常使用范围。

检验方法：观察检查。

（2）既有住宅楼楼道消火栓系统改造应符合现行国家标准《消防给水及消火栓系统技术规范》GB 50974 的相关规定，并满足下列要求：

①消火栓箱门上应用红色字体注明"消火栓"字样；

②水龙带与水枪和快速接头绑扎后，根据箱内构造将水龙带挂放在箱内的挂钉、托盘或支架上；

③消火栓栓口中心距地面为1.10m，允许偏差±20mm；

④消火栓启闭阀门设置位置便于操作使用，阀门中心距箱侧面为140mm，距箱后内表面为100mm，偏差不超过±5mm；

⑤消火栓箱体安装的垂直度偏差不超过3mm；

⑥消火栓系统管道的材质、管径、接头、连接方式、管道标识和防腐防冻措施等符合设计文件的要求。

检验方法：观察检查；尺量检查。

（3）城镇老旧小区室外消防水泵接合器和消火栓等设施的改造应符合现行国家标准《消防给水及消火栓系统技术规范》GB 50974 的相关规定，并满足下列要求：

①各设施安装位置、数量、形式符合设计文件的要求，位置标识明显、栓

口操作方便；

②配套的安全阀和止回阀，其安装位置、方向正确，阀门启闭灵活。

检验方法：观察检查；尺量检查；手扳检查；核对图纸。

（4）消火栓系统管网改造完毕后，应对其进行强度和严密性冲洗试验，并符合以下要求：

①压力管道水压强度试验的试验压力符合设计要求，设计无要求时按表6-17的规定执行；

压力管道水压强度试验的试验压力　　　　　　　　表6-17

管材类型	系统工作压力P（MPa）	试验压力（MPa）
钢管	≤1.0	1.5P，且不应小于1.4
	>1.0	P＋0.4
球墨铸铁管	≤0.5	2P
	>0.5	P＋＋0.5
钢丝网骨架塑料管	P	1.5P，且不应小于0.8

②水压强度试验测试点设置在系统管网的最低点，对管网注水时，先将管网内的空气排净，并缓慢升压，达到试验压力且稳压30min后，管网无泄漏、无变形，且压力下降不大于0.05MPa；

③管网冲洗在试压合格后分段进行，冲洗顺序先室外、后室内，先地下、后地上，室内部分的冲洗按供水干管、水平管和立管的顺序进行；

④水压严密性试验在水压强度试验和管网冲洗合格后进行，试验压力为系统工作压力，稳压24h后无泄漏。

检验方法：观察检查。

8）安防设施

（1）安防监控设施改造安装应符合现行国家标准《视频安防监控系统工程设计规范》GB 50395的相关规定，并满足下列要求：

①城镇老旧小区智能安全技术防范系统建设全面，适应未来发展需要，主要出入口、主要路段或空间节点均设置监控探头，有条件的小区实行无死角监控；

②监控探头所在位置视野开阔、无明显障碍物或眩光光源（确保成像清晰）；

③智能安防系统的配置级别、机房设置满足设计要求；

④对社区管理平台的各类安防设备或系统进行互联时，采用适宜的接口方法和通信协议，保证信息的有效提取和及时送达。

检验方法：观察检查；核对设计图纸；功能测试检查。

（2）入侵探测器系统安装应符合现行国家标准《入侵报警系统工程设计规范》GB 50394 的相关规定，并满足下列要求：

①探测器安装的高度和位置符合安防技术要求和制造厂商的技术条件规定；

②探测器的安装数量、规格、型号满足安防技术要求；

③人为触发入侵探测器，报警控制中心可实时接收来自入侵探测器发生的报警信号（包括时间、区域及类别），报警信号能保持至手动复位；

④报警控制中心与入侵探测器、起传输入侵报警信号作用部件之间的连接发生断路、短路或并接其他负载时，有故障报警信号产生，并指示故障发生的部位，报警信号能保持至故障排除（故障报警不影响非故障回路的报警功能）。

检验方法：测试检查；观察检查；尺量检查；查阅技术文件。

（3）楼宇对讲系统安装应符合现行国家标准《出入口控制系统工程设计规范》GB 50396 的相关规定，并满足下列要求：

①楼栋入口处的主机能正确选呼任一分机，并能听到铃声；

②楼栋入口处的主机对任一分机选呼后，能实施双工通话，话音清晰，不出现振鸣现象；

③可在分机上实施电控开锁；

④可视对讲系统所传输的视频信号清晰，能实现对访客的识别；

⑤联网型小区的楼宇对讲系统，其管理主机除具备可视对讲或非可视对讲、电控开锁、选呼功能、通话功能外，宜能接收和传送住户的紧急报警（求助）信息。

检验方法：测试检查；观察检查；查阅相关技术文件，核对技术参数。

（4）停车库（场）管理系统安装应符合现行国家标准《安全防范工程技术标准》GB 50348 的相关规定，并满足下列要求：

①设备有清晰、永久的标识，面板上所有文字、符号清晰、正确、易于识别；

②设备具有初始化功能，可使设备恢复到初始状态；

③设备自检及自动发/收车辆出入凭证功能符合要求；

④系统具备报警功能，报警声音明显区别于其他发声；

⑤设备在紧急情况下的人工开闸功能符合要求。

检验方法：测试检查；查阅相关技术文件；核对技术参数。

（5）电子巡查系统安装应符合现行国家标准《安全防范工程技术标准》GB 50348 的相关规定，并满足下列要求：

①巡查终端、读卡机的响应功能及现场设备的接入率与完好率测试符合要求；

②系统编程与修改功能、撤防与布防功能和系统的运行状态、信息传输、故障报警、指示故障位置等功能符合要求；

③检查系统对巡更人员的监督和记录情况、安全保障措施和对意外情况及时报警的处理手段符合要求；

④对遇有故障时的报警信号及与视频安防监控系统等的联动功能符合要求；

⑤系统的数据存储记录保存时间满足管理的要求。

检验方法：测试检查；查阅相关技术文件；核对技术参数。

（6）监控机房内的供配电系统、防雷与接地系统、空调系统、给水排水系统、综合布线系统、监控与安全防范系统、消防系统、室内装饰装修和电磁屏蔽措施等应满足设计要求。

检验方法：测试检查；查阅相关技术文件；核对技术参数。

（7）视频监控系统等安全防范系统的集成与联网方式应满足设计要求，其传输、交换、控制协议符合现行国家标准《公共安全视频监控联网系统信息传输、交换、控制技术要求》GB/T 28181的规定。

检验方法：测试检查；查阅相关技术文件；核对技术参数。

（8）楼栋单元门的安装应满足下列要求：

①单元门按照设计文件的要求配置，门完全开启时，门洞宽度和高度符合设计要求，通行顺畅无障碍；

②单元门外观平整、光洁、无凹痕或机械损伤，门表面漆面均匀、平整、光滑；

③门框、门扇焊接牢固，焊点分布均匀，不得出现假焊、烧穿、漏焊和疏松现象，外表面焊接部位打磨平整；

④门扇启闭灵活，门扇开启不影响周边道路正常通行和周边设施的正常使用。

检验方法：观察、尺量检查；核查隐蔽工程验收记录。

（9）既有住宅楼外窗防盗网（窗）的安装应满足下列要求：

①外窗防盗网（窗）改造拆除后不宜重新装设，必须装设的符合设计文件的要求；

②外窗防盗网（窗）超出外墙的深度，主要朝向不大于500mm，其余朝向不大于300mm；

③外窗防盗网（窗）设置开启扇，开启扇宽度不小于600mm，开启扇启闭灵活，位置有利于紧急情况时安全、便捷地疏散；

④外窗防盗网（窗）杆件的规格、材料、净间距等均符合设计文件要求，与外墙的连接构造安全、牢固；

⑤外窗防盗网（窗）外观平整、光洁，无凹痕、变形或机械损伤，门表面漆面均匀、平整、光滑；

⑥外窗防盗网（窗）顶部宜设遮雨篷，遮雨篷与墙体安装牢固，且与墙体的交接处进行防水处理。

检验方法：观察、尺量检查；核查隐蔽工程验收记录；全数检查。

2.提升居住环境

1）外立面整治

（1）城镇老旧小区建筑外立面整治应满足下列要求：

①观感较完整、无空鼓现象的外墙饰面，宜进行清洗或重新饰面，整治部位和构造做法符合设计文件的要求；

②观感陈旧或破损空鼓、风化严重的外墙饰面，按设计文件的要求凿除基层、修补平整、重新分层饰面；

③重新分层饰面部位的防渗、节能等构造按设计文件的要求实施，无空鼓现象并与原立面风格相统一；

④外窗台、腰线、雨篷等出挑部位粉出不小于5%的排水坡度，且靠墙体根部处粉成圆角；

⑤出挑部位粉成鹰嘴式，滴水线宽度宜为20mm、厚度不小于12mm。

检验方法：观察检查；核对设计图纸。

（2）建筑外立面附设的空调外机机位按设计文件的要求进行遮挡装饰、更换不满足安全要求的原有空调外机支架，并应满足下列要求：

①更换的空调外机支架的材质、构造符合设计文件要求；

②更换的空调外机支架与外墙基层连接牢固、安全，外观整齐、统一，与建筑立面相协调；

③空调冷凝水管宜改为有组织排水（排放到污废水系统时，应采取间接排放的方式）。

检验方法：观察检查；尺量检查；核对设计图纸。

（3）城镇老旧小区围墙等附属设施的外立面，按设计文件的要求，分类进行重新饰面或更换修补，并应满足新旧协调、安全牢固、符合使用功能等要求。

检验方法：观察检查；尺量检查；核对设计图纸。

2）屋顶修缮

（1）城镇老旧小区建筑屋面整治宜结合屋面节能改造同步实施，可根据既有住宅楼的具体情况，采用不同方法，并应满足设计文件和下列要求：

①进行屋面基层处理，铲除空鼓部位，填补或找平屋面缺损处；

②屋面原有防水层完好的，可直接铺设倒置式屋面保温层，其厚度符合设计文件的要求；

③屋面存在局部渗漏的，对防水层进行修缮；

④屋面原有防水层失效或漏水严重的，铲除原防水层，重新施工防水层并按第2款要求增设保温层；

⑤原平屋面上加设坡屋面的，在原平屋面增铺的保温材料轻质、耐久，坡屋面与原平屋面连接牢固、可靠；

⑥原平屋面荷载许可的，可在原平屋面上设置架空隔热层，架空隔热屋面的风道长度不大于15m、高度宜为200mm，架空板与女儿墙的间距不小于250mm；

⑦屋面原有太阳能热水器设备及管线实施整治的，支架和主体结构连接牢固；

⑧屋面原有防雷装置按现行国家标准《建筑物防雷设计规范》GB 50057 的要求进行修补更新。

检验方法：观察检查；核查黏结强度试验报告、隐蔽工程验收记录。

（2）有条件的原平屋面，可改造为种植屋面，种植屋面构造做法应符合现行行业标准《种植屋面工程技术规程》JGJ 155 的要求，种植土厚度不小于 100mm。

检验方法：观察检查；核查黏结强度试验报告、隐蔽工程验收记录、能耗测试记录。

3）道路整治

（1）城镇老旧小区道路整治改造应符合现行行业标准《城镇道路工程施工与质量验收规范》CJJ 1 的相关规定，并满足下列要求：

①路基宜利用原有道路路基（路基顶面回弹模量符合设计要求，设计无要求时，不宜小于20MPa），遇地质不良段或开挖后回填的路基部分，其回填材料可采用宕渣、砂石、轻质材料或容易压实的路基填料，且分层回填压实，压实度符合设计要求，若设计无要求时，可采用表6-18。

路基压实标准　　　　　　　　　　表6-18

填挖类型	路床顶面以下深度（cm）	压实度（%）（重型击实）	检验频率		检验方法
			范围	点数	
挖方	0～30	≥90	1000m²	每层 3 点	环刀法灌水法灌沙法
填方	0～80	≥90			
	>80～150	≥90			
	>150	≥87			

②基层可采用水泥稳定碎石，其厚度、7 天无侧限抗压强度、平整度和压实度等相关技术指标符合设计文件要求；

③路基挡墙、临河挡墙采用符合本小区实际状况的支护形式，地基承载力符合设计要求；

④临河挡墙上设置的沿河栏杆，其强度、规格、尺寸符合设计要求，采用金属栏杆的，焊接必须牢固、毛刺打磨平整，并及时除锈防腐；采用其他材料栏杆的，当采用榫槽连接时，安装就位后应用硬塞块固定，灌浆固结（塞块拆除时，灌浆材料强度不得低于设计强度的75%）。

检验方法：观察检查；核查中间结构工程验收记录。

（2）车行道路面宜采用沥青面层（有条件的城镇老旧小区可采用排水降噪沥青面层），宅间路或不具备沥青路面施工条件的城镇老旧小区可继续采用传统混凝土面层，路面排水顺畅、观感良好，相关技术指标应符合设计文件的要求。

检验方法：观察检查；核查试验报告。

（3）人行道路面宜采用花岗石面砖或混凝土透水砖面层，人行道应设置无障碍设施，内侧与路面相接的侧面高度宜根据小区要求确定（满足挡水高度要求即可），路面排水顺畅、观感良好，相关技术指标应符合设计文件的要求。

检验方法：观察检查；核查试验报告。

（4）城镇老旧小区道路设施改造应满足设计文件和下列要求：

①车止石设置不妨碍行人通行，外观圆润无尖角，两块车止石间距不超过1.5m；

②栏杆扶手坚固耐用；

③地面标线设置清晰、指向明确，采用反光材料；

④标识牌设置位置合理，无遮挡，夜间视线良好。

4）绿化景观改造提升

（1）城镇老旧小区苗木修剪应满足下列要求：

①苗木修剪整形严格执行地方绿地养护技术规范的相关规定；

②苗木无损伤断枝、枯枝、严重病虫枝等情形；

③落叶树木枝条从基部剪除，不留木橛、剪口平滑；

④枝条短截时留外芽，剪口距留芽位置上方0.5cm；

⑤修剪直径2cm以上大枝或粗根时，截口削平、涂防腐剂；

⑥非栽植季节栽植落叶树木，根据不同树种的特性，保持树型，宜适当增加修剪量，可剪去枝条的1/3～1/2。

检验方法：观察检查；尺量检查。100株检查10株，不足20株的全数检查，成活率全数检查。

（2）城镇老旧小区树木栽植应符合现行行业标准《园林绿化工程施工及验收

规范》CJJ 82 的规定，并满足下列要求：

①栽植的树木品种、规格、位置符合设计文件的要求；

②树木栽植深度与原种植线持平；

③栽植树木回填的栽植土采用人工填土方式分层夯实；

④除特殊景观树外，树木栽植保持直立、不倾斜；

⑤行道树或行列栽植的树木在一条线上，相邻植株规格合理搭配；

⑥绿篱或色块栽植的，株行距、苗木高度、冠幅大小均匀搭配，树形丰满的一面向外；

⑦树木栽植后及时绑扎、支撑、浇透水；

⑧广场和行道树植物考虑安全视距和人流通行要求，树木枝下净空距离大于2.2m。

检验方法：观察检查；尺量检查。100 株检查 10 株，不足 20 株的全数检查，成活率全数检查。

（3）城镇老旧小区草坪地被栽植应符合现行行业标准《园林绿化工程施工及验收规范》CJJ 82 的规定，并满足下列要求：

①混播草坪的草种和配合比符合设计要求；

②分栽的植物材料保鲜、不萎蔫，草坪分栽植物的株行距、每丛的单株数满足设计文件的要求；

③草卷、草块铺设前先浇水，草地排水坡度适当，无坑洼积水；

④草卷、草块相互衔接不留缝，高度一致，间距缝隙均匀；

⑤草块、草卷在铺设后进行滚压或拍打，与土壤密切接触；

⑥草卷、草块铺设后及时浇透水，浸湿土壤厚度大于 10cm；

⑦成坪后覆盖度不低于 95%，单块裸露面积不大于 25cm²，杂草及病虫害的面积不大于 5%。

检验方法：观察检查；尺量检查。500m² 检查 3 处，每处面积为 4m²，不足 500m² 的，检查不少于 2 处。

（4）城镇老旧小区花灌木栽植应符合现行行业标准《园林绿化工程施工及验收规范》CJJ 82 的规定，并满足下列要求：

①花卉栽植按照设计图定点放线，株行距均匀，高低搭配恰当；

②栽植深度适当，根部土壤压实，花灌木苗无沾泥污现象；

③花灌木苗覆盖地面，成活率不低于 95%；

④花灌木栽植后，及时浇水，并保持植株茎叶清洁。

检验方法：观察检查；尺量检查。500m² 检查 3 处，不足 500m² 的，检查不少于 2 处。

5）楼道整修

（1）既有住宅楼楼道内墙或顶棚饰面改造应满足下列要求：

①分层粉刷或饰面，其材质和构造层次符合设计文件的要求；

②基体破损、污损严重的楼道内墙或顶棚，基层先修凿平整、清理干净，用混合砂浆或石膏砂浆修补完整；

③饰面层平整光滑、无空鼓，色彩宜以亮色为主。

检验方法：观察检查；核对设计图纸。

（2）既有住宅楼楼道外窗改造应满足下列要求：

①缺扇、开启不灵活、无维修价值的外窗整窗拆换，窗框材质和玻璃类型符合设计文件的要求；

②新换装的外窗宜与原外窗的风格保持协调、统一；

③新换装的外窗与四周墙体连接牢固、紧密，并采取防水措施。

检验方法：观察检查；核对设计图纸。

（3）既有住宅楼楼道、楼梯平台（踏步）和栏杆改造应满足下列要求：

①楼梯平台（踏步）面层损坏严重、影响正常使用或存在安全隐患的，按设计文件的要求凿除修补、重新饰面；

②新修补的楼梯平台（踏步）面层平整、防滑、耐磨、无空鼓，与基层紧密结合，并宜以阴角为新旧连接部位；

③楼梯栏杆部件缺失、扶手破损、影响正常使用的，按设计文件的要求修配，新旧扶手连接过渡平顺、色彩统一，与立杆连接牢固、可靠。

检验方法：观察检查；核对设计图纸。

6）加固改造

（1）既有住宅楼地基基础加固应符合现行国家标准《建筑地基基础工程施工质量验收规范》GB 50202 和现行行业标准《既有建筑地基基础加固技术规范》JGJ 123 的相关规定，并满足设计文件和下列要求：

①地基基础工程须进行验槽；

②锚杆静压桩加固的，须进行桩承载力检验，静载试验最大加载量不小于设计要求的承载力特征值的 2 倍；

③高压旋喷注浆复合地基，须检验桩体的强度和平均直径以及单桩和复合地基承载力等指标。

检验方法：观察检查；查阅地基基础和上部结构鉴定报告；检查地基验槽记录、隐蔽工程验收记录、检测报告。

（2）既有住宅楼砌体结构加固不应低于原建筑的工程设计和质量验收标准，并满足设计文件和下列要求：

①砖砌体转角处和交接处同时砌筑，无可靠措施的内外墙不分砌施工；

②采用外包型钢加固砌体承重柱的，钢构架采用Q235钢制作，钢构架的四肢角钢采用封闭式缀板作为横向连接件以焊接固定，缀板的间距不大于500mm。

检验方法：观察检查；查阅地基基础和上部结构鉴定报告；检查钢筋和钢材性能试验报告、隐蔽工程记录、混凝土和砂浆试块试验报告。

（3）既有住宅楼混凝土结构加固应符合现行国家标准《混凝土结构工程施工质量验收规范》GB 50204、《混凝土结构加固设计规范》GB 50367和现行行业标准《混凝土结构后锚固技术规程》JGJ 145的相关规定，并满足设计文件和下列要求：

①新增构件和部件与原结构连接可靠，新增截面与原截面黏结牢固、形成整体共同工作，未对其他部分造成不利影响；

②承重结构采用有锁键效应的后扩底机械锚栓，或特殊倒锥形胶粘型锚栓，并对锚栓抗拔承载力进行检测；

③外贴纤维复合材加固钢筋混凝土结构构件的，纤维复合材仅承受拉应力作用，并对纤维复合材表面进行防护处理；

④对涉及混凝土结构安全的有代表性部位进行实体检测（包括混凝土强度、钢筋保护层厚度、结构位置与尺寸偏差等指标，实体检测方案须并经建设、设计、施工、监理等单位认可）。

检验方法：观察检查；查阅地基基础和上部结构鉴定报告；检查质量证明文件、抽样检验报告、锚栓抗拔承载力检测报告、混凝土实体检测报告。

7）电梯加装维护

（1）既有住宅楼加装电梯改造应符合现行国家标准《电梯制造与安装安全规范》GB 7588、《电梯技术条件》GB 10058、《电梯工程施工质量验收规范》GB 50310等规范的相关规定，并满足下列要求：

①电梯改造工程符合设计文件的要求，遵循安全、节能、环保、经济等原则，便于施工、安装和运营维护；

②同一小区加装的电梯整体协调、美观、风格一致，与既有住宅楼衔接良好；

③加装的电梯工程不侵占小区道路和消防通道、消防登高场地，不影响城市规划实施，尽量减少占用现状绿化；

④加装电梯影响室外管线的，采取合理的管线移位措施。

检验方法：观察检查；尺量检查；核对设计图纸。

（2）每台电梯的动力电源应装设独立的隔离器和保护电器，电源配电箱应设在便于操作和维护的地方，并具有必要的安全防护措施。

检验方法：观察检查；核对设计图纸。

8）建筑节能改造

（1）既有住宅楼外墙节能改造应符合现行行业标准《外墙外保温工程技术规程》JGJ 144 的相关规定，并满足设计文件和下列要求：

①外墙节能改造宜采用外墙外保温系统，保温层厚度符合设计文件的要求；

②外墙外保温系统包覆门窗洞口、封闭阳台、凸窗和出挑构件等热桥部位，并按规定设置托架，面层不宜采用黏结面砖；

③外墙外保温系统面层无空鼓或裂缝等质量缺陷；

④预留孔洞内预先留置相应孔径的硬质塑料套管（套管放置应内高外低），套管外侧用柔性聚合物改性水泥基防水材料进行防水处理。

检验方法：观察检查；核查黏结强度试验报告、隐蔽工程验收记录、能耗测试记录。

（2）既有住宅楼外窗节能改造应综合考虑窗户的保温隔热、密封、抗风压、隔音、采光等性能要求，应根据既有住宅楼的具体情况，采用更换旧窗扇、整窗拆换、加设一层窗等方法，并满足设计文件和下列要求：

①原窗框可利用的，采用新窗扇替换旧窗扇的方法，新窗扇的玻璃宜采用中空玻璃；

②原窗框无法继续利用的，采用整窗拆换的方法，窗框宜选择断热铝合金或钢塑复合等隔热效果好的型材；

③当外窗不宜改动而窗台宽度足够的，可采用加设一层窗的方法，新旧两层窗的间距宜控制为 100mm；

④主要房间的外窗宜加装活动式外遮阳设施，且遮阳设施安装牢固安全、使用灵活方便、外观整齐协调。

检验方法：观察检查；核查隐蔽工程验收记录、能耗测试记录。

（3）既有住宅楼底部接触室外空气或外挑的架空楼板节能改造，宜采用外墙外保温系统构造，保温层厚度应符合设计文件的要求。

检验方法：观察检查；核查黏结强度试验报告、隐蔽工程验收记录、能耗测试记录。

3.优化服务功能

1）社区综合服务

（1）城镇老旧小区广场（休憩健身场地）改造应满足下列要求：

①场地改造符合设计文件的要求；

②场地结合绿地布置在阳光充足、卫生、无污染区域，不允许机动车或非机动车穿越，并利用地形或植物与喧闹区进行隔离；

③运动游乐场地分散布置，方便居民就近使用，儿童活动场地不紧邻主干道设置；

④场地坡度不大于3%，且满足无障碍通行要求。

检验方法：观察检查；尺量检查；全数检查。

（2）城镇老旧小区游乐健身设施改造应满足下列要求：

①游乐设施符合现行国家标准《游乐设施安全规范》GB 8408的相关规定；

②各种游乐健身设施坚固、耐用，无构造上棱角；

③健身场所宜设置休息座椅、洗手池和避雨、庇阴等设施；

④游戏沙坑选用安全、卫生的沙材，沙坑内无积水；

⑤儿童游乐区不配置有毒、有刺等易对儿童造成伤害的植物，周边植物采取安全防护措施。

检验方法：观察检查；手动检查；全数检查。

（3）城镇老旧小区公共座椅（凳）等设施改造应满足下列要求：

①公共座椅（凳）等设施设置于广场、绿地、路旁等公共活动空间，并不影响道路正常、安全通行；

②公共座椅（凳）旁按不小于10%的比例设置轮椅停留位置；

③座椅（凳）安装牢固无松动，直立不倾斜，表面整洁无毛刺。

检验方法：观察检查；手动检查；全数检查。

（4）城镇老旧小区信息设施改造应满足下列要求：

①路牌、标识牌、宣传栏等信息设施的布置整齐、美观，不影响道路正常、安全通行；

②信息设施不遮挡交通标识，不使用与交通设施易混淆的色彩；

③信息宣传栏设置高度宜为距地1.20～1.80m，固定箱体（橱窗式宣传栏）突出墙面不超过50mm，采用易清除涂鸦的材质。

检验方法：观察检查；尺量检查；全数检查。

（5）城镇老旧小区公共晾晒设施改造应满足下列要求：

①公共晾晒设施离地高度宜为1.60m；

②公共晾晒设施承载力不低于5kg；

③公共晾晒设施设置位置合理、安全牢固、使用方便、清洁整齐，不影响道路交通安全与畅通；

④公共晾晒设施的材质、规格、形状、色彩和与地面连接构造符合设计文件的要求。

检查方式：观察检查；尺量检查；全数检查。

2）信报箱（智能快件箱）

（1）信报箱的安装应符合现行国家标准《住宅信报箱工程技术规范》GB 50631的相关规定，并满足下列要求：

①相关设计文件和质量证明文件齐全，进场验收合格；

②场地条件满足信报箱安装要求，并对成品采取保护措施；

③根据建筑物的结构状况，选择可靠的安装方法；

④带遮雨篷信报箱，遮雨篷与墙体安装牢固；遮雨篷与墙体的交接处进行防水处理。

⑤预埋件、预埋管线等相关设施符合设计文件要求，并已完成相关隐蔽项目的现场验收。

检验方法：观察检查；手扳检查；核查质量证明文件和隐蔽工程验收记录。

（2）智能快件箱（柜）安装应符合现行国家标准《智能建筑工程验收规范》GB 50339和《建筑电气工程施工质量验收规范》GB 50303的相关规定，并满足下列要求：

①布置方式合理，与景观相结合，对公共环境影响小；

②电源进线及无线联网管理平台满足设计要求。

检验方法：观察检查；手扳检查；核查质量证明文件；全数检查。

3）电动汽车（自行车）充电装置

（1）电动汽车充电设施改造增设应符合设计文件和下列要求：

①配电（充电）设备外壳无影响安全的破损，配电设备门锁无损坏，户外设备（设施）接线孔有效封堵；

②充电桩无明显凹凸痕、变形等缺陷，表面涂镀层均匀且无脱落现象，充电桩外观贴有危险警告标识；

③充电设施周围干净整洁，无易燃或导电的杂物或垃圾堆积。

检查方法：观察检查；查阅隐蔽工程检查记录；核对设计图纸。

（2）电动汽车（自行车）充电设施配电箱的安装应符合设计文件和下列要求：

①充电配电箱内配线整齐、无铰接现象，导线连接紧密、不伤线芯、不断股，垫圈下螺丝两侧压的导线截面积应相同，同一电器器件端子上的导线连接不多于2根，防松垫圈等零件齐全；

②配电箱内开关动作灵活可靠，且分别设置中性导体（N）和保护接地导体

（PE）汇流排，汇流排上同一端子不连接不同回路的 N 线或 PE 线。

检验方法：观察检查；操作检查；螺丝刀拧紧检查；按配电箱数量抽查 10%，且不得少于 1 台。

（3）电动汽车（自行车）充电配电箱内的剩余电流动作保护器（RCD）应在施加额定剩余动作电流（I△n）的情况下测试动作时间，且测试值符合设计文件的要求。

检验方法：仪表测试；查阅试验记录，每个配电箱不少于 1 个。

（4）电动自行车充电插座安装应符合设计文件和下列要求：

①插座选用安全型插座，其中潮湿场所选用防溅型插座，插座回路设置剩余电流动作保护装置；

②同一场所相同标高的插座高度差不大于 5mm，并列安装相同型号的插座高度差不大于 1mm；

③暗装的插座面板紧贴墙面或装饰面，四周无缝隙、安装牢固，表面光滑整洁、无碎裂、划伤，装饰帽（板）齐全，接线盒安装到位且盒内干净整洁、无锈蚀等质量缺陷。

检验方法：观察检查；尺量和手感检查；按总数抽查 10%，且按型号均不得少于 1 个。

4）老年人服务

（1）城镇老旧小区通过加建或改建增设的居家养老服务用房，应符合现行国家标准《老年人居住建筑设计规范》GB 50340 的相关规定，并满足下列要求：

①居家养老服务用房满足设计文件要求，并综合考虑日照、采光、通风、防寒、防噪、防灾及管理等要求，具有良好的朝向和日照条件；

②居家养老服务用房相对独立，设置在交通便利、方便自理老人及介助老人到达的场所，并按现行国家标准《无障碍设计规范》GB 50763 的规定设置无障碍设施；

③居家养老用房照明、开关插座等电气系统及紧急呼叫、安全防范等智能化系统，满足老人安全、方便使用等要求。

检验方法：观察检查；核对设计图纸。

（2）城镇老旧小区通过加建或改建增设的老年人室外休闲设施应满足下列要求：

①老年人室外休闲设施满足设计文件要求；

②老年人室外休闲设施结合绿化小品布置，满足无障碍通行要求，环境安静、空气清新；

③设置安全疏散指示标识，采用醒目的色彩或图案对老年人活动范围内的

突出物进行警示标识；

④休憩亭廊等不采用粗糙的饰面材料和易刮伤肌肤、衣物的构造。

检验方法：观察检查；核对设计图纸；全数检查。

5）无障碍通行

（1）城镇老旧小区的无障碍通行设施（主要包括道路、绿地和建筑物的相关部位）改造，使用的原材料、半成品及成品的质量标准应符合设计文件要求和国家现行建筑材料检测标准的有关规定，进场前应对其品种、规格、型号和外观进行验收，并满足下列要求：

①缘石坡道、轮椅坡道、无障碍通道、无障碍出入口、无障碍停车位等地面面层抗滑性能符合现行国家标准《无障碍设施施工验收及维护规范》GB 50642的规定和设计文件的要求；

②无障碍通道的地面面层坚实、平整、抗滑、无倒坡、不积水；

③无障碍设施地面基层的强度、厚度及构造做法符合设计要求，基层与相应地面基层的施工工序同时验收，基层验收合格后进行面层施工。

检验方法：观察检查；核查质量证明文件和隐蔽工程验收记录。

（2）缘石坡道的改造应满足下列要求：

①整体面层缘石坡道面层材料的抗压强度、宽度、坡度，板块面层缘石坡道所采用预制砌块、地砖、石板（块）及其结合层、块料填缝材料的品种与质量，符合设计文件的要求；

②混凝土面层表面应平整、无裂缝；

③沥青混合料面层表面应平整、无裂缝、烂边、掉渣、推挤现象，接茬应平顺，烫边无枯焦现象；

④板块面层缘石坡道的面层与基层结合牢固、无空鼓，外观无裂缝、掉角、缺棱、翘曲等缺陷，表面洁净、图案清晰、色泽一致、周边顺直。

检验方法：观察检查（整体面层）；小锤轻击检查（板块面层）；核查材质合格证明文件或检验报告或抗压强度试验报告。每40条查5条。

（3）轮椅坡道的改造应满足下列要求：

①轮椅坡道避开雨水井和排水沟设置，当无法避开时，雨水井和排水沟雨水箅的网眼尺寸不大于15mm，且符合设计文件和相关规范要求；

②轮椅坡道顶端通行平台与地面高差不大于10mm，并以斜面过渡；

③轮椅坡道临空侧面的安全挡台高度，不同位置坡道的坡度、宽度，不同坡度的高度和水平长度，符合设计文件要求；

④板块面层与基层应结合牢固、无空鼓；

⑤轮椅坡道外观无裂纹、麻面等缺陷。

检验方法：尺量检查；小锤轻击检查；全数检查。

（4）无障碍通道的改造应满足下列要求：

①无障碍通道的地面面层材料、通道宽度、通道内雨水井或排水沟的雨水篦网眼尺寸等符合设计文件要求；

②无障碍通道一侧或尽端与其他地坪有高差处，设置的栏杆或栏板等安全设施的强度及与主体建筑的连接强度、安装高度、扶手转角弧度、起点和终点的延伸长度、材质等符合相关标准的规定和设计文件的要求；

③无障碍通道的地面面层材料与基层结合牢固、无空鼓；

④无障碍通道行走通畅，无障碍物，坡度符合规范要求；

⑤无障碍通道内雨水井和排水沟的雨水篦安装平整，网眼尺寸不大于15mm；

⑥扶手的立柱和托架与主体结构的连接，经隐蔽工程验收合格后，进行下道工序的施工；

⑦扶手接缝严密、表面光滑、色泽一致，无裂缝、翘曲、破损等缺陷，钢质扶手表面实施防腐处理，且其连接处的焊缝锉平磨光。

检验方法：观察、尺量检查；手摸或手扳检查（必要时可进行拉拔试验）；小锤轻击检查；查材质合格证明文件、出厂检验报告；查隐蔽工程验收记录。

（5）楼栋单元无障碍出入口的改造应满足下列要求：

①出入口的地面面层平整、防滑，与基层结合牢固、无空鼓；

②室外地面雨水篦的网眼尺寸不大于15mm；

③外门完全开启的状态下，出入口的平台净深度不小于1.50m；

④出入口上方设置雨篷；

⑤平坡出入口的地面坡度不大于1:20。

检验方法：尺量检查；全数检查。

（6）无障碍停车位的改造应满足下列要求：

①设置位置通行方便、行走距离短，地面坡度和设置数量符合设计文件的要求；

②无障碍停车位的停车线、轮椅通道线的标划符合现行国家标准《道路交通标志和标线》GB 5768 的有关规定；

③无障碍停车位一侧的轮椅通道宽度不小于1.20m。

检验方法：尺量检查；全数检查。

6.3.2 竣工验收的其他说明

适用于城镇老旧小区改造工程施工质量的验收，具体改造工程可根据改造内容进行调整。当专业验收规范对工程中的验收项目未作出相应规定时，应由建设单位组织设计、施工等相关单位制定专项验收要求，涉及安全、节能、环境保护等项目的专项验收要求应由建设单位组织专家论证。城镇老旧小区改造工程施工质量的验收除应符合基本条件外，尚应遵守国家和地方有关城镇老旧小区改造工程的其他相关规定。

编写人员：
北京建筑大学：张国宗、孙原、罗千买、范栅侨
中建新疆建工集团：张晖、朱荣、姜向东、李飞、裴梦玥
浙江建设职业技术学院：方甫兵

第七章
创新与探索

2020年7月31日，住房和城乡建设部等部门召开绿色社区创建工作电视电话会议，会议强调，"各地要扎实有序开展绿色社区创建行动，将绿色发展理念贯穿社区设计、建设、管理和服务等活动的全过程，以简约适度、绿色低碳的方式，推进社区人居环境建设和整治，不断满足人民群众对美好环境与幸福生活的向往"。随着老旧小区改造工作的不断开展，社区在基础设施建设方面取得了明显的提升。但是，伴随新形势下的新需求，社区在服务和管理方面会面临较多的新问题，在此背景下，需要不断探索利用信息化技术手段，以满足居民服务需求为目的，提升社区的综合管理水平及治理能力，建设绿色智慧安全住区。

本章主要围绕社区的绿色智慧化建设，探索了老旧小区改造关于安全、绿色、智能等方面的一些新技术。安全方面介绍了抗震加固新技术新工艺、房屋安全动态检测技术、无障碍信息通道、社区消防智能化技术等；绿色环保方面介绍了社区海绵城市技术、环卫新技术新设备等；智能方面介绍了社区数字化平台技术、社区网络与社区业务、人工智能技术应用、物联网云平台与智能终端及业务等。

探索老旧小区改造新技术，不仅是落实高质量发展战略的制度创新，契合新时代绿色低碳发展理念，推进智慧化社区建设，助推新旧动能转换的重要举措，而且也能够显著改善人居环境，有效提高群众的获得感、幸福感、安全感，更好地满足民众对美好生活的向往。

7.1 安全技术

7.1.1 抗震加固新技术新工艺

我国现存的大量老旧住宅，原有设防标准较低，大部分接近或超过设计使用年限，年久失修，存在较大的安全隐患，急需进行抗震加固改造。另外，依据既有砌体建筑安全性鉴定结果，不少内墙竖向承载力不满足要求，需要入户加固。

城镇老旧小区数量庞大，加固施工时住宅楼常处于正常使用状态。因此，必须面对现实情况，研发快速、高效、低影响的加固技术。

1. 外套门式刚架——拉杆加固技术

1）现实需求

传统抗震加固方法需要住户周转搬迁、腾空后进行加固施工，一方面拆除产生大量的建筑垃圾需要消纳，造成噪声、环境污染，浪费能耗，同时施工周期长、造价高、居民周转搬迁影响大；常规的装配式外套加固方法虽然能解决部分建筑的不入户加固问题，但对于层数较多、平面尺寸较长的建筑，仅在顶层和底层与主体结构拉接、山墙采用喷射混凝土的方法，与主体结构的整体性连接存在薄弱环节，不能满足结构抗震需要，同时顶层和底层设置拉结筋也需要入户操作。这些因素导致既有建筑抗震加固工作推进困难重重。因此，亟需研发一种快速、高效、低影响的既有住宅不入户加固方法。

2）技术特点

一般多层砌体结构住宅楼有两道外纵墙，外纵墙和山墙可以通过喷射混凝土板墙等方法进行加固，纵向抗震承载力基本能满足要求，而建筑平面较长或存在变形缝等情况时，仅仅通过加固山墙等数量较少的部位，横向抗震承载力验算很难满足要求。为了解决上述问题，中国建筑科学研究院有限公司工程抗震研究所研发团队提出，在建筑外部两侧沿横向设置短墙、在屋顶设置大梁，形成钢筋混凝土门式刚架，利用钢筋混凝土门式刚架的刚度来分配由主体结构承担的部分地震力作用。

为了加强加固门式刚架与主体结构的整体性，同时约束主体结构，并避免门式刚架抗侧刚度较小，在楼层处设置拉杆连接门式刚架与主体结构，拉杆可利用唐山地震后抗震加固时用的既有钢拉杆，也可在建筑横墙上钻孔设置新拉杆，如采用后述的长距离靶向定位钻孔工艺（图7-1）。拉杆起到横向圈梁的作用，增加了结构的整体性，并加强了门式刚架对主体结构的约束。该加固技术适用于多层砌体结构的不入户抗震加固工程，对框架结构加固也有很好的效果。

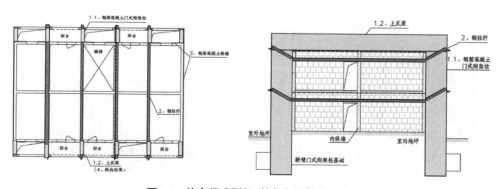

图7-1　外套门式刚架-拉杆加固技术示意

3）加固设计要求

（1）根据岩土工程勘查报告和加固方案计算结果，在结构横向抗震承载力不满足要求、拟增设门式刚架柱（或短肢墙）的部位，对地基进行处理，为避免地基不均匀沉降，可采用钻孔灌注桩或微型桩、筏板、条基作为新增结构的基础。

（2）在各楼层处的横墙内，采用后述的长距离靶向定位钻孔工艺钻孔，孔内设置钢拉杆，两端预留伸入短肢墙内的长度，并在钻孔内灌注高流态灌浆料。拉杆的直径和强度等级根据计算确定，并满足构造要求。

（3）钻孔可为直线形，为了提高砖墙的竖向承载力，也可设置成折线形或曲线形。

（4）根据计算结果确定门式刚架的尺寸和截面配筋、混凝土强度等级，从基础绑扎门式刚架柱（或短肢墙）的钢筋，并将钢拉杆锚固在钢筋笼内，依次浇筑混凝土至檐口部位。

（5）在屋面绑扎门式刚架梁钢筋，与门式刚架柱连成整体，为了加快施工进度，减少对屋面防水的影响，也可用刚度较大的钢梁，并加强其与刚架柱的连接。

（6）为了减少门式刚架梁对外立面的影响，可结合门式刚架的设置，进行屋面平改坡改造，也可做架空层，屋面可开设老虎窗。

（7）为了增加门式刚架平面外的稳定性，可于各楼层标高处，沿门式刚架柱外端设置纵向连梁，并与悬挑阳台构件连接，同时起到增加阳台抗倾覆的作用。

（8）在外立面局部凹进部位设置空调板和雨落管，进一步优化外立面效果（图7-2）。

图7-2　加固后外立面效果图

4）加固施工技术要点

（1）对居民楼周边环境和建筑内部情况进行调查，编写施工组织设计方案；

（2）在对基础加固处理的基础上，搭设专用可移动脚手架，安设全站仪和钻机及配套设备，进行对准和调试，接驳临时电源和水源；

（3）结合原设计图纸和加固改造设计图纸，选取点位进行试钻；

（4）在试钻成功后，按照预设的施工方案，从下至上，依次钻孔；

（5）钻孔时密切注意钻头走向，利用内窥镜技术及时调整偏差，控制在允许范围内；同时注意施工作业时的声音和振动，室内留人观察，如发现异常，及时停钻，待检查无误后继续作业。作业过程中，全程开启除尘降噪设备，将对居民的影响降至最小；

（6）钻孔完毕后及时清孔，并灌注护壁砂浆，用套管挤压砂浆或直接埋设钢套管；

（7）在孔内设置钢拉杆，根据设计需要，拉杆形式可为直线形、折线形，钢筋可分为先张法和后张法预应力筋或普通钢筋；

（8）在孔内灌注灌浆料，将钢拉杆的两端锚固于两侧新增的钢筋混凝土门式框架柱内；

（9）在屋顶绑扎门式刚架梁钢筋笼，浇筑混凝土，并与门式刚架柱连成整体；

（10）结合屋顶的门式刚架梁，进行屋面平改坡施工。

2.基础摩擦滑移隔震加固技术

1）现实需求

一般建筑的设防目标为"小震不坏，中震可修，大震不倒"，钢筋混凝土和钢结构采用小震弹性承载力计算和大震弹塑性变形验算以及抗震措施来实现三个设防水准。现行国家标准《建筑抗震设计规范》GB 50011规定，砌体结构的构造柱"应伸入室外地面下500mm，或与埋深不小于500mm的基础圈梁相连"，汶川地震中，这一措施在一定程度上实现了砌体结构的大震不倒，但代价是上部结构严重开裂损伤，最终不得不拆除（图7-3）。

与此相反的是，少部分砌体结构构造柱底部锚固圈梁位于室外地面以上，大震作用下上部结构基本完好，所有损伤集中在基础圈梁下部的砖墙上（图7-4）。通过分析，这一震害现象的出现是由于上部结构的圈梁构造柱增加了结构的整体性，提高了砌体结构的抗震承载力，而地圈梁下部的墙体由于没有设置圈梁和构造柱，承载力相对较弱，大地震作用下，上部结构和地圈梁下部墙体突破砂浆的黏结作用，发生相对错动，在竖向偏心压力和水平往复剪力的作用下，基础圈梁下部的墙体发生剪压破坏，起到了"保险丝"的作用，减少了地震能量向上部结

图7-3 设置圈梁构造柱的砌体结构大震下严重损伤　　**图7-4 大震下基础滑移上部结构无损伤**

构的传递，从而减轻了上部结构的损伤，免于倒塌。

针对这一震害现象，可以通过构造措施改变规范的做法，加强基础圈梁下部的墙体，避免或减轻上部结构和基础圈梁以下墙体的损伤，不仅实现砌体结构的大震不倒，而且可以进一步实现砌体结构大震下的正常使用功能，大大提高砌体结构的抗震安全性。这种改进方法基于隔震理念，造价比隔震建筑显著降低，构造做法比较简单，便于推广。

2）技术特点

根据汶川地震震害经验，提出了"基础摩擦滑移隔震加固技术"，通过低周反复试验可知，加固墙片在与基础接触面发生滑移，滞回曲线饱满，耗能效果良好，加固墙片几乎无损伤（图7-5）。

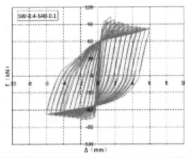

图7-5 墙片加固后底部摩擦滑移试验及滞回曲线

通过在基础部位削弱与主体结构的联系（开洞），采用有限元软件对墙片进行模拟分析，削弱部位成为"保险丝"，随着地震作用的增加，超过其抗剪承载力后，"保险丝"发生"熔断"，结构承载力迅速降低，刚度急剧退化，上部结构实现摩擦滑移和稳定耗能，主体结构几乎无损伤，与震害现象和拟静力试验高度吻合（图7-6）。

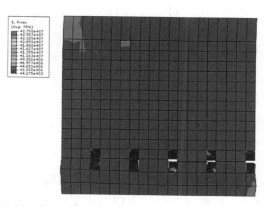

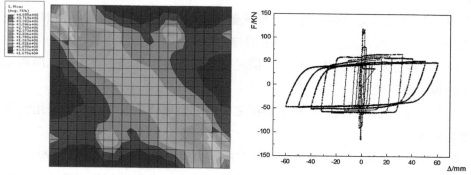

图7-6 实体墙、开洞墙有限元分析应力云图及开洞墙滞回曲线

当砌体结构遭遇多遇地震时，首先利用滑移面产生的摩擦力平衡地震作用，当地震作用大于摩擦力时，上部整体在限位装置的允许范围内，发生相对于基础水平滑动，此时限位钢筋处于弹性状态，变形可恢复原状，上部结构小震下不发生损坏；罕遇地震时，限位钢筋屈服，上部结构在滑移层做水平滑动，摩擦滑动消耗大量地震力，从而避免上部结构发生大震时的严重损伤，实现功能持续发挥，同时防止结构产生过大的滑移与倾覆。

3）加固设计要求

（1）在需要加固的底层砌体墙基础部位开挖，在建筑底层墙体拟设滑动部位，沿墙体长度方向开设垂直墙面的洞口，开洞率根据设计确定。

（2）底层墙体两侧布置混凝土上、下圈梁和垂直墙面上、下扁担梁钢筋笼，并分别整浇形成整体（图7-7）。上下圈梁之间、上下扁担梁之间设置滑移材料，以保证滑移的实现。

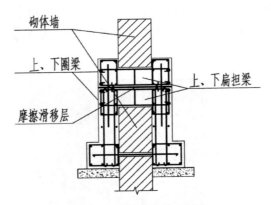

图7-7　摩擦滑动示意图

（3）若原结构未设置圈梁和构造柱，可采用后述的装配式加固技术，在建筑外部增设钢圈梁构造柱，用前述的长距离靶向定位钻孔工艺在横墙内钻孔并设置横拉杆，与外加圈梁构造柱可靠连接成整体；若原结构已经设置圈梁和构造柱，可将构造柱的下端截断。构造柱的下端与上圈梁可靠连接。

（4）为避免发生过大相对位移，同时防止结构发生倾覆，可在建筑四角和适当部位设置限位装置。

（5）若实现完全隔震，可将扁担梁之间的剩余墙体砌筑砂浆层，采用绳锯或圆盘锯切割。

（6）为减少房心回填土的阻力，可在房间内砌筑地垄墙，留置缓冲沟。

（7）对上下水管线、暖气和燃气管线进行改造，在滑动部位设置适应主体结构水平变位的软连接接头。

4）加固施工技术要点

（1）将底层砖抗震墙部位局部腾空，留出作业面；

（2）沿抗震墙两侧开挖房心土和室外地面，并进行钎探；

（3）如有构造柱，预先切断构造柱；

（4）沿砖抗震墙纵向，间隔开设垂直于墙面的孔洞；

（5）浇筑基础垫层，绑扎下层圈梁和扁担梁钢筋笼，并浇筑混凝土；

（6）待下层混凝土凝固后，在上表面铺设滑移材料（PTFE或PE）；

（7）绑扎上层圈梁和扁担梁钢筋笼，并浇筑混凝土；

（8）在浇筑混凝土前，设置滑移和倾覆限位装置；

（9）如原结构无圈梁构造柱，结合装配式加固技术，在建筑外部设置钢结构

圈梁和构造柱,在内部设置拉杆,以增加结构整体性,必要时可对底层或底部墙体进行适当加固;

(10)在抗震墙两侧砌筑地垄墙,预留缓冲沟,加设盖板;

(11)对上下水管线、暖气和燃气管线进行改造,在滑动部位设置适应主体结构水平变位的软连接接头,实现大震下正常使用;

(12)对建筑进行装修恢复。

5)摩擦滑移材料要求

一般可采用改性聚四氟乙烯板(PTEE),摩擦材料突出表面1mm,静摩擦系数为0.03。对于低矮的建筑,当经费有限时,也可采用聚乙烯塑料(PE)。

3.装配式加固技术

1)现实需求

唐山地震后我国推广使用的外加圈梁构造柱和钢拉杆加固技术,增加了结构整体性,提高了抗震性能,简单易行,造价低廉,在当时住宅公有化、居民对室内装修要求不高的情况下是可行的(图7-8)。

图7-8 传统外加圈梁构造柱,内置钢拉杆加固技术

随着房改政策落实和房屋的私有化,居民对室内装修要求不断提高,不再允许室内出现钢拉杆,同时老旧小区多位于市区成熟地段,小区拥挤,车位紧张。传统的外加钢筋混凝土圈梁构造柱和内置钢拉杆技术,需要搭设脚手架、现场绑扎钢筋、支模并浇筑混凝土养护,在室内钻孔设置拉杆、室外装修,这种方式施工周期长,对居民影响大。

对于主体结构材料强度尚可、抗震承载力基本满足要求,但整体性较差的砌体结构,亟须研发一种装配式加固技术(图7-9),实现老旧住宅加固的快速和低影响。

图7-9　装配式加固技术示意图

2）加固设计要求

（1）在既有砌体建筑的平面转角位置设置竖向角钢构造柱，在平面纵横墙交接处设置竖向槽钢构造柱，型钢的翼缘或腹板与砖墙紧密贴合；

（2）在既有砌体建筑的外墙楼板标高处设置水平槽钢圈梁；

（3）型钢圈梁与构造柱现场焊接或通过螺栓连接；

（4）将型钢与砖墙之间灌注结构胶进行粘接，圈梁构造柱交接处，采用化学锚栓与墙体固定；

（5）采用后述的长距离靶向定位钻孔工艺，在横墙内钻孔并设置拉杆，钢拉杆贯穿既有砌体建筑的横墙，设置在每层楼板处，两端锚固在竖向槽钢构造柱上；

（6）在既有砌体建筑基础外围设置混凝土地圈梁，与既有砌体建筑基础浇筑为一体，竖向角钢和竖向槽钢构造柱下端锚入混凝土地圈梁内；

（7）根据计算需要，可在外圈梁构造柱之间设置斜向杆件，以进一步提高结构抗震性能；

（8）结合外保温节能改造，对钢结构进行防护。

3）加固施工技术要点

（1）在建筑外墙四周开挖基础，设置基础圈梁；

（2）将拟设置外圈梁和构造柱部位的外墙表面打磨清理干净，在圈梁和构造柱交接处墙面上钻孔并清理；

（3）在横墙部位采用长距离靶向钻孔工艺钻孔，设置钢拉杆；

（4）对型钢下料并清理表面浮锈；

（5）按照设计要求安装钢圈梁和构造柱，并用化学锚栓固定，与内置钢拉杆连接，圈梁和构造柱之间连接；

（6）型钢与砖墙之间灌注结构胶；

（7）型钢表面进行防火防腐处理；

（8）进行外保温施工。

4.高延性混凝土加固技术

1）现实需求

我国砌体结构分布广泛、数量巨大，在历次大地震中倒塌与破坏严重，并造成较大的人员伤亡。为提高砌体结构的整体性，改善砌体结构的抗震性能，提出采用高延性混凝土新材料对砌体结构进行抗震加固。西安建筑科技大学在大量试验（图7-10）和理论的基础上，通过对加固材料自身延性的研发改进，提高材料的抗拉强度、拉伸变形能力及与砌体的黏结性能，实现对砌体结构的有效加固。

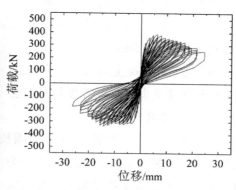

图7-10　墙片采用高延性混凝土单面加固拟静力试验及其滞回曲线

2）技术特点

高延性混凝土是一种具有高拉伸延性、高抗裂性能和高耐久性能的新型结构材料，将其用于砌体结构加固，可有效改善砌体结构的整体性、承载能力和耐损伤能力。该方法直接通过面层与砌体的黏结，一般不需要拉结钢筋网，加固面层厚度薄、施工工艺简单，施工工期短。此外，由于高延性混凝土材料具有良好的抗裂和抗渗性能，采用这种材料对外墙加固处理后，房屋的外墙防水、抗裂和耐久性能也得到了较大的提升。

老旧小区的多层砌体结构住宅楼由于建造年代较早，材料强度退化及抗震能力不足。在建筑外纵墙和山墙外侧、楼梯间两侧横墙采用高延性混凝土面层进行加固，从结构外侧整体形成约束，提高其整体性和综合抗震能力，施工期间不需要住户的临时搬迁。采用高性能混凝土加固砌体房屋时，房屋的层数不宜超过两层。

3）加固设计要求

（1）对A类砌体结构住宅楼，根据结构抗震鉴定结果，采用综合抗震能力的计算方法，确定结构外纵墙、山墙及楼梯间横墙所需的高延性混凝土加固面层厚度；

（2）对B、C类砌体结构住宅楼，采用高延性混凝土对上述墙体加固后，部分内部横墙抗震承载力不足，则可以结合外套门式刚架—拉杆加固技术在相应部位配合使用；

（3）高延性混凝土面层厚度不小于15mm，当面层厚度大于等于30mm时，应设置构造钢筋网。

4）加固施工技术要点

（1）按高延性混凝土使用说明拌制，不得随意添加水及其他物质，高延性混凝土拌合物中的纤维均匀分散，不得结团；

（2）原墙面的装饰面层应清理干净并设置控制厚度及平整度用的灰饼；

（3）洒水润湿墙面，待无明水时分层压抹或喷射施工高延性混凝土，压抹每层厚度不应大于15mm；

（4）高延性混凝土面层施工完成后，按照工艺要求进行养护。

5.长距离靶向定位钻孔设备与工艺

1）现实需求

为了将外套门式刚架—拉杆加固技术中主体结构承担的地震作用可靠地传递至外套门式刚架，并增加加固结构与主体结构的整体性，从而达到减轻主体结构震害的目的，需要将新增的外套门式刚架与主体结构连成整体，传统的室内增设钢拉杆技术能实现这一目的，但需要入户作业，影响室内装修和居民正常生活，实施困难。为配合外套门式刚架—拉杆加固技术和后述的装配式钢结构加固技术实施，并减少对居民正常生活的影响，亟需研发长距离靶向定位钻孔装备及施工工艺。

2）设备与施工工艺

传统的老旧多层砌体结构住宅楼，平面进深一般为11～14m，内墙厚度一般为240mm，常规钻机的深度不满足要求，同时长距离钻孔时精度不足，容易钻孔跑偏，钻进室内，引起纠纷，影响加固工程质量。而且，常规钻机和地质钻机采用水冷却技术，冷却水在砖墙内容易造成砖墙渗漏、返潮，同样引起纠纷。

中国建筑科学研究院有限公司工程抗震研究所联合北京荣大建科技术工程公司及相关单位，经过多次试验研发了砖墙内长距离靶向钻孔成套工艺和设备（图7-11）。目前，该工艺能实现在长度14m、厚度240mm的砖墙内钻孔，孔径为40～60mm，水平钻孔精度为±20mm，满足现场施工精度要求，避免因为施工偏差过大对室内装修和墙体内预埋电气线盒的损坏。同时在孔内灌注护壁砂浆，避免灌注灌浆料时造成室内墙壁脱落。为了消除钻机冷却水对室内环境污染的不利影响，应用压缩空气循环冷却技术，保证墙内成孔施工的顺利进行。通过激光靶向定位和内窥镜联机，实时掌握钻头走向，确保施工精度。根据现场绿色、环保、文明施工的理念，研发了配套的除尘降噪设备，进一步改善了现场作业条件，减少对环境的影响。

图7-11　测量放线与钻机就位

7.1.2　房屋安全动态检测技术

2014年4月，住房和城乡建设部发布《关于组织开展全国老楼危楼安全排查工作的通知》（建办电〔2014〕7号），要求各地高度重视城市老楼危楼的安全排查工作和安全管理。《危险房屋鉴定标准》JGJ 125-2016中明确，在对房屋结构危险程度作出正确判断，予以及时治理时应结合房屋周边环境等因素综合考虑。

根据《城市危险房屋管理规定》，危房可分为四类进行处理，即观测使用、处理使用、停止使用、整体拆除。其中属于观测使用类别的房屋，为确保人民群众生命财产安全，应采用科学的方法进行安全监测。

房屋安全动态检测技术基于城市物联网感知体系的架构，对存在安全隐患的房屋安装传感设备，智能识别预警阈值，通过平台预警，线下现场核实，出具监测报告。平台自动有效预警至各监管职能部门、属地街道，由属地街道进行委托鉴定，实现准确报警，启动应急预案，及时处置房屋安全隐患。

平台通过三方面进行运作。①技术设备监测：根据提供的资料及实地踏勘，对建筑物设变形监测点，并根据其不同形式布设传感器采集数据；②平台实时监控：将传感器获取的实时数据，通过网络发送到云服务器进行存储，客户端通过远程监测软件将数据进行汇总分析，获取建筑物倾斜、沉降、缺陷等变化情况；

③人员定期巡查：安排技术人员定期和随时巡查，24小时待命，及时掌握房屋状态，维护在线监测系统，对预警及时分析核实和汇报处理。

平台具有预警管理、日常管理、数据综合应用展示、应急处置管理和档案管理功能。

（1）预警管理：通过远程监测设备线上异常数据自动采集结合线下核实的方式，将有效预警信息通过平台实现自动预警，对后续房屋应急处置提供准确、及时的支撑；

（2）日常管理：根据日常管理的特点，平台设置巡查App，通过设立"三级预警"和"五级责任人"模式，按照预警级别由相关处置责任人进行线上和线下任务布置、处置、闭合等关键环节，所有处置环节形成对接，从而解决管理不到位、责任不明确、机制不健全的问题；

（3）数据综合应用展示：对危旧房屋内各类静态资源信息、动态运行数据进行一屏化展示，用"一张图"的方式管理房屋，提供适合业务需求的多维度展示功能，实现房屋信息、监测设备信息全面掌控，提供区域范围内房屋安全综合指数；

（4）应急处置管理：平台发送有效预警后，当预警等级达到"一级预警"时，平台启动应急处置程序，属地街道、关联的监管职能部门按程序开展应急预案，整个处置过程形成多部门联动模式，提高处置的及时性、有效性；

（5）档案管理：实施处置功能后，由处置主体对事件进行闭合，按相关规定在系统上操作，系统对整个从预警到处置过程中的各项资料进行存储，如预警信息、房屋鉴定报告、重建及加固图纸等档案信息，实现房屋全寿命周期档案信息化功能（图7-12）。

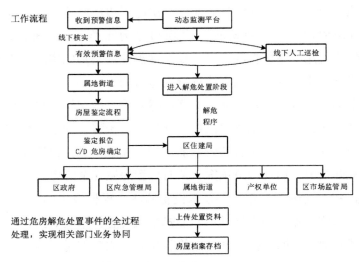

图7-12 危房处理工作流程

7.1.3 无障碍信息通道

随着互联网、物联网等新一代信息技术的不断创新发展以及无障碍社会建设的开展，越来越多的小区在内部建设信息化的无障碍设施，形成信息无障碍服务平台。

浙江省杭州市拱墅区德胜新村在老旧小区改造中运用了无障碍导航：通过手机无障碍地图App，戴上为视障人士和行动不便的老年人专门设计的智能手环，当视障人士靠近视障辅助提示器5m之内时会自动触发语音提示。根据布点语音提示，视障人士能够清楚地知道自己所在位置、附近公共服务点与行进路线，语音会自动循环3遍，增强提示效果，实现无障碍导航。它还整合了社区居住区、公共区域等处的无障碍数据，通过智慧平台实时获取公共无障碍数据资源，通过智能设备感知社区无障碍数据、AI模型算法实现无障碍导航。打破了居住区、公共区域无障碍通行的壁垒，推动残联、环境保护、城市管理、交通运输等跨部门协同，实现无障碍通行（图7-13、图7-14）。

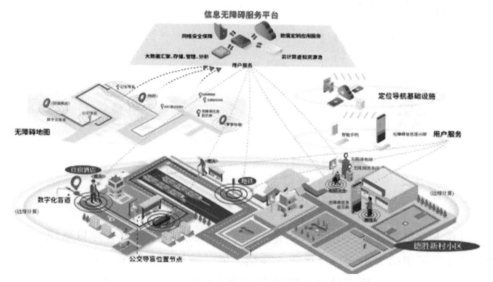

图7-13 德胜新村信息无障碍服务平台

数字盲道是无障碍建设中不可忽视的一部分。依托数字盲道，视障人士可在小区内自主安全出行，促进打破视障人群出行、融入社会的壁垒，提高视障人士的生活幸福感、体验感。数字盲道也被纳入无障碍地图。后者以较小的代价在周边盲道、公交、地铁等出行环节上采集无障碍设施位置信息，确保社区无障碍道路的畅通，为残障人士出行提供最及时、最完善的路线指引及疏散疏导服务。数

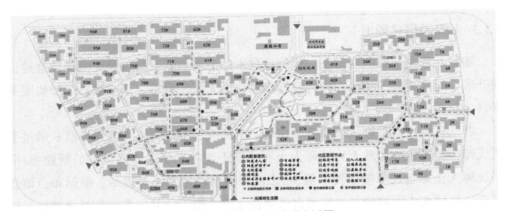

图7-14　德胜新村无障碍生活圈

字盲道也与公交导盲系统、公共服务场所导盲系统、出行辅助工具一起构成老年人及视力障碍人士出行服务系统，推动建设无障碍通行环线和无障碍信息化系统，构建15分钟无障碍生活圈，实现从环境无障碍、信息无障碍到心理无障碍的转变，营造残健和谐共处的社会氛围和社会意识，推进残健共融，打造"通行无碍、关怀有爱"的美好家园社区（图7-15）。

图7-15　德胜新村无障碍生活圈

以数字盲道为基础，可在小区主要通道、十字路口增设电子导盲系统，根据布点语音提示视障人士通行及休憩，并结合电子导盲布点系统，帮助智力下降的老人找到归家之路；增设社区无障碍明盲导览对照平面图，方便来访人员（尤其是残障群体）第一时间知悉社区内的环境信息、建筑分布及无障碍服务设施。通过无障碍出行应用程序、穿戴手环等针对不同人群的出行需求提供个性化的无障碍服务，结合蓝牙、Wi-Fi等无线信号，进一步融合手机传感器信号进行定位，依托无障碍辅助提示器和虚拟盲道，赋予残障群体"数字第六感"。

基于物联网技术，利用视觉识别技术，结合小区周边环境进行个性化出行线路定制，为用户群体提供感知周围环境，获取周边信息的服务，辅助定位、室内外导航等功能应用。用户选择目的地，沿着虚拟盲道进行导航时，开启视觉识别功能，实时识别周围环境的特征标识，即可显示当前位置以及提示信息。应用场景如下所示（图7-16，蓝色图标为数字化盲道特征标识点，红色为已识别点）。

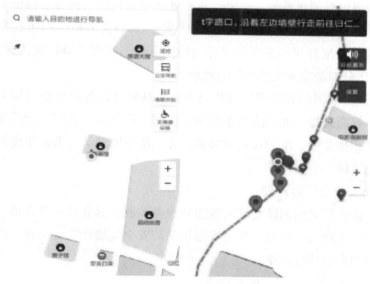

图7-16　德胜新村无障碍生活圈

传统盲道存在不合理建设、易磨损、被占用等问题，未能发挥应有的作用，数字盲道则凭借现代科技的发展和智慧城市的推进不断得以创新和广泛应用，与城市大脑等实现更好协作，帮助残障人士融入社会，实现发展成果由人民共享。

7.1.4　社区消防智能化技术

城镇老旧小区管线老化、消防设施不齐全，加上住户居住密集，一旦发生火灾事故，损失不可估量。对智慧消防来说，老旧小区是发挥其作用的典型场景，能有效地防范火灾。

目前在北京、浙江、江西等地，都积累了不少通过搭建智慧消防系统及时预警并消除火灾隐患的经验。大屏实时监测、全系报警送达、定期数据报告、事故追溯定责、优化绩效管理，是整个智慧消防系统建设核心的目标要求。

1.社区智慧消防的建设内容

与传统消防相比，智慧消防是将事故处理的边界提前到了事故发生前：以先进的物联网手段，实时监测消防系统的运行状态并及时传达，满足事故防控"自动化"、灭火救援智慧"智能化"、日常执行工作"系统化"、智慧管理"精细化"，最大限度地做到"早预判、早发现、早除患、早补救"，打造从城市到家庭的"防火墙"。

1）消防安全智能化基础建设

（1）对基础消防设施的功能修复和完善，确保社区基础消防设施处于良好运行状态，如室内外消火栓等。另外，可在社区增设社区消防应急救援站，放置微型消防喷水车、智能机器人灭火设备、灭火器、5G无人机、消防衣服等初起火灾扑救措施，并配置居民兼职的义务消防服务员，实现"30秒到达火灾现场、2分钟灭火、5分钟清除火灾隐患"的效果。

（2）通过安装消防物联网智能化设备，实现对社区各类消防设施的运行状态动态监测和智能感知，如消防水系统状态监测、电气火灾监测、消防通道堵塞监测、楼道堆积物监测、电动车进楼监测、无人值守监测等，整体实现社区消防设施的智能化管理。

2）消防安全云平台建设

实现对社区区域内消防物联网智能化设备监测信息和社区日常消防管理行为的统一管理，为居民、物业、街道等提供消防安全便捷化管理工具，实现社区消防安全各类信息的充分共享。

3）消防安全社会化服务体系建设

建设针对社区的消防社会化标准服务体系，有效整合社区消防相关资源，打造符合社区特点的社会化服务体系和业务模式，确保政府资金投入有依据、社区居民参与有动力、物业街道管理有能力和服务模式运营能持续。

针对城镇老旧小区消防安全管理普遍存在的问题，通过前端布置的智能物联网设备，实现消防设施及关键部位的实时动态监测。发现报警或异常，可通过消防安全云平台及相应的App，及时通知相关人员进行处置。同时，可与目前主流人工智能算法进行深度集成和应用，如基于AI视频分析技术实现消防通道堵塞识别、烟火识别、电动车进楼识别、消控室无人值守识别等（表7-1）。

消防监测及物联网设备 表7-1

监测类别	物联网设备	监测内容
火灾报警监测危险源监测	用户信息传输装置	监测火灾自动报警系统火警、故障、屏蔽等信号
	独立式感烟/感温探测器	监测火灾报警信号
	独立式燃气探测器	监测可燃气体泄漏
消防水监测	室外消火栓水压监测	监测室外消火栓管网水压
	室内消火栓水压监测	监测室内消火栓管网水压
	喷淋末端水压监测	监测喷淋系统管网水压
	水位监测	监测消防水箱/水池水位

监测类别	物联网设备	监测内容
电气火灾监测	组合式电气火灾探测器	监测电气线路剩余电流、相电流、线缆温度等参数
巡查状态监测	蓝牙标签	监测工作人员巡查任务执行完成度和规范率
视频监控	安消联动	远程视频复核火警信号
	消控室值守监控	对消控室值班人员在岗情况进行监控
	通道占用/堵塞监控	对消防车道、疏散通道占用/堵塞情况进行视频监控预警
	烟火视频监控分析	对烟火进行视频识别报警
	电动车进楼	对电动车进楼进行监控

智慧消防定义了信息社会新技术为基础提升的消防理念，应用物联网、云计算、大数据、移动互联网等手段，获取有用信息并发挥数据的价值。

在消防工作中利用"物联网"的优势实现全面感知、开放共享、预测预警、研判分析、指挥决策等，是我们能达到智慧感知、智慧防控、智慧指挥、智慧作战、智慧执法、智慧管理的最终目标。

2.智能化消防改造

老旧小区消防安全普遍存在的问题主要有：①社区公共区域的消防通道堵塞；室外消火栓故障、损坏、欠压等；楼梯间杂物堆放；②居民家庭区域的厨房燃气泄漏；大功率电气集中使用；电动车室内充电；老人忘记关燃气等；③消防管理和技能方面的社区消防安全管理水平差；居民消防安全意识差；居民消防安全技能差等。

针对这些问题，从预防和控制的技术手段上应用新技术、满足新需求，通过改造，为居住社区提供包括勘察评估、联网接入、制度设计、预案编制、监测报警、巡查引导、维保检测、专业分析报告、疏散演练、教育培训及保险保障等消防安全一站式托管服务，提升社区消防安全管理水平、风险防控和应急处置能力，保证社区火灾风险始终处于低水平。

1）老旧小区智慧消防的提升内容

小区智能消防基础设施建设包括（不限于）火灾探测报警系统、基础消防设施状态监测系统和电动车进楼监测系统等，对建筑内的火灾事件进行监测报警。基础消防设施状态监测系统主要对基础消防设施的异常状态进行监测报警，电动车进楼监测系统主要对电动车进楼事件进行监测报警。

（1）火灾探测报警。小区楼栋各楼层、居民房屋内安装感温探测报警器、感烟探测报警器和可燃气体探测报警器；监测到火灾警情时应能及时产生告警信息；设备的选型及设置应符合现行国家标准《火灾自动报警系统设计规范》GB 50116的相关要求。

（2）消防设施监测。通过监测设备产生告警信息；消防通道：通过地磁检测和视频智能分析检测到被车辆占用时；消火门：通过消防门磁，检测到打开时；消火栓：通过物联网传感器，监测到异常状态时。

（3）电动车进楼栋监测。通过视频智能分析检测，识别到电动车进入单元楼栋时，应能产生告警信息。

（4）应对小区监控室进行视频监测（智能分析），无人值守时产生告警信息。

（5）上述告警信息在警情持续期间应避免告警信息反复上报；在警情消除时应能自动上报警情消除信息；应具备告警联动功能（如小区监控室的声光报警联动等）。

（6）小区消防监测系统应提供标准数据接口，按照当地政府要求同步设备信息和告警信息至相应系统（如政府的消防信息平台、社区平台等），同步发出预警。

在大数据时代，"以预备防"显得更高效可行，危险发生前的预警和研判是对区域的风险评估。老旧小区基础设施差、配套设施不全、安防消防设施缺失、无法形成严密安全防护网等诸多问题一直是困扰老旧小区消防的"老大难"。系统通过前端各种物联网传感器，实时采集数据，通过有线网络、无线网络传输设备状态数据至数据中心，利用数据采集、通信、Web等服务软件提供服务。用户可实时查看和管理前端传感器、获取报警信息，实现多维度智能检测、分析、报警、反控、维保等安全管理，实现消防安全隐患事情预警、事中报警、事后管理，遏制重特大火灾事故发生。在原有以人防、物防为主的安全建设基础上，建设成完善的人防、物防、技防"三位一体"的消防安全网络。

2）老旧小区智慧消防的建设目标

针对目前社区消防安全普遍存在问题，以消防安全科技为核心，以物联网、AI、大数据等技术为支撑，将技防与人防方式相结合，建设智慧社区消防安全云和消防一站式服务，打造创新、领先、可执行、可落地的消防安全管理服务体系，实现集约化、智能化、精细化安全管理，提升社区消防安全管理效能，增强火灾风险精准防控能力。

未来城镇老旧小区应融入城市更新建设中，智慧消防的建设目标有：

（1）消防云：建设能涵盖社区消防安全设施监测、安全工作管理、线下安全服务等多项业务在内的"消防安全云"，实行集中监管和监测值守。

（2）低风险：在新技术、新系统和新服务模式应用条件下，创建新型消防安全管理服务体系，提升示范社区消防"早预判、早发现、早除患、早补救"能力，形成火灾风险常态化防控能力，保证示范社区火灾风险始终维持在较低水平。

（3）能保障：以保险赔付消防设施损坏和火灾损失为兜底，通过责任倒逼机制和社会保险体系促进建设智慧消防示范社区。

3.智慧建筑消防体系和消防安全一站式服务应用

城镇老旧小区因建设时间较长、安全基础薄弱，存在消防基础设施老化缺失等问题。传统火灾报警系统施工布线复杂，不方便安装，导致老旧小区配套火灾预警系统一直难以到位。智慧消防体系建设运用科技手段，建设消防安全工作治理平台，使其能够实现对消防的感知、存储（记忆）、联想（研判）、预案等多种能力，实现政府部门、社会单位和社会公众共同参与的消防安全治理新模式。让消防工作的重担不仅仅压在政府或消防部门的肩头，实现全民参与、全社会共享的社会消防安全治理新格局。

1）智慧消防一站式服务应用保障建设

智慧消防体系的建设要求实现事前全范围全时段的全面防范，事后快速处置的立体化火灾防控体系，为政府和消防部门提供大量的安全数据分析，对消防工作、用电安全、消防设施状态、隐患整改情况实时掌控。系统形成的大数据，为灭火救援作战指挥提供翔实的科学决策，形成立体化的火灾防控指挥体系（图7-17）。

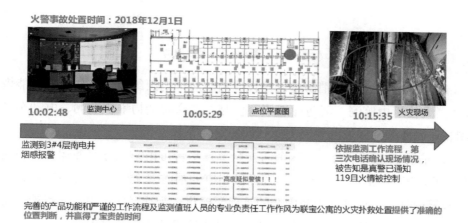

图7-17 智慧消防火灾预警案例（辰安天泽智联技术有限公司提供）

智慧消防物联网消防安全（云平台）在街道（或社区）的作用包括：

（1）提供消防安全社会化一站式托管或高级服务，提升社区消防安全管理水平、风险防控和应急处置能力，降低社区火灾风险水平。

（2）功能包括（不限于）：小区消防监测系统和设施设备监测、安全工作管理、线下安全服务等。

（3）能提供社区消防安全咨询服务包括（不限于）：勘察评估、联网接入、制度设计、预案编制、监测报警、巡查引导、维保检测、专业分析、疏散演练、教育培训及保险保障等。

2）消防体系一站式服务应用的分工

通过社会创新服务模式，以高新科技、整体创新来实现社会化消防安全服务由"碎片化"向"一站式"转变，由"非专业化"向"专业化"转变，由"业主损失难以赔偿"向"保险赔付"转变，由"被动应付"向"主动管理"转变。有效整合社区消防相关资源，打造可落地、可持续的符合社区特点的消防社会化服务体系和业务模式，确保政府资金投入有依据、社区居民参与有动力、物业街道管理有能力、服务模式运营能持续（图7-18）。

图7-18　消防体系一站式服务

（1）社区公共区域的消防基础建设应由政府部门组织实施，如消防功能恢复（室外消火栓压力监测、消防通道堵塞监测、楼梯间杂物堆积监测、电动车进楼监测、居民楼公共区域独立火灾探测设备安装等）。

（2）消防安全云平台、社区消防安全节点平台可由第三方服务运营公司建设实施（不限于）：街道、社区、小区提供相应的消防安全信息化管理工具，监测实时报警信息，实现日常消防安全的管理便捷化；为社区居民提供各类消防安全培训教育、疏散演练、逃生技能培训；公共消防设施检测和维保。

（3）社区居民家庭可自主选择安装厨房独立燃气探测器、独立烟感、独立电气火灾监测仪、简易消防喷淋等；前期投入建议争取政府部分补贴，安装设备后可接入消防安全云平台，报警信息可同步至小区物业和街道，增加家庭消防安全保障屏障。

《中华人民共和国消防法》指出，"全民参与"的消防社会化属性会越来越强。老旧小区的居民能够接受智能化消防理念，在政府督促、物业引导和服务运营商积极参与后，理顺了政府、居民、物业和运营商的关系，将智慧化的新技术与老旧小区改造的市场融合，政府监管好服务运营平台，居民遵循物业的消防安全教育并投入、更新检测设施，运营商推动消防安全现状评估以形成保险公司科学制定险率，形成一站式智慧消防服务应用体系，保证据此改造的小区其火灾风险始终维持在较低水平。

7.2 绿色技术

7.2.1 社区海绵城市技术

社区海绵城市技术主要体现在城市海绵城市综合管控平台上。海绵城市全过程监测的理念，通过建立"源头—过程—终端"监测网络，为海绵城市建设效果的定量化绩效评价与考核提供长期在线监测数据和计算依据，为设施运行情况的应急管理决策提供参考。

社区海绵城市监测属于源头监测，选取具有代表性的典型项目进行雨水排出口年径流雨水外排总量监测，结合同步监测的降雨数据，计算典型项目的年径流总量控制率，以此作为年径流总量控制率的源头监测。源头数据反馈至海绵城市综合管理平台，对项目整体建设情况和各个设施的效果评估提供依据。

1.海绵城市综合管控平台

根据《国家海绵城市建设技术指南》等相关文件的要求，海绵城市监测与管控平台应实现径流总量模拟监测、径流峰值延缓评价、面源污染负荷评价、径流污染削减评价等，形成科学、合理、准确的海绵城市建设运营评价体系，客观评价海绵城市绩效。在海绵城市建设中引入信息化管理手段，对海绵项目、监测等信息进行数字化管理，提升管理效率。

基于在线监测数据的支持，可对海绵城市建设从规划、建设、运行到后期改造建立全过程、精细化的管理模式，为海绵城市相关排水设施建立全过程的数据库；利用先进的传感、物联网、云计算等技术手段，实现分布式排水系统的在线监测与建设过程管控，能快速高效地评估和诊断整体排水系统，增强规划设计的科学性，提高排水设施的建设和运行效率。

2.在线监测仪表

海绵城市在线监测仪表主要包括：在线双冗余液位计、在线多普勒流量计、在线SS/DO水质监测仪、在线雨量监测预警仪等，仪表信号通过无线网络进入统一的数据网关，并提供数据在线查询及共享接口服务。

（1）在线双冗余液位仪：智能化排水系统专用监测设备，可用于排水设施、积水点、蓄水池、排水管、排水口及河道的液位在线测量及预警，适合地表径流、浅流、非满流、满流、管道过载及淹没溢流等状态的水深或液位监测，测量数据可以本地储存、中继器缓存和通过无线网络发送到统一数据网关，无测量盲区，可远程设置和修改设备的配置参数，同时实现排水系统液位长期在线稳定持续监测与积水、溢流等时间的及时预警预报。

（2）在线多普勒流量计：智能化排水系统专用流量监测设备，可用于排水管道、排水渠、排水口、断面宽度小于5m的河道的在线流量测量及液位预警，适合浅流、非满流、满流、管道过载等状态的流速、液位和流量的监测，可测逆流，测量数据可以本地储存、中继器缓存和通过无线网络发送到统一数据网关，可远程设置和修改设备的配置参数。

（3）在线SS/DO水质监测仪：设备可应用于有稳定淹没水深测量工况的水质悬浮物或溶解氧的在线监测。

（4）在线雨量监测预警仪：使用高可靠性雨量筒，应用于降雨过程降雨量的在线监测与自动记录，测量数据可本地储存和无线发送，在降雨过程及时发送数据，平时休眠，具备预警推送和云端管理功能。

（5）数据网关及设备管理系统：统一接入在线监测仪表，采用软硬一体化方式建设监测网络，需要数据网关及设备管理系统，提供统一、可扩展的数据网关及监测设备在线管理服务，具有在线监测设备属性信息查看、监测数据统计分析、预警预报提醒、微信公众服务平台定制服务等功能，支持WebServices监测数据接口、软件在线自动升级及运行保障服务。

3. 海绵城市管控平台建设效果

1）全面评价海绵城市建设成果

在线监测技术可定量化考核评价海绵城市建设对水生态、水环境、水安全、水资源状况改善所起的作用，以及对城市水生态系统保护与修复、城市水环境质量改善、城市排水防涝能力提升带来的影响。通过对海绵城市建设过程中各项指标的科学监测，全面评价海绵城市建设对城市带来的影响（图7-19、图7-20）。

2）积累海绵城市技术措施的相关数据

海绵城市在建设过程中，对雨水花园、透水铺装、植草浅沟等措施进行监测跟踪、积累数据，形成技术规范，对同类城市提供经验和指导。基于获取的大数据，用数据说话、数据决策、数据管理、数据创新，以现场数据为工作基础，以数据分析为工作手段，以数据反馈为优化依据，支持排水负荷分析、事故预警、调度控制、运营养护等工作，简化相关业务流程，驱动业务管理，以动态数据驱动管理模式的转型与升级（图7-21～图7-23）。

图7-19 海绵城市管控考核平台（一）

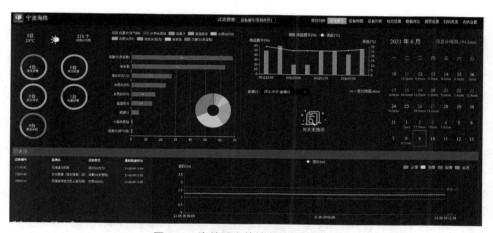

图7-20 海绵城市管控考核平台（二）

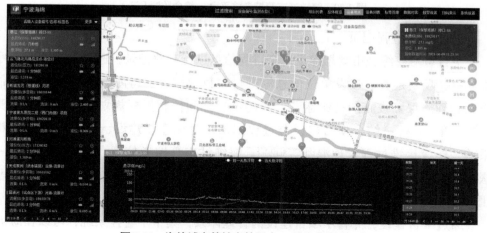

图7-21 海绵城市管控考核平台—综合监测（一）

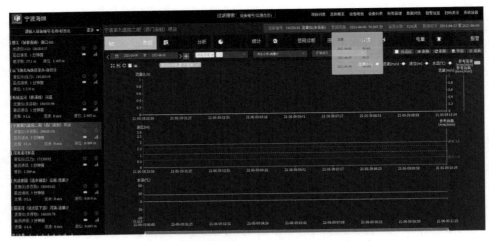

图7-22 海绵城市管控考核平台—综合监测（二）

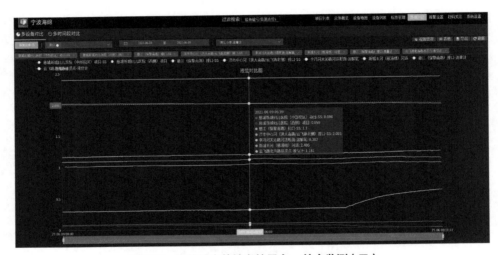

图7-23 海绵城市管控考核平台—综合监测（三）

3）项目全过程记录

平台可对海绵城市规划建设的全过程信息进行有效记录，通过建设进度、月报周报、项目巡查、建设单位信息等进行项目管控，支持海绵城市建设全生命周期管理，保障设施的持续运营；对建设目标和控制指标规划进行匹配，实现"建""管"并行；结合项目建设全过程记录，避免重复建设、新建绿色设施效果差、建设运维过程管理混乱等问题。海绵城市管控考核平台对项目实行"一张表"管控，可查看项目建设情况、资金下发情况、完成内容、问题整改等（图7-24、图7-25）。

通过平台建设，完善了项目建设的管理体系，集中了管控系统，可以在海绵城市的运维管理中有效地防控风险和维护城市安全。

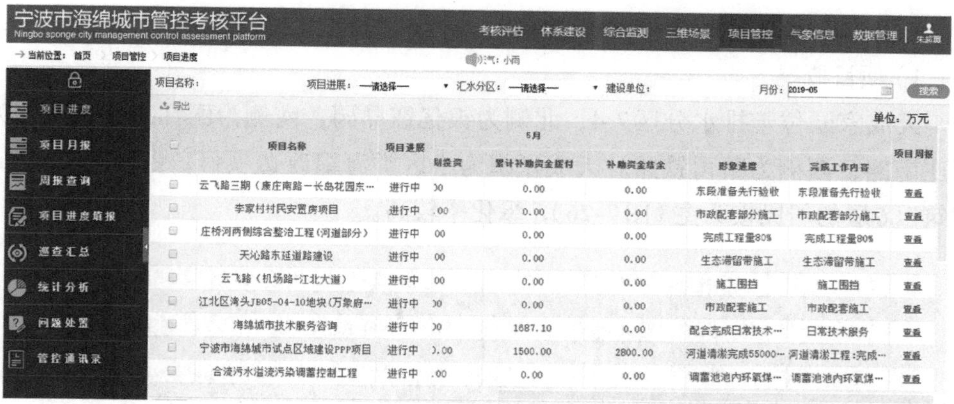

图7-24　海绵城市管控考核平台—项目管控

图7-25　海绵城市管控考核平台—项目巡查

4.社区海绵城市建设要求

海绵城市建设结合老旧小区改造同步推进。老旧小区往往存在设施老化、排水系统不完善等问题，社区海绵建设目标需要达到当地规划目标，为对项目进行指标监测，为海绵城市建设指标提供数据支撑，需要在社区海绵设施、排水口布置在线监测仪表。

（1）对社区内易出现积水的位置，且附近井内雨后水位较高的、周围地形起伏明显的可安装液位计，监测是否会发生雨天积水情况。

（2）对小区雨水排口进行监测，小区雨水排口往往直排入河和市政管网，在排口安装在线流量计、在线SS检测仪，监测是否有雨污混接现象。

（3）对社区内具备安装条件的海绵设施安装监测设备，包括在线SS检测仪、在线流量计等，实时监测海绵设施对雨水的控制效果和初期污染物的削减效果。

5.天成家园海绵监测

1）项目概况

天成家园位于排水分区7-4，北侧为银亿钰鼎园，南侧为丽江东路，东侧为康庄南路，西侧为萧甬铁路。天成家园为小区类海绵改造项目，占地约7.42ha，建筑以6层的居民楼为主（图7-26），绿化率较高。

图7-26　天成家园区位图

由于小区建成时间较长，雨污混接现象比较严重，内部存在两处涝水风险点，大雨时，最大积水深度约50cm。可将该小区的海绵化改造结合小区的停车位改造和绿化升级同步进行，海绵化改造条件十分有利。

2）监测方案

根据项目资料，天成家园地块雨水总管由四周向东接入康庄南路市政管网。在小区东侧雨水出口处布设流量和水质监测点，进行短期监测，评估项目地块的雨水径流和SS控制效果；在小区西侧的透水铺装出水口布设流量监测点，进行长期监测，评估典型设施雨水径流控制效果（图7-27）。

3）设备安装

在东门雨水出口检查井安装1台流量监测仪和1台悬浮物监测仪，在小区西侧透水铺装出水口安装1台流量监测仪（表7-2、图7-28）。

图7-27　天成家园监测点位布置示意图

天成家园监测设备情况一览表　　　　　　　　　　表7-2

设备类型	安装位置	监测目的	安装时间
流量监测仪	东侧雨水出口检查井	地块排口流量变化	2018-9-28
悬浮物监测仪	东侧雨水出口检查井	地块排口水质状况	2018-9-28
流量监测仪	西侧透水铺装出水口	设施出水口流量变化	2018-7-10

图7-28　设备安装情况图

4）效果评估

（1）雨水径流控制：根据项目资料，该项目的目标径流控制率为70%，对应设计雨量为17.8mm，天成家园东侧出水口的汇水面积约为74177m²，径流控制体积为835.58m³。

选择雨量大于或与设计雨量接近且降雨前旱天时间大于3天的降雨进行径流控制分析，以保证降雨时海绵设施排空，结果见表7-3。

天成家园雨水径流控制情况   表7-3

降雨日期	降雨历时/h	累计降雨量/mm	理论出流量/m³	监测出流量/m³	控制体积/m³	径流控制效果
2018-10-5	17	24	1126.63	0.00	1126.63	达标
2018-11-18	20	21.6	1013.96	1.23	1012.73	达标

典型降雨条件下降雨径流控制体积均高于目标值，海绵改造对降雨径流的控制效果达标。2018年11月18日接近设计雨量的降雨条件下，流量随时间波动的过程线如图7-29所示。

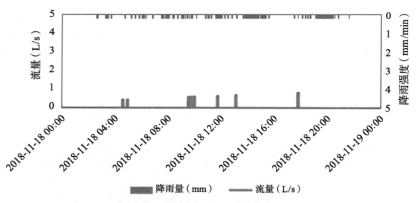

图7-29　监测点流量—时间过程线

（2）径流污染控制：根据项目资料，该项目的目标径流污染削减率为60%，根据各下垫面降雨采样化验结果加权计算可知项目平均悬浮物外排浓度为199.4mg/L。选择典型场次降雨进行径流污染削减率计算，见表7-4。

天成家园径流污染控制效果评估   表7-4

降雨日期	降雨历时/h	累计降雨量/mm	监测出流量/m³	平均外排悬浮物浓度/(mg/L)	径流污染削减效果
2018-10-5	17	24	0.00	0.00	达标
2018-11-18	20	21.6	1.23	35.58	达标

城镇老旧小区改造综合技术指南　城市更新与老旧小区改造丛书一

两场降雨条件下监测到的出流量较少，项目地块主要通过对雨水径流体积的控制，减少降雨径流带来的面源污染。

（3）设施效果评估：监测的透水铺装占地面积约为193.3m²，其汇水区域面积为378.3m²，对应设施的目标控制体积为6.06m³。

选择雨量大于或与设计雨量接近且降雨前旱天时间大于3天的降雨进行径流流量控制分析，以保证降雨时海绵设施排空，统计天成家园透水铺装径流控制情况，见表7-5。

降雨径流控制情况 表7-5

降雨日期	降雨历时/h	累计降雨量/mm	监测出流量/m³	径流控制体积/m³	径流控制效果
2018-10-5	17	24	0	8.64	达标
2018-11-18	20	21.6	0	7.77	达标
2018-12-4	25	24.2	0	8.71	达标

透水铺装的实际径流控制体积大于目标值，径流控制效果良好。

2018年11月18日接近设计雨量的降雨条件下，流量随时间波动的过程线如图7-30所示。

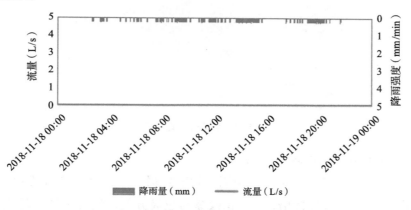

图7-30 西侧透水铺装监测点流量—时间过程线

天成家园海绵城市在线监测数据同步上传至海绵城市考核管控平台，为全市海绵城市建设提供数据支撑，工作人员可通过平台在线监控设施情况，便于日常维护与检修。

7.2.2 环卫新技术、新设备

1.垃圾分类智能设备

垃圾分类是垃圾减量化、无害化、资源化、产业化的最终出路。我国推行垃圾分类工作已经有十余年，政府不断加大对垃圾分类的倡导和投入，但是效果并不是太理想。导致这样结果的根本原因是城市环卫系统与再生资源系统两网没有真正实现融合，垃圾回收的基础设施问题重重，目前小区内绝大多数垃圾桶都是依靠个人的素质投放垃圾，虽然垃圾桶是多个而且分类的，但个人投放行为参差不齐。基于此，一些新技术、新设备应运而生。

1) 智能分类垃圾桶

智能分类垃圾桶采用先进的微电脑控制芯片、红外传感探测装置、机械传动部分组成，通过"互联网+"技术，可实现人脸识别、智能称重、满溢报警、语音提醒、视频监控、溯源巡检及数据记录采集等功能（图7-31）。

图7-31 智能分类垃圾桶

（1）智能垃圾桶的原理与功能

①LED标语宣传与音频宣传功能：智能垃圾桶可设计标语宣传功能，LED模块不间断地显示宣传标语，如"积极参与垃圾分类，创优美社区环境""垃圾要分类，资源要利用"和"今天分一分，明天美十分"等；智能垃圾桶也可设计音频宣传功能，在垃圾桶外加上语音播放装置和传感器，传感器侦测到有人靠近垃圾桶时播放宣传音频，提醒人们对垃圾分类投放。

②智能分类垃圾桶的能源供给：可考虑太阳能作为能源供给，太阳能是绿色、洁净能源，在垃圾桶的上部安装一组太阳能发电装置，白天将太阳能产生的电力利用蓄电池进行储存，夜晚在没有太阳的情况下供给系统使用，可以实现24小时无间断供电。

③人脸识别：通过识别人脸，验证身份信息，实现自动开门，投递垃圾获取积分。

④扫描/刷卡开门：居民可以刷卡或扫码，自动打开投放口；也可以触摸开关，手动打开投放口。

⑤满溢检测和满溢指示：垃圾体积超过桶最高沿，指示居民垃圾桶已满，并锁住对应投放口，拒绝居民投放，并通过LED指示垃圾桶内垃圾满溢状态。

⑥垃圾称重：对投放的垃圾进行称重。

⑦刷卡取桶：清运人员刷卡自动开门，取桶进行垃圾装运，具备钥匙开锁取桶功能。

⑧垃圾除臭消毒：在垃圾桶内置杀菌消毒灯和空气净化器负离子发生器等设备可以确保垃圾桶不会发出恶臭的味道。

⑨清洗：可加设洗手盆，便于居民扔完垃圾后清洗。

⑩数据通信：与后台进行数据同步，如刷卡卡号、垃圾桶满溢状态等工作。

（2）智能垃圾桶的使用效果

①可从源头上（居民端）解决垃圾分类问题，方便后续对垃圾进行分类处理，提高效率。

②彻底地解决了传统垃圾桶对使用者存在的卫生感染的隐患。

③能有效杜绝各种传染性疾病通过垃圾进行传播和防止桶内垃圾气味溢出。

④可收集垃圾分类相关数据，通过云平台大数据分析帮助改善垃圾分类管理模式、提高垃圾分类管理工作效率、降低垃圾分类管理成本等。

2）积分兑换机

智能积分兑换机以人机工程学为依据设计操作面板的整体布局，可大面积橱窗展示礼品，让用户一目了然地选择礼品，用户通过刷分类积分卡，以积分兑换所需的礼品，这样的垃圾分类奖励模式更容易让用户所接受。

（1）智能积分兑换机的功能介绍

①管理云平台：可通过网络查询每一台兑换机的使用信息、运行状态，微电脑控制系统具备智能数据查询、统计、核算、故障自诊断等管理功能。

②多媒体宣传屏：可配置户外液晶广告显示屏，播放各种各样的视频和图片。

③智能扫码装置：产品采用工业级二维码扫描器，反应更灵敏，使用寿命更长。

④定位功能：箱体可设置基站定位模块，产品安装完毕后，开启智能设备，服务器可自动获得产品具体位置信息，用户也可自动获得产品具体位置信息并通过手机App查找相应兑换机位置。

（2）智能积分兑换机的使用效果

①可利用显示屏宣传垃圾分类常识以及环保相关知识。

②积分兑换礼品的垃圾分类奖励模式让居民更加积极主动地参与到垃圾分类中来，有利于从源头上（居民端）解决垃圾分类问题。

③居民互相宣传、群策群力，有利于垃圾分类工作的推进。

2.厨余垃圾就地一体化处理设备

随着生活垃圾分类逐步开展，城市越来越多的厨余垃圾从其他垃圾中分出来，然而城市厨余垃圾的处理能力却普遍存在较大的缺口。厨余垃圾就地一体化处理设备目前用于农贸市场、企事业单位职工食堂较多，在进行老旧小区改造的设计中，也可将厨余垃圾就地一体化处理设备引入有条件的小区，实现小区厨余垃圾就地减量化的同时实现垃圾的资源化利用（图7-32）。

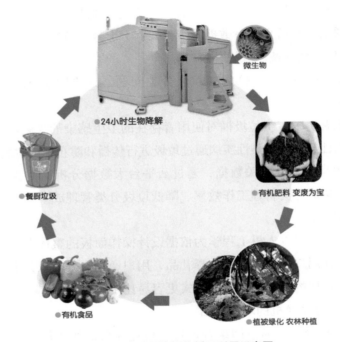

图7-32　厨余垃圾资源化循环利用示意图

1）厨余垃圾就地一体化处理设备的原理与功能

厨余垃圾一般具有以下特性：有机物含量高，同时含有一定量无机杂物；易腐烂变质，易发酵，易发臭；易滋长寄生虫、卵及病原微生物和霉菌毒素等有害物质；厨余垃圾主要为生料，油脂含量低。

针对厨余垃圾的特性，厨余垃圾就地一体化处理设备利用好氧微生物降解菌产生多种酶，如蛋白酶、脂肪酶、淀粉酶、壳素酶、纤维素酶、氧化酶、水解酶等，对厨余垃圾（包括果皮、菜叶、菜根、鸡鸭鱼肉废弃物、食物残渣等）进行快速分解，在高温有氧的情况下，微生物降解菌可使绝大部分的厨余垃圾转变为热能、二氧化碳、水、少量有机废气及有机菌肥（有机废气可通过除臭净化设备净化），从而实现厨余垃圾的快速减量化、无害化和资源化利用（图7-33～图7-36）。

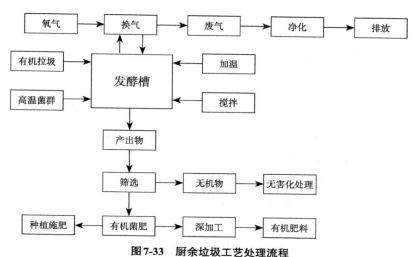

图7-33　厨余垃圾工艺处理流程

图7-34　厨余垃圾就地一体化处理罐　　**图7-35　厨余垃圾就地一体化处理箱**　　**图7-36　有机菌肥回归社区农园**

2）厨余垃圾就地一体化处理设备的使用效果

（1）能将垃圾分类出来的厨余垃圾就地处理，通过引入高速发酵素菌剂，在6～24h将厨余垃圾降解成生物菌肥，可实现85%以上的垃圾减量。

（2）降解过程中不产生污水，产生的少量有机臭气也可通过内置的除臭净化设备净化，产出物有机菌肥无明显异味。

（3）整个处理过程操作简单，人员配置很少，无需人员值守，只要投料和出料时有人员操作即可。

（4）产出的有机菌肥可回归小区绿化、社区农园或运往有机肥料加工厂经深加工做成有机肥料，从而实现厨余垃圾的无害化及资源化利用。

7.3 智能技术

7.3.1 社区数字化平台技术

1.社区平台研究

社区综合服务平台（以下简称"社区平台"）是老旧小区智能化改造的核心项目。近10年来，围绕社区平台展开研究、探索和实践的企事业单位数以千计，创新成果层出不穷，包括智慧社区、平安小区、老旧小区智能化改造、智慧物业、社区智能物联网、智能云社区、未来社区等，涉及技术包括物联网、云计算、大数据、人工智能、现代通信技术等，推动了社区平台整个产业快速发展。

社区平台产业包括社区整体规划、系统架构设计、软件系统开发、系统集成、工程实施及社区智能化组网、平台运维、业务接口集成、业务系统接入、业务运营等整个产业链。社区平台将涉及对接政府管理部门、街道/社区/小区相关的管理服务机构、社会业务相关的管理服务机构（公司）、小区居民，业务关系错综复杂，这些都需要我们去研究、探索和实践。

1）社区平台的技术路径

社区平台的实现有众多的技术路径，大致有：①社区本地部署、数据专网上传；②社区本地部署、云平台接入/赋能；③云架构部署；④社区本地部署、SD-WAN组网。

社区平台建设可选择以下一种或多种形式：

（1）社区治理智能化支撑服务平台（街道→社区→小区）：社区治理、安全防范、电子政务等的监控、数据采集及应用服务的社区和小区级支撑平台。政府主导建设社区治理智能化支撑服务平台（区或街道，或住建、民政、公安、综治、房管等政府部门主导）宜作为该平台建设的主要模式。社区治理智能化支撑服务平台可作为街道信息化平台和区、市的信息化平台的末端设备或云架构接入的末端设备。

（2）物联网终端管理服务平台（云平台及区域管理→社区、小区及终端用户）：由通信运营商、广电运营商及企业社区服务运营商提供，作为老旧小区智能化改造的应用服务补充。

（3）业务接入管理平台（业务平台→业务接入管理平台→社区或小区节点平

台）：对接业务接入管理平台，汇聚接入相关小区业务（如社区健康养老、家庭教育、周边商圈、家政服务、旅游服务等），为小区住户提供应用服务；业务接入管理平台是运营平台，可采用多方投资建设运营方式。

（4）企业（社会化）互联网业务平台（企业平台→互联网、移动App→终端用户）：如电商、配送、租房等。企业互联网业务作为老旧小区智能化改造的应用服务补充，可以直接面向住户，也可以通过以上各类平台汇聚接入。

2）社区平台发展愿景

社区平台是小区智能化改造的基础核心平台。社区平台应能满足社区智能化应用的市场需求，涵盖政府在社区的"社会治理、安全防范、电子政务、便民服务"等服务和管理的基本功能，如信息采集、事件智能识别和处置、数据上传等；可通过接入专业的业务系统拓展社区业务，如物业＋服务、疫情防控、垃圾分类、民生消费、康养服务等；平台功能和所接入的社区业务可以涵盖未来对"智慧社区"的建设期望。

社区平台可应用于：①既有居住社区（含老旧小区）的智能化改造，也可应用于智慧社区的建设；②新建楼盘对信息化、智能化的建设；③配置适当的功能插件，可同时满足公安部门对智慧平安小区的建设要求；④配置适当的功能插件，也可同时满足政府其他行业部门对社区的智能化建设要求。

2.社区业务接口及数据

1）业务接口及数据的标准化

在社区智能化改造中，设备、系统的标准化和互联互通已成为突破小区智能化改造障碍的关键。针对平台接入的具体要求，硬件设备接入接口、业务系统接入接口、平台的功能插件接口及数据进行标准化、规范化的设计升级，实现覆盖广泛、可标准化推广、自适应对接的接口库（由国家权威机构测试）。社区智能化平台的标准接口如图7-37所示。

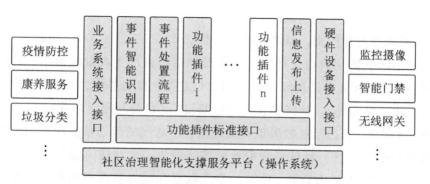

图7-37 社区智能化平台的标准接口

（1）外部接口

①硬件设备接入接口（自适应对接）：包括监控摄像头、门禁设备、车辆道闸、人员闸机、报警设备、消防设备等多种智能化物业管理设备，在便捷社区住户生活的同时，此类数据还可为社区整体规划、社区基础设施建设、社区安全性监管等提供合理的数据支撑。

②业务系统接入接口：如物业+服务、疫情防控、康养服务、垃圾分类等。可以和物业管理系统无缝集成，物业缴费、报事报修等全部能够在手机App上进行，还能跟进处理进度，帮助居民解决生活中遇到的各种难题。接入的业务系统可以包括健康养老类业务、家庭服务类业务、社区教育类业务、小区基础管理业务、其他业务（智能家居服务、环境和环保服务、智慧旅游类服务、视听娱乐类业务）等。

③上传数据接口：根据街道综合信息平台、公安、卫健委等提供的定制协议，上传监控摄像头实时采集的数据、报警设备的事件处置数据、社区的疫情统计数据等。上传数据涉及网络安全、敏感数据加密等诸多技术问题。

（2）内部接口

①功能插件接口：内部功能插件为标准化接口，可接入进程调度、设备管理、智能识别、事件处置、数据上传等诸多标准化功能插件。基于SOA模式，对系统功能体系进行模块化组合，以面向服务的开发方式，使系统具备随需应变的特性。应用程序的不同功能（服务）通过定义良好的接口和契约联系起来，使得系统中的服务可以以一种统一和通用的方法进行调用。当某个服务内部结构和功能实现需要发生改变时，只需对相应服务进行更新，通过接口提供新的数据调用而不影响其他服务的执行。

②内部数据库接口：智慧社区管理平台兼容多种数据库，包括PostgreSQL数据库、Oracle数据库等，可通过中间件实现异构数据的整合。

2）社区数据

（1）基础数据和监测、事件处置信息数据

老旧小区智能化改造、社区平台建设和运营将产生大量的数据，社区的信息包括静态信息（如小区房屋信息、居民信息等）和动态信息（如小区出入、事件监测、状态监测等）。社区平台配置证照仪后（在公安部门的管理下），可以实现居民（含租客）静态信息的采集和人证核验。居民的静态信息应按照公安部门的要求进行脱敏处理，社区平台配置监控摄像头、无线传感器等硬件设备后可以实现动态信息的自动采集。小区的静态数据和动态数据应加密且局限在社区局域网内。

①公共设施监测数据：通过物联网关和各种传感器监测小区的公共设施，监测数据包括（不限于）管网监测（含地下）、社区道路和景观照明智能监控、社区环境相关调控设备（空气、温湿度、噪声、水体、供暖等）监测、公共广播设备监测、给水排水设备监控、机房监测、通风和空调设备监控、能源计量及监测、自动停车库监测、电梯监测、电动车辆充电设施监测等。

②小区行为监测数据：通过接入的监控摄像头等采集设备，实现（不限于）小区出入监控、停车场出入监控；单元门出入监控；通道、公共空间等的安全视频监控；安全技术防范其他系统，如周界防范、巡更等。

③事件识别处置数据：小区的静态数据和动态数据经社区平台的智能算法处理，可以自动识别出小区出入、事件监测、状态监测中的异常状况，示警并提请处置。事件识别及处置将产生大量的事件识别处置数据。

（2）数据存储与上传：社区采集的静态数据和动态数据可以按照政府行业部门（如公安等）的要求直接加密上传。社区采集的重要数据集中存储在上级的信息中心。

3）社区业务数据

老旧小区开展智能化改造、打造智慧社区，能够为居民提供便利，加快和谐社区建设，推动区域社会进步，使人们的工作和生活更加便捷、舒适、高效。

（1）数据对于智慧社区而言，扮演着举足轻重的角色。社区的各类数据，需要按照目标要求进行收集、分类、整理、加工和分析，提炼出有效信息。对于社区管理机构来说，可以提高管理服务效率，降低政务运营成本；同时对于政府各职能部门来说，也可以促进信息在政府各部门间的高效利用，降低管理成本和人员成本。

（2）社区业务数据可以按照健康养老类业务、家庭服务类业务、社区教育类业务、小区基础管理业务以及其他业务几大方面进行分类，实现全社区一张图。

3.社区业务数据在城市CIM系统的展示与应用

1）CIM与智慧社区的关系

城市信息模型（CIM）平台是以建筑信息模型（BIM）、地理信息系统（GIS）与物联网（IoT）等技术为基础，整合城市地上地下、室内室外、历史现状未来多维多尺度空间数据和物联感知数据，构建起三维数字空间的城市信息有机综合体。为了支撑城市信息模型（CIM）平台建设工作的开展，对城市信息模型（CIM）相关政策进行梳理研究。中央部委相关政策梳理如表7-6所示。

通过对中央相关部委政策、文件、动态等内容的梳理研究，可以看出：①以城市信息模型（CIM）平台为手段，化解新型城镇化建设过程中遇到的"城市病"

政策及动态名称	发布机关	时间	内容摘要
《住房和城乡建设部关于开展运用BIM进行工程建设项目审查审批和CIM平台建设试点工作的函》（建城函〔2018〕222号）	住房和城乡建设部	2018/11	将北京城市副中心、广州、厦门、雄安新区、南京列入"运用建筑信息模型（BIM）进行工程项目审查审批和城市信息模型（CIM）平台建设"试点城市
《"多规合一"业务协同平台技术标准》征求意见稿	住房和城乡建设部	2018/11	有条件的城市，可在BIM应用的基础上建立城市信息模型（CIM）
《工程建设项目业务协同平台技术标准》CJJ/T 296—2019	住房和城乡建设部	2019/03	CIM应用应包含辅助工程建设项目业务协同审批功能，可包含辅助城市智能化运行管理功能
在北京组织召开CIM平台建设工作专题会	住房和城乡建设部	2019/06	2020年建成具备规划审查、建筑设计方案审查、施工图审查、竣工验收备案等功能的CIM平台，探索建设智慧城市基础平台
《住房和城乡建设部办公厅关于组织申报2019年科学技术计划项目的通知》（建办标函〔2019〕342号）	住房和城乡建设部	2019/06	将城市信息模型（CIM）关键技术研究与示范列入2019年重大科技攻关项目
《产业结构调整指导目录（2019年本）》	国家发展改革委	2019/10	将基于大数据、物联网、GIS等为基础的城市信息模型（CIM）相关技术开发与应用，作为城镇基础设施鼓励性产业支持
全国住房和城乡建设工作会议	住房和城乡建设部	2019/12	会议强调"加快构建部、省、市三级CIM平台建设框架体系"
《住房和城乡建设部办公厅关于印发2020年部机关及直属单位培训计划的通知》（建办人〔2020〕4号）	住房和城乡建设部	2020/02	将城市信息模型（CIM）纳入住房和城乡建设机关直属单位培训计划
《住房和城乡建设部办公厅关于组织申报2020年科学技术计划项目的通知》（建办标函〔2020〕185号）	住房和城乡建设部	2020/04	将城市信息模型（CIM）为重点申报方向之一
《关于开展城市信息模型（CIM）基础平台建设的指导意见》（建科〔2020〕59号）	住房和城乡建设部等3部委	2020/06	建设基础性、关键性的CIM基础平台，构建城市三维空间数据底板，推进CIM基础平台在城市规划建设管理和其他行业领域的广泛应用
《关于成立全国智能建筑及居住区数字化标准化技术委员会BIM/CIM标准工作组的批复》（建智标函〔2020〕46号）	全国智能建筑及居住区数字化标准化技术委员会	2020/07	成立全国智能建筑及居住区数字化标准化技术委员会BIM/CIM标准工作组，负责开展BIM/CIM领域标准研制、主导或参与相关课题研究、跟踪参与国际标准化、标准宣贯推广及标准应用试点等工作
《住房和城乡建设部等部门关于推动智能建造与建筑工业化协同发展的指导意见》（建市〔2020〕60号）	住房和城乡建设部等13部委	2020/07	通过融合多源信息，探索建立表达和管理城市三维空间全要素的城市信息模型（CIM）基础平台

政策及动态名称	发布机关	时间	内容摘要
《关于加快推进新型城市基础设施建设的指导意见》(建改发〔2020〕73号)	住房和城乡建设部等7部委	2020/08	全面推进城市信息模型(CIM)平台建设。深入总结试点经验,在全国各级城市推进CIM平台建设,打造智慧城市的基础平台
《住房和城乡建设部等部门关于加快新型建筑工业化发展的若干意见》(建标规〔2020〕8号)	住房和城乡建设部等9部委	2020/08	试点推进BIM报建审批和施工图BIM审图模式,推进与城市信息模型(CIM)平台的融通联动,提高信息化监管能力,提高建筑行业全产业链资源配置效率
《城市信息模型(CIM)基础平台技术导则》(建办科〔2020〕45号)	住房和城乡建设部	2020/09	对城市信息模型(CIM)基础平台的定义、构成、特性、功能组成、平台数据体系、平台运维软硬件环境、维护管理、安全保障、平台性能要求等做出了明确的说明,是城市级CIM基础平台及其相关应用建设和运维的技术指导
《国务院办公厅关于以新业态新模式引领新型消费加快发展的意见》(国办发〔2020〕32号)	国务院办公厅	2020/09	推动城市信息模型(CIM)基础平台建设,支持城市规划建设管理多场景应用,促进城市基础设施数字化和城市建设数据汇聚
《住房和城乡建设部关于开展新型城市基础设施建设试点工作的函》(建改发函〔2020〕152号)	住房和城乡建设部	2020/10	将青岛市等16个城市列为新型城市基础设施建设试点城市,同时要求:全面推进CIM平台建设
《住房和城乡建设部等部门关于推动物业服务企业加快发展线上线下生活服务的意见》(建房〔2020〕99号)	住房和城乡建设部等6部委	2020/12	利用CIM基础平台,为智慧物业管理服务平台提供数据共享服务
《住房和城乡建设部关于加强城市地下市政基础设施建设的指导意见》(建城〔2020〕111号)	住房和城乡建设部	2020/12	建立和完善综合管理信息平台,并与城市信息模型(CIM)基础平台深度融合,扩展完善实时监控、模拟仿真、事故预警等功能,逐步实现管理精细化、智能化、科学化
住房和城乡建设部召开新城建视频会议	住房和城乡建设部	2021/01	要求把新城建工作落地落实
基于CIM的智慧园区/社区建设白皮书启动编制	全国智能建筑及居住区数字化标准技术委员会	2021/02	启动《基础城市信息模型(CIM)的智慧园区技术指南》《基础城市信息模型(CIM)的智慧社区技术指南》,计划于2021年7月发布
住房和城乡建设部"新城建"(CIM)平台建设专家论证会在青岛理工大学举行	住房和城乡建设部	2021/03	探索领先的"新城建"工作机制和运转模式,以智慧城市为总平台、总引擎,提高城市基础设施服务能力
《中华人民共和国国民经济和社会发展第十四个五年规划和2035年远景目标纲要》	国务院	2021/03	完善城市信息模型平台和运行管理服务平台,构建城市数据资源体系,推进城市数据大脑建设

政策及动态名称	发布机关	时间	内容摘要
《加快培育新型消费实施方案》	国家发展改革委等28部门	2021/03	推动城市信息模型（CIM）基础平台建设，支持城市规划建设管理多场景应用，促进城市基础设施数字化和城市建设数据汇聚
《城市信息模型（CIM）基础平台技术导则》(修订版)	住房和城乡建设部	2021/06	住房和城乡建设部在总结各地CIM基础平台建设经验基础上，对《城市信息模型（CIM）基础平台技术导则》进行修订

已成共识；②我国城市信息模型（CIM）平台建设尚处于起步阶段，各级政府、学术界、企事业单位等正积极探索试点经验、标准建设、技术储备、数据体系、平台建设、平台应用等工作。

2）基于CIM平台的社区业务数据展示及应用

CIM平台作为智慧社区建设的基础，在社区业务数据管理及应用方面发挥着重要作用。

（1）数据展示：CIM平台遵循"政府主导、多方参与，因地制宜、以用促建，融合共享、安全可靠，产用结合、协同突破"的原则，统一管理社区范围内多源异构数据资源，提供各类数据、服务和应用接口，满足数据汇聚、业务协同和信息联动的要求（图7-38）。

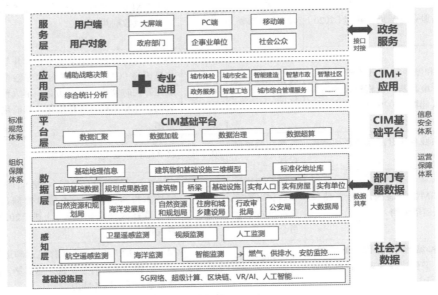

图7-38　城市信息模型（CIM）基础平台架构

（2）数据应用：技术成熟的数据应用如基础地理信息、建筑物与构筑物三维模型、一标三实等。

①基础地理信息

资源共享与应用：将分散在城市各部门、各行业、各单位的视频资源整合汇聚，从而达到充分利用资源目的；整合资源形成城市级的视频资源池，再将视频共享至其他需要部门，实现跨地区、跨部门视频图像信息联网体系；当出现应急情况时，视频信息可以快速调用到相关部门，缩短应急反应时间，进一步提高应急指挥能力。

②建筑物与构筑物三维模型

结合社区的三维建筑模型，综合应用CIM平台基础支撑能力，对小区进行立体多维可视化管理，加强社区各部门、各主体的协同治理能力、提高协同效率，并为社区分析决策、专题管理、应急指挥等提供可视化支撑。

公共设施可视化管理：统筹管理社区内各类资产资源，将消防、燃气等重要公共设施的运行状况与三维模型结合，对设备进行联防联动监控，快速定位设备的故障点，结合移动巡检+智能工单，进行可视化的巡查、管控等，及时发现问题并处理，提升安全与可靠性。

信息全面采集：通过视频监控系统采集基层基础信息，切实加强对关乎群众生命财产安全的"人、地、物、场、网"等基础要素的有效管控，保障社区安全。同时有利于提高社区当地公安破案能力和工作效率、提高破案率，降低犯罪率，节省警力等（图7-39）。

图7-39　CIM基础平台数据应用场景

③一标三实

社区"一标三实"管理：将居民信息与三维房屋模型进行关联，可以查询每一户居民的基本情况，直观展现每栋、每户的建筑信息与居民情况，实现"以房管人"。

高空抛物识别：通过AI+视觉安防系统，由外至内360度全视角全天候全面监控楼宇安全态势，将摄像头与三维模型进行结合，通过算法自动推演成像轨迹，快速锁定高空抛物的地点与住户。

④矛盾提前发现与预防：通过视频监控，提前发现异常情况，进而将社会矛盾消灭在萌芽中。如通过视频发现人员异常聚集，相关部门工作人员可以提前介入了解情况，进而将矛盾纠纷提前解决，避免事态复杂化。

3）CIM平台的智慧社区数据应用案例

智慧社区建设是建设社会治安防控体系、构建和谐社会和平安社会的重要组成部分，智慧社区建设需要依托三维空间城市底板城市信息模型（CIM）平台搭建安防工程、交通、水务、环保、教育与旅游等多项行业化应用（图7-40）。

图7-40 基于CIM基础平台构建智慧社区

项目依托智慧城市CIM平台，结合智感小区建设标准对小区的2个进出口和24栋单元楼进行相应的智感安防建设，包括八项设施、六类感知、防线管控和智慧应用，建立起"人防部署到位、物防设施完善、技术手段先进、应急处置高效"的集管理、防范与控制于一体的社区安防保障体系。

综上，城市信息模型（CIM）平台不仅可以支撑城市建设、城市管理、城市运行、公共服务、城市体检、城市安全、住房、管线、交通、水务、规划、自然资源、工地管理、绿色建筑、社区管理、医疗卫生与应急指挥等领域的应用，还可以对接老旧小区工程建设项目审批管理系统与一体化在线政务服务平台等系统，并支撑智慧社区其他应用的建设与运行。

4.业务数据安全、存储与挖掘应用技术

1）数据采集与敏感数据处理技术

（1）数据采集和数据汇聚

①数据采集方法：a.网络数据采集方法（对非结构化数据的采集）；b.系统日

志采集方法；c.其他数据采集方法，如对于企业生产经营数据或学科研究数据等保密性要求较高的数据，可以通过与企业或研究机构合作，使用特定系统接口等相关方式采集数据。

②数据处理工具：a.大数据并行处理器MapReduce（包括Map和Reduce两个阶段）；b.数据ETL整合工具Transporter（支持多种格式的文件数据，去重、聚合、关联等的数据转换操作；支持与数据库的实时同步，支持多文件格式的导入导出，支持流处理的导入导出；支持将数据装载在目标库）；针对非结构化数据，可使用对应的数据接口和存储软件。

③数据汇聚技术：将各种类型的数据采集后进行整理、粗加工等操作后实行统一管理，涉及的技术包括数据湖、数据池、数据中台等。

（2）敏感数据处理：未经个人或集团授权被他人使用，有可能给个人或集团带来严重损害的数据，如个人财产信息（存款、信贷、消费流水）、个人健康生理信息（体检信息、医疗记录）、个人身份信息（身份证、社保卡、驾驶证）等。

（3）敏感数据信息不能共享。在共享的资源内敏感信息的踪迹需要定义权限，定义权限的主体，定义权限的归属。

（4）敏感数据的保护方式通常有以下几种：a.敏感数据识别与添加标签；b.数据泄漏检测与防护；c.数据静态脱敏、数据水印；d.个人信息合规；e.满足GDPR要求；f.数据安全合规检查。

2）数据安全、存储与数据库技术

数据在内部大多以明文方式存储，当数据有意无意地被带出内部环境，将面临泄密风险。为此将重要数据在数据库中以加密方式存储，无论受到外部攻击导致"拖库"，还是内部人员恶意携带数据文件，在未得到授权的情况下都无法对数据内容进行提取或破解（图7-41）。

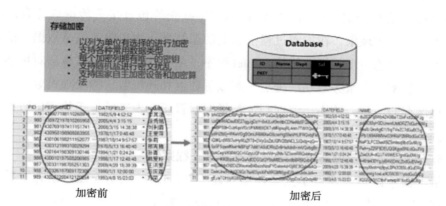

图7-41　数据内部存储安全

（1）数据的加密算法要支持我国的加密算法，也要支持国际的密码算法。数据存储加密技术还需支持透明加密解密，保障加密成本最小化和执行效率最大化。

（2）数据存储加密技术支持"三权分立"，对于常规数据库管理账户要增设数据安全管理员，实现对敏感字段的存取控制。

（3）数据库加密技术是数据库安全的一道铁闸，其自身的安全性和容灾机制应该具有充分的保障，提供数据库相当高的可用支持和异常故障处理能力，加密后的整套数据库环境仍然可以安全高效地运行。

3）敏感数据传输与网络安全技术

敏感数据的安全传输是网络安全技术的重要组成部分。

（1）主要加密算法：包括非对称加密如RSA算法和对称加密如AES。

（2）网络安全传输的原理：用户向服务器提交敏感数据前，浏览器先从服务器中调出用户敏感数据的输入界面，用户根据提示输入敏感数据。提交敏感数据后，用户端程序截取输入的敏感数据的控制权交给JavaApplet进行加密处理，再将控制权交给浏览器。浏览器将加密后的敏感数据传输给服务器。在服务器端由其他的Web应用程序对加密后的数据解密。根据解密后获得的敏感数据进行下一步的操作（图7-42）。

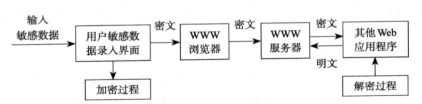

图7-42　网络安全传输原理

敏感数据经AES加密，用上述安全传输原理在网上传输，非法用户难以在传输过程中截获密文，但仍不能防止黑客将截获的包直接重传给假冒合法的用户。为防止上述现象，在加密过程中加上动态信息，用户输入敏感数据之前服务器端将其产生的一个随机数传给Applet程序，Applet程序用AES算法对敏感数据和随机数加密。在服务器端解密后分离敏感数据和随机数，检验随机数是否和服务器端保存的一致，若不一致即判定是黑客假冒用户发来的，拒绝其进行授权的操作。

5.安全防范系统的系统集成与信息安全工程案例

某平安小区重点建设了安全防范系统（图7-43），包括入侵和紧急报警、视频监控、出入口控制、停车场（库）安全管理、楼宇对讲、电子巡查诸多子系统，集成与联网、网络信息安全是其中涉及的关键技术。

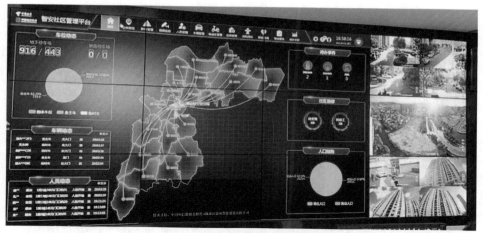

图7-43 某平安小区建设

1）建设内容

（1）入侵和紧急报警系统：周界入侵探测器的选用充分考虑了现场环境条件及抗干扰能力，以防范攀爬、翻越、穿越等不同的入侵方式，防区交叉无盲区；系统防区划分有利于报警时准确定位，能通过电子地图等方式显示报警区域；系统能与视频监控系统联动；系统布防、撤防、故障和报警等信息的存储时间不小于30d。

（2）视频监控系统：系统显示及回放图像在水平方向上的像素数不小于1920，在垂直方向上的像素数不小于1080；系统能对所有视频图像进行实时记录，存储图像的帧率不小于25fps，保存时间不小于30d；视频分析系统具有探测报警功能；系统能与入侵和紧急报警系统联动；系统具有与其他平台对接、进行多级联网的能力，信息传输、交换、控制协议应符合现行国家标准《安全防范视频监控联网系统信息传输、交换、控制技术要求》GB/T 28181的相关规定。

（3）出入口控制系统：出入口控制系统能对强行破坏、非法进入的行为发出报警信号，报警信号能与相关出入口的视频图像联动；系统满足紧急逃生时人员疏散的相关要求。系统不禁止由其他紧急系统（如火灾等）授权自由出入的功能；具有人脸识别功能的系统，符合现行行业标准《出入口控制人脸识别系统技术要求》GA/T 1093的相关规定；系统信息存储时间不小于180d；控制管理主机（上位机）发生故障、检修或通信线路故障时，各出入口控制器能脱机正常工作（图7-44）。

（4）停车库（场）安全管理系统：系统具有出入车辆信息、日志等的记录和管理功能；中、高级的系统具有车牌识别功能，其车辆号牌识别率不低于98%，抓拍图像在水平方向上的像素数不小于1280，在垂直方向上的像素数不小于

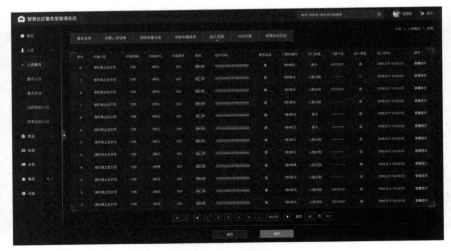

图7-44　出入口控制

720；系统能同时显示并记录出入车辆号牌和驾驶员面部抓拍图像；系统视频图像保存时间不小于30d，事件信息保存时间不小于365d；系统能自动或通过人工开启电动栏杆机。

（5）楼寓对讲系统：楼寓对讲系统能使被访人员通过（可视）对讲方式确认访客身份，控制开启出入口门锁，实现对访客的控制与管理；具有可视功能的系统，访客呼叫机的视频采集装置具有自动补光功能；当系统受控门开启时间超过预设时长、访客呼叫机防拆开关被触发时，有现场告警提示信息；具有报警控制及管理功能的系统，报警控制和管理功能应符合现行行业标准《楼寓对讲系统设备安全性技术要求》GA 1210的相关规定；用户接收机可外接无线扩展终端，实现与用户接收机/访客呼叫机等设备的对讲、视频图像显示、接收报警信息等功能；利用无线扩展终端控制开启入户门锁、进行住户报警控制管理时，应充分识别风险隐患并采取相应的安全技术措施。

（6）电子巡查系统：电子巡查系统能按照预先编制的人员巡查程序，通过信息识读器或其他方式对人员巡查的工作状态（是否准时、是否遵守顺序等）进行监督管理；能对巡查线路轨迹、时间、巡查人员进行设置，能设置多条并发线路；能设置巡查异常报警规则；系统信息的存储时间不小于30d。

2）集成、联网及网络信息安全

（1）集成与联网：系统采用专用传输网络。小区安防监控室建设安全防范管理平台，对各安防子系统进行集成管理。安全防范管理平台的功能符合现行国家标准《安全防范工程技术规范》GB 50348的相关规定。安全防范系统预留与有关部门信息化系统联网的接口；预留与社区服务、物业管理等信息化系统联网的接口。与其他信息化系统联网时，采用专用传输网络或互联网方式，实现对采集的视频图像、人员和车辆等信息的传输，传输、交换、控制协议符合国家现行标准《安全防范视频监控联网系统信息传输、交换、控制技术要求》GB/T 28181、《公共安全视频监控联网信息安全技术要求》GB 35114、《公安视频图像信息应用系统》GA/T 1400等相关规定。

（2）网络信息安全：安全防范系统所采集的公民个人信息应进行加密存储，不应通过系统展示或在公共区域公开展示，根据需要必须展示的信息应进行脱敏处理。系统管理人员、操作人员、运维人员等分级授权管理，严格限定信息的访问、下载权限和使用范围，并对人员操作过程进行记录，采取技术措施确保记录不可修改、删除；安全防范系统与有关部门信息化系统对接时，采取身份认证和网络访问控制措施，保证自身网络安全；安全防范系统通过互联网传输人员和车辆等信息时，通过国家密码管理局认证的密码算法对信息进行加密；通过专网传输信息时，符合有关部门关于专网的网络安全规定和安全技术措施要求。

（3）与有关部门信息化系统联网：安全防范系统视频资源与有关部门信息化系统联网时采用安全联网设备进行对接。安全联网设备符合国家现行标准《公共安全视频监控联网系统信息传输、交换、控制技术要求》GB 35114、《公安视频图像信息应用系统》GA/T 1400等相关标准规定，实现设备身份认证、数据签名及加密、网络层和应用层协议识别与控制等功能。

7.3.2 社区网络与社区业务

在社区智能化改造中，通信技术和网络是需要研究的重要技术之一。社区局域网的组织、平台间和业务系统的接入互联、网络安全和传输的数据安全、适应老旧小区智能化改造的快速组网技术、无线网络技术及其发展，都需要我们去研究、探索和实践。

1.适应老旧改的社区快速组网技术

1）社区无线局域网组网技术

无线局域网技术WLAN（Wireless LAN）具有带宽高、成本低、部署方便等特点，能够在局部区域（约100m）内为用户提供高达1Gbps的高速率数据通信服务，主要用在近距离连接服务的场景，如社区、家庭、商业楼宇等场景下作为主要的宽带接入技术提供服务。

（1）WLAN的定义及基本架构

WLAN基本架构：FAT AP架构/自治式网络架构和AC+FIT AP架构/集中式网络架构。

①FAT AP（FAT Access Point）架构，独立提供无线接入、认证，适用于单个接入点场景，如家庭无线宽带接入。

②AC+FIT AP（FIT Access Point）架构，FIT提供无线接入，由无线接入控制器AC（Access Controller）设备负责AP管理和用户认证，可实现用户漫游，适用于面积较大覆盖范围的多接入点场景，如小区室外无线宽带接入。

（2）WLAN的工作频段

依据IEEE 802.11系列标准及我国相关的《信息技术 系统间远程通信和信息交换 局域网和城域网 特定要求 第11部分：无线局域网媒体访问控制和物理层规范》GB 15629.11系列标准要求，WLAN主要工作在两个免许可的ISM频段：2.4GHz频段和5.8GHz频段，为满足移动宽带业务的接入、拓展无线接入网络，工信部又扩充了5.2GHz频段，三个频段共计408.5MHz带宽。

①2.4GHz频段：标称频率范围为2400～24835MHz，工作频率带宽为83.5MHz。支持DSSS和FHSS两种扩频工作方式和一种红外线（IR）工作方式。

②5.8GHz频段：标称频率范围为5725～5850MHz，工作频率带宽为125MHz。

③5.2GHz频段：工作频率范围为5150～5350MHz，共200MHz的频率带宽。此段为非SM频段，采用正交频分多路复用技术OFDM。

为减少对其他无线通信业务和其他ISM应用的干扰影响，接入点（AP）设备的无线特性参数应遵循信息产业部"信部无〔2002〕353号通知"的要求。

（3）WLAN的技术标准

WLAN技术基于802.11标准系列，使用2.4GHz或5GHz作为传输介质的无线局域网。IEEE在1997年确立了802.11作为无线网络通信的工业标准，经不断演进，形成的系列有a/b/g/n/ac/ad等（表7-7）。

802.11标准系列　　　　　　　　　　　　表7-7

规范号	发布时间	工作频段	非重叠信道数	最高速率	频带	调制方式	兼容性
IEEE802.11b	1999年9月	2.4GHz	3	11Mbps	20MHz	CCK/DSSS	802.11b
IEEE802.11a	1999年9月	5GHz	12/24	54Mbps	20MHz	OFDM	802.11a
IEEE802.11g	2003年6月	2.4GHz	3	54Mbps	20MHz	CCK/DSSS/OFDM	802.11b/g
IEEE802.11n	2009年9月	2.4/5GHz	15	600Mbps	20/40MHz	4×4MIMO-OFDM/DSSS/CCK	802.11a/b/g/n
IEEE802.11ac	2012年2月	5GHz	8	3.2Gbps	20/40/80/160MHz	8×8MIMO-OFDM/16-256QAM	802.11a/b/g/n
IEEE802.11ad	未知	60GHz	未知	7Gbps	未知	未知	802.11a/b/g/n/ac

类似以太网中有许多规范，WLAN也有许多对应的接入规范，均在IEEE 802.11标准之中，目前该系列有a/b/g/n/ac/ad等。

现在支持WLAN的无线网络标准为IEEE802.11a，其数据传输速率在5GHz ISM频段可达到54Mbps。另一个标准是IEEE802.11b，在2.4GHz ISM频段可以达到11Mbps。

（4）WLAN的工程技术规范

住房和城乡建设部2020年发布了国家标准《无线局域网工程设计标准》GB/T 51419—2020，按照标准，无线局域网的系统架构应根据运营、维护和管理等因素确定，包括接入网和支撑系统。

①无线接入网提供用户终端接入、用户信息采集和业务管理控制功能；可采用自治式和集中式两种组网方式，自治式组网由胖AP组成，集中式组网由瘦AP和AC组成；AP间的拓扑关系可相互独立，也可组成mesh网络；无线接入网应通过电信业务经营者的网络接入互联网。

②支撑系统提供认证、计费、网管等功能，可由BAS宽带接入服务器、AAA服务器、DHCP服务器、Portal服务器、网管服务器等组成。

③室内覆盖：适用于大型办公楼、商住楼、酒店、宾馆以及小型会议室、酒吧、休闲中心等场景。a.室内覆盖中室内分布型AP设备和室内放装型AP设备属于自治式组网方式，集中控制型AP设备属于集中式组网方式；b.室内分布型AP设备，适用于建筑面积较大、用户分布较广且已建有多系统合用的室内分布系统的场合，如社区地下停车场等，该类型设备接入室内分布系统作为WLAN系统的信号源，实现对室内WLAN信号的覆盖。

④室外覆盖：适用于公共广场、居民小区、室外人口较为聚集的空旷地带以及对无线数据业务有较大需求的商业步行街等场景。a.室外空旷区域宜按照蜂窝网状布局，提高频率复用效率，信号均匀分布，控制每个AP覆盖区域的重叠区域；b.根据覆盖区业务需求和地貌，选择合适的天线类型；了解在此区域可能的用户的特点以及覆盖区域的建筑结构特点，确定AP（或天线）安装位置；AP（或天线）宜布置在高处，减少人员走动等环境变化对信号传播的影响，改善AP的接收性能。

2）WLAN下一代技术：Wi-Fi 6

Wi-Fi 6（也称AXWi-Fi或802.11ax）提供更快的速度和更好的连接性。IEEE802.11工作组2019年发布Wi-Fi 6，是IEEE 802.11无线局域网标准的最新版本，提供了对之前的网络标准的兼容，也包括现在主流使用的802.11n/ac。

（1）Wi-Fi 6的特点

①速度：Wi-Fi 6的信道宽度160MHz，单流最快速率为1201Mbit/s，理论最

大数据吞吐量9.6Gbps。支持1024QAM和160MHz的信道宽度，1024QAM可以一次发送更多的数据，160MHz的信道宽度捆绑更多的信道，可以更快地通信；支持8×8上行/下行MU-MIMO、OFDMA和BSS Color，确保高达4倍的容量，可以连接更多终端。

②续航：Wi-Fi 6采用TWT（目标唤醒时间），路由器统一调度无线终端休眠和数据传输的时间，不仅可以唤醒协调无线终端发送、接收数据的时机，减少多设备无序竞争信道的情况，还可以将无线终端分组到不同的TWT周期，增加睡眠时间，提高设备电池寿命。

③延迟：Wi-Fi 6平均延迟降低为20ms。

（2）Wi-Fi 6E

新技术Wi-Fi 6E的设备可以利用6GHz频段，提供200MHz的带宽，适合短距离传输大量数据，有助于缓解受支持设备的流量拥塞和干扰。

2.物联网接入组网技术

1）低功耗广域物联网技术

低功耗广域网LPWAN（Low-Power Wide-Area Network）是一种工作在低功耗模式下实现长距离通信的无线技术，支持大规模物联网部署。LPWAN典型的应用有城市路灯、智能电表、下水道水位探测等。技术标准上分为两类：基于授权频谱的NB-IoT和LTE-M和基于非授权频谱的LoRaWAN、Sigfox、Weightless、HaLow、RPMA等技术。

2）NB-IoT接入组网技术

窄带物联网NB-IoT（Narrow BandInternetof Things）基于LTE技术，与现在的移动网络兼容；目前NB-IoT技术已经纳入5G演进标准中。

（1）NB-IoT的特点：NB-IoT聚焦于低功耗广覆盖（LPWA）物联网（IOT）市场，具有覆盖广、连接多、速率低、成本低、功耗低、架构优等特点。

（2）NB-IoT组网：包括NB-IoT终端、eNodeB、IoT核心网、IoT平台和应用服务器。

①NB-IoT终端：通过空口连接到基站。

②eNodeB：主要承担空口接入处理，小区管理等相关功能，并通过S1-lite接口与IoT核心网进行连接，将非接入层数据转发给高层网元处理。

③IoT核心网：承担与终端非接入层交互的功能，将IoT业务相关数据转发到IoT平台处理；NB可以独立组网，也可以与LTE共用核心网。

④IoT平台：汇聚从各种接入网的IoT数据，根据不同类型转发至相应的业务应用器处理。

⑤应用服务器：是IoT数据的最终汇聚点，根据客户的需求进行数据处理等操作。

3）Lora技术及其组网

（1）LoRa：基于扩频技术的超远距离无线传输方案，面向物联网（IoT）或M2M等应用。LoRa的终端设备经无线传输与LoRa网关连接，再由TCP/IP协议连接到网络服务器。

（2）LoRa WAN的网络实体包括：终端节点、网关、LoRaWAN服务器和用户服务器：

①End Node：终端节点通常是各类传感器，进行数据采集、开关控制等；

②Gateway：LoRa网关，对收集到的节点数据进行封装转发；

③NetworkServer：负责上下行数据包的完整性校验；

④ApplicationServer：负责OTAA设备的入网激活，应用数据的加解密；

⑤CustomerServer：从AS中接收来自节点的数据，进行业务逻辑处理，通过AS提供的API接口向节点发送数据。

Lora的应用还需要符合国家的相关规定。Lora在中国的工作频率是470～510MHz，2019年11月28日工业和信息化部发布的第52号公告中明确规定，工作在470～510MHz频段的设备"限在建筑楼宇、住宅小区及村庄等小范围内组网应用，任意时刻限单个信道发射"。

4）可用于社区智能化改造的智慧型一体化业务接入单元（示例）

该智慧型一体化业务接入单元是位于社区通信网光节点的接入设备，可以接入NB-IoT、Lora、Wi-Fi、Wi-Fi 6等多种无线通信方式，具有高可靠性、良好Qos保证、可管理、可扩容和组网灵活等特点，此设备的各项功能和性能指标均满足ITU-T、IEEE相关标准，符合国际标准和通信行业标准技术规范的相关要求（图7-45）。

图7-45　智慧型一体化业务接入单元（MAU）

（1）该多网融合、多服务兼顾的智慧型一体化业务接入单元Multy Access Unit（MAU），作为楼宇、小区和社区智慧化综合接入单元，在实现传统多网融合服务的基础上，解决了智慧社区及楼宇各种服务业务接入的数据处理、传输问题；与运营商合作，在水电气、视频监控、楼宇对讲、物业管理等服务领域，共同收取数据读取、传输、管理和运营服务费，满足物业、电信、广电、公安、消防等社区的智慧运营管理服务，实现社区居民智慧家庭梦想。

（2）MAU产品特点

①集中供电，统一标准，分级扩容，低碳节能，备电可选（220V、60V或太阳能）；

②统一箱体（壳体），建设"永久性/半永久性"的"房子"；

③在箱体（壳体）内统一规划各功能区（必备区有：物联网业务区、交换业务区、4G/5G通信区、供电区）；

④统一规划各功能模块技术规范；

⑤统一规划光节点网管平台；

⑥统一规划各功能模块的接口标准；

⑦统一规划智慧小区中的各种业务类型；

⑧在光节点处统一规划无线接入技术。

（3）功能特点

①产品金属外壳无风扇设计，具备端口防雷功能，环保节能，防护级别达IP68，可适合老旧小区及任何野外复杂环境；

②上行通道3G/4G/5G、FE、Wi-Fi、Wi-Fi 6、NB-IoT、Lora可根据网络情况自行切换；

③下行通道3G/4G/5G、FE、Wi-Fi、Wi-Fi 6、NB-IoT、Lora可根据网络情况自行切换；

④下行通道为FE时带POE功能；

⑤支持应急通信，可在小区断电、断网的情况下自动切换到太阳能供电，同时北斗/GPS正常工作；

⑥可支持220V、60V或太阳能。

（4）MAU组网网络示意（图7-46）

（5）MAU多业务接入应用案例（图7-47）

3.虚拟局域网与SD-WAN技术

1）虚拟局域网（VLAN）

虚拟局域网技术是一组逻辑上的设备和用户，可以根据管理、业务、应用的

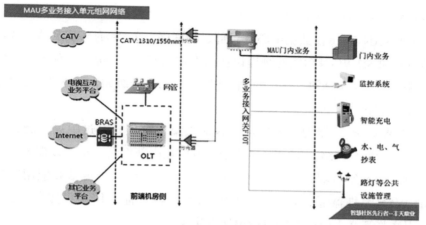

图7-46　MAU组网网络示意图

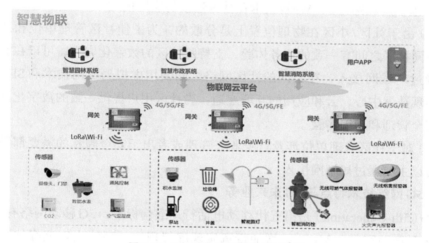

图7-47　MAU多业务接入应用案例

需要灵活组织，其通信方式具备物理局域网一个网段的模式，将一个物理的局域网在逻辑上划分多个广播域，通过在交换机上配置VLAN，实现在同一个VLAN内的用户可以进行二层互访。VLAN工作在OSI参考模型的第2层和第3层，通信是通过第3层的路由器来完成的。

2）SD-WAN技术

SD-WAN（Software-Defined WAN，软件定义广域网）是SDN的重要分支，是SDN技术在WAN领域的应用落地。

（1）SD-WAN的优势：可以创建成熟的专用网络，增加了动态共享网络带宽的能力，还可以实现中央控制、零接触配置、集成分析和按需电路配置，从而实现基于策略的集中式安全和管理，优势包括：灵活性、可管理性、低成本。

（2）SD-WAN架构：MEF列出的组件包括SD-WAN Edge、SD-WAN控制器、

服务编排器，SD-WAN网关和用户接口等：

①SD-WAN Edge在数据中心、总部、物联网、公/私有云或其他需要网络接入的地方提供SD-WAN功能的物理设备或虚拟机（VM），提供其他虚拟网络功能（VNF）服务，如负载平衡，由于它们是软件，无需升级SD-WAN Edge设备即可实现额外的VNF。

②SD-WAN控制器为实现SD-WAN提供集中管理。通过中央控制台或用户接口可以查看整个网络。SD-WAN控制器可以在内部部署，也可以在云中实现。

③SD-WAN编排器是虚拟化的网络管理器，可以监控流量并应用策略和协议。SD-WAN编排器通常还包括SD-WAN控制器功能，用于设置集中式策略，然后使用这些策略为应用程序流做出转发决策。

3）虚拟局域网与SD-WAN技术在社区连接的应用模式

（1）由于社区/小区在物理位置上是分散的，为了使社区管理单位和社区居民在不同社区之间有一致的业务体验，支持跨社区的数字化应用，可以在业务接入上通过广域网接入，在不同的社区网络之间使用虚拟局域网技术和SD-WAN技术实现数据中心、云和应用的互联互通，为社区用户提供一致的数字化网络接入、安全管理和应用体验。

（2）对于社区管理单位涉及自身业务管理或者出于安全隐私的需要部署的应用则可以主要通过局域网接入。

4. 5G网络技术特点与5G未来业务

5G（5th-Generation）是第五代移动电话行动通信标准。5G移动网络有三类：①增强型移动宽带（eMBB），增加带宽实现虚拟现实、高清内容流媒体和增强现实应用等任务；②超可靠低延迟通信（uRLLC），应用在延迟敏感的工业应用，例如远程医疗、自动驾驶移动性和基于机器的关键网络自动响应等；③大规模机器类型通信（mMTC），专注于为需要更高吞吐能力的智慧城市提供更高的网络密度，如大型物联网项目。

1）5G的关键技术

5G的关键技术包括：①多接入边缘计算（MEC）；②NFV和5G；③5G无线接入网架构；④网络切片；⑤波束成形等。

2）5G核心架构

（1）核心架构

5G核心网络架构是新5G规范的核心，可满足5G必须支持的更高吞吐量需求。3GPP定义的新5G核心采用云对齐、基于服务的架构（SBA），该架构跨越所有5G功能和交互，包括身份验证、安全性、会话管理和来自终端设备的流量聚合。5G核心进一步强调NFV作为一个完整的设计概念，能够使用作为5G架构原则核心的MEC基础设施部署的虚拟化软件功能。

（2）5G架构选项

①5G非独立模式：5G非独立标准利用现有的LTE RAN和核心网络作为锚点，增加了5G分量载波。5G非独立模式依赖于现有架构，通过利用毫米波频率来增加带宽。

②5G独立模式：5G独立模式从头开始部署新的核心架构，全面部署所有5G硬件、特性和功能。随着非独立模式逐渐让位于新的5G移动网络架构部署，仔细规划和实施将使用户群无缝过渡。

（3）5G架构中的安全性

3GPP标准详述的改进的5G安全功能包括统一身份验证以将身份验证与接入点分离、可扩展身份验证协议以适应安全交易、灵活的安全策略以解决更多用例以及用户永久标识符（SUPI）以确保网络隐私。

①随着5G部署的继续和关键性能节点越来越虚拟化，运营商将需要持续监控和评估安全性能。遵守最佳实践意味着在整个系统架构、设备和应用程序中进行端到端的网络安全监控。

②5G被称为下一次工业革命。这种范式转变的核心是多方面的5G架构，MEC、NFV大规模MIMO和云对齐、基于服务的核心架构协同工作以提供新的服务浪潮。旨在适应这种架构种子变化的5G测试解决方案将成为即将到来的5G过渡的真正推动者。

3）5G的社区业务

5G的新能力能够极大地提升社区应用的体验，其中大带宽能力能够给社区居民带来体验更好的高清数字影音服务，帮助社区管理者提高基于视频的社区安防能力，同时5G与IoT技术、人工智能技术融合，也可以提高社会服务、社区管理和居民数字化消费的创新（表7-8）。

5G社区业务

表7-8

应用领域	应用场景	5G赋能创新价值	5G相关新能力
社区管理	社区安防	灵活部署超高清摄像机利用5G实现实时回传，实现社区内的尾随预警、人流量预警、人脸抓拍、轨迹跟踪以及报警视频联动	大带宽AI视频分析
	应急指挥	现有应急平台与5G、IoT、AI等技术融合，提供超高清传输、视频远距呈现、远程精准控制，在社区的突发事件处理中提高管理人员对各种突发事件的快速响应能力与远程应急指挥能力	低时延大带宽

应用领域	应用场景	5G赋能创新价值	5G相关新能力
社区服务	社区互动	当访客或居民移动到信息点时，系统会自动提示访客前进、休息或购物的方向；同时设置线下体验点，融合游戏、教育、运动、互动场景，打造课外体验、实践活动、兴趣协作等多方面娱乐互动体验，丰富居民的社区生活	AR/VR大带宽低时延
	社区教育	社区各类5G教育场景应用：高清教学视频在线直播、远程课堂直播、在线互动为社区教育提供超高清无卡顿的极致体验；利用AR技术进行辅助教学，100%还原三维立体图像，提供更直观的教学内容；用VR实现代入感，通过虚拟设备，将授课内容以虚拟场景呈现	AR/VR大带宽
	社区康养	家庭侧：基于5G远程控制和高清视频对讲，为老人提供陪伴的同时，智能监测老年人行为，实现跌倒监测、心率智能判断、远程互动等，为居家老人提供护工式体验，保障老人的居家安全； 社区侧：建设远程医疗室，依托5G的优势通信资源，提供远程实时会诊、远程监护、远程检查、急救等多应用场景，实现异地专家和先进设备对居民健康信息的实时采集、诊断和治疗	大带宽低时延大连接
	社区交通	北斗+5G的技术帮助业主实现精确定位停车，结合人脸识别技术匹配业主或访客车辆信息，快速定位停车位置，导航至车位	大带宽
社区产业		智慧社区：通过搭建多元化的5G商业场景式体验，让客户能够亲身体验5G与智能技术带来的各种便利； 数据推送：对商业数据脱敏进行智能化处理，通过算法匹配，依据年龄分层、兴趣分层、职业分层等不同层次、多维度信息的打标处理，实现智能化商业信息精准推荐，把社区的广告、公告、活动信息依据数据分析结果精准推送到居民App	AR/VR大数据分析
社区生态		无人机视频监控、环境感知器件等多种环境监测治理手段的全网联动；在社区内设置智能感知路灯；社区物联网系统对社区内耗能设备（如路灯、智能设备以及家庭电表、水表、燃气表等）进行数据采集，并通过能源系统进行在线数据监测和能效分析	无人机大数据
综合运营管理平台		社区综合运营管理平台IoC集成大数据、BIM和GIS等技术，搭建数字孪生社区模型，对接智慧社区融合平台，可视化展现、模拟仿真社区运行状态，为社区规划建设、运行管理提供决策支撑。平台包含综合运营管理、运行态势监控、社区服务保障、商业经营管理、事件一体化处置、应急协同指挥、综合决策分析等功能	大数据视频分析
5G智能移动（V2X、C2X）		汽车5G的一个关键领域将是共享实时通信，提供有关交通和道路状况的互联数据。3GPP Rel-16已经引入基于5G的V2X	大带宽低时延大连接

应用领域	应用场景	5G赋能创新价值	5G相关新能力
车载娱乐		简化数据密集型视频或音乐流等信息的传递，带来更好的驾驶员和乘客体验。当前的应用将得到增强，包括车载零售、AR/VR 导航、增强的驾驶员反馈以及许多其他复杂的车载应用	AR/VR 大带宽
5G：视频监控		5G将提高远程访问实时和录制的高清视频的性能，5G的采用将提供更复杂的实时视频内容分析，以及大量摄像机的部署	大带宽低时延
5G：医疗保健		支持患者护理和医院管理。其中包括可穿戴设备、安全的在线咨询和机器人手术等远程程序	大带宽低时延

5. 智慧养老与未来社区

当下，我国的人口老龄化程度不断加深，养老行业也随之发展。2014年，国家发展改革委等12个部门联合发布《关于加快实施信息惠民工程有关工作的通知》（发改高技〔2014〕46号），其中包括开展"养老服务信息惠民行动计划"，提出要"以满足养老服务需求、释放养老消费潜力、促进养老服务业发展为目标，建立养老服务机构、医疗护理机构等网络互联、信息共享的服务机制"。

2017年，工业和信息化部、民政部、国家卫生计生委发布的《智慧健康养老产业发展计划（2017—2020年）》（工信部联电子〔2017〕25号）表明智慧健康养老由市场新业态上升为国家新产业，如何实现"老有所养""老吾老，以及人之老"受到各方重视，也在实践中得到不断探索。

1）德胜新村的社区乐龄养老中心

（1）基本情况

浙江省杭州市拱墅区德胜新村在改造中建设社区乐龄养老中心，利用信息化智能化养老服务平台，建立以老年人信息数据库为基础的乐龄家智慧养老服务系统，方便和保障了社区工作人员及时了解社区老人的需求，提供高品质服务。并依托"阳光大管家"综合管理服务信息网络平台，拓展人工智能、物联网、大数据等技术和智慧产品设备在养老领域的应用，绘制集老年人动态管理数据库、能力评估等级档案、养老服务需求、养老服务设施一体的"老人关爱电子地图"（图7-48）。

将家庭与社区联系起来，以社区为依托，以智慧养老服务平台为支撑，并以智能终端和热线为纽带，整合社区养老服务设施、专业队伍和社会资源，打造以"呼叫救助、居家照料、健康服务、档案管理"为中心的智能居家养老服务网络，为老年人提供综合性的养老服务，实现"小病不出楼，常病不出社区，大病直通

图7-48　德胜新村阳光老人家和德胜新村阳光护理中心

车"，打通养老服务的"最后一公里"。

德胜新村还盘活社区存量资源，建设文化家园，利用智慧化管理手段，依托信息化互联网技术，打造以社区文化家园为载体的教育学习型社区，满足老年人的学习需要，丰富老年人精神生活，营造"活到老，学到老"的良好氛围（图7-49）。

图7-49　德胜新村文化家园

在未来，"银发经济"将得到进一步发展，智慧养老平台将更好利用物联网、互联网、移动互联网技术、人工智能、云技术、GPS定位技术等信息技术和智能硬件等新一代信息技术产品，实现机构与健康养老资源的有效对接和优化配置，创建"养老系统＋服务＋老人＋终端"的智慧养老服务模式，提升健康养老服务质量水平，建设适老关爱体系，构建基于"健养、乐养、赡养、休养、医养"于一体的社区智慧养老系统，保障居民老有所养、老有所乐的品质生活。

（2）德胜新村小区平台及社区数据应用

德胜新村通过社区平台与德胜新村小区平台组成社区局域网，接入硬件设备，构成完整的社区治理服务平台，实现日常管理、智能监控及信息采集、事件

（含应急）处置、信息统治及上传等基本功能。

德胜新村小区平台业务包括录入授权、建筑设施、交通出行、租房管理、社区治理、党建管理、物业服务、邻里服务、康养及社群健康、社区信息辅导、未来教育指标、未来创业指标、未来低碳指标等。

平台按照有关标准的具体要求，实现社区智能治理服务支撑平台社会治理、安全防范、电子政务等基本功能，形成的业务数据上传街道综合信息化平台、行业管理部门（如公安等）。未来可链接并上传综合信息至城市综合信息化系统。通过升级或增加功能插件，接入各种硬件设备和各类业务系统，实现系统的功能迭代。

社区硬件设备接入包括接口（自适应对接）监控摄像头、智能门禁、无线网关、证照仪及发卡系统等。在"社区智能治理服务支撑平台"的设计中，实现了覆盖广泛、可标准化推广、自适应对接的接口库。业务系统接入（标准接入）物业+服务、民生消费、疫情防控、康养服务、垃圾分类等。

德胜新村的社区平台信息包括静态信息（如小区房屋信息、居民信息等）和动态信息（如小区出入、事件监测、状态监测等）。社区治理服务平台配置证照仪后（在公安部门的管理下），可以实现居民（含租客）静态信息的采集和人证核验，居民的静态信息应按照公安部门的要求进行脱敏处理。平台配置监控摄像头、无线传感器等硬件设备后可以实现动态信息的自动采集。经社区治理服务平台内置的智能算法处理，自动识别出小区出入、事件监测、状态监测中的异常状况。

小区的静态数据和动态数据应加密且局限在社区局域网内。社区采集的静态数据和动态数据可以按照政府行业部门的要求直接加密上传，重要数据可集中存储在上级的信息中心。

德胜新村的社区平台建设立足小区实际情况，融入现代信息技术和智慧化建设，通过对数字基础设施、社区智能化单元、安全防范、居民服务等的改造与新建，增强了社区的安全防范能力，推动了社区治理模式的创新，提升了居民的安全感、获得感和幸福感。

（3）智慧养老服务平台的系统架构和大数据分析、应用和管理

德胜新村结合我国独特的养生及养老观念，将养老体系中的各个环节（如养老产品、养老服务、老年文化、医疗资源、养老信息等）在老人、社会、政府等主体间进行调配和传递，从而提升原有养老体系的运营效率和服务质量，形成政府指导、企业开发、社区组织、家庭配合的新型养老模式，实现服务资源的集约化、规范化和精准化管理，构建"有效满足老年人多样化、多层次养老服务需求"的颐养社区。德胜新村乐龄养老生态圈如图7-50所示。

图7-50　德胜新村乐龄养老生态圈

德胜新村机构智慧养老平台的建设架构见图7-51，系统架构见图7-52。

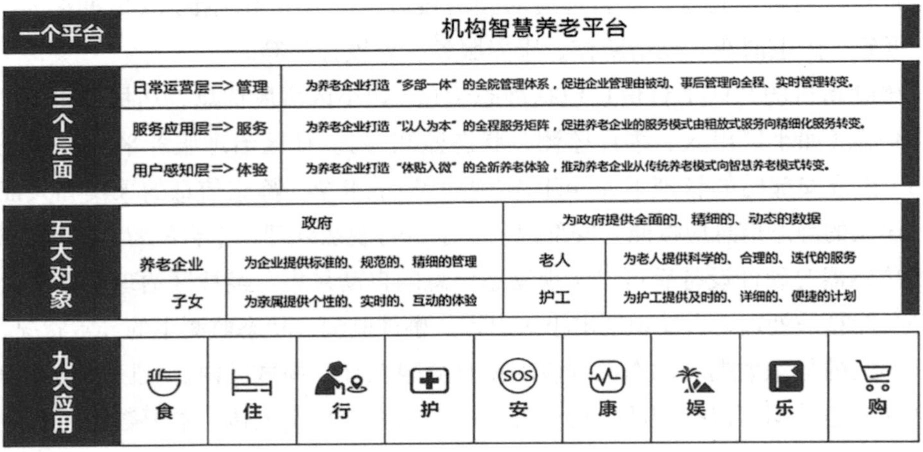

一个平台	机构智慧养老平台		
三个层面	日常运营层 ⇒ 管理	为养老企业打造"多部一体"的全院管理体系，促进企业管理由被动、事后管理向全程、实时管理转变。	
	服务应用层 ⇒ 服务	为养老企业打造"以人为本"的全程服务矩阵，促进养老企业的服务模式由粗放式服务向精细化服务转变。	
	用户感知层 ⇒ 体验	为养老企业打造"体贴入微"的全新养老体验，推动养老企业从传统养老模式向智慧养老模式转变。	
五大对象	政府		为政府提供全面的、精细的、动态的数据
	养老企业	为企业提供标准的、规范的、精细的管理	老人　为老人提供科学的、合理的、迭代的服务
	子女	为亲属提供个性的、实时的、互动的体验	护工　为护工提供及时的、详细的、便捷的计划

九大应用	食	住	行	护	安 (SOS)	康	娱	乐	购

图7-51　建设架构

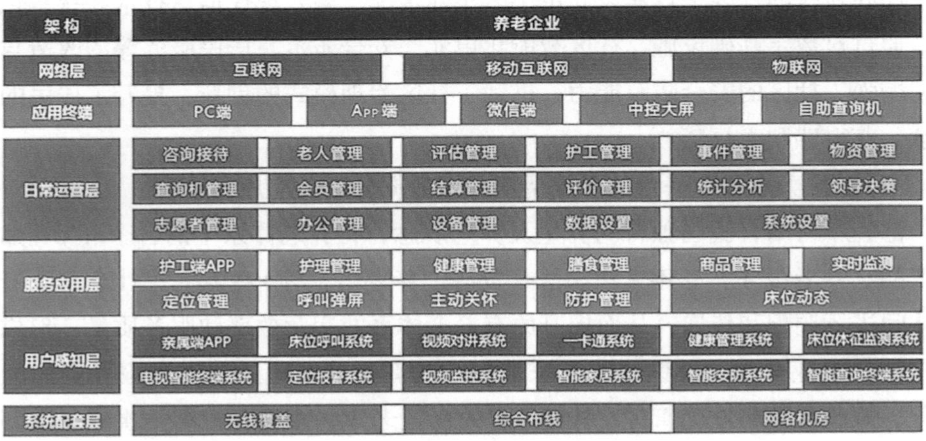

架构	养老企业					
网络层	互联网		移动互联网		物联网	
应用终端	PC端	App端	微信端	中控大屏	自助查询机	
日常运营层	咨询接待	老人管理	评估管理	护工管理	事件管理	物资管理
	查询机管理	会员管理	结算管理	评价管理	统计分析	领导决策
	志愿者管理	办公管理	设备管理	数据设置	系统设置	
服务应用层	护工端APP	护理管理	健康管理	膳食管理	商品管理	实时监控
	定位管理	呼叫弹屏	主动关怀	防护管理	床位动态	
用户感知层	亲属端APP	床位呼叫系统	视频对讲系统	一卡通系统	健康管理系统	床位体征监测系统
	电视智能终端系统	定位报警系统	视频监控系统	智能家居系统	智能安防系统	智能查询终端系统
系统配套层	无线覆盖		综合布线		网络机房	

图7-52　系统架构

德胜新村的养老服务场景化管理见图7-53，养老大数据管理见图7-54，养老大数据分析见图7-55。

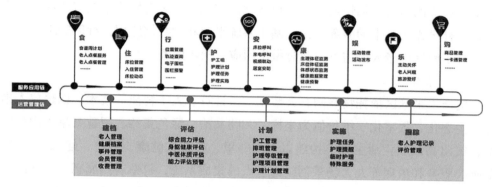

图7-53　养老服务场景化管理

图7-54　养老大数据管理

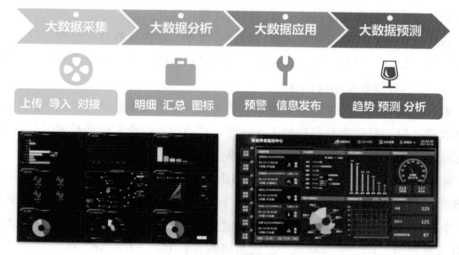

图7-55　养老大数据分析

德胜新村引入的智慧养老平台采用先进网络技术（物联网、互联网、人工智能、云技术、3G移动技术、GPS定位技术等），为辖区内的老龄人群及服务机构建立准确翔实的数据库及服务档案，以老人数据库、信息化平台及智能终端产品为基础，提供紧急救援、生活帮助、主动关怀三大服务方式，构建社区为依托、企事业单位和社区义工为支撑的强大服务体系，提升健康养老服务质量水平，让养老生态圈的运营更加快速高效、智能化，实现居民老有所依、老有所养、老有所乐。社区作为基本的服务单元，基于系统平台和大数据应用，社区的工作人员能及时了解社区老人的需求，及时做出回应、提供服务。

2）未来社区

杭州未来社区依托物联网、大数据、云计算、人工智能等技术，以聚焦人本化、生态化、数字化三维价值为坐标，和睦共治、绿色集约、智慧共享为内涵特征，突出高品质生活主轴，构建以未来邻里、教育、健康、创业、建筑、交通、低碳、服务和治理等九大场景创新为重点的集成系统，打造有归属感、舒适感和未来感的新型城市功能单元，促进人的全面发展和社会进步，是社区平台创新、探索的典型实践。

（1）智慧化建设

与未来社区密切相关的技术型辅助策略是智慧化建设，内涵是以数字、信息、网络、传感、人工智能等为核心，构造现代一体化建筑体系的建设模式。智慧化建设具有智能性、先进性、互联性、虚拟性等特点：智能性体现在人与人、人与建筑物之间的无缝智能沟通上；先进性体现在由智慧化建设带来的高端、先进居住体验上；互联性体现在由各种网络信息技术构建的便捷、高效通信上；虚拟性则体现在智慧化建设自成一体的网络社群化社交上。

智慧化建设是支撑未来社区建设的核心技术，它将从教育、健康、创业、交通、建筑、低碳、服务、治理和邻里等多个场景提供未来社区构造的核心工艺。

（2）社区智慧教育场景创建

教育是关系国计民生的重要领域，其质量直接关系到社区居民的居住稳定率和体验感。以智慧化建设打造的未来社区，可通过先进全方位的技术、信息和网络化载体，形成社区智慧教育一体化体系。

未来社区智慧教育建设、运维途径围绕"十大场景"展开，分别为：①"优质规范"幼教服务；②"儿童友好"社区生活；③"知识在身边"学习平台；④"幸福学堂"教学空间整合；⑤"梯度进阶"教学资源整合；⑥"居民之声"学习需求整合；⑦"一站集成"素质拓展教育；⑧"三位一体"社区教育补链；⑨"普惠共享"优质教育资源；⑩"家长无忧"托育服务。"十大场景"创建了集幼儿教育、青少年教育和终身学习教育为一体的社区智慧教育服务平台，打造了智慧学习型社区。

建设运维中以智慧化技术为核心，如通过构建社区智慧幼教App，为居民学前子女提供从报名、入学、班级划分、教师分配、学习过程监测、在校生活管理、课后家校联系等一系列教育活动的智慧化服务，有效解决"托育难""入学难""优质教育资源欠缺"等社区教育中的老大难问题。教育场景的主要创建内容包括：

①教育资源对接与优选平台：对接学区信息与线上教育平台，精选优质国际化课程，实现教育资源共享；

②社区在线教育平台：线上搭建社区外义务教育资源服务中心，统一展示如博物馆、图书馆、学校讲堂、社区达人讲座等活动的义务教育服务信息并实现活动线上报名；

③线上学区：将学区信息接入智慧服务平台，为居民提供线上学区信息服务。

社区在线教育平台见图7-56。

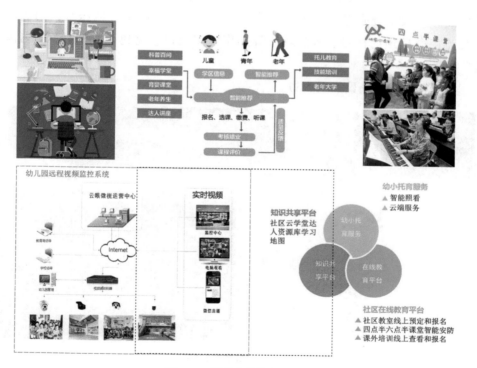

图7-56　社区在线教育平台

（3）社区智慧健康场景创建

以智慧化建设理念打造未来社区的健康系统，解决社区缺乏"看得起病""看得好病"且"智慧快捷就诊"的配套医疗机构和相关养老服务设施的问题，通过智慧、智能和便捷的技术应用，开发集医疗就诊、养老服务、户外活动为一体的社区智慧健康体系，满足居民多元化的健康需求。

未来社区智慧健康建设运维途径围绕"九大场景"展开：即①"健康积分"激励多；②"一碗汤"的距离；③"家门口养老，离家不离亲"；④"智慧养老"保安康；⑤"国医保健"在身边；⑥"院前院后"在社区；⑦"名医名院"零距离；⑧"燃烧你的卡路里"；⑨"养生膳食"定制化。构建集幸福养老、优质医疗以及健康生活为一体的智慧健康社区体系。支撑上述场景建设运维的关键技术是智慧化建设，如开发基于移动互联网和虚拟传感网络的社区健康生活 App 和虚拟智慧社区医院。

①社区健康生活 App：社区居民可以通过 App 提醒、监控、记录自己每天的户外运动数据，并与社区内其他居民进行分享交流，实现虚拟环境下的健康运动互联，培养良好的健康运动习惯。

②虚拟智慧社区医院：通过移动互联和大数据技术集合区域内的名院名医，社区居民有关于健康养生、疾病问诊等问题，可登录虚拟社区医院，与名医在线交流，办理预约挂号、入院就诊等操作，实现智慧化建设下的社区"名医名院"零距离。

社区智慧健康场景如图 7-57。

图 7-57 智慧养老系统

智慧化建设中，健康场景主要创建内容包括：

①智能共享健身房：场馆线上预约基础功能，打通健身设备，实现健身数据沉淀，输出健身报告给到业主。

②居民电子健康档案：社区卫生服务中心、服务站医疗数据以及可穿戴设备、家庭终端、健康屋设备等健康数据上传至电子健康档案，并同步到家庭医生，通过 AI 技术辅助家庭医生开展及时有效的健康管理。

③智能适老化家居：一键SOS呼救系统，消防、水浸、燃气等全方位安防系统、全屋语音系统。

④智能健身绿道：通过人工智能实现健身步道智能化，打通健身数据与积分平台。

⑤时间银行：提供老年人管理、时间币兑换、时间币规则、资讯等功能。

⑥线上健康医养中心：社区与第三方医院建立紧密型医联体，依托阿里健康等第三方线上健康服务，与省内外三甲医院优质医疗资源相链接，提供云端诊疗、健康咨询等服务；凭借线下药品配送平台，提供24小时送药上门、急用药半小时送药等服务。

（4）社区智慧服务场景创建

物业服务质量是体现现代社区运维管理水平的指标。以智慧化建设模式构建社区智慧服务体系，通过服务与智慧化建设技术有机整合，实现社区物业服务的智慧化呈现。

未来社区智慧服务建设运维途径围绕"七大场景"展开：①物业可持续运营；②社区服务清单；③社区服务空间；④社区服务商遴选培育；⑤社区应急救援；⑥社区安全防护；⑦"平台＋管家"智慧服务。

通过智慧化建设技术和资源的引入，为社区物业打造智能、智慧和信息化的"智慧管家式"物业服务系统。如中铁建集团在2019年度各社区项目建设中的"平台＋管家"智慧物业服务系统，集成物业费线上收缴、业主意见建议反馈、社区应急救援、智能安防监控、物业拓展服务等多元功能，业主下载"平台＋管家"App即可享受一站式物业服务，与物业人员进行无缝化沟通交流，提升了物业服务的智慧化程度，有效解决传统社区物业服务智能化和智慧化显著不足、物业收费与服务品质不匹配等弊端（图7-58）。

服务场景主要创建内容包括：

①社区物业管理：报事报修、物业缴费、投诉表扬、意见反馈、房屋租售、管家管理、绿化管理、保洁管理、设备管理、报表管理。

②社区管家线上平台：整合多方资源赋能社区管家，提供线上线下全方位服务；配备健全的管家培训机制，物业服务实现互联网化升级。

③社区线上商城：构建统一的社区线上商场集市，支持终端及App端商品浏览、下单购买以及评价；支持连接社区末端物流平台，并对接末端配送服务；打通口碑菜市场，实现线下集市（菜市场）运营管理。

④社区商业运营支撑平台：围绕社区范围及周边的"人货场"综合数据分析，提供潜客挖掘、人群画像匹配，为社区商业提供运营支撑，实现线上千人千

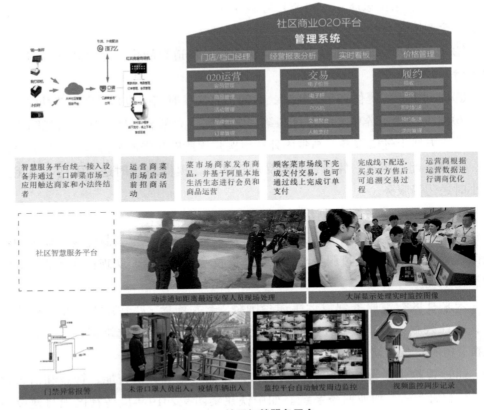

图7-58 社区智慧服务平台

面个性化推荐，为线下商业引流到店。

⑤智慧安防：通过AI算法，接入社区摄像头，实现特殊人群监控、人流聚集报警、老人独自离开社区时及时通知、小孩防走丢、消防通道侵占时予以警示等。

（5）社区智慧邻里场景创建

邻里关系是维系社区和谐发展的重要基础，以智慧化建设思维构建的未来社区，能够有效解决居住在高楼大厦、大型社区中的人们缺少与邻里相处机会、缺少文化交流载体平台的问题，为社区居民打造智慧化的邻里交流空间，体现邻里人文交流情怀。

未来社区智慧邻里建设运维途径围绕"九大场景"展开：①邻里公共空间；②"人人贡献"积分机制；③邻里积分换服务；④邻里一站式综合服务；⑤邻里精神标识；⑥邻里文化再生；⑦邻里公约认同；⑧城市文化公园；⑨开放社区形态。各场景基于智慧化技术建设运维，体现出未来社区邻里交互、人文和空间呈现的内涵。

在具体的建设中，以移动互联技术、VR技术、大数据技术为基础，开发"未来社区邻里智慧平台"，依托平台设计"在线社区""邻里空间""邻里积分""邻里交互服务""邻里公约""邻里活动"等模块，社区居民下载邻里智慧平台即可与邻里进行在线无缝化地交流，预约活动、共享资源、交互心情，在智慧化情境下形成社区邻里精神共同体（图7-59、图7-60）。

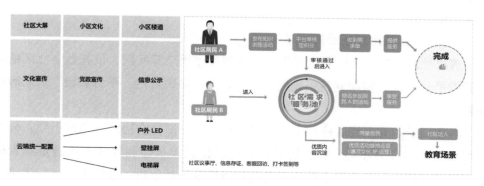

图7-59　智慧邻里1

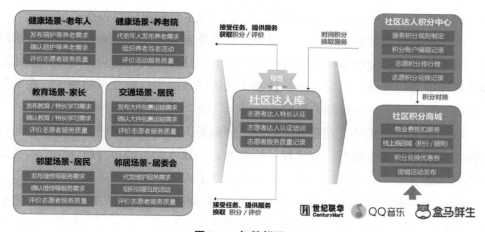

图7-60　智慧邻里2

邻里场景主要创建的内容包括：

①多屏多端信息发布：通过移动端、家庭智能音箱终端、户外楼宇广告机、楼宇信息智能屏幕等实现社区信息系统信息统一发布，实现社区服务、创业政策、居民政务服务、物业服务一键通知。

②邻里文化运营平台：发布邻里活动，挖掘核心用户共建文化社群，支撑社区邻里文化传播与运营。

③社区互助共享服务：为居民提供物件租用等邻里日常互助支撑，并提供社区闲鱼、邻里跳蚤市场等平台支持。

④社区管家线上平台：社区管家线上线下全方位服务。提供健全的管家培

训机制，物业服务实现互联网化升级。居民可直观通过平台享受物业服务，监管物业质量，并实行社区居民考核制度，保障服务持续优化。

⑤社区统一积分中心：社区居民通过"服务换积分，积分换服务"的机制，共创共建互帮互助、爱心公益、绿色环保的未来社区，提升社会人文，共建和谐邻里文化。

（6）社区智慧治理场景创建

解决社区治理中居民参与度不高、管理程序繁杂等问题，依托数字社区精益的管理平台建设，构建党建引领的"政府导治、居民自治、平台数治"未来治理场景。

治理场景主要围绕四核心十大场景进行创建，即社会协同、党建引领、公民参与和智慧治理为核心，社会协同进行社区治理委员会和社区工作减负场景创建；党建引领进行党委核心引领和党员先锋模范场景创建；公民参与进行居民自治、社区基金会和社区志愿者协会场景创建；智慧治理进行数字化精准管理、业务流程再造和社区综合 App 场景创建。智慧治理主要创建内容包括：

多屏多端信息发布：建设社区居民自治服务系统，构建未来社区居民自治组织，对于社区主要关键事件进行讨论决策。上报社区不文明行为，对社区整体治理进行线上督察督办，匿名打分。鼓励社区居民通过平台建立兴趣圈子，在节假日发布心意，线上平台展示心愿墙。

城市社区服务系统：对接政府各种民生服务，通过线上系统为未来社区居民提供在线化政务民生服务，如社保、公积金、法律咨询、城市行政违法、消费维权等各类政务服务，提供社区居民自助式提交个人服务。

社区治理数据可视化系统：统计社区的基础数据（人口、房屋数据）、智能停车数据、社区工作数据、智慧党建、志愿者服务数据、小区环境数据、小区事件预警数据等，在社区治理数据可视化系统展示。

在线党费缴纳：精准提醒，党费在线缴纳，全流程透明可视。

（7）社区智慧建筑场景创建

建筑场景创建的基本目的是解决最新建造技术的深度应用问题，创新空间集约利用和功能集成，打造"艺术与风貌交融"未来建筑场景。

建筑场景以建筑产品、空间形态和建筑技术为核心。建筑产品进行弹性利用"复合"建筑和功能融合的"共享"建筑场景创建；空间形态进行完善便捷的社区共建配套、有辨识度的社区景观风貌、绿色立体的社区生态环境和 TOD 模式的社区空间格局场景创建；建筑技术进行适应性的规划制创新、信息化的数字技术支撑和标准化的建筑技术集成场景创建。

智慧建筑创建内容主要表现在搭建CIM数字化平台。通过建筑信息模型（BIM）、地理信息系统（GIS）、物联网等数字化技术搭建未来社区，记录社区多维度信息，搭建CIM数字化平台。

（8）社区智慧低碳场景创建

低碳场景创建的基本目的是：解决能源利用效率低、社区综合配套不完善等问题，智慧集成社区电网、气网、水网和热网，构建"循环无废"未来低碳场景。

低碳场景创建模式是围绕三大核心七大场景进行创建，即以综合能源资源服务商业模式、数字化＋综合源系统和分类分级资源循环系统为核心，综合能源资源服务商业模式进行综合能源资源的服务商和综合能源智慧服务平台场景创建；数字化＋综合源系统进行多元协同的能源供应、降本增效的智慧节能和健康舒适的环境体验场景创建；分类分级资源循环系统进行分质循环智慧水务和可追溯的垃圾分类回收场景创建。

智慧低碳场景老旧小区常见创建内容为垃圾分类，配合社区垃圾分类工作开展，运用视频AI技术＋物联网技术，正确引导，监督与激励相结合，实现社区"垃圾分类好、废物变成宝"。

（9）社区智慧交通场景创建

为解决出行难、交通堵塞等问题，瞄准差异化、多样化、全过程出行需求构建"5、10、30分钟服务圈"而搭建的未来交通场景。主要以"车"行其道、"人"畅其行和"物"畅其流为核心，"车"行其道，畅通开放街道路网空间，进行"人车分流"社会交通管控、社区内部街道网布局、智慧共享停车、新能源汽车功能保障和非机动车管理场景创建；"人"畅其行，分流有序交通组织管理，进行智慧出行运营服务、无障碍慢行交通连接和社区TOD对外交通衔接场景的创建；"物"畅其流，智慧集成交通物流服务，进行物流配送集成服务场景创建。

智慧交通主要创建内容包括：

①智慧物流：打造社区物流管理中心，同时配合智能快递柜，实现包裹自助存寄、快递通知、预约寄取件、定位搜索、寻路导航等数字化功能。

②智慧停车："车辆供能、车位共享、智慧引导"多措并举、环环相扣，实现5分钟快速停车和取车。

（10）社区智慧创业场景创建

创业场景创建主要解决创业与生活、服务割裂的问题，顺应未来生活与就业、创业融合新趋势，构建"大众创新"未来创业场景。

场景创建模式：围绕三核心十大场景进行创建，即创业服务、创业生活和创业机制为核心。创业服务，无距提升创业服务，进行"天使在身边"社区众筹平台、"创业进社区"创客学院、"邻里圈"创业舞和"互联互惠"创业者服务中心的场景创建；创业生活，无界打造创业载体，进行小成本大创业全要素共享、"24小时"聚集全时创业和"未来创客厅"触媒全民创业场景的创建；创业机制，无忧提供创业保障，进行"真金白银"鼓励社区就业、"定对象，重实绩"人才落户机制和"创者有其屋"人才公寓建设场景的创建。

智慧创业主要创建内容包括：

①双创空间：搭建双创空间数字化平台，实现共享工位、工位管理、会议室，资产盘点等。依托社区双创中心集成创业指导、政务服务、金融服务、人力资源、市场营销等全方位创业服务，并定期推送政策资讯；智慧创业平台设置客创功能，无缝衔接创业者和创业服务企业。

②企业孵化服务：依靠双创空间数字化平台，为创业者提供线上创业授课，并在社区组织线下社区创业交流会，助力创业孵化。

7.3.3 人工智能技术应用

1.社区地下管网的物联网监控技术

管网物联网结合"污水零直排系统"建设，做好老旧小区污水处理控制，可以解决城市小区污水排放及处理的社会性问题。

地下管网的物联网监控技术主要采用排水系统在线监测技术，通过布设在排水设施内的流量、液位、位移传感器等对管网运行参数进行在线采集，用特定的传输网络传输至管理中心进行处理分析，以采集到的数据为依据，实现对排水系统在线监测与管理。

1）监测目的

（1）洞悉管网真实情况：排水管网的实际雨污分流情况直接影响整体排水系统的运行效能及环境效益，是污水处理厂稳定安全运行、黑臭河道整治、旱天雨水管网污水偷漏排的重要影响因素。管网系统的收集能力与效率直接影响下游污水处理厂的运行效能及安全水平，通过监测技术准确识别雨污混流所在片区的具体情况、混流比例、响应规律，进行必要的工程改造与有效的调控调度；客观评估合流制溢流（CSO）、面源污染、污水处理厂出水对最终水环境改善的真实贡献率以及基于水体水质达标为目标的治理工程建设、管网修复及运行调度的资金投入。

（2）保障城市水安全：排水管网的安全运行及事故预警、溯源及处置是城市水安全、基础设施安全、污水处理厂安全运行的重要保障。有效监控及发现排水户的超标偷排偷倒现象，实现基于数据的证据链，可保障污水处理厂的安全稳定运行；及时预警处置高负荷偷排、高毒性偷排、内涝、溢流、坍塌、井盖丢失等事故，尽可能降低事故损失；在日常管理中发现管网的安全风险，提前采取有力措施，及时修复管网缺陷，降低运行风险；评估工程建设与管理措施对排水管网安全运行的动态影响规律，制定各类特殊事件的有效应急预案。

（3）实现厂网联合调度远景目标的"第一步"：排水管网与污水处理厂的联合调度能力、应急调度策略是提高城市排水系统整体运行效能的重要保障。基于排水管网运行情况的动态水量及水质变化规律，及时评估污染事件对系统的影响，制定具有针对性的应急调度策略，并动态跟踪执行效果，可以提高排水系统的运行调度能力和安全运行水平；厂网一体化运行将是行业发展的必然趋势，是提高排水系统运行效能、保障污水处理厂运行处理效果、保障水体水质达标的综合手段；对泵站、调蓄池等设施进行有效地动态调控，提高管网及污水处理厂的运行能力及效率，降低运行风险。

2）社区管网存在的典型问题

（1）管道淤积破损严重：通过CCTV检测识别，管道存在不同程度的淤积和破损问题，如错位、坍塌、变形、堵塞、贯穿等。

（2）混接普遍：污水混接入雨水管，主要是沿街餐饮等污水混接进入雨水管，大量直排水体导致水体污染严重，或是雨水管接入污水管，大量雨水直接进入污水处理厂，降低了污水浓度，难以保证处理效率。

（3）高液位运行：污水管网满管运行，管道长期带压运行，检查井内存在大量垃圾，导致污水无法经污水管网排入污水处理厂集中处理，容易发生污水溢流情况，部分河道水环境依然受到污染，部分排污口/污水流向不清。

3）监测技术应用场景

（1）离线监测：以获取排水长期规律为主，支持短期数据分析或模型参数调整。

（2）在线监测：动态了解排水管网运行情况，方便采集在线数据和查看调控效果。

（3）在线预警预报：通过智能可变地采集与传输频次，对溢流风险进行预警预报，通过短信、微信、网页端等多种方式动态推送。

（4）排水规律统计分析：通过对海量数据的相关性分析、上下游峰值时间差异分析、典型降雨事件过程分析进行排水规律的统计分析。

（5）排水模型动态仿真：将大数据分析技术与排水管网模型进行耦合，实现排水模型的动态仿真模拟。

4）老旧小区"污水零直排区"信息化系统

（1）"污水零直排区"智能化信息系统建设

①对涉水的主要污染源进行勘察与评估：走查并收集污染源已登记在案的企业单位相关信息，进一步实地了解各污染源的污水排放量、污水排放情况、污染物的化学性质、污染物种类以及处理污水的装置、单位内部的排水设施建设情况、市政排水管网分布情况以及排水许可证的管理情况。在整理出污染物成果的基础上，走访调查、整理评估该区域内所有已登记的污染源，并利用App小程序等实时实地上传定位信息，确保所得数据的真实可靠性。

②实地走访排水管网分布以及附属设施并建立数据库：为了准确定位现存排水管网，相关技术部门可以运用QV/CCTV勘查技术、潜望镜、RTK定位技术等手段，在准确掌握了流向、材质、埋深、连接状况、管径尺寸等信息情况后，将其按一定比例绘制到地形图上。

③实地走访调查排水口并建立数据库：在对岸上检查井及排水口完成排查检测后，结合所得数据对前期调查记录表进行复查、查漏补缺、再次确认、梳理与归类等程序，最后总结情况后判断排水口是否达标并完成数据库的建立。

④实地走访调查检查井与排水管道情况并评估缺陷：运用潜望镜检测技术、闭路电视检测技术等技术判断排水管道及检查井是否存在结构性缺陷或者功能性缺陷，判断缺陷的具体类型以及位置、状况、数量等。检查并估计排水管道的损坏程度并给出相应的修复意见。

⑤实地走访调查雨污混接情况并进行评估：通常情况下，技术人员会采取现场勘查、收集资料数据、测算水量、检测水质等技术手段了解掌握污水水质和排水管网情况、检查雨污管道的混接情况，根据计算得出混接密度，提出相应整改意见。

⑥切实建立起全面化的"污水零直排区"智能化信息系统：相关人员可以将"互联网＋云平台"技术应用到"污水零直排区"信息系统中去，确保资料数据可以随用随调，进一步使得调查、建设、整改三步程序的联系紧密了起来。

（2）"污水零直排智能化信息系统"的主要特点

①高度集中性：通过集成方式把所有的资料以"一张图"的形式表现出来，图中包括众多项目的资料，包括污水管道流向图、问题总清单、排污许可证、整改建议报告、环境评测报告、环境排查报告等。这些资料都在"一张图"中详细记录，高度的集中性让全市污水零直排有了整体的规划，是整个建设项目的首要前提。

②易操作性：智能化系统功能强大，但软件操作不复杂，稍加记忆便可以

熟练操作整个系统，对于有关部门处理污水零直排问题非常有利，增加了强大的自主性，并且智能化系统后续能够通过升级的方式丰富功能，有着强大的可持续性。

③精准性：在集成的"一张图"中，每种信息资料的精度之高可以让人眼前一亮，总揽全局，精度可达到厘米级，查询资料只需要定位相应的词语便可直接精确查看。

④共享性：系统具有较大的兼容能力，随时随地集成资料信息，形成巨大信息网，通过一张图的形式，能清楚地看到哪些数据需要弥补；还能与第三方机构高效共享数据，实现数据的同步阅览。集中数据的完善，能够作为建设"污水零直排"工程的首要依据，也是工程后期督查对比的第一对照，其持续更新、有效共享的特征对于实现"污水零直排"有着重大推动作用。

⑤可追溯源头：在"一张图"中，任何方位的数据以及源头都能够高效查询，只需要查找相应的数据，便可以找到污水源头的具体方位以及排水管道的具体走向等，通过这些数据总览全局、方便工程整改对比，有利于及时发现问题，解决问题，随时可以检查问题的源头，推测问题的原因。

（3）"污水零直排"系统的技术特点以及作用

①全面性：总体数据高度集成，实现一个系统涵盖所有相关数据。数据的全面覆盖能够利于整体工程的建设、实现智能管理，整体数据的总览能够直观地观察到所有污水的来源，并且能扩大、缩小、具体观察一个污水源的情况。

②保质性：对于信息化系统来说，项目建设整改图片前后对比一览无余，透明性高，在一定程度上也能保证工程的质量。工程建设过程中出现问题也能及时通过智能化管理系统了解问题的源头，有效解决问题，防止工程滞缓。

③精确性：系统数据精确度高，查找数据只需定位相关词条，精度可至厘米级别。数据的高度精确能够提高工程建设的效率，所有问题可以写进系统、统一管理。

④持续性：信息化系统能持续性升级，接收新数据，系统内数据不重复、不冗杂。系统的持续更新能保证新旧数据的正确衔接，整体数据长期保持最新状态。

在污水信息采集与排放控制系统设计中要针对信息采集布点情况进行数据分析，还应做好智能化体系部署，进行信息分析时要将污水排放信息、污水管网缺陷、雨污分流情况等有针对性的检测内容整合起来为信息化系统的数据收集系统布置提供决策依据。

2.解决雨水径流污染新技术

老旧小区海绵化改造中，往往存在小区内绿化面积较小的情况，无法满足雨水径流污染削减的需求，为了解决这一问题，衍生了很多新技术、新材料，如恩维斯岗哨井等。

恩维斯岗哨井是一种有效解决雨水径流污染的新型技术，该技术集雨水收集、污染物去除于一体，对总氮、总磷和金属离子等有较强的去除作用，是雨水花园和湿地的替代方案，具有投资低、效率高、占地面积小、维护简单、运行成本低、维护周期长、使用年限久等优点，出水可直接资源化利用，非常适合作为分散小型雨水过滤系统，解决初期雨水污染问题。雨水径流经岗哨井处理后，可较大程度减轻城市水体和污水处理厂的污染物负荷，从而起到保护环境的目的 [1]（图7-61）。

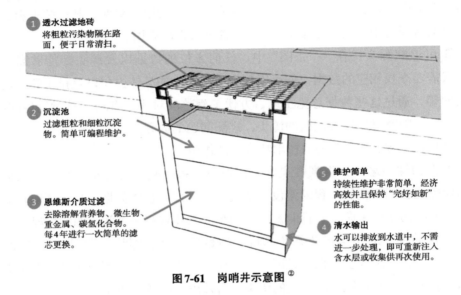

图7-61　岗哨井示意图 [2]

雨水经①透水过滤地砖将大块固体杂物隔离至路面，后经②沉淀池过滤粗粒和细粒沉淀物，然后再经③恩维斯介质过滤层进行最核心的物理过滤和吸附处理，从而去除雨水中溶解的营养物、微生物、重金属等，经过净化的雨水最后经④雨水输出口排出，此处可根据实际需要再进行更多功能的整合，例如后续增加雨水调蓄池，可将净化后的雨水收集并用作绿化或补充地下水等，进行非饮用用途的重新利用。

岗哨井是牢固的重型混凝土井，具有雨水过流量大、使用年限长久、可通行车辆等较强的城市适用特性，相较于其他两种技术优势明显（表7-9）。

---

① 资料来源：公众号中国给水排水：恩维斯岗哨井：雨水径流污染控制和资源化利用新型技术。

② 图片来源：http://www.envisschina.com/Product/Product_Detail/209222298730。

技术对比表   表7-9

项目	岗哨井	雨水花园	湿地
主要功能	过滤+吸附	过滤+生物捕捉	沉淀+生物捕捉
流量	2m/h	0.2m/h	0.1m/h
占地面积	0.5m²	5m²	10m²
建造方式	模块化混凝土雨水井	土方开挖并耕植	土方开挖并耕植
车辆通行	可	不可	不可
雨水可否收集	可	可	不可
景观绿化	不可	可	可
使用寿命	50年	20年	25年
清淤间隔	1年	1年	5年
更换周期	4年	10年	—
建造难度	简单	复杂	复杂

此处理技术已在多个城市广泛运用，运行效果较好，根据数据研究确定对营养物质（总氮、总磷）和金属离子有较强的去除作用。可缓解水环境污染问题，实现绿色城市建设。

3.数字化测绘技术

1）以倾斜摄影和贴近摄影测量为主的无人机测绘技术

倾斜摄影是国际测绘领域发展起来的一项高新技术，颠覆了以往正射影像只能从垂直角度拍摄的局限，通过在同一飞行平台上搭载多台传感器，同时从一个垂直、四个倾斜等五个不同角度采集影像，将用户引入了符合人眼视觉的真实直观世界。倾斜摄影测量，以大范围高精度高清晰的方式全面感知复杂场景，通过高效的数据采集设备及专业的数据处理，为反映被测物的外观位置和测绘精度提供了保证。传统的航空摄影以获得正射影像为目的，采用像片倾角小于2～3°的摄影方式，称为竖直航空摄影。这一方式便于后续的正射纠正与立体测图等处理工作，但是会失去被测物的侧立面细节。

当前，老旧小区存在以下几项问题：①建筑密度和人口密度高，居住拥挤，小区缺少基础设施、公共绿地和各类活动场地。②主体结构和基础设施长时间得不到及时维修，房屋外墙面破损，产生裂缝引起雨水渗透，顶层、防漏层老化；市政排水系统落后，基本丧失住宅防水能力。③缺乏基本的公共照明，小区道路破损严重，道路交通与停车的矛盾日益严重，居住环境和居住状况极差。

通过倾斜摄影技术可以快速复原当前老旧小区的现状三维景象，借助于实景模型分辨率高、环境真实、立体呈现等特点，快速发现老旧小区上述的三个问题，例如通过日照分析来判断楼间距；通过纹理信息判断是否存在诸如墙体开裂等安全隐患；通过测量获取小区内部道路的宽度、长度分析其通行能力。

针对大面积的测绘信息使用倾斜摄影技术是经济、高效的。事实上倾斜摄影也可以获得正射影像，但是倾角过大时，正射纠正需要更高的像片重叠度，投影差也会更大，精度会下降，采集成本也会增加。近年来，多镜头航摄仪的发展很好地克服了精度问题，同时实现了对地物顶部和侧立面的建模和纹理采集，使得倾斜航空摄影在大范围三维建模方面表现出了卓越的能力。倾斜摄影可以一次性获取几十平方公里的城市建筑物及地形模型，建模速度快，纹理真实性强，视觉冲击力大。同时，倾斜航空摄影也能在建模之余，获得正射影像和数字高程模型。

倾斜摄影由于航摄时航高的因素，接近于地表的细节信息损失相当严重。目前呈现出无人机低空摄影表现优于大飞机高空航摄的趋势，但无人机单次采集区域又过小，依然无法保证地面细节的完美度。未来采用低空倾斜＋地面激光扫描结合的技术可能是建筑生成数字模型的最优方案（图7-62）。

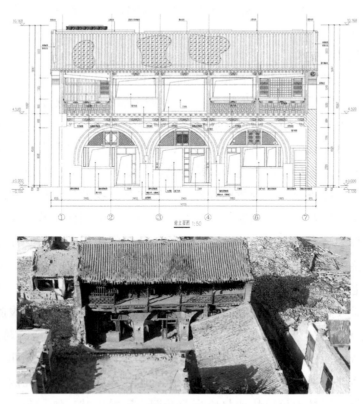

图7-62　山西柳林明清街保护更新项目倾斜摄影技术应用
（中国建筑设计研究院有限公司建筑历史研究所提供）

（1）贴近摄影测量

无人机摄影测量变得空前火热，从固定翼到旋翼，从垂直摄影到倾斜摄影，进而到多视摄影，获取的影像越来越丰富多样，通过众多影像信息可以恢复各种目标的三维信息。无人机摄影测量的下一步发展必将是影像信息数据的精细化，贴近摄影测量则可以看作是获取精细化影像的一种思路和方法。贴近摄影测量是面向对象的摄影测量（object-oriented photogrammetry），它以物体的"面"为摄影对象，利用旋翼无人机贴近摄影获取超高分辨率影像，进行精细化地理信息提取，可高度还原地表和物体的精细结构。

贴近摄影测量也不简单等同于近景摄影测量，无人机近景摄影测量是贴近摄影测量的一个特例。如果要对一个建筑物实现精细建模，就能看出两者的差异性。例如某老旧民宅的三维建模图（图7-63），它是由顶部、东、南、西、北共五个面的贴近摄影得出的，其不仅仅实现了对建筑物精细建模，还可以根据贴近摄影测量的3D信息绘制高精度的立面图（图7-64）。

图7-63　北京某民宅贴近测量图

（中国城市建设研究院有限公司提供）

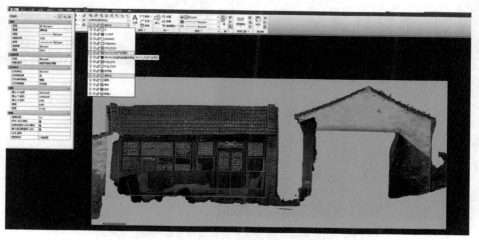

图7-64　北京某民宅无人机测量后的CAD立面图

（中国城市建设研究院有限公司提供）

应用贴近摄影测量可以通过软件形成三维矢量化文件，与传统绘图软件CAD对接，可进行精确复尺。贴近摄影测量是计算机视觉、摄影测量的一个技术策略，是时代发展的必然。人们期望对被拍摄物体各个面都能获取厘米甚至毫米级别的影像测量，可为古建筑、老旧小区建筑等数字化重建提供有效的补充手段。贴近摄影测量刚刚开始应用，在老旧小区改造过程中可以应用于初期获取门窗洞口等改造位置的初始数据，方便统计工程量信息，是一种高效快捷的新测量技术，未来相关测量手段必然有所提升，能更精确、更好地与智慧城市完成信息对接。

（2）以三维激光扫描为主的建筑结构扫描技术

三维扫描仪的基本工作原理是：采用一种结合结构光、相位测量、计算机视觉的复合三维非接触式测量技术。采用这种测量原理，使得对物体进行照相测量成为可能，所谓照相测量，就是类似于照相机对视野内的物体进行照相，不同的是照相机摄取的是物体的二维图像，而测量仪获得的是物体的三维信息。与传统的三维扫描仪不同的是，该扫描仪测量时光栅投影装置投影数幅特定编码的结构光到待测物体上，成一定夹角的两个摄像头同步采得相应图像，然后对图像进行解码和相位计算，并利用匹配技术、三角形测量原理，解算出两个摄像机公共视区内像素点的三维坐标（图7-65）。

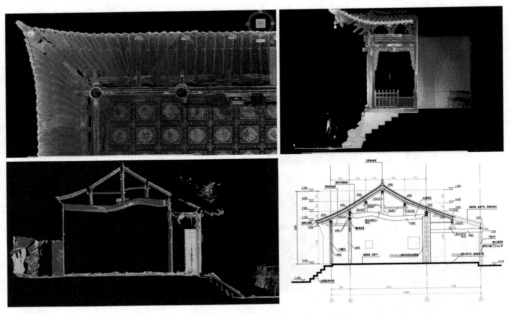

图7-65　山西柳林明清街保护更新项目三维扫描技术应用

（中国建筑设计研究院有限公司建筑历史研究所提供）

三维激光扫描是21世纪测绘领域的一次巨大发展，但是三维激光扫描必须要跟影像配合使用，激光扫描"点云"本身只能得到物体的白模。除此之外，三维激光扫描设备工作成本较高，而贴近摄影测量成本相对较低，只有在需要精细测绘的时候，激光扫描技术的精度优势才显现出来。

2）三维数据资料库的建立与智慧城市扩展应用

2018年11月，根据《关于开展〈"多规合一"信息平台技术标准〉工程建设行业标准制订工作的函》（建标函〔2017〕231号），住房和城乡建设部组织住房和城乡建设部城乡规划管理中心等单位起草了行业标准《"多规合一"业务协同平台技术标准（征求意见稿）》，激励"有条件的城市，可在BIM应用的基础上建立CIM"。基于数字化测绘技术获得的BIM（建筑信息模型），应用于建筑的设计、施工、运维直到建筑全生命周期，这些数据信息将整合到城市数据中心，以实现集成化、精细化、智能化的城市管理。集成信息就是建立城市级的信息数据库。BIM整合的是城市建筑物的总体信息，而GIS则整合及管理建筑物的外部环境信息，因此，引出的CIM概念即是GIS数据+BIM数据组成的城市信息模型。从狭义数据类型上讲，是属于智慧城市建设的基础数据。CIM将数据颗粒度精准到城市建筑物内部的单独模块，将静态的传统式数字城市加强为可感知的、实时动态的、虚实交互的智慧城市。

要解决智慧城市的问题，需要依靠大量的建筑信息模型，而老旧小区改造和城市更新的数字模型正如学者们形容的城市细胞，信息网络就是智慧城市的神经脉络，将城市信息组织起来给予智慧城市更强有力的信息化支撑。在老旧小区改造过程中，通过测绘生成的三维数字模型和城市更新后的BIM模型在城市管理部门的平台"并网"到智慧城市的数据库中，成为数字城市的组织。在CIM的范畴中，GIS可以提供二维和三维一体化的基础底图和统一坐标系统以及提供每个BIM单体之间互相连接的信息，例如道路、地下综合管廊与管线等；测绘技术已可以完善高精度的数字信息输出，然而当管理这么庞大的城市级数据信息时，CIM领域能否有这么强大的数据库和管理能力是真实的挑战。随着BIM技术的深度应用，建筑智能化的广泛发展，通过信息集成汇集，人们完全可以通过"镜像"的虚拟城市使真实城市智慧化。信息技术服务市场亦服从规则，以结果为导向。老旧小区改造的建设方提出三维信息模型的需求，设计单位能够收取数字化测绘费和BIM设计费，进而推动了城市级数据中心的建设工作。城市管理部门通过评审、归档等政策引导，也有利于数据收集和储备城市管理能力。做好三维信息模型的上通下达，推动老旧小区乃至所有建筑的生产施工环节的数据管理和应用，逐步建立智慧管理系统，使业主真正受益于信息技术的优势，形成由被动到自发的转变，并为CIM精细化、精确化管理夯实基础。

时下数字信息模型涉及GIS、IoT、AI、5G等新一代高科技技术，也似乎昭示着"风口"来了。受国际形势变化影响，发展芯片产业被提到国家战略高度，BIM软件的国产化进程也在加快推进，老旧小区在改造过程中注意数字化测绘形成三维模型数据的收集和传递，最终"并网"，是数字化测绘新技术对城市更新的有力支持，是生产力的时代要求。

4.社区机器人技术应用

城镇老旧小区存在诸多问题，产生了超大规模的改造需求，以建设人民美好生活和城市可持续发展空间为目标，国家全面启动城镇老旧小区改造计划，标志着我国建筑业进入新建与加固改造并重发展阶段。

以解决老旧小区改造过程中痛点、难点问题为导向，依托机器人、人工智能、自动化等新兴科技，形成多种关键技术和工艺，提出"机器人+"的改造新模式，对新模式所需的关键机器人技术、施工工艺、政策需求及实施工期、成本进行可行性分析，通过改造工程案例，推动创新、探索、实践。

1）机器人技术在阳台水雨污混接调查中的应用

（1）应用背景

根据多个城市的河道水体污染源的分析，沿河的排水口污染占水体污染负荷总量的90%以上，其余是底泥、大气沉降、水面降雨带来的污染。排水口污染来源于污水管道和雨水管道，污水管道排出的主要是未截流的污水及溢流污水，雨水管道排出的主要是混接水和地表径流。提升河道水质，迫切需要加强排水口污染治理，因此在老旧小区改造过程中，消减小区雨水管入河的污水混接，是一项非常重要的工作。

部分老旧小区由于建设年代较早，建筑面积小，功能布局不合理，许多居民习惯将洗衣机等放置在阳台上，洗衣废水接入雨水立管，再通过雨水立管排入雨水管道，最终排入河道，造成河道富营养化。因此，针对被改造小区内部雨水立管的雨污混接调查，是小区改造的重要内容之一，也是判断该小区阳台水雨污混接的关键证据。

（2）问题分析

阳台水雨污混接是老旧小区改造的重点、难点之一。洗衣污水排进雨水管，是一个生活中易被人忽视的隐性污染问题。城区河道和湖泊水体监测显示：尽管近年来随着治污手段和管理不断加强，但总磷指标却一直居高不下。总磷高的原因有很多，其中有污水偷排的因素，还有就是有居民住户的洗衣污水进的不是污水管，而是排到雨水管，直接流入河道。

某市排水管理处在城区建有32个水质监测网点，从6月份的监测数据看，外围五个片区中，护城河沿线及外围片区磷含量小于0.5mg/L，其他三个片区普遍高于0.5mg/L，其中不少断面在1～1.5mg/L，有的断面甚至超过2mg/L。按照污水处理厂标准看，1级A水质的磷含量为0.5mg/L，一级B水质的磷含量为1mg/L。该市排水管理处相关负责人表示："照理来说，河水的磷含量应该低于污水处理厂的出厂水，现在的情况恰恰相反。"

　　成套住宅的厨卫设施一般比较固定，房屋建造时就预埋了下水管道——北面排的是污水管网，南面排的是雨水管网。因此，造成洗衣污水排入雨水管，主要在洗衣机、拖把池的位置。调查中发现，在一般住宅、高档小区以及老新村、拆迁安置小区等不同类型的住户家，受房屋结构以及装修设计等因素影响，洗衣污水排入雨水管的现象有很多种表现形式：

　　①南阳台成洗衣房：利用南阳台放置洗衣机的现象较普遍。至少有90%的住户选择把洗衣机放阳台。一般住宅小区，往往只有一个阳台即南阳台，地漏所接的是雨水管；高档小区有南北阳台，南阳台接的同样是雨水管，北阳台由于靠近厨卫设施，接的是污水管，洗衣污水进不进雨水管，就看住户怎么摆放洗衣机了。

　　②装修打破原有设置：小区中的房型卫生间也较小，不便放洗衣机，但房型中在厨房边专门设有洗衣区间，地漏接的是污水管。在装修中，往往考虑到要把厨房扩大，就把洗衣位拆除变为厨房的一部分，洗衣机则移至阳台。对此空间的重新调整，使得厨房间更为宽敞，洗衣机在阳台也方便晾晒。有阁楼露台的搭建一个洗衣台，平时手洗的污水全部排入雨水管。约80%的家庭希望卫生间干湿分离，如果在房型设计上卫生间没有作区分，那不少人就会选择把洗衣机放在阳台；即便开发商在房型功能设计上已经设置好了干湿分离区，从生活的需要以及操作的便利来考虑，10%～15%的人仍然会选择把洗衣机放在阳台。

　　③私接管道误入雨水管：拆迁安置小区私接管道问题特别突出。房子南面从楼顶排下来管子，接房顶和各阳台雨水，这些管子离地面几十厘米就断掉了，雨水排到地面后流入地面雨水井。不少管子被人为"加工"，直接连通到地面，并在连接处用水泥封掉。一些管子被改作他用，通过自挖管道，与前幢房子的污水管相接，这些管道有的接的是雨水管，污水从中排出。还有些待改造小区中，车库住人十分普遍。由于车库本没有卫生设施，不论是出租还是自住，都需要重新安装卫生设施。因此，私接管道更是常事。除了洗衣污水外，餐厨污水甚至粪便污水也会进入雨水管。

（3）阳台水雨污混接调查整改的依据

小区阳台的洗衣废水会造成河水富营养化，造成河水污染的物质有很多，如氨氮、总磷、生化需氧量、高锰酸盐指数、石油类和挥发酚等都会给河水带来污染。近年来生活污水排放量持续增长，已成为江河湖水的主要污染源之一。"含磷洗涤剂"是生活污水含磷的重要原因之一，像居民洗衣服时排放的废水，洗衣粉、肥皂等去污材料中含有比例很高的磷物质，这种化学元素如果大量流入河道，会造成河水的富营养化。最直观的表现就是会使原本清澈如镜的水体变得浑浊有色。

传统的调查方式是"入户调查"，进入住户屋内，通过小区建筑图纸查找雨水立管位置，再调查实际该户是否将厨房水、洗衣机水、洗地板的污水等接入雨水管道。传统方法有诸多弊端：

①耗费大量行政资源。进行"地毯式"入户调查，查清待整改小区内的阳台水雨污混接情况，需要街道、社区、物业、住户"四级动员"，难度大且消耗大量行政资源。

②耗费大量人力。人工进行入户调查需要安排大量入户调查人员，消耗大量人力。

③安全隐患。大量人员进行入户调查，对于住户、调查人员两方面均存在较大安全隐患。

④调查数据可行度难以保障。入户调查，需要调查人员懂方言，能沟通，且准确掌握污水管道的接管方式，准确画出该户型雨水管污水混接图，才能准确判断雨水管的污水混接情况，但是调查人员的培训水平、语言能力等往往参差不齐，调查的数据准确性、可行度极难保障。

⑤高层住宅小区阳台水雨混接调查难度非常大。高层小区的雨水管大多建在建筑结构内部，肉眼很难完全看到，进行阳台水雨混接入户调查难度非常大。

（4）小区阳台水雨污混接整改的三种解决方案：

①对于部分小区阳台封闭后，阳台排雨水系统失去排雨水功能时，可将阳台排雨水管直接改为排污水管，增设污水立管，将阳台排水通过污水立管接入污水管道，该方法需要新增污水立管。

②在每个居住单元雨水立管下端设置楼宇污水自控截流装置，其实质是一个小型成品化的"截流井"，晴天时，阳台污水被截流入污水管道，雨天时阳台水部分被截流，后期溢流水则排入雨水管道，该方案不需新增排水管道，实施简单，实践表明，该装置可截留90%左右的阳台污水。

③在居住单元中增加"无动力末端净化装置"，对于雨水中混入的氨氮、

COD等进行有效去除。

（5）机器人雨污混接调查应用的技术特点

采用机器人对小区阳台水雨污混接调查主要的方式是从建筑物屋面楼顶的雨水管口内放入机器人，机器人携带摄像头，同时记录视频和下坠深度。其特点如下：

①最小能够进入DN20——DN225管道，一般小区雨水立管直径为DN100。

②携带线缆150m，可达50层楼高，覆盖一般小区建筑物。

③可以360度旋转摄像，记录雨水立管内部视频。

④可以记录摄像头下坠深度，并换算成楼层数，用于定位雨水立管雨污混接的高度。

⑤系统便携式，1个人可以携带并完成作业。

（6）机器人雨污混接调查的应用特点

①检测方式。机器人从楼顶上的雨水管道口进入，向下逐层检测侧向接入雨水管的管道内是否有污水或污物，进而确定是否存在雨污混接。

②证据记录方式。机器人录制视频、并在视频中显示所在的楼层数。

（7）机器人雨污混接调查的施工要点

①拿到小区平面图，调整比例到1:500。

②在平面图中标记屋面雨水管道、污水管道口的位置。

③达到屋面位置，将实际雨水、污水管道口的位置在平面图中修正。

④下放机器人，对雨水管道进行逐一检测，逐一录像，对发现的雨污混接的雨水管道进行标记。

⑤将检测视频结果制成检测报告。

⑥将检测报告成果制作成"小区阳台水雨污混接整改初步设计图"。

2）微型顶管机器人在排水管网非开挖修复中的应用

（1）应用背景

老旧小区改造中地下管网的整改工艺需要有针对性，前期调查、设计对于整改施工有重要的指导作用。污水管道的修复技术分为开挖修复和非开挖修复两种。开挖修复作为传统修复技术，历史悠久，工艺成熟，但对于逐渐拥挤的中心城镇来说，开挖修复施工周期长、影响范围广的特性使其难以开展。相比而言非开挖管道修复技术具有成本低、安全性好、施工周期短、对交通、环境影响小等优势，其在国内外已经有近半个世纪的发展历程，能够在尽量减少对城市环境影响的前提下，实现修复污水管道的目的。

目前国内外应用较为广泛的非开挖管道整体修复工艺主要包括穿插法（slip lining）、原位固化法（Cured-in-place pipe，CIPP）、内衬法、螺旋缠绕法（Spiral winding）和局部修复工艺等。

①穿插法：是最早用于修复受损管道的非开挖修复方法，也是施工最为简单的一种非开挖修复方法。穿插法是指在原有旧管中顶推或者牵拉一根小于旧管径的新管，并在新旧管周边间隙中注浆稳固的方法。该方法常用的管材有PE、GRP、PVC管等，根据操作方式的不同又可分为连续和不连续穿插。穿插法具有对原始管道要求低、费用低、可带水作业等优点，缺点是修复时需开挖少量的工作坑，这种方法在目前城市管网的修复工程中广泛应用。

②原位固化法：是我国使用最为广泛，也最受重视的管道修复技术。原位固化法是1971年由英国人首先研制成功并且用于修复当时英国的排水管道。该方法原理是在原有管道内壁衬一层热固性树脂，并通过加热等方式固化树脂，以形成一层紧贴旧管内壁的坚硬衬层。从施工工艺来说，原位固化法分为翻转法和牵引法两种方法，从固化工艺来说，主要分为热固化和光（紫外光）固化，其中热固化工艺主要包括热水固化或蒸汽固化。相比于大多数只适用于圆形断面管道的修复方法，原位固化法几乎适用于任何断面形状的管道，它的修复费用低，开挖量小，无需注浆，施工速度快，工期短，管道疏通冲洗后内衬管的固化速度平均可达到1m/min，修复完成后的管道即可投入使用，极大减小了管道封堵的时间。但使用该技术时需要特殊设备，且对技术人员的要求较高。

③内衬法：根据内衬方式的不同可分为折叠内衬法、缩径内衬法、管片内衬法等。折叠内衬法是指在施工前将可变形的PE、PVC塑料内衬管加热折叠，在检查井内将断面减小的内衬管置入原有管道中，再利用加压或加热的方式使内衬管重新恢复至原来的形状，从而使得新旧管道紧密配合的管道修复方式。该方法施工简单方便，修复效果好，但主要适用于圆形管道修复，且对于变形管道的修复效果较差。缩径法，又称紧（密）配合法，该方法通过机械作用减小新管的直径，放入原始管道后，在热与压力或者自然作用下，新管恢复原状并与旧管紧密配合。这种方法施工速度快，应用范围广，新旧管之间无需注浆，但对于内衬管的管材要求较高，且进行修复时主管与支管之间需要进行开挖。管片内衬法是指通过连接件在原有管道中组装特制的塑料短管或者管片（以PVC材质为主），从而达到管道修复目的。

④螺旋缠绕法：螺旋缠绕法最先由澳大利亚发明利用于污水管道修复工程中。该修复方法的原理是将带锁扣的PVC或PE条带由专用的缠绕机在原始管道或检查井内缠绕成管道形状，形成一条新的内衬管。该方法适用于大部分管道修复，工作时无需开挖，方便快捷，管道修复后恢复效果好，新旧管之间是否需要注浆可根据现场条件而定。

⑤局部非开挖修复技术：包括嵌补法、注浆法、局部树脂固化法以及套环法等。接口嵌补法是应用最早的局部非开挖修复技术，方法简单、速度快、价格便宜，缺点是修复质量和稳定性较差。注浆法是指将无机浆或者化学浆液注入管道裂缝或者接口部位从而达到修复目的的方法；套环法是指将钢套环、PVC套环和不锈钢发泡筒等止水套环利用专业液压设备施压，将其安装固定在接口两侧，防止污水渗漏的方法；局部固化则是将原位固化法应用于一小段管道上的方法。传统的管道修复方法正逐步被非开挖修复技术所取代。我国的非开挖修复技术仍处于起步阶段，近些年来，虽然非开挖技术的发展略有成效，但是与发达国家相比，差距还是很大。我国从事非开挖施工的单位少，且多数集中于北京、上海、广州等大城市，竞争小，技术落后，国家对于非开挖施工相关标准和规范匮乏，对于工程质量的把控较弱。

以上传统的管道雨污混接施工方法成本高、管材质量差、施工作业基坑大、开挖破坏面积大，不适应老旧小区改造的现实需要。需要用机器人技术开发新型的管道更新工艺工法，实现低成本、高质量、一次性投入使用周期长的目标。

（2）机器人非开挖修复的技术特点

微型顶管机器人应用于老旧小区改造，主要是能够大量节省开挖创伤面，减少绿化树木、道路、景观等的开挖量，其技术特点如下：

①顶管材质可选择实壁PE管、水泥管等较好材料。

②顶管直径DN100至DN400。

③工作基坑为400mm×400mm方井，或直径500mm圆形井。

④土质要求较低。

⑤原有的管道在顶管过程中会破损并被挤压到土层中，夯实管道外侧土层密度。

⑥操作简单，自动化程度高，仅需要2人操作。

⑦顶管管材可以就地买到，施工适应性强。

⑧成本低廉，质量可靠。

⑨接口采用热熔工艺，解决HDPE管道接口变形漏水问题。

（3）机器人非开挖修复的施工要点

①小区平面图的绘制。

②采用机器人技术对小区内部管线进行检测，形成地下雨污混接问题清单，并将问题清单绘制到图纸上。

③将原有的方井、圆井作为工作基坑。

④本地购置标准实壁PE管，每根6m，并切割成300mm每段。

⑤安装微型顶管机器人，并加入分段的实壁PE管。

⑥机器人完成管道置换。

⑦机器人CCTV内窥检测，检查置换完毕的管道内部是否有缺陷，形成检测报告。

7.3.4 物联网云平台与智能终端及业务

1.物联网平台

物联网平台实现对连接设备的直接配置、管理和自动化，通过使用灵活的连接选项、企业级安全机制和广泛的数据处理能力，将硬件连接到云。物联网平台提供了一组即用型功能，可加快连接设备的应用程序开发速度，兼顾可扩展性和跨设备兼容性。

物联网平台是一种内部部署的软件套件或云服务（PaaS），业务部门通过部署在平台上的应用程序来监视并管理和控制各种类型的端点。物联网平台通常提供网络规模的基础设施功能，以支持基本和高级物联网解决方案和数字业务运营。

物联网平台通常被称为物联网的"管道"。通常，IoT或M2M解决方案来自多个供应商的功能的混搭，包括：①传感器或控制器；②网关设备，用于聚合数据并将数据来回传输到数据网络；③用于发送数据的通信网络；④用于分析和翻译数据的软件；⑤最终应用服务。

（1）三种类型的物联网和M2M平台

物联网和M2M平台分为三种主要应用类型：

①应用程序启用和开发：包括提供模板、模块或基于小部件的框架的平台，以创建实际的最终用户应用程序。

②网络、数据和订户管理：在无线运营商和移动虚拟网络运营商（MVNO）领域，这些平台试图简化蜂窝M2M数据的连接，无需在其背后构建大量数据基础设施。例如Cisco和Aeris做网络管理和设备管理，而Jasper和Wyless做更纯的网络管理。

③设备管理：这些平台更多地用于监控、故障排除和管理端点的配置和运行状况，例如Digi和Intel都提供纯设备云管理。

（2）物联网平台作为中间件

物联网平台是硬件和应用层之间的中介，通过不同协议和网络拓扑从设备收集数据、远程设备配置和控制、设备管理以及无线固件更新。为了在现实生活中的异构物联网生态系统中使用，物联网中间件支持与连接设备的集成，并与设备使用的第三方应用程序融合。

物联网平台还在硬件和应用层中引入了各种有价值的功能，为前端和分析、设备上的数据处理和基于云的部署提供组件。

（3）物联网平台技术栈

在IoT堆栈的四个典型层，即事物、连接性、核心 IoT 功能以及应用程序和分析，IoT平台提供开发连接设备所需的大部分IoT功能。

物联网平台本身可以分解成几个层次：①最底层是基础设施层，它使平台能够正常运行，在此处找到用于容器管理、内部平台消息传递、物联网解决方案集群编排等的组件；②通信层为设备启用消息传递；换句话说，这是设备连接到云以执行不同操作的地方；③下一层代表平台提供的核心物联网功能，包括数据收集、设备管理、配置管理、消息传递和 OTA 软件更新。在核心物联网功能上，它与设备之间的数据交换关系不大，而是与平台中的数据处理相关，可以生成自定义报告，在用户应用程序中有数据表示的可视化，有规则引擎、分析和警报，用于通知在IoT解决方案中检测到的异常。

（4）物联网平台

一些其他重要标准可以区分物联网平台，例如可扩展性、可定制性、易用性、代码控制与第三方软件的集成、部署选项和数据安全级别。物联网平台提供商提供了两种不同的物联网解决方案集群部署范式：公共云物联网 PaaS 和自托管私有物联网云。

（5）物联网云平台四大功能

物联网云平台从功能角度看，主要包含CMP（连接管理）、AEP（应用使能）、DMP（设备管理）和BAP（业务分析）四大功能（图7-66）。

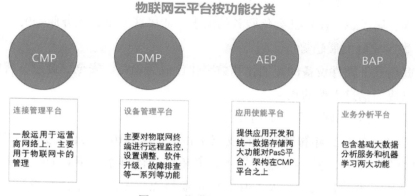

图7-66　物联网云平台功能

2.物联网设备

物联网设备包括传感器和执行器等传感器以及无线终端设备通常被称为"智

能"或普通"连接"的对象（智能灯泡、连接的阀门和泵、智能电表、连接的汽车、智能建筑组件、智能家居设备等）。

（1）物联网设备—传感器：互联智能解决方案的数字数据主干的一部分。传感器是一种通过将任何特定物理量（例如光、热、运动、湿气、压力或类似实体）转换为任何其他形式（主要是电脉冲）来检测、测量或指示任何特定物理量的设备。

（2）物联网设备—执行器：像传感器一样，执行器也是传感器。传感器感知和发送，执行器动作和激活。执行器收到信号并启动它需要启动的东西，以便在环境中起作用。例如：执行器位于散热器上或控制智能家居或智能建筑中智能房间的气流；传感器检测到房间里没有人；执行器被触发以降低温度（或停止HVAC 或其他）。

（3）物联网—网关：设备/数据和物联网平台交叉点上的设备。物联网网关可以是硬件，也可以是软件，或者是两者的结合。物联网网关实际上用于连接聚合、物联网数据的加密和解密（安全）、整个物联网技术领域中存在的各种协议的翻译，物联网设备的管理和启动，物联网边缘计算、远程控制和管理、数据的预处理和聚合等。

3. 数字家庭

数字家庭以住宅为载体，利用物联网、云计算、大数据、人工智能等新一代信息技术，实现系统平台、家居产品的互联互通，满足用户信息获取和使用的数字化家庭生活服务系统。

住房和城乡建设部等部门发布的《关于加快发展数字家庭提高居住品质的指导意见》对数字家庭建设提出了具体要求，要求满足居民获得家居产品智能化服务的需求、居民线上获得社会化服务的需求、居民线上申办政务服务的需求。

1）数字家庭发展趋势

家庭场景下硬件设备的智能化和数字化已成为趋势，安全、健康、智能化的生活也已成为信息消费的热点。

（1）数字家庭市场及服务的特点

中国移动在 2021 年智慧家庭白皮书中指出：家庭市场具有爱分享、高活跃、强黏性的融合属性。数字家庭市场不是简单的个体群组，不是 ToC 的延伸和附属，而是兼具 ToC 公众客户及 ToB 中小企业特点。家庭是社会的最小"细胞"，具有最稳固的社会关系，具有爱分享、高活跃，强黏性的优质用户群体。数字家庭与智慧社区、智慧城市息息相关、密不可分，数字家庭消费逐渐由屋内向屋外空间扩展。

家庭作为生活、休息主要场所，安防、控制、健康、养老等消费场景需求爆发，全民带货、基于场景营销模式备受青睐。后疫情时代宅经济的需求显著提升，用户开始更加关注安全与健康产品，无接触场景的智能家居产品与服务受到越来越高的关注；以智能门锁、智能摄像头和智能传感器为代表的智能家居安防类产品出现爆发式增长；智能照明、智能家电、智能音箱、智能影音等品类也受到较高的市场关注。

数字家庭产品业务发展正呈现出多模态、多场景和多服务的特点：

①多模态：数字家庭将会出现更多的交互入口，除传统的基于手机App的交互入口以外，出现了智能音箱为代表的交互入口，未来还会出现语音+手势为代表的多模态交互入口，基于用户身份、意图、情感等识别的新交互方式，将会带来更加个性化的应用与服务。

②多场景：数字家庭将出现更多的细分场景，并实现场景互联，将会逐步过渡到基于AI自主学习用户设备配置习惯，通过细分场景的识别，实现智能硬件的自动化配置，为用户提供差异化的服务体验。

③多服务：数字家庭将会拓展出更多的场景化解决方案，从提供智能家居服务，延伸到提供无接触服务、智能社区、智能办公、智能出行等多种泛家庭服务，在空间数字化改造的基础上，实现以用户为中心的空间智能化。数字家庭不仅仅局限于居室内，会自然由数字家庭向智慧社区、家车互联以及智慧城市延伸。

（2）数字家庭应用场景

数字家庭业务应用主要有智能设备互联、社区场景互通、智能家居互享、运营多屏互动四大应用场景。

①智能设备互联：以智能门禁设备为入口，实现平安社区统一平台，完善人—车基础信息智能化管理，实现N项服务拓展，为移动家庭市场拓展提供新触点。

②社区场景互通：推进社区与家庭场景融合，深挖客户需求，通过社区数据共享，家庭设备托管实现更多联动居民——物业—移动的新型服务，实现智能闭环。

③智能家居互享：多空间、多场景的数字家庭应用，产品基于超级面板进行衍生，从场景套装切入，逐步从后装向前装进行拓展。如通过社区2B2H业务模式，逐步由社区向家庭深入。

④运营多屏互动：多屏幕的精准广告推送，线下社区广告品牌精准推送线上广告，二次精准触达，实现线上转化，建立品牌口碑，完成社区广告线上线下

相结合，形成有效广告价值链，最大程度发挥社区广告运营价值。

数字家庭PAD门禁、门禁设备、烟感等报警设备及其他设备和社区平台进行对接，包括通过设备自有平台或第三方平台与社区平台进行对接。

2）数字家庭发展存在的问题与挑战

（1）存在的问题

以数字家庭为单元的数字社区建设存在的问题：①数字家庭标准不统一，各系统集成服务商自成体系，控制系统和终端智能产品难以互连互通；②数字家庭系统集成服务商水平、信誉参差不齐，系统建成后服务能力、服务内容不足，影响消费者的预期；③发展数字家庭需要做好个人信息数据的保护，以最严格的政策措施，避免个人隐私受到侵犯。

（2）面临的挑战

①从技术接口角度：连接的挑战最突出，如何将家里日益增多的智能设备连接在一起，最稳定有效的方式首选有线方案，传统有线施工布线安装调试复杂、成本高昂；无线方案存在稳定性差更易掉线、出现覆盖盲区等问题。

②从产业协同角度：互联互通挑战最为突出，不同设备厂商如何在业务上互联互通，实现一致的用户体验，面临技术标准和厂商间的协同，不同厂商对"智能""智慧"的认知也不同，无法在层面协同。

③从工程实施角度：数字家庭的基本构成包括声音、光线、电力、天然气，与各类家居产品、智能设备如何协同，工程实施本身就存在技术、标准、业务、数据、应用等各方面的协同。

当前，数字家庭产业存在关键技术待突破、信息安全不够重视、跨平台互联互通存在障碍等诸多问题。我国在加速推进相关标准建设，2020年3月，《基于大数据的智慧家庭服务平台评价技术规范 智慧客厅》《基于大数据的智慧家庭服务平台评价技术规范 智慧阳台》《基于大数据的智慧家庭服务平台评价技术规范 智慧全屋用水》《智慧多风感空气调节器智能水平评价技术规范》4项标准立项，行业内对于智慧客厅、智慧阳台、全屋用水、智慧空气几个场景方案将提出具体要求。

3）数字家庭创新应用趋势

IDC Future Scape发布了对中国智能家居市场的九大预测。

（1）智能家居增长势能向碎片化设备倾斜：对于大多数家庭而言，"音箱+智能单品+App"的快餐式智能家居系统才是首选。为快速打通家居场景、实现室内基础设施的互联互通，传统家居产品必须加快智能化转型进程。到2021年，智能照明增长速度超过90%，智能家电增长速度超过30%。

（2）智能家居生态平台将逐渐从底层系统进行统一：各平台及生态间的协

议、标准统一势在必行，实现多设备协同，使得消费者的应用体验在多设备无缝迁移和衔接。据预测，到2022年，85%的设备可以接入互联平台，15%的设备搭载物联网操作系统。

（3）视觉和传感交互将成为新兴增长点：到2021年，24%的智能家居设备将搭载视觉或传感交互功能。而视觉与传感交互技术的提升也将进一步催化智能家居设备中的可移动性产品发展。例如：视觉方面，小度、天猫精灵、小爱同学等智能音箱都纷纷推出了搭载交互智慧屏的新产品，丰富了消费者的交互方式，并通过加装摄像头的方式将应用场景拓展至线上教育、视频通话、儿童独自居家观察等新场景。传感方面，随着AI技术的持续发展，不同类型的电子皮肤相继问世，可检测人体的血压、血糖等指标，一些智能马桶厂商也在产品中加装了生物传感器，可通过尿液检测为消费者提供健康管理建议。

（4）数字家庭交互中心逐渐向大屏化发展：2020年12月，华为发布了智慧屏及"ALL IN ONE"智能家居战略，华为智慧屏将作为家庭IoT的控制中心、智慧交互中心、跨屏体验中心和影音娱乐中心，成为业内焦点，进一步丰富了消费者对于交互终端的认知。据预测，2021年，智能电视65寸及以上占比达到33%，语音助手搭载率达到68%；智能音箱8寸及以上屏幕将占带屏音箱市场的40%。

（5）连接方式逐渐强调便捷性和空间性：小米于2020年10月发布了UWB"一指连"技术，其亮点是：一指操作、一指投送。这是一种基于UWB技术的体验。据预测，到2021年，3%的智能家居设备将搭载UWB。

（6）家庭交互中心的发展对计算力的提升将有更高要求：智能家居交互中心将逐渐向大屏化发展，随着接入设备的增多及应用场景的扩张，承载的信息量、数据规模也将大幅提升。

（7）数据隐私安全将成为各大生态平台建设的重要议题：百度AI人脸离线识别SDK已经过了多轮升级迭代，可实现离线RGB活体检测、离线近红外活体检测、离线对比识别、离线人脸库管理等功能。虹软ArcSoft旗下的视觉引擎也同样支持离线人脸识别、人证核验；讯飞开放平台可提供离线命令词识别服务，基于嵌入式离线识别引擎，零流量实时响应，实现快速稳定的本地化语音服务。据预测，随着消费者对智能家居安全防护意识的提升，离线语音和面部识别本地化将会快速发展。

（8）IT厂商和传统家电厂商的合作日益深化：双方不仅要实现后端平台的云对接，还将逐渐展开基于平台的渠道共建及场景化营销。双方将从前端销售阶段开始合作，加深捆绑。二者合作才能将家电设备与用户交互紧密地串联起来，从而实现场景化智能。不同于目前的用户DIY式智能家居，如果可以将完整的交互终端+智能家电体系直接交付用户，也将大大提升用户体验。

（9）环境控制类和节能场景化设备将在行业市场快速发展：预计2021年，智能照明在家装市场的增长将达到34%，智能温控类产品将增长26%，自动化控制类设备将增长31%。

数字家庭建设可以从三方面理解：①数字家庭内涵包含了智能网络、智能家居、智能家电等多领域、多场景、多技术的融合、融通与融智；②数字家庭给5G+AICDE等新技术创新发展提供应用场景，推动了产业创新；③在"数字+""智能+""云+"发展趋势下，由数字家庭延伸出的智慧社区已成为"新基建"的底座。

4.物联网、人工智能在社区的创新应用实践案例

1）拉特旗打造5G+智慧社区

（1）项目背景

2020年1月，内蒙古鄂尔多斯市政府发布了《数字鄂尔多斯发展规划（2019—2025）》，提出数字鄂尔多斯建设以数据要素高效流通、数字政府和智慧社区加快构建为重点突破方向，以传统产业数字化转型为重中之重，全力建成"三区一城"的发展战略，智慧社区作为重点突破方向之一，规划中明确要求到2022年，全市建成3～5个智慧社区示范样板标杆工程。

达拉特旗（简称达旗）为鄂尔多斯市重点区县之一，达旗政府积极响应市政府数字鄂尔多斯规划，率先开展智慧社区项目建设。

3月初，达旗移动获取到达旗政府智慧社区项目需求。此时全国仍处于疫情较为严重时期，但中移集成快速响应，立即行动，最终协调数名专家，克服重重困难于第一时间赶赴现场进行项目调研，配合达旗移动迅速制定出满足当地政府要求的智慧社区方案。

（2）客户需求

达旗政府需要建立一套智慧社区治理体系：涵盖达旗城区6个街道的制高点，同时选取其中6个小区作为试点，实现社区行人管理、综合安防管理、物联感知、物业管理、便民服务五大应用。建立物智、数智、人智的智慧社区，把社区的设备与设备、设备与物业、设备与人以及人与人之间全部连接起来，从而实现社区设备数字化、物业数字化、业主数字化，不断提升社区安全水平、物业管理效率及社区体验服务。

（3）中移集成解决方案

达旗智慧社区项目实现对辖区内小区进行统一监管、GIS地图监控、布控布防、数据可视化展示、网格管理、综合治理等功能。项目涉及了6个街道的基础建设、监控全覆盖以及3级社区管理平台。

①制高点监控：安全监控是整个立体可视化安防体系的核心。对外实时展示立体监控的全景总览，对内查看细节点位，掌握整体的安全态势，实现立体监控，为政府对社区整体的安全监控管理提供帮助。

②智能充电桩：移动自主产品"和易充"集智能充电终端、充电运营管理云平台、用户端微信小程序为一体，是一套智能化、可运营、互联网+的城市级安全充电解决方案，为充电服务商提供智能高效的运营工具，为广大居民提供安全、智能、便捷的充电服务。

③智慧云广播：移动自主产品云广播是基于物联网技术，集云广播平台、手机App、音柱等一体，提供实时的音频信息发布、语音对讲寻呼和紧急事件广播功能的开放式互联网音频服务产品，助力社区信息发布、社区防疫、抗震减灾、防火、应急逃生最后一公里。

④智慧烟感：移动自主产品"NB-IOT烟感"，以物联网技术、高精准的报警监测技术，实现快速的消防响应、智能的报警监控和高效的消防管理，保障居民生活环境安全。

⑤大数据分析平台：通过云化部署，将辖区内所有治理力量、调度资源、治理要素等以可视化三维地图的形式做综合展示，将达旗城区6个街道所有监控显示在GIS地图中，为政府提供更加实时有效的全域指挥方式。

⑥惠邻5G驿站：给居民提供众多智能服务。自主生鲜柜、智能快递柜、智能净水器、智能购药箱等，为居民提供24小时便民服务。

⑦客户价值：物业、业主层面，帮助物业通过管理系统管理多个小区，减少管理成本，提高管理水平；为业主提供便捷的物业服务、App远程缴费、报事报修等，提高了业主满意度，缩短业主与物业之间的沟通效率。政府层面，实现对社区的综合运营管理，全面掌握各小区实时情况。利用大数据技术对辖区的海量数据进行统一管理，通过仪表板、GIS地图等形式展现数据统计分析结果，帮助政府更好地进行基层社会治理决策，提高管理效率。

2)"中国移动5G智慧社区云平台"落地安徽铜陵

中国移动有效融合5G、大数据、物联网、边缘计算、人工智能等方面的优势，构建了"1个基础平台+7大应用+5个解决方案"的OneZone智慧社区产品，视频监控AI分析、告警自动派单处理、小区云喇叭、社区常住居民大数据服务、居民党建云平台等多场景应用，赋能社区物业管理、公共服务、社区治理智能化，助力提升政府、社区、物业的治理效率。

目前"中国移动5G智慧社区云平台"已在安徽省铜陵市铜官区的多个居民

社区试点使用。通过智慧人脸监控系统、智慧车辆抓拍系统、智慧高空抛物监控系统、智慧电动车入梯监测系统、智慧社区云喇叭系统、社区居民智慧党建系统6大社区场景应用，将5G智慧社区管理平台与铜官区各社区现有党建平台对接，实现党建引领社会治理，以社会治理的数字化转型有效管理社区。

3）绿色节能："和易充"

"和易充"是中国移动的一款智能化充电产品，可广泛适用于居民社区、企事业单位、学校、工厂园区、快递及外卖网点等场所，为广大电动车主提供更安全、更智能、更便捷的充电服务。"和易充"的优势包括：第一，能实现防雷、过充、单口过温、过压、过载、短路防浪涌保护，对物业、对用户，实现全方位的保护；第二，这款产品没有额外费用，平台也是免费使用，具备成熟的设备、用户、财务管理能力，操作非常简单，充电收益实时到达运营公司账户，管理方便。

4）Wi-Fi 6组网

信锐采用SDN软件定义网络设计理念，为松湖莞中定制了以Wi-Fi 6全覆盖的无线、有线、物联网"三网融合"整体解决方案，为学校提供全面的网络服务，助力智慧教育和智能管理。

（1）场景化AP智慧部署

松湖莞中本次网络改造的区域包括教室、办公室、会议室、体育馆、食堂以及室外区域，系统采用场景化AP部署，实现无线全覆盖（图7-67），给学校师生学习生活提供了极大的便利。

城市更新与老旧小区改造丛书二

城镇老旧小区改造综合技术指南

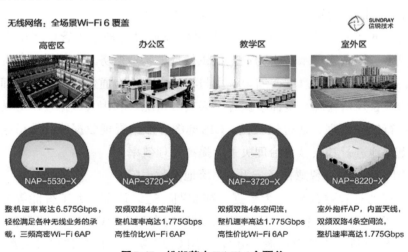

图7-67　松湖莞中Wi-Fi 6全覆盖

学校全面采用Wi-Fi 6AP，承载学校直播授课、AR、VR教学等新兴智能应用，为校园中高并发、高带宽、低时延业务提供保障。

（2）万物互联智能感知

松湖莞中中心机房搭建信锐机房动环监测系统，当出现风险和故障时，通过多种方式告警，并形成趋势报表，方便学校对机房运行情况进行整体分析（图7-68）。松湖莞中教室门锁采用信锐智能门锁，告别传统机械门锁钥匙下发、回收等困难，还能远程控制门锁开关、提供门锁记录溯源等功能，保障师生人身财产安全。

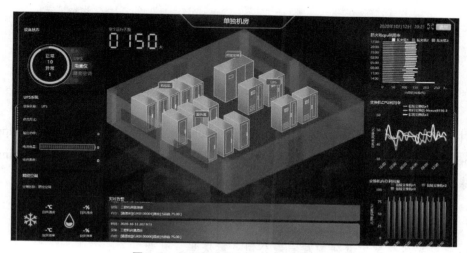

图7-68　松湖莞中中心机房动环监测系统

信锐三网合一解决方案，将无线网、有线网、物联网"三网融合"，在同一平台上进行可视化管理，搭配超高带宽的Wi-Fi 6部署，使松湖莞中智慧校园建设水平又上新台阶。

5）5G全场景智能社区

随着国家提出大力发展"新基建"的战略方针，智慧社区将成为中国房地产业的新风口。

某企业打造的"5G全场景智能社区"，以广州常春藤住宅项目为蓝本，经5G独立组网的专网专用、广连接、高带宽、低延时的加持，不仅提高了社区业主隐私数据的安全性与自主可控，提高了服务效率，更激发出新的业务场景，实现了人居场景空间的重构。

智能物流机器人、无人驾驶通勤车、室内智能家居和配套商业，实现了基于智慧人居生态系统平台的数据互联互通与高效协同，为不同用户群体提供家庭、社区到配套的全场景服务，带来全新的万物互联、自主感知的人居场景智能化体验（图7-69）。

智慧人居生态系统打破了传统智慧社区建设中设备、数据、体验与服务的

图7-69　5G全场景智能社区为用户提供家庭、社区到配套的全场景服务

孤井，其通过hachi auto 无人驾驶通勤车、hachi delight 智能物流机器人、puppy cube 光影魔屏、智能厨房、逗号智动贩卖机、家有健康社区门诊、hachi bingo 健康服务机器人等智慧应用，实现真正意义上的人居体验。

编写人员：

武汉光谷数字家庭研究院有限公司：蔡庆华、夏莹

中国生态城市研究院：贺斐斐、吕广强、应希希、刘杨、王一丹

全国市长研修学院：张佳丽

中国城市建设研究院有限公司：刘志翔、刘玉军、邝爱玲、郭宇虹、戴书欣、李哲

中国建筑科学研究院有限公司：程绍革、史铁花、尹保江

青岛理工大学：韩青、郭珊珊

泛城设计股份有限公司城市更新研究院：王贵美、王伟星

中移（雄安）产业研究院：陈志刚

创意信息技术股份有限公司：张应福、石锟

第八章
老旧小区改造
负面清单

城镇老旧小区改造工作涉及专业多、协调难度大，具体设计和建设过程中又面临老建筑难以适应新规范标准等种种困境。为了更好地给城市管理者、改造实施工作者提供借鉴参考，避免不必要的失误和损失，本章节从老旧小区改造负面视角出发，总结提炼出安全管理、绿色低碳、全龄友好、耐久适用、信息技术、组织实施、配套政策、资金相关等环节易发生的错误做法。以图文并茂的形式，以底层思维的逻辑，避免同行踩雷池、碰红线，助力各地在改造中吸取前车之鉴，改进工作方式方法，更加高效地推进老旧小区改造，加快补短板、兜底线、促发展，推进融数字、抓落实、谋长效，实现综合改造提升规模、速度、质量、效益相统一，让广大人民更有获得感、幸福感、归属感。

8.1 改造技术负面清单

城镇老旧小区改造工作的开展实施既要注重设计，也要注重施工、管理等方面的问题。本节从老旧小区改造技术负面视角出发，以正、负面案例对比的方式，归纳出全国老旧小区改造过程中出现的常见又较为严重、需要重视的突出问题，并分出了按照国家行业标准规范必须执行的强制类和有条件的小区可以从居民需求出发、结合自身条件考虑的优化类，促进各地老旧小区改造工作从居民最关心最现实的问题出发，落实改造目标，提升改造质效，满足改造需求，推动多方共创共建共享美好幸福家园。

8.1.1 安全管理负面清单

安全问题一直是城镇老旧小区改造工作的"重中之重"，其中包括消防安全、生活安全、施工安全等方面。为改善居民基本的居住条件，保障居民的人身和财产安全，要严把安全管理关，落实设计单位、施工单位、监理单位等多方的安全责任，推动建设安全健康、管理有序社区，将城镇老旧小区改造工程打造成居民满意的民心工程、放心工程。

1. 强制类

（1）消防出入口、消防道路宽度和转弯半径等不符合消防要求。

[负面案例] 某小区的消防通道转弯半径小于9m，导致消防车无法转弯，且无消防道路标线，不满足消防规范要求（图8-1）。

[正面案例] 某小区消防道路净宽4m，转弯半径9m，并有清晰的消防标线，满足消防规范要求（图8-2）。

图8-1 负面案例　　　　　　　　图8-2 正面案例

注：《建筑设计防火规范》GB 50016—2014（2018年版）第7.1.8条规定，"车道的净宽度和净空高度均不应小于4.0m""转弯半径应满足消防车转弯的要求"（我国普通消防车的转弯半径为9m，登高车的转弯半径为12m）。

（2）有脱落风险的饰面砖材未予以及时拆除，对居民人身和财产安全构成威胁。

[负面案例] 某小区的饰面材料大面积脱落，并且存在多处空鼓（图8-3）。

[正面案例] 某小区居民楼原为有脱落风险的瓷砖饰面，改造中将有起鼓、松动隐患的瓷砖尽数拆除，并以真石漆翻新饰面，保障居民生命安全（图8-4）。

图8-3 负面案例　　　　　　　　图8-4 正面案例

2.优化类

（1）非机动车停车场的充电设施未安装线路过负荷保护设备，停车场贴临建筑外墙设置，存在安全隐患。

[**负面案例**] 某小区的非机动车停车场紧贴建筑外墙设置充电位，无过负荷保护设备，且距建筑太近存在安全隐患（图8-5）。

[**正面案例**] 北京市某小区充电设施距离建筑6m范围外，充电设施配有过负荷保护设备，且距建筑保持规范距离（图8-6）。（依据北京市地方标准《电动自行车停放场所防火设计标准》DB11/1624 2019第4.0.6条规定，"地上电动自行车停车场与其他多层建筑防火间距不小于6m"。）

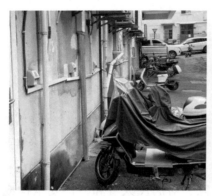

图8-5　负面案例　　　　　　　　　　图8-6　正面案例

（2）室外人行道路、铺装材质不防滑，雨雪天不利于居民安全通行。

[**负面案例**] 某小区人行通道入口铺装材质使用光滑的瓷砖，居民雨雪天气通行极易滑倒，存在安全隐患（图8-7）。

[**正面案例**] 某小区采用防滑的烧毛面芝麻灰花岗岩铺装，雨雪天气不积水，保障居民日常通行安全（图8-8）。

图8-7　负面案例　　　　　　　　　　图8-8　正面案例

（3）小区主要机动车道旁休憩设施设置不合理或管理不当，无法使用。

[负面案例] 某小区沿车行路设置座椅，不方便使用，并且容易导致安全事故（图8-9）。

[正面案例] 某小区景观提升改造（改建中）后，对放置不合理的休憩设施进行拆除，同时在公共区域合理设置休憩设施，使得居民真正得到休憩便利，同时加强对休憩设施的管理，延长设施使用寿命，按时检验，杜绝安全隐患（图8-10）。

图8-9　负面案例　　　　　图8-10　正面案例

（4）老旧小区设计的有造型的小品、景墙等未设置防攀爬措施，存在安全隐患。

[负面案例] 某小区室外活动场地内设置的低矮景墙，经常有小朋友攀爬，存在安全隐患（图8-11）。

[正面案例] 某小区供儿童攀爬的山丘小品，预设了小朋友攀爬的抓手，既有装饰作用，又满足了小朋友攀爬的天性（图8-12）。

图8-11　负面案例　　　　　图8-12　正面案例

（5）老旧小区安装户外器材时，不能保证安装的稳固和安全。

[负面案例]某小区安装石桌石椅子时由于基础安装太浅和桌面黏结不牢固，且没有加固措施，导致石桌倒塌（图8-13）。

[正面案例]某小区改造时采购安装的室外座椅安全稳固，满足居民使用要求（图8-14）。

图8-13　负面案例　　　　　　　　　　图8-14　正面案例

（6）施工人员未按照规定穿戴合格的安全帽和统一的工作服，存在安全隐患。

[负面案例]某小区施工人员在现浇楼板预埋线管作业时未按规定穿戴安全帽和工作服，既不方便管理，也存在安全隐患（图8-15）。

[正面案例]某小区施工人员砌筑施工时，按规定穿戴合格的安全帽和统一的工作服，符合安全文明施工标准，既方便了管理，也保证了自身安全（图8-16）。

图8-15　负面案例　　　　　　　　　　图8-16　正面案例

（7）地面开挖时未设置安全围挡设施，存在安全隐患。

[负面案例]某小区进行管道施工地面开挖时未设置安全围挡设施，存在安

全隐患（图8-17）。

[正面案例] 某小区场地开挖时，设置施工围挡，并贴有警示牌，有效防止居民的误入，符合安全文明施工要求（图8-18）。

图8-17　负面案例　　　　　　　　　图8-18　正面案例

（8）施工用电不规范，存在安全隐患。

[负面案例] 某小区施工人员未按规定配电，直接使用接线板施工，存在安全隐患（图8-19）。

[正面案例] 某小区施工人员按规定采用三级配电箱配电和二级漏电保护系统施工，并配置灭火器，符合安全文明施工要求（图8-20）。

图8-19　负面案例　　　　　　　　　图8-20　正面案例

注：《建筑施工安全检查标准》JGJ 59—2011第3.14.3条第4款规定，"施工现场配电系统应采用三级配电、二级漏电保护系统，用电设备必须有各自专用的开关箱"。

（9）建筑垃圾未及时清运，且无法及时运走的建筑垃圾未进行覆盖围挡和警示。

[负面案例]某小区未按规定将建筑垃圾及时清运，并且未设置覆盖围挡和警示（图8-21）。

[正面案例]某小区建筑垃圾未清理时设置了围挡与警示（图8-22）。

图8-21 负面案例　　　　　　　　　　图8-22 正面案例

8.1.2 绿色低碳负面清单

"环境就是民生"，老旧小区普遍存在垃圾未分类、绿化覆盖率低、资源浪费等问题，在改造过程中，要坚持节约资源、保护环境、减少污染，建设绿色社区、无废社区、海绵社区。提升绿化生态环境，建设完备的垃圾分类设施、节能的外墙保温系统和完善的雨污分流系统等，让居民在舒适宜人良好的生态环境中生活，实现人与自然的和谐共生。

1.强制类

外墙饰面工程中使用溶剂型涂饰材料，该材料对人体和环境都会造成严重危害。

[负面案例]施工人员在进行外墙饰面中使用溶剂型涂饰材料，该材料对人体和环境都会造成严重危害（图8-23）。

[正面案例]某小区在改造中采用黏结性好、耐久性好、对基层开裂变形适应性强，并符合环保要求的合成高分子防水涂料（图8-24）。

注：《民用建筑修缮工程查勘与设计标准》JGJ/T 117—2019第10.2.1条，"外墙饰面材料，应符合下列规定：1.外墙饰面工程中不宜使用溶剂型涂饰材料"。

2.优化类

（1）未对垃圾清运路径进行规划。

[负面案例]某小区未设置垃圾清运路径，导致清运流线扰民，小区内到处存在异味，影响了小区空气质量（图8-25）。

[正面案例]某小区的垃圾集置点和清运点规划贴近小区出入口布置，流线简短，减少了对小区环境的污染（图8-26）。

图8-23 负面案例　　　　　　　　　　图8-24 正面案例

图8-25 负面案例　　　　　　　　　　图8-26 正面案例

（2）垃圾集置点、清洗点未设置污水截流沟，污水无法及时排入污水管网，对环境造成污染。

［负面案例］某小区的垃圾集置点和清洗点设在室外，未设置污水截流沟，导致小区环境脏乱差（图8-27）。

［正面案例］某小区按标准建造生活垃圾集置点和清洗点，沿集置点墙边设置一圈污水截流沟和沉沙池，截流的污水及时排入污水管网并安装臭氧发生器和紫外消毒装置，减少对环境的污染（图8-28）。

（3）未通过公示和相关部门的许可，随意砍伐或移除小区内的高大乔木。

［负面案例］某小区未通过公示和相关部门的许可，便砍伐小区内的高大乔木（图8-29）。

［正面案例］某小区对乔木进行适当修剪，保护大树的同时解决居民的遮光问题（图8-30）。

老旧小区改造中应根据《古树名木管理条例办法》来保护古树名木，严禁未经许可砍伐或移植社区内高大乔木，提倡就地保护，避免异地移植。

图8-27　负面案例

图8-28　正面案例

图8-29　负面案例

图8-30　正面案例

（4）架空层设计栽种植物不易成活，且养护难度大，空间未得到有效利用。

[负面案例] 某小区架空层处设计种植绿植，不易成活，养护难度大，没多久便荒废，不适合老旧小区改造使用（图8-31）。

[正面案例] 某小区架空层设计以居民交流、活动空间为主，缓解了居民活动空间需求，节约了维护成本（图8-32）。

（5）社区植被色彩太过单一，缺乏层次，未注重美化彩化效果。

[负面案例] 某小区的绿化植被种类和颜色单一，未注重美化彩化效果（图8-33）。

[正面案例] 某小区重视植被美化彩化效果，搭配使用秋日金黄银杏、冬日红艳蜡梅，有丰富的层次变化和多种色彩搭配（图8-34）。

图8-31 负面案例

图8-32 正面案例

图8-33 负面案例

图8-34 正面案例

（6）未体现地域植物景观风貌，没有按照"适地适树"原则重点选择乡土植物。

[负面案例] 某多雨南方小区种植茶梅，而茶梅不适合在多雨的南方地区栽种，不耐阴，不耐涝，种植效果差（图8-35）。

[正面案例] 某小区改造时外侧使用毛鹃和火焰南天竹，中层使用红叶石楠，红花继木等丰富层次，上层使用色叶红枫点缀，栽种常用植物和乡土树种，易养护、好打理（图8-36）。

（7）忽视绿化空间的可进入性和互动性。

[负面案例] 某小区的绿化空间连片且不可进入，居民无法与绿地互动，绿地活力低（图8-37）。

[正面案例] 某小区强化绿化空间的可进入性和互动性，在原无法进入的绿化空间内增设曲径小道和休憩空间，增强居民参与感和获得感（图8-38）。

图8-35　负面案例　　　　　　　　　　图8-36　正面案例

图8-37　负面案例　　　　　　　　　　图8-38　正面案例

8.1.3　全龄友好负面清单

城镇老旧小区建成时间基本较久，受条件限制，建设时期普遍未充分考虑到老年人和残障人士等的生活需要。因此，在开展改造工作过程中应引入全龄化、人本化概念，建设公共空间、小区交通、休憩场所、服务配套等方面的无障碍设施，打通无障碍环线，统筹考虑各类使用人群特点，化解不平衡、不和谐因素引发的矛盾，改善人居环境，营造和谐的人文氛围，推动品质社区建设。

1. 强制类

（1）小区出入口不满足无障碍通行要求。

[负面案例] 某小区入口与外部道路存在高差，虽设置了简易坡道，但坡道坡度大，不符合无障碍要求（图8-39）。

[正面案例] 某小区改造后的东大口，严格按照无障碍规范要求，设置了无障碍轮椅坡道和无障碍扶手（图8-40）。

注：《无障碍设计规范》GB 50763—2012第3.4.2条规定，"轮椅坡道的高度超过300mm且坡度大于1:20时，应在两侧设置扶手，坡道与休息平台的扶手应保持连贯"。

图 8-39　负面案例　　　　　　　　　　　　图 8-40　正面案例

（2）公共服务配套未进行无障碍设计。

[负面案例] 某社区党群服务中心出入口虽然设置了坡道，但是不满足无障碍坡道的规范要求（图 8-41）。

[正面案例] 某小区阳光老人家的出入口严格按照无障碍规范要求，设置了无障碍轮椅坡道和无障碍扶手，满足残障人士和老年居民的需求（图 8-42）。

注：《无障碍设计规范》GB 50763—2012 第 7.1.8 条第 2 款规定，"居住区内的居委会、卫生站、健身房、物业管理、会所、社区中心、商业等为居民服务的建筑应设置无障碍出入口"。

图 8-41　负面案例　　　　　　　　　　　　图 8-42　正面案例

（3）无障碍卫生间的设计不符合无障碍规范要求。

[负面案例] 某小区的无障碍卫生间内，厕位未设置高 1.40m 的垂直安全抓杆，不符合无障碍规范要求，无法满足残障人士和老年人群体的需求（图 8-43）。

[正面案例] 某小区对公共厕所进行了改造，严格按照无障碍规范要求配置了无障碍厕所，完善了无障碍设施（图 8-44）。

注：《无障碍设计规范》GB 50763—2012 第 3.9.2 条第 3 款规定，"厕位内应设坐便器，厕位两侧距地面 700mm 处应设长度不小于 700mm 的水平安全抓杆，另一侧应设高 1.40m 的垂直

图8-43　负面案例　　　　　　　　图8-44　正面案例

安全抓杆"。

（4）公共活动空间未实现无障碍通行。

[负面案例] 某小区公共空间休息亭比周边高出20cm，未实现无障碍通行，对残障人士不友好（图8-45）。

[正面案例] 某小区改造后的凉亭降低了高度，实现了公共休息亭的无障碍通行（图8-46）。

图8-45　负面案例　　　　　　　　图8-46　正面案例

注：《无障碍设计规范》GB 50763—2012第7.2.3条规定，"居住绿地内的游步道及园林建筑、园林小品如亭、廊、花架等休憩设施不宜设置高于450mm的台明或台阶；必须设置时，应同时设置轮椅坡道并在休憩设施入口处设提示盲道"。

（5）小区内慢行流线上的无障碍缘石坡道不符合无障碍要求。

[负面案例] 口袋公园只用水泥浇筑了一道缓坡，对老人和残障人士不友好（图8-47）。

[正面案例] 某小区改造后的口袋公园严格按照规范要求设置了缘石坡道，

满足无障碍通行要求（图8-48）。

图8-47　负面案例　　　　　　　　　图8-48　正面案例

注：《无障碍设计规范》GB 50763—2012第4.2.1条规定，"1.人行道在各种路口、各种出入口位置必须设置缘石坡道；2.人行横道两端必须设置缘石坡道"。

2.优化类

（1）新增设儿童与老年人的健身活动场地，地面材料未采用专业环保的户外塑胶等柔性材料。

[负面案例]某小区新增设健身场地的地面材料采用普通砖材（图8-49）。

[正面案例]某小区在改造时采用专业环保的户外塑胶等柔性材料用于儿童与老年人的健身活动场地，减少摔跤、跌倒等的受力冲击，为儿童与老年人的锻炼活动提供安全保障（图8-50）。

图8-49　负面案例　　　　　　　　　图8-50　正面案例

（2）小区内慢行道路采用汀步，不利于老年人和残障人士通行。

[负面案例]某小区慢行道路采用汀步，给老年人和残障人士通行造成不便（图8-51）。

[正面案例]某小区将原有汀步改成平整铺张的、方便残障人士和老人通行的无障碍慢行道路（图8-52）。

图8-51　负面案例　　　　　　　　　　图8-52　正面案例

（3）停车位单一采用植草砖简单铺设，未考虑老人、小孩及穿高跟鞋女士的安全行走需求；未设置车位分割线和车挡，给后续管理造成困扰。

　　[负面案例]某小区停车位透水铺装简易，车位无分隔，不满足使用需求（图8-53）。

　　[正面案例]某海绵化改造小区，停车位采用透水砖、植草砖和车挡石组合形式，同时设置平道牙和地表排水坡，使雨水径流汇入周边绿地。既满足地面透水需求又满足不同使用人群行走需求，车挡石的设置也可保护停车位周围的植物不被破坏（图8-54）。

图8-53　负面案例　　　　　　　　　　图8-54　正面案例

8.1.4　耐久适用负面清单

　　城镇老旧小区改造成效不能是"昙花一现"，应建立完善老旧小区改造成果维护的长效机制，实现改造速度与质量比翼齐飞。改造过程中设计的方案、采用的施工材料等都应目光长远，基础类、完善类、提升类改造应结合当地实际情况加以规划落实，在做好"一小区一方案"的同时争取实现"最多改一次"，避免出现重复改造与过度改造，建管同步，让老旧小区改造变得更综合、全面与长效。

1. 强制类

（1）修缮材料的性能、色泽等与原材料不协调一致。

[负面案例] 某小区外墙修复时使用的材质和颜色相差较大，导致立面极不协调（图8-55）。

[正面案例] 某小区选用同类型外墙涂料色彩，选择与南立面相呼应的浅米黄色，整体色调协调统一（图8-56）。

注：《民用建筑修缮工程查勘与设计标准》JGJ/T 117—2019第3.3.1条规定，"修缮材料的性能、色泽等宜与原材料一致，新旧材料应相容并有效连接"。

图8-55 负面案例　　　　　　图8-56 正面案例

（2）在改造好的外保温墙面新增建筑外立面附加设施，破坏保温系统。

[负面案例] 某小区节能改造后，居民将外窗护栏装回，破坏保温系统，不符合规范（图8-57）。

[正面案例] 某小区节能改造后建筑外立面未增加附属设施，保证了节能系统的稳定性（图8-58）。

图8-57 负面案例　　　　　　图8-58 正面案例

注：《民用建筑修缮工程查勘与设计标准》JGJ/T 117—2019第10.5.1条规定，"建筑外立面附加设施修缮的设计，应采取下列措施：1.……外保温墙面不宜安装墙面外立面附加设施"。

（3）各类外露管线未设置简易遮挡，未涂饰与所依附墙面相同色彩的涂料。

[负面案例] 某小区外露雨水管道未涂饰与依附墙面相同色彩的涂料，管线显得突兀（图8-59）。

[正面案例] 某小区外立面改造时，对外露管线都使用与墙面颜色相同的真石漆色进行喷涂，使得墙面与管线相协调（图8-60）。

图8-59　负面案例　　　　　　　　　图8-60　正面案例

注：《民用建筑修缮工程查勘与设计标准》JGJ/T 117—2019第10.4.6条规定，"外立面细部修缮的设计，应采取下列措施：1.各类外露管线应设置简易遮挡或涂饰与所依附墙面相同色彩的涂料"。

（4）当采用卷材防水法修缮混凝土屋面时，未对天沟、檐口、女儿墙、山墙、落水洞口、阴阳角（转角）、管道、烟囱等处的防水层进行正确修复。

[负面案例] 某小区进行屋面檐沟防水修缮时，SBS卷材阴角施工翻转不到位，存在渗漏隐患（图8-61）。

[正面案例] 某小区对檐沟进行防水修缮时，SBS卷材施工铺贴到位，符合防水修缮要求（图8-62）。

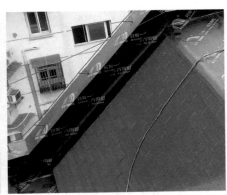

图8-61　负面案例　　　　　　　　　图8-62　正面案例

注:《民用建筑修缮工程查勘与设计标准》JGJ/T 117—2019第9.3.6条规定,"卷材防水屋面渗漏的修缮,应采取下列措施:6.当采用卷材防水法修缮混凝土屋面时,应对天沟、檐口、女儿墙、山墙、落水洞口、阴阳角(转角)、管道、烟囱等处的防水层同时修复"。

(5)涂膜防水屋面防水层混凝土强度等级、厚度、钢筋、间距等未达到要求。

[负面案例] 某小区混凝土防水层厚度、钢筋、钢筋间距等未达到规范要求(图8-63)。

[正面案例] 某小区混凝土防水层厚度、钢筋、钢筋间距等达到厚度不应小于40mm,钢筋直径不应小于4mm,间距不应大于200mm,并应双向布筋的规范要求(图8-64)。

图8-63 负面案例　　　　　　　　图8-64 正面案例

注:《民用建筑修缮工程查勘与设计标准》JGJ/T 117—2019第9.3.8条规定,"刚性防水层屋面渗漏的修缮,应采取以下措施:2.防水层混凝土强度等级不应低于C30,厚度不应小于40mm,钢筋不应低于HPB300级,钢筋直径不应小于4mm,间距不应大于200mm,并应双向布筋"。

(6)外墙饰面修缮前未明确基层损坏情况,当基层存在空鼓、开裂等损坏时,未先对基层进行处理。

[负面案例] 某小区外墙饰面修缮对开裂损坏的墙面基层处理填充不实,钢丝网宽度不够并且未锚固,未达到规范要求(图8-65)。

[正面案例] 某小区进行墙饰面修缮时凿除空鼓,清理基层后严格按照规范施工(图8-66)。

注:《民用建筑修缮工程查勘与设计标准》JGJ/T 117—2019第10.1.3条规定,"外墙饰面修缮前应明确基层损坏情况,当基层存在空鼓、开裂等损坏时,应先对基层进行处理,基层应牢固"。

2.优化类

(1)老旧小区改造室外安装门禁机、电气开关等电气设备时未选用防水设备或未设置避雨装置。

图8-65　负面案例　　　　　　　　　　　图8-66　正面案例

[负面案例]某小区室外的电气开关和门禁机未设置避雨装置，导致设备进水损坏（图8-67）。

[正面案例]某小区设计人行次门时选用室外防水的门禁设备，并且安装在雨篷下，保证设备正常运行（图8-68）。

图8-67　负面案例　　　　　　　　　　　图8-68　正面案例

（2）在一些室外地坪有雨水倒灌现象的区域，未设计截流措施，存在倒灌隐患。

[负面案例]某小区非机动车库入口处，未设计截流措施，大雨时，经常出现雨水倒灌的现象（图8-69）。

[正面案例]某小区室外地坪有倒灌现象的区域适当增设截水沟，截水沟缝隙间距不大于15mm，保证无障碍安全通行并解决雨水倒灌（图8-70）。

（3）雨污分流井道改造时污水井壁渗漏未修缮。

[负面案例]某小区污水井改造时井壁黄砖裸露，污水渗漏严重（图8-71）。

[正面案例]某小区在雨污分流改造中修复污水井井壁，解决污水渗漏问题（图8-72）。

图8-69 负面案例

图8-70 正面案例

图8-71 负面案例

图8-72 正面案例

（4）雨污分流井道改造时井道未按规定安装防坠网。

[**负面案例**] 某小区污水井改造时未按规定安装防坠网，存在一定的安全隐患（图8-73）。

[**正面案例**] 某小区开展雨污分流改造时按规定在井口安装防坠网（图8-74）。

图8-73 负面案例

图8-74 正面案例

（5）雨污分流改造时地面未安装标明雨污流向的地面雨污标识牌。

[负面案例] 某小区雨污水井改造时未按规定安装标明雨污流向的地面标识牌（图8-75）。

[正面案例] 某小区进行雨污分流改造，按规定安装标明雨污流向的地面标识牌（图8-76）。

图8-75　负面案例　　　　　　　　图8-76　正面案例

8.1.5　信息技术负面清单

随着城镇化建设的加快推进和社会经济的快速发展、社会流动性的日益增强，人流、物流、信息流相互融合，显现出了基层社会治理的新问题；特别是2022年，我国进入了新发展阶段，对小区智能化建设提出了新的要求。因此，在开展城镇老旧小区改造工作过程中，要深入贯彻落实住房和城乡建设部、地方政府关于老旧小区改造工作的决策部署，有条件的小区要做到与时俱进，积极利用数字化手段，提高改造质效，实现数字技术为社区赋能，做到发展成果与人民共享，让社区居民感受到科技创新发展带来的实实在在的效益，切实将老旧小区改造打造成民生工程、发展工程、安全工程和廉洁工程。

1. 强制类

（1）技术方案选用不当，造成居民敏感信息外泄。

[负面案例] 某小区选用了高端智能门禁，企业云平台控制，采集的人脸信息不当存储在了企业中台的数据库，造成居民敏感信息外泄（图8-77）。

[正面案例] 某小区选用普通智能门禁，本地局域网部署，有效地保护了居民的敏感信息（图8-78）。

（2）用户敏感信息和社区业务敏感信息等未经脱敏处理。

[负面案例] 用户信息和业务信息中的敏感信息等未经脱敏便进入小区网，违反公安部门关于小区敏感信息的脱敏要求（图8-79）。

图8-77　负面案例

图8-78　正面案例

【正面案例】采用公安部门管理下的专用设备采集用户信息，数据经脱敏输出，进入小区智能化系统（图8-80）。

图8-79　负面案例

图8-80　正面案例

（3）小区管理业务局域网、公众网混用，未能有效地保护居民数据，特别是敏感数据。

【负面案例】智能手机通过移动公众网直接为访客开门禁，公众网与小区局域网未能有效隔离（图8-81）。

【正面案例】智能手机的访客开门信息通过安全网关推送至小区智能化管理平台，由小区智能化管理平台为访客开门禁，公众网与小区局域网有效隔离（图8-82）。

图 8-81　负面案例　　　　　　　　图 8-82　正面案例

2.优化类

（1）使用不安全数据库设施，信息存放不安全。

[负面案例] 小区静态数据和动态数据长期存放在条件较差的小区机房（图8-83）。

[正面案例] 小区静态数据和动态数据上传并存放在上级部门的安全机房，有严格的安全防护措施（图8-84）。

图 8-83　负面案例　　　　　　　　图 8-84　正面案例

（2）缺乏顶层设计和统筹推进。

[负面案例] 多部门重复建设、盲目建设造成投资浪费。规划整合不够，系统孤立、分散，信息数据不互通，共享困难。

[正面案例] 以街道为区域进行整体规划，社区、小区建设统筹推进、分步实施。

（3）社区未建立信息化应用机制和标准化应用场景。

[负面案例] 小区数据采集多口重复，未建立基层数据采集、更新和维护的应用机制。前端基础设施老旧、技术参数不统一，制约着数据接入、智能解析和大数据分析应用的落地。

[正面案例] 集中建设小区的基础平台，前端基础设施接口标准化，采集的数据可以提供多个应用部门和场景。

8.2 改造管理负面清单

城镇老旧小区改造工作的推进落实需要做好顶层设计工作，从区域统筹出发，深入了解居民诉求，把握改造重点，保证改造方案兼顾落地性与可行性，积极探索建立政府部门与居民以及社会力量合理共担改造资金机制，创新治理模式，健全长效管理制度并发挥多方主动性，落实各方责任，细致分工，有序推进，扎实办好民生实事，实现老旧小区旧貌换新颜，做到"改造一个、管好一个"。改造管理负面清单的相关内容见表8-1。

改造管理负面清单内容表　　　　　　　　　　　　表8-1

清单类别	清单名称	清单内容
组织实施类	（一）协调机制负面清单	专班建设不健全，工作任务难分派
		责任分工不明确，多方协调难联动
		实施主体不确定，改造任务难落实
	（二）参与机制负面清单	意见征求不全面，改造需求难满足
		方案沟通不到位，效果落地难保证
	（三）推进机制负面清单	底数情况不清楚，项目定位难确定
		成片改造不实行，功能短板难补齐
		问题排查不彻底，改造效果难满意
		过度改造不防范，资金利用难高效
		扩初研究不到位，方案效果难呈现
		现场勘查不充分，后续施工难推进
		规范标准不执行，安全隐患难解决
		材料工艺不重视，成效保持难持久
		设计交底不充分，施工质量难保证
		现场巡查不重视，施工过程难纠偏
		设计指导不驻场，设计施工难融合
		节点验收不参与，施工质量难保障
		建设方式不合理，后期实施难顺利
		清单编制不严谨，项目投资难控制
		图纸交底不全面，设计要求难呈现
		施工组织不充分，项目进度难推进
		安全文明不规范，现场居民难配合
		质量管理不到位，建设成效难体现

清单类别	清单名称	清单内容
组织实施类	（三）推进机制负面清单	进度管理不加强，施工周期难控制
		跟踪审计不及时，合同履行难管理
		节点隐蔽不验收，后期隐患难发现
		竣工资料不齐全，工程质量难鉴定
		验收流程不合规，项目成效难评价
	（四）长效管理负面清单	管养机制不健全，长效运行难保证
		管养模式不合理，职责权限难明确
		管养收支不平衡，管养服务难见效
		移交资料不齐备，管理问题难发现
		运行培训不进行，操作安全难确保
		专项移交不到位，后期管养难落地
		定期检查不规范，运行使用难安全
		管养服务不及时，居民获得难满意
		管养监督不建立，改造成效难持久
资金相关类	（五）资金相关负面清单	资金筹措不落实，改造工程难实施
		结算编制不及时，工程款项难支付
		结算程序不规范，财政审计难过关
配套政策类	（六）配套政策负面清单	方案审查不严格，投资规模难控制
		技术标准不规范，改造成效难保证
		顶层设计不完善，改造内容难明确
		评价体系不健全，旧改工作难提升

编写人员：

泛城设计股份有限公司：王贵美、王伟星、胡汉、王健、章文杰、杨伦锋、王光辉

武汉光谷数字家庭研究院有限公司：蔡庆华、夏莹

中国建筑第二工程局有限公司：张子健

筑福（北京）城市更新建设集团有限公司：杨亮、邱玲

中国城市建设研究院有限公司：王媛媛、吴婵、董东箭

中国生态城市研究院：贺斐斐、应希希、刘杨

全国市长研修学院：张佳丽

附　录

检验批质量验收记录表

单位工程名称		分部工程名称		分项工程名称	
施工单位		项目负责人		检验批容量	
分包单位		分包单位项目负责人		检验批部位	
施工依据			验收依据		

	验收项目	设计要求及规范规定	最小/实际抽样数量	检查记录	检查结果
主控项目	1				
	2				
	3				
	4				
	5				
	6				
	7				
	8				
	9				
	10				
一般项目	1				
	2				
	3				
	4				
	5				

施工单位检查结果	专业工长： 项目专业质量检查员： 年　月　日
监理单位验收结论	专业监理工程师： 年　月　日

二

分项工程质量验收记录表

单位工程名称			分部工程名称			
分项工程名称			检验批数量			
施工单位			项目负责人		项目技术负责人	
分包单位			分包单位项目负责人		分包内容	
序号	检验批名称	检验批容量	部位/区段	施工单位检查结果		监理单位验收结论
1						
2						
3						
4						
5						
6						
7						
8						
9						
10						
11						
12						
13						
14						
15						

说明:

施工单位检查结果	项目专业技术负责人: 　　　　　　　　　　　年　月　日
监理单位验收结论	专业监理工程师: 　　　　　　　　　　　年　月　日

三

分部工程质量验收记录表

单位工程名称			分部工程数量		分项工程数量	
施工单位			项目负责人		技术（质量）负责人	
分包单位			分包单位负责人		分包内容	

序号	分部工程名称	分项工程名称	检验批数量	施工单位检查结果	监理单位验收结论
1					
2					
3					
4					
5					
6					
质量控制资料					
安全和功能检验结果					
观感质量检验结果					
综合验收结论					

施工单位 项目负责人： 年　月　日	设计单位 项目负责人： 年　月　日	监理单位 总监理师： 年　月　日

注：验收应由施工、设计单位项目负责人和总监理工程师参加并签字。

四

单位工程质量竣工验收记录表

工程名称		结构类型		建筑规模	
施工单位		技术负责人		开工日期	
项目负责人		项目技术负责人		完工日期	

序号	项目	验收记录	验收结论
1	分部工程验收	共　　分部，经查符合设计及标准规定分部	
2	质量控制资料核查	共　　项，经核查符合规定　　项	
3	安全和使用功能核查及抽查结果	共核查　　项，符合规定 　　项共抽查 　　项，符合规定项经返工处理符合规定　　项	
4	观感质量验收	共抽查　　项，达到"好"和"一般"的项，经返修处理符合要求的　　项	

综合验收结论	

629

参加验收单位	建设单位	监理单位	施工单位	设计单位
	（公章） 项目负责人： 　年　月　日	（公章） 总监理工程师： 　年　月　日	（公章） 项目负责人： 　年　月　日	（公章） 项目负责人： 　年　月　日

注：验收应由施工、设计单位项目负责人和总监理工程师参加并签字。

后记

——

　　城镇老旧小区改造是一项推动城市更新的系统工程，是满足人民群众美好生活需要的重大民生工程和发展工程。"十四五"期间老旧小区改造将在各个层次进行更广泛和深入的探索。当前，老旧小区改造试点城市工作已经开展一段时间，其他地区的老旧小区改造工作也在如火如荼地进行，在改造过程中积累了一些经验，同时也暴露出一些问题。本书通过对老旧小区改造基本理念，整体规划及路径，基本类、完善类和提升类改造项目设计技术要求，项目管理技术，创新技术及负面清单等内容进行阐述，期望为参与老旧小区改造的政府部门和企业提供参考。

　　本书于2021年4月正式启动编制，是"城市更新和老旧小区改造"系列丛书的第二本。编写组基于近年对老旧小区改造工作的实践与思考，系统地梳理了老旧小区改造设计、施工及运维的相关技术及要求。编写期间，编写组广泛获取相关动态信息，定期沟通手册编写方向和进展。并多次召开专家咨询会，听取来自政府有关部门、设计单位、施工单位、科研院所以及其他类型企业等不同领域的专家对手册的建议，不断地进行深化和修改，并最终于2021年7月成稿。

　　全书由全国市长研修学院、中国生态城市研究院、中国城市建设研究院有限公司共同统筹；由国务院参事、住房和城乡建设部原副部长仇保兴院士，同济大学吴志强院士，以及中建二局党委书记、董事长石雨作序；前言由全国市长研修学院逄宗展副院长编写；第一章由全国市长研修学院张佳丽牵头编写；第二章由中国生态城市研究院刘杨、贺斐斐牵头编写；第三章由中国建筑科学研究院有限公司程绍革、史铁花牵头编写；第四章由中国城市建设研究院有限公司刘玉军、李哲牵头编写；第五章由愿景明德（北京）控股集团有限公司江曼、康瑾牵头编写；第六章由北京建筑大学张国宗、孙原牵头编写；第七章由武汉光谷数字家庭研究院有限公司蔡庆华牵头编写；第八章由泛城设计股份有限公司王贵美牵头编写；后记由中国生态城市研究院刘杨、王一丹编写；全书的统稿、校对、审核工作由全国市长研修学院张佳丽、中国生态城市研究院刘杨、中国城市建设研究院有限公司刘玉军共同完成。

也对所有为本书的出版、发行作出贡献的同仁以及幕后人员表示衷心的感谢。这本手册，是所有参编人员不畏辛劳、共同努力的结果，如果这本书能给各地老旧小区改造工作带来些许的帮助，将是对编写组最好的回报。

由于时间以及认识限制，本书难免有错漏，欢迎各方人士提出修改建议，我们会进一步完善提升，以期为我国老旧小区改造和城市更新事业提供更多有益的思考与探讨。